U0298504

信息安全
技术丛书

网络安全监控

收集、检测和分析

[美] 克里斯·桑德斯 (Chris Sanders) 杰森·史密斯 (Jason Smith) 著 李柏松 李燕宏 译

机械工业出版社
China Machine Press

图书在版编目（CIP）数据

网络安全监控：收集、检测和分析 /（美）桑德斯（Sanders，C.），（美）史密斯（Smith，J.）著；李柏松，李燕宏译．—北京：机械工业出版，2015.11
（信息安全技术丛书）
书名原文：Applied Network Security Monitoring：Collection, Detection, and Analysis

ISBN 978-7-111-52009-2

I.网…　II. ① 桑…　② 史…　③ 李…　④ 李…　III. 计算机网络－安全技术　IV. TP393.08

中国版本图书馆 CIP 数据核字（2015）第 260809 号

本书版权登记号：图字：01-2014-6200

Applied Network Security Monitoring：Collection, Detection, and Analysis
Chris Sanders，Jason Smith
ISBN：978-0-12-417208-1

网络安全监控：收集、检测和分析

出版发行：机械工业出版社（北京市西城区百万庄大街 22 号　邮政编码：100037）

责任编辑：吴　怡	责任校对：董纪丽
印　　刷：北京市荣盛彩色印刷有限公司	版　　次：2016 年 1 月第 1 版第 1 次印刷
开　　本：186mm × 240mm　1/16	印　　张：24.25
书　　号：ISBN 978-7-111-52009-2	定　　价：79.00 元

凡购本书，如有缺页、倒页、脱页，由本社发行部调换

客服热线：（010）88379426　88361066	投稿热线：（010）88379604
购书热线：（010）68326294　88379649　68995259	读者信箱：hzjt@hzbook.com

The Translator's Words 译者序

一直以来，在企业网络安全的攻、防对抗中，防御者都是处于不利位置的。这不仅因为攻、防双方力量对比悬殊，更重要的是，防御方往往需要全面防守，一着不慎则满盘皆输；攻击方只需要单点成功突破，借助内网横向渗透手段，就可以在企业网络环境中肆无忌惮地获取所需资源。另外，"敌在暗，我在明"，防御者往往无法及时发现、分析、处置网络安全事件，只能在安全事件发生后，被动响应，收拾残局。假设防御方能够有效地部署网络安全监控产品，全面地收集网络数据，准确地检测安全威胁，深入地分析调查安全事件出现的原因，就可以及时发现防御工事的脆弱之处，有针对性地调整防御策略。

本书全面地介绍了网络安全监控"收集、检测、分析"各环节的技术要点。对于一些关键步骤，作者结合大量的实战案例，详细地讲解具体操作方法。即使是初学者，也可以在本书的指导之下轻松上手。对于具有一定基础的分析人员，书中提供了大量的实用脚本和公共网络资源，以及作者根据多年实战经验总结出的若干最佳实践。虽然这是一本专业性较强的技术书籍，但作者行文生动活泼、语调轻松诙谐，读起来饶有趣味。

值得一提的是，在本书第 12 章"使用金丝雀蜜罐进行检测"中，作者介绍了蜜罐文档（Honeydoc）的使用方法，这是一个简便易行的攻击者溯源的技术手段，能够以极低的实施成本，在一定程度上对网络安全事件作出预警，甚至可以辅助定位到攻击者。在 2015 年度中国互联网安全大会（ISC2015）的"APT 与新威胁论坛"中，我曾在相关议题中介绍了作者提出的这种思路。另外，在本书第 15 章"分析流程"中，作者创造性地将刑侦调查和医学诊断这两套分析模型应用于网络安全事件的分析中。这两个模型的引入，将原本错综复杂的分析方法解释得通俗易懂。

由于译者水平有限，译文中难免存在纰漏，恳请读者批评、指正。读者在阅读本书的过程中，如果对译文有任何意见或建议，或者对书中（尤其是对检测、分析这两部分的内容）提及的技术手段、实现方法有什么想法或思路，欢迎给我发邮件：libaisong@antiy.cn，或通过我的新浪微博"@安天李柏松"深入交流。

最后，感谢家人给我的支持，感谢安天的同事们给我的帮助，感谢吴怡编辑和合译者燕宏给我的鼓励。

李柏松

2015 年 10 月 25 日于哈尔滨

作者简介 About the Author

Chris Sanders，第一作者

Chris Sanders 最初是肯塔基州 Mayfield 的一名信息安全顾问、作家和研究员。那个无名小镇距离一个叫 Possum Trot 的小镇西南方向 30 英里，距离一条叫 Monkey's Eyebrow 的公路东南方向 40 英里，刚好位于道路的拐弯处。

Chris 是 InGuardians 的高级安全分析师。他有支持多个政府、军事机构以及财富 500 强企业的丰富经验。在美国国防部的众多角色中，他有效地促进了计算机网络防御服务提供商（CNDSP）模型的角色作用，协助创建了多种 NSM 模型以及多款目前在用智能化工具，以保卫国家的利益不受侵害。

Chris 曾撰写了多本书籍和学术文章，其中包括国际畅销书《Practical Packet Analysis》，目前已发布了第 2 版。Chris 目前拥有多项业界认证，包括 SANS、GSE 以及 CISSP。

2008 年，Chris 创立农村科技基金（RTF）。RTF 是一个 501(c)(3) 非营利组织，为来自农村地区攻读计算机技术学位的学生提供奖学金机会。该组织还通过各种支持计划促进了技术在农村地区的宣传。RTF 目前已为农村学生提供成千上万美元的奖学金和帮助支持。

当 Chris 不埋头于数据包分析的时候，他喜欢观看肯塔基大学野猫篮球队的比赛，擅长 BBQ（美国真人秀节目），业余无人机制作爱好者，在海滩上消磨时光。Chris 目前与他的妻子 Ellen 居住在南卡罗来纳州的 Charleston。

Chris 的博客地址为 http://www.appliednsm.com 和 http://www.chrissanders.org。他的推特账号为 @chrissanders88。

Jason Smith，合著者

Jason Smith 白天是一名入侵检测分析师，晚上则是一名垃圾场工程师。起初来自于肯塔基州的 Bowling Green，作为一名有潜质的物理学家，Jason 以大数据挖掘和有限元分析为切入点开始他的职业生涯。偶然的运气，对数据挖掘的热爱将他引向了信息安全和网络安全监控，

一个让他痴迷于数据处理和自动化的领域。

Jason 有很长一段时间都在帮助州和联邦机构强化他们的防御功能，现在在 Mandiant 担任安全工程师。在部分开发工作中，他创建了诸多开源项目，很多已成为 DISA CNDSP 计划的最佳实践工具。

Jason 经常在车库里度过周末，从街机柜到开轮式赛车，他都可以建造。其他爱好诸如家居自动化、枪械、大富翁游戏、吉他以及美食。Jason 对美国乡村有着深沉的爱，热衷于驾驶，同时对学习有着孜孜不倦的欲望。Jason 现在生活在肯塔基州的 Framkfort。

Jason 的博客地址为 http://www.appliednsm.com。他的推特账号为 @automayt。

David J. Bianco，贡献者

David 在 Mandiant 担任一名狩猎团队领导之前，花了 5 年的时间为一个财富 500 强企业建设了一套智能驱动的检测响应系统。在那里，他为一个部署了近 600 个 NSM 传感器覆盖超过 160 个国家的网络设置了检测策略，主导响应了一些国家遭受到的最严重的针对式攻击事件。他在安全社区、博客、演讲和写作上持续活跃着。

他经常在家看《 Doctor Who 》节目，或演奏他的四套风笛，或与孩子们一起玩耍。他还喜欢在除了海滩之外的任何地方长走。

David 的博客地址为 http://detect-respond.blogspot.com。他的推特账号为 @DavidJBianco。

Liam Randall，贡献者

Liam Randall 是旧金山 Broala LLC（ Bro 核心团队专家组）的首席合伙人。最初，他来自于肯塔基州的 Louisville，在 Xavier 大学以系统管理员角色为学校工作，同时也获得了学校的计算机科学学士学位。在那里，他第一次开始了设备驱动安全编程和基于 XFS 的自动柜员机软件研发。

目前他正为财富 500 强企业、研究机构和教育网络、军队服务分支、其他安全焦点小组提供高容量安全解决方案咨询。他曾在 Shmoocon、Derbycon 和 MIRcon 等会议做过演讲，并经常在安全事件上做 Bro 训练班的培训。

作为一名丈夫和父亲，Liam 在周末时做发酵酒，在他的花园里工作，修理小工具，或制作奶酪。作为一名户外运动爱好者，他和他的妻子喜欢铁人三项，长距离游泳，享受他们的社区活动。

Liam 的博客地址为 http://liamrandall.com/。他的推特账号为 @Hectaman。

序 言 Preface

学习如何建设与运营一个网络安全监控基础设施是一项艰巨的任务。Chris Sanders 和他的团队制定了 NSM 的框架，为读者编纂了一个将网络安全监控付诸实践的有效计划。

大中型组织正面临令人崩溃的大量数据。面对着某些情况下过亿的事件量，有一个可扩展的监控框架和标准化运营流程是当务之急。

寻找即寻见，反之亦然。数据收集工作本身没有太大意义，甚至对检测环节来说很可能也一样，而分析工作却非常重要。这本书将给你一把钥匙，打开 NSM 的大门，展示其中的每一步骤：收集、检测和分析。

在 20 世纪 30 年代末期，许多民间飞行员主张使用他们的技能来捍卫国家。如今，民间组织积极投身保卫国家的时代再次到来。我们常常无故遭到攻击，制造业、化工业、石油和天然气行业、能源业以及我们社会中许多重要领域，在一系列有协作有计划的攻击中首当其冲。当专家们已在思考未来爆发网络战争的可能性时，身处一线的从业者们仍对其重视不足。

当然，我不是在宣扬战争，而是想强调分析的重要性。你的系统被 root 提权了？那么你必须分析你的日志。大多数网络攻击会留下痕迹，这得靠每一个系统管理员对入侵迹象做日志审查。尽管如此，管理员查看日志大多数是为了提升系统性能和商业分析。单单提升系统性能就可以帮助企业获得投资上的回报，而正手上的商业分析就更加不用说了，能为企业带来的价值无法估量。

在 InGuardians 公司，我们常被叫去响应网络安全事故以防止大规模数据破坏。大多数组织现在通常是从核心网络的设备、代理、防火墙、系统和应用中保存了相关数据，这些数据已存储了相当长的一段时间，看不到明显的投资回报率。在大多数情况下，我们通过独立的日志分析就可以识别出现在或过去发生的数据泄漏事件。

当你在你的控制台上回溯一些日志时，可能会手足无措地想："我不知道要寻找些什么"。请立足于你所知道的，所理解的，不要再去想其他，勇敢面对，一切都将是有趣的。

Semper Vigilans

Mike Poor

Preface 前　言

我喜欢抓坏人。当我还是个小孩子的时候，就想以某些方式抓住坏人。例如，就近找一条毛巾披上作斗篷，与小伙伴们满屋子跑，玩警察抓小偷的游戏。长大后，每当看到为百姓伸张正义，让各种坏蛋得到应有的惩罚，我都特别开心。但不管我多努力去尝试，我的愤怒也无法让我变成一个绿巨人，不管我被多少蜘蛛咬了，我也无法从我的手臂里发射出蜘蛛网。我也很快意识到我并不适合做执法工作。

自从认识到这个现实，我意识到我没有足够的财富建一堆华丽的小工具，并身着蝙蝠衣在夜里绕飞巡逻，所以我结束了一切幻想，将我的注意力转向了我的电脑。事隔多年，我已走出了童年梦想中想活捉坏蛋的角色，那已不是我最初想象的那种感觉。

通过网络安全监控（NSM）的实战抓住坏人，这也是本书的主旨。NSM是基于防范最终失效的原则，就是说无论你在保护你的网络中投入多少时间，坏人都有可能获胜。当这种情况发生时，你必须在组织上和技术上的位置，检测到入侵者的存在并及时做出响应，使事件可以得到及时通报，并以最小代价减小入侵者的破坏。

“我要怎样做才能在网络上发现坏人？”

走上NSM实践的道路通常始于这个问题。NSM的问题其实是一种实践，而这个领域的专家则是NSM的实践者。

科学家们通常被称作科技领域的实战者。在最近的上世纪80年代，医学上认为牛奶是治疗溃疡的有效方法。随着时间的推移，科学家们发现溃疡是由幽门螺旋杆菌引起的，而奶制品实际上会进一步加剧溃疡的恶化[⊖]。虽然我们愿意相信大多数科学是准确的，但有时不是这样。所有科学研究是基于当时可用的最佳数据，当随着时间的推移出现新的数据时，老问题的答案就会改变，并且重新定义了过去曾经被认为是事实的结论。这是医学研究的现实，也是作为NSM从业者面对的现实。

遗憾的是，当我开始涉猎NSM时，关于这个话题并没有太多参考资料可用。坦白地说，

⊖ Jay, C.（2008, November 03）. Why it's called the practice of medicine. 见 http://www.wellsphere.com/chronic-pain-article/why-it-s-called-the-practice-of-medicine/466361

现在也没有。除了行业先驱者们偶尔写的博客以及一些特定的书籍外，大多数试图学习这个领域的人都被限制在他们自己设备的范围内。我觉得这是一个合适的时机来澄清一个重要误解，以消除我先前说法的潜在疑惑。市面上有各式各样的关于 TCP/IP、包分析和各种入侵检测系统（IDS）话题的书籍。尽管这些书本中提及的概念是 NSM 的重要方面，但它们并不构成 NSM 的全过程。这就好比说，一本关于扳手的书，会教你如何诊断汽车，但不会教你如何启动。

本书致力于阐述 NSM 的实践。这意味着本书并不只是简单地提供 NSM 的工具或个别组件的概述，而是将讲解 NSM 的流程以及这些工具和组件是如何应用于实践的。

目标读者

本书最终将作为执业 NSM 分析师的指南。我每天的职责也包括对新分析师的培训，因此本书不仅为读者提供教育素材，也为培训过程提供支持性教材。既然如此，我的期望是读者们能将本书从头到尾阅览，对成为一名优秀分析师的核心概念能有入门级的掌握。

如果你已经是一名执业分析师，那么我希望本书将为你打下一个良好基础，让你可以增强分析技能，提升现有的工作效率。目前我已与数名优秀分析师共事，他们将成长为伟大的分析师，因为他们可以用本书中提及的一些技术和信息去提高他们的效率。

NSM 的有效实践需要对各类工具有一定程度的熟练运用。因此，本书将会讨论到数款工具，但仅限于从分析师的立场去讨论。当我讨论 Snort IDS、SiLK 分析工具集或其他工具时，那些负责安装维护这些工具的人会发现我并不会很长篇大论地讲这些过程。但在有需要的时候，我会将其他相关资源补充进来。

此外，本书完全专注于免费和开源工具。这不仅是为了吸引更多可能没有预算来购买诸如 NetWitness、Arcsight 等商业分析工具的人，也是为了展示使用基于开源分析设计的工具带来的内在优势，因为它们在数据交互的过程能够提供更高的透明度。

所需基础知识

最成功的 NSM 分析师在开始安全相关工作之前，通常在其他信息技术领域已经拥有丰富的经验。这是因为他们已经具备了作为一名分析师的其他重要技能，比如对系统、网络管理的理解。如果没有这样的经历，建议阅读一些书，我罗列了一份我十分喜爱的主要书籍清单，我认为这些书能够帮助读者深入了解一名分析师必备的重要技能。我已尽了最大努力，让读者在不需要太多基础知识的前提下阅读本书。但如果读者感兴趣，我强烈推荐阅读部分书籍作为本书的补充。

- 《TCP/IP 详解，卷 1，协议》，作者 Kevin Fall 和 Dr. Richard Stevens（Addison Wesley 出版社，2011）。对 TCP/IP 的核心理解是让 NSM 更加有效的重要技能之一。早期 Dr. Richard Stevens 的经典文著已经被 Kevin Fall 更新，增加了最新的协议、标准、最佳实践、IPv6、协议安全，等等。

- 《The Tao of Network Security Monitoring》，作者 Richard Bejtlich（Addison Wesley 出版社，2004）。Richard Bejtlich 帮助定义了很多概念，这些概念奠定了 NSM 实践的基础。基于这样的事实，我在整本书中会经常引用他的书或博客的内容。尽管 Richard 的书已经有将近 10 年的历史，但书中的许多材料仍然使它成为 NSM 范畴内相关文案。
- 《 Practical Packet Analysis 》作者 Chris Sanders（ No Starch Press 出版社，2010 ）。我不是王婆卖瓜。鉴于 Dr. Stevens 的书已为 TCP/IP 协议提供全面深入的阐述，这本书则是使用 Wireshark 作为首选工具从实践层面讨论数据包分析。我们在书中讲述如何做数据包检测，如果你之前从未看过数据包，我建议你将此书作为基础。
- 《 Counter Hack Reloaded 》作者 Ed Skoudis 和 Tom Lison（ Prentice Hall 出版社，2006 ）。我一直认为这本书绝对是最佳常规安全书籍之一。它覆盖的范围非常广，我向任何经验级别的读者都推荐此书。如果你从未做过安全相关的工作，那么我会说《 Counter Hack Reloaded 》是必读的一本书。

本书的组织

本书划分成三部分：收集、检测和分析，每章重点讨论相关的工具、技术和核心领域流程。我是一个来自肯塔基州的普通乡村男孩，所以我将尽我所能地用一种不加太多修辞的简单基调来阐述。我也将尝试引入典型的先进概念，并尽可能把它们分解成一系列可重复的步骤。正如任何书籍阐述广义概念一样，当一个概念被提出时，请记住，它并不会覆盖每一种可能的场景或边缘案例。尽管我可以举出一些案例作为一个最佳实践，但本书最终构建的理论是基于集体研究、经验以及合著者的观点。因此，可能会有这样的场景，你的研究、经验和观点导致你对提及的话题有不同的结论。这是完全正常的情况，这就是为什么 NSM 是一门实践。

第 1 章：网络安全监控应用实践　这章专门定义了网络安全监控和它在现代安全环境的相关性。它讨论了很多整本书将会用到和引用到的核心术语和假设。

第一部分：收集

第 2 章：数据收集计划　这是 ANSM 收集部分的第 1 章，介绍了数据收集和它的重要性。本章将介绍数据收集实施框架，它使用一种基于风险的方法来决定哪些数据应该被收集。

第 3 章：传感器平台　这章介绍 NSM 部署中最重要的硬件组成：传感器。首先，我们对 NSM 的各类数据类型和传感器类型做简要概述。接着，引出讨论购买和部署传感器的重要考虑因素。最后我们将谈及 NSM 传感器在网络上的位置，包括创建网络可视化地图分析的入门。

第 4 章：会话数据　该章讨论会话数据的重要性，同时详细介绍用于收集 NetFlow 数据的 SiLK 工具集。我们还将就会话数据的收集和解析对 Argus 工具集进行简要分析。

第 5 章：全包捕获数据　该章开头对全包捕获数据的重要性作概述。接着分析了几款允许全包捕获 PCAP 数据的工具，包括 Netsniff-NG、Daemonlogger 和 Dumpcap，引出对 FPC 数据存储和保存计划，包括裁剪 FPC 数据存储数量不同考虑因素的讨论。

第 6 章：包字符串数据　该章介绍了包字符串数据（PSTR）以及它在 NSM 分析过程里的有效性。我们将介绍几种生成 PSTR 数据的方法：使用工具 Httpry 和 Justniffer，我们还将了解用于解析和查看 PSTR 数据的工具：Logstash 和 Kibana。

第二部分：检测

第 7 章：检测机制、受害信标与特征　该章讨论检测机制与妥协指标（IOC）之间的关系。我们介绍 IOCs 是如何被逻辑组织，以及它们是如何被纳入到 NSM 计划进行有效管理的。这里面将会包含对指标分类的系统，以及部署在各种检测机制里的，用于计算和跟踪指标精确度的度量。我们也将看到两种不同格式的 IOC ：OpenIOC 和 STIX。

第 8 章：基于信誉度的检测　该章将讨论第一种特定类型的检测：基于信誉度的检测。我们将讨论基于信誉度检测的基本原理，以及一些分析设备信誉度的资源。此次讨论将倾向于过程自动化的解决方案，并演示了如何使用简单 BASH 脚本，或通过使用 Snort、Suricata、CIF 或 Bro 来完成这一过程。

第 9 章：基于 Snort 和 Suricata 特征的检测　基于特征的检测是入侵检测最传统的方式。本章将介绍这种检测类型的入门，并讨论入侵检测系统 Snort 和 Suricata 的使用方法。这里面包含 Snort 和 Suricata 的用法，以及为两种平台创建 IDS 特征的详细讨论。

第 10 章：Bro 平台　该章将介绍 Bro，比较流行的基于异常的检测解决方案之一。本章将综述 Bro 的架构、Bro 语音和几个实际案例，来演示 Bro 作为一款 IDS 和网络记录引擎真正惊人的威力。

第 11 章：基于统计数据异常的检测　该章将讨论使用统计数据进行网络异常识别。这将侧重于使用各种 NetFlow 工具，如：rwstats 和 rwcount。我们将讨论使用 Gnuplot 和谷歌画图 API 进行可视化统计的方法。本章将提供几个能从 NSM 数据中生成有用统计的实际案例。

第 12 章：使用金丝雀蜜罐进行检测　金丝雀蜜罐以前仅用于研究目的，现在却是一种能用于有效检测的操作型蜜罐工具。本章将提供不同类型的蜜罐概况，以及什么特定类型能在 NSM 环境中被应用。我们将介绍几款能用于监控用途的流行蜜罐应用程序，如：Honeyd、Kippo 和 Tom's Honeypot。我们也将简要讨论 Honeydocs 的概念。

第三部分：分析

第 13 章：数据包分析　这是 NSM 分析师最重要的技能，是具备解读和解密关键网络通信数据包的能力。为了有效做到这一点，需要对数据包是如何被分割有个基本的了解。该章将为读者提供基础支持，并说明如何逐字节单位地分解数据包字段。我们通过使用 tcpdump 和 Wireshark 来证实这些概念。该章也将通过使用 Berkeley 包过滤器和 Wireshark 显示过滤器来介绍高级包过滤技术的基础。

第 14 章：我方情报与威胁情报　我方情报与威胁情报的生成，能够影响事件调查的好坏。

本章首先介绍了传统的情报循环如何用于 NSM。紧跟着，介绍通过网络扫描产生资产数据和扩充 PRADS 数据来生成我方情报的方法。最后，我们将分析威胁情报的种类并讨论关于敌对主机的战略威胁情报研究的几个基本方法。

第 15 章：分析流程　最后一章讨论整体的分析过程。开始只是讨论分析过程，后来分解成两个不同的分析过程：关系调查和鉴别诊断。紧跟着，讨论了从失败的事件中学到的教训过程。最后，我们以几个最佳分析实例来结束本书。

IP 地址免责声明

在本书中，提及的例子、原始数据和截图中涉及一些 IP 地址。在这些案例中，除非另外指明，这些 IP 地址已被各种工具随机化。因此，任何引用涉及某个组织的任意 IP 地址，纯属巧合，绝不代表是由那些实体产生的实际流量。

本书配套网站

还有相当多的东西我们想在本书中介绍，但我们根本找不到地方容纳进来。于是，我们创建了一个配套网站，包含不同 NSM 话题的各种额外想法，以及代码片段、技巧和窍门。如果你喜欢本书内容，那么可以考虑查阅配套网站 http://www.appliednsm.com。虽然在本书完成出版前本站点并没有太多的更新，我们计划在本书发行后定期更新这个博客。本书的任何勘误也将在这里持续更新。

慈善支持

我们很自豪地声明，本书所得版税将 100% 捐赠出去，用于支持以下五个慈善事业。

农村科技基金

农村学生，特别是那些成绩优异的、接触到技术的机会通常会比他们在城市或城郊的同行少。2008 年，克里斯 · 桑德斯创立了农村科技基金（RTF）。RTF 的主旨是减少农村社区与他们的城市和城郊同行之间的技术鸿沟，方法是通过有针对性的奖学金计划、社区参与，以及在农村地区全面推广和宣传技术。

我们的奖学金是针对那些生活在农村社区、对计算机技术拥有热情并打算在这个领域继续深造的学生。本书版税的一部分将用于支持这些奖学金计划，并提供树莓派计算机给农村学校。

更多信息请参见：http://www.ruraltechfund.org

黑客慈善组织（HFC）

由 Johnny Long 创立，HFC 雇佣黑客志愿者（无条件），让他们从事于短暂的“微型项目”，旨在帮助那些无法提供传统技术资源的慈善机构。除此之外，HFC 也在乌干达、东非地区支持援助组织帮助世界上最贫穷的公民。他们提供免费的电脑培训、技术支持、网络服务等。

他们已经帮助许多当地学校增设电脑和培训软件。此外，HFC 还通过他们的食物计划为东非的儿童们提供食物。

更多信息请参见：http://www.hackersforcharity.org

Kiva

Kiva 是第一个允许通过多领域公司直接捐钱给发展中国家人们的在线借贷平台。Kiva 记录了每一个需要贷款的人的个人故事，让捐赠者能够直接联系他们。简单地说，Kiva 方便了改变生活的借贷。该基金的捐赠来自于本书的销售所得，并为有需要的人提供这些贷款。

更多信息请参见：http://www.kiva.org

Warriors 希望工程

Warriors 希望工程（Hope for the Warriors）的任务是提升后 911 服役人员的生活品质，包括他们的家人，以及那些曾在工作岗位上因持续的生理和心理创伤而倒下的家庭。Warriors 希望工程致力于恢复自我意识，恢复家庭单位，以及恢复我们的服务人员和我们的军人家属对生活的希望。

更多信息请参见：http://www.hopeforthewarriors.org

自闭症演讲组织

自闭症是一种非常复杂的病症状态，患者在社交互动、沟通、重复的行为上均存在不同程度的困难。美国疾病控制中心估计，88 个美国儿童当中会有 1 个存在某种形式的自闭症。自闭症演讲组织是一个致力于改变那些与自闭症作斗争的患者们的未来的组织。他们通过为生物医学研究提供资金来做到这一点，研究的范围涉及自闭症的病因、预防、治疗和治愈。自闭症演讲组织也提供自闭症宣传，以及为自闭症患者的家庭提供支持。

更多信息请参见：http://autismspeaks.org

联系我们

我和我的合著者们投入了大量的时间和精力在本书上，所以当我们听到有人读过我们的书并想分享他们的想法时，我们总是很兴奋。无论你想在什么时候联系我们，你可以把所有问题、意见、威胁和婚姻的建议直接发给我们，我们的联系方式如下：

Chris Sanders, 第一作者

E-mail: chris@chrissanders.org

Blog: http://www.chrissanders.org; http://www.appliednsm.com

Twitter: @chrissanders88

Jason Smith, 合著者

E-mail: jason.smith.webmail@gmail.com

Blog: http://www.appliednsm.com

Twitter: @automayt

David J. Bianco，贡献者

E-mail: davidjbianco@gmail.com

Blog: http://detect-respond.blogspot.com/; http://www.appliednsm.com

Twitter: @davidjbianco

Liam Randall, 贡献者

E-mail: liam@bro.org

Blog: http://liamrandall.com; http://www.appliednsm.com

Twitter: @liamrandall

致谢

《哥林多后书》第 12 章节如是说："但他对我说，'我的恩典够你用的，因为我的能力是在人的软弱上显得完全。'因此，我更喜欢夸自己软弱，好让基督的能力庇佑我"。

写这本书的过程简直证明了上帝的力量对人性弱点的完善。本书是我曾经参与的最困难的项目之一，对上帝的信念让我能够最终坚持下来。因为上帝，这本书以及我所做的一切都是可能的，我真诚地希望我的这次工作可以作为上帝神奇力量的见证。

这本书之所以能完成，离不开许多朋友直接或间接的帮助。我想借此机会感谢他们。

Ellen，你是我的挚爱，我的后盾，我的力量，也是我的头号粉丝。没有你，这一切是不可能成功的。我要感谢你曾经承受过的压力与绝望，以及本书写作过程中那些疯狂的日日夜夜。同时我还想感谢你帮助修改本书。我想，你的英语专业终于派上了用场。我爱你，成为你的丈夫我感到很自豪。

爸爸妈妈，在你们的影响下成长，使我成为一个独特的人。作为子女我所能做的将会继续坚持，传承你们赋予的性格并分享你们给予的爱。我爱你，爸爸；我也爱你，妈妈。

我的家庭，尽管我们只是一个小团体，我们之间分享的爱却是浓厚的，这对我来说太重要了。虽然我们相距甚远，但我知道你们爱着我并支持我，我很感激这一点。

Perkins 的家庭，感谢你积极地让我走入你的生活，我很幸运，有你的爱和支持。

Jason Smith，毫不夸张地说，你是我遇到过的最睿智的人，与你相处非常愉悦。你不止是一个伟大的同事和合着者，你更是一个久经考验的朋友。我可以毫不犹豫地说，你已经是我的兄弟。我永远感激这一切。

David Bianco 和 Liam Randall，我已经不知道怎么感谢你们对本书的巨大贡献。你们的贡献价值实际已远远超出你们的想象。

至于我的同事（过去的和现在的），我一直认为，如果一个人周围都是好人，他会成为一个更好的人。很幸运我在公司工作中能够与一些优秀、正直的人共事。我要特别感谢我的 InGuardians（公司名）大家庭：Jimmy、Jay、Suzanne、Teresa、John、Tom、Don、Rad、

Larry、Jaime、James、Bob 和 Alec。我还想感谢 Mike Poor，是他为本书写的序言，他也依然是我心目中的数据包忍者偶像之一。

Syngress 的工作人员，谢谢你们让我有机会写成这本书，并帮助我将这个梦想变成现实。

本书的技术内容和方向涉及的领域可能超出了我的认知能力，但我会尽力做到最好。除了上面提到的亲朋好友，我还要感谢以下人员作出的贡献，是他们协助对每个章节做了细致的审查，让我从他们身上获得不少好的创作灵感，本书的成功离不开他们的支持，人员罗列如下（排名不分先后）:

Alexi Valencia、Ryan Clark、Joe Kadar、Stephen Reese、Tara Wink、Doug Burks、Richard Bejtlich、George Jones、Richard Friedberg、Geoffrey Sanders、Emily Sarneso、Mark Thomas、Daniel Ruef、CERT NetSA 团队的其他成员、Joel Esler、Bro 团队、Mila Parkour、Dustin Weber、and Daniel Borkmann。

Chris Sanders

Contents 目 录

第三部分　分析

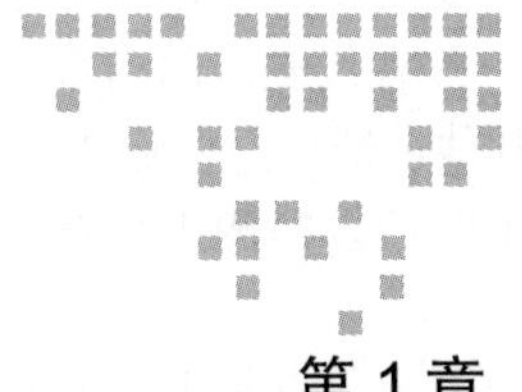

第 1 章 Chapter 1

网络安全监控应用实践

互联网当前的安全状态，让我想到了狂野的西部。对美国人来说，西部代表着很多事情。作为一个几乎未开垦的资源，西部是充满机会、富含资源的广袤土地。随着越来越多的人向西迁徙，形成了小社区，个人和小家庭都能够在那里落地生根。伴随着这样的繁荣和成功，不可避免地出现了犯罪。城镇被分散，法律被完全本地化，使暴徒流氓团伙从这个小镇扫荡到另一小镇，抢劫、掠夺当地的资源。这些城镇“法律”之间的协调和沟通很缺乏，使得这些暴徒很少被抓住，除非他们碰巧被当地警长枪杀。

快进到现在的年代，画面并没有太大的不同。互联网代表着类似的充满机会的未被发现的土地，这片土地上的人只是一个域名，远离一些苦力活去实现美国梦。然而就像西部一样，互联网也不是没有自己的亡命之徒。就像西部有银行劫匪和绑架者，我们现在抗衡着僵尸网络的主机和点击胁持者。我们也正遭遇着类似的本地化执法的问题，我们面临的威胁是全球性的，但每一个国家以及在某些情况下的个别国家，都有一套自己的法律在运作。

在西部，这个问题的关键是，犯罪分子是有组织的，而执法则不是。虽然计算机安全领域在过去的 10 年得到了很大改善，但在全球范围内，守军们仍在追赶着那些能够运作全球犯罪网络的群体。不幸的是，这个差距也不是一夜之间就可以解决的。

这个事实让我们聚焦于此，身处战壕的人会尽一切可能保卫电脑网络以及其中的数据不被侵犯。我相信，要做到这一点，最有效的方法便是通过网络安全监控（NSM）来实施。

NSM 其实就是收集、检测和分析网络安全数据。信息安全在传统上已被划分为许多不同的焦点领域，但我最倾向于美国国防部（US DoD）对计算机网络防御（CND）每个域的分类，《DoD 8500.2》[⊖]，它们分别是：

⊖ 《美国国防部 8500.2 指引—信息保障（IA）实施》（2003.2.6）-http://www.dtic.mil/whs/directives/corres/pdf/850002p.pdf

保护：该领域主要聚焦对系统的安全加固，以防止事故发生时的漏洞利用与入侵成功。这里面出现的一些有代表性的内容包括：漏洞评估、风险评估、反恶意软件管理、用户意识培训，以及其他一般信息保障任务。

检测：这个领域以检测正在发生的或已经发生的入侵为中心，包括网络安全监控、攻击意识和警告。

响应：这个领域重点集中在入侵发生后的响应上。包括事故遏制、网络和基于主机的取证、恶意软件分析和事故报告。

维护：这个领域涉及 CND 人员、技术和流程的管理。包括外包、人员配备和培训、技术开发和实施、以及系统管理支持。

正如你可能已经猜到的，本书主要涉及“检测”领域，但只要做对事情，合理的 NSM 实施的益处将惠及 CND 的各个领域。

1.1 关键 NSM 术语

在深入了解技术前，我们必须定义几个术语，因为它们将在本书中大量使用。NSM 和网络安全是一个相对较新的学科，对于许多术语很难找到通用的、唯一的定义。我所选择的参考资料包括美国国防部的文件、CISSP 认证资料和其他 NSM 资料。这些定义大多已被业界广泛转述，并被直接引用作为最佳定义。

1.1.1 资产

资产是你的组织里具有价值的东西。容易量化的资产包括电脑、服务器和网络设备。除此之外，资产还包括数据、人员、流程、知识产权和声誉。

当我提到“资产”，通常会涉及你的可信网络范围之内的东西，也可以包括与你的网络相互隔离的另一个网络，但仍然被认为是可信的网络（可能是政府盟友、附属机构、或供应链合作伙伴）。其中我将使用的术语有：资产、好人、目标和受害者等，这些术语可以互换。

1.1.2 威胁

威胁是利用资产中漏洞的能力和意图的组合。威胁是相对的，对普通人的威胁可能与一个对大公司的威胁有所不同。此外，对发展中国家的威胁可能与一个对全球超级大国的威胁不同。

威胁主要可以分为两类：结构化的和非结构化的。

结构化威胁使用正规战术和程序，并具有明确的目标。这通常包括有组织的罪犯、黑客行动主义团体、政府情报机构和军队。这些都是典型的群体组织，尽管如此，也不是不能由一个人来代表一个结构化的威胁。一个结构化的威胁几乎总是追求首选目标，针对某个特定原因或目标。

非结构化的威胁缺乏动机、技能、策略或结构化威胁的经验。个人或组织松散的小团体是这个类型威胁的通常代表。非结构化的威胁通常追求机会目标，这些目标被选中是因为它们似乎比较容易受到攻击。

不管威胁的范围或性质是什么，都有一个共同点：即想从你那里偷走东西。可以是偷钱、偷知识产权、偷名誉，或者就是偷时间。

我将使用的术语有：威胁、坏人、敌人、攻击者和敌对者等，这些术语可以互换。

1.1.3　漏洞

漏洞是指软件、硬件或程序上的弱点，它可能会为攻击者提供获得非授权访问网络资源的能力。

可以是采用不恰当地编写代码的形式，允许通过缓冲区溢出进行利用攻击；也可以是在公共网络区域开放了一个活跃端口，允许他人接入到内部物理网络；甚至可以是一个设计不当的认证系统，允许攻击者猜出受害人的用户名。请记住，也可以把一个人看做一个漏洞。

1.1.4　利用

利用是将一个漏洞进行攻击的方法。在软件利用的场景中，可以是一段攻击代码，其中包含一个有效载荷，使得攻击者可以在系统上远程执行某些类型的操作，例如执行 shell 命令行。在 Web 应用程序的场景中，一个应用程序处理输入和输出的方式存在漏洞，攻击者通过 SQL 注入就可以对应用程序进行利用攻击。在现实场景中，攻击者盗用其他用户的门禁卡刷卡闯入办公楼也是一种利用。

1.1.5　风险

业界对于风险管理的研究很广泛，因此风险有几个不同的定义。在 NSM 领域，我认为最适合“风险”的定义是一种对漏洞进行利用的威胁的可能性的度量。虽然大多数经理人渴望有一些量化的指标，很多时候对风险的量化会徒劳无功，因为网络和数据资产价值的估量非常困难。

我会经常讨论的东西，可能会增加或减少资产风险的水平，但我不会为定量超出了必要的定义集合策略的风险去讲深度的计算方法。

1.1.6　异常

异常是在系统或网络中可观察到的被认为是与众不同的事件。异常通过检测工具如入侵检测系统或者日志稽核应用。生成警报？一个异常可能包括系统崩溃、恶意数据包、对一台未知主机的不寻常连接，或者短时间内大量的数据传输。

1.1.7　事故

当一个事件发生时，可能将其视为一起事故的一部分。一起事故是指已经违反或即将侵犯计算机的安全策略、可接受的使用政策或标准安全规范。更简单地说，事故是指某些在你的网络上已经发生的或者正在发生的坏事。这可能包括对一台计算机root级别的入侵、一个简单的恶意软件安装、一次拒绝服务攻击，或者来自钓鱼邮件的恶意代码的成功执行。记住，所有的事故包括一个或多个事件，但大多数的事件并不直接代表一起事故。

1.2 入侵检测

此前对NSM术语的介绍中，“检测”领域通常被简单地描述为入侵检测。尽管NSM已经存在了近十年，这些术语经常被互换使用。这些都不是同义词，实际上，入侵检测是现代NSM的一个组件。

围绕入侵检测的旧模式建立起来的“检测”领域往往有几个鲜明的特点：

以漏洞为中心的：计算机网络攻击者闯入网络最常见的方式便是通过利用软件漏洞。由于这种攻击方式如此简单明确，最早的入侵检测程序便围绕于此而建立。入侵检测系统（IDS）的部署是以检测到这些对漏洞的利用为目标。

基于收集爱好的：这种情况下，大多数精力会放在“收集”多于“检测”。当数据收集项目实施时，往往没有重点，并且收集策略没有结合检测的目标。“收集”缺乏重点往往会形成这样的思维定式：“数据太多总是比不够好”和“捕获一切，后面再整理出来。”

基于签名的：一个软件漏洞的利用往往是一个静态的动作，可以比较容易地开发成IDS的一个特征。因此，传统的入侵检测依赖于具备所有已知漏洞的知识以及特征开发的检测。

完全自动化分析尝试的：简化的以漏洞为中心的入侵检测模型有助于提升自身的可信度，即大多数IDS生成的警报均可以被信任。因此，这种模式通常只有少量分析人员参与，并尽可能多地尝试自动化检测后的分析。

然而当它取得了一些成功时，安全的现状使我们又到了另外一个境地，传统的入侵检测在当前是无效的。主要原因是这种以漏洞为中心的防御思路是失败的。

Bejtlich为这样的结论提供了其中一种好的解释。[⊖]请考虑这样的场景，一个地区的几栋房子被坏人破门而入。当这种情况发生时，警方可能会通过在其他房子周边搭建铁丝网来防范，他们还可能对所有的房屋安装大型钢木门，或将所有窗户钉上防护木条。这些措施其实就是以漏洞为中心的防御思路。这并不奇怪，你不会经常听到执法部门去做这样的事情。因为只要犯罪分子下定决心针对某一地区做坏事，他们会很容易找到房子的其他漏洞并加以利用。

1.3 网络安全监控

NSM的发展在很大程度上要归功于军队，他们历来是这种防御思路的最大支持者之

⊖ 理查德·贝杰特里奇 TaoSecurity 博客，《Real Security is Threat Centric》（2009.11）- http://taosecurity.blogspot.com/2009/11/real-security-is-threat-centric.html

一。这并不奇怪，这是由于军方广泛使用的信息技术，业务的重要性，以及他们所产生数据的高保密性决定的。

《美国信息作战》(IO) 的教条[⊖]里面提到，指挥官的 IO 能力必须用于完成以下任务：

- 破坏：深入破坏一个系统或实体，以至于它不能再执行任何功能，并且无法在被完全重建前恢复到可用状态。
- 扰乱：截断或干扰信息流。
- 降级：降低敌人的指挥、控制、通信系统，以及信息收集工作或手段的有效性和效率，IO 也可以打击一个团队的士气，减少目标的财富或价值，或降低敌方决策和行动的质量。
- 拒绝：防止对手的访问以及使用关键信息、系统和服务。
- 欺骗：致使某个人相信这不是真的。通过操纵对方对事实的理解，误导敌人的决策者。
- 漏洞：要获得对手的指挥和控制系统的访问权限，以收集信息或植入虚假或具误导性的信息。
- 影响：致使他人的行为方式有利于己方部队。
- 保护：采取行动阻止间谍活动或敏感设备和信息被捕获。
- 检测：要发现或识别是否存在侵入信息系统的事实。
- 恢复：使信息和信息系统回到它们原来的状态。
- 回应：要快速反应对手的或其他的 IO 攻击或入侵。

以上这些目标大部分是相互关联的。为了实现更好的响应，NSM 主要专注于检测，但有时候也会包括其他领域的基础原理。在本书中，当我们谈及蜜罐时，某种程度上将会涉及欺骗和降级两个领域。

IO 教条里的检测部分，与美国国防部定义的攻击识别与警告（AS&W）[⊜]是对齐的。AS&W 是检测、相关性分析、识别与界定有企图的未经授权的活动，也包括计算机入侵或攻击，它们通过详细的谱图外加告警通知传达给指挥部和决策者，以便作出恰当的响应。AS&W 还包括攻击 / 入侵相关的情报收集任务和宣传，有限的即时响应建议以及有限的潜在影响评估。

NSM 被认为检测领域的新模式，有一套自己的特征体系，与传统入侵检测相比有着显著不同的特点：

预防终将失败。最艰难的事实之一就是让防守方接受他们终将失败的事实。不管你的防御有多强，或者已经采取了怎样的积极主动的措施，最终，一个有动机的攻击者都会找到办法进入你的网络。

除了信息安全，目前的现实是防守方一直在追赶着对手。当防守者创建了一个强大的

⊖ 美国国防部合著出版 3-13，《 Information Operations》（2006.2.13）.http://www.carlisle.army.mil/DIME/documents/jp3_13.pdf

⊜ 美国国防部 O-8530.1 指令，《 Computer Network Defense (CND) 》（ 2001.1.8 ）.http://www.doncio.navy.mil/uploads/0623IYM47223.pdf

掩体，攻击者会创建一个更大的炸弹。当防守者开始使用防弹背心，攻击者又开始使用穿甲子弹。丝毫不感到奇怪的是，当防守者部署了企业级的防火墙，并确保其服务器漏洞已被完全修补的情况下，攻击者会利用社会工程学攻击占领网络的一个据点，并利用零日漏洞攻击来获取你已打补丁服务器的 root 访问权限。

一旦有人接受他们最终会受到入侵，他们可以将他们的思维定式转移到不完全依赖于预防，而是更多地聚焦在检测和响应上。在这一过程中，当一个重大入侵事件发生时，你的组织为了避免更大的流血损失应将目标定位于如何有效地响应。

专注于收集。以前的思维定式是将所有可用的数据源都收集起来，并扔进一个集中存储库中，这样的部署直接导致了无效的令人难以置信的管理成本。不仅如此，这些数据并没有提供任何实际价值，因为正确的数据类型并不可用，检测工具无法使用这些数据。

如果一盎司的预防胜过一磅的治疗，那么我会毫不犹豫地说，一盎司的收集胜过一磅的检测。为了实施任何类型的检测或分析，你必须要有数据能够解析。如果你能以更少的数据进行同一水平的检测，那么你正在为组织节省 CPU 消耗，也是更有效的。此外，如果你能为分析师提供他们仅需的数据，他们可以更快地做出正确的决定，这可以使一个小的入侵事件或一个完全的数据泄露事故得到不同的结果。

循环流程。旧模式的入侵检测是一个线性的过程。你收到一个报警，验证报警，进行必要的响应，最后完成事件闭环。这种线性过程既幼稚又不负责任。它把每一个网络安全事故束之高阁，不切合网络防御的目标。尽管有些入侵行为确实发生在几秒钟之内，熟练的攻击者往往是缓慢的，有条不紊的，有时甚至花上几个月的时间来明确他们的攻击目标。

为了摆脱这样的真空方法，还是有必要将检测和入侵响应的流程形成循环。这意味着，收集必须反馈于检测，检测应该反馈于分析，分析最后应反馈回收集。这样一来，允许防守方随着时间的推移建立起情报，可以被用来更好地服务于网络防御。

以威胁为中心的防御。迄今为止我所讨论的所有特性已引向以威胁为中心的防御观念。以漏洞为中心的防御重点是“how”，而以威胁为中心的防御重点是“who”和“why”。尤其是，你必须问自己谁对攻击你的网络感兴趣，以及为什么他们会通过这样的行动来获得他们想要的?

以威胁为中心的防御是一个比其前身更难执行的任务。这是因为它需要两个条件：对网络更广泛的能见度，收集和分析攻击者意图和攻击能力的情报能力。其中前者是几乎任何一个组织经过一定时期的投资就能很容易达到的，后者则会更难，因为大多数情况下你是在某个行业里运作，而不是在联邦政府机构中，但这也肯定不是不可能完成的。

回到我们之前所讨论的某地区入室抢劫的场景。以漏洞为中心的防御可能涉及的额外防范措施会增加如铁丝网和钢质门，而以威胁为中心的防御，警方会仔细检查被闯入的房子，并在周边范围内寻找有共同犯罪特征的案件，包括攻击者对目标偏好的选择。有了这些情报，警方可以建立罪犯的个人资料。结合这些情报形成类似的威胁档案，在执法的过程中就可以查看之前的逮捕记录，看看是否能找到谁在过去使用类似的手法犯罪。这种类型的分析结合其他形式的属性最终能够使罪犯绳之于法，阻止坏人进一步闯入。这种方法便是以威胁为中心的防御以及 NSM 的本质。

1.4　以漏洞为中心vs以威胁为中心

考虑在一个曲棍球比赛中，你的大门是用砖墙防守还是用一个守门员去防守。最初，砖墙似乎是最好的选择。以漏洞为中心的人更青睐于使用砖墙。砖墙起初似乎很牢固，因为它阻碍了大部分球的攻击，攻击者只有通过打破砖墙才能进球。然而随着时间推移，球的撞击会将某块砖打破，最终可能将整个砖块打穿。当然，你可以替换掉这个砖块，但是当你更换这块砖时，另一块可能又被敲松了。

以威胁为中心的人更喜欢让一个守门员去回击进攻。当然，对于守门员来说阻止所有进球是非常重要的。然而，偶尔的射门击穿了守门员的防守，守门员就会发现，对方射把球得低，从棍子下穿过。下一次遇到同样的射手，守门员将密切关注低球，并少了很多类似的进球。

关键的区别是，砖墙永远不会改变其策略，永远不会学习。而守门员，会学习特殊射手的习惯，在学习中获悉，适应，不断增强防守技能。

以漏洞为中心的防御和以威胁为中心的防御均力求捍卫网络，但是方法很不一样，表1.1列出了我刚才所讨论的差别。

表1.1　以漏洞为中心vs以威胁为中心

以漏洞为中心	以威胁为中心
依赖于预防	知道预防终将失败
聚焦于检测	聚焦于收集
假定所有威胁采用普遍做法	知道威胁使用不同工具、策略和程序
凭空想象分析每个攻击	每次攻击均结合情报分析
高度依赖基于特征的检测	利用所有数据源
检测未知威胁的能力很小	拥有更强能力，超出已知特征检测敌人的活动
线性流程	循环流程

1.5　NSM周期：收集、检测和分析

NSM周期包括三个不同的阶段：收集，检测和分析。本书根据这三个阶段来组织章节的内容（如图1.1所示）。

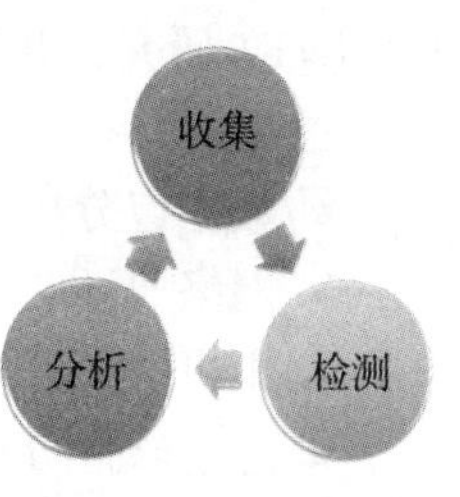

图1.1　NSM周期

1.5.1　收集

NSM周期的开始，其最重要的一步便是收集。收集阶段结合软硬件方案，为NSM检测与分析生成、组织和存储数据。收集是整个周期里最重要的部分，因为在这个阶段所采取的举措将塑造一个组织执行有效检测和分析的能力。

NSM数据的类型有好几种，收集方式也有好几种。最常见的NSM数据种类包括：完整内容数据、会话数据、统计数据、包字符串数据和报警数据。根据组织的需要、网络架

构和可利用的资源，这些数据可能应用于专注检测、专门分析，或两者兼有。

一开始，收集可以说是NSM周期里需要更多密集劳力的阶段之一，需要卷入大量的人力资源。有效的收集，需要组织的领导、信息安全团队、网络团队和系统管理团队成员的共同协调努力。

收集阶段包括如下任务：

- 定义组织中存在的最高风险是在哪里
- 识别组织目标的威胁
- 确定相关数据源
- 从数据源里提炼要收集的部分
- 配置SPAN端口收集Packet数据
- 为日志保留建设SAN存储
- 配置数据采集硬件和软件

1.5.2 检测

检测是通过对收集的数据进行检查，并根据观察到异常的事件和数据生成告警的过程。这里通常是通过某种形式的签名、异常，或基于统计的检测完成。它以最终生成告警数据为结果。

检测往往是某款软件的一个功能，这里有点像一些目前比较流行的软件程序包，从网络入侵检测系统（NIDS）的角度来看，著名的有Snort IDS和Bro IDS；从主机入侵检测系统（HIDS）角度来看，著名的有OSSEC、AIDE和McAfee HIPS。某些安全信息事件管理（SIEM）的应用软件利用基于网络和基于主机的数据，通过关联事件来实现检测。

尽管大部分的检测是由软件来完成的，仍有一些检测通过人工分析数据源产生告警，尤其是在需要对历史数据进行追溯分析的情况下。

1.5.3 分析

分析是NSM周期的最后阶段，它发生于当一个人解释并调查告警数据时。这往往会涉及从其他数据源收集更多的调查数据，由检测机制产生的告警类型相关的开源情报（OSINT）研究，并执行与开源情报（OSINT）有关的任何潜在敌对主机的研究。

这里面，有多种用于分析的方法，可以包括如下任务：

- 数据包分析
- 网络取证
- 主机取证
- 恶意软件分析

分析是NSM周期里最耗时的部分。在这一阶段，一个事件很可能被升级为一个分级的事故，并展开对应的事故应急响应措施。

NSM周期的闭环，要从检测和分析阶段中发现的所有异常中吸取经验教训，并进一步完善组织的收集策略。

1.6　NSM 的挑战

随着运营模式的转变，引进 NSM 和以威胁为中心的安全思路同样面临着外部挑战。首要的问题是，NSM 本身就是一种不成熟的科学，而它所在的信息技术整体领域，也是另一种不成熟的科学。尽管目前业界在规范各类术语和协议上已做出一些努力，但现实中存在的著作与实践仍有很大的差异。很明显，我们用的操作系统以及其上运行的应用程序和协议的不同，导致了这种差异的存在。

聚焦在特定的信息安全领域，三个不同的人关于同一主题的对话可能会有三套不同的术语。这种情况从培训的角度来说是令人难以置信的。在医学领域中，对新医生成功培训的一个重要原因是，不管他们是从哪所医学院校毕业的，他们都（在理论上）必须在进入医院实习期之前，具备同等基线水平的知识。此外，基于实习期程序要求和医学委员会测试的标准化，所有常驻医师都要求保持作为一名主治医师行医所应具备的相同水准的资格能力。这一切皆是基于医学界共同接受的理论、实践和要求。在 NSM 领域缺乏这样一种规则的事实意味着我们拥有一批从业者，他们经常在不同的波长频段上演讲，此外，虽然这些从业者在说着同样的事情，但他们往往用着不同的表述。再次，医学已经有几千年的发展历史，而 NSM 才刚刚起步，目前我们已经有了一些积累，并将继续大步前进。但现在，缺乏标准仍是不太可能回避的问题。

另一个困扰着 NSM 的问题是缺乏有效实践的技能。简单地说，没有足够多的人能满足所需要的经验和知识要求。在那些经济陷入困境的地方，大量的人很难找到工作，更别提能够看到有大量与 NSM 技能相关的职位可供人选择。虽然 NSM 也可以是一个入门级的安全工作，但它仍需要有高级别的人去引导初级工作人员来完成。这些中到高层员工都很难保持与他们的雇佣关系，因为他们往往最终选择了更高薪的咨询角色，或升迁到某个管理职位上。

最后一个值得一提的制约着 NSM 发展的问题是建立和维护一个 NSM 计划所需的成本。尽管这个高成本通常是与收集和解析 NSM 所产生的数据量所需的硬件相关联的，大量的成本通常是执行 NSM 分析所需要的劳动力成本，以及为这些分析师在用的 NSM 基础设施提供的支撑成本。如果涉及需要 7 × 24 × 365 监控的大型组织，情况会更复杂。不幸的是，对于组织来说另一个成本因素是需要使用商业 SIEM 软件。虽然这些包并非必要的，但当它们被列为组织“必备”的采购清单时，它们往往可以被打上六到七位数的价格标签。

1.7　定义分析师

一个 NSM 计划最大的决定性因素是人工分析师。分析师能够解释告警数据，展开分析和调查与告警相关联的数据，最后确定该事件是为误报还是需要进一步调查。根据组织的不同规模和结构，分析师也可能参与事件响应过程或执行其他任务，如基于主机的取证或恶意软件的分析。

人工分析师是组织的关键所在。是他们钻研着捕获到的数据包，寻找着某一个不合规范的比特位。同时，分析师还得了解敌人可能会使用到的最新工具、策略和程序。事实很简单，你的网络的安全性依赖于人工分析师切实做好工作的能力。

1.7.1 关键技能

以下罗列内容，是作为一名分析师应该具备的几个重要技能。通常地，我会先定义对所有分析师都有帮助的基线知识，然后再定义能将分析师进行区分的专业领域。在理想的情况下，一个分析师应能具备两个或三个专业领域的技能，但实际上，当我管理团队的时候，我只要求他们至少掌握一个。

基本技能

- 以威胁为中心的安全，NSM，NSM 周期
- TCP/IP 协议
- 常见的应用层协议
- 数据包分析
- Windows 操作系统架构
- Linux 操作系统架构
- 基础数据解析语法（BASH、Grep、SED、AWK 等）
- IDS 的使用（Snort、Suricata 等）
- 妥协指标（或感染指标）以及 IDS 特征优化
- 开源情报收集
- 基础分析判断方法
- 基础恶意软件分析

专长技能

分析师可能拥有的专长技能有好几个，其中包括：

进攻战术。此专长一般侧重于渗透测试和安全评估。精通这一领域的分析师将从攻击角度，采用与敌人相同的方式试图获得攻击内部网络的访问权限。这样的演练对于识别出其他分析师在履行职责过程中存在的弱点是至关重要的。此外，那些对进攻战术了如指掌的分析师通常在执行 NSM 分析时，能够使用更好的装备去识别某些攻击者的活动。进攻战术涉及的具体知识和技能主要包括：网络侦察、软件和服务漏洞利用、后门程序、恶意软件的使用以及数据泄露技术。

防守战术。防守战术者是检测和分析的大师。此项专长通常包括：分析师构思新的开发工具和分析方法。分析师也会依赖于及时了解网络防御相关的新工具和新研究，并评估这些工具是否可以引进组织的 NSM 计划里使用。防守战术涉及的具体知识和技能主要包括：对网络通信更详细的了解、IDS 结构、操作和特征的丰富知识以及统计检测。

编程。能够编写代码是信息技术里几乎所有方面均有用的能力，特别是在信息安全和NSM领域。精通编程的分析师将能够为NSM团队开发定制的检测和分析解决方案。此外，这个人往往会非常擅长解析大数据集。一般情况下，那些选择为NSM而编程的人应该对Linux系统下的BASH环境具有非常深的理解。一旦他们做出了这样的选择，他们应该精通一种解释语言如Python或Perl，web语言如PHP或Java，以及编译语言如C或C++。

系统管理。虽然系统管理本身是更一般的技巧，但如果涉及NSM，系统管理也可以是一项专长。此项专长需要分析师积极参与数据收集的过程，例如IDS的配置，使数据到处传递，以便可以正确地与各种检测软件对接。分析师还可以进行传感器加固以及发展友军情报收集。此项专长需要对Windows和Linux平台有深入理解，并擅长于数据理解和日志收集。

恶意软件分析。NSM实施过程中会经常需要收集已知或可疑的恶意软件样本。应该有分析师能够通过基本的恶意软件沙盒分析，提取样本特征。但是如果一个组织不断检测到有针对性的恶意软件，那么雇佣一个专人去执行更高水平的恶意软件分析是有重大价值的。这里面包括动态和静态分析的知识。

基于主机的取证。一个精通基于主机取证的人，能够通过主机取证分析获得某个资产已被感染的情报。这一情报可以用于改善组织内的收集流程。这方面的知识，也可用于评估和实现新的基于主机的检测机制，并产生新的基于主机分析的妥协指标。此项专长有用的技能包括：硬盘驱动器、文件系统取证、内存取证和事件时间线的创建。

1.7.2　分类分析师

一般情况下，我见过的大多数组织是基于员工的工龄将分析师分类为初级或高级。我更倾向于使用一种不相关的方法将分析师分为三个能力级别。这将有利于人员雇佣和工作进度安排，同时也为分析师们提供可进阶推进的职业生涯目标。这种类型的模型并不一定适用于每一个组织，但它提供了一个很好的起点。

一级（L1）分析师

入门级的分析师处于L1阶段。这类分析师拥有几个前面列出的基本技能，对相关知识有一定掌握，但一般不会解决需要任何特定专长技能的问题。一个典型的L1分析师会花大部分的时间审查IDS告警，并根据他们的发现开展分析。有助于在L1取得成功的最大因素是在当前阶段积累更多的经验。他们看的协议、数据包和事件越多，他们在处理下一个到来的事件时就做得更好。这有点像一个外科医生的职业发展经历，每个外科手术都使他自己变得更好。在大多数组织中，多数分析师都属于L1的分类中。

二级（L2）分析师

二级分析师对大部分基本技能都能扎实掌握。通常情况下，这类分析师至少已经选择一个专长，在处理好日常事件审查和调查这些本职工作的同时，开始花费额外的时间去提升他们在专长领域的技能。L2分析师是L1分析师的导师，他们开始确定一个组织NSM计划范围的“最佳实践”。他们将越来越多地参与团队的建设规划，通过其他网络事件以及开源情报的研究（OSINT）创建特征来完善检测流程。L2 分析师还通过人工审查各种数据源的方式试图寻找潜在的事件，而不是仅仅依赖于自动化的检测工具。

三级（L3）分析师

三级（L3）分析师是一个组织内最资深的分析师。这些分析师精通所有的基本技能并至少精通一个专长技能。他们是组织内部的思想领袖，大多已不在审查事件上耗费时间。他们主要为其他分析师分配分析任务，开发和提供培训，并在复杂的调查工作中提供指导。L3 分析师也负责帮助发展和加强该组织的收集和检测能力，其中可能包括构思或开发新的工具，以及评估现有工具。

1.7.3 成功措施

衡量一个 NSM 计划的成功或失败中，往往大多数组织处理的并不正确。如果入侵发生了，高级管理人员认为他们的安全团队在整个过程中是完全失败的。在以漏洞为中心的模型下，预防完全依赖于，可能是某种合理的思维模式。然而，一旦一个组织接受预防最终失败的观念，他们也应该会允许入侵的发生。一旦这种心态变得普遍，你不应该以是否发生了入侵来衡量 NSM 计划的有效性，而是以它如何有效地检测，分析和上报入侵来衡量。在一次入侵的范围内，NSM 最终需负责从事件发生、被检测到升级的所有经过，一旦被认定事故已经发生，就必须以尽可能快的速度获取充足的信息提供给事故响应人员。当然，即便是有时候大型机构的 NSM 团队也可能是事故响应小组，但这种职能还是得从逻辑上剥离的。最终，当入侵发生之后，领导质问 NSM 团队“为什么会发生？”的问题，应替换成为“我们能以多快的速度去检测事故的发生，我们能以多快的速度将事故升级并响应，以及我们如何调整我们的 NSM 措施为下一次攻击做更好地准备？”

本书的大多数读者应该会是分析师，而不是管理者，但我已将这部分内容包含进来，这样它的内容可以跟管理层共享，也希望读者有一天能够身处管理者的位置去影响某些变化。

一个 NSM 计划的最重要组成部分，以及谁将最终负责回答这些问题，是人工分析师。我曾与数个各种规模组织的安全团队一起工作过，看到过一些不错的项目和一些不好的项目。创建一个出色的 NSM 团队有很多种方法，但我目睹过的所有想通过 NSM 提供有效安全保护的组织，他们最终的失败都有一个共同点：他们没有认识到，人工分析师是这项使命最重要的方面。

不愿在分析师和增强分析师技能上做投入，却投资于昂贵的软件包或不必要的自动化。两年下来，当发生大规模入侵时，当初那些做决策的股东们都在想为什么他们的 SIEM 解决方案及其七位数的价码也没能抓住六个月前就已经开始的入侵。

更糟糕的是，这些组织裁减了应配备的员工，直到他们只使用入门级的没有所需经验或背景的员工来完成手头的任务。尽管一些入门级的工作人员被寄予希望，但缺乏经验丰富的技术领导者意味着你的初级分析师们不会有机会发展他们的专长。这些通常是由于组织拒绝提供足够的培训预算，无论是财务预算还是时间预算。

成功的 NSM 团队有几个共同的特点：

创造良好学习氛围

NSM 靠吃才智和创新长壮，它是激励和教育的产物。它需要偶尔的通过定期培训机会鼓励教育，但它又是一个完全不同的物种，基于学习去创建一个完整的工作文化。这意味着不仅仅是允许学习，也允许促进，鼓励，并奖励它。

这种文化需要克服很多与典型职场相关的阻力。在传统的工作场合，当你走进办公室，看到一些员工看书或工作于不涉及事件或数据包审查的个人技术项目，这可能会让人不悦。更让人难以理解的是，多数员工离开自己的办公桌在白板面前讨论着旅行安排的细节问题。事实的真相是，这些东西应该受到欢迎，因为他们增加了士气和整体幸福感，最后你的分析师们兴奋地结束了一天的工作回家，这种兴奋状态使他们想带着新奇的想法回到公司，以便在第二天重新获得激励。

虽然一些保守者将永远无法接受这样的工作环境，但它被证明是非常成功的。谷歌便是成功创造学习型文化的一个组织案例，谷歌的成功有很大一部分与其文化直接相关。

学习文化的颂歌可以被概括得很简单。每一个分析师的每一次行动，要么是教导他人，要么是向他人学习。没有例外。

强调团队力量

这里有点老套，但团队需确保共同的成功胜于个人的成功。这意味着，团队建设是必须的。确保团队凝聚力始于雇用合适的人。个人的执行能力是重要的，但他们的能力与现有团队成员拧成一团也同样重要。我已经看到了不少“一粒老鼠屎，坏了一锅粥”的现实案例。

在某些时候，当有不好的事情发生时，需要来自各参与者相互的时间承诺。那些互相信任的分析师，真挚地享受在一起共事的时光，将更有效地确保事故得到妥善处理。作为额外奖励，一个有凝聚力的团队将帮助推动学习型文化。

为专家成长提供正式机会

一个管理者最大的担忧是，他们的工作人员将成为训练有素的认证专家，然后离开了组织择木而栖。尽管会发生这种情况，组织也不应该不提供培训机会。

笔者采访过离开各种组织的 NSM 分析师们，很少有人会因为更高的工资而跳槽。相反，他们几乎都是因为没有获得足够的机会，让他们在组织里成长。一般来说，人们不喜欢改变。换工作，特别是当它涉及搬迁，这是很大的一步，一般人都想避免所有这种情况的发生。这意味着，你很可能会留住你的员工，如果你能提供专业认证的机会、岗位升级或转移到管理者角色。而要做到这一点，只要有一个定义清晰的职业升迁通道，往往就会很不一样。这就是为什么要有类似的能让组织受益的 L1/L2/L3 分析师分类体系的原因之一。

鼓励超级明星

信息安全领域以其具有令人难以置信的个人极其自负的文化而臭名昭著。虽然这里说得有些谦虚，但你往往改变不了内置于他人的个人特质，你还必须尽你所能地与它合作。如果你的组织有一个极其自我的雇员，那么把他变成一个超级明星。人往往在拥有充分的自信后会有强烈的欲望以一种更大的方式来取得成功，如果你能做到这一点，那么他们就会茁壮成长。通过向他们挑战，提供学习机会，灌输给他们责任感。超级明星是少数的，尤其在关键时刻有些人会疲于应付，一旦发生这种情况，现实的历练往往会使他减少大量自负情绪。如果那个人不断地成功，那么你便找到了你的超级明星。

一旦你有了一个超级明星，人们将会效仿他们的成功。他们的影响力将推动他人实现自我超越，每个人都是受益的。只要你的超级明星不是以负面粗鲁、令人厌烦或以其他霸道方式影响别人，那他便是一种资产。艾弗森和科比之间的区别是，艾弗森打得很棒，而科比让每一个在他周围的人都很棒。这就是为什么在他们各自的任期里，艾弗森的76人队没有取得任何冠军成绩，而科比的湖人队拿了5次冠军。最好让你的超级明星成为科比·布莱恩特。

奖励好业绩

正能量能够给士气提供巨大的鼓舞。如果分析师发现一些别人没发现的，每个人都应该知道这一点。此外，如果分析师为了跟进一个事件多加班了五个小时，你应该让他们知道你感激他们的努力。奖励什么并不是特别重要，只要它能让人觉得心满意足。

从失败中吸取教训

分析工作会迅速变得平淡无味。特别是在较小的环境中，不会有太多的事件或定向攻击发生。在这种情况下，分析师就会变得很容易漏掉一些东西。当面临着这样的失败时，建议不要惩罚整个团队，而是以此作为另一个学习的机会。

> **实战中的启示**
>
> 我最喜欢的促进学习的方式之一便是从失败中吸取教训，这是从医学领域学到的另一观点。很多时候，当病人死亡，而该死亡本可以在医疗上避免的，主治医师和团队的其他医生将召开一个名为并发症和死亡率（M&M）[⊖]的会议。在会议上，主治医生将表述病人在治疗过程中是怎样被照顾的，其他医生将为这个过程中可选择替代的步骤提供建设性的质疑和想法。这些会议往往让人心生畏惧，但只要主持有效得当，并保持积极正面，当类似的情况到来时，他们可以制定很多正面的变化。这个概念将会在本书的第三部分“分析”的章节中有更深入讨论。

练习仆人式领导

在我曾经有幸一起工作过的组织里，最成功的便是践行仆人领导的管理理念。仆人式领导已经在其他领域有着相当广泛的应用，我第一次听英国教练约翰·卡利帕里介绍时，我只是一个肯塔基大学的篮球迷。

仆人式领导的要点是，领导影响力不是基于职称或某个被赋予的授权而建立，仆人式领导者通过优先满足同事的需求去获得结果。这种谦虚的心态使你帮助他人完成他们的使命，从而使得组织获得蓬勃发展。这种理念很可能会孕育出不由一个强有力的领导者来稳

⊖ 坎贝尔，W.B.，“手术并发症和死亡率会议”（1988）。http://www.ncbi.nlm.nih.gov/pmc/articles/PMC2498614/?tool=pmcentrez

定的企业，而是由一群具有不同的能力和弱点，并能和谐共事的领导者，实现共同的使命。虽然这听起来像一个崇高的目标，只要心态正确，让所有人都参与进来，这样的环境可以成为现实。

1.8 Security Onion

本书将会走出理论，涵盖多个实用的示范和例子。为了公平的竞争环境，我将选择 Security Onion 作为这些示范的平台，它是一个专为入侵检测和 NSM 设计的 Linux 发行版。Security Onion 是 Doug Burks 和少数代码贡献者开发的产品，也是我最喜欢的教学和学习工具之一。其安装过程简单，你可以在 15 分钟内，迅速部署一套完整的 NSM 收集、检测和分析的套件。 Security Onion 的价值远远超出了一个教育工具，因为我已经看到了一些规模较小的组织将它当内部产品使用。而事实上，我在我的家庭办公室和个人网络里，也在使用它。

1.8.1　初始化安装

如果你打算跟着本书一起练习，那么我建议你下载并安装 Security Onion（SO）。它已经预置了几款我将要讨论的工具，包括：Snort、Bro、Argus 以及其他。如果你身边有一个旧的物理机和一张额外的网卡，那么实际上你可以把它放在你的家庭网络上检查真实流量。如果仅为教学目的，在虚拟机上安装 Security Onion 也是完全可以接受的。VMWare Player 或 VirtualBox 等虚拟机软件就可以工作得很好。

一旦你安装好了虚拟化软件，就可以开始下载 Security Onion 的 ISO 文件。这个文件的最新版本可以从 http://securityonion.blogspot.com/ 获取。该页面还包含了大量有用的资源，用于安装和配置 Security Onion 各个组件。当你完成下载后，遵循以下步骤将 Security Onion 启动并运行：

1. 在你所使用的虚拟化平台里创建一个虚拟机。我们建议你为每个被监控的网络接口配置至少 1 GB 内存，每个虚拟机的内存总量应不低于 2 GB。此时还应该确保你的网络接口已经连接到了虚拟机。

2. 在虚拟化软件里将 ISO 文件挂载进虚拟 CD/DVD 驱动器中。

3. 启动虚拟机后，允许它通过磁盘光驱启动进入到操作系统 live 界面，完成这个过程后，选择桌面上的“安装 SecurityOnion”图标，开始将操作系统安装到虚拟磁盘。

4. 遵循 XUbuntu 安装程序呈现给你的提示，在此安装期间，你需要进行一些系统配置，包括你配置磁盘分区、你所在的时区、互联网连接、主机名称、用户名和密码（如图 1.2 所示）。这些选项可以根据自己的喜好配置，但请勿选择加密 home 文件夹的选项，也不要启用自动更新的功能，这些选项在默认情况下是被禁用的。一旦你完成了 XUbuntu 的安装，会提示你重新启动系统。

以上步骤完成了操作系统的安装流程。

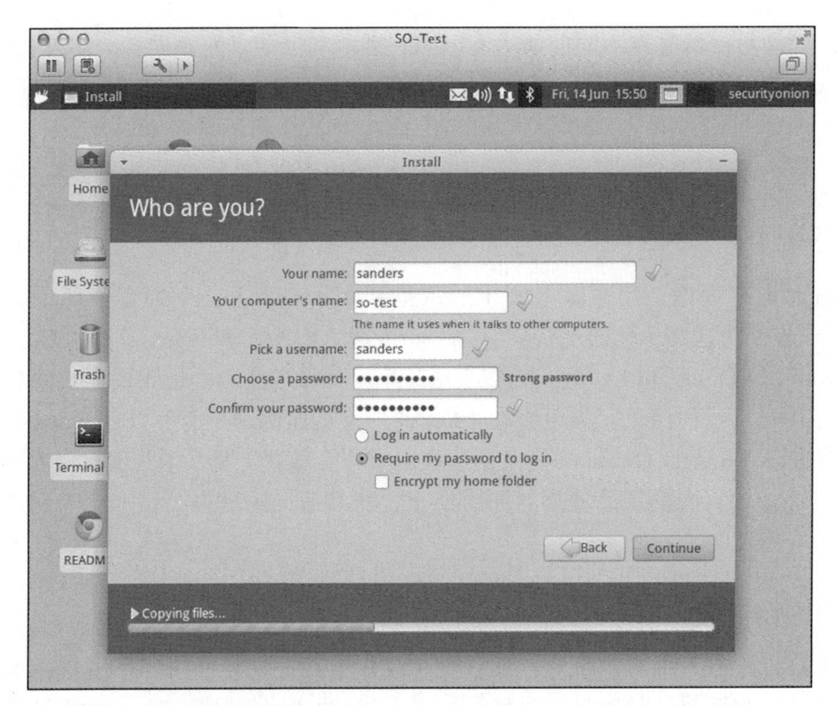

图 1.2 安装 Security Onion 过程中配置用户信息

1.8.2 更新 Security Onion

一旦你完成了操作系统的安装，机器重启后，下一步是确保 Security Onion 是最新版本。即使你刚刚下载了 ISO，SO 的软件包也很可能有更新。可以通过在命令提示符下执行以下命令来实现自动更新：

```
sudo apt-get update && sudo apt-get dist-upgrade
```

这个过程可能需要一段时间，具体取决于自从上一次 ISO 发行以来的更新次数。一旦更新完毕，那么你将拥有一个全面全新的 Security Onion。

1.8.3 执行 NSM 服务安装

为了让 NSM 服务在 Security Onion 中启动并运行，你必须完成它的自动安装过程。当你登录 SO 后，遵循以下步骤：

1. 点击桌面上的“安装”图标，启动安装过程。

2. 再次输入你的密码后，系统会提示你配置在 /etc/network/interfaces 文件，选择“是”。如果你有多个接口，系统会提示你选择一个网络接口作为管理接口，也就是你用来访问系统的接口。如果你只有一个网络接口，该接口将用于管理。通过选择静态 IP 地址选项配置接口的 IP 地址、子网掩码、默认网关、DNS 服务器地址、本地域名。你需要确认以上输入信息，然后系统将重新启动。

> **实战中的启示**
>
> 即使你通常会手动配置网络接口，我们也强烈建议你让SO去执行此步骤。因为这样做，它会执行一些优化步骤，确保你的监控端口正确地配置以捕捉所有可能的网络流量。

3. 再次通过单击桌面上的“安装”图标启动安装过程。

4. 跳过网络配置过程，这步已经完成。

5. 选择“快速安装”（你可以选择高级设置，但快速安装在这里已能满足我们的要求，高级设置里的选项你也可以随意尝试。）

6. 如果你有多个网络接口，系统会提示你选择一个作为管理接口，请根据情况选择合适的接口。

7. 为各类NSM服务输入用户名和密码。

8. 当提示你启用“ELSA”，选择“是”。

9. 最后，系统会提示你对传感器配置进行确认（如图1.3所示），选择“Yes, proceed with the changes!”后，系统会让SO应用这些更改。

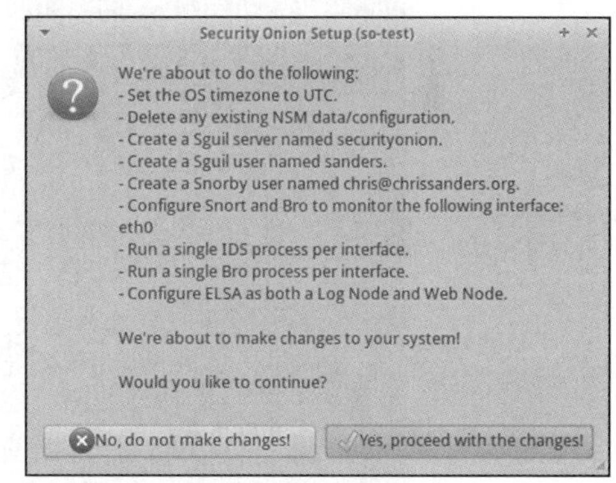

图1.3 确认安装变更

一旦你完成了这步安装，Security Onion将为你提供几个重要的日志文件和配置文件的位置。如果你在以后的安装过程中遇到任何问题或发现某个服务没有正确启动，你都可以检查路径/var/log/nsm/sosetup.log里的安装日志。除非另外指明，本书的剩余部分将假设你已完成Security Onion的安装与快速配置。

1.8.4 测试Security Onion

验证Security Onion上的NSM服务是否正常运行的最快方法，是强制让Snort从它的规则中产生一个告警。在这样做之前，我通常喜欢先更新Snort的规则集。你可以通过执行命令来实现：sudo rule-update。SO将通过PulledPork程序从Emerging Threats站点下载最新的一套规则集，生成新的SID映射（用于规则名称以及它们的唯一标识符的映射），然后重新启动Snort以使新规则生效。该命令的部分输出如图1.4所示。

为了测试NSM服务的功能特性，通过在桌面上选择“Snorby”图标启动Snorby，系统将提示你通过在安装过程中提供的电子邮件地址和密码登录。接下来，在屏幕的最上方单击“事件”选项卡，此时很可能这个窗口是空的。

为了产生Snort告警，在浏览器窗口中打开另一个选项卡，访问http://www.testmyids.com。

现在，如果你切换回用之前打开的Snorby选项卡，并刷新事件页面，你会看到一个告警“GPL ATTACK_RESPONSE id check returned root”（如图1.5所示）。如果你看到这个告警，那么恭喜你！你已经成功地用Security Onion建立起你的第一个NSM环境！你可以随意通过单击这个告警在Snorby里查看相关的详细输出。在后面的章节，我们将回来更仔细地检验Snorby的功能。

```
chris — sanders@so-test: ~ — ssh — 92×42
Processing /etc/nsm/pulledpork/enablesid.conf....
        Modified 0 rules
        Done
Processing /etc/nsm/pulledpork/dropsid.conf....
        Modified 0 rules
        Done
Processing /etc/nsm/pulledpork/disablesid.conf....
        Modified 0 rules
        Done
Modifying Sids....
        Done!
Setting Flowbit State....
        Enabled 29 flowbits
        Done
Writing /etc/nsm/rules/downloaded.rules....
        Done
Writing /etc/nsm/rules/so_rules.rules....
        Done
Generating sid-msg.map....
        Done
Writing /etc/nsm/rules/sid-msg.map....
        Done
Writing /var/log/sid_changes.log....
        Done
Rule Stats....
        New:-------0
        Deleted:---0
        Enabled Rules:----13968
        Dropped Rules:----0
        Disabled Rules:---3324
        Total Rules:------17292
        Done
Please review /var/log/sid_changes.log for additional details
Fly Piggy Fly!
Restarting Barnyard2.
Restarting: so-test-eth0
  * stopping: barnyard2-1 (spooler, unified2 format)              [  OK  ]
  * starting: barnyard2-1 (spooler, unified2 format)              [  OK  ]
Restarting IDS Engine.
Restarting: so-test-eth0
  * stopping: snort-1 (alert data)                                [  OK  ]
  * starting: snort-1 (alert data)                                [  OK  ]
```

图 1.4 规则更新的输出显示

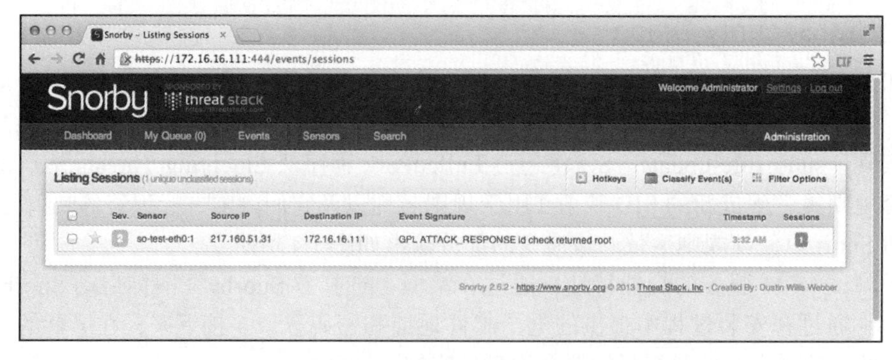

图 1.5 Snorby 里显示的 Snort 测试告警

这个告警应该会很快在 Snorby 中出现，但如果你在几分钟后仍看不到，那么很可能某个方面没有正常工作。你可以到 Security Onion 的网站上寻找故障排除步骤，如果你仍然解决不了问题，还可以尝试到 Security Onion 的邮件列表或 Freenode 上的 IRC 频道 #securityonion 寻求帮助。

以上这些安装过程都是基于最新的 Security Onion 12.04 版本，本书写作时可用的最新版本。如果你发现这个过程已经发生改变了，可以到 SO 的 wiki 站点上获取最新的安装指导：https://code.google.com/p/security-onion/w/list。本书的实践课程中会多次涉及 Security Onion 的介绍，但如果你想在此期间更多地了解它，SO 的 wiki 站点是最好的资源。

1.9 本章小结

本章介绍了 NSM，以威胁为中心的安全，以及其他几个相关的概念。我们还讲解了 Security Onion 的详细安装步骤以及在几分钟内配置 NSM 环境。如果你是个 NSM 新手，那么理解本章中提出的概念是非常重要的，因为这些概念是接下来的章节里 NSM 实践的基础。本书的其余部分按照 NSM 的三个部分来组织的：收集、检测和分析。

第一部分 Part 1

收　　集

Chapter 2 第 2 章

数据收集计划

数据收集的目标是为了 NSM 的检测与分析，是通过软硬件技术的结合来产生和收集数据。如果你是一个正在阅读本书的分析师，你可能会觉得这部分内容与你的工作无关，这是大错特错的。一个有效率的分析师可以有很多种方式（我偏向于数据包忍者）来形容，但最终，分析师必须是其数据的高手。这意味着他知道什么数据是可用的，这些数据来自于哪里，如何收集的，为什么收集，可以用来做什么。一个优秀的分析师可以使差的数据变得有用，使好的数据变得更有用。

很多时候，分析师往往会将责任归咎于数据收集。这种现象通常在这样的 NSM 团队里很常见，这种团队要么是由独立的系统组或网络组去负责数据收集过程，要么是让一个分析师担任"数据收集专员"。将这方面的知识细分给其他小组，或孤立这方面的知识是无法很好地完成 NSM 任务的，这将导致分析师们对正在分析的数据不能完全理解。

大多数组织会是以下三种情况之一：

- 没有任何 NSM 基础设施，刚开始定义自己的数据收集需求。
- 已实施入侵检测方案，但从来没有深入分析正在收集的数据。
- 已投入大量时间定义自己的收集策略，并不断在 NSM 周期中优化策略。

本章将讲解数据收集是如何从无到有的，希望以上三种类型的组织都可以从所讨论的概念中受到启发。

2.1 应用收集框架

亚伯拉罕·林肯说过："如果我有六个小时去砍倒一棵树，我会花掉头四个小时去磨我的斧头。"我想不出一个更合适的话语来形容数据收集的重要性。

我曾指出，一个熟练的分析师必须是其数据的高手。这往往很难做到，因为许多组织并没有完全理解自己的数据。他们没有采取结构化的方式来界定组织的威胁，而是到处开发程序简单地抓取任何他们可用的数据。这种数据过载会导致保留数据的存储资源被大量消耗，而且需要大量的人员去筛选太多的事件和误报，也将导致检测和分析工具不能有效地解析这些数据。

作为一名网络安全防御者，我们一般很讨厌“惊喜”。我们通常认为“惊喜”是不定性函数，也是复杂性函数[⊖]。过载的数据可能与组织的现实威胁不相关，这是一种快速增加复杂性的方法。

降低数据收集的复杂性，也是应用收集框架（ACF）的实施目的（如图 2.1 所示）。ACF 是一系列松散的步骤，帮助组织评估哪些数据源应该是收集工作的重点。

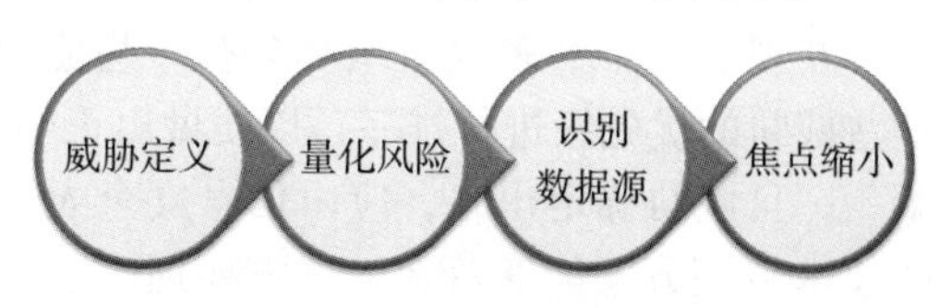

图 2.1 应用收集框架（ACF）

ACF 不是一下子完成的。要取得成功，它需要从一开始就得到高层领导的配合。安全团队和其他利益相关方将负责从这些早期的会议中确定待收集的信息，并使之可操作。ACF 涉及四个不同的阶段：定义组织的威胁、量化风险、识别相关的数据源以及提炼有价值的元素。

2.1.1 威胁定义

为了实现以“威胁”为中心的安全，你必须有一定的能力来定义你面临什么样的威胁。我指威胁不是泛泛的，比如竞争对手的公司、脚本小子、黑客团体或国家，而是具体的针对组织目标的威胁。

在确定与组织相关的威胁之前，你应该从这个问题开始，“涉及组织生死存亡的最坏情况是什么？”问题的答案必须直接来自组织高层，这就是为什么信息安全人员在定义数据收集需求的初始阶段需与高层领导一起工作，这点至关重要。

定义威胁的原则是：是否对数据的机密性、完整性和可用性有负面的影响。请参考下面的例子：

- 一个制造企业通过生产商品来创造利润，而他们 24 × 7 × 365 的基础产能必须达到。当有事情发生并导致生产中断时，将导致组织遭受重大损失。因此，生产中断可能是该组织的最大威胁。这是可用性的威胁。
- 一个律师事务所的信息将被严格保密。很多时候，律师事务所处理的信息，可能耗费组织数百万美元，甚至影响他人的生命。律师和客户之间的对话是极为重要的，如果第三方可以拦截到这些谈话，可能是一个律师事务所面临的最大威胁。这是保密性的威胁。
- 一个在线零售商依赖于网络销售以获取收益。如果他们的网站无法访问，甚至仅仅中断几分钟，就可能会导致大量的订单和收益损失。在这种情况下，没有能力保障交易完成可能是该组织的最大威胁。这是可用性的威胁。

⊖ Bracken, P.（2008）《Managing strategic surprise》Cambridge，MA：剑桥大学出版社

- 一个商品交易公司在很大程度上依赖于在交易期执行产生收益的交易，并将信息传达给海外合作伙伴。如果这个信息不准确，基于自动交易的算法会产生连锁反应，它可能最终造成数百万美元的损失。该组织的最大威胁将是送入这些算法的数据出现故意或意外的错误。这是完整性的威胁。
- 一个生物医药公司倾注其所有的努力研究新药物。从这项研究中产生的数据是该组织的资产，是他们的投资者提供的资金带来的。一旦竞争对手获取到这些信息，将可能导致整个组织的失败。盗窃知识产权的威胁可能是这类生物医药公司所面临的最大威胁，这是保密性的威胁。

在现实中，大多数组织都会有一些他们所关心的威胁。在这些场景下，高层领导应对这些威胁的优先级进行排序，以便做出正确的思考。

一旦威胁确定出来，应由信息安全人员深入分析这些对组织的威胁，使这些威胁背后的技术解决方案能够落地。这需要通过熟悉组织网络的基础设施，并对关键业务利益相关人进行业务流程调研，提出合适的问题来实现。

让我们更进一步来说明问题，上面最后提及的生物医药公司的威胁中，该公司投入巨资在其知识产权上，并已确定了其组织生存最大的威胁是知识产权的流失。这种情况下，有以下几个问题可以问：

- 哪些设备产生了原始研究数据，以及如何将数据通过网络进行传送？
- 员工通过什么设备去处理原始研究数据？
- 研究数据在什么设备中存储？
- 谁有权访问原始的和处理过的研究数据？
- 原始的和处理过的数据是否对外部网络可用？
- 外部可通过什么路径进入到内部网络？
- 临时雇员对研究数据有什么级别的访问权限？

根据所提供的答案，为了保护这些敏感数据，你应该可以开始构建什么样的资产在网络中是最重要的画面。我们的目标是系统地分析内网被入侵而导致知识产权被窃取的方式，从而得到一个宽泛的最终清单如下所示：

- Web 服务器被入侵。
- 数据库服务器被入侵。
- 文件服务器被入侵。
- 心怀不满的雇员造成数据泄露。

2.1.2 量化风险

一旦被确定潜在的技术威胁清单，我们必须将这些威胁进行优先级排序。实现排序的一种方法是，将“风险”定义为“影响”和“概率”的乘积。可以用以下公式来表示：

影响（I）× 概率（P）= 风险（R）

“影响”表示威胁对组织的影响，这里度量的范围为 1 ～ 5，用 1 表示威胁影响最小，用 5 表示威胁影响最大。“影响”的确定可以考虑：经济上的损失、恢复丢失数据的能力投入，以及恢复正常运作所需要的时间等。

“概率”表示威胁发生的可能性，这里度量的范围也是 1 ～ 5，用 1 表示该威胁发生的概率最低，用 5 表示该威胁发生的概率最高。“概率”的确定可以考虑：资产暴露或攻击显现、邻近网络执行攻击的水平、甚至可能是某人获取对资产的物理访问权限的可能性。在足够的时间内，漏洞被利用的可能性会增加。当我们创建“概率”排序时，这些概率仅代表它们被创建的那个时间点的值，这意味着它们应当随着时间的推移而更新。

“影响”和“概率”的乘积便是“风险”的程序，或者叫“风险权重”，用于说明对组织业务目标相关的网络安全威胁。这里度量的范围为 1 ～ 25，可以细分为三类：

- 0-9：低风险
- 10-16：中等风险
- 17-25：高风险

以生物医药公司作为例子进行风险评估，我们设定的技术威胁优先级可能如表 2.1 所述。

表 2.1　生物医药公司的风险量化

威胁	影响	概率	风险	威胁	影响	概率	风险
Web 服务器被入侵	3	4	12	文件服务器被入侵	5	4	20
数据库服务器被入侵	5	3	15	心怀不满的雇员造成数据泄露	5	4	20

虽然“影响”和“概率”旨在提供一些能够量化与威胁相关的指标，但是这些数值仍然是主观的。因此，重要的是这些数值能够由组织的安全委员以及具有同等职能的人员一起参与确定。一些组织会选择第三方机构来帮助量化这些风险，我也看到了不少与网络渗透测试成功结合的案例。

2.1.3　识别数据源

应用收集框架（ACF）的下一阶段涉及识别现实中主要数据来源，为 NSM 检测和分析提供数据基础。从具有最高风险权重的技术威胁开始，你必须考虑这些威胁显现的证据在哪里。

让我们来看看文件服务器被入侵的威胁。当定义这个威胁时，你应该已经确定了这台服务器的架构、它所处的网络、谁有权访问它、数据经它传入和流出的途径。根据这些信息，你可以检查基于网络和基于主机的两个数据源。这个列表样例最终可能如下：

- 基于网络的：
  - 文件服务器的 VLAN ——完整的数据包数据捕获
  - 文件服务器的 VLAN ——会话数据
  - 文件服务器的 VLAN ——吞吐量统计数据
  - 文件服务器的 VLAN ——基于签名的网络入侵检测系统告警数据
  - 文件服务器的 VLAN ——基于异常的入侵检测告警数据
  - 上游路由器——防火墙日志数据

- 基于主机的：
  - 文件服务器——操作系统的事件日志数据
  - 文件服务器——防病毒系统的告警数据
  - 文件服务器——主机入侵检测系统（HIDS）的告警数据

你会发现，这个列表比较泛，不过没关系，这样做的目的仅仅是开始识别有价值的数据源。我们将在下一个步骤进一步细化。

2.1.4 焦点缩小

ACF 的最后一个阶段是与你所选择的数据源进行亲密接触。这是技术上最深入的步骤，包括单独审查每个数据源，以了解其价值。你可能会发现某些数据源需要耗费很高的存储量、处理能力和管理开销，相比它们所能提供的价值，并不值得投入太多成本去收集。

最后，你的组织必须对所需的数据源进行成本 / 收益分析，以确定它们所提供的价值是否值得投入成本去实现和维护。从成本角度来看，这种分析应考虑到：硬件和软件资源的投入，以及维护这些数据的生成、组织和存储所需的人力成本。要分析这个方程的收益点，你应该要弄清哪些数据源在事件调查中会被频繁关联或引用。在这个分析过程中你可能需要耗费时间在以下方面：确定哪些类型的 PCAP 数据需要捕获，哪些重要的 Windows 安全日志事件需要保留。

你在此过程中询问的常见问题可能包括：

- 你能在一个特定的网段里过滤出什么 PCAP 流量？
- 哪些系统事件日志是最重要的？
- 你需要同时保留防火墙的允许和拒绝日志？
- 无线认证和相关日志是否有价值？
- 你是否应记录文件访问、创建或修改的日志？
- 哪一部分的 Web 应用程序是你真的需要记录日志？

你也应该开始为每一种数据类型定义存储的空间和保留周期。这里可以用最小运营值和理想运营值来表述。最小运营值是执行实时检测所需的必要存储数量，理想运营值是为了实现回溯检测和作为调查数据源进行分析所需的建议存储数量。

基于我们在先前步骤已建立起来的清单，进一步细化结果如下：

- 基于网络的：
  - 完全的数据包数据捕获
    - 进入或流出文件服务器的所有端口和协议
    - 所有流出 VLAN 的 SMB 流量
  - 会话数据
    - VLAN 的所有记录
  - 数据吞吐量统计数据
    - 文件服务器长时间的数据吞吐量
    - 每天、每周、每月的平均值

  - 基于特征的网络入侵检测系统告警数据
    - 所有网段的告警
    - 聚焦 Windows 系统和 SMB 协议的规则告警
  - 基于异常的网络入侵检测系统告警数据
    - 聚焦文件服务器操作系统变更的告警
    - 聚焦大批量或大流量的文件下载告警
  - 防火墙日志数据
    - 防火墙拒绝日志（外部→内部）
- 基于主机的：
  - 系统事件日志数据
    - Windows 安全日志
  - 成功登录
  - 失败登录
  - 账号创建与修改
    - Windows 系统日志
  - 文件系统权限变更
  - 软件安装
  - 系统重启
  - 病毒告警数据
    - 检测事件
    - 阻止事件
  - 基于 OSSEC 主机的入侵检测系统：
    - 关键系统文件改变的相关告警
    - 快速枚举文件的相关告警 Windows 安全日志
    - 账号创建与修改的相关告警

鉴于以上列表，你应该能够提供一份所需的数据细节给相应的系统和网络团队。这种情况下，基础设施需要进行适当的调整，以支持你的数据收集要求。不要太多考虑基础设施变动带来的成本，一旦你完成了 ACF 框架的设计，那只是一个业务上的决策。该框架的目标是确定要收集的数据，细化这些数据的重要性。如果出于预算限制无法实现理想的数据收集，你至少要准备另一个方案，说明可以牺牲哪些东西，这个方案可以基于之前所说的成本 / 效益分析来完成。这里的关键目的是，你可以将你的数据收集需求直接与业务目标挂钩，证明这些威胁将影响到业务的连续性。

如果你没有很多 NSM 收集的经验，那么你可能不知道某一数据源到底能提供怎样的价值。但这种经验迟早会积累，到时你便面临着决定某种数据源是否可以弃之不用，或者发现以其他的形式收集额外的数据会更合适。这个过程中产出的技术文件是写不完的，关键是要明白，你永远不可能“完成”NSM 的收集。NSM 收集是一个动态的过程，随着你做更多的检测与分析，随着网络规模的不断扩大，你会经常需要重新审视你的收集策略。

本书配套的网站提供了上文图片所示的模板，可以帮助你实施 ACF 的步骤。一旦你完成了它们的第一次迭代，这些模板将成为你的分析师们熟悉所收集数据的绝佳资源。

2.2 案例：网上零售商

让我们来看看这样一个场景：一个在线零售商第一次建立他们的 NSM。这里我们虚构一个公司：Purple Dog Inc.（以下简称 PDI）。PDI 使用他们的网站来推广和销售由其他供应商生产的工艺品和小饰物。他们没有传统的实体商店，所以他们整个的收入来源取决于网站的销售能力。

图 2.2 展示了 PDI 公司的网络拓扑。这是一个相当典型的网络设计，在边界路由器后面的 DMZ 区放置了对外提供访问的服务器。用户与内部网络服务器部署在核心路由器后面的各个 VLAN 中。你会注意到，图中并不包括任何数据传感器。这是因为我们还没有建立收集需求。

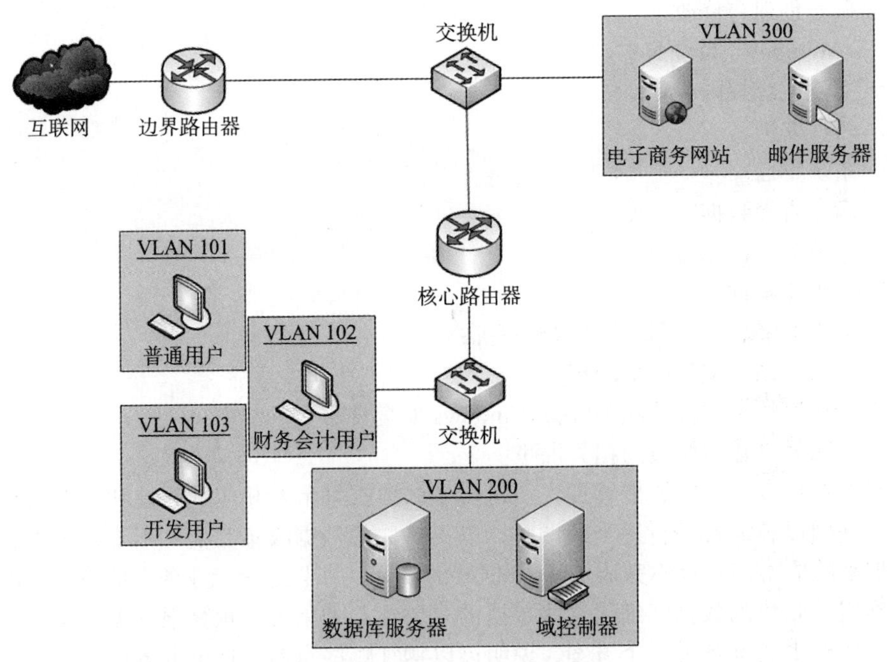

图 2.2 Purple Dog Inc. 网络拓扑图

2.2.1 识别组织威胁

由于 PDI 公司本不生产自己的商品，他们本质上是一个销售中间商和产品分销商。如果你问他们的管理层最担心的事情是什么，答案可能会是：

担心 1：“我们所有客户的信用卡信息被盗取。我们将不得不支付巨额罚款，而且客户将不会再信任我们，生意会从此一落千丈。”

担心 2：“我们的网站发生了什么意外的情况，导致其较长时间无法访问。在业务高峰期，将可能威胁到业务的连续性。”

担心 3：“网站上有 bug，有人发现能够不用支付即可提交购物订单。这将导致收入上的损失。”

现在，让我们将这些来自“官方口径”的担心转换成实际的威胁。

客户信息被盗取（保密性）

PDI 公司的电子商务网站收集并存储用户的个人身份信息（PII）的数据，包括信用卡信息。这个数据库是不能直接从 Internet 访问的。在某个场景中，黑客可能会通过前端 Web 应用程序的漏洞来入侵存储这些敏感信息的后端数据库。而且，攻击者也可以通过入侵有权限访问该数据库的员工（比如开发人员）电脑来访问这些敏感信息。

网站服务中断（可用性）

黑客通过执行攻击，使客户无法正常访问电商网站，这里可以通过某种形式的拒绝服务攻击压垮服务器或它们所在的网络。同样，攻击者也能够通过入侵一台对外开放的服务器，鬼使神差地使这些服务不可用。最后，攻击者还可以通过入侵内部网络的某些电脑，把这些电脑变成肉鸡，进而渗透进电子商务服务器所处的网段，最终导致这些服务不可用。

网站应用违规使用（完整性）

黑客可能利用网站业务逻辑上的漏洞，通过非预期的方式（例如无需支付）在网站上购买商品。一般这种情况是攻击者从外部网络发现并利用 Web 应用程序中的 bug。如果黑客能够入侵到内部员工的电脑，并进一步渗透进保存订单数据的网站后台数据库，也可以篡改数据导致公司遭受损失。

2.2.2 量化风险

有了该组织的威胁清单，我们可以将这些威胁进行优先级排序，这里可以基于威胁出现的概率，以及该威胁可能造成的影响来排序。根据上文我们对 PDI 公司分析的威胁，可以形成以下针对每种威胁场景的风险计算表（见表 2.2）。

表 2.2 PDI 公司的威胁风险量化表

威胁	影响	概率	风险
客户信息被盗取 -Web 应用程序被入侵	4	4	16
客户信息被盗取 – 内部员工电脑被入侵	4	2	8
网站服务中断 -DoS 攻击	4	2	8
网站服务中断 – 外部资产被入侵	5	3	15
网站服务中断 – 内部资产被入侵	5	2	10
网站应用违规使用 -Web 应用程序被入侵	2	4	8
网站应用违规使用 – 内部资产被入侵	2	1	2

该表创建完以后，我们可以进行重新排序，如表 2.3 所示。

表 2.3 PDI 公司的威胁风险优先级排序

威胁	影响	概率	风险
客户信息被盗取 -Web 应用程序被入侵	4	4	16
网站服务中断 – 外部资产被入侵	5	3	15
网站服务中断 – 内部资产被入侵	5	2	10
网站应用违规使用 -Web 应用程序被入侵	2	4	8
网站服务中断 -DoS 攻击	4	2	8
客户信息被盗取 – 内部员工电脑被入侵	4	2	8
网站应用违规使用 – 内部资产被入侵	2	1	2

基于此表，我们现在可以说，该组织的最大威胁是外部服务器被入侵导致的网站服务中断，以及最小威胁是内部资产被入侵导致的 Web 漏洞利用。我们将根据这个表对下一步骤做出选择。

2.2.3 识别数据源

随着威胁优先级被确定，我们便可以进一步识别对 NSM 检测与分析有用的数据源。为了简便起见，我们仅着眼于少数几个最高风险威胁。

客户 PII 信息被盗取——Web 应用程序被入侵

对电商企业风险最高的威胁是由于 Web 应用程序被入侵而导致客户的 PII 信息被盗。这种威胁攻击场景一般来说会从 Web 应用层面呈现出潜在的严重攻击，但从网络资产层面受到的攻击较小。

从数据中心的网络侧开始，很关键的措施是，我们需要收集并检查与外部用户交互的 Web 服务器的会话，使我们可以检测到任何的异常行为。为了做到这一点，可以部署传感器在网络边缘用于收集完整的数据包捕获数据、会话数据或者数据包字符串数据。这里也可以使用签名或基于异常的入侵检测系统。

我们还可以通过收集特定应用的日志数据来监控 Web 服务器的活动。

因为 Web 应用程序提供了一个后端数据库用于间接用户访问，所以对这些会话进行检查同样很关键。数据库服务器部署在内部网络中，因此还需要另外一个传感器来确保安全可视性。这个传感器也提供收集全包捕获数据、会话数据和数据包字符串数据，并允许使用签名和基于异常的入侵检测系统。

最后，数据库服务器可能会产生自己的特定应用程序日志来提供会话活动监控。

这个威胁防御计划需要以下数据源清单：

- DMZ 区传感器——全包捕获数据
- DMZ 区传感器——会话数据
- DMZ 区传感器——包字符串数据
- DMZ 区传感器——基于签名的网络入侵检测系统
- DMZ 区传感器——基于异常的网络入侵检测系统
- 内部传感器——全包捕获数据

- 内部传感器——会话数据
- 内部传感器——包字符串数据
- 内部传感器——基于签名的网络入侵检测系统
- 内部传感器——基于异常的网络入侵检测系统
- Web 服务器应用程序日志数据
- 数据库服务器应用程序日志数据

网站服务中断——外部资产被入侵

下一个需高度关注的威胁是一个面向 Internet 服务的外部资产遭受入侵，导致组织网站服务的中断。由于这里面可能包括 Web 应用程序入侵，所以该攻击风险也将包括在此次评估中。

在 PDI 公司，只有两种面向 Internet 服务的外部资产：一种是电子商务的 web 服务器，通过 80 和 443 端口提供 Web 服务；另一种是公司的邮件服务器，使用 25 端口提供 SMTP 服务。

从现有的网络基础设施考虑，防火墙日志的收集是一个非常有用的调查性数据源。

紧接着，出于防范此类威胁的系统的重要性，使用传感器从各个系统的接口收集网络数据变得非常关键。上文提及的 DMZ 区传感器，可以为所需的覆盖范围提供可靠的数据采集点。

如果这些系统遭受外部渗透，很可能是黑客入侵了其对外提供的服务。为了能及时检测和分析这种类型的攻击威胁，还需要收集特定的应用日志，这里包括 web 日志、数据库日志以及邮件服务器日志。

这种威胁场景不应仅仅将攻击面局限于应用服务器上，还应关注系统级别的入侵。为了确保能为与此类入侵相关的事件提供更全面的检测与分析数据，我们也将收集操作系统日志、安全日志、防病毒日志以及基于主机的 IDS 告警数据。

这个威胁防御计划需要以下数据源清单：

- 边界防火墙日志数据
- DMZ 区传感器——全包捕获数据
- DMZ 区传感器——会话数据
- DMZ 区传感器——包字符串数据
- DMZ 区传感器——基于签名的网络入侵检测系统
- DMZ 区传感器——基于异常的网络入侵检测系统
- Web 服务器应用程序日志数据
- 数据库服务器应用程序日志数据
- 邮件服务器应用程序日志数据
- Web 和邮件服务器的操作系统日志和安全日志数据
- Web 和邮件服务器防病毒告警数据
- Web 和邮件服务器的 HIDS 告警数据

网站服务中断——内部资产被入侵

我们清单上的下一个高优先级威胁是内部资产被入侵，导致组织的网站服务中断。由于组织的 Web 服务器仍是敌人的最终目标，这里由威胁造成的影响部分仍保持不变，但 DMZ 区传感器的数据还不足以覆盖这部分威胁，我们还需要进一步强化防御。

让我们来分析下内部网络的流量，唯一会访问 DMZ 区域的 VLAN 是 VLAN200 的服务器，以及 VLAN103 的开发者用户。这里就需要在网络核心上部署另一个传感器，以便收集这些 VLAN 中的设备数据。

如果攻击者入侵了开发人员的机器，他们就可以访问 DMZ 区。这意味着，我们应该收集来自开发人员工作站的相关系统日志、安全日志、HIDS 日志和防病毒告警日志。同时，我们也对那些真正能从内部网络直接到 DMZ 区域的连接行为感兴趣，因此核心路由器上的防火墙日志也是值得收集的。

如果攻击者能够渗透进内部网络的电脑，有一件事是他们可能会试图做的，即通过入侵 Windows 的 Active Directory 环境来提升其在网络中的权限。因此，从域控制器中收集日志是非常关键的。假设主域控制器为企业提供 DNS 解析服务，这些日志在判断某个客户端是否试图向恶意域名发起连接请求，下载黑客准备好的额外工具，或被执行某种形式的控制指令时是非常有用的。

这个威胁防御计划需要以下数据源清单：

- 基于网路的：
  - 边界防火墙日志数据
  - 核心防火墙日志数据
  - DMZ 区传感器——全包捕获数据
  - DMZ 区传感器——会话数据
  - DMZ 区传感器——基于签名的网络入侵检测系统
  - DMZ 区传感器——基于异常的网络入侵检测系统
  - 内网区域传感器——全包捕获数据
  - 内网区域传感器——会话数据
  - 内网区域传感器——包字符串数据
  - 内网区域传感器——基于签名的网络入侵检测系统
  - 内网区域传感器——基于异常的网络入侵检测系统
- 基于主机的：
  - Web 服务器、数据库服务器和域控制器应用日志数据
  - Web 服务器、VLAN200 和 VLAN103 系统日志和安全日志数据
  - Web 服务器、VLAN200 和 VLAN103 防病毒告警数据
  - Web 服务器、VLAN200 和 VLAN103 HIDS 告警数据

从这些明显的威胁中得出产生数据源的列表并不意味着能够涵盖所有可能的场景，但他们确实代表了大部分的防御方向。

对原有的网络拓扑进行修改，识别重复的数据源对 NSM 的检测和分析结果是非常有用

的。这种新的拓扑图包括 DMZ 区域和内部网络区域的传感器部署，并注明了它们所能覆盖的可见性区域（图 2.3）。我们会在下一章更多地讨论传感器的部署。

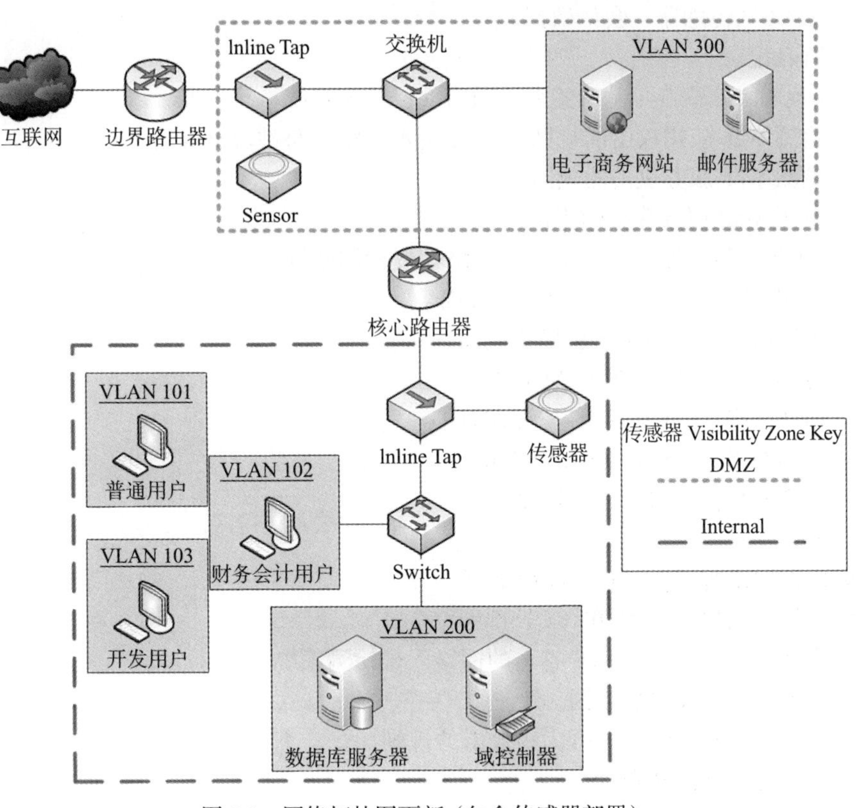

图 2.3　网络拓扑图更新（包含传感器部署）

2.2.4　焦点缩小

在这个过程的最后一步，是对已确定的主要数据源进行提炼，使得只有有用的数据才会被收集。这个过程几乎有无限种可能的方法去执行，但在这个案例中，我们虚拟的公司 PDI 基于他们的投资收益分析，决定了以下数据源的子集是可行的。

在这个场景中，提炼后的数据源如下：

- 基于网络的：
  - 边界防火墙日志数据
  - 内部网络 → 外部网络拒绝日志
  - 核心防火墙日志数据
  - 外部网络 → 内部网络允许 / 拒绝日志
  - 内部网络 → 外部网络拒绝日志
  - DMZ 区传感器 – 全包捕获数据
  - 外部网络 → 内部网络 Web 端口

  - 外部网络 → 内部网络 Mail 端口
  - 内部网络 → 外部网络 Mail 端口
  - DMZ 区传感器 – 会话数据
  - 所有记录
  - DMZ 区传感器 – 基于签名的网络入侵检测系统
  - 检测 Web 应用攻击的规则：SQL 注入、XSS 跨站攻击等
  - 检测 Web 服务攻击的规则
  - 检测 Mail 服务攻击的规则
  - DMZ 区传感器 – 基于异常的网络入侵检测系统
  - 检测 Web 和 Mail 目录异常的规则
  - 内部网络传感器 – 全包捕获数据
  - 内部网络 → Web 服务器的 IP
  - 内部网络 → 开发者用户 VLAN103
  - 外部网络 → 服务器 VLAN200
  - 内部网络传感器 – 会话数据
  - 所有记录
  - 内部网络传感器 – 包字符串数据
  - 开发者用户 VLAN103 → 外部网络
  - 内部网络传感器 – 基于签名的网络入侵检测系统
  - 检测数据库攻击的规则
  - 检测域控制器管理员行为和攻击的规则
  - 通用恶意软件规则
  - 内部网络传感器 – 基于异常的网络入侵检测系统
  - 检测异常数据库交互行为规则
- 基于主机的：
  - 邮件服务器、Web 服务器、数据库服务器以及域控制器应用日志数据
  - 邮件服务器 – 账号创建与修改
  - Web 服务器 – 来自订单处理子域的会话
  - Web 服务器 – 来自管理子域的会话
  - 数据库服务器 – 账号创建与修改
  - 数据库服务器 – 订单会话
  - 数据库服务器 – 管理会话
  - 域控制器 – 账号创建与修改
  - 域控制器 – 终端创建与修改
  - 邮件服务器、Web 服务器、VLAN200 以及 VLAN103 的系统日志和安全日志数据
  - 账号创建与修改
  - 软件安装通知

- ○ 系统更新通知
- ○ 系统重启通知
- ○ 邮件服务器、Web 服务器、VLAN200 以及 VLAN103 的防病毒告警数据
- ○ 所有告警数据
- ○ 邮件服务器、Web 服务器、VLAN200 以及 VLAN103 的 HIDS 告警数据
- ○ 与关键系统文件修改相关的告警
- ○ 与账号创建与修改相关的告警

2.3 本章小结

在本章中，我们介绍了一些数据收集的重要性，并讨论了如何确定收集数据的应用收集框架（ACF）。本章通过一个场景案例，循序渐进地帮助组织理解如何确定所需收集数据的操作步骤，这些知识在实际应用中非常有用。本书的其余章节将提出有助于加强决策的概念，进一步明确定义数据收集的要求。

Chapter 3 第3章

传感器平台

NSM 最重要的非人工组件是传感器。按照定义，传感器是检测或测量某个物理属性，并记录、指示或以其他方式响应它的设备。在 NSM 的世界里，传感器是用于执行收集、检测和分析的硬件与软件的组合。在 NSM 周期里，传感器可能执行以下操作：

- 收集
  - 收集 PCAP
  - 收集 Netflow 流
  - 从 PCAP 包生成 PSTR 数据
  - 从 Netflow 流数据生成吞吐量图
- 检测
  - 执行基于特征的检测
  - 执行基于异常的检测
  - 执行基于信誉的检测
  - 使用 Canary 蜜罐做检测
  - 使用自定义工具检测已知恶意 PKI 证书的使用
  - 使用自定义工具检测包含潜在恶意代码的 PDF 文件
- 分析
  - 为包分析提供工具
  - 为 Snort 告警回溯提供工具
  - 为 Netflow 流分析提供工具

不是每个传感器都会执行 NSM 周期的所有三个功能，但是 NSM 传感器是体系结构的骨干组件，正确思考如何部署和维护传感器是至关重要的。既然我们知道了“收集”是

NSM 的重要环节，那就有必要给予传感器组件足够的重视。如果你没有经过规范的程序便贸然将一堆传感器丢在一起，那么无论你前期花费了多少时间去定义你的网络威胁，都将无济于事。

要定义传感器如何在你的网络上运行，需在架构上注意四点：传感器的部署类型、所用硬件的物理体系结构、所用操作系统平台以及放置在网络上的传感器。安装在传感器上的工具也同样重要，它们可以协助执行收集、检测和分析任务，但这些工具将在后面的章节中进行详细讨论。

3.1　NSM 数据类型

本书的后续章节将着重讲解不同的 NSM 数据类型，但为了提供适当的背景来讨论传感器的体系结构，这里有必要对用于检测与分析的 NSM 数据类型进行简单描述。

3.1.1　全包捕获数据

全包捕获（FPC）数据提供了两个端点之间传输的完全数据包统计。FPC 数据最常见的形式是 PCAP 数据格式。虽然 FPC 数据容量由于它的完整度可以变得十分庞大，但它的高粒度也为内容分析工作提供了非常有价值的信息。其他数据类型，如统计数据或包字符中串数据，常常采自于 FPC 数据。

3.1.2　会话数据

会话数据是两个网络设备之间通信行为的汇总，也称为会话或流。这个汇总数据是 NSM 数据中最灵活、最有用的形式之一。而会话数据没有提供像 FPC 数据那么详细的信息，但它的小尺寸使其可以保留更长的时间，在进行回顾性分析时，这是非常有价值的。

3.1.3　统计数据

统计数据是对其他类型数据的组织、分析、解释和演示。可以采取很多不同的形式，如统计值支持从一个标准偏差中检查异常，或者计算数据值用于确定两个实体间随着时间推移的正负关系。

3.1.4　包字符串数据

包字符串（PSTR）数据是从 FPC 数据中导出的，以一种介于 FPC 数据和会话数据之间的中间数据格式存在。这种数据格式包括从指定协议报头中提取的明文字符串（例如 HTTP 数据报头）。其结果是，PSTR 数据提供了粒度更接近于 FPC 数据的数据类型，同时保持着更易管理的容量，并且允许增加数据保留周期。

3.1.5 日志数据

日志数据指的是由设备、系统或应用程序生成的原始日志文件，可以包括：Web 代理日志、路由器的防火墙日志、VPN 身份验证日志、Windows 安全日志以及 SYSLOG 数据。此类数据的大小和用途的变化取决于它的来源。

3.1.6 告警数据

当一个检测工具在任何被配置检查的数据中找出异常，其生成的通知称为警报数据。这个数据通常包含告警的说明，连同一个显示异常数据的指针。一般情况下，告警数据的容量是令人难以置信的小，因为仅仅包含指向其他数据的指针。NSM 事件的分析通常是基于告警数据的生成。

当从整体上考虑这些数据类型时，通过描绘它们的容量大小进行比较是一种有用的方式。最大的数据格式通常是 FPC 数据，接着是 PSTR 数据，然后是会话数据。相对于其他数据类型，日志数据、告警数据和统计数据通常都是较小的，而且容量变化可以很大。这依赖于你正在收集的数据类型，以及你正在使用的数据源。如图 3.1 所示。

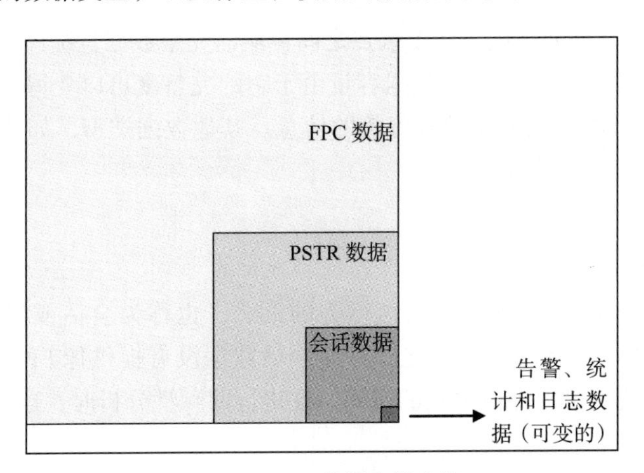

图 3.1 NSM 数据容量比较

量化这些容量上的差异通常是有用的，尤其是当需要试图确定传感器的空间需求时，网络环境不同容量的差异会很大。例如，“侧重用户”的网络可能会比“侧重服务器”的网段产生更多的 PSTR 数据。考虑到这一点，我们编制了在一个静态周期内不同数据类型容量特点的表，如表 3.1 所示，从多个不同的网络类型中生成了一些基础的统计数据。日志、告警和统计数据不包括在此表中。

表 3.1 NSM 数据容量比较

	FPC	PSTR	FLOW
容量系数	100%	4%	0.01%
数据大小（MB）	1024	40.96	.1024

警告　表 3.1 所示的数字为本章例子提供了相关数据容量的基线，PSTR 数据、会话数据以及全包捕获数据之间的关系会变化很大，这取决于你正在捕获的网络数据的类型。正因为如此，应该抽样你的网络流量，以确定适合你的网络环境的准确系数。

3.2　传感器类型

根据网络的大小以及其所面临的威胁，传感器在 NSM 周期的各个阶段起着不同的作用。

3.2.1 仅收集

仅收集传感器只需将收集到的数据（如 FPC 数据、会话数据等）记录到磁盘上，有时会基于已收集的数据生成其他数据（如统计数据，PSTR 数据等）。在会采用检测工具远程访问已收集的数据并进行进一步的处理大型组织里。分析工作也会脱离传感器单独完成，当需要相关数据时它们会被拉到其他设备上进行分析。仅收集传感器很轻量化，往往没有额外安装的软件，分析师很少会直接访问它。

3.2.2　半周期

半周期传感器不仅具备仅收集传感器的所有功能，还能执行检测任务。例如，一个半周期传感器将记录到的 PCAP 数据写到磁盘上，同时会运行一个 NIDS 程序（如 Snort）对写入磁盘的 PCAP 数据进行实时的或准实时的检测。当数据需要被分析时，它会被拉回至其他设备上进行，而不是在传感器本身上执行。这是传感器部署中最常见的类型，分析师偶尔会直接访问此类传感器并进行各种检测工具的交互。

3.2.3　全周期检测

最后一种类型的传感器是集收集、检测和分析为一体。这意味着，除了配备收集和检测工具外，传感器上还安装了一套完整的分析工具。这可能包括分析师在传感器上的个人配置、图形化桌面环境或 NIDS GUI 界面的安装（如 Snorby）。全周期检测传感器几乎覆盖了所有 NSM 任务的执行。这类传感器最常见于非常小的组织，这些组织往往只部署了单个传感器或者硬件资源是有限的。

在大多数情况下，半周期传感器是优先考虑的。这主要是因为在同一系统中很容易同时考虑收集与检测的功能。其次，它也更安全更有保障，分析师从该类型的传感器上取回数据，再拷贝到专用计算机上仔细查阅，而不是直接与原始数据本身进行交互。这种做法可以防止不恰当处理数据而导致一些重要数据的损失。尽管分析师需要在一定程度上与传感器进行交互，但不应该使用传感器作为桌面环境的分析，除非没有其他选择。组织应将传感器当做极其重要的核心网络资产而加以保护。这三种类型的传感器如图 3.2 所示。

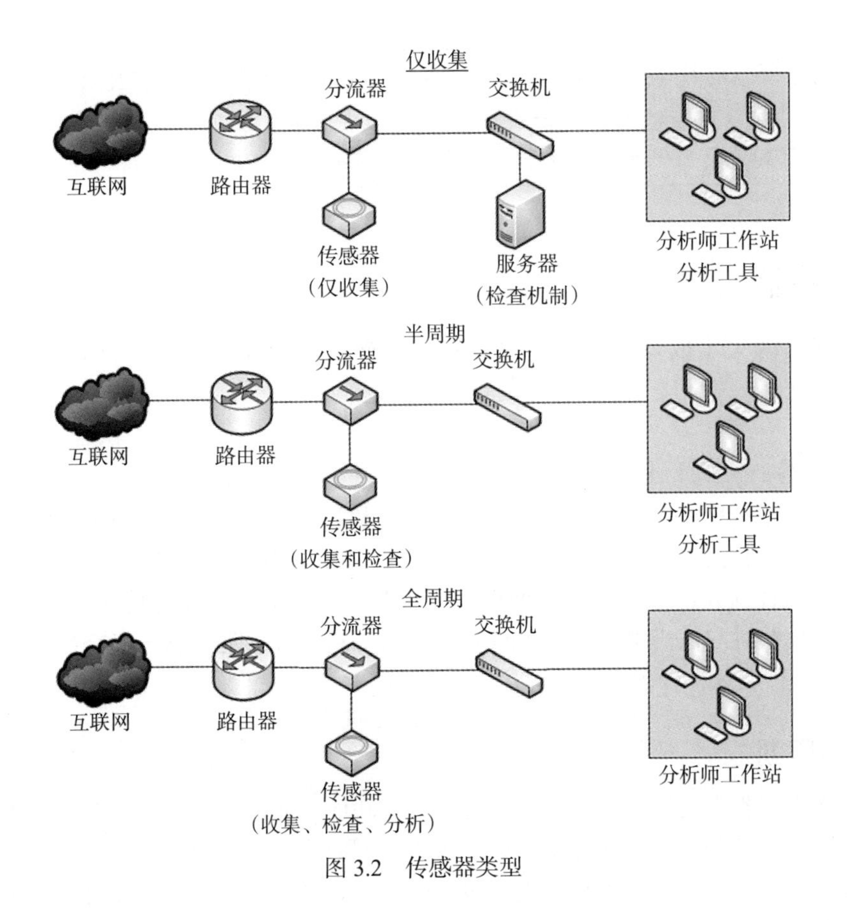

图 3.2 传感器类型

3.3 传感器硬件

当你完成了日志收集规划之后，便开始进行必要的传感器硬件采购。这里需要着重注意的事情是，传感器，实际上就是一台服务器。这意味着，在部署传感器时，应该选用服务器级的硬件。我看到太多的实例，他们的传感器使用的硬件是由一些零部件拼凑起来的，更糟糕的情况是，当我走到设备机架前，我看见有台工作站搁在那里被用作传感器。这种类型的硬件只可以接受作为实验环境或测试场景，如果你正在执行严谨的 NSM 任务，你应该投资在可靠的硬件上。

组织需要通过一个协调的工程计划去评估传感器需要的硬件资源的数量。这项工作必须充分考虑以下因素：待部署的传感器类型、待收集的数据规模、以及数据保留周期。

我们可以分别检查传感器的关键硬件组件。在此之前，可以建立和配置一个临时的传感器来帮助你确定硬件要求。这可以是另一个服务器、工作站、甚至是笔记本电脑。

在安装临时传感器之前，你应该清楚地知道传感器将被放置在网络的哪个位置上，这包括物理的和逻辑的位置。这决定了传感器将监控哪个网络链路。确定传感器的位置将在本章的后面进行深入讨论。

一旦传感器被放置在网络上，你将使用任何一个 SPAN 端口或网络分路器来将镜像流量导入到传感器设备上。接着就可以在传感器上安装收集、检测和分析工具，以确定各个工具的性能要求。请记住，你没有必要部署一个高配置的临时传感器，指望它能一次性启用这些工具的功能。相反，你只需分别启用它们并计算各自的性能负载，最后汇总所有工具的结果进而得到全面的评估结果。

3.3.1 CPU

CPU 资源的估算主要取决于待部署传感器的类型。如果你正在部署一个仅收集传感器，那么很可能你不会需要显著的处理能力，因为这些任务并不是处理密集型。最消耗 CPU 的过程是通常是在检测环节，因此，如果你正在部署一个半周期或全周期的传感器，你应该计划额外的 CPU 或内核个数。如果你期望性能有显著增长，那么刀片机箱可能是一个诱人的选择，因为它允许增加更多的刀片来增加 CPU 资源。

一个简单的开始规划传感器部署的方法是，将系统所需的 CPU 内核数量与即将部署的工具进行关联。具体需求在实际中的变化往往比较大，这取决于点到点之间的总带宽、被监测的流量类型、基于特征的检测工具（如 Snort、Suricata）所应用的规则集以及其他工具（如 Bro）所加载的策略。我们将研究一些性能方面的考虑，以及这些工具各自的应用基线。

如果你已经部署了一个测试传感器，可以通过 SNMP 或某个 Unix 工具（如 top 或 htop）来监控 CPU 的使用率，如图 3.3 所示。

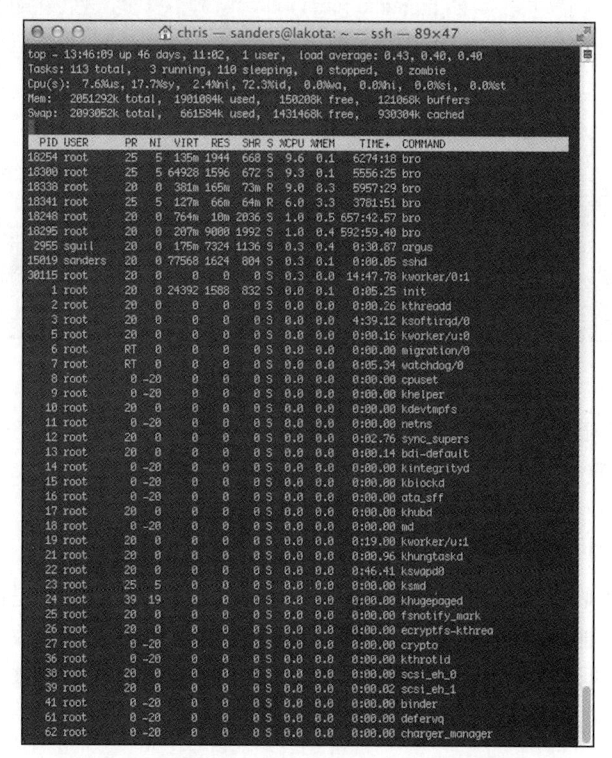

图 3.3 使用 TOP 监控传感器 CPU 利用率

3.3.2 内存

用于收集和检测所需的内存空间通常比用于分析的小。这是因为分析经常会持续地同时运行多个相同进程的实例。通常地，传感器应具有充足的内存空间，但如果部署的是一个全周期传感器，这个量应该大大增加。由于内存容量是很难进行评估的，最好在购买硬件时考虑额外的内存插槽，以便应对未来的增长。

如同前面所讨论的，我们同样可以使用 top 或 htop 工具来确定某个特定应用到底占用多少内存（如图 3.4 所示）。但请记住很重要的一点是，这种评估，需要确保传感器监测的流量大小与将来它在生产环境中的规模相类似。

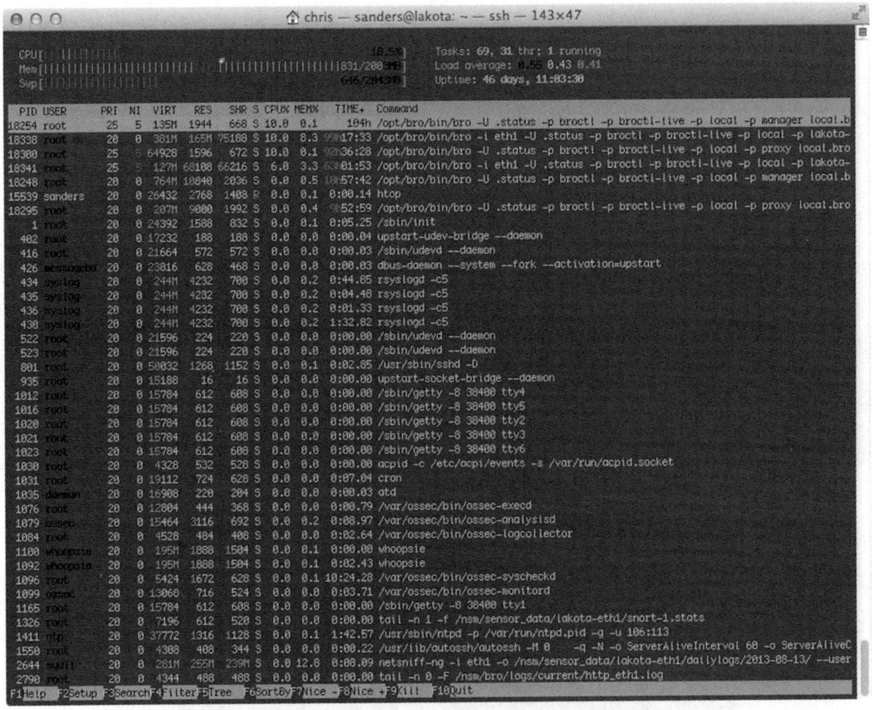

```
chris — sanders@lakota: ~ — ssh — 143×47

CPU[                                    18.5%]   Tasks: 69, 31 thr; 1 running
Mem[                                 831/2003MB]   Load average: 0.55 0.43 0.41
Swp[                                 646/2043MB]   Uptime: 46 days, 11:03:30

  PID USER      PRI  NI  VIRT   RES   SHR S CPU% MEM%   TIME+  Command
18254 root       25   5  135M  1944   668 S 10.0  0.1     104h /opt/bro/bin/bro -U .status -p broctl -p broctl-live -p local -p manager local.b
18338 root       20   0  381M  165M 75188 S 10.0  8.3   17:33 /opt/bro/bin/bro -i eth1 -U .status -p broctl -p broctl-live -p local -p lakota-
18300 root       25   5 64928  1596   672 S 10.0  0.1   36:28 /opt/bro/bin/bro -U .status -p broctl -p broctl-live -p local -p proxy local.bro
18341 root       25   5  127M 68108 66216 S  6.0  3.3   01:53 /opt/bro/bin/bro -i eth1 -U .status -p broctl -p broctl-live -p local -p lakota-
18248 root       20   0  764M 10840  2036 S  0.0  0.5   57:42 /opt/bro/bin/bro -U .status -p broctl -p broctl-live -p local -p manager local.b
15539 sanders    20   0 26432  2768  1408 R  0.0  0.1  0:00.14 htop
18295 root       20   0  207M  9000  1992 S  0.0  0.4   52:59 /opt/bro/bin/bro -U .status -p broctl -p broctl-live -p local -p proxy local.bro
    1 root       20   0 24392  1588   832 S  0.0  0.1  0:05.25 /sbin/init
  402 root       20   0 17232   188   188 S  0.0  0.0  0:00.04 upstart-udev-bridge --daemon
  416 root       20   0 21664   572   572 S  0.0  0.0  0:00.03 /sbin/udevd --daemon
  426 messagebu  20   0 23816   628   468 S  0.0  0.0  0:00.03 dbus-daemon --system --fork --activation=upstart
  434 syslog     20   0  244M  4232   700 S  0.0  0.2  0:44.85 rsyslogd -c5
  435 syslog     20   0  244M  4232   700 S  0.0  0.2  0:04.48 rsyslogd -c5
  436 syslog     20   0  244M  4232   700 S  0.0  0.2  0:01.33 rsyslogd -c5
  430 syslog     20   0  244M  4232   700 S  0.0  0.2  1:32.82 rsyslogd -c5
  522 root       20   0 21596   224   220 S  0.0  0.0  0:00.00 /sbin/udevd --daemon
  523 root       20   0 21596   224   220 S  0.0  0.0  0:00.00 /sbin/udevd --daemon
  801 root       20   0 50032  1268  1152 S  0.0  0.1  0:02.85 /usr/sbin/sshd -D
  935 root       20   0 15188    16    16 S  0.0  0.0  0:00.00 upstart-socket-bridge --daemon
 1012 root       20   0 15784   612   608 S  0.0  0.0  0:00.00 /sbin/getty -8 38400 tty4
 1016 root       20   0 15784   612   608 S  0.0  0.0  0:00.00 /sbin/getty -8 38400 tty5
 1020 root       20   0 15784   612   608 S  0.0  0.0  0:00.00 /sbin/getty -8 38400 tty2
 1021 root       20   0 15784   612   608 S  0.0  0.0  0:00.00 /sbin/getty -8 38400 tty3
 1023 root       20   0 15784   612   608 S  0.0  0.0  0:00.00 /sbin/getty -8 38400 tty6
 1030 root       20   0  4328   532   528 S  0.0  0.0  0:00.00 acpid -c /etc/acpi/events -s /var/run/acpid.socket
 1031 root       20   0 19112   724   628 S  0.0  0.0  0:07.04 cron
 1035 daemon     20   0 16908   220   204 S  0.0  0.0  0:00.03 atd
 1076 root       20   0 12804   444   368 S  0.0  0.0  0:00.79 /var/ossec/bin/ossec-execd
 1079 ossec      20   0 15464  3116   692 S  0.0  0.2  0:08.97 /var/ossec/bin/ossec-analysisd
 1084 root       20   0  4528   484   408 S  0.0  0.0  0:02.64 /var/ossec/bin/ossec-logcollector
 1100 whoopsie   20   0  195M  1888  1504 S  0.0  0.1  0:00.00 whoopsie
 1092 whoopsie   20   0  195M  1888  1504 S  0.0  0.1  0:02.43 whoopsie
 1096 root       20   0  5424  1672   628 S  0.0  0.1 10:24.28 /var/ossec/bin/ossec-syscheckd
 1099 ossec      20   0 13068   716   524 S  0.0  0.0  0:03.71 /var/ossec/bin/ossec-monitord
 1165 root       20   0 15784   612   608 S  0.0  0.0  0:00.00 /sbin/getty -8 38400 tty1
 1326 root       20   0  7196   612   520 S  0.0  0.0  0:00.00 tail -n 1 -f /nsm/sensor_data/lakota-eth1/snort-1.stats
 1411 ntp        20   0 37772  1316  1128 S  0.0  0.1  1:42.57 /usr/sbin/ntpd -p /var/run/ntpd.pid -g -u 106:113
 1550 root       20   0  4308   408   344 S  0.0  0.0  0:00.22 /usr/lib/autossh/autossh -M 0    -q -N -o ServerAliveInterval 60 -o ServerAliveC
 2644 sguil      20   0  281M  255M  239M S  0.0 12.8  0:08.09 netsniff-ng -i eth1 -o /nsm/sensor_data/lakota-eth1/dailylogs/2013-08-13/ --user
 2790 root       20   0  4344   488   488 S  0.0  0.0  0:00.00 tail -n 0 -F /nsm/bro/logs/current/http_eth1.log
F1Help  F2Setup F3SearchF4FilterF5Tree  F6SortByF7Nice -F8Nice +F9Kill  F10Quit
```

图 3.4 使用 HTOP 监测传感器内存利用率

实际上，内存是相对便宜的，并且一些最新的网络监控工具也在充分利用这种优势。为你的工具配备大容量内存，将有利于提升更大数据负载下的性能。

3.3.3 磁盘存储空间

磁盘存储空间的规划是组织面临的最有难度的领域之一。这主要是因为需要考虑的因素非常多。有效地规划存储需求，需要你确定传感器的部署位置、待收集的网络流量类型以及传感器生成的数据类型。一旦你了解了这一切，你应该能估算未来随着网络规模增长的存储需求。即使你在前期已做了缜密的规划，当传感器部署上去后，存储需求往往会被重新评估。

下面的一系列步骤可以帮助你评估传感器的存储需求。这些步骤必须在你正在部署的每个传感器上执行：

第一步：计算收集的数据量

利用一个临时的传感器，你应该通过确定收集一定时间间隔的 NSM 日志量来计算数据的存储需求。我喜欢尝试在多个收集周期内采集至少 24 小时的数据，其中一个收集周期在工作日，另一个在周末。这将帮助你描绘工作日与周末的网络高峰与非高峰时间段的精确数据流。一旦你收集了多个数据集，那么你就应该能够平均这些数字，拿出每小时生成的数据的平均值。

举个例子，传感器可能会在工作日（高峰期）内的 24 小时产生 300 GB PCAP 数据，而在周末（非高峰期）产生 25 GB PCAP 数据。为了计算每天的平均值，我们将高峰期数据总数乘以工作日数（300 GB × 5 天 = 1500 GB），非高峰期数据总量乘以周末的天数（25GB × 2 天 = 50 GB）。接下来，我们计算两个的总和（1500 GB+50 GB=1550 GB），并除以一周的总天数得出每天的平均值（1550 GB /7 天 =221.43 GB）。最后除以一天的小时数来确定每小时生成的 PCAP 数据的平均量（221.43 GB /24 小时 =9.23 GB）。

这些不同数据格式的计算结果可以形成一个如表 3.2 所示的表格。

表 3.2　传感器数据收集统计

	每天（高峰期）	每天（非高峰期）	每天均值	每小时均值
PCAP	300 GB	25 GB	221.43 GB	9.23 GB
Flow	30.72 MB	2.56 MB	16.64 MB	0.69 MB
PSTR	12 GB	102.4 MB	6.05 GB	258.1 MB
				9.48 GB

第二步：为每种数据类型确定一个可行的保留期限

每个组织都应该定义一组最小运作和理想运作的 NSM 数据保留期限。最小运作是在可接受的水平下实施 NSM 服务的最低要求。理想运作则将最优实施 NSM 服务作为合理的目标。确定这些数字要看业务运作的灵敏度以及你有多少可用的预算投入到传感器硬件上。当这些数字被确定后，则可以用来看目前已收集的数据规模，进一步确定为满足保留期限的目标所需的存储空间。这里，我们从表 3.2 中取数据，并以假设的最小期限和理想期限的数字倍增，最后这个数据如表 3.3 所示。

表 3.3　数据保留目标所需的存储空间

	每天均值	最小运作期限	最小空间需求	理想运作期限	理想空间需求
PCAP	221.43 GB	1 Day	221.43 GB	3 Days	664.29 GB
PCAP	16.64 MB	90 Days	1.46 GB	1 Year	5.93 GB
PSTR	6.05 GB	90 Days	544.50 GB	1 Year	2.16 TB
			2.21 GB		2.81 TB

第三步：增加传感器调节参数

在大多数生产方案中，传感器上的操作系统和工具部署于一个逻辑磁盘中，而被收集的数据则通过传感器存储到另一个地方。然而，在计算所需的磁盘总空间时，你需要考虑操作系统和将要安装的工具，而这里讨论的这个数字仅限于这是一个仅收集传感器。如果你打算部署一个半周期传感器，那么你就应该增加10%的存储需求以适应检测工具以及其所产生的告警数据。如果你要部署一个全周期传感器，那么你还应该为检测和分析工具及其数据额外增加25%的存储需求。除此之外，你还得增加10%～25%来适应未来操作系统和网络增长的要求。请记住，以上这些数字都只是常规准则，随着组织的目标和不同网络的需求变化可能很大。这些调节参数同样可以形成如表3.4所示的样本数据。

表3.4 完成磁盘存储空间评估

	最小需求	理想需求		最小需求	理想需求
PCAP	221.43 GB	664.29 GB	+10%半周期传感器	226.3 MB	287.74 GB
Flow	1.46 GB	5.93 GB	+15%预期增长	339.46 MB	431.62 GB
PSTR	544.50 GB	2.16 TB	汇总	2.76 GB	3.51 TB
小结	2.21 GB	2.81 TB			

虽然我没有效仿表3.4做到这一点，我总是建议进行这些计算的时候，给自己充足的喘息空间。通常来说在部署前给一个传感器分配更多的存储要比部署之后再来扩容更容易。

在做规划时，请记住有许多技术可以最大限度地减少你的存储需求。最常见的两种技术是改变特定数据类型的存储周期，或者简单地排除掉特定主机或协议产生的数据。在前者里，可能是你的组织来决定，由于你已收集了3个月的PSTR数据，那么你只需要保留12个小时的FPC数据。而对于后者来说，你的FPC数据应可以配置忽略尤其冗长的流量（如夜间备份程序）或加密的流量（如SSL/ TLS流量）。尽管这两种技术有优势也有劣势，但它们是在有限的资源条件下不得不做出妥协的结果。一款初级的可应用于传感器中来过滤流量的工具是Berkeley包过滤器（BPF）。利用BPF的过滤技术将在第13章中讨论。

3.3.4 网络接口

网络接口卡（NIC）是传感器中潜在的最重要的硬件组成部分，因为NIC负责收集用于所有三个NSM周期阶段的数据。

传感器应始终至少具备两个NIC网卡。一个NIC口用于访问服务器，既用于运维管理也用于分析目的。其他NIC口专注于执行收集任务。用于运维管理的NIC口通常并不需要什么特别的配置，它本身是一个很典型的服务器网口。用于收集数据的NIC口的专业化程度取决于被捕获的数据流量。使用高品质的NIC网卡，如流行的Intel或Broadcom芯片，正确地配置负载均衡的网络套接字缓冲区（如PF_RING），将能轻而易举地达到1 Gbps流量而不丢包的监控能力。

网络接口的数量将依赖于链路上传送的带宽数量以及已选TAP设备类型。要记住，在现代以太网上有两个信道：传输（TX）信道和接收（RX）信道。一个标准的1 Gbps网口能够传输总计2 Gbps的带宽：每个方向（TX和RX）传1 Gpbs。如果一个NIC口上看到低于500 Mbps流量（每个方向），那么只指定一个1Gbps的网口进行监控是相对比较安全的。我们说的“相对”，是因为一个1Gbps的网卡以500 Mbps/500 Mbps的上行链路连接到路由器，有能力可以缓冲链路上传输的流量，从而允许超过上行链路吞吐量的峰值发生。高级的网络 TAP 分路器可以帮助减轻这些类型的性能不匹配。我们将在下一节更多地提供有关网络 TAP 设备的指导。

为了精确测量收集用网口所需的吞吐量，你应该对你即将监控的流量进行评估。最简单的评估给定链路上的通信量的方法是，在你的路由器或交换机上进行检查，或者设置一些简单的流量汇聚监控。其中有两个最重要的汇聚参数是：

- 最大峰值和最小峰值的流量（用 Mbps 计量）
- 平均带宽（吞吐量）/ 每天（用 Mbps 计量）

例如，你有一个计划要监控的 1 Gbps 网络接口，它具有 225 Mbps 的平均吞吐量，100 Mbps 的平均发送量，350 Mbps 的平均接收量，并有持续突增到 450 Mbps 的峰值。无论你的网口计划如何制定都必须能够处理持续脉冲流量以及平均吞吐量。

警告 流量是双向的！一个 1Gbps 的链接最大的吞吐量为 2Gbps：发送方向 1Gbps，接收方向 1Gbps。

在传感器设计的过程中，还有一个额外要考虑的因素是你所监控的链路中网络协议流量的复杂类型。根据一天中的时间（如晚上的例行备份），一年中的时间（例如学生会）以及其他变量会有所变化。要做到这一点，需要配置好 SPAN 端口或网络分流器，然后将具有高吞吐量 NIC 口的临时传感器接入，通过遍历确定该链接上的数据类型。建议的分析方法包括捕获和分析 NetFlow 数据，或将捕获到的 PCAP 数据包通过离线分析工具回放。

这些测量应注意随着时间的推移不断执行，以确定流量峰值的级别和已知的流量类型。这将帮助你确定你是否需要一个 100Mbps、1Gbps、10Gbps 甚至更大吞吐量的网卡。即使在低吞吐量水平的情况下，采购企业级硬件来防止数据丢失也是至关重要的。一个 1Gbps 的网卡在沃尔玛的货架上可能只有 30 美元，但当你尝试从数据包流中提取恶意 PDF 文件时，发现缺少了数据的某些片段，你肯定会为当初没有多花钱来保证建设质量而懊悔不已。

想捕捉超过 1Gbps 的流量，或最大限度地提高传感器的硬件性能，还有很多种高性能网卡可供选择。三个最常见的供应商，从最贵到最便宜，依次是 Napatech、Endace 和 Myricom 公司。这些网卡家族提供了一系列高性能特性的各种组合：如卡缓冲区、硬件时间戳、高级网络套接字驱动、GBIC 接口选项等等。企业 NIC 卡市场是一个发展非常快的领域，目前，我们建议 Myricom 公司的产品，因为他们似乎在配置了合适的 Myricom 网络套接字缓冲区后有更高的性能表现，同时提供了一个令人难以置信的价格。

当你发现你的传感器在遇到接近 10 Gbps 吞吐量的瓶颈障碍时，你可能会不得不重新考虑传感器的部署位置，或寻找其他的负载平衡解决方案。这个量级的数据收集并写入磁盘的场景也可能会额外导致一些与硬盘 I/ O 相关的问题。

3.3.5 负载平衡：套接字缓冲区的要求

一旦流量超出网卡的承受能力时，就需要特别考虑将流量分流给传感器内的不同进程或应用线程。传统的 Linux 网络套接字缓冲区不适合高性能流量分析，让我们来看看 Luca Deri 的 PF_RING。 PF_RING 的目标是通过各种诸如零拷贝环形缓冲器技术，让 NIC 绕过复制网络流量到内核空间，直接将其放置在用户空间来优化网络套接字的性能，从而节省了操作系统昂贵的上下文切换消耗，使得数据收集过程更快更有效。

概念化 PF_RING 的一种方法是把它想象成是它把你的网络流量汇聚并分散交付给其他各种工具。它可以以两种模式操作：每个包分组循环传输，或者确保整个流被输送到传感器内的单个进程或线程。在 PF_RING 的当前实现里，你可以生成一个 5 元组哈希值，由源主机、目的主机、源端口、目的端口和协议组成。该算法保证了所有的数据包对单个 TCP 流和仿 UDP/ ICMP 流是由一个特定的进程或线程处理。

虽然 PF_RING 不是常用检测工具（如 Bro、Snort 或 Suricata）的唯一选择，但它是目前最流行的，并且它支持所有这三种工具。

对于那些需要超过 1 Gbps 的高性能传感器应用或设计的网络环境来说，可以通过使用商用化的网络接口来实现性能的显著增加。在 Silicom、ntop.org 公司的赞助下，现在提供了一个高性能的网络接口设计，采用被称为 PF_RING+ DNA 的英特尔商用网卡。目前是按每端口进行许可授权，PF_RING+ DNA 的性能测试是令人印象深刻的，也将会是你评估清单中的选择。而按每张卡许可授权，Myricom 公司将驱动商用化后，它们自己品牌的网卡目前似乎是最具性价比的。

3.3.6 SPAN 端口 vs 网络分流器

尽管它们不是传感器物理服务器的一个组成部分，但这个被用来将数据导到传感器上的装置被认为是传感器体系结构的一部分。选择使用 SPAN 端口或网络分流器，这取决于你把传感器放在哪个位置上。

SPAN 端口是最简单的让数据包传送到传感器上的方法，因为它利用了现有的硬件设施。 SPAN 端口是一个企业级交换机的基本功能，它允许你镜像一个或多个物理交换机端口到另一个端口上。为了做到这一点，必须首先识别哪个（些）端口对传感器是有价值的。这最通常是上游路由器连接到交换机的端口，但也可能是重要资产所处的几个单独端口。有了这些信息，你可以配置入站 / 出站流量，从该端口镜像到交换机上的另一个端口，这个过程可以通过 GUI 或命令行界面，它取决于交换机的制造商。当你将传感器连接到这个端口时，你会从该端口中看到从源端口镜像过来的精确流量。如图 3.5 所描绘的，一个传感器被配置来监控所有网络资产组通过路由器的流量。

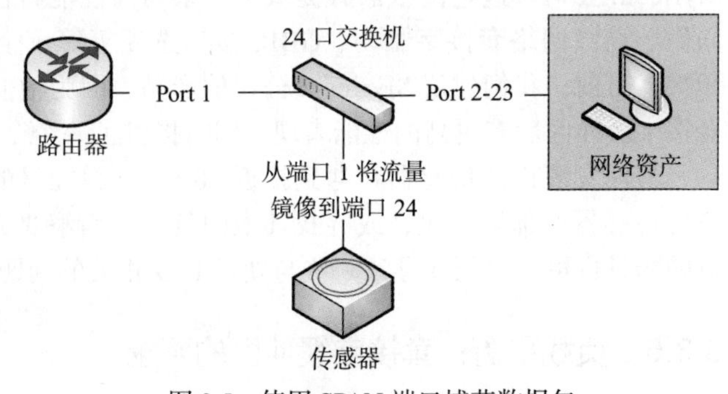

图 3.5 使用 SPAN 端口捕获数据包

更多信息

端口镜像是企业级交换机的一个基本功能，但在小型办公室和家庭（SOHO）交换机上比较难找到。Miarec 组织维护了一个具备这个功能的 SOHO 交换机清单，可在以下网址里获取：http://www.miarec.com/knowledge/switches-port-mirroring

大多数交换机允许多对 1 的配置，允许你将多个端口镜像到一个端口上便于监控。这样做时，重点要考虑交换机的物理极限。例如，假设在交换机上的端口是 100Mbps 的，你需要镜像 15 个端口到一个端口上，则很可能导致收集端口流量过载，导致丢包情况发生。而且我还遇到某些交换机，在长时间内维持最大负荷时，会将收集端口判断为遭到某种类型的拒绝服务或广播风暴攻击，并且将该端口关闭的情况。这是最坏的情况，因为这意味着连接到这个端口的收集进程将不会收到任何数据。

另一个将数据包导到传感器的方法是使用网络分流器。网络分流器是被设计用于监控的、连接在两个端点之间的被动硬件设备，它可以将一个端口的流量镜像到另一个端口。设想以下场景，一个交换机接入到一个上游路由器。此连接采用一根线缆，一端插在交换机的端口连接上，另一端插在路由器的端口。使用 TAP 设备后，还需要有额外的线缆布线。第 1 根电缆的一端接到交换机上的一个端口，另一端接到 TAP 设备的端口。第 2 根线缆的一端接到 TAP 设备的另一个端口，另一端接到路由器的端口。这确保了路由器和交换机之间的通信传输。如图 3.6 所示。

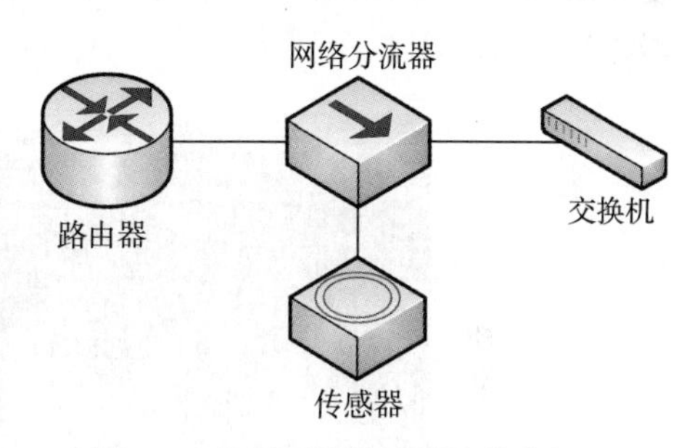

图 3.6 使用网络分流器捕获数据包

为了监测网络分流器截获的流量，你必须将它连接到你的传感器。所采取的方法取决于所使用的网络分流器类型。最常见的分流器类型是汇聚分流器。一个汇聚分流器，线缆的一端插在分流器的单个监控端口，另一端接入到传感器的收集 NIC 口。这将监控路由器和交换机之间的双向通信。另一种常见的网络分流器是非汇聚分流器。这种分流器有两个监控端口，每个流量方向使用一个。当使用非汇聚分流器时，你必须为两个监控端口都接入独立的传感器 NIC 口。这两种类型的网络分流器如图 3.7 所示：

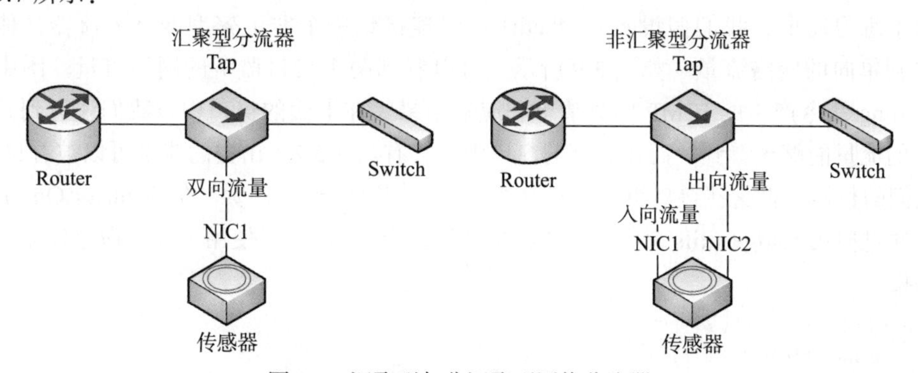

图 3.7 汇聚型与非汇聚型网络分流器

网络分流器是典型的高性能场景的首选解决方案。它们有各种形状和大小，并可以扩展到高性能的水平。你所投入的和你所得到的收益是成正比的，对于要监控的关键线路，在选择网络分流器时，你不应该节省费用。

当网络分流器和 SPAN 端口均可以完成工作任务时，大多数情况下，出于高性能和可靠性考虑，网络分流器是首选。

绑定接口

当使用非汇聚型网络分流器时，你的传感器至少要有两个独立的接口。一个接口监控向流量，另一个监控出向流量。虽然这种分工不错，但有两个独立的数据流将使检测和分析过程变得比较困难。有几种不同的方式采用硬件或软件来合并这些数据流，不过我更喜欢一种叫做端口绑定的技术。端口绑定允许你创建一个虚拟的网络接口，合并来自多个接口的数据流到一个接口上。这个过程可以用软件来完成。

举个例子，让我们将 Security Onion 里的两个接口绑定在一起。正如图 3.8 所示：我所安装的 Security Onion 系统中有三个网络接口。接口 Eth2 是管理接口，而 eth0 和 eth1 是数据收集接口。

```
root@nighthawk: ~ — ssh — 100×25
sanders@nighthawk:~$ ifconfig
eth0      Link encap:Ethernet  HWaddr 00:26:f2:ac:d3:82
          UP BROADCAST RUNNING NOARP PROMISC MULTICAST  MTU:1500  Metric:1
          RX packets:2374 errors:0 dropped:0 overruns:0 frame:0
          TX packets:0 errors:0 dropped:0 overruns:0 carrier:0
          collisions:0 txqueuelen:1000
          RX bytes:384533 (384.5 KB)  TX bytes:0 (0.0 B)
          Interrupt:17 Base address:0xa000

eth1      Link encap:Ethernet  HWaddr 00:22:3f:f6:76:4e
          UP BROADCAST RUNNING NOARP PROMISC MULTICAST  MTU:1500  Metric:1
          RX packets:2561 errors:0 dropped:0 overruns:0 frame:0
          TX packets:0 errors:0 dropped:0 overruns:0 carrier:0
          collisions:0 txqueuelen:1000
          RX bytes:1758390 (1.7 MB)  TX bytes:0 (0.0 B)
          Interrupt:18 Base address:0xe000

eth2      Link encap:Ethernet  HWaddr 00:1a:a0:52:2e:7f
          inet addr:192.168.1.5  Bcast:192.168.1.255  Mask:255.255.255.0
          UP BROADCAST RUNNING MULTICAST  MTU:1500  Metric:1
          RX packets:1588 errors:0 dropped:0 overruns:0 frame:0
          TX packets:859 errors:0 dropped:0 overruns:0 carrier:0
          collisions:0 txqueuelen:1000
          RX bytes:910522 (910.5 KB)  TX bytes:97939 (97.9 KB)
          Interrupt:26 Base address:0xc000
```

图 3.8 系统网络接口

出于练习需要，我们假设 eth0 和 eth1 已经连接到一个非汇聚型网络分流器，他们都可以看到单向的网络流量。如图 3.9 所示：可以看到两个接口监听的网络流量。图中显示了一个 ping 命令产生的 ICMP 回显请求和应答结果。在上面的窗口中，我们注意到只有到 4.2.2.1 的流量能够被看到，而在底部的窗口中，只有从 4.2.2.1 出去的流量可以被看见。

我们的目标是将这些接口组合成自己的接口，使得分析更容易。在 Security Onion 系统中可以通过使用 bridge-utils 命令（系统已集成该指令）。你可以使用下面的命令建立一个临时的桥接：

```
sudo ip addr flush dev eth0
sudo ip addr flush dev eth1
```

```
sudo brctl addbr br0
sudo brctl addif br0 eth0 eth1
sudo ip link set dev br0 up
```

```
root@nighthawk: ~ — ssh — 100×12
sanders@nighthawk:~$ sudo tcpdump -nni eth1 -c3 icmp
tcpdump: WARNING: eth1: no IPv4 address assigned
tcpdump: verbose output suppressed, use -v or -vv for full protocol decode
listening on eth1, link-type EN10MB (Ethernet), capture size 96 bytes
20:19:52.123419 IP 4.2.2.1 > 172.16.16.2: ICMP echo reply, id 56956, seq 0, length 64
20:19:53.124915 IP 4.2.2.1 > 172.16.16.2: ICMP echo reply, id 56956, seq 1, length 64
20:19:54.123288 IP 4.2.2.1 > 172.16.16.2: ICMP echo reply, id 56956, seq 2, length 64
3 packets captured
3 packets received by filter
0 packets dropped by kernel
sanders@nighthawk:~$
```

```
Terminal — ssh — 100×12
sanders@nighthawk:~$ sudo tcpdump -nni eth0 -c3 icmp
tcpdump: WARNING: eth0: no IPv4 address assigned
tcpdump: verbose output suppressed, use -v or -vv for full protocol decode
listening on eth0, link-type EN10MB (Ethernet), capture size 96 bytes
20:19:52.070332 IP 172.16.16.2 > 4.2.2.1: ICMP echo request, id 56956, seq 0, length 64
20:19:53.069423 IP 172.16.16.2 > 4.2.2.1: ICMP echo request, id 56956, seq 1, length 64
20:19:54.070685 IP 172.16.16.2 > 4.2.2.1: ICMP echo request, id 56956, seq 2, length 64
3 packets captured
3 packets received by filter
0 packets dropped by kernel
sanders@nighthawk:~$
```

图 3.9 每个接口上监控的单向流量

这将创建一个名为 br0 的接口。如果你嗅探该接口的流量，你会看到，从 eth0 和 eth1 的数据现在汇聚在一起了。最终的结果是生成一个单一的虚拟接口。如图 3.10 所示，当嗅探该接口上的流量时，我们将看到双向的网络通信流量：

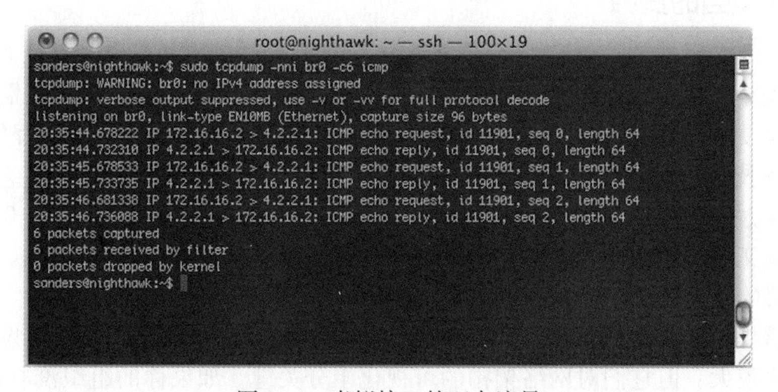

图 3.10 虚拟接口的双向流量

如果你想在重新启动操作系统后，这种配置依然生效，你需要在 Security Onion 中做一些修改，包括禁用图形化网络管理并配置 /etc/network/interfaces 文件中的 bridge-utils。你可以在以下网址中了解这些配置变更：

- http://code.google.com/p/security-onion/wiki/NetworkConfiguration
- https://help.ubuntu.com/community/NetworkConnectionBridge

3.4 传感器高级操作系统

最常见传感器操作系统通常是 Linux 或 BSD 的一些发行版。每个分支都有它的优势与劣势，但它通常归结为个人喜好。大多数有国防部背景的人都喜欢基于 Red Hat 的 CentOS 或 Fedora，因为美国国防部主要使用的 Red Hat Linux。有相当一部分“老派”的 NSM 从业者更喜欢简约的 FreeBSD 和 OpenBSD 系统。你最终选择哪一个分支并没有太大关系，重要的你用的是基于类 Unix 的操作系统。选择使用此类系统的原因有很多种，但最普遍的是，大部分设计用于收集、检测和分析的工具都基于这些平台工作。在 2013 年，Linux 似乎是最流行的整体的选择，因为硬件制造商似乎普遍为他们的硬件提供最新的 Linux 驱动程序。

3.5 传感器的安置

也许规划 NSM 数据采集时，必须作出的最重要决定是传感器在网络上的物理位置。这个位置决定你能捕捉到什么样的数据，你对该数据拥有什么样的检测能力，以及你的分析程度。传感器安置的目标是确保组织的 NSM 过程中被标记为关键的数据源能够被正确地发现。如果你使用本书中介绍的方法来做决定，那么通过在第 2 章中讨论的应用收集框架，你将能够决定哪些数据是收集阶段的重中之重。

目前没有行之有效的方法可用于确定传感器在网络上的最佳安置位置，但有一些技巧和最佳实践来帮助你避免常见的错误。

3.5.1 利用适当的资源

组织不会平白无故就达到良好的安全等级，传感器的安置也不会如此轻而易举。而安置传感器是安全团队的一个目标，确定如何最好地将这个设备融入到网络，需要在网络工程领域内考虑更多。考虑到这一点，安全团队应该尽一切努力，在安置过程的早期阶段，纳入网络工程技术人员。没有人会比设计这个网络并每天维护它的人更了解它。他们可以帮助指导这一过程，在给定的网络拓扑中确保该目标是现实的和可实现的。当然，在某些情况下，网络工程技术人员和安全团队可能是同一个人，而这个人可能是你。在这种情况下，它使会议的安排轻松了许多!

通常能够提供纵览全局网络或个别网段整体设计的文件是网络图。这些图可以在细节和设计上变化很大，但它们对网络架构的可视化十分关键。如果你的组织没有这些网络图，那么这将是一个很好的时机来补回这些图。这不仅对传感器的可见性起到至关重要的决定作用，还有助于建立可视化视图供你分析使用。我们将在本节后面讨论这些图。

3.5.2 网络入口 / 出口点

在理想情况下，具备了足够的资源时，一个传感器应被放置在每一个不同网络的入口 / 出口点，包括互联网网关、传统 VPN 通道以及合作伙伴链路。在小型网络中，这可能意味着在网络边缘的一个边界上部署传感器。你会发现，很多大型企业都采用中心辐射模型，其中从卫星办公室的流量都通过 VPN、MPLS 或其他点对点技术接入总公司执行统一的网络监控策略。这种结构需要将传感器更宽地分散在每个入口 / 出口点。

如图 3.11 所示，一个大型组织有许多入口 / 出口点的网络架构。注意，所有在此图中所示的路由器都执行网络地址转换（NAT）功能。

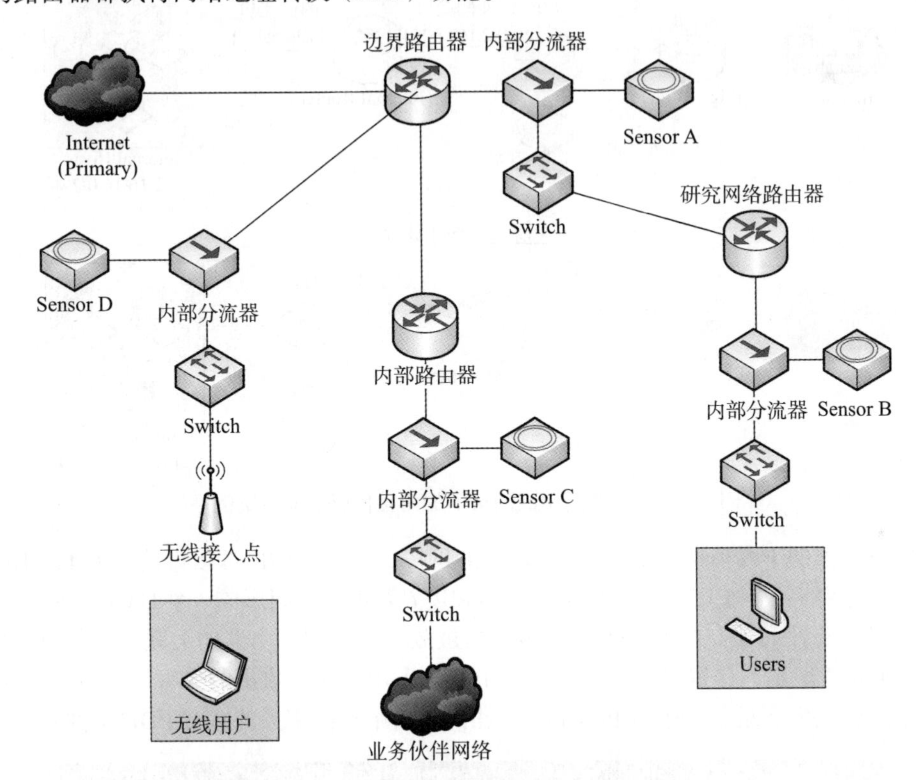

图 3.11　网络入口 / 出口点放置传感器

在这种情况下，注意部署了四个单独的传感器：

A. 在企业网络边缘

B. 在研究网络边缘

C. 在连接业务合作伙伴网络的入口点

D. 在无线网络的边缘

最终，在网络上出现的任何真正的负面活动（除了数据的物理盗窃），将涉及数据被传入或传出网络。考虑到这一点，在这些入口 / 出口点设置传感器将能够定位并捕获该数据。

3.5.3　内部 IP 地址的可视性

当进行检测和分析时，确定哪些内部设备是一个告警主题非常重要。如果传感器被放置在 NAT 设备的错误位置（诸如路由器），那么这个信息可能会被屏蔽。

如图 3.12 所示，显示了一个单一网络下的两个不同场景。网络本身是相对简单的，在企业网络中，连接到互联网的边界路由器后面，存在一个内部路由器，它们之间形成了一个 DMZ 区域。

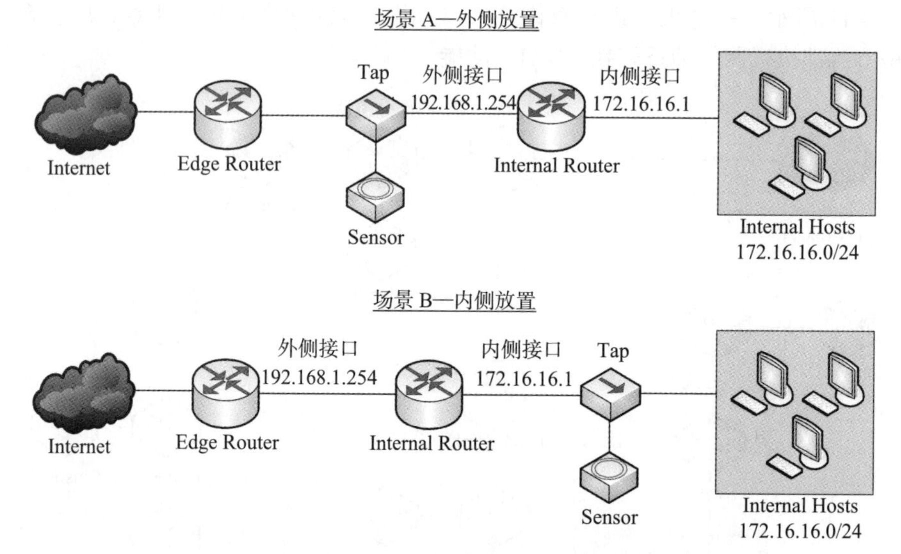

图 3.12 一个简单的网络下的两种传感器安置案例

内网路由器的下联口接了 172.16.16.0/24 IP 网段，路由器的内部接口地址为 172.16.16.1，外部接口地址为 192.168.1.254。在内部路由器和边界路由器之间形成一个 DMZ 区域。

在这里有两种场景：在场景 A 中，传感器被放置在内部路由器的上联口（在 DMZ 区域里）。如图 3.13 所示，告警显示了内部主机中的某个用户成了攻击的受害者，被一个驱动式下载攻击导致它们下载了一个与 Phoenix 恶意代码利用套件相关的恶意 PDF 文件。

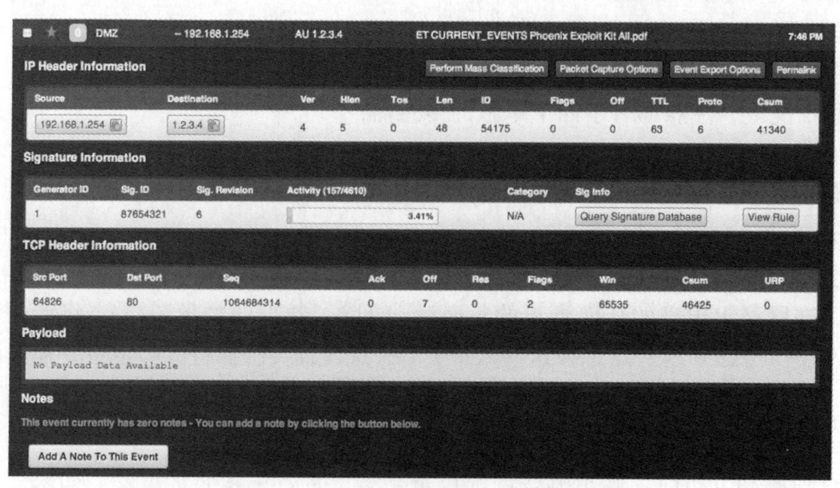

图 3.13 一个用户在场景 A 产生的告警

这个告警显示了设备 192.168.1.254 试图从远程主机 1.2.3.4 下载一个 PDF 文件，该

PDF 文件链接到 Phoenix 恶意代码利用套件。但是问题是 192.168.1.254 是内部路由器的外部接口 IP 地址，并没有给我们任何信息表明实际上是哪台内部主机发起的通信。图 3.14 显示了拉取 NetFlow 数据的结果。

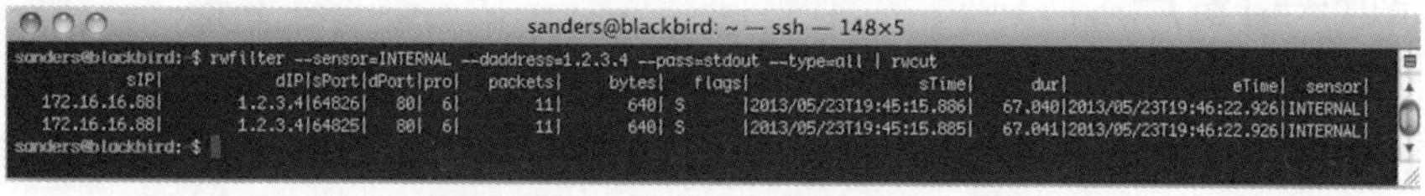
sanders@blackbird: ~ — ssh — 148×5
sanders@blackbird:~$ rwfilter --sensor=INTERNAL --daddress=1.2.3.4 --pass=stdout --type=all | rwcut
sIP| dIP|sPort|dPort|pro| packets| bytes| flags| sTime| dur| eTime| sensor|
172.16.16.88| 1.2.3.4|64826| 80| 6| 11| 640| S |2013/05/23T19:45:15.886| 67.040|2013/05/23T19:46:22.926|INTERNAL|
172.16.16.88| 1.2.3.4|64825| 80| 6| 11| 640| S |2013/05/23T19:45:15.885| 67.041|2013/05/23T19:46:22.926|INTERNAL|
sanders@blackbird:~$

图 3.14　场景 A 的 NetFlow 数据

在这种传感器安置位置的场景下，你将不会看到任何 172.16.16.0/24 网段范围内的 IP 地址，这是因为内部路由器使用了 NAT 屏蔽了内部网络主机的 IP 地址。该传感器收集的数据对我们的调查工作没有提供任何有用的信息。即使你有其他可用的数据源，如防病毒软件或 HIDS 日志，你也不知道从哪个源头开始寻找，这对于一个有着成百上千主机数量的网段来说会变得特别复杂。

在场景 B 中，传感器是放置在路由器的下游位置。图 3.15 显示了相同的恶意行为产生的相同告警，但提供了不同的信息。

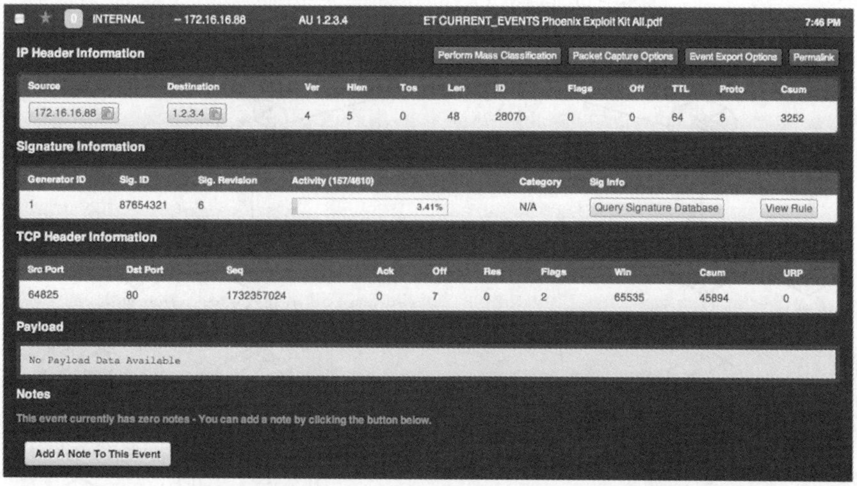
INTERNAL
172.16.16.88
AU 1.2.3.4
ET CURRENT_EVENTS Phoenix Exploit Kit All.pdf
7:46 PM
IP Header Information
Perform Mass Classification
Packet Capture Options
Event Export Options
Permalink
Source Destination Ver Hlen Tos Len ID Flags Off TTL Proto Csum
172.16.16.88 1.2.3.4 4 5 0 48 28070 0 0 64 6 3252
Signature Information
Generator ID Sig. ID Sig. Revision Activity (157/4610) Category Sig Info
1 87654321 6 3.41% N/A
Query Signature Database
View Rule
TCP Header Information
Src Port Dst Port Seq Ack Off Res Flags Win Csum URP
64825 80 1732357024 0 7 0 2 65535 45894 0
Payload
No Payload Data Available
Notes
This event currently has zero notes - You can add a note by clicking the button below.
Add A Note To This Event

图 3.15　一个用户在场景 B 产生的告警

在这里，我们可以看到恶意文件所托管的网站是同一个外部地址（1.2.3.4），但内部路由器外部接口地址被替换了，实际上我们看到了正确的内部主机地址，为我们进一步的调查感染特征提供了关键的情报。图 3.16 的 NetFlow 数据也显示了这个信息。

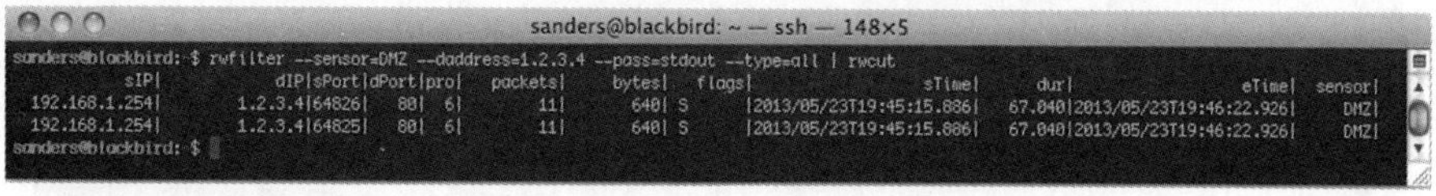
sanders@blackbird: ~ — ssh — 148×5
sanders@blackbird:~$ rwfilter --sensor=DMZ --daddress=1.2.3.4 --pass=stdout --type=all | rwcut
sIP| dIP|sPort|dPort|pro| packets| bytes| flags| sTime| dur| eTime| sensor|
192.168.1.254| 1.2.3.4|64826| 80| 6| 11| 640| S |2013/05/23T19:45:15.886| 67.040|2013/05/23T19:46:22.926| DMZ|
192.168.1.254| 1.2.3.4|64825| 80| 6| 11| 640| S |2013/05/23T19:45:15.886| 67.040|2013/05/23T19:46:22.926| DMZ|
sanders@blackbird:~$

图 3.16　场景 B 的 NetFlow 数据

你所收集的数据必须为达到分析目的而服务，这点是至关重要的。这个例子只适用于那些内部网络到互联网只有一跳距离的情况。你应该始终确保你的传感器被放置在路由设备正确的一边。

3.5.4 靠近关键资产

在本书的介绍材料中，我们讨论了广撒网式的试图收集更多的数据是有问题的思路。当你在放置传感器时也应考虑到这一点。如果你已经花费了很多时间来准确地确定哪些数据源是组织所面临威胁的关键，那么你应该能够确定哪些资产是重要保障的对象。因此，如果你拥有有限的资源，不能在所有的网络入口 / 出口点进行收集和检测，那么理论上应把你的传感器尽量靠近这些关键资产。

图 3.17 显示了一个生物医学研究公司中等规模网络的例子。在做收集规划时，这家公司识别出了他们最应该关心的需要受到保护的设备位于内部研究网络，因为这些设备上存放了组织的知识产权。图中显示了三种可能的传感器安放的位置。

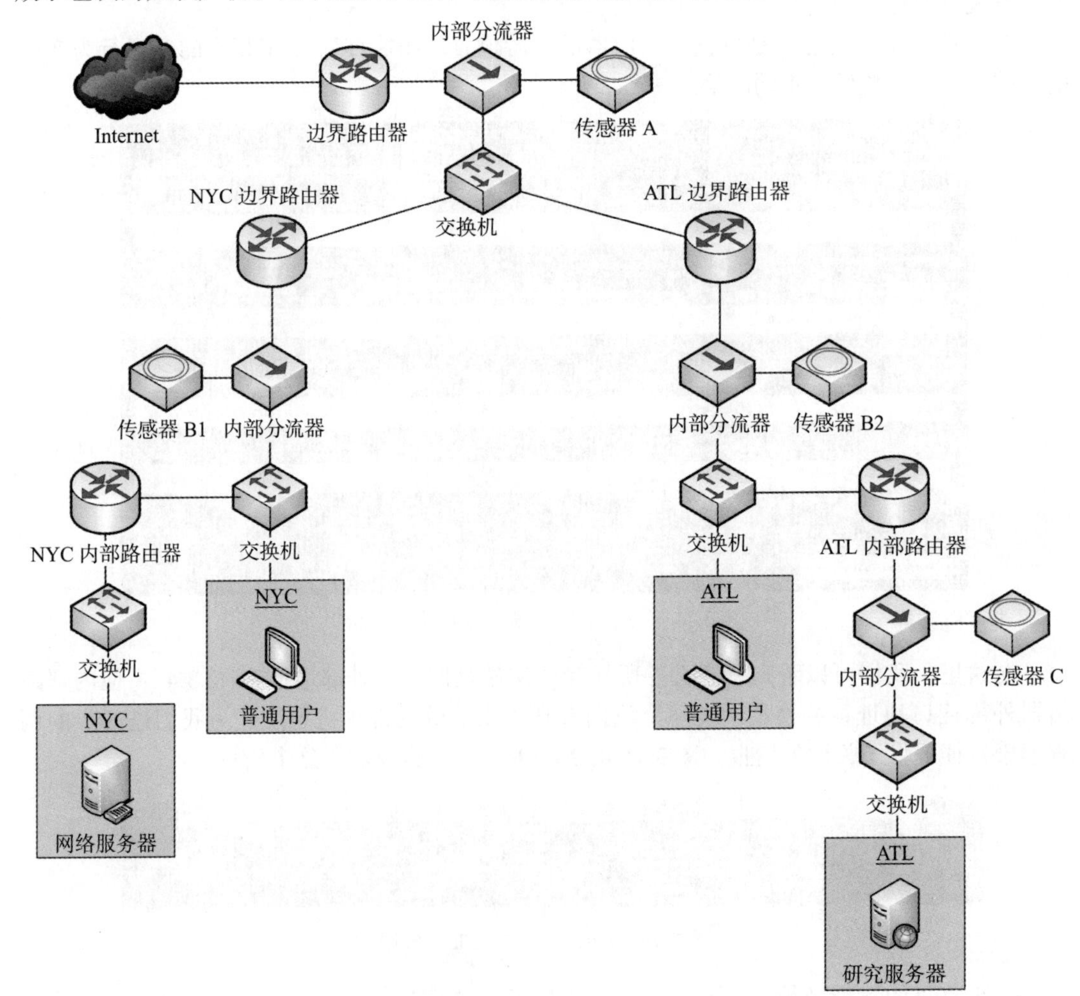

图 3.17 一个中等规模网络的 3 种传感器安放位置示例

在理想的情况下，无限的金钱、时间和资源可以让我们在任何地方部署传感器来获得对网络最佳的能见度。然而，这总是不切实际的。

我们首先想到的是在网络边界放置一个传感器，正如图中传感器 A 所示。如果它是这个网络上的唯一传感器，那么它将负责整个企业的收集和检测任务。正如我们已经讨论过的，这种架构并不能很好地扩展，最终会导致高昂的硬件开销以及无法全面地执行采集、检测和分析。

接着，我们可能会考虑将传感器部署在每一个物理区域的边界，如图所示的传感器 B1 和 B2。这实质上是将传感器 A 的工作量平摊成两半，为 NYC 和 ATL 区域分别配置一个传感器。虽然这样确实有一定的性能优势，但我们仍然有两个传感器在负责处理各种数据。而且在 NYC 区域的传感器必须具备检测特征覆盖对网络服务器段与用户段不同服务器的潜在威胁。这种情况仍然没有对准组织最大的潜在威胁。

最后，我们来看看传感器 C，它被安置在 ATL 区域使得研究网络进一步可视。这个网段涉及积极参与研究的用户以及存储了研究数据的服务器。对该组织的最大威胁是对这个网段的入侵。因此，这里是我安置第一个传感器的地方。这个网段规模比较小，不需要很强大的硬件就能支撑。此外，检测机制可以同时部署，使得针对这部分网络的检测特征集合能够被进一步削减。

在这样的场景下，如果有足够的资源可用于放置多个传感器是非常理想的。也许传感器 A 和 C 的组合可能会是天作之合。但是，如果代表公司最高风险的资产是那些在研究网络服务器段的主机，那么传感器 C 所在的位置就是个最好的开始。

3.5.5 创建传感器可视化视图

当传感器被放置在网络上，重要的是，分析师需要知道传感器负责对哪些资产进行保护，包括其他可信的和不可信的资产。这个网络图在事件调查的过程中将变得非常有用。

大多数组织将满足于由系统管理员或网络工程技术人员创建的网络图，由该图去指明传感器具体的物理和逻辑的位置。虽然这可能是有用的，但它不是真正有效的方式来将该信息呈现给一个 NSM 分析员。这些图通常不是从 NSM 分析师的角度去制作的，而且通常这些图提供的信息过于重载，很多不相关的内容导致分析师无法完全准确地理解网络架构，无法清晰地区分可信和不可信的资产。打个比方，拿着网络工程师的图给一个 NSM 分析师，就好比给厨师一份番茄的 DNA 序列。如果厨师想了解一下番茄的特殊味道，那么你这么做还情有可原。但在大多数情况下，他只需要你告诉他如何煮番茄。在 NSM 的分析场景中，能够尽可能地提供详细的网络图始终是有益的，但大多数情况下，一个简单的图会更适合他们的需求。传感器可视化视图的最终目标，是为分析人员能够快速评估哪些资产处于特定传感器的保护下，以及哪些资产在保护范围之外。

一个基本的传感器可视化视图至少应包含以下组件：

- 高层次网络逻辑预览图。
- 所有对网络流量有影响的路由设备、代理或网关。
- 路由设备、代理和网关的外部 / 内部 IP 地址。

- 工作站、服务器或其他设备——这些都应该以分组显示，而不是独立显示，除非它们是特别关键的设备。
- 工作站、服务器和设备组的 IP 地址范围。
- 所有 NSM 传感器，以及定义传感器负责保护主机区域的盒框。这些盒框通常会被定义来表示传感器是从哪些主机收集数据的。当来自一个嵌套子网内的流量可能仅显示该子网路由器的外部接口 IP 地址时，该流量仍然会被传感器所捕获，除非另有排除。

举个例子，让我们回顾之前图 3.17 描述的网络。我在图 3.18 中重新绘制了这个图，为每个传感器增加了可视化视图，结合上面列出的项目。不同的区域通常可以通过带有颜色或阴影的盒框表示出来，但由于本书是黑白印刷的，我用不同类型的虚线框来表示每个监控区域。在这种情况下，每个传感器都监视了子网中所有嵌套子网的流量，所以每个区域对于上游区域网络来说是重叠的。

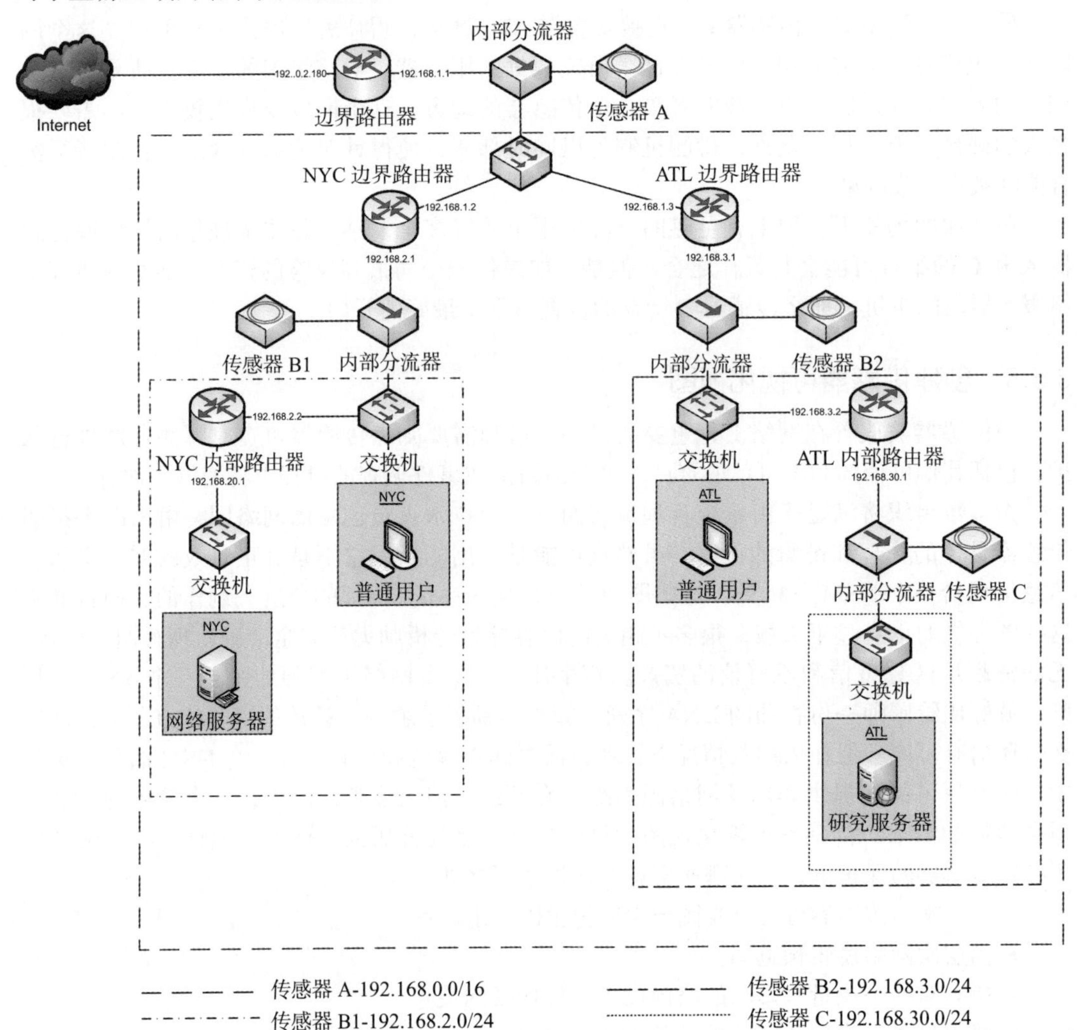

图 3.18 一个传感器可视化视图

我经常将这些图叠放在分析师的桌面上，便于调查过程中的快速参考。他们对这份快速参考文件非常容易上手，可以有效地促使分析师发现或请求与调查有关的额外文件信息，如某个特定网段的详细网络图，或者某台受信任主机相关联的信息。

3.6 加固传感器

在敏感的网络设备领域里，传感器的安全性应该被慎重考虑。如果你的传感器存储了全包捕获数据，甚至只是 PSTR 数据，这些文件很可能包含极其重要的网络敏感信息。即使不熟练的攻击者也可以使用这些文件来提取整个文件、密码或其他重要数据。攻击者甚至可以利用一个只存储了会话数据的传感器，来帮助他们了解可能让他们在网络中扩大自己立足之地的网络信息。传感器安全加固通常有以下步骤：

3.6.1 操作系统和软件更新

最简单重要的加固系统安全性的方式就是确保操作系统以及其上运行的软件都更新到最新的安全补丁。即使你的传感器不会直接暴露到互联网上，如果你的网络通过一些其他手段被入侵，那么攻击者可以通过某个好几个月前的操作系统远程执行代码漏洞旁敲侧击到另一个传感器，那么一切就结束了。

我见过许多案例，由于传感器不具备上网条件，人们忽略了升级传感器的软件和操作系统。结果是以后想定期更新时变得十分困难。在这种情况下，一种解决方案是在内网中建立某种类型的卫星更新服务器，以确保这些更新都能及时推送。虽然这是额外的管理开销，但，如果你的传感器能保持一定频率的更新，它降低了潜在的安全危险。另外的解决办法是使用内部的 web 代理服务器来限制软件和系统对外访问获取更新，但这种方式对于传感器在网络中的位置来说，可能是具有挑战性的。

3.6.2 操作系统加固

除了确保你的传感器操作系统是最新的以外，在安装传感器软件之前，你必须确保运行环境的安全配置符合最佳实践。操作系统安全配置的最佳实践有几种方法。如果你的组织遵循以下任何类型的正式合规性标准如 HIPAA、NERC CIP 或 PCI，那么很可能你已经使用了某种类型的操作系统的安全配置标准。即使联邦和国防部门机构对这些也并不陌生，因为操作系统的安全性是被很多权威认证强制要求的，如 DIACAP 和 DITSCAP。

如果你没有任何正式的合规性标准指导，这里有几个公开可用的资源可以作为一个很好的起点。其中有两个是我很喜欢的是互联网安全中心（CIS）基准（http://benchmarks.cisecurity.org/）和 NSA 操作系统的安全指南（http://www.nsa.gov/ia/mitigation_guidance/security_configuration_guides/operating_systems.shtml ）。

3.6.3 限制上网

在大多数情况下，你的传感器不应有不受约束的 Interner 访问。如果传感器遭受入侵，这将很容易让攻击者从传感器中泄露敏感数据。我通常不提供传感器的互联网接入功能，虽然在某些情况下，通过配置内部 Web 代理服务器因特网访问需求可以被限制只允许至关重要的区域（例如那些需要软件和系统更新的）。

重要的是，你的传感器将很有可能配置从 Internet 上定期下载 IDS 特征或基于信誉库的情报。此外，访问数据源的情报服务，例如 Bro 会实时使用 Cymru 团队的恶意软件 Hash 值注册和国际计算机科学研究所 SSL 天文台，它是一个不断增长的趋势。你应该确保你的传感器可以接收这个数据，但最好是能先配置一个系统来下载这些更新，再将传感器指向这个内部系统进行更新。

3.6.4 最小化软件安装

传感器是一个用于特定目的的定制化硬件设计。这种定制化只许可在传感器上安装必需的软件。我们建议使用最小化的操作系统安装，并且根据你的传感器部署类型选择安装执行采集、检测和分析任务所需的软件。此外，任何不需要的服务应该被禁止，并且随着操作系统安装的其他未使用的包应该被删除。最终会增加传感器的性能，同时使潜在的攻击面最小化。

我在裁减服务器安装的过程中看到的最常见错误是，管理员忘记从传感器中删除编译器。在安装 NSM 工具的过程中往往需要编译器，但过后编译器绝不应该留在这个系统上。因为它提供了一个额外工具让攻击者利用来入侵你的网络。在最理想的场景下，传感器工具可以在另一个系统上进行编译，然后部署到传感器上，而不是直接在传感器上编译。

3.6.5 VLAN 分割

大多数传感器应具有至少两个网络连接。第一个接口用于网络数据的收集，第二个将被用于传感器的管理，通常通过 SSH。而收集用的接口不应该被分配一个 IP 地址，或者被允许在网络上有任何交互，管理用的接口则需要存在于网络上的某个逻辑位置。如果网络环境支持虚拟局域网（VLAN）的流量分割，那么可以充分利用这种架构，将传感器的管理接口放置到一个仅由管理员访问的安全 VLAN 中。

3.6.6 基于主机的 IDS

某种形式的基于主机的入侵检测（HIDS）在传感器上的安装是至关重要的。这些系统提供了检测主机更改的各种方法，包括对系统日志和系统文件修改的检测监控。市面上有些商用的 HIDS 产品，但也有一些自由软件可用，如 OSSEC 或高级入侵检测环境（AIDE）。请记住，HIDS 软件是用来检测它所驻留系统上的潜在入侵，因此由它生成的日志应发送到网络上的另一台服务器。如果它们被存储在本地，而且只是被定期检查分析，这将给攻击者提供在检查分析之前修改或删除这些日志的机会。

3.6.7 双因素身份验证

对于攻击者来说，NSM 传感器是很有价值的一个目标。传感器中记录的原始数据和加工过的数据，可以被利用来进行各种精心策划的攻击。因此，保护访问传感器的认证过程是很重要的。单一密码认证无法有效阻止一个攻击者从其他来源获取密码并进入传感器，因此，建议采用双因素验证的方式。

3.6.8 基于网络的 IDS

将传感器的管理接口视为高价值网络资产来监控是很重要的。要做到这一点的最佳途径之一，就是让这个接口也像网络的其他位置一样受到相同的 NIDS 检测。当然，该检测软件可能是部署在传感器本身。最简单的解决方案是将管理接口的网络流量镜像到另一个监控接口，这是一个简单的步骤，但却经常被忽视。

有一个最好的你能做的方法，确保你的传感器不与任何未经授权的主机进行通信，那就是确定哪些主机允许访问传感器，并创建 Snort 规则，检测与其他设备的未授权通信。例如，假设 192.168.1.5 的传感器只允许与管理员的工作站 192.168.1.50 和本地卫星更新服务器 192.168.1.150 通信，下面的规则将检测到任何其他主机的通信：

```
alert ip ![192.168.1.50,192.168.1.150] any <> 192.168.1.50 any (msg:
"Unauthorized Sensor Communication"; sid:5000000; rev:1;)
```

3.7 本章小结

要做好传感器的创建、放置和容量规划，会有很多的计划和工作量要投入。这里面许多话题如果要深究起来，几乎可能需要单独成书。本章的目的是提供执行这些操作时，应该考虑的主要概念的概览。这里除了介绍概念外，还是一次很好的与业界同行和其他组织的交流机会，看看他们如何根据自己的组织目标和网络架构进行传感器部署。这将给业界提供一个良好的基线知识：何人、何事、何时、何地以及为何要部署 NSM 传感器。

Chapter 4　第 4 章

会话数据

会话数据（Session）是两个网络设备之间进行通信的汇总数据，也称为谈话记录（conversation）或流记录（flow），这个汇总数据是 NSM 数据最灵活、最有用的形式之一。如果考虑全包捕获相当于记录了某人移动电话的每个通话，那么会话数据是等于有了手机日志上与手机相关的账单副本。会话数据没有给你“What”，但它给你真实的“Who、Where、When”。

会话记录或流记录产生时，该记录通常包括协议、源 IP 地址、源端口、目的 IP 地址、目的端口、通信开始和结束的时间戳、两个设备之间传输的数据量。我们将在本章中看到各种形式的会话数据，这些数据也将包含其他信息，但这些信息一般都是会话数据实现的通用字段。一个流记录的样例如图 4.1 所示。

```
chris — sanders@blackbird: ~ — ssh — 149×14
sanders@blackbird:~$ rwfilter --sensor=INTERNAL --start-date=2013/6/23 --daddress=67.205.2.30 --pass=stdout --type=all | rwcut
            sIP|            dIP|sPort|dPort|pro|   packets|     bytes|   flags|                  sTime|      dur|                  eTime|  sensor|
  172.16.16.115|    67.205.2.30|56118|   80|  6|        12|      2205|FS PA   |2013/06/23T01:52:38.021|    3.198|2013/06/23T01:52:41.219|INTERNAL|
  172.16.16.115|    67.205.2.30|56664|   80|  6|        11|      1374|FS PA   |2013/06/23T03:22:05.015|    5.429|2013/06/23T03:22:10.444|INTERNAL|
  172.16.16.115|    67.205.2.30|56659|   80|  6|        47|      5488|FS PA   |2013/06/23T03:22:05.014|    5.431|2013/06/23T03:22:10.445|INTERNAL|
  172.16.16.115|    67.205.2.30|56662|   80|  6|        11|      1360|FS PA   |2013/06/23T03:22:05.015|    5.430|2013/06/23T03:22:10.445|INTERNAL|
  172.16.16.115|    67.205.2.30|56658|   80|  6|         5|       224|FS  A   |2013/06/23T03:22:04.890|   18.238|2013/06/23T03:22:23.128|INTERNAL|
  172.16.16.115|    67.205.2.30|56660|   80|  6|        43|      8085|FS PA   |2013/06/23T03:22:05.014|   18.118|2013/06/23T03:22:23.132|INTERNAL|
  172.16.16.115|    67.205.2.30|56722|   80|  6|         6|      1334|FS PA   |2013/06/23T03:22:13.129|   10.004|2013/06/23T03:22:23.133|INTERNAL|
  172.16.16.115|    67.205.2.30|56720|   80|  6|         6|      1342|FS PA   |2013/06/23T03:22:13.129|   10.004|2013/06/23T03:22:23.133|INTERNAL|
  172.16.16.115|    67.205.2.30|56663|   80|  6|         7|      1312|FS PA   |2013/06/23T03:22:05.015|   18.119|2013/06/23T03:22:23.134|INTERNAL|
  172.16.16.115|    67.205.2.30|56721|   80|  6|         6|      1260|FS PA   |2013/06/23T03:22:13.129|   10.009|2013/06/23T03:22:23.138|INTERNAL|
  172.16.16.115|    67.205.2.30|56661|   80|  6|         7|      1344|FS PA   |2013/06/23T03:22:05.015|   18.124|2013/06/23T03:22:23.139|INTERNAL|
sanders@blackbird:~$
```

图 4.1　流记录样例

虽然会话数据并不像“全包捕获”（full packet capture，FPC）数据那样提供完整细节，但是它确实有一些独特的优势，能为 NSM 分析师提供显著价值。我们将在下一章了解到，FPC 数据解决方案的最大挑战，是这种数据的大小不适合大多数企业长期保存。这种情况下，我们被限制了捕捉所有类型流量的能力，无法执行与当前事件调查相关的回顾性分析。FPC 数据的弱点恰好是会话数据的优势，由于会话数据仅仅是文字的记录和统计数据的集合，容量非常小，非常适合大规模数据流量存储解决方案。FPC数据保持通常仅有几分钟或几小时保存周期，而会话数据可以达到几个月或几年，有些机构甚至选择无限制保留会话数据。

会话数据与它的小体积的另一个好处是，它能被更快地解析并分析。这不仅可以让分析师尝试快速梳理数据，也方便分析工具检测异常或生成统计数据。正因为如此，其他数据类型，包括我们将在第11章中讨论的统计数据，通常是由会话数据产生。

在本章中，我们将讨论如何产生流量数据、会话数据收集方法、并探讨两种比较流行的会话数据分析解决方案：SiLK和Argus。然而，在详细对比不同分析解决方案间的差别之前，关键是要了解不同流量数据类型之间的差异。本书将重点介绍最常用的流量类型：NetFlow和IPFIX。

4.1 流量记录

流量记录是数据包的归并记录。归并的方式依赖于用于生成并解析数据的工具。

> **分析师须知：**
> 在本书中，我们主要集中介绍SiLK，所以本节将描述SiLK如何归并数据来形成流量记录。

流量记录是基于五个属性组成的标准5元组。5元组是一组数据，其属性包含源IP地址，源端口，目的IP地址，目的地端口和传输协议。当流量生成器解析一个数据包时，会检查其5元组属性并记录，一个新的流量记录将会生成，这个记录包括5元组数据，以及你正在使用的流量类型定义的其他字段（NetFlow v5，NetFlow v9，IPFIX等）。

当一个新的数据包被分析时，如果其含有相同的5元组属性，则该数据被添加到已经存在的流量记录。只要数据包被检测到匹配5元组的属性值，该数据将被附加到该流量记录。以下三种条件下，流量记录将被终止（图4.2）：

1. 自然超时：通信双方基于特定的协议规范自然终止。通过跟踪面向连接的协议，侦测到类似于TCP协议中的RST包或FIN序列。

2. 空闲超时：超过30秒没有再接收到新的数据时，流量记录被终止。具有相同5元组属性的任意新数据包在30秒过后会产生一个新的流量记录，这个阈值是可配置的。

3. 活动超时：当一个流量记录已持续开了三十分钟后，将被终止，同时将产生一个新的相同5元组属性的流量记录，这个阈值也是可配置的。

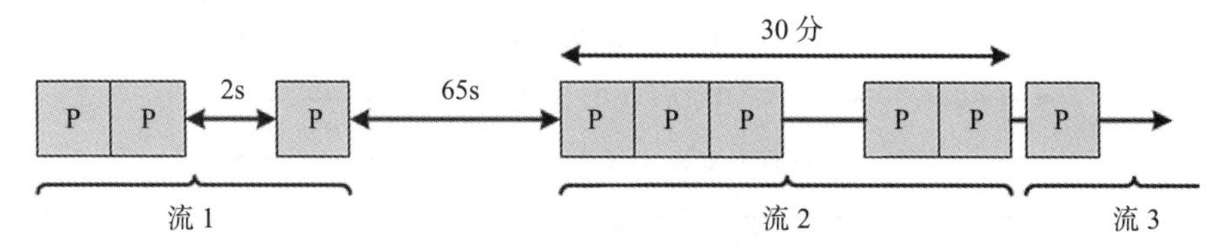

图4.2 流量空闲超时与活动超时

每当一个新的5元组属性数据包被检测时，一个新的流量记录会被创建。任何时候，都会有大量的流量记录产生。

让我们将这个过程可视化，读者可以将其想象成一个人坐在一条装配线上。这个人检查每个流动在他面前的数据包，当他看到一个具有独立5元组属性值的数据包时，他将这些值写在一个罐子上，同时把该数据包放进罐子中，并将罐子放在一边。当其他数据包的属性值匹配已有的罐子时，他将这些数据包抛进已经存在的罐子中。每当满足上文的三个流量终止条件时，他将罐子用盖封装好，并把它发送出去。

正如你预见的，在大多数情况下，流量记录是以单向的方式产生的（某些工具：如YAF，可产生双向的流记录）。举个例子，对于单向的流记录，192.168.1.1和172.16.16.1之间的TCP通信通常会衍生至少两个流记录，一个从192.168.1.1到172.16.16.1，另一个从172.16.16.1到192.168.1.1（见表4.1）。

表4.1 单次通信的两个单向流记录

sIP	dIP	sPort	dPort	Pro	包	字节	标志	类型
192.168.1.1	172.16.16.1	3921	445	6	52	1331	FS PA	Out
172.16.16.1	192.168.1.1	445	3921	6	1230	310931	FS PA	In

更现实的情况可能是这样一个场景，一个工作站（192.168.1.50）试图浏览远程服务器（192.0.2.75）上的一个Web页面，这个通信过程展示于图4.3。

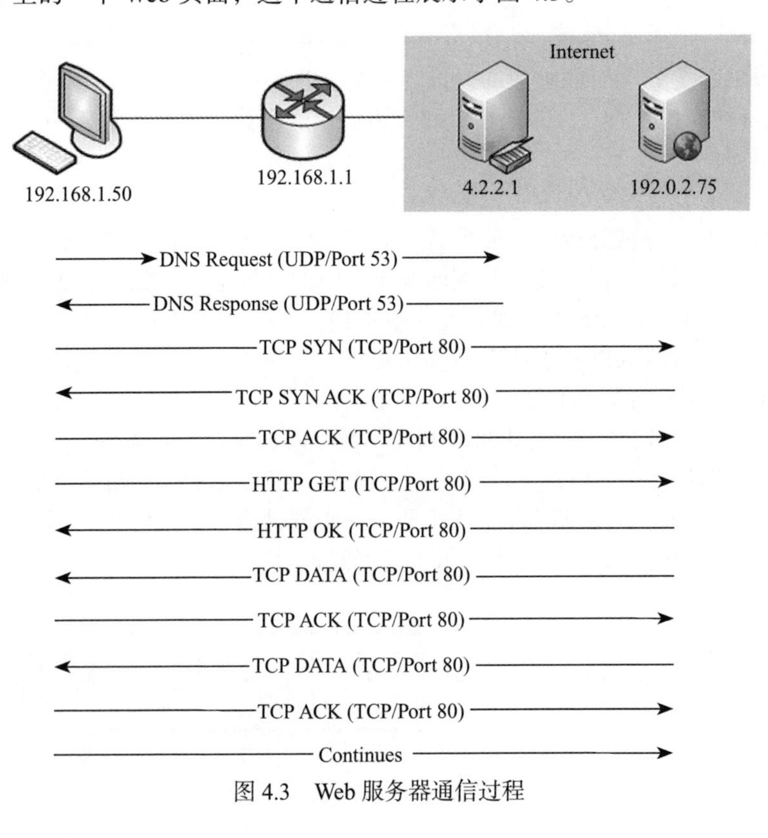

图4.3 Web服务器通信过程

在这个过程里面，客户端工作站（192.168.1.50）必须首先查询外网的DNS服务器（4.2.2.1）。一旦接到DNS响应，工作站便可以与web服务器进行通信。最后所产生的流量记录类似于表4.2所示。

表4.2 网页浏览产生的流量记录

sIP	dIP	sPort	dPort	Pro	包	字节	标志	类型
192.168.1.50	4.2.2.1	9282	53	17	1	352		Out
4.2.2.1	192.168.1.50	53	9282	17	1	1332		In
192.168.1.50	192.0.2.75	20239	80	6	1829	12283	FS PA	Outweb
192.0.2.75	192.168.1.50	80	20239	6	2923	309103	FS PA	Inweb

一个很好的帮助你理清头绪的方法，是在相同时间间隔内，比较流记录和数据包数据。并行的查看这两个数据类型在相同通信条件下分别是如何表示的，这将会帮助你学习流量数据是如何产生的。接下来，我们将看看几种主要的流量类型。

4.1.1 NetFlow

NetFlow最初是由思科于1990年开发的，用于简化他们网络设备的路由过程。在最初的规范中，路由器识别到新网络会话的第一个分组包，便产生一条流量记录。这有助于初始化网络会话，并为路由器提供比较网络上其他设备和服务的参照。这些记录也被用来识别和统计大流量会话以便简化许多过程，例如ACL访问控制列表的比较，它们更易于被技术人员解析理解。二十三年后，我们在NetFlow v9版本上看到了这个规范的进一步发展，也衍生了一些新的产品。这些版本的特征变化很大，并被不同的个人用于不同的作业功能，从基础设施支持、应用开发到安全。

NetFlow v5 和 v9

两种最常用的NetFlow标准是V5和V9，其中NetFlow V5是目前最方便的NetFlow解决方案，因为大多数现代路由设备均支持NetFlow V5输出。NetFlow V5流量记录提供标准的5元组信息以及所有必要的统计信息来定义流聚合包。这些统计数据允许分析引擎简化此信息的解析，不像NetFlow V9和IPFIX，NetFlow V5不支持IPV6协议，这可能会限制它在某些环境中的使用。

NetFlow V9继承了V5的一切特性，并扩展了其他功能。NetFlow V9提供了一个新的模板允许在记录中提供更多的细节。NetFlow V5提供了20个数据字段（其中两个是保留），NetFlow V9则拥有104个字段类型定义。这些修改后的字段类型可以通过一个模板化的输出去构建可配置的记录。因此，管理员可以通过配置这些模板使用NetFlow V9产生类似于V5的记录。NetFlow V9还提供IPV6支持。如果您想了解更多关于NetFlow V5和V9的差异，请参考思科的文档。

Plixer的迈克·帕特森在Plixer.com[⊖]的第三方博客上，提供了一个有关NetFlow V5和V9对比的最生动的例子。他指出，V9的使用率不高主要是由于缺乏V9能够提供的增

⊖ http://www.plixer.com/blog/general/cisco-netflow-v5-vs-netflow-v9-which-most-satisfies-your-hunger-pangs/

强工具的需求。迈克认为NetFlow V5就像是一个普通的汉堡包，它会满足你的需求，但做的一般。然而，这得考虑你的实际情况。如果你只是渴求食物，在这种情况下，一个普通的汉堡包是你所需要的，是一种简单而廉价的充饥方式，尽管只能满足你的最小需求，但它确实是你所需要的一切。而NetFlow V9，在另一方面，是安格斯芝士汉堡，里面包含所有的配料。大多数管理员要么只满足于NetFlow数据的最低要求，不需要NetFlow V9额外的配料，要么他们没有一个像NetFlow V5那样与数据交互的方法，这两种原因直接导致了NetFlow V9没有被广泛采用。

4.1.2 IPFIX

IPFIX与NetFlow V9有很多共同点，因为它是建立在相同的格式基础上。IPFIX是基于模板的、面向记录的、二进制输出格式[⊖]。在IPFIX数据传输的基本单位是消息。一个消息包含一个头部和一个或多个集，其中包含了多个数据记录。一个集可以是模板集或数据集。一个数据集引用模板定义集合中的数据记录。IPFIX的采用率类似于NetFlow V9，二者之间的差异主要是功能上的。例如，IPFIX提供可变长度字段输出自定义的信息，而NetFlow V9没有。同时它还有导出格式化数据列表的设计。NetFlow V9和IPFIX之间有许多差异，但可以用一个词来概括，IPFIX是“灵活的”。我用这个词是因为NetFlow V9的扩展使得它非常类似于IPFIX，被称作“灵活的NetFlow”，但该版本超出本书的范围。

4.1.3 其他流类型

其他流技术可能已经在你的环境中使用，但可访问和可分析的问题可能使他们在一定程度上难以用于NSM目的。Juniper的网络设备可能会提供Jflow技术，而Citrix则会提供AppFlow。一种更常见的替代NetFlow和IPFIX的技术是sFlow，它使用的流采样技术，通过检测网络中具有代表性的样本数据从而降低CPU开销。sFlow正演变成供应商的流行选择，将sFlow集成到多种网络设备和硬件的解决方案。这些流类型均有自己独特的特点，但还要考虑，你需要配备一个可访问的流生成器，确保你有收集和分析流数据的方法，使之成为可操作的数据类型。

在本书中，我们尽量保持流类型的无关性。也就是说，当我们谈论流数据的分析时，主要聚焦在任何类型的流数据均包含的标准5元组上。

4.2 收集会话数据

会话数据可以用许多不同的方式来收集。不论采用哪种方式，都需要一个流生成器和收集器。流生成器是创建流记录的硬件或软件的组件。这些记录可以通过解析其他数据来生成，或者直接从网络接口收集网络数据来产生。一个流收集器是用于接收来自生成器的

⊖ http://www.tik.ee.ethz.ch/file/de367bc6c7868d1dc76753ea917b5690/Inacio.pdf

流记录，并将它们以可检索格式进行存储的软件。

在执行FPC数据收集时，往往会选择从该FPC数据中生成流记录。然而，在大多数情况下，你会对正在收集的FPC数据进行过滤，这意味着你将无法对未捕获的网络流量产生流记录。此外，如果你在FPC捕获的过程中丢包，你也将失去宝贵的流数据。虽然捕获FPC数据时使用过滤器能够最大限度地提高磁盘空间利用率，但与整个网络流量相关的流记录也应该被保留。我们一般不推荐这种流数据生成的方法。

会话数据生成的优选方法，是直接从网络线路上捕获，这种方法与FPC数据或NIDS告警数据的生成方式相同。这个过程既可以通过服务器上的软件来完成，也可以通过网络设备（例如路由器）来实现。在本章中，我们将通过设备完成的方法归类为“硬件生成”，软件完成的方法归类为“软件生成”。

4.2.1 硬件生成

在多数场景下，你会发现，你已经具备利用现有硬件条件生成某些版本的流量数据的能力。在这些情况下，你只需简单地配置一个启用流记录的路由器发往数据收集器的网络地址，这样流记录便会从路由器的接口发送到该目标地址。

虽然硬件收集可能听起来像无需动脑子的方法，但如果你的网络管理员拒绝你的要求，请不必感到惊讶。路由设备已经负担了大量不同类型的流量，生成流记录并将其传输到外部收集器将增加CPU负荷，并进一步消耗网络带宽，产生并传送流记录到一个外部集电极可增加CPU利用率进而危及网络带宽。即使流生成的处理开销很小，在高流量网络环境下，仍可能会导致显著影响。

正如你所预期的，大多数思科设备本身具备生成NetFlow数据的能力。为了能在Cisco路由器上配置生成NetFlow流，请参考相应的Cisco材料。思科提供IOS配置NetFlow的操作指导，可以在以下链接地址中找到：

http://www.cisco.com/en/US/docs/ios/netflow/command/reference/nf_cr_book.pdf

4.2.2 软件生成

多数NSM从业者依赖软件生成。使用软件生成流记录有不少明显的优点，其中最大的优点是软件部署的灵活性。在一个网段中，部署一个运行着流记录生成软件的服务器，要比重构该网段放置一个流记录生成路由器更简单。产生流量数据的软件通常会在你的传感器上运行一个守护进程，基于一个特定的配置实现收集和转发流记录。这个流量数据是从数据收集接口中产生的，在大多数配置中，其他收集和检测软件使用的均是同一网络接口。

现在，我们将介绍某些更通用的软件生成方案。

Fprobe

Fprobe是一个轻量级的NetFlow生成解决方案，目前市面上流行的Linux发行库均可方便获取，并能够通过大多数包管理软件（如yum或apt）轻松地安装到在传感器上。

如果你的传感器所处的位置无法连接到外部网络，安装包也可以采用人工方式编译和安装，这个过程不会有奇怪的警告或含糊不清的选择。一旦安装，Fprobe 将通过命令行指定网络位置和流量端口来启动。举个例子，如果你想在接口 eth1 上生成流量数据，并发送到主机的收集器上（IP 地址为 192.168.1.15，监听端口为 2888），你可以输入以下命令：

```
fprobe -i eth1 192.168.1.15:2888
```

YAF

YAF（Yet Another Flowmeter）是一种流生成工具，可以提供 IPFIX 输出。YAF 由 CERT 网络态势感知团队（NetSA）设计开发的，用于配合 SiLK（将在本章后面讨论）产生 IPFIX 记录。

如前所述，NetFlow V5 只提供单向的流信息，这可能会导致流统计的冗余数据产生，在比较大的分布式收集系统中，会相当影响数据查询效率。为了跟上不断增加的带宽，提供双向流信息用于分析，IPFIX 被认为是对 SiLK 的一个重要的补充，YAF 便是一个 IPFIX 生成器。使用 YAF 的另一个好处是，可以使用 IPFIX 模板结构配合 SiLK 应用程序标签来进行更精确的分析，这是你无法通过 NetFlow V5 的 5 元组实现的。

根据你的目标和部署的程度，YAF 可能是你的 IDS 环境必要的元素。如果是这样，安装 YAF 是相当简单的。这本书将不细讲这个过程中，但也会有一些细节来简单描述这个过程。在编译 YAF 之前，请务必仔细查看 NetSA 的文档。NetSA 也有辅助安装教程帮助你完成 YAF 的安装和初始化。该文档可以在这里找到：

https://tools.netsa.cert.org/confluence/pages/viewpage.action?pageId=23298051。

4.3 使用 SiLK 收集和分析流数据

SiLK（System for Internet-Level Knowledge）是一个允许高效管理的网络安全分析工具集。SiLK 作为一个流收集器，提供一种简单的方法来快速存储、访问、解析和显示流数据。SiLK 目前是由 CERT NetSA 小组开发的一个项目，但就像大多数伟大的安全工具那样，它不可避免地成为需求的产物。SiLK 起初被称为“Suresh 的工作”，某个分析师需要实时高效的方法来解析流数据，同时不需要复杂的 CPU 密集型脚本。SiLK 是 C、Python 和 Perl 的集合，因此可以工作在几乎所有的基于 UNIX 环境。

文档的重要性是非常关键的。无论你创建的工具、脚本或设备多么伟大，如果它只能由开发者使用，那么它将毫无意义。SiLK 的文档写得非常细致，提供了一款信息安全工具真正有益的参考指南。因此，下面我们将使用 SiLK 的指南作为参考，并作为如何使用 SiLK 的一部分场景[⊖]。可以毫不夸张地说，SiLK 项目的最大亮点，便是它的文档以及支持这个工具的社区。

4.3.1 SiLK 包工具集

SiLK 的包工具集使用两个组件来运作：包装套件和分析套件。包装套件是 SiLK 用来

⊖ http://tools.netsa.cert.org/silk/docs.html

收集流数据的方法，并使用统一格式存储数据。“包装”一词是指 SiLK 采用空间高效的二进制格式来压缩流数据，这种格式很便于 SiLK 的分析套件解析。分析套件是筛选、展示、排序、计算、分组、匹配等一系列工具的集合。许多命令行工具构成的分析套件，提供了无限的灵活性。不仅每个工具本身是非常强大的，每个工具还可以通过管道，基于先前工具的逻辑输出，与其他工具串在一起使用。

为了利用 SiLK 的收集和分析的功能，你必须从一个流生成器中获取数据。当收集器接收到来自生成器的流记录后，这些记录会根据流的类型逻辑上被分离出来。流类型的解析是基于一个配置文件，它会根据网络架构来判断该记录是从外部到内部、从内部到外部，或是从内部到内部。

在 SiLK 中，负责监听收集的进程是一个称为 rwflowpack 的工具。Rwflowpack 负责解析流类型，识别数据是从哪些传感器过来的，并把提炼过的流数据放置到其数据库中，等待其他分析工具的解析。这个工作流程如图 4.4 所示。

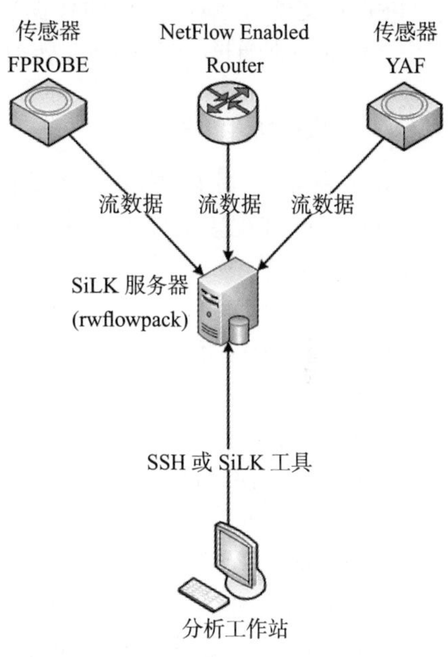

图 4.4 SiLK 工作流程

Rwflowpack 的运行参数可以通过一个名为 rwflowpack.conf 文件，或者在执行期间加入可选的命令行参数来控制。以下是启动 rwflowpack 最常用的命令方法：

```
service rwflowpack start
```

Rwflowpack 将检查 silk.conf 和 sensor.conf 文件中的配置是否正确，并且确定 sensor.conf 所有的监听套接字可用。如果一切正常，Rwflowpack 将初始化，你将在屏幕上收到确认消息。

SiLK 的封包过程是简洁的，它具有更多选项可利用来对刚接收和优化的流数据进行处理。SiLk 的包装套件拥有 8 个不同的工具用于接收和合法化传入流量。上文提到，rwflowpack 是 SiLK 用于从流生成器接收流数据的工具，由它的两个配置文件 silk.conf 和 sensor.conf 来定义，将数据转换并排序成特定二进制文件，交由 SiLK 的分析套件去解析。直接转发流数据到 rwflowpack 的监听端是产生 SiLK 会话数据的最基本方法，常常需要一个中介在生成器和收集器之间临时存储和转发数据。这里可以利用 flowcap 来完成。在大多数情况下，flowcap 被认为是 SiLk 的预处理器，它首先会接收流数据，根据流的来源、单位以及时间变量将数据筛选到合适的容器中。SiLK 的文档将其描述为将数据以“每个定量每个源头一个文件”的方式存储，这里定量指的是超时或最大文件大小。包装套件还具有多种后处理能力，例如 rwflowappend、rwpackchecker 以及 rwpollexec 等工具。 Rwflowappend 和 Rwpackchecker 的功能正如其名，rwflowappend 将追加 SiLK 记录到现有的记录中，Rwpackchecker 则检查数据的完整性和 SiLk 文件是否有损坏。Rwpollexec

将监控传入的SiLK数据文件，对每一个文件运行用户指定的命令。Rwflowappend、Rwpackchecker和rwpollexec可称为后处理器，因为它们在rwflowpack将原始流转换成二进制SiLK文件后，对SiLK的数据进一步“按摩”。以上内容是想告诉你们，有足够多的方法让你的数据通过rwflowpack转换成SiLK的二进制文件。

4.3.2 SiLK流类型

SiLK把数据流组织成某种类型的可用于过滤和排序的流记录。这是基于rwflowpack使用的sensor.conf配置文件中，提供的内部和外部IP地址块的网络范围来处理的（图4.5）。这些流量类型是：

- 输入：内部网络中设备的入站流量。
- 输出：外部网络中设备的出站流量。
- int2int：从一个内部网络到同一或另一内部网络的流量。
- ext2ext：从一个外部网络到同一或另一外部网络的流量。
- inweb：内部网络中设备的入站web流量（端口80、443或8080）。
- outweb：外部网络中设备的出站web流量（端口80、443或8080）。
- inicmp：内部网络中设备的入站ICMP流量（IP协议1）。
- outicmp：外部网络中设备的出战ICMP流量（IP协议1）。
- innull：入站过滤流量或sensor.conf文件中指定的空IP块入站流量。
- outnull：出站过滤流量或sensor.conf文件中指定的空IP块出站流量。
- 其他：源地址不是内部或外部，或者目的地址不是内部或外部的流量。

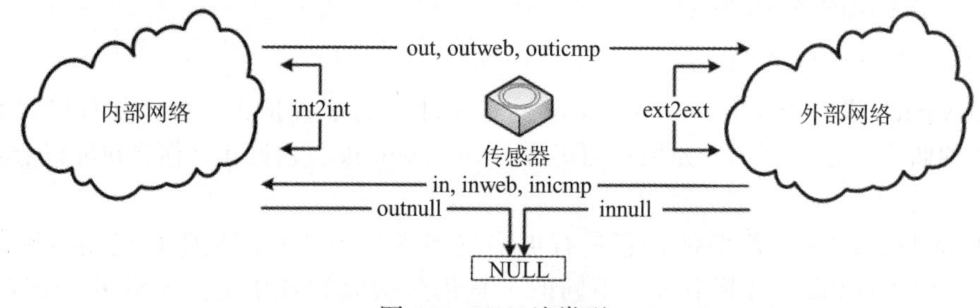

图4.5 SiLK流类型

了解这些流量类型将帮助我们正确使用接下来我们会谈及的一些过滤工具。

4.3.3 SiLK分析工具集

当你致力于处理流数据时，这个分析工具集将会花费你大量时间。这里面有包括SiLK安装在内的55个工具，每一个都是有用的，其中部分将被频繁地使用。这些分析工具旨在作为一个协作的整体工作，实现数据从一个工具到另一个的无缝连接。该套件中最常用的工具是rwfilter。Rwfilter采用SiLK二进制文件并通过他们的过滤器，提供分析需要的特定数据。我们已经谈论了很多关于流记录的大小是如何影响你在一个重要的时间段内存储它们，所以对于特定的任务来说，必须有一个简便的方法对数据进行过滤，让你只需看到你关心的数据。举例来说，一位分析师可能只需要回溯一年前某个星期的数据，来源地址来自一个特定的子网，目的地址是某个特定国家。Rwfilter 可以快速简单实现这一点。rwfilter 的输出，除非特别指定，将会是另一个 SiLK 的二进制文件，可以通过管道继续被解析处理。该工具在 SiLK 文档中有详细的说明，涉及的类别有过滤、计数、分组等。由于本书这里谈论的是收集部分，这里我们将只涉及分析工具集里几个主要的应用场景。

4.3.4 在 Security Onin 里安装 SiLK

在本书中，我们不去探讨如何安装这些工具的细节，因为这些过程大多数都在文档中有很好的说明，且大多已预装在 Security Onion 中。不幸的是，在写本书时，SiLK 并不像其他工具一样预装在里面。因此，你可以在本书的官方博客中找到此安装过程的详细指导：http://www.appliednsm.com/silk-on-security-onion/。

4.3.5 使用 Rwfilter 过滤流数据

SiLK 的流量采集范围广阔，检索速度很快，使它成为任何环境中强有力的选择。使用 SiLK，几乎所有的分析师都可以只专注于网络事件带来的影响，SiLK 的速度是任何其他数据工具所无法比拟的。以下场景中展示了一系列常见的情况，说明了 SiLK 可用于解决网络安全事件，或者将一个大数据集过滤成一个可管理的尺寸。

大部分事件调查场景，其中一个行动是，检查某个违规主机（单个 IP 地址）对网络的影响程度。一般情况下，如果通过 PCAP 数据缩小调查范围可能会非常耗时，但也不是不可能。使用 SiLK，这个过程可以通过执行 rwfilter 命令来完成，这里至少需要一个输入、一个输出和分割选项。第一个是 --any-address 选项，它会在所有流记录中查询匹配指定 IP 地址的数据集。这里还可以结合 --start-date 和 --end-date 选项缩至我们所关心的具体时间范围。除此之外，rwfilter 提供 --type=all 选项，这表示我们想要入站和出站流量，以及 --pass=stdout 选项，使我们能够通过将输出传递给 rwcut（通过管道符号），这样结果可以在终端窗口中显示。以下给我们提供了一个 rwfilter 命令的例子：

```
rwfilter --any-address=1.2.3.4 --start-date=2013/06/22:11 --end-
date=2013/06/22:16 --type=all --pass=stdout | rwcut
```

如果仅使用 start-date 选项表示，将基于最小时间值使你的搜索范围限制在一个特定的时间单位里。例如，--start-date=2013/06/22:11，过滤器将匹配并显示这一天 11 个小时内的流量数据。同样的，如果你使用 –start-date = 2013/06/22，你将看到一整天的纪录。这些选项的组合将让你更准确地跨数据类型关联事件，也将给你较深的数据能见度。

举个例子，你发现了许多可疑事件，一个 IP 地址（6.6.6.6）在午夜后从一个安全 Web 服务器接收到重要的加密数据。要进一步判断该可疑流量，最简单的方法是执行 SiLK 的广泛查询：

```
rwfilter --start-date=2013/06/22:00 --any-address=6.6.6.6 --type
=all --pass=stdout | rwcut
```

如果查询的结果过于庞大，只需在上面的命令行中添加“--aport=443”参数，将搜索范围缩小到可疑 IP 和任何安全 Web 服务器之间的交互事件。--aport 命令将筛选指定端口的任何匹配数据，以上案例使用的是 443 端口（最常用的 HTTPS 通信端口）。

```
rwfilter --start-date=2016/06/22:00 --any-address=6.6.6.6 --aport
=443 --type=all --pass=stdout | rwcut
```

仔细查看这些数据，你可能会注意到，有问题的 Web 服务器正与网络上的几台主机进行通信。但你关注的焦点对准了一台内部主机（192.168.1.100）与可疑 IP 发生的通信。这种情况下，我们不再采用 --any 地址选项，可以使用 --saddress 和 --daddress 选项替代，这允许你对一个特定的源地址和目的地址进行筛选。该命令如下所示：

```
rwfilter --start-date=2013/06/22:00 --saddress=192.168.1.100
--daddress=6.6.6.6 --aport=443 --type=all --pass=stdout | rwcut
```

4.3.6 在 Rwtools 之间使用数据管道

分析师往往通过评估传入流量的健康情况诊断 NSM 数据的完整性。下面将介绍一些 rwtools 以及从一个 rwtool 到另一个 rwtool 的数据管道原理。

这里需要理解的很重要一点是，rwfilter 严格处理并裁剪二进制文件馈送给它的数据，再根据那些过滤器选项重新生成其他二进制文件。在前面的例子中，我们已经介绍了 --pass=stdout 选项可以将匹配过滤器的二进制数据输出到终端窗口。我们通过 rwlut 将二进制数据转换成终端窗口容易理解 ASCII 数据这种情况下，我们已经将数据通过管道在 rwtools 之间处理。然而，rwcut 是最基本的 rwtool，也是最常用的，因为它能够为分析师将数据翻译成可读的形式。它不对数据做计算或排序，它只是简单地将二进制数据转换成 ASCII 数据，并根据用户的判断通过附加 rwcut 选项对数据做相应处理并显示在屏幕上。

为了对过滤后的数据进行计算，你必须通过管道将过滤后的数据传递给另一个分析 rwtool。在这个例子中，我们将介绍 rwcount，一个用于按时间统计整个网络流量的工具。分析 SiLK 接收到的数据总量可以帮助分析师更好地了解正在监控的网络情况。Rwcount 通常用于新的传感器初始化检查。当一个新的传感器上线时，它需要关注许多事项。你有多少终端用户需要监控？什么时候是业务高峰期？在深夜的时候，你应该关注什么？Rwcount 所做的便是简单地统计网络上的流量。Rwcount 能够处理二进制的 SiLK 数据，这意味着，使用 rwfilter 管道传递给它的数据最终会给你一个 ASCII 形式的统计数据。

考虑到这样一个场景，如果你想知道 SiLK 每天收集了多少数据，我们可以使用 rwfilter 输出一天收集到的数据，然后通过管道传递给 rwcount 计算：

```
rwfilter --start-date=2013/6/22 --proto=0-255 --pass=stdout --type
=all | rwcount --bin-size=60
```

这个命令会随着时间的推移产生流量摘要，涵盖了总记录数、字节数以及每分钟匹配到的数据包。这个时间间隔是基于 --bin-size 选项，一般我们设置为 60 秒。如果增加 bin 的大小到 3600，你将会得到每小时的情况，如图 4.6 所示。如前所述，rwfilter 最低参数要求，一个输入参数、一个分区选项以及一个输出参数。这里，我们配置输入参数为统计 2013 年

6 月 22 日发生的所有流量（--type=all）。为了能涉及所有数据，我们将匹配所有协议的数据（--proto=0-255），并传递给标准输出参数（--pass=stdout）。这样就能为我们提供这段时间内的所有流量统计信息。

```
chris — sanders@blackbird: ~ — ssh — 136×28
sanders@blackbird:~$ rwfilter --start-date=2013/6/22 --proto=0-255 --pass=stdout --type=all | rwcount --bin-size=3600
               Date|        Records|             Bytes|        Packets|
2013/06/22T00:00:00|        2537.85|        4639727.60|       31008.32|
2013/06/22T01:00:00|        3352.12|       72758971.33|      100466.37|
2013/06/22T02:00:00|        5749.06|       21318717.10|       67937.68|
2013/06/22T03:00:00|        2963.94|        5810793.48|       37335.98|
2013/06/22T04:00:00|        2695.53|       28770059.89|       56992.76|
2013/06/22T05:00:00|        2695.07|        4902745.79|       34134.23|
2013/06/22T06:00:00|        2518.89|       22216023.28|       50405.37|
2013/06/22T07:00:00|        3440.33|       13383317.34|       43608.82|
2013/06/22T08:00:00|        2431.22|        4932868.72|       33245.35|
2013/06/22T09:00:00|        2581.33|        5064083.22|       34032.85|
2013/06/22T10:00:00|        2538.49|       24018162.44|       52969.34|
2013/06/22T11:00:00|        2494.12|        4515020.70|       32975.28|
2013/06/22T12:00:00|        2556.94|        5052573.26|       33694.14|
2013/06/22T13:00:00|       14242.70|      236412494.83|      327768.98|
2013/06/22T14:00:00|       13072.90|     3890380986.97|     4889274.74|
2013/06/22T15:00:00|       15942.46|     4033184386.16|     4926054.05|
2013/06/22T16:00:00|        8695.75|     1117533846.46|     1359168.41|
2013/06/22T17:00:00|        7594.00|       75191160.68|      138684.02|
2013/06/22T18:00:00|        9429.14|      899276134.03|      975580.09|
2013/06/22T19:00:00|        4888.87|       20030479.56|       63642.45|
2013/06/22T20:00:00|        6229.03|       44499370.98|      105461.39|
2013/06/22T21:00:00|        8304.31|       93117599.70|      148738.62|
2013/06/22T22:00:00|        7606.15|       43157048.05|      102130.43|
2013/06/22T23:00:00|       12831.59|      152303050.29|      243549.46|
2013/06/23T00:00:00|          43.20|        1549628.12|       11218.88|
sanders@blackbird:~$
```

图 4.6 Rwcount 的流数据解析输出

前面你已经学习到了如何使用 rwfilter 过滤流记录，以及使用 rwcount 工具快速分析你的网络流量情况。现在我们来看看另外一个 rwtool 工具：rwsetbuild。Rwsetbuild 允许你为 SiLK 建立一个二进制文件，它可以使用各种分区选项来处理。很多时候，你会发现你需要进行多个 IP 地址的查询。虽然 SiLK 内置的查询工具可以实现这一点，但 rwsetbuild 会更方便，因为它允许你根据 IP 地址或子网的纯文本列表（我们称之为 testIPlist.txt）来简化这个处理过程，如下是一个 rwsetbuild 的使用示例：

```
rwsetbuild testIPlist.txt testIPlist.set
```

此外，你还可以使用—anyset 参数让 rwfilter 过滤匹配 testIPlist 列表 IP 地址中任何的源或目标地址的流记录。该命令示例使用如下：

```
rwfilter --start-date=2014/06/22 --anyset=/home/user/testIPlist.set
--type=all --pass=stdout | rwcut
```

这种能力可以用来收集十分有价值的信息。举个例子，你需要比较内部网络与一份恶意 IP 地址列表间的通信记录，你特别感兴趣的是有多少数据已经离开网络并流向这些“坏”的 IP 地址。这里使用流数据是我们的最佳选择，因为你可以将刚刚所学的 rwsetbuild 和 rwcount 的用法连在一起，生成一份出站数据到这些恶意设备的快速统计清单。以下步骤会帮助你快速产生每小时出站数据的汇总：

1. 在 badhosts.txt 文件中添加 IP 地址
2. 使用以下命令创建 set 文件

```
rwsetbuild badhosts.txt badhosts.set
```

3. 使用以下命令执行查询并创建统计

```
rwfilter --start-date=2013/06/22 --dipset=badhosts.set --type=all
--pass=stdout | rwcount --bin-size=3600
```

接下来的场景，我每一天都会碰到，也是很多人经常问到的：“ Top talkers”。一个网络上通信最多的主机查询。

“ Top talker” 的需求可以有各种各样的参数变量，无论是出站到国外的 top-talkers、tor 现存节点入站到本地设备的 top talking，还是本地设备 1-1024 端口的 top talking。为了完成这类任务，我们感兴趣的是如何使用过滤器匹配我们所需数据，并生成汇总统计。如果你还没有猜到的话，这里我们要使用的创造性工具是 rwstats。将 rwfilter 的输出管道给 rwstats，会基于给定过滤器的输出生成 Top-N 或 Bottom-N 的计算结果。举个实际例子，我们将分析最活跃的到中国的出站连接。具体地说，我们将看看那些在非知名端口（>1024）返回数据的通信。可以用下面命令实现：

```
rwfilter --start-date=2013/06/22 --dcc=cn --sport=1024-65535 --type=all
--pass=stdout | rwstats --top --count=20 --fields=sip --value=bytes
```

你会注意到，以上 rwfilter 命令使用了一个我们之前没有讨论过的参数 --dcc。此选项可允许我们基于一个特定的目的国家或地区代码进行过滤。同样的，我们也可以使用命令 --sc，基于特定的源国家进行过滤。基于国家代码过滤数据的能力在默认安装的情况下 SiLK 无法提供。为了使用此功能，并执行上面的命令，你还必须完成以下步骤：

1. 使用 wget 下载 MaxMind GeoIP 数据库：

```
wget http://geolite.maxmind.com/download/geoip/database/
GeoLiteCountry/GeoIP.dat.gz
```

2. 解压文件并转换成合适的格式：

```
gzip -d -c GeoIP.dat.gz | rwgeoip2ccmap --encoded-
input > country_codes.pmap
```

3. 将结果文件复制到合适的位置：

```
cp country_codes.pmap /usr/local/share/silk/
```

这个查询结果如图 4.7 所示。

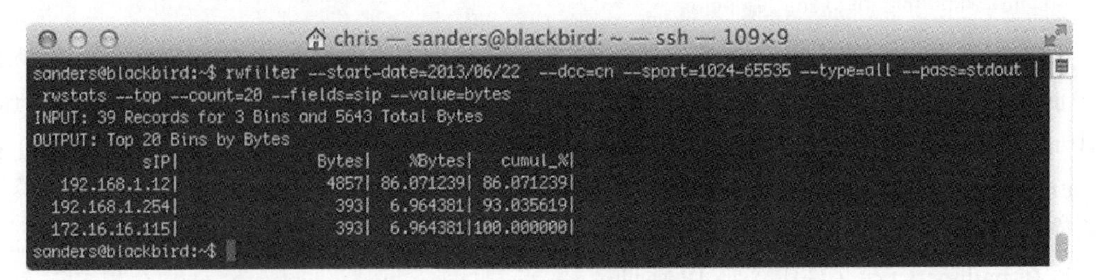

图 4.7 rwstats 的查询结果

在这个例子中，rwstats 只显示了三个与中国通信的地址，尽管 rwstats 的 --count= 20

选项应显示 Top 20 的 IP 地址，但在给定的时间周期内只有三个本地 IP 地址符合要求。如果有 50 个地址的话，你会只看到排名前 20 位的。--bytes 选项指定基于通信流量的字节数来生成统计信息。这里 --value 选项默认为显示出站流量的统计。

在这种情况下，下一个符合逻辑的步骤是找出所有这些地址的通信目标是谁以及它是否接收了这些流量。通过改变 rwstats 的参数可以为你提供目标地址的统计结果。我们还使用了 --saddress 选项进一步缩小查询范围，只关注与中国通信流量最多的主机。

```
rwfilter --start-date=2013/06/22 --saddress=192.168.1.12 --dcc=cn
--sport=1024-65535 --type=all --pass=stdout | rwstats --top --
count=20 --fields=dip --value=bytes
```

最后，利用之前场景中提到的 rwfilter 命令，你可以检索到每一台主机的流量记录，评估正在传输的数据类型。然后使用这些信息，配合相应的时间戳，进一步检索对调查有帮助的形式的数据其他有用，如 PCAP 数据。

4.3.7 其他 SiLK 资源

SiLK 和 YAF 只是 NetSA 提供的工具集的一小部分。我强烈建议你将其他公开的工具配合 SiLK 一起使用。 NetSA 提供了一个辅助工具 iSiLK，一个让 SiLK 更容易上手的图形化前端。另一个优秀的工具是 Analysis Pipeline，一个先进主动的自动化流分析引擎，可以内嵌到流收集中使用。一旦它使用了适当的规则配置并激活后，Analysis Pipeline 可以将 SiLk 的数据进行流水线式地处理：黑名单、DDOS、特征检测等，这样你就不需要再编写脚本去手动启用这些工具。

SiLK 的文档给用户提供了优秀的指南，也是企业安全分析师十分宝贵的资源。同时 SiLK 也有互补的手册和指南，帮助点燃业余会话数据分析员的兴趣，或辅助经验丰富的专业人士提供快速查询。这本“分析师手册”是一个全面的 107 页的指南，描述了 SiLK 的 use cases 样例[1]。这本手册作为官方教程，介绍了如何使用 SiLK 主动分析流数据。而其他参考文件则侧重于传授分析的技巧和诀窍、安装信息以及一个全面的 PySiLK 入门指南，用于实现 SiLK 的 python 扩展。我们强烈建议您仔细阅读常见的安装场景，让你更好地了解如何在你的网络环境中部署 SiLK。

4.4 使用 Argus 收集和分析流数据

虽然 NSM 实践聚焦在将 SiLK 作为首选流分析引擎，但如果我们不提及 Argus，那就显得不厚道了。Argus 也是 CERT-CC 组织早期开发的一款流量分析领域的产品，在 1989 年首先进入政府使用，并成为世界上第一个实时网络流量分析器[2]。1991 年 CERT 开始正式支持 Argus，从那时起直到 1995 年，当它向大众公开发布后，Argus 得到了迅速的发展。

---

[1] http://tools.netsa.cert.org/silk/analysis-handbook.pdf

[2] http://www.qosient.com/argus/presentations/Argus.FloCon.2012.Tutorial.pdf

Argus将自己定义为一个明确的流解决方案，不仅仅包含流数据，还提供了实时全面的所有网络流量的视图。Argus是一个双向的流分析套件，为同一流记录同时提供网络会话跟踪和报告度量[⊖]。尽管Argus的许多功能和其他IPFIX流分析解决方案类似，但它有自己的统计分析工具和检测告警机制，使它不同于其他解决方案。在接下来的几节中，我将简要介绍Argus的基础解决方案的架构，以及它是如何与Security Onion集成的。这里，我将不会老生常谈介绍过的概念，而是将重点放在要领上，以确保你能够恰当地获取和显示数据。正如前面提到的，Argus在几个关键领域令其与众不同，所以我将提供实际例子，展示这些功能特性如何使你的组织在流分析引擎的竞争中受益。

4.4.1 解决框架

尽管Argus内置在Security Onion中，理解其工作流程背后的获取和验证数据的过程是很重要的。在Security Onion使用过程中，你可能会遇到需要自己排查NSM收集问题的情况，或者你可能希望从其他未部署Security Onion传感器的外部设备获取数据。在这些场景中，本节的内容将帮助你理解Argus的部署以及它是如何为你以很小的开销提供流分析功能。

下面我们来讨论Argus的独立部署框架。Argus包括两个主要的包：第一个包被简单地称为通用"Argus"包，它会记录任何设备上给定网络接口的流量。该软件包可以将数据间歇性地写入到本地磁盘，或实时持续地传输数据到中央安全服务器。这个组件通常驻留在一个传感器上，并且会将数据传输回一个集中的日志服务器。

第二个Argus包被称为Argus客户端包。这个软件包一旦被正确部署，将从日志文件、目录或一个稳定socket连接中实时分析数据。这些客户端工具不仅仅会从外部生成器中收集数据，还将是你在使用Argus的过程中需要用到的主要分析工具。也就是说，你在任何设备上做Argus流分析，都会需要用到这些客户端工具。

这里Argus和其他流工具的工作流程没有太大的差别。其基本思路是，在一个现有的收集接口上运行流生成守护进程，该进程捕获流量，生成流记录，并且将流数据转发到一个中央收集平台，实现数据的集中存储和分析。

4.4.2 特性

Argus是独一无二的，因为它内置了更多其他流量分析工具不具备的功能。一个完整部署的Argus将可以完成比基本查询和统计更多的任务。由于某些应用程序的数据可以通过收集IPFIX流数据来获取，它可用于执行诸如基于HTTP URL的过滤数据任务。Argus的强大是因为在今天的NSM设备中，我们一般用其他工具来执行这些额外的任务。而Argus有机制让它可以工作在其他数据类型顶部，例如对包字符串数据进行URL冗余过滤。由于本节我们只涉及Argus在Security Onion的基本安装，暂时不讨论Argus的应用层分析功能。在第6章中，当我们谈论包字符串数据时，我们再介绍Argus是如何为你工作的。

⊖ http://qosient.com/argus/argusnetflow.shtml

4.4.3 基础数据检索

不同的流分析工具，数据检索结果可能会有似曾相识的感觉，因为它们摄入的数据存在相似性。最终的不同将取决于这些工具的查询语法和统计生成能力。Argus 的基础查询语法比较容易入门，但如果深入学习需要花费大量的功夫。鉴于 Argus 有大量复杂的查询选项，而线上提供的文档也比较模糊，这个工具的手册也将会是你深入学习的救命稻草。

Argus 的客户端套件中最有用的工具是 ra。该工具将为你提供过滤和浏览 Argus 所收集的原始数据的基本方法。Ra 必须能够访问数据集才能发挥功能。这些数据可以来自于 Argus 文件，使用 -r 选项提供，或来自管道标准输入，或来自一个远程数据源节点。由于本文与 Security Onion 结合紧密，你可以在以下存储目录找到 Argus 的文件：/ NSM/sensor_data/<interface>/argus/。Ra 一看就是个简单的工具，在大多数情况下，你可能只需通过一个 Berkeley 包过滤器（BPF）来进行基本查询功能。例如，你可能怀疑你的网络上有几个不速之客，因为你看到 HTTP 日志里有访问 www.appliednsm.com 的记录。使用 Argus 查看该数据的一种方法是运行以下命令：

```
ra -r /nsm/sensor_data/<interface>/argus/<file>- port 80 and host
67.205.2.30
```

该命令的样例输出如图 4.8 所示：

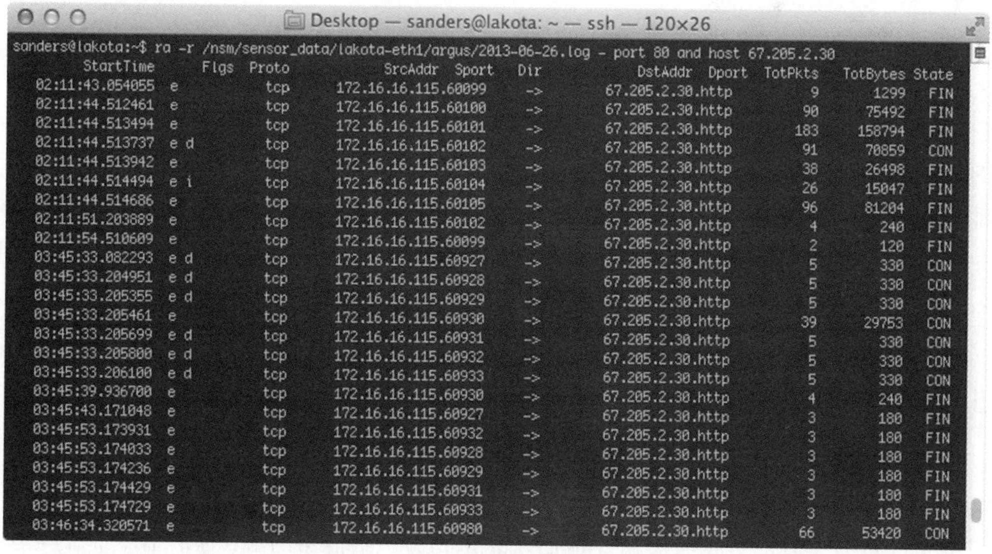

```
Desktop — sanders@lakota: ~ — ssh — 120×26
sanders@lakota:~$ ra -r /nsm/sensor_data/lakota-eth1/argus/2013-06-26.log - port 80 and host 67.205.2.30
        StartTime     Flgs  Proto            SrcAddr  Sport   Dir         DstAddr  Dport  TotPkts   TotBytes State
  02:11:43.054055  e          tcp    172.16.16.115.60099      ->      67.205.2.30.http        9       1299   FIN
  02:11:44.512461  e          tcp    172.16.16.115.60100      ->      67.205.2.30.http       90      75492   FIN
  02:11:44.513494  e          tcp    172.16.16.115.60101      ->      67.205.2.30.http      183     158794   FIN
  02:11:44.513737  e d        tcp    172.16.16.115.60102      ->      67.205.2.30.http       91      70859   CON
  02:11:44.513942  e          tcp    172.16.16.115.60103      ->      67.205.2.30.http       38      26498   FIN
  02:11:44.514494  e i        tcp    172.16.16.115.60104      ->      67.205.2.30.http       26      15047   FIN
  02:11:44.514686  e          tcp    172.16.16.115.60105      ->      67.205.2.30.http       96      81204   FIN
  02:11:51.203889  e          tcp    172.16.16.115.60102      ->      67.205.2.30.http        4        240   FIN
  02:11:54.510609  e          tcp    172.16.16.115.60099      ->      67.205.2.30.http        2        120   FIN
  03:45:33.082293  e d        tcp    172.16.16.115.60927      ->      67.205.2.30.http        5        330   CON
  03:45:33.204951  e d        tcp    172.16.16.115.60928      ->      67.205.2.30.http        5        330   CON
  03:45:33.205355  e d        tcp    172.16.16.115.60929      ->      67.205.2.30.http        5        330   CON
  03:45:33.205461  e          tcp    172.16.16.115.60930      ->      67.205.2.30.http       39      29753   CON
  03:45:33.205699  e d        tcp    172.16.16.115.60931      ->      67.205.2.30.http        5        330   CON
  03:45:33.205800  e d        tcp    172.16.16.115.60932      ->      67.205.2.30.http        5        330   CON
  03:45:33.206100  e d        tcp    172.16.16.115.60933      ->      67.205.2.30.http        5        330   CON
  03:45:39.936700  e          tcp    172.16.16.115.60930      ->      67.205.2.30.http        4        240   FIN
  03:45:43.171048  e          tcp    172.16.16.115.60927      ->      67.205.2.30.http        3        180   FIN
  03:45:53.173931  e          tcp    172.16.16.115.60932      ->      67.205.2.30.http        3        180   FIN
  03:45:53.174033  e          tcp    172.16.16.115.60928      ->      67.205.2.30.http        3        180   FIN
  03:45:53.174236  e          tcp    172.16.16.115.60929      ->      67.205.2.30.http        3        180   FIN
  03:45:53.174429  e          tcp    172.16.16.115.60931      ->      67.205.2.30.http        3        180   FIN
  03:45:53.174729  e          tcp    172.16.16.115.60933      ->      67.205.2.30.http        3        180   FIN
  03:46:34.320571  e          tcp    172.16.16.115.60980      ->      67.205.2.30.http       66      53420   CON
```

图 4.8　使用 Ra 的 Argus 样例输出

Argus 与其他流分析平台竞争的最大优势是它具有类似 tcpdump 工具那样使用 BPFs 解析日志的能力。这允许快速而高效地利用 ra 和 Argus 的简单功能。在理解了 ra 的基本过滤技术后，你可以通过 ra 的附加选项扩展它的用途。正如我前面指出的，ra 可以处理标准输入，并通过标准输出为其他工具提供数据。默认情况下，如果 -r 选项没有指定，ra 将执行标准的读取操作。Ra 的输出结果可以用 -w 选项来完成。综上所述，我们可以创建下面的命令：

```
cat /nsm/sensor_data/<interface>/argus/<file>| ra -w - - ip and host
67.205.2.30 | racluster -M rmon -m proto -s proto pkts bytes
```

这个例子使用 ra 处理标准输入原始数据，并通过 -w 选项发送标准输出。然后该输出通过管道传递给 racluster 工具。Racluster 根据 IP 配置执行 ra 数据归并。在这个例子中，racluster 与先前 ra 命令的结果交互，并通过协议归并结果。查看 ra 工具的手册，里面提到 ra 也可以接受 racluster 选项解析输出。上面给出的命令行示例产生的结果将类似于图 4.9 所示。

```
Desktop — sanders@lakota: ~ — ssh — 91×6
sanders@lakota:~$ cat /nsm/sensor_data/lakota-eth1/argus/2013-06-26.log | ra -w - - ip and
host 67.205.2.30 | racluster -M rmon -m proto -s proto pkts bytes
 Proto  TotPkts   TotBytes
   tcp     7068    4781620
  icmp       48       4704
sanders@lakota:~$
```

图 4.9 ra 的样例和 racluster 输出

4.4.4 其他 Argus 资源

虽然本书不打算从一个分析师角度大量涵盖 Argus 的扩展用法，但它仍然值得拿来与 SiLK 等其他流量分析套件进行对比。当选择一个流量分析工具时，每一个分析师必须确定哪种工具最适合他（或她）现有的技能和环境。对于一个新的流分析师来说，使用 ra 的 BPFS 过滤数据能力将使 Argus 更容易上手。然而，Argus 的高级分析需要额外的解析技能以及对 ratools 有深度的理解。如果你想了解更多关于 Argus 的资料，可以访问 http://qosient.com/argus/index.shtml，或到以下网站了解 Argus 的更多技术细节：http://nsmwiki.org/index.php?title=Argus。

4.5 会话数据的存储考虑

相比于其他类型的数据，会话数据的大小是微乎其微的。然而，流数据的存储不能事后诸葛亮。我见过以下这种情况，一个组织将流数据作为他们唯一的网络日志收集手段。但是经过一个月的数据收集后，他们才意识到由于不恰当的流覆盖操作，他们无法查询自己的记录。流数据的大小如果没有检查，可以逐渐增加至无法控制的水平。对于你所需的流数据存储空间的大小，我没有特别具体的建议，因为它取决于数据的重要性以及你所拥有的吞吐量大小。换句话说，即使你有能力收集到所有流量，也不一定意味着你必须这样做。很多情况下，你可能不需要收集某种协议的 FPC 数据，比如加密的 GRE 隧道或 HTTPS 流量，但你需要将这些通信的流记录保留下来。

为了评估流数据的存储空间容量，CERT NetSA 团队提供了一份 SiLK 准备工作表。可以在以下网址找到：http://tools.netsa.cert.org/releases/SiLK-Provisioning-v3.3.xlsx 。

有许多方法可以管理你的网络日志记录，但我发现最简单便捷的方式是通过一个简单的 cron 作业，监视你的所有数据，并在必要时或基于一定时间间隔进行覆盖归档操作。许多数据捕获工具将在生成数据的过程中展现其覆盖功能，但是建议你必须手动管理这个过程。虽然对流数据来说这是个比较麻烦的问题，许多企业选择只在需要时覆盖流数据。更好地解决方案是，通过一个 cron 作业，定期清理流数据目录里早于 x 天前的文件，以限制数据的存储大小。这里我们举一个 SiLK 的 cron 作业例子：

```
30 12 * * * find /data/silk/* -mtime +29 -exec rm {} \;
```

在本例中，/data/silk/ 目录将会被清理掉 30 天之前的文件，这个作业将在每天 12:30 PM 运行。但是，这个清除操作要确保你的配置文件跟数据不是放在同一目录下。许多组织希望能够存储冗余的流数据，在这种情况下，下面的命令会将你的数据移动到外置 USB 存储设备。

```
*/30 * * * * rsync --update -vr /data/silk/ /mnt/usb/data/silk/ &> /dev/null
```

这个命令每 2 分钟复制所有新的流文件。这一 cron 作业的方法，随着你所使用的操作系统的不同而有所改变。此外，SiLK 本身也包含了将数据复制到其他站点的功能。

我喜欢在“watchdog”脚本中包含一些类似的控制命令，以确保在偶尔的服务故障或系统重新启动的情况下服务能够重启。在“watchdog”脚本中，我还实现了定期更新或删除数据、复制冗余数据、传感器健康状态监控、服务健康监控以确保进程保持存活状态。这样做有利于提升传感器启动后的容错能力，作为一个 cron 作业定期运行，而不是与所有其他内核进程一起启动。

最后，一个集中监控脚本的最大好处是，它提供了传感器安全监控的中心视图参考，以确保数据能持续地流动。下面的脚本可用于监测 YAF，以确保它能不断工作。请记住，脚本可能需要稍作修改，才能在你的生产环境中正常工作。

```
#!/bin/bash
function SiLKSTART {
      sudo nohup /usr/local/bin/yaf --silk --ipfix=tcp --live=pcap --
out=192.168.1.10 --ipfix-port=18001 --in=eth1 --applabel --max-
payload=384 --verbose --log=/var/log/yaf.log &
}
function watchdog {
      pidyaf=$(pidof yaf)
      if [ -z "$pidyaf" ]; then
          echo "YAF is not running."
          SiLKSTART
      fi
}
watchdog
```

Rwflowpack 是另一种你想去监控以确保它持续运行并收集流数据的工具你可以使用以下代码来监控它的状态：

```
#!/bin/bash

pidrwflowpack=$(pidof rwflowpack)

if [ -z "$pidrwflowpack" ]; then
echo "rwflowpack is not running."
sudo pidof rwflowpack | tr ' ' '\n' | xargs -i sudo kill -9 {}
sudo service rwflowpack restart
fi
```

4.6 本章小结

在本章中，我们对会话数据的收集有关的基本概念进行了概述。这里面包括不同的会话数据类型，如 NetFlow 和 IPFIX，以及使用 SiLK 进行数据收集和检索的详细介绍，并对 Argus 做了简要概述。会话数据的重要性我再怎么强调也不过分，如果你在组织中计划启动一个新的安全项目或开始建立 NSM 能力，那么会话数据的收集将会是你以较小预算获得最大收益的良好开始。

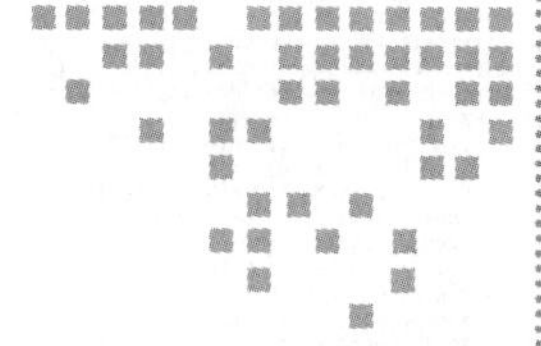

第5章 Chapter 5
全包捕获数据

NSM数据类型中，对分析师来说最具价值的是全包捕获（FPC）数据。FPC数据完整地解释了两个端点间传输的每一个数据包。如果我们拿计算机犯罪调查与传统人类犯罪调查作比较，从被调查的设备中提取FPC数据就相当于调取犯罪嫌疑人的监控视频录像。最终，如果攻击者从外部网络入侵了系统，FPC数据里将留有它的证据。

FPC数据由于其完整性高显得相当重要，但它的高粒度对安全事件的上下文分析是很有价值的，然而这会提升成本，因为它需要相当密集的存储空间来捕获和存储一段较长周期的FPC数据。一些组织发现，他们根本就没有足够的资源能够有效地将FPC数据纳入NSM的基础框架中。

FPC数据的最常见形式是PCAP数据格式（图5.1）。大多数开源工具均支持PCAP格式，PCAP格式作为FPC数据的黄金标准已有相当长一段时间。目前已有几个库可用于创建软件，用来生成PCAP文件并与之交互，其中最流行的是Libpcap库，这是一个开源的数据包捕获库，允许应用程序与网络接口卡交互捕获数据包。该库最初于1994年创建，其主要目的是提供一个独立于平台的API，不需要操作系统的特定模块便能实现数据包捕获。大量的数据包收集和分析应用程序利用Libpcap库，其中包括一些将在本书中讨论的，如Dumpcap、Tcpdump、Wireshark等。正因为有了像Libpcap这样的库，使PCAP数据变得很容易操作，往往其他NSM数据类型，如统计数据或包字符串数据，也是从PCAP数据中生成的。

近期，PCAP-NG格式已经演变为PCAP文件格式的下一个版本。PCAP-NG给PCAP文件带来了额外的灵活性，包括允许添加注释到捕获的数据包（如图5.2所示）。这个功能非常实用，可以帮助分析师本人或他人事后回顾先前检查过的文件。本书中提及的大多数工具均支持PCAP-NG。

```
723 0.511320000 69.164.27.72 172.16.16.75 HTTP 1514 Continuation or non-HTTP traffic
⊞ Frame 723: 1514 bytes on wire (12112 bits), 1514 bytes captured (12112 bits) on interface 0
⊞ Ethernet II, Src: Cisco-Li_17:8c:e8 (c0:c1:c0:17:8c:e8), Dst: HonHaiPr_20:bf:d6 (c4:46:19:20:bf:d6)
⊞ Internet Protocol Version 4, Src: 69.164.27.72 (69.164.27.72), Dst: 172.16.16.75 (172.16.16.75)
⊟ Transmission Control Protocol, Src Port: http (80), Dst Port: 57109 (57109), Seq: 708101, Ack: 1, Len: 1460
    Source port: http (80)
    Destination port: 57109 (57109)
    [Stream index: 0]
    Sequence number: 708101    (relative sequence number)
    [Next sequence number: 709561    (relative sequence number)]
    Acknowledgment number: 1    (relative ack number)
    Header length: 20 bytes
  ⊞ Flags: 0x010 (ACK)
    Window size value: 12501
    [Calculated window size: 12501]
    [Window size scaling factor: -1 (unknown)]
  ⊞ Checksum: 0xe21d [validation disabled]
  ⊞ [SEQ/ACK analysis]
⊟ Hypertext Transfer Protocol
  ⊟ Data (1460 bytes)
      Data: 4eda298cc2358ed80c5113c4c0f1bf539c1349f9ce651147...
      [Length: 1460]

0000  c4 46 19 20 bf d6 c0 c1  c0 17 8c e8 08 00 45 20   .F. .... ......E
0010  05 dc 23 d8 40 00 35 06  fe dc 45 a4 1b 48 ac 10   ..#.@.5. ..E..H..
0020  10 4b 00 50 df 15 ea ba  b3 dc fd f6 91 c9 50 10   .K.P.... ......P.
0030  30 d5 e2 1d 00 00 4e da  29 8c c2 35 8e d8 0c 51   0.....N. )..5...Q
0040  13 c4 c0 f1 bf 53 9c 13  49 f9 ce 65 11 47 d3 26   .....S.. I..e.G.&
0050  21 66 75 b0 72 a4 a4 bb  87 04 df 6e f1 a4 c9 a6   !fu.r... ...n....
0060  a8 4b e0 a3 45 29 24 1d  b9 23 d4 95 87 37 e0 b7   .K..E)$. .#...7..
0070  d0 5f c8 c9 a3 74 a8 90  0b 43 b9 3a f0 18 d9 27   ._...t.. .C.:...'
0080  36 d6 e4 17 f4 db c2 ca  7d 98 56 8b da 5e 63 df   6....... }.V..^c.
0090  3e a5 e6 1d 0b a2 4c db  28 f1 33 2f ed fc 47 93   >.....L. (.3/..G.
00a0  0b de 05 3c 5b 25 f5 fc  07 85 d3 f8 f7 72 8e e4   ...<[%.. .....r..
00b0  37 86 83 cc 73 23 56 aa  16 ba 18 56 7d 4c 88 68   7...s#V. ...V}L.h
00c0  61 54 8a 65 75 93 b8 e0  1c 3f 4b 80 8d 64 b1 49   aT.eu... .?K..d.I
00d0  c7 0e 2d cd e2 6a a9 0c  f8 cc 77 b9 56 a5 05 00   ..-..j.. ..w.V...
00e0  90 d9 4a 6e 7e 95 7a c1  58 f1 bc 91 ee fe 3f 12   ..Jn~.z. X.....?.
```

图 5.1 Wireshark 的 PCAP 数据样本

实战中的启示

你可以通过使用 Wireshark 提供的 capinfos 工具（我们将在第 13 章详细讨论）来识别数据包捕获文件的格式。可以通过执行命令 capinfos -t <file>。如果该文件是一个 PCAP 文件，capinfos 会告诉你这是一个“libpcap”文件。如果是一个 PCAP-NG 文件，capinfos 会将其标注为“pcapng”。

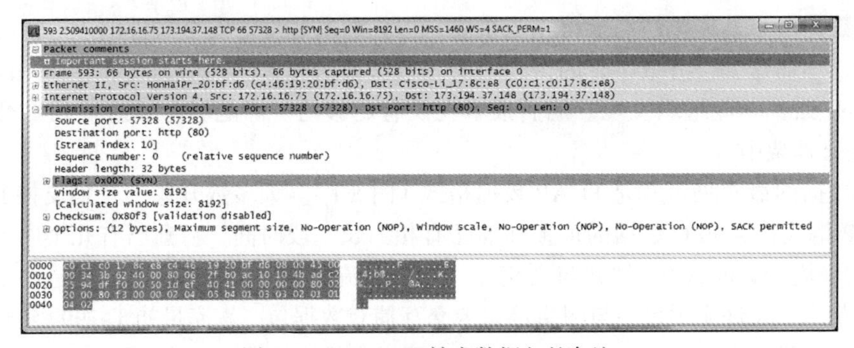

图 5.2 PCAP-NG 补充数据包的备注

在本章中，我们将探讨一些流行的 FPC 数据收集解决方案，并重点介绍一些方案的好处。除此之外，我们将讨论实施 FPC 解决方案的一些策略，研究如何以最经济的方式将其集成到网络中。

5.1 Dumpcap

实现全包捕获的最简单方法之一是使用 Dumpcap。Dumpcap 工具已包含在 Wireshark 中，这意味着大多数分析师的系统中已经安装了，但有可能他们还不知道。 Dumpcap 被设计成一个简单的工具，仅用来实现从一个网络接口中捕获数据包，并将其写入磁盘。Dumpcap 利用 Libpcap 库捕获数据包，并以 PCAP-NG 的格式写入磁盘。

如果你使用的是 Security Onion，那么 Wireshark 已经安装了，Dumpcap 可以正常使用。如果没有，你也可以从 http://www.wireshark.org 下载 Wireshark 的套件。一旦你下载并安装了 Wireshark（连同捆绑的 Libpcap 驱动程序，数据包捕获必需），你可以通过调用 Dumpcap 工具并指定一个抓包接口，运行命令如下：

```
dumpcap -i eth1
```

该命令将开始捕获数据包，并将其写入到当前工作目录中随机命名的文件，直到命令终止。Dumpcap 提供了一些有用选项来控制数据如何被存储和捕获：

- -a < value >：指定什么时候停止写入到捕获文件。这里可以是时间周期、文件大小、写入文件数量。可支持多条件同时使用。
- -b < options >：控制 dumpcap 将符合特定标准的数据写入多个文件。这里可以是时间周期、文件大小、写入文件数量。可支持多条件同时使用。
- -B < value >：指定缓冲大小，在写入磁盘之前存储的数据量，当遇到包丢失的情况这个选项会有用。
- -f < filter >：过滤捕获文件的 BPF 指令
- -i < interface >：指定捕获数据包的网络接口
- -P: 保存为 PCAP 文件格式，向后兼容不支持 PCAP-NG 的工具
- -w < filename >：指定输出文件的名称

举个更详细的例子来说明 dumpcap 的用法，请看以下命令行：

```
dumpcap -i eth1 -b duration:60 -b files:60 -w NYC01
```

此命令将捕获 eth1 接口（-i eth1）的数据包，并将其存储在 60 个文件（-b files:60）中，每个文件含有 60 秒钟的捕获流量（-b duration:60）。当 60 个文件写满后，会从第一个文件开始覆盖。这些文件将使用我们指定的字符串、文件序号以及日期时间戳（-w NYC01）进行编号。

虽然 Dumpcap 的启动和运行很简单，但它也有其局限性。首先，当网络环境达到很大吞吐量时，它不能保持较高性能的处理水平，可能会导致数据包丢失。此外，该工具的简单性限制了其灵活性，这是显而易见的。工具的配置选项数量有限。举个 Dumpcap 如何输出捕获到的数据的例子。虽然它允许你指定输出文本到预先准备的数据包捕获文件，但它不提供任何额外的灵活性去控制这些文件的命名。这种情况下，如果你使用自定义分析脚本、第三方或商业的检测分析工具去读取基于特定文件命名的 PCAP 数据时，就会存在问题。

Dumpcap 是一个常见的 FPC 解决方案，它允许你使用最小的开销来快速运行。但如果你需要在一个高吞吐量的链路环境中实现更高的灵活性，你可能需要其他的方法。

5.2 Daemonlogger

由 Snort IDS 的原始开发者 Marty Roesch 开发设计的 Daemonlogger 是专为 NSM 环境

下使用而设计的包记录应用程序。它利用 Libpcap 库从线路中捕捉数据包，并有两种操作模式。它的主要操作模式是从线路中捕获数据包并直接写入到磁盘，另一种操作模式允许它从线路捕获数据包并将它们重写到第二个接口，可以作为一个软件 tap 使用。

Daemonlogger 的最大优势，像 Dumpcap 一样，它很容易上手。启动捕获数据包时，你只需要输入命令，并指定一个接口。

```
daemonlogger -i eth1
```

这个选项默认情况下，将开始捕获数据包，并将它们记录到当前的工作目录。数据包将被收集直到写入文件大小达到 2 GB，接着一个新的文件将被创建。这个过程将继续下去，直到进程停止。

Daemonlogger 提供了一些有用的选项用于定制化数据包的存储。这里介绍几个选项如下：

- -d：以守护进程运行
- -f < filename >：从指定文件中加载 BPF 过滤器
- -g < group >：以特定组运行
- -i < interface >：从指定接口捕获数据包
- -l < directory >：将日志数据写入指定目录
- -M < pct >：在环形缓冲区模式下，以指定的卷容量百分比写入日志数据，要激活环形缓冲区模式，还需要指定 -r 选项。
- -n < prefix >：为输出文件设置命名前缀（可用于定义传感器名称）
- -r：激活环形缓冲区模式
- -t < value >：在指定时间间隔内归档日志文件
- -u < user >：以指定用户运行

再举一个实际场景中比较常见的例子：

```
daemonlogger -i eth1 -d -f filter.bpf -l /data/pcap/ -n NYC01
```

调用此命令时，Daemonlogger 将从 eth1 接口（-i eth1）捕获数据包，以一个守护进程（-d）运行，并将数据写入到目录 /data/pcap（-l /data/pcap）。这些文件将使用前缀字符串 NYC01（-n NYC01）来表示，表示他们是从该传感器收集来的。所有收集的数据将基于包含在文件 filter.bpf 中所述的 BPF 语句（-f filter.bpf）进行过滤。

Daemonlogger 涉及性能时，也跟 Dumpcap 一样存在缺陷。尽管 Daemonlogger 在较高的吞吐量环境中比 Dumpcap 有更好的表现，但它在一些更大的企业环境中，吞吐量能力还有待提高。

Daemonlogger 提供有限的能力来控制输出文件名。它允许你指定文本来捕获数据包，但文本的命名需要遵循其创建时间，没有办法指定文件名中的日期时间格式。当然你也可以使用额外的脚本来重命名这些文件，但是，你需要增加工作量来管理这些作业。

Daemonlogger 目前通过提供环形缓冲区模式来避免磁盘拥塞，无需手动对 PCAP 存储空间进行维护。通过指定 -r -M<pct> 选项，你可以告诉 Daemonlogger 当 PCAP 存储空间超过特定百分比时自动删除旧数据。在某些情况下，这可能是必要的，但是如果你计划收集其他类型的数据，这种存储空间的维护可能已经被其他自定义进程看管，本章后面我们将介绍那些进程。

同样的，Daemonlogger 也是一个伟大的 FPC 解决方案，可以让你以较小的开销快速运行，而且稳定性很高，已成功地应用在许多企业环境中。判定 Daemonlogger 是否适合你的企业环境的最好方法，是尝试在你所要监视的网络接口部署，并测试一下是否会遇到丢包问题。

5.3 Netsniff-NG

Netsniff-NG 是一款高性能数据包捕获工具，由 Daniel Borkmann 设计。之前我们讨论到目前大多数工具主要依赖于 Libpcap 库进行数据包捕获，而 Netsniff-NG 则采用零拷贝机制来实现。采用这种技术允许它在高吞吐量的链路环境中完整捕获数据包。

Netsniff-NG 的另一突出功能是，它不仅使用 RX_RING 零拷贝机制捕获数据包，同时还使用 TX_RING 传输数据包。这意味着，它可以从一个接口读取数据包，并将其重定向到另一个接口。这个特性使其具备更强大的在接口间过滤捕获到的数据包的能力。

使用 Netsniff-NG 捕获数据包，我们必须指定一个输入和输出。大多数情况下，输入是一个网络接口，输出是磁盘上的文件或文件夹。

```
netsniff-ng -i eth1 -o data.pcap
```

该命令将从 eth0 接口（-i eth1）捕获数据包，并将其写入当前目录下的名为 data.pcap 的文件（-o data.pcap），直到应用程序终止。执行这个命令时，你会发现满屏幕都是正在捕获的数据包的内容。如果你不关心这些内容，你可以通过 -s 选项让 Netsniff-NG 工作在安静模式。

你可以按 Ctrl+ C 来终止进程，Netsniff-NG 会产生捕获数据的一些基本统计信息。如图 5.3 所示。

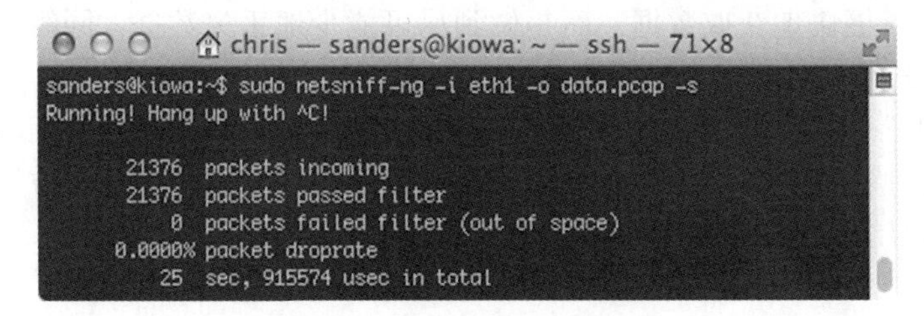

图 5.3　Netsniff-NG 进程输出

Netsniff-NG 提供了很多其他 FPC 应用均具备的功能。其中一些选项包括：

- -g < group >：以特定组运行
- -f < file name >：从指定文件加载 BPF 过滤器
- -F < value >：指定大小或时间间隔，用于决定在单文件模式下何时停止捕获，或者

在环形缓冲区模式下何时复写下一个文件

- -H：设置进程优先级为最高
- -i < interface >：从指定接口捕获数据包
- -o < file >：输出数据到指定文件
- -t < type >：只处理预先定义的数据包类型（如主机、广播、多播、出站等）
- -P < prefix >：为输出文件设置命名前缀（有利于定义传感器名称）
- -s：工作在安静模式，不输出包捕获信息到屏幕
- -u < user >：以指定用户运行

再举一个实际场景中比较常见的例子：

```
netsniff-ng -i eth1 -o /data/ -F 60 -P "NYC01"
```

该命令将让 Netsniff-NG 工作在环形缓冲区模式，这里使用 -o 参数（-o /data/）来指定输出目录而不是指定文件，并将每 60 秒产生一个新的 PCAP 文件（-F 60），每个文件将以传感器名称 NYC01 作为前缀命名（-P "NYC01"）。

在我们的测试中，Netsniff-NG 在高吞吐量的链路中性能表现在本书中是最佳的，正因为它的强劲性能，Security Onion 将其作为标配的 FPC 应用。

5.4 选择合适的 FPC 收集工具

前面我们已经讨论了三种不同的 FPC 解决方案，并在每种方案中提到该工具的整体性能。虽然 Dumpcap 和 Daemonlogger 在大多数情况下几乎很少丢包，但是在遇到极高的持续流量环境时你会需要像 Netsniff-NG 这样的工具。如果没有选择正确的采集工具以满足吞吐量的要求，你将浪费 CPU 资源收集不完整的数据。没有什么比分析师试图重新组合数据流时才发现包有丢失更令人沮丧的事，你之前所做的努力都付之东流。

FPC 收集工具的历史主要围绕着哪款工具可以"最佳"地生成数据。虽然有时"最佳"意味着功能丰富，能够满足更新、更快网络的需求。但也不是绝对的，最好的 FPC 收集工具并不一味地追求更快地获取数据，而是做到尽可能少地丢失数据，同时包含足够多的功能，用正确的格式存储数据，以确保能够被你的检测和分析工具访问。

前面提到的三个工具之所以收录在本书中，是因为它们都是经过验证的，可以在各种网络环境中很好地完成任务，是几个最为人所知和广泛部署的免费解决方案。在实际应用中，你必须根据组织的标准选择最适合的方案。

5.5 FPC 收集计划

在做传感器架构规划时，考虑的因素通常很多，你必须把 FPC 的数据收集放在高优先级。理由是你可以通过之前收集的 FPC 数据去生成几乎所有其他主要类型的数据。也就是说，FPC 数据是众数据类型之首，FPC 数据始终是单位时间内最大的数据类型，对于任何

给定的时间单位以及硬盘空间，FPC数据所消耗的量将超过任何其他数据类型。这并不是说，FPC的数据总是会占据着硬盘空间巨大的百分比。许多组织在做日志回顾分析时会预备较大存储量，其他类型的日志也会投入同等甚至更大的磁盘空间，比如Bro日志。当然，其结果可能是，相比存储1年的Bro日志，你只能存储24小时的PCAP数据。这里要注意的是，很多你收集的数据要么来源于PCAP数据，要么会受到其日益膨胀的存储需求的影响。

当部署FPC解决方案时，你必须牢记的关键考虑因素是吞吐量或你计划要监控的网络接口的平均速率。在第一次采购传感器之前，首先要做的是确定某个特定端口的吞吐量，这样才能确保该传感器具备必要的资源来支持收集和检测任务。如果你试图在硬件采购完之后再来解决这些需求，那通常将是一个灾难。

5.5.1 存储考虑

生成FPC数据时，首先考虑的明显因素是存储。PCAP相对于所有其他数据类型占用了大量的空间，所以确定要存储的FPC数据的量是至关重要的。这个保留策略的选择要么基于时间要么基于大小。

基于时间的策略是指在特定的时间周期内保留PCAP数据，例如24小时。基于大小的策略则是指保留最低容量的PCAP数据，通常由特定的磁盘容量分配，例如10 TB PCAP数据（RAID阵列有10 TB的空间）。有了这两种策略，你的组织应该试图去定义最小运营和理想运营。最小运营是在可接受的水平范围内开展NSM服务的最低要求，定义最少可存储的时间或大小单位。理想运营设置了执行NSM可能达到的合理目标，定义了在理想情况下数据可存储的时间或大小单位。任何情况下，你应该始终预留最低的量，但争取理想的量。

在基于时间和基于大小的FPC数据采集之间做出抉择得考虑多种因素。在某些受管制的行业，必须满足特定的合规性标准，这些组织可能会选择使用基于时间的FPC收集，以配合这些法规的要求。也有可能仅仅因为这些组织更加适合根据时间间隔存储数据。在预算紧缩和硬件有限的组织，由于可用磁盘空间受到限制，NSM人员可以选择基于大小的策略。选择基于大小的策略的企业很多并且正在迅速增长，这是由于很多时候无法准确地测量基于时间的策略所需的存储空间。

实施基于时间的保留策略，从理论上讲，评估接口的平均吞吐量可以让你在给定的磁盘配额下确定能存储多少时间间隔的数据。例如，如果你确定接口有100 MB / s的平均吞吐量，你有1 TB的硬盘空间配额，理论上存储的FPC数据可达24天。然而，单靠平均吞吐量测试是个常见的陷阱，因为这种测量没有考虑到吞吐量峰值，吞吐量可能在短时间内有显著的提高。这些峰值产生的原因很多，可能来自于离线备份或应用程序更新的计划任务事件，或者来自于web服务器的突发性高用户量访问。由于FPC是主要的数据类型，这些峰值也可能导致由它衍生的其他数据的增加。这个反应进一步放大了数据峰值的影响。

由于网络流量的特性，我们很难预测峰值吞吐量的水平。因此，选择基于时间的保留策略的组织被迫使用了一个比他们的硬件处理能力较短的时间间隔，以便提供一个溢出空间。如果没有这个溢出空间，可能会导致数据丢失或传感器崩溃。

基于存储数据总量来管理FPC数据，是比较简单的方法并有其固有的安全特性。通过这种方法，定义FPC数据可使用的磁盘空间额度，一旦存储的数据达到此限制，最早的FPC数据将会被删除，以腾出空间给新收集的数据。正如我们之前讨论到的，Daemonlogger便是一个内置了这种功能的FPC解决方案。

5.5.2 使用Netsniff-NG和IFPPS计算传感器接口吞吐量

我们已经谈了很多关于FPC数据的收集和存储需要依赖于正确地评估传感器监控端口的总吞吐量。现在，我们将着眼于计算吞吐量的统计方法。第一种方法涉及一款名为ifpps的工具，它是Netsniff-NG工具套件的一部分。在Security Onion里，Netsniff-NG没有集成ifpps，所以你需要按照以下步骤手动安装。

1. 通过APT包管理程序安装libncurses-dev依赖库：

```
sudo apt-get install libncurses-dev
```

2. 使用GIT下载Netsniff-NG：

```
git clone https://github.com/borkmann/netsniff-ng.git
```

3. 配置、编译并安装ifpps：

```
./configure
make && sudo make install ifpps_install
```

Ifpps安装完成后，你可以通过-h参数试着运行以检验安装是否正确，或者使用以下命令来持续生成网络统计更新：

```
ifpps -d <INTERFACE>
```

Ifpps将生成选定的接口的当前吞吐量统计信息，同时包括CPU、磁盘IO和其他系统统计数据。一个样例输出如图5.4所示。

```
ch5data — sanders@kiowa: ~ — bash — 104×18
Kernel net/sys statistics for eth6 (be2net 10000Mbit/s), t=1000ms

RX:         105.623 MiB/t     151069 pkts/t        12 drops/t         0 errors/t
TX:           0.000 MiB/t          0 pkts/t         0 drops/t         0 errors/t

RX:   153172260.999 MiB   208325912727 pkts   97888250 drops       7807 errors
TX:           0.000 MiB              3 pkts          0 drops          0 errors

SYS:         644657 cs/t        98.9% mem           7 running         0 iowait

CPU0:         25.4% usr/t        3.2% sys/t     71.2% idl/t        0.2% iow/t
CPU1:         35.6% usr/t       12.3% sys/t     52.1% idl/t        0.0% iow/t
CPU2:         29.2% usr/t       11.7% sys/t     59.0% idl/t        0.0% iow/t
CPU3:         17.3% usr/t        6.1% sys/t     76.4% idl/t        0.2% iow/t
CPU4:         31.5% usr/t        1.2% sys/t     67.1% idl/t        0.2% iow/t
CPU5:         29.8% usr/t        1.4% sys/t     68.8% idl/t        0.0% iow/t
CPU6:         30.8% usr/t        1.8% sys/t     67.3% idl/t        0.0% iow/t
CPU7:         30.3% usr/t        1.8% sys/t     67.9% idl/t        0.0% iow/t
```

图5.4 使用ifpps生成网络统计

每个统计后面的“/t”代表时间间隔，在图中底部最右有说明其数值，可以通过-t选项来修改，默认值为 1000ms。

Ifpps 会在任何给定的时间点及时输出某个网络接口吞吐量的现场快照，当你遇到统计一个较大样本空间时会非常有用。使用这个工具，你可以收集到多个峰值样本、非高峰值样本以及这些样本的均值，从而得到平均吞吐量的精确测量。

不幸的是，ifpps 在功能上有些限制，它不为捕获数据的网络接口提供应用过滤器功能，所以如果你想为你的 FPC 收集减负，这个工具可能不是你的最佳选择。

5.5.3 使用会话数据计算传感器接口吞吐量

计算吞吐量统计最灵活的方式可能是参看会话数据。我们上一章提到利用 SiLK 的 rwfilter、rwcount 和 rwstats 工具，这里举个例子来介绍这种计算方法。

一开始，我们使用 rwfilter 选择一个特定时间间隔。最简便的方式是计算一个工作日，这里我们命名为“daily.rw”：

```
rwfilter --start-date=2013/10/04 --proto=0- --type=all --pass=
daily.rw
```

这个过滤器是最基本的，它将捕获 10 月 4 号的所有会话数据，并保存到 daily.rw 文件。你可以通过以下命令对文件中的数据进行校验：

```
cat daily.rw | rwcut | head
```

一旦确认数据没问题后，你可以开始将其进一步分解，从而确定线路上实际有多少数据。我们将继续使用这个样本数据，调用 rwcount tool 来统计：

```
cat daily.rw | rwcount --bin-size=60
```

这个命令将我们的样本数据输入给 rwcount，它将每分钟流过传感器的数据汇总。这个时间间隔可以通过 --bin-size 来设置，这里的设置是 60 秒。结果如图 5.5 所示：

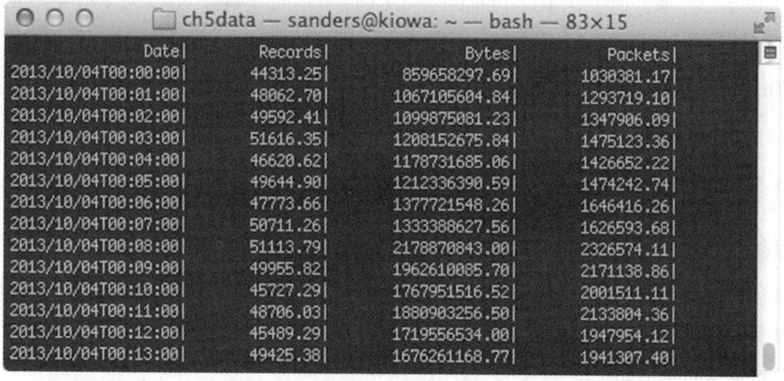

```
ch5data — sanders@kiowa: ~ — bash — 83×15
               Date|     Records|          Bytes|      Packets|
2013/10/04T00:00:00|    44313.25|   859658297.69|   1030381.17|
2013/10/04T00:01:00|    48062.70|  1067105604.84|   1293719.10|
2013/10/04T00:02:00|    49592.41|  1099875081.23|   1347906.09|
2013/10/04T00:03:00|    51616.35|  1208152675.84|   1475123.36|
2013/10/04T00:04:00|    46620.62|  1178731685.06|   1426652.22|
2013/10/04T00:05:00|    49644.90|  1212336390.59|   1474242.74|
2013/10/04T00:06:00|    47773.66|  1377721548.26|   1646416.26|
2013/10/04T00:07:00|    50711.26|  1333388627.56|   1626593.68|
2013/10/04T00:08:00|    51113.79|  2178870843.00|   2326574.11|
2013/10/04T00:09:00|    49955.82|  1962610085.70|   2171138.86|
2013/10/04T00:10:00|    45727.29|  1767951516.52|   2001511.11|
2013/10/04T00:11:00|    48706.03|  1880903256.50|   2133804.36|
2013/10/04T00:12:00|    45489.29|  1719556534.00|   1947954.12|
2013/10/04T00:13:00|    49425.38|  1676261168.77|   1941307.40|
```

图 5.5 使用 Rwcount 计算非高峰期每分钟的数据吞吐量

在上图中，你可以看到非高峰期时间 UTC 00:00（美国东部时区 8PM）传感器上大概有 1.5GB 的流量。而如果你看下图（图 5.6），你可以发现，到了高峰期工作时间 UTC 17:00（美国东部时区 3PM）流量达到了 8-9GB 每分钟。

```
ch5data — sanders@kiowa: ~ — bash — 83×15
2013/10/04T17:00:00|      245936.33|      9047223014.56|      11452368.02|
2013/10/04T17:01:00|      235940.36|      8622123641.52|      11005983.02|
2013/10/04T17:02:00|      235221.40|      8311658855.48|      10556754.37|
2013/10/04T17:03:00|      235717.95|      8309323438.36|      10691004.55|
2013/10/04T17:04:00|      245585.77|      8427777053.55|      10875324.91|
2013/10/04T17:05:00|      242052.48|      8284062189.96|      10692829.75|
2013/10/04T17:06:00|      253800.12|      8766096605.52|      11278246.92|
2013/10/04T17:07:00|      238087.81|      8478673022.73|      10834914.19|
2013/10/04T17:08:00|      238097.17|      9041844500.38|      11127422.86|
2013/10/04T17:09:00|      235028.46|      8245354106.51|      10419034.95|
2013/10/04T17:10:00|      227160.69|      7698618756.96|       9627828.65|
2013/10/04T17:11:00|      248204.70|      8730988787.45|      11069068.46|
2013/10/04T17:12:00|      255120.64|      8979467783.83|      11467693.72|
2013/10/04T17:13:00|      239651.87|      8738665238.16|      11091686.19|
2013/10/04T17:14:00|      232305.00|      8500362290.98|      10798754.86|
```

图 5.6 使用 Rwcount 计算高峰期每分钟的数据吞吐量

为了计算一天的平均吞吐量，你可以通过 rwcount 命令增加 bin-size 的值，这里一天应该设置成 86400 秒：

```
cat daily.rw | rwcount --bin-size=86400
```

运行结果如图 5.7 所示。

图 5.7 计算每天的平均吞吐量

通过此次计算，我们得出一天的总字节数为 4915977947088.87。为了便于阅读，我们将这个数字处理一下，可以通过除以三次 1024（$4915977947088.87/1024^3$），得到 4578.36 GB。如果想计算这一天链路的平均吞吐量，我们可以将这个数值平均到我们想要计算的时间单位。如果是平均到 1440 分钟，便得到字节 / 分钟，如果是 86400 秒，则得到字节 / 秒。这里计算的结果是每分钟 3.18 GB 字节（4578.36/1440）或每秒 54.26 MB 字节（$4578.36/86400 \times 1024$）。这里的最终结果，都计算到小数点后两位（四舍五入）。

5.6 减少 FPC 数据存储预算

在一个理想的世界里，你可以为网络上的每个主机、端口和协议收集 FPC 数据，并保存很长一段时间。在现实世界中，由于预算和硬件限制，这一点不大可能实现。有时候我们需要限制收集的数据量，在这里，我们将讨论不同的策略来减少 FPC 数据的存储，以获得最佳的“预算临界值”，更好地实现 NSM 目标。

5.6.1 过滤服务

消减各个服务所产生的流量是降低 FPC 数据消耗的第一种方法，也是最简单的方法。这种策略下，我们可以借助 rwstats 来识别各个服务，它可以为我们提供非常详细的有关各种端口、协议和主机的信息，辅助你了解究竟哪些更影响 FPC 数据的存储空间。rwstats 将在第 11 章有详细的介绍，但这里也会涉猎一些，我们使用两种不同的 rwstats 命令来识别出站和入站流量最大的网络端口。

首先，我们使用 rwstats 来决定哪个端口的入站通信是最大的，可以使用以下命令来计算最大流量的源端口：

```
cat daily.rw | rwstats --fields=sport --top --count=5 --value=bytes
```

这个命令将原始数据输送给 rwstats，然后计算出数据传输流量排名 top 5（--top--count = 5）的源端口（--fields = sport），根据字节数统计（--value==bytes）。结果如图 5.8 所示：

```
ch5data — sanders@kiowa: ~ — bash — 86×8
INPUT: 155426371 Records for 65456 Bins and 4922925492806 Total Bytes
OUTPUT: Top 5 Bins by Bytes
sPort|          Bytes|    %Bytes|    cumul_%|
   80|  2201459528713| 44.718522| 44.718522|
  443|   806016408749| 16.372712| 61.091234|
  445|   746044768087| 15.154500| 76.245735|
 1935|   150008592677|  3.047143| 79.292878|
25873|    82746434776|  1.680839| 80.973717|
```

图 5.8　源端口通信流量的 Top 5

如上图中看到的，这个网段的大部分流量来自 80 端口，一般涉及 HTTP 流量。实际上，观察到的流量中 44% 是 HTTP。显然，HTTP 流量是 NSM 检测和分析中非常重要的，所以我们可能会想一直保留这个流量。接着，如果你看到下一行，你会发现在一天的数据传输过程中，16% 以上的流量来源于源端口 443。让我们通过以下命令获取出站通信前 5 名的目标端口：

```
cat daily.rw | rwstats --fields=dport --top --count=5 --value=bytes
```

此命令的输出结果如图 5.9 所示。

```
ch5data — sanders@kiowa: ~ — bash — 86×8
INPUT: 155426371 Records for 65536 Bins and 4922925492806 Total Bytes
OUTPUT: Top 5 Bins by Bytes
dPort|          Bytes|    %Bytes|    cumul_%|
  443|   219752354673|  4.463857|  4.463857|
 1508|   165594392488|  3.363740|  7.827597|
   80|   137707459900|  2.797269| 10.624865|
   25|    91382477522|  1.856264| 12.481129|
10001|    38103250351|  0.773996| 13.255125|
```

图 5.9　目的端口通信的 Top 5

上图显示有超过 4% 的流量与 TCP/443 有关，至此得出一个结论，对于一个给定的工作日，所有流过传感器端口的流量中有大约 20.9% 来自于 TCP/443。因此，过滤掉 TCP/443 的流量将增加 20.9% 的 FPC 数据保留周期。

对于大多数组织来说，排除 HTTPS 通信中的加密数据是很常见的。加密数据的头部信息或统计信息是可操作的，但加密数据本身并非如此。在资源有限的情况下，通过丢弃一些不必要的数据，增加 FPC 数据的可存储空间，有利于将你的预算收益最大化。

TCP/443 流量排除掉之后，我们可以回过头重新计算吞吐量来看看效果。这里通过使用 rwfilter 指令处理先前的 daily.rw 文件数据，将所有 TCP/443 流量过滤掉：

```
cat daily.rw | rwfilter --input-pipe=stdin --aport=443 --fail
=stdout| rwcount --bin-size=86400
```

此命令将现有的数据集 daily.rw 传送给另一个过滤器，过滤掉任何源端口或目的端口为 443 的记录。处理结果通过管道直接给 rwcount，再次展现基于新过滤器的传感器流量传输统计。如图 5.10 所示。

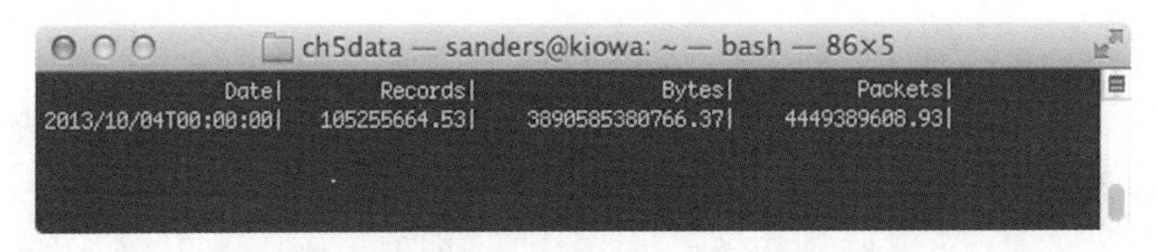

图 5.10 过滤掉 TCP/443 流量的同一天吞吐量统计

上图的统计跟先前是同一天，但是这次过滤掉了所有 TCP/443 通信。当我们计算吞吐量的值时，可以看到每分钟 2.52 GB 或每秒 42.9 MB 的统计数据。结果表明，一个工作日内过滤掉 TCP/443 的流量的确减少了大概 20.9% 的总量。

这样的操作也可以推广到包含加密数据的其他端口，例如用于 VPN 加密隧道的端口。虽然这并不适合每一个组织，但是通过过滤特定服务的流量，从 FPC 收集中移除加密数据，只是一个减少 FPC 数据存储开销的案例。这种方式在后期的 FPC 数据解析并生成其他数据类型时将产生效益，尤其是解析数据用于检测和分析，作用是显而易见的。下面让我们来看看更多降低 FPC 数据存储开销的方法。

5.6.2 过滤主机到主机的通信

另一个降低 FPC 数据开销的方法是过滤特定主机间的通信。

前面我们已经评估了通过排除 TCP/443 通信可以减少多少流量，下一个例子我们将继续移除其他数据。回顾之前的例子，我们可以使用不同的标准来匹配不合格的通信流量，这里我们将再次利用这一点。在这个例子中，我们将关注 top-talking 的源和目的 IP 地址，通过使用以下命令实现（过滤端口 443 后）：

```
cat daily.rw | rwfilter --input-pipe=stdin --aport=443 --fail
=stdout| rwstats --fields=sip,dip --top --count=5 --value=bytes
```

该命令将现有的数据集输送给 rwfilter 指令过滤掉 TCP/443 端口的流量，然后将结果管道给 rwstats，根据源 IP 和目的 IP 组合（--fields = sip,dip）统计 top-taling 流量字节数（--value = bytes）。统计结果如图 5.11 所示。

从上图可以看到，在这个网段的通信中有 19% 的流量由主机 141.239.24.49 和 200.7.118.91 之间的通信产生。为了确定这一通信是否可以列入 FPC 数据收集排除名单，我们不得不深挖这个流量的背景。理想情况下，你对所负责的内部主机有良好的掌握，并能够有效识别某个大流量的服务。其中一种方法是通过 rwstats 来做以下查询：

```
ch5data — sanders@kiowa: ~ — bash — 86×8
INPUT: 105261826 Records for 2851556 Bins and 3897156767840 Total Bytes
OUTPUT: Top 5 Bins by Bytes
           sIP|            dIP|           Bytes|    %Bytes|    cumul_%|
  141.239.24.49|    200.7.118.91|    740741493131| 19.007229| 19.007229|
 141.239.194.40| 208.133.46.253|    165113761732|  4.236775| 23.244003|
 141.239.108.35|    9.255.76.74|     29628207147|  0.760252| 24.004255|
 247.76.249.129| 141.239.146.71|     22853505245|  0.586415| 24.590670|
  200.7.214.240| 141.239.24.254|     22529483409|  0.578101| 25.168771|
```

图 5.11　识别 Top Talking IP 对

```
cat daily.rw | rwfilter --input-pipe=stdin --saddress=141.239.24.49
--daddress=200.7.118.91 --pass=stdout| rwstats --fields=sport --
top --count=10 --value=bytes
```

结果输出如图 5.12 所示。

```
ch5data — sanders@kiowa: ~ — bash — 86×5
INPUT: 55426371 Records for 5456 Bins and 740741493131 Total Bytes
OUTPUT: Top 5 Bins by Bytes
sPort|          Bytes|    %Bytes|    cumul_%|
   22|    740741493131|100.000000|100.000000|
```

图 5.12　检查这些主机间通信

这种情况下，所有通信似乎均发生在 22 端口。假设这是一个合法的连接，那可能意味着这两个设备之间可能存在某种形式的 SSH VPN。如果你没有任何解密和监视这些流量（如通过中间代理）的能力，那么可以将其添加到 FPC 数据收集排除名单。这个过程可以重复用于网络上的其他“top talkers”。

利用之前提及的策略，我们已经成功减少了大约 40% 的 FPC 数据量存储，这意味着你的传感器可额外容纳 40% 以上的可操作数据。不幸的是，我们无法为每一个网络都提供详细的排除 FPC 数据的例子，因为每一个组织、每一个网络的目标是不同的。然而，你可以遵循第 2 章介绍的制定合适的数据收集计划的指引，帮助你更好地做出决定。

警告　在本章开始时，我们提到了多种其他数据类型，如 PSTR，往往来源于 FPC 数据。如果你的环境采用这种工作方式，你在为 FPC 收集排除某些数据类型时一定要小心翼翼。举个例子，如果你从 FPC 数据中生成 PSTR 数据，但排除了 443 端口的流量，你将无法从 HTTPS 握手过程中生成包字符串数据，这对网络的可见性将是短板。由于空间有限，这种情况可能没办法避免，但如果你仍然想保存这种 PSTR 数据，你将不得不寻找另一种方式来生成它，比如再起一个进程直接从线路中获取。

5.7　管理 FPC 数据存储周期

由于 FPC 数据比任何其他数据类型占用更多的磁盘空间，如果数据存储备份没有很好的处理，那么很可能FPC数据将导致传感器无法正常工作。哪怕是有着最成熟的SOC（Security Operations Center，安全运营中心）实施经验的企业，我也见过由于数据激增导致FPC数据写入磁盘的速度比删除速度更快，这可能会导致各种糟糕的状况。理想情况下，你的FPC数据应存储在独立于操作系统的卷，以防止这种情况的发生。然而，即使FPC数据存储在共享的动态扩展的虚拟存储池，数据的持续高峰将剥夺其他虚拟设备的资源最终导致系统崩溃。这样的例子数不胜数，凌晨2点还受到电话骚扰，没人愿意担任系统管理员。因此，以下内容将重点讲述FPC的数据管理。更具体点，将介绍如何清除旧数据。

管理FPC数据的方法有很多种，但我们将介绍一些大多数Linux发行版都有提供的工具。因为这些工具都是有效的，可以很容易编写脚本去应用和优化。尽管在本节中涉及的一些技术可能不完全适合你的环境，但我们有足够的信心这些工具可以很容易适应。

之前，我们讨论到两种组织里最常见的FPC数据存储策略：基于时间和基于大小的。

5.7.1 基于时间的存储管理

使用基于时间的存储策略是很容易实现自动化管理的。Linux的find工具能够很简单就搜索出特定年龄的文件。例如，要在/data/pcap目录下找出超过60分钟的文件，只需简单运行以下命令：

```
find /data/pcap -type f -mtime +60
```

该命令将会输出待删除的PCAP文件列表，这个命令可以与xargs命令配合使用来最终删除符合条件的文件。以下命令将删除任何超过60分钟的数据：

```
find /data/pcap -type f -mtime +60 | xargs -i rm {}
```

5.7.2 基于大小的存储管理

基于大小的FPC数据存储策略管理会有点难度。这种方法实现的原理是，一旦存储容量超过磁盘使用空间某个百分比时，将删除最老的PCAP文件。根据FPC收集部署的情况，这种方法的实施是很有挑战性的。如果你使用的是Daemonlogger，那么它本身内置的组件可以实现数据的自删除，但如果你使用的是其他不具备这种功能的工具，这种删除数据的方式将需要更多的工作量去实现。

一种方法是使用BASH脚本来处理，这里提供一个脚本样例：

```
#!/bin/bash
## This script deletes excess PCAP when the “percentfull” reaches the pre-
defined limit.
## Excess PCAP is when the total amount of data within a particular PCAP
directory
## reaches the percent amount defined about, out of the total amount of
drive space
## on the drive that it occupies. For the purpose of consistency, the per-
centfull amount
## is uniform across all PCAP data sources.
```

```
## Refer to the "Data Removal Configuration (DRC)" at the bottom of this
script for settings.

#Example DRC;

## Data Removal Configuration
#dir="/data/pcap/eth1/"
#percentage=1
#datamanage $dir $percentage

#dir="/data/pcap/eth2/"
#percentage=3
#datamanage $dir $percentage
##########################################################################
## FUNCTION ##############################################################
##########################################################################

totaldiskspace=$(df | grep SOsensor-root | awk '{print $2}')

function datamanage {
# Initial data evaluation
        datadirectory="$1"
        datapercent="$2"
        datasize=$(du -s $datadirectory | awk '{print $1}')
        diskstatus=$(df | grep SOsensor-root | awk '{print $5}' | egrep
-o '[0-9]{1,3}')
        datapercentusage=$(echo "scale=2; $datasize / $totaldiskspace
* 100" | bc | sed 's/\..*//g')
         echo "Data usage in $datadirectory is at $datapercentusage% of
hard drive capacity)"

        # Data Removal Procedure
        while [ "$datapercentusage" -gt "$datapercent" ]; do
                        filestodelete=$(ls -trl $datadirectory | head -
20)
                printf %s "$filestodelete" | while IFS=read -r ifile
                do
                        echo $ifile
                        if [ -z $datadirectory$ifile ]; then
                        exit
                        fi
                        echo "Data usage in $data directory
($datapercentusage%) is greater than your desired amount ($datapercent%
of hard drive)"
                        echo "Removing $datadirectory$ifile"
                        sudo rm -rf $datadirectory$ifile
                        du -s $datadirectory

#                       datasize=$(du -s $datadirectory | awk '{print
$1}')

                        done
                datasize=$(du -s $datadirectory | awk '{print $1}')
                datapercentusage=$(echo "scale=2; $datasize /
$totaldiskspace * 100" | bc | sed 's/\..*//g')
                du -s $datadirectory
```

```
                datasize=$(du -s $datadirectory | awk '{print $1}')
                datapercentusage=$(echo "scale=2; $datasize /
$totaldiskspace * 100" | bc | sed 's/\..*//g')
        done
}

# Data Removal Configuration
pidofdiskclean=$(ps aux | grep diskclean.sh | wc -l)
echo $pidofdiskclean

if [ "$pidofdiskclean" -le "4" ]; then
dir="/data/pcap/eth1/"
percentage=40
datamanage $dir $percentage

dir="/data/pcap/eth2/"
percentage=40
datamanage $dir $percentage
wait
echo ""
fi
```

要使用上面的脚本，你必须通过编辑 dir 变量来配置存储卷名。此外，你必须编辑脚本底部的数据删除配置部分来指定 PCAP 数据的存储目录和允许分配给卷的缓冲空间。

这个脚本将接收这些变量，并确定数据所占据空间的百分比。如果该百分比高于容许的量，它将删除最旧的文件，直到该百分比处于一个合适的水平。

该脚本可以添加到定期运行的 cron 作业，诸如每小时、每 10 分钟或每 60 秒。运行的频繁程度取决于缓冲区空间的多少以及网络吞吐量的大小。举例来说，如果你只预留了 5% 的缓冲空间，但是网络的吞吐量却很大，那么你得确保脚本不间断地运行，以确保数据高峰时不至于将硬盘填满。但是如果你允许有 30% 的缓冲空间，而网络吞吐量却一般，那该脚本可能只需每隔一小时左右运行一次即可。

有这样一个场景：你的传感器处于一种高负荷状态，并且缓冲空间非常有限，你的 cron 作业可能没能够及时运行并删除最早的文件。然而，如果你不断地运行脚本，例如仅间隔一个睡眠（sleep）周期，那么脚本在运行的过程中可能因频繁计算磁盘空间而导致性能下降。为了平衡性能与需求，更理想的方式是让脚本计算磁盘空间，确定目录是否太满，然后删除 10 个最老的文件，而不是只删除单个最老的文件。这种方式会使脚本性能大幅提升，但可能会导致数据保留达不到最大存储（实际差异不大）。下面的脚本与第一个脚本类似，但采用的是刚介绍的这种方式来执行这项任务：

```
#!/bin/bash
## This script deletes excess pcap when the "percentfull" reaches the pre-
defined limit.
## Excess pcap is when the total amount of data within a particular pcap
directory
## reaches the percent amount defined about, out of the total amount of
drive space
## on the drive that it occupies. For the purpose of consistency, the per-
```

```
centful amount
## is uniform across all pcap data sources.

## Refer to the "Data Removal Configuration (DRC)" at the bottom of this
script for settings.

#Example DRC;

## Data Removal Configuration
#dir="/data/pcap/eth6/"
#percentage=1
#datamanage $dir $percentage

#dir="/data/pcap/eth7/"
#percentage=3
#datamanage $dir $percentage

##########################################################################
## FUNCTION ##############################################################
##########################################################################

totaldiskspace=$(df | grep SOsensor-root | awk '{print $2}')

function datamanage {
# Initial data evaluation
datadirectory="$1"
datapercent="$2"
datasize=$(du -s $datadirectory | awk '{print $1}')
diskstatus=$(df | grep SOsensor-root | awk '{print $5}' | egrep -o '[0-9]
{1,3}')
datapercentusage=$(echo "scale=2; $datasize / $totaldiskspace * 100" |
bc | sed 's/\..*//g')
echo "Data usage in $datadirectory is at $datapercentusage% of hard
drive capacity)"

        # Data Removal Procedure
        while [ "$datapercentusage" -gt "$datapercent" ]; do
                        filestodelete=$(ls -trl $datadirectory | head -
10)
                        echo $filestodelete
                printf %s "$filestodelete" | while IFS= read -r ifile
                do
                        echo $ifile
                        if [ -z $datadirectory$ifile ]; then
                        exit
                        fi
                        echo "Data usage in $datadirectory
($datapercentusage%) is greater than your desired amount ($datapercent%
of hard drive)"
                        echo "Removing $datadirectory$ifile"
                        sudo rm -rf $datadirectory$ifile
                        done
                datasize=$(du -s $datadirectory | awk '{print $1}')
                datapercentusage=$(echo "scale=2; $datasize /
$totaldiskspace * 100" | bc | sed 's/\..*//g')
```

```
        done
}

# Data Removal Configuration
pidofdiskclean=$(ps aux | grep diskclean.sh | wc -l)
echo $pidofdiskclean

if [ "$pidofdiskclean" -le "4" ]; then
# Data Removal Configuration
dir='/data/pcap/eth1/'
percentage=10
datamanage $dir $percentage

dir="/data/pcap/eth2/"
percentage=10
datamanage $dir $percentage
wait
fi
```

在本节中提供的代码示例可能无法直接应用到你的工作环境中，但它们提供了一种思路，你可以通过适当的调整来适应你的收集场景。作为另外一种资源，你也可以考虑 Security Onion 中用于管理数据存储的脚本，这些脚本使用相似的技术，但在方法上稍微有点不同。

5.8 本章小结

FPC 数据是可收集的网络数据中最全面完整的代表。作为主要的数据类型，它本身非常有用。然而，如果你考虑仅由它去生成许多其他类型的数据，是有风险的。在本章中，我们介绍了可用于收集和存储 FPC 数据的不同技术，还讨论了不同技术是如何有效收集 FPC 数据，以及削减你收集的 FPC 数据量以及清除旧数据的方法。当我们继续了解本书收集部分的剩余章节时，你会更加清楚其他数据类型是如何从 FPC 数据中产生的。

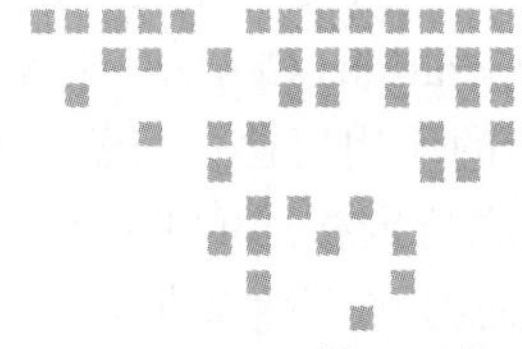

第 6 章 Chapter 6

包字符串数据

很多 NSM 团队经常碰到的窘境是在做回顾性分析时无法在大数据集里进行有效的搜索，这个大数据集往往是好些天以前的数据。大多数人认为最理想的情况是组织可能会同时收集 FPC 数据和会话数据，但 FPC 数据实际上只能保存几天，或者顶多一两个星期。

在这种情况下，我们面临两个问题。首先，会话数据缺乏详细信息所需的粒度，无法确定网络流量中发生了什么。其次，FPC 数据对存储空间的要求过高，为其分配足够的存储空间来进行有效的回顾性分析是不切实际的。

假设这样一个场景，我们必须回溯大于 FPC 数据保留周期的数据，但不幸的是可用的会话数据留下太多悬而未决的问题。因此，在仅有会话数据可用的情况下，以下常见的回顾性分析的场景是无法满足的：

- 定位一个与新攻击者的属性有关的 HTTP 用户代理。
- 确认哪些用户会接收到造成终端感染的钓鱼邮件。
- 识别新的恶意 HTTP 请求后检查是否存在文件下载行为。

这个困境的答案便是收集包字符串数据（PSTR 数据），也正是本章要讲的内容。在本章中，我们将看看 PSTR 数据的定义，以及它如何手动收集或使用 httperf、Justniffer 等工具自动收集。PSTR 数据收集简单，作用明显，但这个概念比较新，目前并没有太多组织采用。然而，由于 PSTR 数据兼具 FPC 数据的完整和会话数据的速度，小存储空间需求和会话数据的统计分析能力。你会发现 PSTR 数据是介于 FPC 和会话数据之间的理想数据，在准实时和回顾性分析的解决方案中表现优异。

6.1 定义包字符串数据

包字符串数据通常是用户自定义的数据使用方式。粗略一点讲，它是从 FPC 数据中提取重要信息并可供人类读懂的数据。这个数据可以以许多不同的形式呈现。比如，有些SOC（Security Operations Center，安全运营中心）平台选择从通用的应用层协议报头（例如HTTP和SMTP）中生成特定格式的PSTR数据，不用涉及这些协议非必要的有效载荷数据。我小心翼翼地用“非必要”，是因为对于PSTR数据的分析来说，我们并不想提取文件详情或逐字节地分析流量。我们的目标是使分析师得到数据的快照视图，来回答回顾性分析可能出现的问题。PSTR数据的示例如图6.1所示。

```
chris — sanders@osprey: ~/ch6 — ssh —...
------------------------------
09/22/13 23:33:01 - 10.10.10.3 -> 67.205.2.30
GET / HTTP/1.1.
User-Agent: Wget/1.13.4 (linux-gnu).
Accept: */*.
Host: www.appliednsm.com.
Connection: Keep-Alive.

09/22/13 23:33:02 -
HTTP/1.1 200 OK.
Date: Sun, 22 Sep 2013 23:33:01 GMT.
Server: Apache.
Accept-Ranges: bytes.
X-Mod-Pagespeed: 1.1.23.1-2169.
Cache-Control: max-age=0, no-cache.
Vary: Accept-Encoding,Cookie.
Content-Length: 71248.
Keep-Alive: timeout=2, max=100.
Connection: Keep-Alive.
Content-Type: text/html; charset=UTF-8.
```

图6.1 记录HTTP请求响应的PSTR数据

图6.1的例子代表了在回顾性分析中分析师经常使用的数据。里面显示了一个独立的HTTP通信链接中的两个PSTR记录，一个是HTTP请求，一个是HTTP响应。这是一个相当健壮的实现，大量的应用层头部信息被存储。图6.2展示了只有单个信息域被存储的示例。

```
chris — sanders@osprey: ~/ch6 — ssh — 90×9
sanders@osprey:~/ch6$ sudo justniffer -f packets.pcap -p "tcp port 80" -u -l "%request.timestamp - %source.ip -> %dest.ip - %request.header.host%request.url"
09/22/13 23:41:02 - 10.10.10.3 -> 67.205.2.30 - www.appliednsm.com/
09/22/13 23:41:17 - 10.10.10.3 -> 157.166.240.13 - www.cnn.com/
09/22/13 23:41:22 - 10.10.10.3 -> 23.66.230.66 - www.foxnews.com/
09/22/13 23:41:27 - 10.10.10.3 -> 199.181.132.250 - www.espn.com/
09/22/13 23:41:42 - 10.10.10.3 -> 67.205.2.30 - www.appliednsm.com/
09/22/13 23:41:47 - 10.10.10.3 -> 67.205.2.30 - www.appliednsm.com/contributors
09/22/13 23:41:57 - 10.10.10.3 -> 67.205.2.30 - www.appliednsm.com/about-the-book
```

图6.2 记录HTTP URL请求的PSTR数据

在这个例子中，PSTR数据只存储了HTTP URL请求。尽管许多组织选择存储PSTR数据用于回顾性分析，本例中的代表数据则可作为近实时分析的基础数据。这样的数据可以有多种用途，例如可有效应用于自动化信誉库检测机制（将在第8章讨论），这要比相同任务下使用FPC数据解析快得多。

PSTR数据的第三种常见实现聚焦在有效载荷的记录，它关心应用层协议报头之后发生的整个分组报文的有效负载数据。这个数据从有效载荷中提取数量有限的非二进制字节，可用于提供数据包的快照。简单地说，你可以将其看成对FPC数据运行Unix字符串处理工具。图6.3给出了这种数据的样例。

图6.3所示的数据是从用户的Web浏览记录生成的可读快照。具体点，你可以看到正在访问的页面内容没有太多额外的细节。由于过滤掉了不可读的字符内容，数据存储变得更加高效。使用Payload类型的PSTR数据的缺点是产生它所需的开销，以及伴随它产生的相当数量的冗余数据。仅仅一个字节可以转换成可读的ASCII字符并不意味着它一定是有意义的，你在上图中可以看到实际收集的数据存在一些随机字符。存储这些额外的，但不是非常有用的字节，可能会成为累赘。最后，生成payload类型的PSTR数据方法比较少，所以你几乎肯定会依靠编写的定制脚本和其他工具来生成它。因此，与很多精致的工具可

生成其他类型数据相比，整体效率可能达不到较高标准。关于多行的 PSTR 格式数据，性价比最高的方式通常是选择一个日志类型的格式，例如图 6.1 所示的请求和响应头数据。

```
chris — bash — 101×32
--------------------------------
16:15:31.686076 IP 69.172.216.55.80 . 192.168.146.136.50505: tcp 1031
E.E.7.P.IqN.l.XAP.400
var adsafeVisParams . .
        mode : .jss.
        jsref : .http:.imp.bid.ace.advertising.com.site.850222.size.160600.u.2.bnum.99795581.wkhr.160
.hr.16.hl.2.scres.5.swh.1440x900.tile.2.f.2.r.1.optn.1.fv.11.aolexp
.1.tags.1.dref.http.253A.252F.252Fwww.autoblog.com.252F.
        adsafeSrc : .http:.pixel.adsafeprotected.com.rfw.st.19024.1214081.skeleton.js.
        adsafeSep : .
        requrl : .
        reqquery : .
        debug : .false.
        allowEnagement : .true.
        trackMouse : .true.
        jsFeatures : .mousetrack.viewabilityready.consecutive.cachebust:0.forcecocoa:10.rattie:100.ex
ch.recordalternate:100.cocoapuffs.nextcocoa.usedtdomain:0.
        enagementDelay : .1-5-15.
        useAdTalk : .true.
        adTalkDtCall : .true.
        killPhrases : .
        asid : .8d5913c6-1d93-11e3-bcb0-0025904ea2d8.
        adWidth : .160.
        adHeight : .600.
        adHeight : .600.
        minimizeCalls : .false.
        exchList : .e1.:.nqzryq.e2.:.tbbtyrnqf.t.qbhoyrpyvpx.e3.:.ehovpbacebwrpg.e4.:.chozngvp.e5.:.b
crak.e6.:.nqoevgr.pbz.e7.:.tynz.pbz.e8.:.lvryqznantre.pbz.e9.:.yvwvg.e10.:.
--------------------------------
16:15:31.686085 IP 192.168.146.136.50505 . 69.172.216.55.80: tcp 0
E.(.K.-p.E.7.I.P.XAqN.sP.Dwq.
--------------------------------
```

图 6.3　Payload 类型的 PSTR 数据

6.2　PSTR 数据收集

我们先前已经讨论了 FPC 数据的长度，也许你可能会把 PSTR 数据看作“部分包捕获数据”。这个一点都不奇怪，因为有些组织选择从已收集的 FPC 数据中生成 PSTR 数据。同样的，我们也可以直接从传感器的监控端口收集 PSTR 数据，采用的方式类似于 FPC 数据收集。

无论你是选择从链路中收集 PSTR 数据，还是从 FPC 数据中生成，最佳的实践是要从同一源头（NSM 传感器）中收集数据，保持与其他数据收集一致。这样做有助于你在数据分析的过程中避免一些数据归并的错误。举个例子，有些组织选择从 Web 内容过滤设备中生成 HTTP 通信的 PSTR 数据。这里可能会遇到这样一种场景，该网段所监控的 Web 内容过滤并不是 Windows 分析师们所关心的 NSM 能见度范围，而且无法改善分析的流程。但是，如果你选择从 NSM 传感器上直接生成 PSTR 数据，你可以更好地控制这个过程。如果你选择从另一个设备生成这些数据，尤其是第三方厂商提供的设备，那么你只能接收厂商设备提供的数据，这些数据无法提供清晰完整的信息帮助分析。对于所有的 NSM 数据是如何被创建和解析的，你都应该时刻保持着这种警惕。

在我们开始收集或生成 PSTR 数据之前，必须考虑几点。首先，你必须考虑你想收集的 PSTR 数据的范围。理想的解决方案是，在允许长期存储的条件下，从明文协议中重点收集尽可能必要的应用层数据。由于可收集的 PSTR 数据有很多种类，它的存储空间大小因具体的类型而异。接着，你可以使用第 3 章讨论的方法，根据你选择的 PSTR 数据格式和网络资产的规模，确定用于存储 PSTR 数据的磁盘空间大小。这个过程需要你部署一个安装了 PSTR 数据收集生成工具的临时传感器，便于在多个时间间隔周期内采样数据，进一步推断这些数据的长期规模。最终可能导致你改变 PSTR 数据的收集内容，以确保该类数据的保留周期能够延长到期望的目标。

在确定要收集的 PSTR 数据类型的同时，你还应该考虑其保留的时间周期。 FPC 数据的保留通常在数小时或数天，而会话数据的保留则可以按季度或按年。因此 PSTR 数据的存储周期应落在这两者之间，数周或数月的策略应可以很好地填补 FPC 数据和会话数据之间的空隙。

当评估 PSTR 的存储需求时，你必须认清这是个波动很大的变量。例如，在午饭时间，你可能会看到 HTTP 通信量处于高峰，而与业务流程相关的其他协议的流量已经下降。这种情况可能不会影响 PCAP 数据在这段时间内所收集的总量，但 PSTR 数据量却会显著增加。

有许多免费的开源应用程序，既可从链路中收集 PSTR 数据，也可从 FPC 数据中生成。无论你选择的是哪种方式，它必须是可操作的。当评估一个 PSTR 数据收集生成方案时，你应该确保所得到的数据是标准化的，使其在后续的检测和分析过程中可用。接下来，我们来看看其中的几款工具。

6.2.1 手动生成 PSTR 数据

在介绍自动生成 PSTR 数据的工具之前，让我们来看看内置于 Linux BASH 环境的 PSTR 数据生成工具。为了生成一个基线，我们首先从 PCAP 文件解析 ASCII 数据。在 PSTR 数据中，你唯一关心的是收集可读的字符数据，所以我们通过管道将数据传递给 Linux 工具“ strings”来限制输出结果。许多种类的数据可供你选择生成，而这取决于你是否要生成日志或有效载荷类型的 PSTR 数据。

日志类型的脚本将生成类似于图 6.2 所示的数据，使用单行日志描述与用户请求相关联的 URI。

```
#!/bin/bash
#Send the ASCII from the full packet capture to stdout
/usr/sbin/tcpdump -qnns 0 -A -r test.pcap | \
#Normalizes the PCAP
strings |\
#Parse out all timestamp headers and Host fields
grep   -e   '[0\-9][0\-9]\:[0\-9][0\-9]\:[0\-9][0\-9].[0\-9]\{6\}\|
Host:'| grep -B1 “Host:” |\
#Clean up the results
grep -v -- “--"| sed 's/\(Host.*$\)/\1\n/g'| \
tr “\n” “-” | sed 's/--/\n/g'| sed 's/-Host:/ -/g'
```

以下 Payload 类型的脚本将生成多行 PSTR 日志，中间使用一组破折号限制。这个例子将从所有协议中提取任何可读字符。当前只有少数方法可以手动生成这种类型的数据。

```
#!/bin/bash
#Send the ASCII from the full packet capture to stdout
/usr/sbin/tcpdump -qnns 0 -A -r test.pcap |\
#Normalizes the PCAP
strings |\
#Remove all empty lines
sed '/^$/d' |\
#Splits each record with an empty line
sed '/[0-9][0-9]\:[0-9][0-9]\:[0-9][0-9].[0-9]\{6\} IP [0-9]\{1,3\}
\.[0-9]\{1,3\}.[0-9]\{1,3\}.[0-9]\{1,3\}/{x;p;x;}' |\
#Adds a delimiter between records by replacing the empty lines
sed  's/^$/\-\-\-\-\-\-\-\-\-\-\-\-\-\-\-\-\-\-\-\-\-\-
\-\-\-/g' |\
#Removes duplicate special characters
sed 's/[^[:alnum:][:space:]_():-]\+/./g'
```

手动解决方案通常在处理数据时较慢，对输入数据的处理量一般没有限制。现在，让我们看一些可以用于有效地生成日志类型的 PSTR 数据的工具。

6.2.2 URLSnarf

Dsniff 套件是网络安全监控强有力的收集工具之一。Dsniff 收集工具集分为两类。其中一些工具用于进攻性目的，其他则侧重防守。Snarf 中的工具可用于监控网络上的相关文件、电子邮件、Web 请求等有趣的信息。其中，本书最感兴趣的工具是 URLsnarf。

URLsnarf 被动收集 HTTP 请求的数据，并将其存储成公共日志格式（CLF）。Dsniff 套件在我心中地位很崇高，因为它的工具已经存在了很长一段时间，而且所有工具的安装和执行都很简单。URLsnarf 也不例外，在大多数情况下，你可以通过你喜欢的包管理解决方案安装 Dsniff 套件。Dsniff 工具套件在 Security Onion 中不是默认安装的，所以如果你想使用它，你可以使用 apt 安装：

```
sudo apt-get install dsniff
```

安装完 Dsniff 工具后，你可以通过不带参数的运行命令来验证 URLsnarf。在执行时没有指定参数，URLsnarf 将被动地在一个接口上监听，并将收集的数据进行标准输出，这个过程在终端窗口中是可见的。默认情况下，它会监听接口 eth0，并捕获 TCP 端口 80、8080 和 3128 上的数据。

URLsnarf 只有 4 个可选参数：

- -p：允许用户在一个已捕获的 PCAP 文件上运行。
- -i：指定网络接口。
- -n：解析数据时不对 DNS 地址进行查询解析。
- -v < expression >：默认情况下，你可以通过指定一个 URL 作为表达式来显示匹配的 URL 地址。-v 参数则允许你指定一个表达式来显示所有不匹配的 URL 结果。

基于标准的日志输出，你可以更容易地通过管道将其传递给 BASH 命令行工具，如 grep、cut 以及 awk，而不是使用 -v 参数指定表达式。如图 6.4 所示，首先我使用 tcpdump 捕获流量，再使用 URLsnarf 调用 -p 参数。尽管使用 tcpdump 读取 PCAP 不是必需的，但在实际的生产环境中，你很可能需要利用现有的 FPC 数据。如果不使用 -p 选项，你可以从链路中直接读取数据。

```
chris — sanders@osprey: ~/ch6 — ssh — 118×16
sanders@osprey:~/ch6$ urlsnarf -p packets.pcap
urlsnarf: using packets.pcap [tcp port 80 or port 8080 or port 3128]
10.10.10.3 - - [22/Sep/2013:23:41:02 +0000] "GET http://www.appliednsm.com/ HTTP/1.1" - - "-" "curl/7.22.0 (x86_64-pc-linux-gnu) libcurl/7.22.0 OpenSSL/1.0.1 zlib/1.2.3.4 libidn/1.23 librtmp/2.3"
10.10.10.3 - - [22/Sep/2013:23:41:17 +0000] "GET http://www.cnn.com/ HTTP/1.1" - - "-" "curl/7.22.0 (x86_64-pc-linux-gnu) libcurl/7.22.0 OpenSSL/1.0.1 zlib/1.2.3.4 libidn/1.23 librtmp/2.3"
10.10.10.3 - - [22/Sep/2013:23:41:22 +0000] "GET http://www.foxnews.com/ HTTP/1.1" - - "-" "curl/7.22.0 (x86_64-pc-linux-gnu) libcurl/7.22.0 OpenSSL/1.0.1 zlib/1.2.3.4 libidn/1.23 librtmp/2.3"
10.10.10.3 - - [22/Sep/2013:23:41:27 +0000] "GET http://www.espn.com/ HTTP/1.1" - - "-" "curl/7.22.0 (x86_64-pc-linux-gnu) libcurl/7.22.0 OpenSSL/1.0.1 zlib/1.2.3.4 libidn/1.23 librtmp/2.3"
10.10.10.3 - - [22/Sep/2013:23:41:42 +0000] "GET http://www.appliednsm.com/ HTTP/1.1" - - "-" "curl/7.22.0 (x86_64-pc-linux-gnu) libcurl/7.22.0 OpenSSL/1.0.1 zlib/1.2.3.4 libidn/1.23 librtmp/2.3"
10.10.10.3 - - [22/Sep/2013:23:41:47 +0000] "GET http://www.appliednsm.com/contributors HTTP/1.1" - - "-" "curl/7.22.0 (x86_64-pc-linux-gnu) libcurl/7.22.0 OpenSSL/1.0.1 zlib/1.2.3.4 libidn/1.23 librtmp/2.3"
10.10.10.3 - - [22/Sep/2013:23:41:57 +0000] "GET http://www.appliednsm.com/about-the-book HTTP/1.1" - - "-" "curl/7.22.0 (x86_64-pc-linux-gnu) libcurl/7.22.0 OpenSSL/1.0.1 zlib/1.2.3.4 libidn/1.23 librtmp/2.3"
```

图 6.4 URLsnarf 数据样例

如图 6.4 所示，输出的是一组标准化的详细日志，源于访问 appliednsm.com 的 HTTP 请求。乍一看，这个工具的有效性仅限于存储日志的回顾性分析。但是，如果配合其他应用程序使用，这个输出可以转化成大型网络上很有用的即时用户流量检查。

URLsniff 非常简单易用，但简单也存在一些问题。如果你期望它输出少点信息，那么输出结果必须使用外部工具进行二次处理；如果你想要更详细的输出，不幸的是，URLsnarf 无法像其他工具那样允许多行数据输出。

6.2.3 Httpry

httpry 是一个显示和记录 HTTP 流量的专用数据包嗅探器。我们可从它的名字推测出 httpry 只能解析 HTTP 流量。不像 URLsnarf，httpry 对于它所收集、解析和输出的数据有更多处理选择。它允许以任意顺序捕获和输出任意 HTTP 头。在你的网络中，引入一些能定制化输出的工具，在处理生成 PSTR 数据是非常有用的。因为灵活性和后处理能力的增加，要想上手，httpry 比 URLsnarf 稍有难度：

Security Onion 默认情况下没有预装 httpry，通过源代码编译可以很容易安装。安装过程请参考以下步骤：

1. 安装 libpcap 的开发库，编译 httpry 必需：

```
sudo apt-get install libpcap-dev
```

2. 从官网下载 httpry 的安装包：

```
wget http://dumpsterventures.com/jason/httpry/httpry-0.1.7.tar.gz
```

3. 解压安装压缩包：

```
tar -zxvf httpry-0.1.7.tar.gz
```

4. 进入 httpry 目录编译安装程序：

```
make && sudo make install
```

安装完成后，你可以不带参数运行程序，开始从编号最小的网络接口上，收集 80 端口的 HTTP 流量。如图 6.5 所示，httpry 使用 -r 参数从一个文件中读取流量并生成输出。

```
chris — sanders@osprey: ~/ch6 — ssh — 141×20
sanders@osprey:~/ch6$ httpry -r packets.pcap
httpry version 0.1.7 -- HTTP logging and information retrieval tool
Copyright (c) 2005-2012 Jason Bittel <jason.bittel@gmail.com>
2013-09-22 23:41:02    10.10.10.3      67.205.2.30     >    GET    www.appliednsm.com     /         HTTP/1.1    -
2013-09-22 23:41:02    67.205.2.30     10.10.10.3      <    -      -      -      HTTP/1.1    200    OK
2013-09-22 23:41:13    2600:1000:b003:8d69:9dbe:88a1:c57e:6cf0 2607:f8b0:400c:c03::67  >    GET    www.google.coHTTP/1.1 -    -
2013-09-22 23:41:14    2607:f8b0:400c:c03::67  2600:1000:b003:8d69:9dbe:88a1:c57e:6cf0 <    -    -    -    HTTP/1.1 200    OK
2013-09-22 23:41:17    10.10.10.3      157.166.240.13  >    GET    www.cnn.com    /    HTTP/1.1    -    -
2013-09-22 23:41:17    157.166.240.13  10.10.10.3      <    -      -      -      HTTP/1.1    200    OK
2013-09-22 23:41:22    10.10.10.3      23.66.230.66    >    GET    www.foxnews.com /   HTTP/1.1    -    -
2013-09-22 23:41:22    23.66.230.66    10.10.10.3      <    -      -      -      HTTP/1.1    200    OK
2013-09-22 23:41:27    10.10.10.3      199.181.132.250 >    GET    www.espn.com   /    HTTP/1.1    -    -
2013-09-22 23:41:27    199.181.132.250 10.10.10.3      <    -      -      -      HTTP/1.1    301    Moved Permanently
2013-09-22 23:41:42    10.10.10.3      67.205.2.30     >    GET    www.appliednsm.com     /         HTTP/1.1    -
2013-09-22 23:41:42    67.205.2.30     10.10.10.3      <    -      -      -      HTTP/1.1    200    OK
2013-09-22 23:41:47    10.10.10.3      67.205.2.30     >    GET    www.appliednsm.com     /contributors   HTTP/1.1    -    -
2013-09-22 23:41:51    67.205.2.30     10.10.10.3      <    -      -      -      HTTP/1.1    301    Moved Permanently
2013-09-22 23:41:57    10.10.10.3      67.205.2.30     >    GET    www.appliednsm.com     /about-the-book HTTP/1.1    -    -
2013-09-22 23:41:59    67.205.2.30     10.10.10.3      <    -      -      -      HTTP/1.1    301    Moved Permanently
16 http packets parsed
```

图 6.5　Httpry 数据样例

Httpry 提供一些命令行参数，但最常用的是以下几个：

- -r < file >：从一个 PCAP 文件中读取数据。
- -o < file >：写入到一个 httpry 日志文件（解析脚本需要）。
- -i < interface >：从指定接口捕获数据。
- -d：作为守护进程运行。
- -q：静默方式运行，不输出非重要信息，例如首页或统计。

httpry 默认日志记录输出并不是每个环境的理想格式。幸运的是，使用几个简单的命令行，就可以将这个数据转换成更容易解析的格式供检测和分析工具使用。Httpry 有几个内置的脚本可以更好地控制数据输出。使用 -o 选项，你可以强制 httpry 所收集的数据使用某个插件输出信息。这些插件包括能够输出主机统计、HTTP 日志摘要以及输出普通日志格式的功能，生成的结果类似于先前你熟悉的 URLsnarf。但是输出的字段与 URLsnarf 略有不同，由于两者的通用日志格式稍有不同，解析器也各异。

基于 httpry 创建解析脚本的能力可以无缝集成这些插件，是一个很好的 PSTR 数据解决方案。这个过程中，需要一个叫作 parse_log.pl 的独立脚本。该脚本位于 httpry 的 scripts/plugins/ 目录下，利用存储在该目录中的插件工作。举个例子，下面所示的命令可以用于单个解析脚本。本例中，我们使用通用日志格式生成 httpry 数据，可被检测和分析工具多用途调用。

1. 运行 httpry 直接输出到文件：

```
httpry -o test.txt
```

2. 解析输出：

```
perl scripts/parse_log.pl -p scripts/plugins/common_log.pm test.txt
```

该命令会以一些意想不到的方式工作。如果你尝试使用 httpry 生成输出，然后将其管道给其他输出修改工具，该过程会因为缺少列标题头部而失败。因此，httpry 输出首先必须使用 -o 选项写入一个文件。然后再使用 parse_log.pl 脚本解析数据。这种输出的样例如图 6.6 所示。

```
chris — sanders@osprey: ~/ch6/httpry-0.1.7 — ssh — 104×6
10.10.10.3 www.cnn.com - [22/Sep/2013:23:41:17 +0000] "GET / HTTP/1.1" 200 -
10.10.10.3 www.foxnews.com - [22/Sep/2013:23:41:22 +0000] "GET / HTTP/1.1" 200 -
10.10.10.3 www.espn.com - [22/Sep/2013:23:41:27 +0000] "GET / HTTP/1.1" 301 -
10.10.10.3 www.appliednsm.com - [22/Sep/2013:23:41:42 +0000] "GET / HTTP/1.1" 200 -
10.10.10.3 www.appliednsm.com - [22/Sep/2013:23:41:47 +0000] "GET /contributors HTTP/1.1" 301 -
10.10.10.3 www.appliednsm.com - [22/Sep/2013:23:41:57 +0000] "GET /about-the-book HTTP/1.1" 301 -
```

图 6.6　Httpry 输出样例被解析成通用格式

同样的任务下，使用 httpry 生成 PSTR 数据通常比使用 URLsnarf 快很多。因此，在许多 NSM 环境中，灵活的数据输出让 httpry 成为一个很好的解决方案。

6.2.4 Justniffer

Justniffer 是一个全面的协议分析工具，它允许完全可定制的输出，使之可用于产生不限于 HTTP 流量的任何特定 TCP PSTR 数据。Justniffer 的开发目的是为了简化网络故障排除过程，并把重点放在请求和响应的网络流量，为减少沟通问题提供必要的相关信息。这个过程也正是 PSTR 数据能为 NSM 所做的。除了捕捉明文协议头部信息，Justniffer 也可以用简单的脚本来实现增强，使用 bash 脚本简化输出，直接从链路中保存数据到本地文件夹并按主机排序。另一种常用的场景是，Justniffer 中包含一个 Justniffer-grab-http-traffic 的 Python 脚本，它会提取 HTTP 通信过程中传输的文件。Justniffer 也可以扩展响应时间、连接时间等的性能测量功能。Justniffer 的多功能使它在各种 PSTR 数据收集场景中非常有用。

Security Onion 默认情况下不预装 Justniffer，如果你想体验它需要手动安装，安装过程请参考以下步骤：

1. 添加合适的 PPA 源：

```
sudo add-apt-repository ppa:oreste-notelli/ppa
```

2. 更新 apt 源：

```
sudo apt-get update
```

3. 使用 APT 工具安装 Justniffer：

```
sudo apt-get install justniffer
```

如果你需要在其他发行版中安装 Justniffer，安装过程还需要多几个步骤，以下网站可以找到安装指引：http://justniffer.sourceforge.net/#!/install。

尽管 Justniffer 的入门相对容易，但想获得你想要的输出会相当棘手。不带命令行参数运行时，Justniffer 将默认捕捉 eth0 接口的数据，并以一种与使用 URLsnarf 几乎相同的格式显示所有 HTTP 流量。Justniffer 提供了一些其他有用的命令行参数：

- -i < interface >：选择一个流量捕获接口。

- -f < file >：从一个选定的 PCAP 文件中读取数据。
- -p < filter >：应用一个包过滤器。
- -l < format >：指定输出字符的显示格式。
- -u：将非打印字符编码成句点（.）。

Justniffer 默认生成的输出是一个良好的开始，接着我们将使用本章先前的例子来生成一些更有趣的日志。如果你还记得，我们讨论的第一个例子是关于产生 HTTP 通信完整的请求和响应头都数据（如图 6.1 所示）。Justniffer 使用 request.header 和 response.header 格式等关键词将这个工作变得更简单，命令行如下：

```
sudo justniffer -f packets.pcap -p "tcp port 80" -u -l "%newline%request.
header%newline%response.header"
```

本例中，我们使用 -f 选项读取一个数据包捕获文件（可以使用 -i < 接口 > 替换成直接从链路中执行此操作），-p 选项指定了一个 BPF，-u 选项将非打印字符转换为句点（.），而 -l 选项指定自己自定义的日志格式。此命令的运行结果如图 6.7 所示，显示了两个 HTTP 事务。

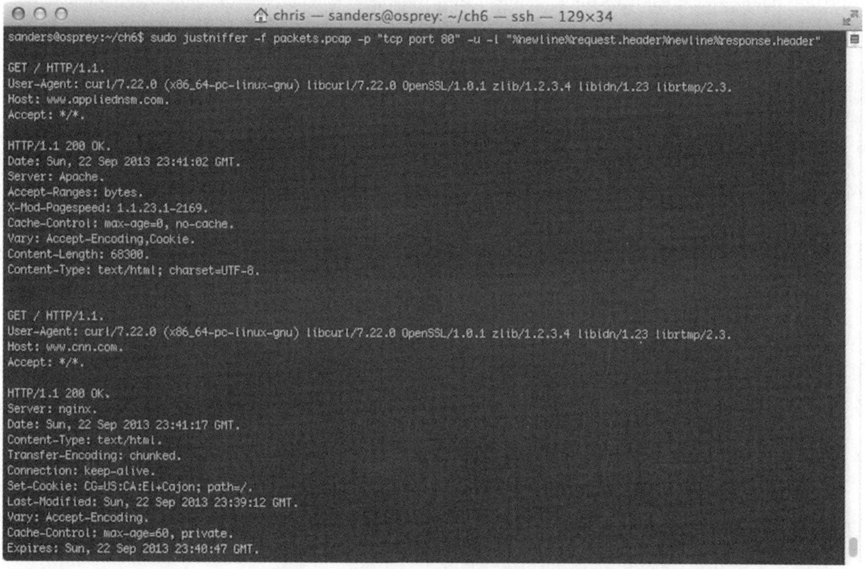

```
chris — sanders@osprey: ~/ch6 — ssh — 129×34
sanders@osprey:~/ch6$ sudo justniffer -f packets.pcap -p "tcp port 80" -u -l "%newline%request.header%newline%response.header"

GET / HTTP/1.1.
User-Agent: curl/7.22.0 (x86_64-pc-linux-gnu) libcurl/7.22.0 OpenSSL/1.0.1 zlib/1.2.3.4 libidn/1.23 librtmp/2.3.
Host: www.appliednsm.com.
Accept: */*.

HTTP/1.1 200 OK.
Date: Sun, 22 Sep 2013 23:41:02 GMT.
Server: Apache.
Accept-Ranges: bytes.
X-Mod-Pagespeed: 1.1.23.1-2169.
Cache-Control: max-age=0, no-cache.
Vary: Accept-Encoding,Cookie.
Content-Length: 68300.
Content-Type: text/html; charset=UTF-8.


GET / HTTP/1.1.
User-Agent: curl/7.22.0 (x86_64-pc-linux-gnu) libcurl/7.22.0 OpenSSL/1.0.1 zlib/1.2.3.4 libidn/1.23 librtmp/2.3.
Host: www.cnn.com.
Accept: */*.

HTTP/1.1 200 OK.
Server: nginx.
Date: Sun, 22 Sep 2013 23:41:17 GMT.
Content-Type: text/html.
Transfer-Encoding: chunked.
Connection: keep-alive.
Set-Cookie: CG=US:CA:El+Cajon; path=/.
Last-Modified: Sun, 22 Sep 2013 23:39:12 GMT.
Vary: Accept-Encoding.
Cache-Control: max-age=60, private.
Expires: Sun, 22 Sep 2013 23:40:47 GMT.
```

图 6.7 Justniffer 数据定义样例

你会发现，这个例子的流量输出跟先前很相似，但由于严重缺乏信息，它对分析师不是非常有用。为了能适当地分析这些数据，我们需要知道通信发生时的时间戳以及通信主机双方。信息中只告诉你“what”，你还需要“who”和“when”。我们可以明确地告诉 Justniffer 输出这些字段。Justniffer 目前包含 85 个不同的格式选项，从简单的空间分隔符，到与请求、响应和性能度量相关的各种格式设置选项。为了得到我们想要的格式，我们可以在多行日志的开头设置一些格式关键字以及自定义分隔符。该命令如下所示：

```
sudo justniffer -f packets.pcap -p "tcp port 80" -u -l
"------------------------------- %newline%request.timestamp - %
```

```
source.ip ->%dest.ip %newline%request.ader%newline%response.time-
stamp - %newline%response.header"
```

这个命令的生成的输出样例如图 6.8 所示。

```
chris — sanders@osprey: ~/ch6 — ssh — 129×41
sanders@osprey:~/ch6$ sudo justniffer -f packets.pcap -p "tcp port 80" -u -l "------------------------------ %newline%request.ti
mestamp - %source.ip -> %dest.ip %newline%request.header %newline%response.timestamp - %newline%response.header"
------------------------------
09/22/13 23:41:02 - 10.10.10.3 -> 67.205.2.30
GET / HTTP/1.1.
User-Agent: curl/7.22.0 (x86_64-pc-linux-gnu) libcurl/7.22.0 OpenSSL/1.0.1 zlib/1.2.3.4 libidn/1.23 librtmp/2.3.
Host: www.appliednsm.com.
Accept: */*.

09/22/13 23:41:03 -
HTTP/1.1 200 OK.
Date: Sun, 22 Sep 2013 23:41:02 GMT.
Server: Apache.
Accept-Ranges: bytes.
X-Mod-Pagespeed: 1.1.23.1-2169.
Cache-Control: max-age=0, no-cache.
Vary: Accept-Encoding,Cookie.
Content-Length: 68300.
Content-Type: text/html; charset=UTF-8.

------------------------------
09/22/13 23:41:17 - 10.10.10.3 -> 157.166.240.13
GET / HTTP/1.1.
User-Agent: curl/7.22.0 (x86_64-pc-linux-gnu) libcurl/7.22.0 OpenSSL/1.0.1 zlib/1.2.3.4 libidn/1.23 librtmp/2.3.
Host: www.cnn.com.
Accept: */*.

09/22/13 23:41:17 -
HTTP/1.1 200 OK.
Server: nginx.
Date: Sun, 22 Sep 2013 23:41:17 GMT.
Content-Type: text/html.
Transfer-Encoding: chunked.
Connection: keep-alive.
Set-Cookie: CG=US:CA:El+Cajon; path=/.
Last-Modified: Sun, 22 Sep 2013 23:39:12 GMT.
Vary: Accept-Encoding.
Cache-Control: max-age=60, private.
Expires: Sun, 22 Sep 2013 23:40:47 GMT.

------------------------------
```

图 6.8 分析师可用的 Justniffer 多行日志输出样例

正如图中所示的，我们现在有两个完整的 HTTP 事务，可以看到负责通信的两台主机地址以及通信的时间戳细节。现在 who、what 和 when 的信息都齐全了。稍后我们将讨论解析这个数据的几种方法，包括使用 BASH 脚本和免费开源工具。

我们也可以使用 Justniffer 生成类似于图 6.2 的输出，这是一个最小的单行日志显示，只有通信时间戳、源和目的 IP 地址以及请求的 URL。通过使用几个特殊的分隔符以及 request.url 变量，输出这种格式的命令行如下：

```
sudo justniffer -f packets.pcap -p "tcp port 80" -u -l "%request.time-
stamp - %source.ip ->%dest.ip - %request.header.host%request.url"
```

命令行的输出结果如图 6.9 所示。

如果使用 URLsnarf 来获取这样的输出，你要花较长时间来敲入各种指令。

到目前为止，我们之所以专注于 HTTP 日志，是因为其中的一些工具仅支持 HTTP。然而 Justniffer 是一个全功能的 TCP 协议分析器，可以对其他非 HTTP 流量分析自如。例如，Justniffer 也可用于从 FPC 数据或直接从链路上拉取明文的 SMTP 或 POP 邮件记录。

对于 SMTP 邮件数据，要得到类似于先前的输出，我们要通过以下命令告诉 Justniffer 在 25 端口上监听流量

```
chris — sanders@osprey: ~/ch6 — ssh — 92×9
sanders@osprey:~/ch6$ sudo justniffer -f packets.pcap -p "tcp port 80" -u -l "%request.times
tamp - %source.ip -> %dest.ip - %request.header.host%request.url"
09/22/13 23:41:02 - 10.10.10.3 -> 67.205.2.30 - www.appliednsm.com/
09/22/13 23:41:17 - 10.10.10.3 -> 157.166.240.13 - www.cnn.com/
09/22/13 23:41:22 - 10.10.10.3 -> 23.66.230.66 - www.foxnews.com/
09/22/13 23:41:27 - 10.10.10.3 -> 199.181.132.250 - www.espn.com/
09/22/13 23:41:42 - 10.10.10.3 -> 67.205.2.30 - www.appliednsm.com/
09/22/13 23:41:47 - 10.10.10.3 -> 67.205.2.30 - www.appliednsm.com/contributors
09/22/13 23:41:57 - 10.10.10.3 -> 67.205.2.30 - www.appliednsm.com/about-the-book
```

图 6.9　分析师可用的 Justniffer 单行日志输出样例

```
justniffer -f packets.pcap -r -p "port 25"
```

命令行输出样例如图 6.10 所示。

```
chris — sanders@osprey: ~/ch6 — ssh — 87×38
220 mail.example.com ESMTP (41c61ac9c57d91073ede0da97e56d329)

EHLO amta03.example.com
250-mail.example.com Hello amta03.example.com [192.0.2.1], pleased to meet you
250-SIZE 100000000
250-PIPELINING
250-8BITMIME
250 HELP

MAIL From:<bounces@postmaster.example.com> SIZE=45468
250 Sender <bounces@postmaster.example.com> OK

RCPT To:<testuser@example.com>
DATA
250 Recipient <testuser@example.com> OK
354 Start mail input; end with <CRLF>.<CRLF>

Received: from app03.example.com (app03 [10.255.20.23])
        by amta03.example.com (8.13.8/8.13.8) with ESMTP id r8FDv2nw019441
        for <testuser@example.com>; Sun, 15 Sep 2013 06:57:03 -0700
DomainKey-Signature: a=rsa-sha1; s=mail; d=example.com; c=nofws; q=dns;
        b=fe07/sm14ZmxPwIyy4zJjt8FMN2EOtbVH9f/MpRF4QdJTV8Ark+xAv1tHyOms1A7k
        1Q6slfFrAO5kWc+XHCjh/qpkfB89tN2ygvlsieflkBs9StsqvEPEaMJ2JorQNJQbMp6
        i84BcG/JXD8T4FLzMGgBjfNJbgWcUgvTPqcFa/E=
DKIM-Signature: v=1; a=rsa-sha256; c=relaxed/relaxed; d=example.com;
        s=mail; t=1379233423;
        bh=YR0w43GoXOOHfGb0TCHbgjPuw+2up2qjkW56oY5Y/NY=;
        h=Message-Id:Date:From:Reply-To:To:Subject:Mime-Version:
         Content-Type:List-Unsubscribe;
        b=dteE9xK8WPsAdi2pzNvmCzyllpW9+41wMuEPpSAfasGFuQ0mQ7TT4l1kMr/6iCv9y+rx4
         0/OACBzg+WZ5YaUtCKWdi0JHFiniwEIwswmklsadRxbsqha0G4hHh/q0SSm8z6
         Y5J/qLNP69SruHlFeyQAXujFXZOTKOqB1bccpYnY=
Received: from app03.example.com (localhost [127.0.0.1])
        by app03.example.com (8.13.8/8.13.8) with ESMTP id r8FDuwLD002389
        for <testuser@example.com>; Sun, 15 Sep 2013 06:56:58 -0700
Received: (from example@localhost)
        by app03.example.com (8.13.8/8.13.8/Submit) id r8FDuw1n002331;
        Sun, 15 Sep 2013 06:56:58 -0700
```

图 6.10　使用 Justniffer 生成 SMTP PSTR 数据

6.3　查看 PSTR 数据

一个良好的 PSTR 数据解决方案需要收集和查看机制之间的协同工作。个性化的收集机制可能需要更独特的解析方法。在本节中，我们将通过一些数据格式化例子来探讨解析、查看和交互 PSTR 数据的可能解决方案。

6.3.1　Logstash

Logstash 是一种流行的日志解析引擎，支持各种类型的单行或多行日志，包括常见的格式（例如 syslog 和 JSON 格式的日志），也具备解析定制化日志的能力。作为一个免费的开放源码工具，它是一个很容易部署在大型环境中的非常强大的日志收集器。举个例子，我们将配置 Logstash 解析从 URLsnarf 收集过来的日志。Logstash 1.2.1 版本发布后，它提供 Kibana 界面查看日志，我们将讨论它的一些数据查询与过滤功能。

Security Onion 默认情况下不预装 Logstash，你必须从它的项目官网 www.logstash.net 上下载其安装包。Logstash 的安装包需要 Java 运行环境（可到官网下载 http://openjdk.java.net/install/，或者通过命令行 sudo apt-get install java-default 安装）。

为了可以解析任何类型数据，Logstash 使用配置文件去定义其如何接收数据。在真实的场景中，你应该有稳定的日志源可以源源不断地输送数据，在下面的例子中，我们将把数据写入到某个特定位置。我们将该配置文件命名为 urlsnarf-parse.conf，以下是一个很简单的配置：

```
input {
  file {
    type => "urlsnarf"
    path => "/home/idsusr/urlsnarf.log"
  }
}
output {
  elasticsearch { embedded => true }
}
```

这个配置文件告诉 Logstash，监听任何写入到 /home/idsurs/urlsnarf.log 文件中的数据，关注其中被我们定义为“urlsnarf”日志类型的数据。配置文件的 output 部分为接收到的数据定义了一个 Logstash 的 ElasticSearch 示例，提供索引和搜索功能。

当完成这个配置后，可以启动 Logstash 初始化日志监听器开始生成日志。如果想启动 Logstash 运行 Kibana web 前端界面，可输入以下指令：

```
java -jar logstash-1.2.1-flatjar.jar agent -f urlsnarf-parse.conf --web
```

命令行输出如图 6.11 所示。

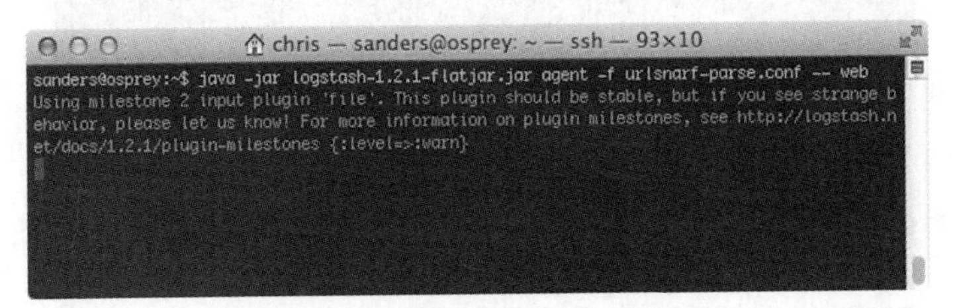

图 6.11 Logstash 运行示例

该命令将初始化程序，-f 参数指定 urlsnarf-parse.conf 作为配置文件。命令行中使用 -- web 启动 Kibana 界面。初始化过程将花一分钟时间，由于 Logstash 的输出内容不会很多，你可以通过系统的 netstat 指令来验证 Logstash 是否已运行。

```
sudo netstat -antp | grep java
```

一切正常的情况下，你应该可以看到java服务打开了好几个端口，如图6.12所示。

```
chris — sanders@osprey: ~ — ssh — 97×15
sanders@osprey:~$ netstat -antp | grep java
(Not all processes could be identified, non-owned process info
 will not be shown, you would have to be root to see it all.)
tcp6       0      0 :::9292                 :::*                    LISTEN      38496/java
tcp6       0      0 :::9200                 :::*                    LISTEN      38496/java
tcp6       0      0 :::9300                 :::*                    LISTEN      38496/java
tcp6       0      0 :::9301                 :::*                    LISTEN      38496/java
tcp6       0      0 10.10.10.3:9300         10.10.10.3:49346        ESTABLISHED 38496/java
tcp6       0      0 10.10.10.3:49661        10.10.10.3:9300         ESTABLISHED 38496/java
tcp6       0      0 10.10.10.3:9301         10.10.10.3:43505        ESTABLISHED 38496/java
tcp6       0      0 10.10.10.3:9301         10.10.10.3:43506        ESTABLISHED 38496/java
tcp6       0      0 10.10.10.3:9300         10.10.10.3:49660        ESTABLISHED 38496/java
tcp6       0      0 10.10.10.3:43507        10.10.10.3:9301         ESTABLISHED 38496/java
tcp6       0      0 10.10.10.3:9301         10.10.10.3:43508        ESTABLISHED 38496/java
tcp6       0      0 10.10.10.3:49350        10.10.10.3:9300         ESTABLISHED 38496/java
```

图6.12　Logstash正常运行时的开放端口

运行后，在你的Web浏览器中访问http://127.0.0.1:9292继续确认Kibana前端是否正常工作，如果你安装在远程服务器上请替换掉IP地址127.0.0.1。正常情况下，你应该能够访问到Kibana的仪表板界面。

警告　如果你已在Security Onion系统上安装了Logstash，并尝试从另一个系统（例如虚拟主机系统）访问Kibana的Web界面，默认情况下这种访问是会被系统的防火墙阻挡的。你可以通过以下命令在防火墙上添加例外：sudo ufw allow 9292/tcp。

确认Logstash能够正常监听，Kibana前端功能可用之后，你可以开始发送数据到urlsnarf-parse.conf里面指定的文件中。为了创建待解析的数据，你可以使用之前安装的Dsniff工具集以及URLsnarf，将数据输出到文件中。

```
sudo urlsnarf > /home/idsusr/urlsnarf.log
```

URLsnarf初始化后，打开Web浏览器（或使用命令行curl），随意地访问几个网站，产生一些数据。接着，使用Ctrl+C结束URLsnarf进程，停止收集数据。然后再回到Kibana前端，确认日志是否已到达浏览器。如果是，你应该可以看到屏幕上显示了一些数据，如图6.13所示。如果不是，请确认你在仪表板的顶部选择了正确的时间跨度。

该图表示“原始”日志正在写入文件，大多数情况下尚未被解析。到目前为止，如果你想分析日志，只有日志的到达时间戳和当前设备主机名可用。这是因为你还没在Logstash的配置中指定过滤器，告诉Logstash如何解析日志条目中的各个领域。这些过滤器是配置文件的重要构成，并定义日志如何索引。

接下来，让我们通过定义定制化的过滤器来生成正式的信息，让Kibana能真正展示它的身手，体验Logstash的灵活性。Logstash使用GROK结合文本模式和正则表达式，匹配你期望的记录文本顺序。GROK是一种强大的语言，被Logstash用来简化解析过程，比使用正则表达式效果更好。我们将对URLsnarf的日志格式进行深入理解，这里先从一个简单的例子来了解其语法。本例中，我们将创建一个过滤器匹配Justniffer生成的日志文本字段，并在日志的结尾添加了“传感器名称”，如图6.14所示。

为了展示Logstash如何处理基本的匹配操作，而不是内置的模式，我们将在配置文件中使用“match”过滤器。包含 match 过滤器的基础配置应该如下：

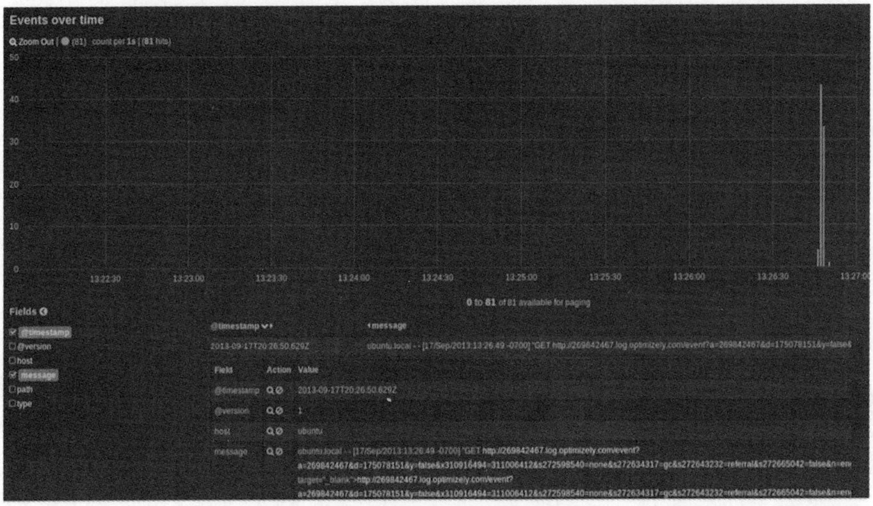

图 6.13 使用 Kibana 查看日志数据

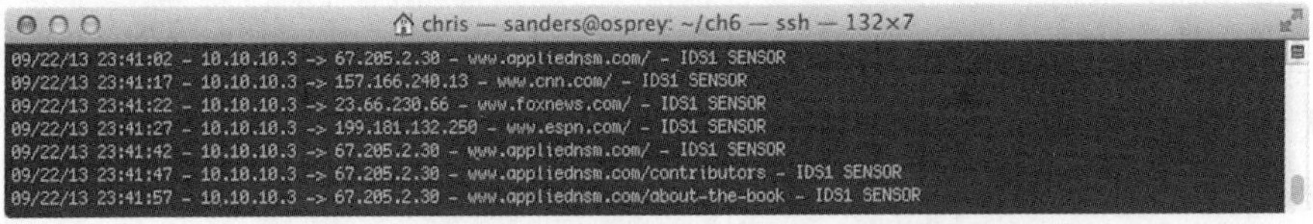

图 6.14 解析传感器名称定制化 Justniffer 数据

```
input {
  file {
    type => "Justniffer-Logs"
    path => "/home/idsusr/justniffer.log"
  }
}
filter {
  grok {
    type => "Justniffer-Logs"
    match => [ "message", "insertfilterhere" ]
  }
}
output {
  elasticsearch { embedded => true }
}
```

我们将使用已有的内置 GROK 范式来生成我们所需的数据，将该配置文件命名为 justniffer-parse.conf。这些范式可以到 https://github.com/logstash/logstash/blob/master/patterns/grok-patterns 下载。但在我们确认需要哪些范式之前，首先要做的事情是查看日志格式并定义要区分的字段。这个数据格式可以通过类似以下命令进行分解：

```
datestamp timestamp - IP - > IP - domain/path - sensorname SENSOR
```

接着我们需要将其转译进GROK，通过使用GROK debugger来实现，可到http://grokdebug.herokuapp.com/下载该程序。在顶端一栏你只需简单地将日志内容放进去，并在范式行中输入相对应的GROK匹配范式。Debugger会显示哪些数据被正确匹配。开发GROK范式的关键是先用小范式来匹配部分日志，并逐步扩展到对整个日志行的匹配。如图6.15所示。

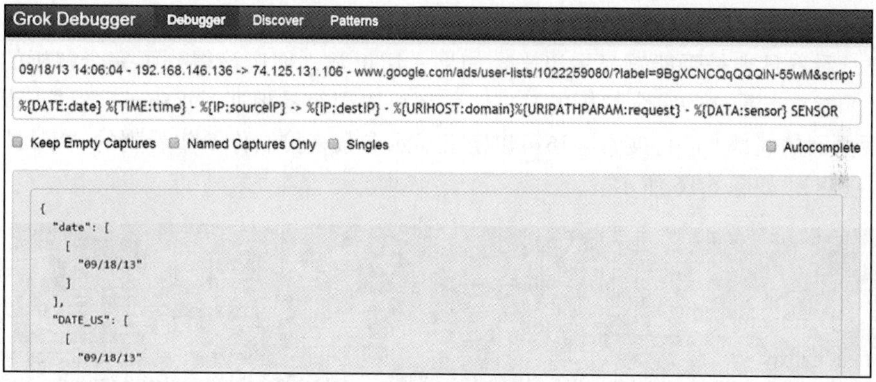

图6.15 使用GROK Debugger

我们使用以下范式来匹配正在使用的日志行：

```
%{DATE:date} %{TIME:time} - %{IP:sourceIP} ->%{IP:destIP} - %{URI-
HOST:domain}%{URIPATHPARAM:request} - %{DATA:sensor} SENSOR
```

你会注意到这里为每一个字段使用了字段标签。将该过滤器应用到配置文件中，对所有的Justniffer日志按照我们之前指定的格式进行解析。以下为完整的配置文件示例：

```
input {
  file {
    type => "Justniffer-Logs"
    path => "/home/idsusr/justniffer.log"
  }
}
filter {
  grok {
    type => "Justniffer-Logs"
    match => [ "message", "%{DATE:date} %{TIME:time} - %{IP:sourceIP}
->%{IP:destIP} - %{URIHOST:domain}%{URIPATHPARAM:request} - %{DATA:
sensor} SENSOR" ]
  }
}
output {
  elasticsearch { embedded => true }
}
```

完成这个配置的编辑后，你需继续使用以下命令来让Logstash收集器启用这个新的配置文件：

```
java -jar logstash-1.2.1-flatjar.jar agent -f justniffer-parse.conf --
web
```

Logstash 启动运行后，你可以使用以下 Justniffer 命令生成数据，数据的格式将由先前创建的配置文件指定。

```
sudo justniffer -p "tcp port 80" -u -l "%request.timestamp - %source.ip -
> %dest.ip - %request.header.host%request.url - IDS1 SENSOR" >> /home/
idsusr/justniffer.log
```

命令运行后，你再浏览一些网站，以便生成日志。当开始收集数据时，回到 Kibana 的界面检查，看看日志是否能够显示出来。如果一切正常，你应该得到了完全解析的自定义日志！除了能够查看这些完全解析的日志，你还可以很容易地通过 Kibana 的“查询”功能（在仪表板页面的底部）进行搜索，还可以定义显示参数来控制你希望看到的“字段”（在仪表板页面左侧），如图 6.16 所示。

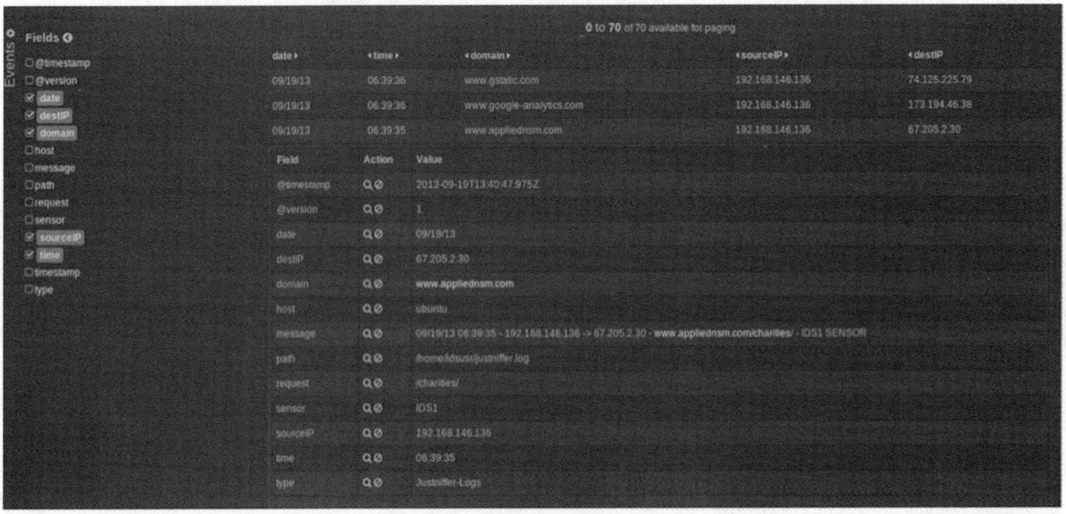

图 6.16 Kibana 检查日志

你也可以在页面的左侧点击某个字段，查看它的详细度量。图 6.17 显示了主机字段的度量，详细列出了日志中访问的主机。

这个 Justniffer 日志例子很好地演示了 Logstash 如何自定义分析日志。然而，一些日志类型将更加复杂和难以解析。例如，如果 URLsnarf 的日志中，大部分数据几乎是格式相同的 Apache 访问日志，除了一两个字符。尽管 Logstash 通常能够很容易地处理 Apache 访问日志，这些额外的字符却可以破坏 Logstash 内置的过滤器。这种情况下，我们只能建立定制的 GROK 过滤器，替换现有的 Apache 访问日志过滤范式，以便充分解析 URLsnarf 日志。新的过滤器会考虑微小的差异，对连字符带来的不和谐进行容错。由于该过滤器与内置的范式很相似，我们可以在需要的时候再操作修改，最新的 GROK 范式可以在 Logstash 的 Git 仓库中下载，https://github.com/logstash/logstash/blob/master/patterns/grok-patterns。

如果你仔细检查 COMBINEDAPACHELOG 过滤器，你会看到缺少一个简单的连字符的错误，如下所示：

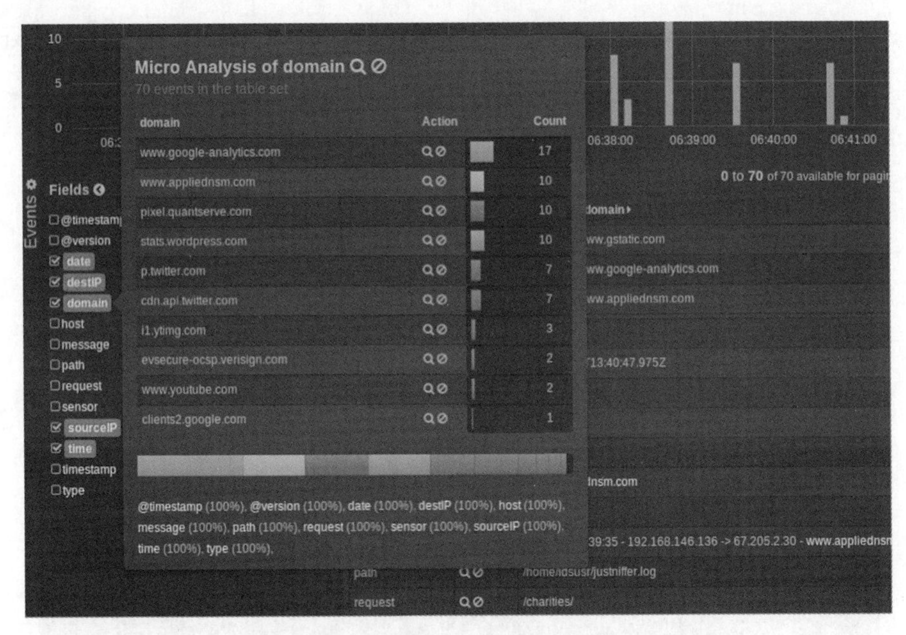

图 6.17 Kibana 字段度量查看

```
COMBINEDAPACHELOG %{IPORHOST:clientip} %{USER:ident} %{USER:auth} \[%
{HTTPDATE:timestamp}\] "(?:%{WORD:verb} %{NOTSPACE:request}(?: HTTP/
%{NUMBER:httpversion})?|%{DATA:rawrequest})"  %{NUMBER:response}|-
(?:%{NUMBER:bytes}|-) %{QS:referrer} %{QS:agent}
```

上述过滤器看起来很复杂，最好的方式是交给 GROK 调试器对它进行分解。我们对原来的过滤器的改变包括：纠正连字符和注释掉内部引号。我们可以在先前创建的配置文件中添加该 GROK 过滤器，内容如下：

```
input {
  file {
    type => "urlsnarf"
    path => "/home/idsusr/urlsnarf.log"
  }
}
filter {
  grok {
    type => "urlsnarf"
    match => [ "message", "%{IPORHOST:clientip} %{USER:ident} %{USER:
auth}  \[%{HTTPDATE:timestamp}\]  \"(?:%{WORD:verb}  %{NOTSPACE:
request}  (?: HTTP/%{NUMBER:httpversion})?|%{DATA:rawrequest})\"  (%
{NUMBER:response}|-)  (?:%{NUMBER:bytes}|-)  %{QS:referrer}  %{QS:
agent}" ]
  }
}
```

```
output {
  elasticsearch { embedded => true }
}
```

没有使用 GROK 过滤器前，Kibana 里的日志如图 6.18 所示，大多数字段都挤成一行，无法用于进一步的分析。

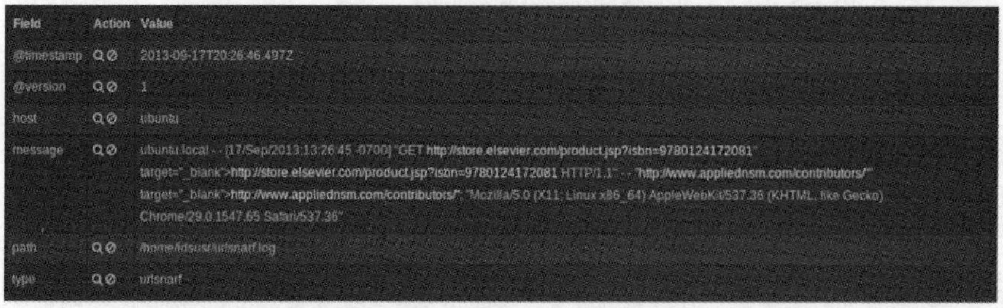

Field	Action	Value
@timestamp		2013-09-17T20:26:46.497Z
@version		1
host		ubuntu
message		ubuntu.local - - [17/Sep/2013:13:26:45 -0700] "GET http://store.elsevier.com/product.jsp?isbn=9780124172081" target="_blank">http://store.elsevier.com/product.jsp?isbn=9780124172081 HTTP/1.1" - - "http://www.appliednsm.com/contributors/"" target="_blank">http://www.appliednsm.com/contributors/"; "Mozilla/5.0 (X11; Linux x86_64) AppleWebKit/537.36 (KHTML, like Gecko) Chrome/29.0.1547.65 Safari/537.36"
path		/home/idsusr/urlsnarf.log
type		urlsnarf

图 6.18 没有使用 GROK 的日志数据

使用过滤器后新的日志格式字段能够被完全解析，如图 6.19 所示。

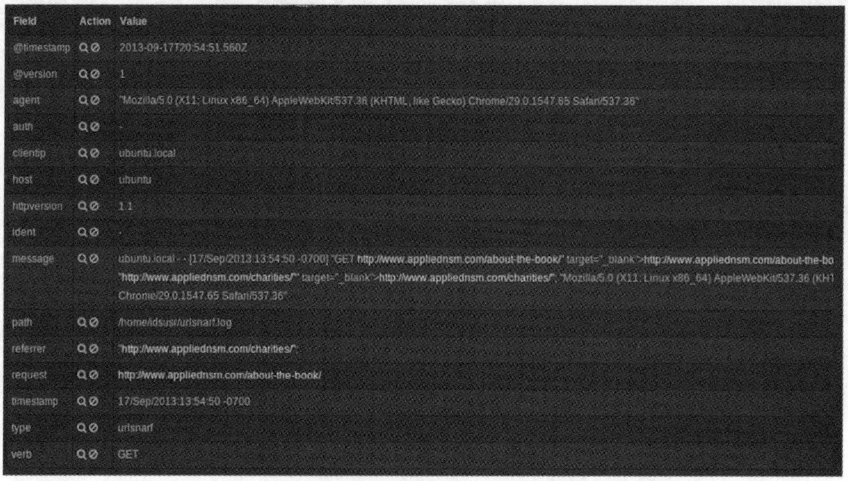

Field	Action	Value
@timestamp		2013-09-17T20:54:51.560Z
@version		1
agent		"Mozilla/5.0 (X11; Linux x86_64) AppleWebKit/537.36 (KHTML, like Gecko) Chrome/29.0.1547.65 Safari/537.36"
auth		-
clientip		ubuntu.local
host		ubuntu
httpversion		1.1
ident		-
message		ubuntu.local - - [17/Sep/2013:13:54:50 -0700] "GET http://www.appliednsm.com/about-the-book/" target="_blank">http://www.appliednsm.com/about-the-bo "http://www.appliednsm.com/charities/"" target="_blank">http://www.appliednsm.com/charities/"; "Mozilla/5.0 (X11; Linux x86_64) AppleWebKit/537.36 (KH1 Chrome/29.0.1547.65 Safari/537.36"
path		/home/idsusr/urlsnarf.log
referrer		"http://www.appliednsm.com/charities/";
request		http://www.appliednsm.com/about-the-book/
timestamp		17/Sep/2013:13:54:50 -0700
type		urlsnarf
verb		GET

图 6.19 使用 GROK 的新日志数据

以上介绍的，Logstash、Kibana 和 GROK 组成了解析 PSTR 数据的强大三叉戟，如果你想对它们了解更多，可以访问 Logstash 的官网：http://logstash.net/ 。

6.3.2 使用 BASH 工具解析原始文本

Logstash 和 Kibana 的组合是解析单行 PSTR 数据的好方法，但这些工具可能无法在每一个环境都能很好地适应。根据数据的收集情况，你可能会发现自己需要一个更广泛的工具集。即使在日志搜索工具已配备的情况下，每当正在使用纯文本的日志时，我总是建议，这些日志应该能够被分析师以某种形式直接访问。在下面的例子中，我们来看一份 PSTR 数据样本，其中包括多行请求和响应头部。

先前我们使用 Justniffer 生成 PSTR 数据，这个例子中，我们再做一次：

```
sudo justniffer -i eth0 -p "tcp port 80" -u -l "-------
----------------------- %newline%request.timestamp - %source.ip ->
%dest.ip %newline%request.header%newline%response.timestamp - %new-
line%response.header" > pstrtest.log
```

该命令的结果应该生成如图 6.7 那样的数据，并把数据结果存储在 pstrtest.log 文件。

使用诸如 sed、awk 和 grep 等 BASH 工具，解析原始数据有时可能携带着某种毫无根据的神秘的恐怖光环。毕竟，解析这类文字是 Unix 相关论坛上记录和讨论最多的话题之一。我还没有遇到过一个无法解决的解析问题。上面例子中的数据，我们可以收集大量可用于分析的有用信息。从工具的角度来看，我们可以使用 grep 搜索并很容易地解析它。例如，我们可以使用以下命令，通过“Host”字段搜索数据集中每一个出现的主机：

```
cat pstrtest.log | grep "Host:"
```

这个命令将显示所有包含“ Host:”字符的文本行，哪怕它不是你想要的。如果要确保只显示以“Host:”开头的文本行，请使用 -e 参数和“∧”符号

```
cat pstrtest.log | grep -e "∧Host: "
```

“∧”符号匹配文本行的开头，这里匹配的是以“ Host:”开头的行。目前这个搜索是区分大小写的。为了使它不区分大小写，需添加 -i 选项。使用 grep 搜索是最简单和最常用的工具，并且它可以扩展到执行强大的正则表达式搜索、分析以及数据的处理。例如，让我们想象下搜索某个特定格式的 Etag，如图 6.20 所示。

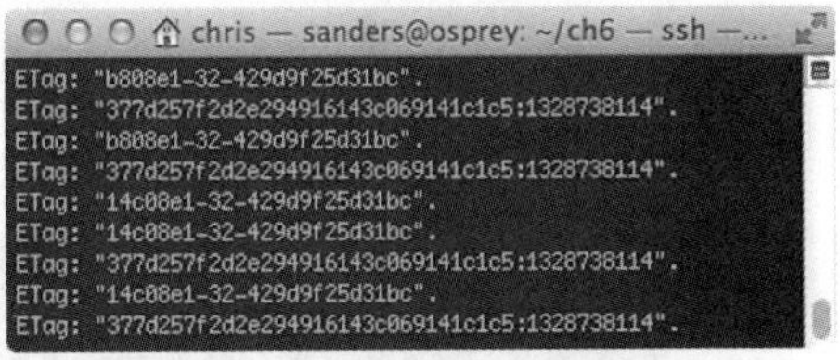

```
chris — sanders@osprey: ~/ch6 — ssh —...
ETag: "b808e1-32-429d9f25d31bc".
ETag: "377d257f2d2e294916143c069141c1c5:1328738114".
ETag: "b808e1-32-429d9f25d31bc".
ETag: "377d257f2d2e294916143c069141c1c5:1328738114".
ETag: "14c08e1-32-429d9f25d31bc".
ETag: "14c08e1-32-429d9f25d31bc".
ETag: "377d257f2d2e294916143c069141c1c5:1328738114".
ETag: "14c08e1-32-429d9f25d31bc".
ETag: "377d257f2d2e294916143c069141c1c5:1328738114".
```

图 6.20 使用 Grep 搜索 PSTR 数据中的 Etag

你会发现，尽管大多数条目有着相似的格式，有些还是会包含例外字符。例如有多个连字符 (-)。图 6.14 中第五行就是这样的例子，让我们尝试搜索来匹配它。理论上，我们首先要寻找以“ ETag”为开头的所有行，其次为有两个连字符的文本行，并只打印 ETags 标签本身的内容。以下命令将实现这个目标：

```
cat pstrtest.log | grep -e "^ETag" | grep -oP "\".*?\-.*?\-.*?\"" | sed 's/
"//g'
```

尽管这似乎是一个相当复杂的命令，但的确实现了我们的需求。这个命令行有多个元素，让我们逐一分解来解释：

1. `cat pstrtest.log`

首先，我们将 pstrtest.log 文件输出到屏幕（标准输出）

2. `grep -e "∧ETag"`

接着，我们将输出文件通过管道传递给 grep，搜索“ETag”开头的文本行

3. `grep -oP "\".*?\-.*?\-.*?\""`

筛选的 ETags 数据通过管道传递给另一个 grep 命令，使用正则表达式将数据定位到适当的格式。这种格式是第一个引号与连字符之间的任意数量的字符 (.*?)，紧接着是两个连

字符之间的任意数量的字符，最后是连字符与另一个引号之间的任意数量的字符。

4. sed 's/"//g'

接着，我们将最后一个 Grep 命令的输出通过管道传递给 Sed，从输出中去掉引号。

在这个例子中，我们使用了 Sed 命令，在搜索和替换文本时非常有用。本例中，sed 查看每一行，并使用空字符取代每个引号（"）。更简单地说，它会删除所有引号。这个命令的输出如图 6.21 所示。

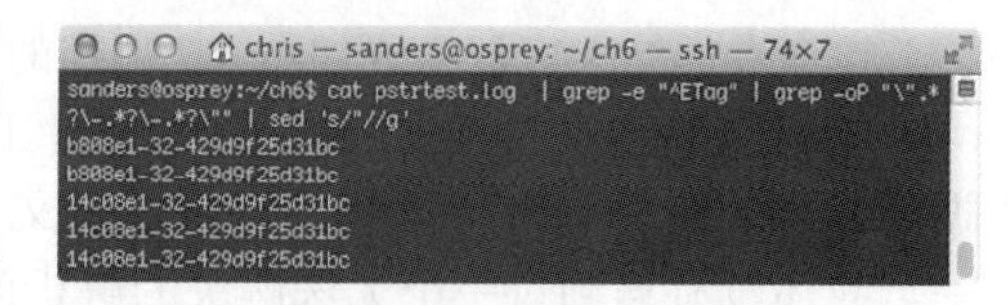

图 6.21 从 PSTR 数据中输出指定 ETag 结果

处理数据的另一个有用的方法是简单地分类和计数。这听起来是一个简单的任务，但它非常有用。例如，PSTR 数据里可以包含 HTTP 头信息的用户代理字符串，通过整理这些用户代理字符串从最低到最高的访问，可以进行一些基本的检测。一些不常见的用户代理字符串很多时候会曝光可疑的活动。

```
cat pstrtest.log | grep -e "^User Agent: " | sort | uniq -c | sort -n
```

在这个例子中，我们对 PSTR 数据进行处理，输出了以“ User Agent:”开头的行，然后把数据通过管道传递给 sort 命令对结果排序，接着使用 uniq 命令计算每一类 Agent 的发生次数，结果附在行首，最后再通过另一个 sort 命令使用 -n 参数按照发生次数进行排序。结果如图 6.22 所示。

```
chris — sanders@nighthawk: ~ — bash — 167×23
      1 User-Agent: avast! Mobile Security.
      1 User-Agent: John's Background Switcher 4.4 (http://www.backgroundswitcher.com/).
      1 User-Agent: libcurl-agent/1.0.
     16 User-Agent: Shockwave Flash.
     85 User-Agent: Mozilla/4.0 (compatible; MSIE 7.0; Windows NT 5.1; .NET CLR 1.1.4322; .NET CLR 2.0.50727; .NET CLR 3.0.4506.2152; .NET CLR 3.5.30729).
     87 User-Agent: Mozilla/5.0 (Windows NT 6.1; WOW64; rv:23.0) Gecko/20100101 Firefox/23.0.
     88 User-Agent: Microsoft-CryptoAPI/6.1.
     89 User-Agent: Mozilla/4.0 (compatible; MSIE 6.0; MS Web Services Client Protocol 4.0.30319.1008).
     90 User-Agent: curl/7.19.7 (x86_64-redhat-linux-gnu) libcurl/7.19.7 OpenSSL/0.9.8y zlib/1.2.3 libidn/0.6.5.
    124 User-Agent: Mozilla/5.0 (Windows NT 5.1; rv:23.0) Gecko/20100101 Firefox/23.0.
    136 User-Agent: Mozilla/4.0 (compatible; MSIE 8.0; Windows NT 6.1; Trident/4.0; SLCC2; .NET CLR 2.0.50727; .NET CLR 3.5.30729; .NET CLR 3.0.30729; .NET4.0C).
    141 User-Agent: Mozilla/4.0 (compatible; MSIE 7.0; Windows NT 5.1; .NET CLR 1.1.4322; .NET CLR 2.0.50727; .NET CLR 3.0.4506.2152; .NET CLR 3.5.30729; InfoPath.1).
    141 User-Agent: Mozilla/5.0 (Windows NT 6.1; rv:23.0) Gecko/20100101 Firefox/23.0.
    142 User-Agent: Mozilla/5.0 (Windows NT 6.1; rv:24.0) Gecko/20100101 Firefox/24.0.
    184 User-Agent: Mozilla/5.0 (Windows NT 6.1; WOW64) AppleWebKit/537.36 (KHTML, like Gecko) Chrome/29.0.1547.76 Safari/537.36.
    208 User-Agent: Mozilla/5.0 (Windows NT 5.1) AppleWebKit/537.36 (KHTML, like Gecko) Chrome/29.0.1547.76 Safari/537.36.
    221 User-Agent: McAfee Agent.
    252 User-Agent: Mozilla/5.0 (compatible; MSIE 10.0; Windows NT 6.1; WOW64; Trident/6.0).
    277 User-Agent: Mozilla/5.0 (Windows NT 6.1) AppleWebKit/537.36 (KHTML, like Gecko) Chrome/29.0.1547.76 Safari/537.36.
    295 User-Agent: Mozilla/5.0 (compatible; MSIE 10.0; Windows NT 6.1; Trident/6.0).
    335 User-Agent: Mozilla/5.0 (Windows NT 5.1; rv:13.0) Gecko/20100101 Firefox/13.0.1.
    393 User-Agent: Mozilla/5.0 (compatible; MSIE 9.0; Windows NT 6.1; WOW64; Trident/5.0).
    430 User-Agent: Mozilla/5.0 (compatible; MSIE 9.0; Windows NT 6.1; Trident/5.0).
```

图 6.22 用户代理数据排序

分析这个数据的意义在于，发现通信中潜在的特殊的可疑用户代理，以此为线索，你可以围绕它进行更彻底的调查。这是从 PSTR 数据中生成一些基本统计数据的例子。

6.4 本章小结

任何可能形式的包字符串数据，对检测和分析效率的最大化都是至关重要的。接入速度快、数据深度好、部署容易以及对密集存储的低要求，PSTR 数据提供了 FPC 与会话数据之间的完美桥梁。在本章中，我们定义了 PSTR 数据并讨论了多种方式来收集和分析这种数据类型。在后面的章节中，我们将引用实例，通过引用 PSTR 数据来增强分析效果。

第二部分 Part 2

检　　测

Chapter 7 第7章

检测机制、受害信标与特征

网络安全监控的检测环节的全部意义在于：知己所能，知彼所长，以己所能，识彼所为。当已采集数据经过验证并在其中发现异常，就会进入这一过程。

作为NSM应用的检测环节第一章，本章会详述什么是检测机制，说明什么是受害信标（IOC），并解释IOC由哪些内容构成，以及这些内容怎样从网络攻击事件中得到。本书还会着眼几个非常优秀的IOC成功管理实践和一些公共的IOC框架。

7.1 检测机制

一般而言，检测是指程序通过分析已采集数据产生告警数据的操作过程。这类程序即被视作一种检测机制。一旦检测机制生成的告警数据提交给分析员，检测环节即告结束，分析环节即告开始。这一操作过程看似无需干预，但实际情况远非如此。为了让检测过程成功运转，必须精心挑选检测机制，并给予适当维护。

本书主要讨论的检测机制是基于网络入侵检测系统（network-based intrusion detection systems，NIDS）。入侵检测系统分为两类：基于特征的检测和基于异常的检测。

基于特征的检测是入侵检测的最早形态，其工作原理是通过排查数据找到指定模式的匹配结果。有些模式比较简单，比如IP地址或字符串文本；有些模式比较复杂，比如利用专门协议的特定字符串后面出现的空字符数量。如果把这类模式拆解为与实体平台无关的数据片断，它们就会成为受害信标。如果把这些模式表示为某种检测机制的具体平台语言，它们就会成为特征。

基于信誉的检测是基于特征检测的一个子集，用于检测我方受保护主机是否连接了曾参与过恶意行动的恶意互联网主机。这从本质上决定了基于信誉的检测只能依靠一系列的简单规则，通常是 IP 地址或域名。

本书将涵盖几种主流的基于特征的检测机制，包括将在第 9 章讨论的 Snort 和 Suricata。本书也会结合第 8 章中的多种工具讨论基于信誉的检测机制。

基于异常的检测是入侵检测的新形式，这种检测机制的日益流行归功于 Bro 这类工具。基于异常的检测依赖于对网络事件的监测和对异常流量的辨识，而辨识异常流量是通过探索法和统计方法实现的。基于异常的检测机制并非简单地匹配到指定模式即告警，而是具有根据网络常规行为得出攻击模式的能力。这类检测机制更加有效，但也更难实现。本书将在第 10 章以 Bro 为例介绍基于异常的检测机制，并在第 11 章演示基于统计异常的检测过程。

基于蜜罐的检测机制近来不断发展，它是基于异常检测的一个子集。出于研究目的而使用蜜罐采集恶意软件和攻击样本，已经有多年的历史，不过，蜜罐也同样能够检测正常的应用程序。要做到这一点，需要将蜜罐系统配置为生产系统的镜像。这类蜜罐通常会包含一些已知漏洞，但并不存储真实的机密数据，而是设置了多种层次的日志记录，并常常与其他类型的 NIDS 或 HIDS 相成对出现。使用蜜罐的检测技术将在第 12 章展开讨论。

部署哪种检测机制取决于安全方案的成熟度。多数的 SOC（Security Operations Center，安全运营中心）初期阶段只使用基于特征的检测机制，并需要等待对该技术建立足够信任后，才会更换为更先进的检测机制（比如基于异常的检测）。这种渐进过程有益于 SOC 的健康发展。本书作者曾见过一些组织试图一蹴而就地实施一揽子检测机制，却因为同步推进乏力而以失败告终。

7.2 受害信标和特征

上面讨论的检测机制，若缺少适当维护，则毫无用处。这涉及 IOC 和特征的开发、运维及实施。

IOC 是可用于客观描述网络入侵事件、以与平台无关方法表示的任意信息片断。既包括命令控制（command and control，C2）服务器的 IP 地址那样的单个简单信标，也包括表明某个邮件服务器被用于恶意 SMTP 转发的一套复杂信标。IOC 可以有不同的形式和大小，还能通过多种途径表示为不同检测机制所接受的格式。有的工具能够从逗号分割的列表文件中解析 IP 地址，有的工具则只能从 SQL 数据库中取得 IP 地址。IOC 的表现形式虽然变化，其自身含义却并不改变。另外，某个单一行为 IOC 可能需要拆分成多个独立部分，分别部署到不同的检测机制，以便能在某种网络下产生效果。一旦 IOC 被获得并以平台指定语言或格式应用，比如 Snort 规则或 Bro 格式文件，它就成为特征的一部分。一个特征可以包括一个或多个 IOC。

本章的剩余部分留给这些信标和特征的分类与管理。

分析师须知

IOC 这个术语在本书中无处不在，它可以被简单地看作是一个信标。对“信标”（indicator）这个术语的理解可能会因人而异，懂得这一点很重要。比如说，防御部门的那些人可能会以为你在讲行为信标或追溯信标，而不是客观描述一次入侵事件的信息片断。

7.2.1 主机信标和网络信标

根据最常见的分类方式，信标会被分为基于主机和基于网络两类。这种基本的分类标准有助于信标的构建，也有利于规划检测机制的使用。

基于主机的 IOC 是一种可以客观描述入侵事件的信息片断，可在主机发现。一些通用的基于主机的信标包括：

- 注册表键值
- 文件名
- 文本字符串
- 进程名
- 互斥量
- 文件哈希
- 用户账号
- 目录路径

基于网络的 IOC 是一种可以客观描述入侵事件的信息片断，可在主机间被捕获。一些通用的基于网络的信标包括：

- IPv4 地址
- IPv6 地址
- X509 证书哈希
- 域名
- 文本字符串
- 通信协议
- 文件名
- URL

不难看出，在网络和主机的特定层次，多数信标会同时出现，但是，此处的分类标准是以它们主要的出现场合为基础。有些信标在两个部分均有列出，这是因为它们在两种场合出现的机会均等，比如单纯的文本字符串和文件名。

将这些信标简单地分为主机 IOC 和网络 IOC 还远远不够，分为静态信标和可变信标可能会取得更好的效果。下面会对此展开讨论。

7.2.2 静态信标

对于静态信标（Static Indicator）而言，每个变量都有明确的定义。静态信标有三个变种：原子信标、计算信标和行为信标，如图 7.1 所示。

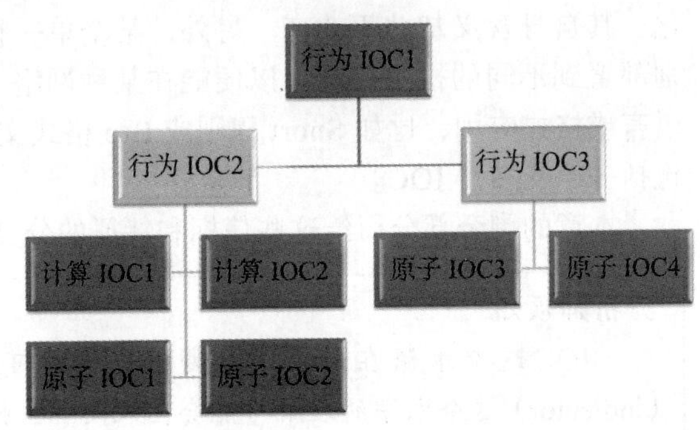

图 7.1 原子信标、计算信标和行为信标

原子信标，一般是指比较小且更为具体的信标，它们无法被分解为更小的部分，但在入侵背景的描述方面具有一定意义。

这类信标包括 IP 地址、文本字符串、主机名、电子邮件地址，以及文件名。

计算信标由特定事件数据的计算结果产生。这类信标包括哈希值、正则表达式和统计结果。

行为信标由原子信标和计算信标按某些逻辑形式组合而来，通常能够提供一些有用的内容。这种信标可以是一套包括文件名、匹配哈希值或文本字符串和正则表达式的组合数据。

假设有这样一个场景：需要确定网络上某台设备是否被入侵。通过分析 NSM 获取的数据和主机取证得到的数据，判定发生了下列事件序列：

1. 某个用户曾收到一封来自 chris@appliednsm.com 的电子邮件，邮件主题写着“人员工资表”，附件是 Payroll.pdf[1]。该 PDF 文件的 MD5 哈希值为 e0b359e171288512501f4c18ee64a6bd。

2. 该用户打开这个 PDF 文件，触发了名为“kernel32.dll”[2]文件的下载行为，这个文件的 MD5 哈希值为 da7140584983eccde51ab82404ba40db，下载链接为 http://www.appliednsm.com/kernel32.dll。

3. 下载后的文件会覆盖 C:\Windows\System32\kernel32.dll 文件。

4. 这个 DLL 中的代码被执行后，会通过 9966 端口与 IP 地址为 192.0.2.75 的主机的 SSH 服务建立连接。

5. 一旦连接建立，这个恶意程序将在我方主机上搜索全部 DOC、DOCX 及 PDF 文件，并将找到的文件通过 SSH 连接传送到敌方主机。

该起事件可以由一条独立而冗长的行为信标全面描述。虽然这个最初的信标确实可以描绘事件全貌，但对于 NSM 内容检测却用处甚微，因为它过于复杂。

为了有效地协调基于特征、基于异常和基于统计的检测机制，首先需要把信标拆解为更有用的片断，以确保它们适用于检测后继内容。结果就是会产生下列行为（behavioral，简写为 B）信标：

- B-1：某个用户收到来自 chris@appliednsm.com 的电子邮件，主题为“人员工资表”，附件名为 Payroll.pdf。该 PDF 文件的 MD5 哈希值为 e0b359e171288512501f4c18ee64a6bd。
- B-2：MD5 哈希值为 da7140584983eccde51ab82404ba40db 的 kernel32.dll 文件下载自 http://www.appliednsm.com/kernel32.dll。
- B-3：C:\Windows\System32\kernel32.dll 文件被同名恶意文件覆盖，恶意文件的 MD5 哈希值为 da7140584983eccde51ab82404ba40db。
- B-4：受害主机尝试与敌方主机 192.0.2.75 建立 SSH 连接，端口为 9966。
- B-5：通过 9966 端口以加密连接发送 DOC、DOCX 及 PDF 文件到 192.0.2.75 主机。

随后，尝试将这些行为信标拆解为独立的原子（atomic，简写为 A）信标和计算

[1] Payroll 是工资表的意思。——译者注

[2] 注意，并不是 Windows 系统的 kernel32.dll。——译者注

(computed，简写为C）信标，结果如下：

- C-1: MD5 哈希值 e0b359e171288512501f4c18ee64a6bd
- C-2: MD5 哈希值 da7140584983eccde51ab82404ba40db
- A-1: 敌方域名：appliednsm.com
- A-2：电子邮件：chris@appliednsm.com
- A-3：邮件主题："人员工资表"[⊖]
- A-4：文件名：Payroll.pdf
- A-5：文件名：Kernel32.dll
- A-6：敌方 IP：192.0.2.75
- A-7：端口：9966
- A-8：协议：SSH
- A-9：文件类型：DOC、DOCX 和 PDF
- A-10：文件名：Kernel32.dll

本例一共提供了 5 个行为信标，1 个计算信标和 10 个原子信标，可以把它们合并到我们自己的检测机制。这样就将信标转换为适用于检测机制的特征，如下所示：

- C-1/2：用于检测已知哈希值的反病毒特征。
- A-1：用于检测任意与敌方域名建立连接的 Snort 或 Suricata 特征。
- A-2：用于检测从敌方邮件地址接收邮件的 Snort 或 Suricata 特征。
- A-3：用于检测邮件主题的 Snort 或 Suricata 特征。
- A-3：用于检测邮件主题的 Bro 脚本。
- A-4/C1：用于检测经网络传输的文件名或 MD5 哈希值的 Bro 脚本。
- A-5/C2：用于检测邮件主题的 Bro 脚本。
- A-5/C2 ：用于检测网络中传输文件名为 Kernel32.dll 或文件为特定 MD5 哈希值的 Bro 脚本。
- A-6：用于检测与指定 IP 地址通信的 Snort 或 Suricata 特征。
- A-7/A-8：用于检测指向 9966 端口的 SSH 通信 的 Snort 或 Suricata 特征。
- A-10：用于检测 Kernel32.dll 文件被篡改 的 HIDS 规则。

如你所见，检测由单个事件产生的变化无常的信标，可以有多种不同方法。如果有更多的细节，该场景甚至能提供更具潜力的检测脚本，比如检测 PDF 内部调用特定恶意对象的能力，或者检测可能会用到的定制协议的能力。根据受保护网络的不同架构，需要具备多套检测机制，以应用单独信标形成的特征，否则，就可能会对某项信标的检测无能为力。确定哪种方法最适合特定 IOC 的检测，取决于网络基础设施、检测机制的差异、以及 IOC 相关情报的差异。

⊖ Payroll Information——译者注

实战中的启示

有些组织为了处理极为重要的IOC，会在适当位置采用同一检测机制的多个版本。比如，本书作者曾见过有些组织为实现基于特征检测而使用多个Snort IDS程序。Snort可以在线分析数据包发现入侵事件，也可以周期性地分析离线PCAP数据文件。当前，首要任务是部署Snort程序分析活动的在线流量。实时检测的Snort程序只保留给来自优先情报的IOC相关的高效特征。那些可信度较低的特征以及通用的恶意软件特征让Snort程序周期性检查PCAP文件即可。其意义在于涉及关键信标的报警数据可以更快生成，分析员对报警的响应也更加及时。

7.2.3 可变信标

如果把能够检测已知攻击的信标部署在网络中的检测机制中，有些安全威胁就会以漏掉。为了发现未知安全威胁，有时需要考虑使用可变信标。这类信标通常产生于一个攻击行为可以导致的序列事件（形成行为信标），并用于判断变量是否存在。从本质上看，它可以发现理论上的攻击行为，而不只是已经发生过的攻击。根源在于其分析对象是攻击所采用的特定技术手段，而不是某个孤立的对手所实施的攻击个案。

本书作者喜欢将可变信标比作电影剧本，剧本里所写的事情一定会发生，但它并不规定由谁扮演什么角色。同样，就像电影剧本那样，演技纯熟的演员总会有出人意料的即兴之举。可变信标对于部署基于特征的检测机制效果并不显著，但它们可以在Bro这类解决方案中充分派上用场。

通过重温上一节所见场景，看一下开发可变信标的例子。这次是基于理论攻击场景，而不是基于已经真实发生过的攻击场景。重申一下，以下攻击场景可以发挥更广泛的作用：

1. 用户收到一封带有恶意附件的电子邮件。
2. 用户打开邮件，触发一次从恶意域的文件下载行为。
3. 该文件被用于改写系统文件，将其替换为恶意文件。
4. 恶意文件中的代码会被执行，与恶意服务器建立加密连接。
5. 一旦连接建立，大量数据由该系统向外泄漏。

上述步骤表现为多个行为信标，包含变化的原子信标和计算信标。其中部分信标列举如下：

- VB-1：用户收到一封带恶意附件的电子邮件
  - VA-1：邮件地址
  - VA-2：邮件主题
  - VA-3：恶意电子邮件源域
  - VA-4：恶意电子邮件源IP地址
  - VA-5：恶意附件文件名
  - VC-1：恶意附件MD5哈希
- VB-2：用户打开邮件，触发一次从恶意域的文件下载行为

  - VA-6：恶意重定向域 /IP
  - VA-7：恶意下载文件名
  - VC-2：恶意下载文件 MD5 哈希
- VB-3：该文件被用于改写系统文件，将其替换为恶意文件
- VB-4：恶意文件中的代码会被执行，以非标准端口与恶意服务器建立加密连接
  - VA-8：外部命令控制（C2）服务器 IP 地址
  - VA-9：外部命令控制（C2）服务器端口
  - VA-10：外部命令控制（C2）服务器协议
- VB-5：一旦连接建立，大量数据由该系统向外泄漏

在这个例子里，信标名称中的"V"字样表示该信标具有变化部分。如上面列出的那样，有 10 个潜在的原子信标、2 个变化的计算信标，以及 5 个变化的行为信标。现在，假想一些方法将这些信标形成特征，使它们适用于相应的检测机制。可变信标通常可被反复应用或组合使用，以适用于检测更多的攻击场景。

- VB-1 (VA-3/VA-4) VB-2 (VA-6) VB-4 (VA-8) VB-5 (VA-8)：用于检测连接黑名单中已知 IP 地址或域名的 Snort 或 Suricata 规则。
- VB-1 (VA-5/VC-1) VB-2 (VA-7/VC-2)：用于实现下载文件并检查其文件名或 MD5 哈希是否位于黑名单的 Bro 脚本。
- VB-1 (VA-5/VC-1) VB-2 (VA-7/VC-2)：用于实现下载文件并送入沙箱进行初步分析的 Bro 脚本。
- VB-2 (VA-6/VA-7/VC-2)：用于检测文档中是否有启动浏览器行为的 HIDS 特征。
- VB-3：用于检测是否有系统文件被覆盖的 HIDS 特征。
- VB-4 (VA-9/VA-10) VB-5：用于检测通过非标准端口加密通信的 Bro 脚本。
- VB-4 (VA-9/VA-10) VB-5：用于检测通过非标准端口加密通信的 Snort 或 Suricata 规则。
- VB-5：专门编写的脚本，实现统计会话数据，发现工作站对外的大量流量。

SOC 分析员常常会借助业内专家的博客、Twitter 等渠道关注信息安全最新情报。这令 SOC 在初现端倪的攻击技术面前不会落伍，也让组织的安全防御可以围绕着这些技术展开。一旦使用这些新技术的攻击出现，这些情报就会非常有价值，它们可以把攻击事件拆解为多个可变信标。如果可以得到针对特定平台的特征，就可以将这些特征通过逆向工程的方法形成独立信标，以应用于网络中的检测机制。这种训练对 NSM 分析员极有帮助，它让分析员可以更好地理解攻击原理，以及攻击的各个步骤是如何被检测机制有效地发现的。

可变信标部分可用于各项检测，尤其适用于对未知攻击的检测。

7.2.4 信标与特征的进化

软件开发通常要经历不断进化，在此过程中，没有通过全面测试的软件都会被认为是不成熟的。然后，在软件因失去作用而退役之前，它都是成熟的，并被应用于产品之中。与软件相似，信标与特征也有保质期。信标与特征的进化过程，也同样有三个阶段：不成

熟、成熟和退役（参见图7.2）。

图7.2　信标与特征的进化

不成熟的信标与特征是那些刚刚从某种形式的情报中发现的结果，这些情报包括对某起事件内部调查取得的情报，或者从第三方来源获得的情报。不成熟的信标与特征也包括刚刚创建、未被作为检测机制的特征而全面评估的可变信标。不成熟的信标和特征的可信度取决于其来源。有的不成熟的信标与特征可能会频繁变动，或者会在应用于生产系统前先被部署到测试环境。在测试环境中，这些信标可能会被部署到多个检测机制中，从而确定哪种更有效。因此，分析员应该密切关注已部署特征的漏报和误报情况。在一些场景中，也许只会允许二级或三级的分析员访问这些不成熟信标和特征生成的告警记录，以便他们可以去劣存优，直到这些信标通过全面评估。

一旦证明某个信标或特征适用于NSM环境，既不会引起过度的误报，也不会因漏报而漏掉恶意活动，它才会被看作是成熟的。一个成熟的信标或特征通常无需像不成熟的信标或特征那样经过多次更正，并会被看作是稳定可靠的。通过将成熟的信标与其他信标相结合，可以让更多粗粒度的行为信标令人放心，从而产生更高级的特征。对于成熟信标或特征的任何变更或修订，都应记录在案。

最后，某个信标或特征可能被证明不再有效，或提供该信标或特征的情报要求将其撤消。当该信标或特征涉及钓鱼活动[1]、网页主机路过式下载[2]以及僵尸网络命令控制服务器时，这种情况尤其常见。历史分析经验告诉我们，要妥善保管这些信标或特征，永远不要删除它们，而是将其标记为退役信标或特征。退役信标不再会被部署到任何检测机制的特征里面。退役特征暂时不会被任意检测机制采用。如有必要，退役信标或特征经过修改还可以继续使用，并恢复其不成熟或成熟的状态。

7.2.5　特征调优

特征调优对任何安全团队都是一项长期任务。该任务可以保障特征所依赖的信标的可靠性和有效性，并使这些信标恰如其分地进入信标进化的各个阶段。有些时候特征是否生效一目了然。例如，某条包含新信标的特征一经部署就在每个分析员的屏幕上填满了数以千计的告警信息，这是证明该特征过于泛化、需要剔除误报的良机。可是，并非所有特征的效果都这样易于跟踪。例如，如果两条特征都能检测相同事件，如何判断哪条更有效果呢？这时就要做些统计工作了。

在判定已部署特征的成熟度和可信度的时候，可以考虑四类数据[3]指标：真正、真负、假正、假负。

---

[1] 指攻击者使用酷似官方网站的虚假网页诱骗访问该页面的用户泄露账号、密码等敏感信息的攻击方式。——译者注

[2] 指在用户不知情或用户不同意的情况下，将程序下载到访问该页面的用户主机的行为。被下载的程序通常是具有风险的恶意程序。——译者注

[3] 在统计学领域，这四种情况译为“真阳性”、“假阳性”、“真阴性”、“假阴性”。——译者注

真正（*True Positive* ，缩写为 *TP*），一次正确发现指定活动而产生的告警。如果某条特征被设计为检测特定类型的恶意软件，并且当该恶意软件在系统中运行时发出告警，就属于“真正”[一]，这是已部署的每条特征都应力求达到的。

假正（*False Positive*，缩写为 *FP*），一次因对指定活动的误判而产生的告警。如果某条特征被设计为检测特定类型的恶意软件，但在该恶意软件并未在系统中运行的情况下发出告警，就属于“假正”[二]。

真负（*True Negative*，缩写为 *TN*），若指定活动未发生则不发出告警。如果某条特征被设计为检测特定类型的恶意软件，在该恶意软件未在系统中运行的情况下不发出告警，就属于“真负”，这也是值得追求的。做到这一点不容易，如果不是绝对无法实现，应在 NSM 检测期间对其测量。

假负（*False Negative*，缩写为 *FN*），指定活动已经发生但没有产生告警。如果某条特征被设计为检测特定类型的恶意软件，但该恶意软件已经在系统中运行却未得到告警，就属于“假负”[三]。一次“误报”[四]意味着有人会徒劳无功，这是最坏的局面。误报率出人意料地难于计算。要知道，在现有特征漏掉了它们本应检测到的活动，它们的误报率又从何而知？这就是在事件发生后进行事后分析显得如此重要的原因之一。由此方能逐步分析整个事件，从而系统地确定某个活动应该何时被特征检测到，并记录结果。

这些数据指标有助于确定某条特征在检测过程中是否奏效。借助它们可以计算一条特征的准确度，并从数字中得出更多有价值的东西。

准确度

特征的准确度，有时也被称为正确率，因为它可以代表判定正确结果的能力。准确度由“真正”与所有“正”(“真正”与“假正”都算在内）的结果比值表示，公式如下：

准确度 =TP / (TP+FP)

该数据可供权衡收到告警时被检测到的活动确实发生的可能性。因此，一旦具有高准确度的特征发出告警，那么相应的活动很可能真的发生了。

在对照场景下，假设由同一份网络流量产生两种各自独立的告警，表明本次攻击携带了两种不同的恶意软件片断。一条告警中的特征标识[五]SID 1 鉴定其为恶意软件 A，另一条告警中的特征标识 SID2 鉴定其为恶意软件 B。如果 SID1 的准确度为 90%，而 SID2 的准确度为 40%，那么看起来是 SID1 正确地鉴定了该恶意软件。

> **分析师须知**
>
> 特征标识（Signature Identifier，SID）编号是用于标明一条特征的唯一号码。

[一] 相当于反病毒软件的“命中”(hit)。——译者注

[二] 相当于反病毒软件的“误报”(false alarm)。——译者注

[三] 相当于反病毒软件的“漏报”(miss)。——译者注

[四] 为易于理解，这里不再使用“假负”(false negative) 的说法。——译者注

[五] Signature Identifier，后面出现的 SID 是其缩写。——译者注

提高特征的准确度，就能增强分析人员对该特征的信心。如果发现某条特征的准确度较低，就要尝试加以提炼、将其修正，为该特征添加额外的信标，或者结合其他特征一起部署。

可以借助电子表格或CSV文件轻松地跟踪这些统计数据，而不是定制开发应用程序。表7.1展示了跟踪方法。

表7.1 特征跟踪统计表

信标GUID	信标修订号	部署形态	修改日期	TP	FP	TN	FN
60003023	1	Snort 特征 1000492	6/19/2013	1	432	0	0
60003023	2	Snort 特征 1000492	6/23/2013	5	3	0	0
60003024	1	Snort 特征 1000493	6/23/2013	2	17	0	0
60003025	1	Snort 特征 1000494	6/25/2013	1	2	0	0
60003026	1	Snort 特征 1000495	6/25/2013	3	0	0	1
60003026	2	Snort 特征 1000495	6/28/2013	1	0	0	0

这些统计数据可供确定对于某个特征的信心程度、对该特征产生告警的响应态度，以及使该特征更加可靠的修正程度。评估特征效果还有其他的技术手段和统计方法，但在本书作者所负责的众多SOC环境中，准确度这项指标一贯运作良好。

7.2.6 信标和特征的关键标准

没有前因后果的信标和特征毫无用处。分析员在收到告警后的当务之急就是，根据特征中包含的某项标准，核实该特征的产生背景。特征或信标所能提供的背景信息虽有不同，却是调查潜在事件的关键所在。对于在用的每个信标和特征都应维护几个关键标准，建立这样一套制度是非常重要的。这样才能保证信标和特征是唯一的、有归属的，也能保证信标和特征在入侵事件、审计事件和准确性被质疑时，可被适当引用。这类关键标准为：

- 唯一标识符：一个用于指明各个信标或特征的唯一数字。这个数字切勿重复。多数组织会为信标指定一个自动递增或随机生成的全局统一标识符（Globally Unique Identifier，缩写为GUID）。特征的唯一标识符通常会受使用该特征的检测机制影响。最常采用的是数字形式的特征ID（Signature ID，缩写为SID）。这种级别的标识方法还有另外一个益处，就是适于在不同形式的交流中引用，而无须将实际的特征内容暴露出来。这可以避免信标或特征在电子邮件消息和类似沟通形式中被提及而引起误报。
- 作者：创建、添加信标或特征的分析员。当触发告警的相关信标或特征内容或其实现方式出现争议时，该项标准可供追溯具体创建、添加和部署人员。

- 创建日期：信标或特征创建的最初日期。如果该信标或特征取自其他来源，该项标准应采用该信标或特征加入内部管理系统的日期。
- 修改日期：信标或特征的最近修改日期。理想情况下，每个信标或特征被修改时，该时间都应被记录。后面还会讨论该标准。
- 来源：信标或特征的最初来源。该标准可以引用其他组织、URL、内部案例编号，甚至是其他信标。
- 类型：信标类型。可以是：主机或网络、稳定或可变、原子、计算或行为信标。或者是：Snort、Suricata、Bro、反病毒等。
- 分类：信标或特征的典型类别。对于信标，可以采用IP地址、哈希值、文件名、电子邮件主题、DNS域名或任何适用分类标准。对于特征，可以采用与其关系最紧密的：恶意软件行为、僵尸网络命令控制服务器、漏洞利用行为、钓鱼等。
- 进化阶段：信标或特征进化到了哪个阶段。可以是：不成熟、成熟或退役。
- 可信度：表示对信标或特征的信任等级。该标准用于明确信标或特征的可靠程度，以及对因其产生的告警准确与否的信心程度。对于这一点，有多个因素需要考虑，包括信标或特征的准确度、来源及进化阶段。信标或特征的可信度频繁变动也属正常。该标准通常使用数值（1-100）或相对值（低、中、高、非常高）来表示。
- 信标和特征：信标和特征本身的原始格式。

在考虑信标和特征存储、分类的同时，保持工作的前后一致也是很重要的。保持一致性的关键在于，确保这一过程被详细记录，以及经常在组织内部演练。

7.3 信标和特征的管理

由组织管理的信标和特征数量会在短时间内快速增长。组织有必要对其存储、访问和共享采取措施。

多数组织倾向于将信标和特征保存在对应的检测机制中。例如，如果组织目前使用Snort实现对已知恶意域名（一种原子信标）的检测与记录，那么这些信标就会被保存为Snort特征，由Snort直接访问。虽然这是保存它们的最容易的方法，但这会限制对其操作与引用的能力。这也会使得共享个别信标或者将信标转为其他检测机制的特征变得极为不便。为了摆脱这些信标和特征带来的麻烦，记住以下这些管理它们的最佳方法：

原始数据格式：信标的最初形态最容易处理。访问某个信标时，应该允许不借助额外工具或外部流程。这种格式能够保证信标可被迁移，保证信标可以方便地被定制工具自动化解析，保证不同特征可以被部署到多种检测机制中。例如，这意味着IP地址和文件哈希应该是纯文本格式的，因为二进制数据必定以二进制格式保存。

易于访问：分析员应该可以相对容易地访问和编辑信标和特征。如果他们为了添加一条新信标或找出旧信标的来源，不得不经历繁琐的步骤，就会浪费宝贵的时间。在分析员操作信标或特征时，也会备受折磨，这是任何人都不希望看到的。

易于检索：用不了多少时间，目录[1]或数据库就会被信标和特征填满，因为文件过多或记录条件过多而不易于人工浏览。为便于分析员快速审查这些信标和特征，它们应以易于检索的格式保存。这里说的检索不仅包括对信标或特征自身的检索，还包括任意关联数据的检索，比如，添加日期、来源和类型。如果信标和特征采用数据库形式存储，对其检查可以借助数据库客户端程序，或者一个简易的 WEB 前端页面。如果它们是以平面文件（flat file）[2]存储的，就不妨使用类似 grep 的多种 Linux 命令行工具实现检索。

修订跟踪：修订信标是常见的事。如果特征产生大量误报或者因无法检测预期活动而产生漏报，都会需要修订信标。对于特征的修订，也可能是因为敌方的战略调整或者攻击手段出现变化。一旦出现这种情况，修订人、修订日期都应被记录，以便将来处理因修改产生的争议。理想情况下，修订原因也应标明。

部署跟踪：即对信标最终被应用于检测机制的相关特征的意图进行跟踪。此时，应成对记录信标与检测机制。这样有助于分析员理解使用该信标的 NSM 基础（infrastructure）。同时也可以避免因信标被多次部署到不同的检测机制而重复工作。常见的方法是记录信标 GUID 到特征 SID 的映射关系实现对部署情况的跟踪。

数据备份：必须意识到备份 NSM 检测所使用信标和特征的重要性。为成功完成 NSM 任务，这些数据应该被慎重对待并加以备份。为应对 SOC 主场地的灾难事件发生，还需包括离线备份。

使用 CSV 文件管理简单的信标与特征

对于信标与特征，不同规模的组织采用不同的存储技术及管理方法。有些组织采用商业的解决方案，有些组织则采用专门编写依附于某种数据库的 WEB 前端页面。毫无疑问，这些方法是能奏效，但在实施之前需要一定的组织成熟度。这意味着，即使是规模较小、成熟度较低的安全团队也仍然需要管理信标和特征。

虽然听起来可能有些简陋，但以逗号分隔符（CSV）文件管理这些信标与特征颇为有效。CSV 是一种以行和列容纳数据的文件格式，各列之间以逗号隔开，各行之间以换行符分隔。它也是一种杰出的文件格式，直观易读，易于被 Linux 内置的工具（如 grep、sed、awk 和 sort）解析，因此适用于管理多种类型数据。也可以通过使用微软 Excel、Libre Office、Open Office Calc 或其他众多图形化表格编辑工具实现与 CSV 文件的操作。

为了有效管理信标和特征，此处讨论的最佳方法中，至少有三种 CSV 文件需要被维护。这些文件包括先前（表 7.1）讨论的统计跟踪文件、主列表和一个跟踪表。

信标和特征主列表

这些用于存储信标和特征的 CSV 文件中，最主要的是 IOC 主列表。该文件包括的字段覆盖上述全部关键标准，同样也留有部署跟踪字段。表 7.2 为该文件示例：

[1] Directory，这里指用来存放文件形式信标或特征的文件夹。——译者注

[2] 数据库术语，指数据库所提供的无结构化的文本文件存储形式，通常以逗号作为字段间分隔符。——译者注

表 7.2 信标和特征主列表

GUID	作者	创建日期	修改日期	修订	来源	分类	类型	生命周期阶段	可信度	信标	部署
10001	Sanders	3/17/2013	3/20/2013	2	Case # 1492	MD5	计算 / 稳定	成熟	极高	e0b359e1712 88512501f4c 18ee64a6bd	反病毒特征 42039
10002	Smith	3/18/2013	3/18/2013	1	恶意域名表	域名	原子 / 稳定	成熟	中	appliednsm.com	Snort 特征 7100031
10003	Sanders	3/18/2013	3/18/2013	1	Case # 1498	邮件地址	原子 / 稳定	成熟	极高	chris@appliednsm.com	Snort 特征 7100032
10004	Sanders	3/19/2013	3/19/2013	1	Zeus 跟踪	IP	原子 / 稳定	成熟	高	192.0.2.99	定制 SiLK 脚本
10005	Randall	3/20/2013	3/24/2013	4	分析员	协议 / 端口	行为 / 变动	不成熟	中	非标端口的加密流量	Bro 脚本
10006	Sanders	3/20/2013	3/20/2013	1	RSS 来源①	协议 / 端口	行为 / 变动	成熟	中	SSH/9966	Suricata 特征 7100038
10007	Sanders	3/21/2013	3/24/2013	3	内部讨论	统计	行为 / 变动	不成熟	低	外出流量比例超 4:1	定制 SiLK 脚本

① RSS feed，RSS 是一种 Web 内容数据交换规范，在博客盛行时期应用较广泛。——译者注

对于该列表文件的检索方式有两种。第一种是使用像微软 Excel 这类图形化表格编辑工具，通过简单的排序操作或者按 Ctrl+F 快捷键检索指定内容。这种方式适用于部分用户，但随着 CSV 文件大小的不断增长，最后会变得颇为困难。最常见的是，分析员会使用 Linux 命令行工具检索该列表。

以 SID 为 710031 的特征所产生的告警为例，假设需要取得该特征的附加内容及相关信标。为达到该目的，可以使用如下命令由 grep 检索文件全部内容中的 SID。

```
grep 7100031 master_ioc_list.csv
```

该命令的结果如图 7.3 所示。可以看到，搜索结果中既有特征，也有应用于该特征的信标。

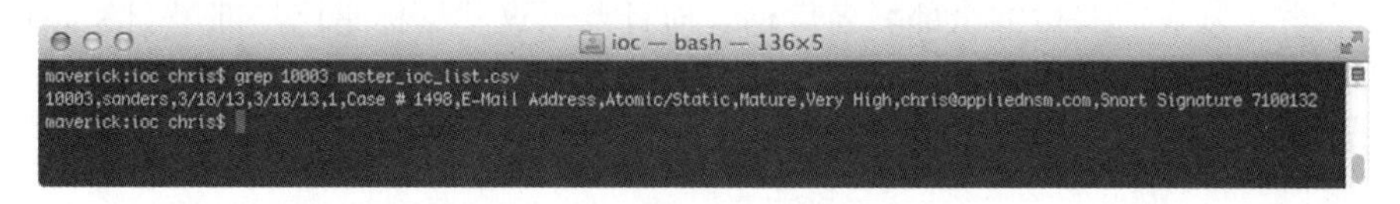

图 7.3　根据 SID 检索 CSV 文件

有时候还需要同时输出列标题。grep 只能显示数据却并不关注各列信息，所以无法满足这个需求。一种选择是借助 sed 或 awk 的模式匹配实现；另一种选择是简单地使用 head 命令，在执行 grep 命令之前，输出文件的第一行内容。方法如下：

```
head -1 master_ioc_list.csv && grep 7100031 master_ioc_list.csv
```

两个命令由一对“&”符号结合而连续执行。其输出结果如图 7.4 所示。

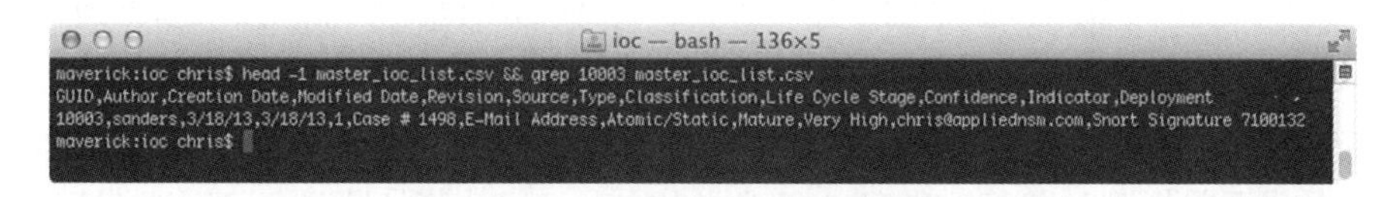

图 7.4　带有列标题的输出结果

现在，如果需要单纯地提取特征本身，可以将前一命令（没有列标题的那个）执行结果重定向给第二个 grep 命令，实现对包含 sid 的各行继续搜索，只匹配特征而舍去信标。然后借助“|”管道符，通过管道把这个输出结果传送给 cut 命令。使用 cut 命令的 -d 选项，指定逗号作为分隔符；使用 cut 命令的 -f 选项，指定输出第 11 列数据。完整的命令形式如下：

```
grep 7100031 master_ioc_list.csv | grep sid | cut -d , -f11
```

实现同一目标的另一个方法是使用 awk 命令。使用 awk 命令的 -F 开关，直接输出指定列数据。完整的命令形式如下：

```
grep 7100031 master_ioc_list.csv | grep sid | awk -F ‘{print $11}’
```

为实现更细粒度检索，可扩充上述命令。例如，如果需要提取列表中各个仍处于活跃状态（未退役）的 IP 地址以便部署某种检测机制，可用命令形式如下：

```
grep -v retired master_ioc_list.csv | grep IP | cut -d , -f11
```

不难发现，在前一个 grep 语句中出现了额外 -v 选项。该选项要求 grep 命令输出不满足匹配模式的内容。在这个例子中，要求 grep 输出全部未退役信标，无论成熟与否。[⊖]

警告

若没有对给定数据进行适当处理，即使正确的格式化 CSV 文件，也能够产生意料之外的输出结果，了解这一点非常重要。例如，若某条特征本身就包含逗号，这会产生什么问题？这将导致 cut 这类的工具错误地识别 CSV 文件的数据列。应该留意 CSV 文件中的错位的分隔符，或者也可以对特定字符做必要的转换，以防止解析错误。

在此之后，假设需要检索全部域名信标，而且要求这些信标是已经部署到 Snort IDS 中的。使用以下命令可以实现这一点：

```
head -1 master_ioc_list.csv && grep -v retired master_ioc_list.csv | grep
Domain | grep Snort
```

也许有人会注意到，在使用 grep 检索“ Domain”和“ Snort”两项内容时使用了首字母大写。默认情况下，grep 命令是大小写敏感的，所以只有使用首字母大写才能正确地匹配到所需内容，而不是错误地匹配到包含这些词的其他内容。如果不希望检索对大小写敏感，可以使用 –i 这个命令行参数。注意被检索内容的大小写很重要，在适当时加上 -i 参数，才能正确地使用 grep 命令。

在 CSV 文件需要添加或修改内容时，可以借助所喜欢的命令行编辑工具，比如 Vim、Emacs 或 Nano。在使用这些工具的时候需要小心，避免无意中新建一行，这会为解析该文件造成麻烦。

信标和特征修订表

本书在前面曾提到过信标和特征会经常被修订，而且提到过跟踪这些修订是相当重要的。在使用 CSV 主列表文件来管理这些内容时，还可以使用一个额外的文件管理它们的修改情况。这个文件应该非常简单，只包含信标或特征的唯一标识符、修改日期、作者、最新的修订号、被修订的列标题、修订前后新旧版本的数据，以及说明修订原因的备注。该文件将作为审计线索，使信标或特征的进化过程有据可查，并可供出现错误事件时参考。需要注意的是，不仅信标和特征本身发生改变时需要记录，其关联信息有任何变化时也需要记录——例如所部署的检测机制发生了改变。修订表格式如表 7.3 所示。

表 7.3　信标和特征修订表

GUID	作者	日期	修订	影响字段	原值	新值	备注
10001	Sanders	3/20/2013	2	可信度	中级	高级	工作很好，无误报
10005	Smith	3/21/2013	2	信标 | 类型	端口 |9966	端口 / 协议 | SSH/9966	新情报被添加

⊖ 该命令能够输出“未退役”信标的前提，是 CSV 文件中已经对所有“退役”信标标注了“ retired”字样。——译者注

（续）

GUID	作者	日期	修订	影响字段	原值	新值	备注
10005	Sanders	3/21/2013	3	部署	NULL	Bro 脚本	开发脚本
10005	Sanders	3/24/2013	4	生命周期阶段 | 可信度	不成熟 | 低	成熟 | 中	误报较少，待观察
10007	Randall	3/22/2013	2	信标	外出流量比例超 2:1	外出流量比例超 3:1	误报过多
10007	Sanders	3/24/2013	3	信标	外出流量比例超 3:1	外出流量比例超 4:1	误报依然过多

该 CSV 文件并非包罗万象，而是应与信标和特征主列表建立关联。查看与某内容相关的审计线索可以使用如下格式命令：

```
head -1 master_ioc_list.csv && grep 10005 master_ios_list.csv
```

该命令的结果展示了信标 10005 的审计线索，如图 7.5 所示。

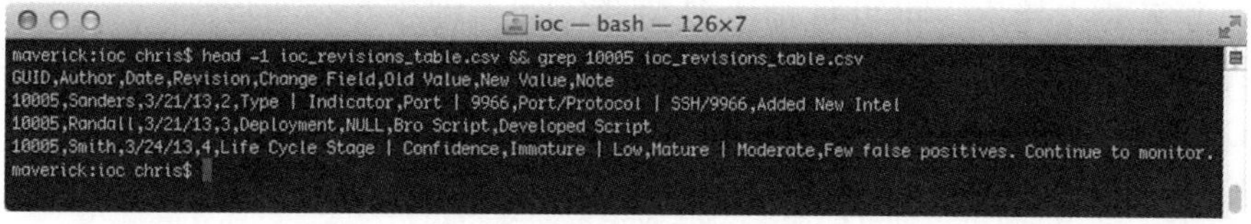

```
ioc — bash — 126×7
maverick:ioc chris$ head -1 ioc_revisions_table.csv && grep 10005 ioc_revisions_table.csv
GUID,Author,Date,Revision,Change Field,Old Value,New Value,Note
10005,Sanders,3/21/13,2,Type | Indicator,Port | 9966,Port/Protocol | SSH/9966,Added New Intel
10005,Randall,3/21/13,3,Deployment,NULL,Bro Script,Developed Script
10005,Smith,3/24/13,4,Life Cycle Stage | Confidence,Immature | Low,Mature | Moderate,Few false positives. Continue to monitor.
maverick:ioc chris$
```

图 7.5 信标 10005 的审计线索

如果没有使用 Linux 命令行工具的经验，最初会遇到一些麻烦，甚至令人望而生畏。不过，只要多用几次，这些工具就会变得得心应手。学习它们最好的方式就是全身心地投入这些工具，反复尝试直到完全掌握。最后，一旦遇到像 grep 这样的工具的应用瓶颈，就要开始尝试使用一些更具挑战性的工具，比如 sed、awk。具备这些工具的扎实功底，对于每个分析员都是必不可少的。最终，甚至可以把这些工具组合起来，成为在脚本中自动执行的例行任务。

CSV 文件因简洁而易用，但为达到这种简洁需要投入额外精力关注数据的健全性。因为这些文件的大多数输入或修改都是由文本编辑器完成，并无方法确保数据总是保持正确的格式。这可能会导致某个分析员无意弄乱 CSV 文件的格式，或将数据置于错误的列。这就是为何坚持备份这些文件显得至关重要。同时强烈建议经常检查这些数据是否健全。如果 SOC 的运转依赖这些 CSV 文件，就值得投入时间编写定制脚本，以确保这些数据中不存在错误。借助 Python 脚本语言的 CSV 库，可以在相对短的时候完成该工作。

这些 CSV 文件的模板可由以下链接下载：http://www.appliednsm.com/resources。

7.4 信标与特征框架

缺乏信标和特征创建、管理和分发的公共框架，是信息安全和情报社区普遍需要面对的棘手问题之一。虽然每个人都会用到信标和特征，大多数人都倾向于按自己的套路组织和存储它们。因此，信标和特征无法迁移，无法与其他组织分享。虽然数据本身的分享往往易于实现，比如 IP 地址列表，但是相关信息的共享，是当前的真正挑战。

近年来，多个组织都曾尝试建立信标和特征数据的共享框架

7.4.1 OpenIOC

面向威胁情报公共框架建立的重大进展之一，是曼迪昂特[⊖]（Mandiant）公司的 OpenIOC 项目。该项目的初衷是为曼迪昂特的产品提供整合情报的能力，以便快速检索潜在安全漏洞，曾于 2010 年作为标准化的、开源的安全威胁信息交流方案发布。

OpenIOC 的核心是一个 XML 方案，用于描述敌方行动中技术特点的共性。在该 OpenIOC 方案的支持下，可以借助大量关联信息，实现对有效应用信标所需 IOC 的管理。OpenIOC 示例如图 7.6 所示。

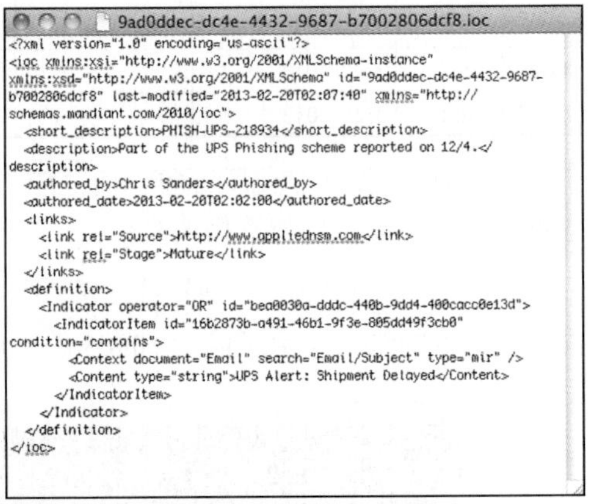

```
9ad0ddec-dc4e-4432-9687-b7002806dcf8.ioc
<?xml version="1.0" encoding="us-ascii"?>
<ioc xmlns:xsi="http://www.w3.org/2001/XMLSchema-instance"
xmlns:xsd="http://www.w3.org/2001/XMLSchema" id="9ad0ddec-dc4e-4432-9687-
b7002806dcf8" last-modified="2013-02-20T02:07:40" xmlns="http://
schemas.mandiant.com/2010/ioc">
  <short_description>PHISH-UPS-218934</short_description>
  <description>Part of the UPS Phishing scheme reported on 12/4.</
description>
  <authored_by>Chris Sanders</authored_by>
  <authored_date>2013-02-20T02:02:00</authored_date>
  <links>
    <link rel="Source">http://www.appliednsm.com</link>
    <link rel="Stage">Mature</link>
  </links>
  <definition>
    <Indicator operator="OR" id="bea0030a-dddc-440b-9dd4-400cacc0e13d">
      <IndicatorItem id="16b2873b-a491-46b1-9f3e-805dd49f3cb0"
condition="contains">
        <Context document="Email" search="Email/Subject" type="mir" />
        <Content type="string">UPS Alert: Shipment Delayed</Content>
      </IndicatorItem>
    </Indicator>
  </definition>
</ioc>
```

图 7.6 采用 OpenIOC XML 格式的 IOC 示例

在该 IOC 中存储了多个关联信息片断，包括：

- 9ad0ddec-dc4e-4432-9687-b7002806dcf8——唯一标识符。
- PHISH-UPS-218934 ——简短描述或扩展标识符。
- Part of the UPS Phishing scheme reported on 12/4——详细描述。
- Chris Sanders ——作者。
- 2013-02-20 T01:02:00 ——信标创建日期和时间。
- http://www.appliednsm.com ——信标来源。
- Mature——IOC 中的信标生命周期阶段。
- Atomic ——信标类型。
- E-Mail/Subject ——信标分类。
- UPS Alert: Shipment Delayed ——信标本身。在本例为电子邮件标题。

如果可以使用 Windows 计算机，最为简单易行的方式之一，就是使用曼迪昂特公司提供的免费 OpenIOC 编辑器，实现对 OpenIOC 格式 IOC 的创建、修改。该工具极为简单，支持从零开始创建 IOC，或修改已有 IOC。

初次使用 OpenIOC 编辑器时，会被要求指定 IOC 存放路径。这一步骤完成后，屏幕会出现类似图 7.7 所示界面。OpenIOC 编辑器分成三个独立区域。左窗格包含在 IOC 路径下的文件列表。当鼠标点击其中一项 IOC 时，其内容会被填入另外两个区域。在右上窗格，可以看到全部 IOC 基本信息，包括名称、作者、GUID、创建 / 修改日期、描述和定义为来源、阶段或类型的各个自定义指标。在右下窗格，可以看到信标本身，可能包括由“ AND/

⊖ 美国网络安全公司，曾于 2013 年发布名为《 APT1》的大型报告，指控中国军方存在对美国的黑客攻击行为。后被美国安全公司 FireEye 收购。——译者注

OR”[1]逻辑语句连接的多项信标与 / 或逻辑语句。

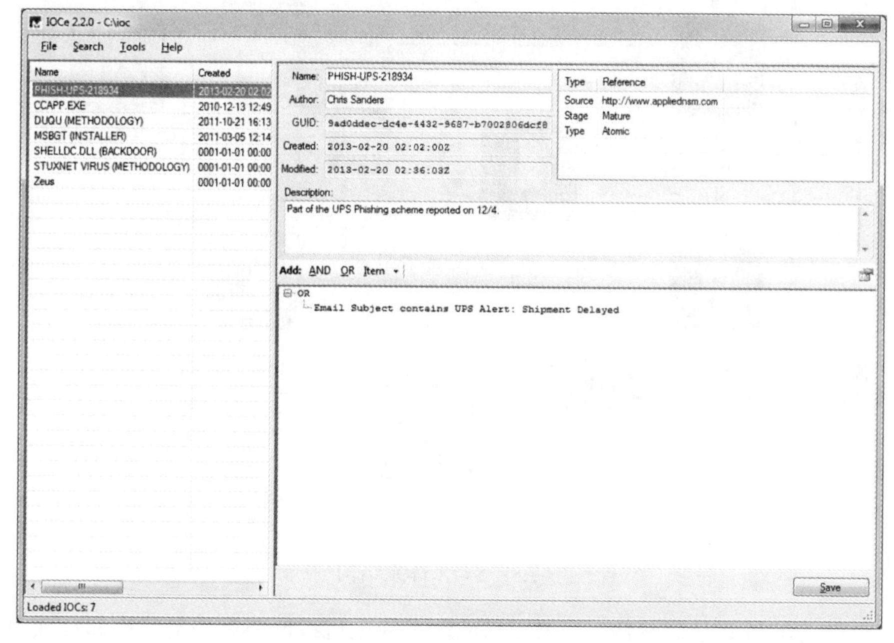

图 7.7　曼迪昂特的 Windows 版 OpenIOC 编辑器

OpenIOC 编辑器以独立文件形式处理各个 IOC，这些文件保存在新建 IOC 后指定的目录下。

令人遗憾的是，截止本章撰写时 OpenIOC 编辑器仅提供 Windows 平台的版本。因此，如果像多数 NSM 分析员那样正在使用 *nix[2]平台，就只能采用手工方式创建和编辑这种格式的 IOC 文件。借助虚拟机或 WINE[3]运行 OpenIOC 编辑器也是可选方案。

采用该格式存储的信标可以被多数曼迪昂特的商用产品处理。该 OpenIOC 标准的日益流行，出现更多免费、公开的 OpenIOC 信标管理工具，只是时间问题。

需要阅读 OpenIOC 格式的更多内容，或者下载 XML 结构方案，甚至下载 IOC 示例，可以访问链接 http://www.openioc.org。

7.4.2　STIX

结构化威胁信息表达方法（STIX），是一个开源社区驱动项目，由 MITRE 为美国国土安全部开发。STIX 旨在规范威胁情报信息，在政府和国防领域日益普及。

基于独立模型的 STIX 体系结构及其关联方式，如图 7.8 所示。

[1] 用于描述各个信标之间的“与”、“或”逻辑关系。——译者注

[2] 指 Unix 或 Linux。——译者注

[3] WINE 是“Wine Is Not an Emulator”的首字母缩写，是一种可在非 Windows（如 Linux、Mac OSX 等）运行 Windows 应用程序的兼容层程序。——译者注

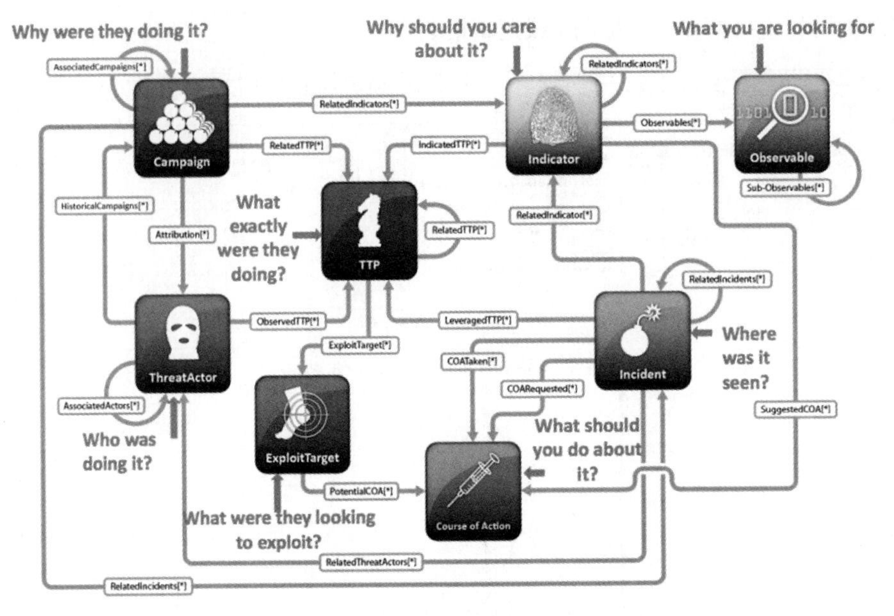

图 7.8 STIX 体系结构

该体系结构的核心是观测值，它被 STIX 定义为主机或网络有关的状态属性或可衡量事件。观测值可以是某个服务被停止、一个文件名、系统重新启动或一次连接的建立。这些观测值使用 CybOX 语言形式存储于一个 XML 格式文件，而 CybOX$^{\ominus}$语言是用于表示观测值的另一个 MITRE 项目。示例如图 7.9 所示，表现一个 IPv4 地址与少量相关对象。该对象是通过全局唯一标识符联系在一起的。

```
stix_obsv_ip.xml
1  <cybox:Observable id="cybox:observable-6f45f992-30c8-11e2-8011-000c291a73d5">
2      <cybox:Stateful_Measure>
3          <cybox:Object id="cybox:guid-6ec8fd2a-30c8-11e2-8011-000c291a73d5">
4              <cybox:Defined_Object xsi:type="AddressObj:AddressObjectType" category="ipv4-addr">
5                  <AddressObj:Address_Value datatype="String">192.0.2.102</AddressObj:Address_Value>
6              </cybox:Defined_Object>
7              <cybox:Related_Objects>
8              <cybox:Related_Object idref="cybox:guid-6dcb9414-30c8-11e2-8011-000c291a73d5"type="URI"relationship="Resolved_To"/>
9              <cybox:Related_Object idref="cybox:guid-6ec1cdf2-30c8-11e2-8011-000c291a73d5"type="DNS Query"relationship="Contained_Within"/>
10             <cybox:Related_Object idref="cybox:guid-6ec8ffaa-30c8-11e2-8011-000c291a73d5"type="DNS Record"relationship="Contained_Within"/>
11             </cybox:Related_Objects>
12         </cybox:Object>
13     </cybox:Stateful_Measure>
1 66   XML   Unicode (UTF-8)   Unix (LF)   Last saved: 6/22/13 9:34:56 PM   874 / 94 / 14
```

图 7.9 表现相关对象 IP 地址的 STIX 观测值

借助 STIX 框架，观测值可连接到信标、事件、TTP、特定威胁实施方、敌方活动、具体目标、数据标记和行动路线。这些内容聚在一起，就不再是一个简单的信标管理系统，而是形成了一个完整的威胁情报管理系统。

信标是由观测值组合形成的潜在异常活动的表现方法。某个包含观察表中部分域名数据的信标如图 7.10 所示。

⊖ CybOX 是 Cyber Observable eXpression（网络空间观测值表达式）的字母缩写。——译者注

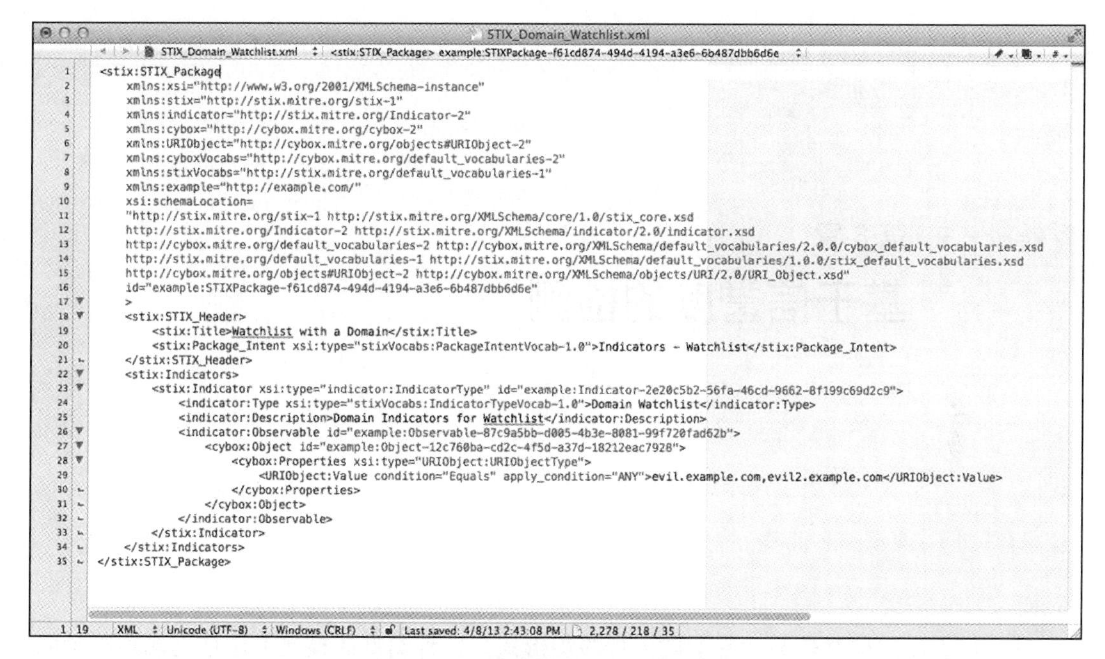

```xml
<stix:STIX_Package
    xmlns:xsi="http://www.w3.org/2001/XMLSchema-instance"
    xmlns:stix="http://stix.mitre.org/stix-1"
    xmlns:indicator="http://stix.mitre.org/Indicator-2"
    xmlns:cybox="http://cybox.mitre.org/cybox-2"
    xmlns:URIObject="http://cybox.mitre.org/objects#URIObject-2"
    xmlns:cyboxVocabs="http://cybox.mitre.org/default_vocabularies-2"
    xmlns:stixVocabs="http://stix.mitre.org/default_vocabularies-1"
    xmlns:example="http://example.com/"
    xsi:schemaLocation=
    "http://stix.mitre.org/stix-1 http://stix.mitre.org/XMLSchema/core/1.0/stix_core.xsd
    http://stix.mitre.org/Indicator-2 http://stix.mitre.org/XMLSchema/indicator/2.0/indicator.xsd
    http://cybox.mitre.org/default_vocabularies-2 http://cybox.mitre.org/XMLSchema/default_vocabularies/2.0.0/cybox_default_vocabularies.xsd
    http://stix.mitre.org/default_vocabularies-1 http://stix.mitre.org/XMLSchema/default_vocabularies/1.0.0/stix_default_vocabularies.xsd
    http://cybox.mitre.org/objects#URIObject-2 http://cybox.mitre.org/XMLSchema/objects/URI/2.0/URI_Object.xsd"
    id="example:STIXPackage-f61cd874-494d-4194-a3e6-6b487dbb6d6e"
    >
    <stix:STIX_Header>
        <stix:Title>Watchlist with a Domain</stix:Title>
        <stix:Package_Intent xsi:type="stixVocabs:PackageIntentVocab-1.0">Indicators - Watchlist</stix:Package_Intent>
    </stix:STIX_Header>
    <stix:Indicators>
        <stix:Indicator xsi:type="indicator:IndicatorType" id="example:Indicator-2e20c5b2-56fa-46cd-9662-8f199c69d2c9">
            <indicator:Type xsi:type="stixVocabs:IndicatorTypeVocab-1.0">Domain Watchlist</indicator:Type>
            <indicator:Description>Domain Indicators for Watchlist</indicator:Description>
            <indicator:Observable id="example:Observable-87c9a5bb-d005-4b3e-8081-99f720fad62b">
                <cybox:Object id="example:Object-12c760ba-cd2c-4f5d-a37d-18212eac7928">
                    <cybox:Properties xsi:type="URIObject:URIObjectType">
                        <URIObject:Value condition="Equals" apply_condition="ANY">evil.example.com,evil2.example.com</URIObject:Value>
                    </cybox:Properties>
                </cybox:Object>
            </indicator:Observable>
        </stix:Indicator>
    </stix:Indicators>
</stix:STIX_Package>
```

图 7.10　观察表中的 STIX 域名信标

不难发现，该信标实际包含一个单一观测值：域名列表。这是一个 STIX 框架下原子信标的例子。如有必要，一个信标可以包含多个观测值，这意味着它们同样适用于行为信标。若这些信标依赖于 STIX 内的其他结构，则存在很多可能性。

截止本书撰写时，创建、修改和管理 STIX 对象只能通过一套刚刚发布的 Python 框架编写自定义的 Python 应用程序实现，否则就要使用单纯的文本或 XML 编辑器。

STIX 框架具有很大潜力。除美国国土安全部之外，STIX 目前正由多个组织评估，包括多个政府和国防机构、国防项目承包商和私人组织。虽然目前可用于管理 STIX 的工具不多，但随着时间的推移，该框架会日益成熟和发展。

要想深入了解 STIX 可以访问链接 http://stix.mitre.org。

7.5　本章小结

本章介绍了检测机制基础、受害信标、特征，以及它们在 NSM 检测中所扮演的角色。包括信标类型、信标与特征的关键标准，以及对其创建与管理的最佳实践。同时也提到适用于小规模和初级安全规范的信标与特征管理方法，以及用于 IOC 管理的 OpenIOC 和 STIX 框架。本书关于检测环节的余下章节，将着重讲解几种借助信标与特征的检测机制的实际应用。

Chapter 8 第 8 章

基于信誉度的检测

基于信誉度的检测是最为基本的入侵检测形式。这种类型的检测方法依据恶意行动的信誉度高低，识别我方网络受保护主机是否连接了确信为恶意的互联网主机。

根据定义，信誉度是对某人或某物具有特殊习惯或特点的普遍性意见。应用到网络防御场景，主机的信誉度可能是正值，也可能是负值，或者根本没有。一般来说，我方内部网络主机处于网络安全小组的监管之下，信誉度为正值。一台信誉度为负值的主机，会被认为是受信系统的潜在威胁。

组织判定一台主机信誉度为负值的原因有多种。最常见的是，某个可以公开访问的系统可能遭到入侵或被用于托管恶意文件，导致其具信誉度为负值，同时经常访问该站点的用户总是受到某类恶意软件的感染。在某些企业间谍活动猖獗的行业，因窃取知识产权的威胁，竞争对手相关的 IP 范围可能信誉度为负值。在政府和国防网络领域，那些已知属于不友好外国政府的主机通常信誉度为负值，那些已知曾被这类外国政府情报部门入侵过的设备也会具有负的信誉度。

本章将探讨公开的信誉度列表和可供采用的基于信誉度的检测方法，还包括采用 BASH 脚本、CIF、Snort、Suricata 和 Bro 实现基于信誉度检测的概述。

8.1 公开信誉度列表

事实上，大多数组织实现基于信誉度的检测，是利用开放的信誉度为负值的原子信标（最常见的是 IP 地址和域名）列表。这类黑名单应用于某类检测方法后，一旦我方主机出现连接黑名单中的外部设备的行为，分析员会收到告警。

使用公开的信誉度列表有多种好处。首先，大多数组织并不具备建立自有的大规模信誉度列表的条件。即使传感器（sensor）遍布全球办事处，相对潜在的攻击数量而言，这些组织的能力也是相当有限的，同时这些组织也无力对这类攻击展开全面调查。公开列表拥有大规模网络优势，众多传感器组成了这个网络，向列表维护团体上报信息。更何况，大多数列表被维护得相当不错。落入列表中的大量主机都是合法的服务器，只是暂时受到危害，比如一些被用于“水坑式攻击”[⊖]的系统，都是为了攻击该系统的用户而被入侵的合法网站。因此，一旦主机被证明比较可信，应将其从负信誉度列表中剔除，这一点同样重要。

对于公开信誉度列表的应用也存在一些质疑。多数情况下，这类列表的维护者不会在列表中提供独立 IP 地址或域名的上下文信息。一旦某台主机因连接列表中的主机而产生告警，无法判断该主机具有负信誉度的原因。可能是因为该主机曾受临时或持久的 XSS 漏洞影响而一度将访问者指向了其他的恶意网站，也可能是因为该主机曾是某个重要的僵尸网络的主节点。如果有某种类型的上下文，将能指明对此结果展开调查的方法。

归根结底，本书作者认为该开放名单利大于弊，通过细致调研名单和酌情使用名单内容，可以遏制弊端。应该确保检测体系选用的名单与组织目标保持一致，以使分析员受到良好训练，掌握如何鉴别和研究从情报生成的告警。如果利用得当，基于信誉度的检测可以成为 NSM 实践者的理想工具之一，轻而易举地发现网络恶意活动。

8.1.1 常用公开信誉度列表

可用的公开信誉度列表有许多。此处提供本书作者所喜爱的几个，同时也说明它们的利与弊，以及如何善加利用。

恶意软件域名列表

姑且不论那些由狡猾的对手发动的定向攻击所带来的全球性问题，分析员每天的大量时间都要用于调查其系统中的恶意软件感染的相关事件。因此，在主机层次与网络层次检测恶意软件是有关联的。在网络层次检测恶意软件的一个最简单方法就是利用公开信誉度列表，其中包含已知与恶意软件通信有关的 IP 地址和域名。

恶意软件域名列表（Malware Domain List，缩写为 MDL）是一个非商业社区项目，负责维护恶意域名与 IP 地址的列表。该项目由开源社区的志愿者提供支持，依靠他们更新列表规则和审查列表，确保对列表的添加与删除都是必要的。

MDL 仅支持个人名义查询列表或按不同格式下载列表，包括 CSV 格式、RSS 订阅或者格式化的 hosts.txt 列表。网站同时提供仅包含当日更新内容的每日列表，以及曾榜上有名但威胁已清除或已离线的网站列表。MDL 是目前可用的规模最大和最为常用的信誉度列表之一。

本书作者曾见到过许多组织以 MDL 作为基于信誉度检测的输入规则，并在检测恶意软件感染和僵尸网络命令控制服务器（C2）[⊖]方面取得了巨大的成功。具有海量规则集的 MDL 有时也会产生误报（false positive），所以仅凭我方主机访问 MDL 中的一条记录尚不

⊖ 指攻击者通过研究被攻击目标的网络活动规律、了解被攻击目标经常访问哪些网站，然后入侵该网站并植入恶意代码，坐等被攻击目标落入陷阱。因其类似动物守在水源等待猎物出现，故此命名。——译者注

⊖ Command and Control 的缩写。——译者注

足以自动判定为一次事件。一旦收到这类告警，应该从其他数据来源入手，在更大范围内调查我方主机所尝试的通信行为，判定是否有其他迹象表明这是一次感染或入侵事件。

需要了解 MDL 的更多内容，可以访问链接 http://www.malwaredomainlist.com。

Abuse.ch 的 ZeuS 和 SpyEye 跟踪器

ZeuS[⊖]和 SpyEye 都是非常流行的犯罪软件工具包，被攻击者用于感染系统和实施各类恶意行动（参见图 8.1）。该工具包本身就提供了生成使用路过式下载技术感染主机的恶意软件的能力，并最终将这些恶意软件加入僵尸网络，接受该工具包的控制。ZeuS 一度是全球最大的僵尸网络，唯有 SpyEye 可与其相提并论。尽管 ZeuS 编写者曾在 2010 年声明即将退休，但被其公开的源代码造成了 ZeuS 的感染事件直到今天依然普遍。虽然 SpyEye 编写者已于 2013 年被捕入狱，SpyEye 的感染也很常见。

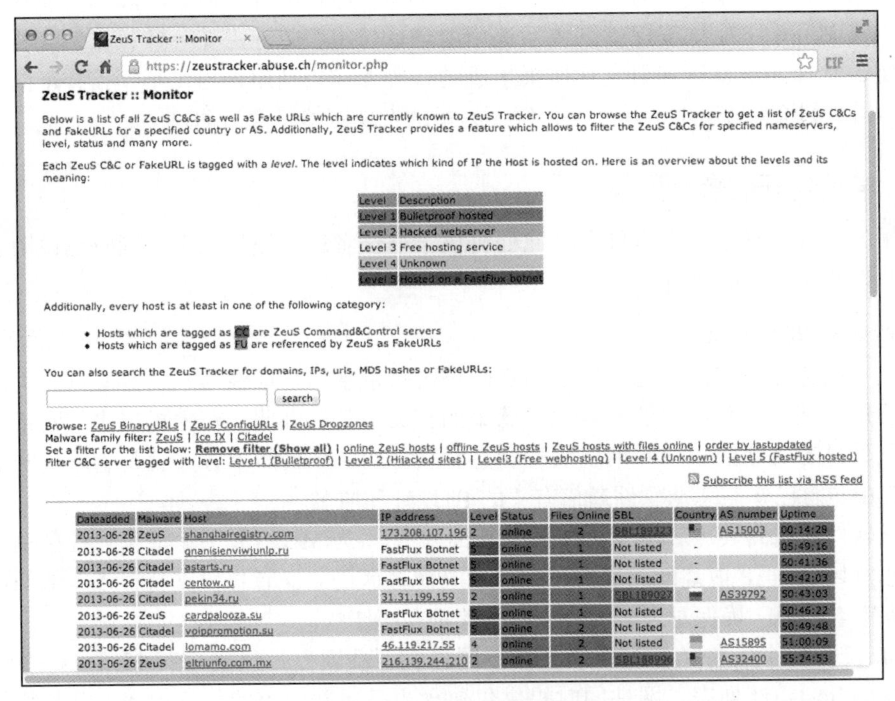

图 8.1 ZeuS 跟踪器

ZeuS 和 SpyEye 跟踪器项目，用于跟踪互联网上控制 ZeuS 和 SpyEye 感染主机的命令控制服务器。除此之外，该项目也跟踪受 ZeuS 和 SpyEye 文件感染的主机，包括提供路过式下载漏洞利用的主机。项目所提供的列表支持用户提交，并提供个人对于列表的查询或以单独文件的形式下载功能。该列表支持多种下载格式，包括仅含域名或 IP 的列表，也包括 Squid 格式、iptable 格式，以及主机文件黑名单。同时该项目也维护着一份最近被剔除

⊖ 亦称 ZeuS、Zbot，是运行于微软 Windows 系统的木马。Zeus 本意是古希腊神话中的第三代众神之王宙斯。——译者注

条目的列表。

本书作者发现，这两种列表在用于基于信誉度的检测时，从其趋势看质量都很高，极少出现误报的情况。当我方主机与这类名单中某台主机通信时会产生告警，调查这类告警时需要注意此次通信的性质，注意实际被名单中恶意软件感染的是否是我方主机。

需要了解 ZeuS 跟踪器的更多内容，可以访问链接 https://zeustracker.abuse.ch/，需要了解 SpyEye 跟踪器的更多内容，可以访问链接 https://spyeyetracker.abuse.ch/。

PhishTank

大量针对性攻击在初始阶段都会把某类钓鱼网站作为前导攻击载体。多数组织在此初始阶段过后，才能较为成功地检测到这类入侵手段。不过，如果当用户的网络访问被重定向到已知钓鱼网站的时候就能被感知到，将有助于尽早检测到进行中的攻击事件，或者有助于对已经发生攻击事件的回溯性调查。

PhishTank 由 OpenDNS 运营，是一个免费的社区驱动的网站，允许分享钓鱼相关数据。一经注册，用户就可以向他们提交发现的钓鱼相关链接。PhishTank 的独特性在于，数据的提交与验证都是社区来实现。一条 URL 在加入名单之前，必须得到一定数量的注册用户验证。用户成功验证的 URL 越多，其用于仲裁验证结果的权重就越大，所以，网站只需要少量来自更为受信的用户的验证，即可使之生效。

该项目一个优点是提供了基于网页的搜索，它允许按“靶子商标”（Targeted Brand）或被用来实施钓鱼攻击的公司名称搜索。有些组织（比如银行）会频繁被假借名义实施钓鱼，对于碰巧为这类组织工作的人来说，可以通过 PhishTank 列表追溯打算危害组织客户的对手。

PhishTank 提供多种形式的列表，还提供可集成到专门应用程序的 API。PhishTank 虽然没有提供网页形式的论坛，但面向用户和开发者开放了邮件列表。

如果 PhishTank 列表已部署于网络中的检测机制，则需要格外注意设备紧随初次访问已知钓鱼网站的后续行为。若需要获取额外的重定向结果、被下载的任何可执行程序或者某用户向该网站提交的凭据，尤其应当如此。

需要了解 PhishTank 的更多内容，可以访问链接 http://www.phishtank.com/。

Tor 出口节点列表

通常情况下，在客户端与互联网设备（比如 Web 服务器）通信时，会直接连接该网络设备。对于 Web 服务器所有者而言，这使得 Web 服务器记录的连接日志中包含了客户端的 IP 地址。此外，如果 Web 服务器处于 NSM 传感器的监控之下，客户端的 IP 地址也将出现在其他数据源，如数据包捕获的数据或会话数据。

一个用于防止这类日志记录客户端真实 IP 地址的常用服务就是 Tor。Tor 是一种开放式网络，允许用户隐藏真实 IP 地址，使他们可以匿名访问互联网设备。

在使用 Tor 客户端浏览 Web 服务器时，外出流量被路由到 Tor 网络，而不是目标 Web 服务器。一旦流量被路由到 Tor 网络，最终会被重定向到一个出口节点。向 Web 服务器发起真实连接的将是该出口节点。这意味着，Web 服务器和任何 NSM 基础设施所产生的日志将显示 Tor 出口节点的 IP 地址，而不是最初发起连接的实际客户端的 IP 地址。图 8.2 说明了这一过程。

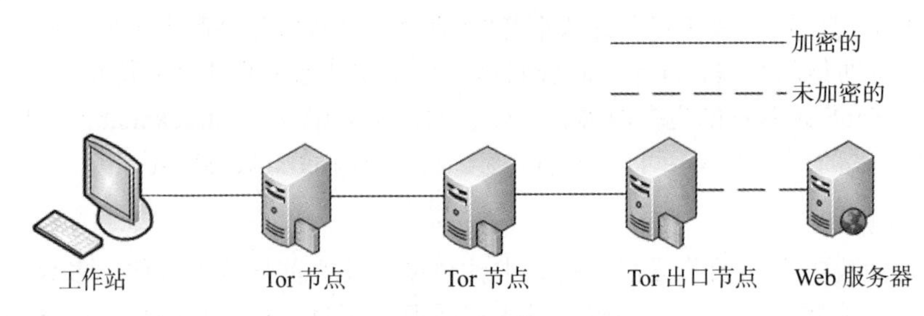

图 8.2 Tor 通信过程

如果有人试图在连接我方网络设备时隐匿行踪，则可将其视为值得调查的可疑行为。前面说过，大量利用 Tor 的个人在匿名从事合法活动。对于来自 Tor 出口节点的流量虽应保持警惕，但单凭这一因素尚不足以形成结论，仍需要进行调查。

为了检测源自 Tor 网络的流量，可以将 Tor 出口节点列表加入对应检测方法。blutmagie.de 网站提供了一种这样的列表，既可以通过浏览器查询，也可以下载为 CSV 格式文件。

想了解 Tor 出口节点名单的更多内容，可以访问链接 http://torstatus.blutmagie.de/。

Spamhaus 封堵名单

Spamhaus 是一个致力于跟踪互联网垃圾邮件业务及来源的国际非营利组织。该组织为多种名单提供支持，包括：

- 垃圾邮件封堵名单（Spamhaus Block List，SBL）：一种 IP 地址数据库，Spamhaus 建议不接收来自这些 IP 地址的邮件。
- 受利用系统封堵名单（Exploits Block List，XBL）：一种 IP 地址数据库，包含受第三方利用的被劫持系统。利用方式包括开放式代理、内置垃圾邮件引擎的蠕虫或病毒以及其他利用类型。
- 策略封堵名单（Policy Block List，PBL）：一种终端用户 IP 地址范围数据库，该 IP 地址范围不应向除用户 ISP 专门提供的邮件服务器以外的任何邮件服务器发送未验证的 SMTP 邮件。这就能从根本上防范不应发送邮件的主机出现发送邮件的行为。主要用于帮助这类网络采用可接收 IP 的强制策略。
- 域名封堵名单（Domain Block List，DBL）：一种垃圾邮件消息中发现的域名数据库。
- 不予路由或对等名单（Don't Route or Peer，DROP）：包含直接分配给垃圾邮件托管业务的 IP 地址空间的受劫持网络块。这类 IP 地址块通常是被网络所有者遗忘并被垃圾邮件发送者通过某种技术手段获取的。这类手段包括注册被放弃的域名从而接收联系人邮件、伪造文档或采用社交工程手段。Spamhaus 还提供了扩展的 DROP（Extended DROP，EDROP）名单，既包含 DROP 名单里面的内容，也包括更频繁涉嫌与网络犯罪有关的IP地址，但这类IP地址与垃圾邮件分发商并无直接关系。

SBL、XBL、PBL和DBL对非商业使用是免费的。若不满足该标准，需购买其订阅服务。不过，DROP和EDROP名单是免费的，适合作为基于信誉度检测系统的备选方案。DROP和EDROP名单维护得也不错，对于检测内网主机连接已知垃圾邮件托管系统的行为颇为有效。

尤其令人感兴趣的是DROP名单与Emergings Threat（缩写为ET）特征库的整合。ET维护着一组将Spamhaus DROP名单用于Snort或Suricata这类入侵检测系统的检测特征。极大地简化了对于这类名单的实施工作。

虽然利用这些名单检测接收到的垃圾邮件并非万无一失，若我方主机（并非邮件服务器）连接位于典型垃圾邮件发送者IP地址段的系统，也还是值得调查一番。

想了解Spamhaus名单的更多内容，可访问http://www.spamhaus.org/drop/。

其他列表

还有大量其他的可用IP和域名信誉度列表。事实上，已经超出了本书所覆盖的讨论范围。其他值得考虑的公共列表包括：

- AlientVault实验室IP信誉数据库：
http://labs.alienvault.com/labs/index.php/projects/open-source-ip-reputation-portal/
- MalC0de[⊖]数据库：
http://malc0de.com/database/
- SRI恶意软件威胁中心：
http://www.mtc.sri.com/live_data/attackers/
- 蜜网项目组（Project Honeypot）：
https://www.projecthoneypot.org/list_of_ips.php
- Emerging Threat规则集：
http://www.emergingthreats.net/open-source/etopen-ruleset/

8.1.2 使用公共信誉度列表的常见问题

虽然基于信誉度的检测常被视为轻而易举的方法，但凭借与黑名单中系统通信检测恶意活动，还是经常会遇到一些陷阱。

自动封锁

不经人工审核而直接使公开黑名单与自动封锁程序或入侵阻断软件联动，通常不是好主意。这可能会导致合法网站被意外封锁，甚至可能导致网络出现拒绝服务的状况。

有一个著名的案例，美国海军开启了基于未经审核的第三方信誉度列表对主机的自动封锁开关。之后，全体海军均无法访问包括谷歌在内的大量合法网站。

⊖ Malcode(恶意代码)的变形写法。——译者注还有一个案例，某组织曾直接将公开信誉度列表纳入其内部 DNS 服务器，试图通过重定向域名阻止对于恶意域名的访问。这种方法颇为有效，直到有一天他们所用的列表被填入了该公司自身的邮件服务器。结果是，用户都无法发送和接收邮件，网络管理员花费了很长时间才找到问题根源。

一旦在自身组织遭遇这种场景，将令人极度难堪。因此，应该坚持将公开信誉度列表作为只用于检测的方法。

列表修正

对于互联网服务器而言，受到入侵或短时间内被用于恶意软件或恶意内容的分发，最终导致该服务器 IP 地址或域名被加入某个黑名单，这是很常见的。这种情况出现后，通常最后都会被系统的所有者觉察，并得到清理。此时，该服务器并不总能及时从黑名单中剔除。结果，一旦有主机与该服务器通信，就会产生错误的告警。

这类误报经常出现，而且，对于基于信誉度的检测而言，难以杜绝。不过，这类误报需要尽力减少，以免徒耗分析时间。为减少这类误报，最好的方法就是审慎地将这些主机从名单中删除，就像当初同样审慎地将它们加入一样。另外还要确保按一定频度从来源更新这些名单。本书作者推荐至少每日更新。实现自动更新的方法有很多，将在本章后面的部分介绍。

共享服务器

共享服务器的 IP 地址落入公开黑名单是极其常见的。其场景为，共享服务器中某独立用户的关联域名（通常由 ISP 或托管服务提供商所指定）遭到入侵，托管了某种类型的恶意逻辑。问题在于，被加入黑名单的并非该单独域名，而是共享服务器的 IP 地址。这意味着无论用户访问托管于该主机还是共享该 IP 地址的哪个网站，即使没有真实的恶意活动，也将产生告警。这对大量误报的产生负有不可推卸的责任。

如上所述，如果某个共享 Web 服务器上的网站遭到入侵，该服务器的其他网站也极有可能同样遭到入侵。在没有附加的上下文的情况下，每个告警都需要被调查。在排查这些出现于黑名单上的共享服务器时，如果发现某台服务器是因为跨站脚本（cross-site scripting，XSS）这类不会影响该服务器上其他主机的问题而列入黑名单，应考虑从黑名单删除该服务器 IP 地址，并替换为实际具有恶意逻辑的域名。

广告网络

广告网络允许其客户提交广告代码，这些广告代码会被自动放置于网络用户的网站上。这是一个巨大的产业，是众多网站的收入来源。对于攻击者的吸引之处在于，这种方式使得攻击者有机会把恶意代码植入广告之中，借助广告网络将广告自动分发到多个热门网站。虽然大部分的广告网络会执行审查流程，筛除这种行为，但并非所有的广告网络都会如此，而且有时攻击者也能破坏或绕过这类流程。

这种做法会导致广告网络相关的域名被加入公开黑名单。对于基于公开黑名单的检测方法，这将导致每次用户收到来自广告网络的广告，都会产生一次告警，无论该广告是否包含恶意代码。这对大量误报的产生负有责任。为求证这一点，可在组织的 Web 日志中检查对于 akamai.com 或 scorecardresearch.com 域名的请求，这两者皆属于主流广告网络。可以发现，为数众多的热门网站都有这些域名的身影。

消除因广告网络产生的海量误报的最有效方法就是，将广告网络相关条目从当前使用的黑名单中删除。这些广告通常并不包含任何恶意代码，但有可能包含将用户重定向到其他包含实际恶意逻辑的网站的代码。此时，最好借助其他的检测方法，而不是硬着头皮处理这类误报。

使用白名单降低误报

前面只讨论了包含负信誉度的列表（黑名单）。不过，在网络中引入正信誉度的信标列表（白名单）同样有价值。在检测方法中使用黑名单，可以产生非常好的效果，但易于产生误报，特别是在名单未经有效审核的情况下。

一个能够有效减少基于信誉度的检测方法带来误报的策略是，将 Alexa[⊖] 顶级排名网站（Alexa Top Sites）列表作为白名单。该列表包含互联网前 1，000，000 个受到访问的网站。可以将这个列表精简为前 100 ～ 500 个网站，然后将这些结果与黑名单结合，确保若有白名单中网站出现在黑名单里不会触发告警。不能排除这些网站受到某种类型恶意软件的感染，但这种可能性较小，一旦真的出现这种情况，网站所属的公司也会迅速对其进行处置。

8.2　基于信誉度的自动化检测

实施基于信誉度的检测需要两种要素。首先至少需要一个 IP 或域名的负信誉度列表。前面已经讨论过几种可用的公开黑名单，并可辅以私有的、特定行业的、内部的列表。一旦具备了至少一个列表，就可以将其部署到某种检测方法中，使用列表中的内容实现基于信誉度的检测。为自动完成这些任务，有几个可选方案。

8.2.1　使用 BASH 脚本实现手动检索与检测

本章余下部分将着重介绍使用多种免费或开源工具实现基于信誉度的检测。这些工具对于多数组织都是有效的，不过正如前面所讲，这些工具提供了展示基于信誉度检测何其简易的绝佳机会。事实上，仅凭基本的 BASH 脚本操作已采集数据，就能完成整个过程。在以下的几个示例中，将介绍使用 BASH 脚本下载、解析一个公开的信誉度列表，然后使用该列表检测网络流量中的恶意域名和 IP 地址。

下载和解析名单

如上所述，在实施基于信誉度的检测之前，首先需要一个列表，指明什么东西是坏的。本案例将介绍一种流行的公开列表——恶意软件域名列表（Malware Domain List，MDL）。MDL 同时维护着域名与 IP 两种列表，本案例假设两者均需获取并均保存为以换行符分隔内容的文本文件。

⊖ Alexa 是亚马逊的子公司，提供各种网站的网页访问量等信息。——译者注

IP 地址列表可利用 curl 用以下命令下载：

```
curl http://www.malwaredomainlist.com/hostslist/ip.txt > mdl.iplist
```

其中，大于号（“>”）用于将命令输出结果重定向到名为 mdl.iplist 的文件。如果现在查看文件，肉眼看起来并无问题。但为了将来正确解析该名单，现在必须要指出一处差异。

运行命令“file mdl.iplist”，该工具会显示刚刚创建的文件的类型为“ASCII text, with CRLF line terminators”㊀。对于 Windows 平台操作系统，使用换行符㊁（ASCII 码“\n”或十六进制形式的 0x10）和回车符㊂（ASCII 码“\r”或十六进制形式的 0x0D）两个符号表示新行。对于 Unix 平台操作系统，只使用换行符表示新行。在尝试使用 Unix 平台工具解析该文件时，各行尾多余的回车符（CR）将导致结果与预期不符。

去除文件中各行末的回车符有多种方法，最简单的就是利用 dos2unix。如果 dos2unix 未在当前系统发行版默认安装，可从标准软件仓库方便地安装（使用 apt-get install dos2unix㊃或 yum install dos2unix㊄这类的命令）。curl 命令的输出结果可由管道形式直接调用该命令，只需将其放在输出文件之前。修改后的命令形式如下：

```
curl http://www.malwaredomainlist.com/hostslist/ip.txt |
dos2unix>mdl.iplist
```

对于 MDL 的恶意域名列表，也做同样处理。命令开始部分颇为相似，见图 8.3。

```
curl http://www.malwaredomainlist.com/hostslist/hosts.txt |
dos2unix>mdl.domainlist
```

该命令执行后，打开 mdl.domainlist 文件，有几处问题需要注意。在文件头部有一些附加的文本行，随后是几个需要被删除的空行。如果试图按文件当前状态进行解析，这些问题将导致错误。为解决这些问题，可以使用 sed 命令删除文件的前 6 行：

```
curl  http://www.malwaredomainlist.com/hostslist/hosts.txt  |  sed
'1,6d' | dos2unix>mdl.domainlist
```

接下来，注意各行都有两列数据，第一列是回路（loopback）IP 地址 127.0.0.1，第二列包含实际域名。该列表以这种格式提供是为了方便复制、粘贴为 hosts 文件㊅，从而将用户的请求重定向到主机。这个格式目前并不适用。使用 awk 命令只选择第二列数据输出，可以解决这个问题。

```
curl  http://www.malwaredomainlist.com/hostslist/hosts.txt  |  sed
'1,6d' | awk '{print $2}' | dos2unix>mdl.domainlist
```

㊀ 此处为 file 命令的输出结果，其含义为“ASCII 文本文件，以 CRLF 作为行结束符”。——译者注

㊁ line feed，缩写为 LR。——译者注

㊂ carriage return，缩写为 CR。——译者注

㊃ 适用于 deb 包管理式的操作系统，如 Ubuntu。——译者注

㊄ 适用于 rpm 包管理式的操作系统，如 Fedora。——译者注

㊅ hosts 文件为系统提供快速的域名、IP 转换功能，在 Linux 系统中保存在 /etc/ 目录，在 Windows 系统中一般保存在 C:\WINDOWS\system32\drivers\etc 目录。——译者注

所产生的输出文件如图 8.4 所示。

```
chris — sanders@nighthawk: ~ — ssh — 64×22
sanders@nighthawk:~$ head -20 mdl.domainlist
#              MalwareDomainList.com Hosts List              #
#   http://www.malwaredomainlist.com/hostslist/hosts.txt     #
#         Last updated: Wed, 07 Aug 13 20:36:19 +0000        #


127.0.0.1  localhost
127.0.0.1  0koryu0.easter.ne.jp
127.0.0.1  1.michaelwilsonmusic.com
127.0.0.1  11.lamarianella.info
127.0.0.1  125search.com
127.0.0.1  1364ih5d6.ni.net.tr
127.0.0.1  1k.pl
127.0.0.1  1wstdfgh.organiccrap.com
127.0.0.1  2.refiinc.com
127.0.0.1  2.wholesalepbm.com
127.0.0.1  2.zerocostfha.com
127.0.0.1  200mail.com
127.0.0.1  28ytls60.ni.net.tr
127.0.0.1  2wnpf.tld.cc
127.0.0.1  3.bluepointmortgage.com
sanders@nighthawk:~$
```

图 8.3　恶意软件域名列表

```
chris — sanders@nighthawk: ~ — ssh — 71×22
sanders@nighthawk:~$ head -20 mdl.domainlist
0koryu0.easter.ne.jp
1.michaelwilsonmusic.com
11.lamarianella.info
125search.com
1364ih5d6.ni.net.tr
1k.pl
1wstdfgh.organiccrap.com
2.refiinc.com
2.wholesalepbm.com
2.zerocostfha.com
200mail.com
28ytls60.ni.net.tr
2wnpf.tld.cc
3.bluepointmortgage.com
3.coolerpillow.com
3.photowallrental.com
321vn.sites.uol.com.br
3906523995308773357-a-1802744773732722657-s-sites.googlegroups.com
3apa3a.tomsk.tw
3rbw.com
sanders@nighthawk:~$
```

图 8.4　修改后的恶意软件域名列表

至此，已具备 IP 地址和域名这两种正确格式化的文件，可用于检测。将这些命令行放在一个单独的脚本中定期执行，则能够使这些列表保持最新。本书作者建议使用 CRON[⊖] 任务定时下载这些数据，至少每天执行一次。将以下内容加入 /etc/crontab 文件，每天上午 6:30 执行一次升级脚本。

```
30 6 * * * /home/sanders/GatherMDL.sh
```

会话数据中恶意 IP 地址的检测

既然已经具备了这些列表，现在就可以尝试检测我方网络主机与 MDL 中 IP 地址的通信行为。而会话数据就是最有效的检测对象之一。下面写一个简短的脚本，利用 SiLK 实现该检测。

首先，需要设定检测对象的时间范围。在本案例，将检测过去 1 小时产生的全部流量。使用 date 命令取得当前日期与时间，再用同样方法，取得当前日期和 1 小时前的时间。这些结果保存于各个变量。

```
start=$(date -ud '-60 minutes'+%Y/%m/%d:%T)
endd=$(date -ud+%Y/%m/%d:%T)
```

接下来，将事先生成的按行分隔的 IP 地址列表，转换为 SiLK 提供的 rwfilter 工具所支持的 IP 地址集合。这一转换工作通过 rwsetbuild 命令实现。此处，提供给 rwsetbuild 的输入文件名为上述列表，输出文件名为 mdl.domainlist.set：

```
rwsetbuild mdl.iplist mdl.iplist.set
```

最后，使用 rwfilter 工具查询过去 1 小时内匹配该列表中 IP 地址的全部记录。命令如下：

```
rwfilter -start-date=$start -end-date=$end --anyset=mdl.iplist.set
--proto=0-255 --type=all --pass=stdout | rwcut
```

⊖ CRON 是 Linux 平台的内置服务，用于定时执行指定命令或脚本。——译者注该命令使用的 rwfilter 工具的一些选项曾在第 4 章解释过，额外加入了前面定义的变量名，作为 --start-date 和 --end-date 两个选项的参数。--anyset 选项用于指定输入文件。

将上述命令结合起来，可得到如下完整脚本：

```
#!/bin/bash
start=$(date -ud '-60 minutes'+%Y/%m/%d:%T)
end=$(date -ud+%Y/%m/%d:%T)
rwsetbuild mdl.iplist mdl.iplist.set
rwfilter     --active-time=$start-$end     --anyset=mdl.iplist.set
--proto=0-255 --type=all --pass=stdout | rwcut
```

脚本的输出结果如图 8.5 所示。

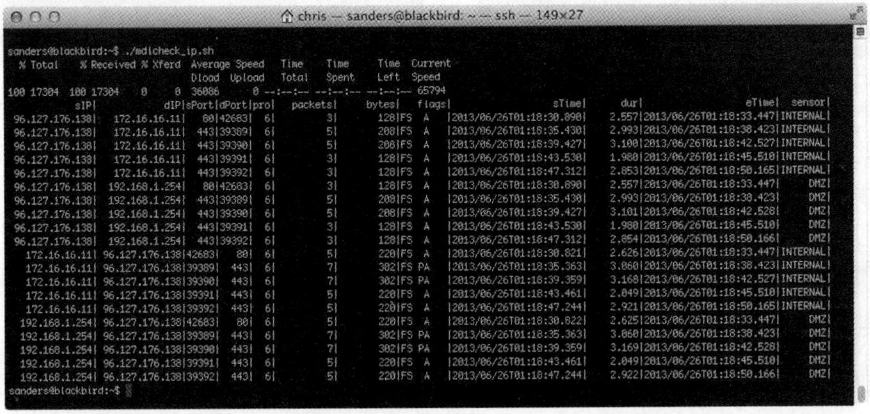

```
chris — sanders@blackbird: ~ — ssh — 149×27
sanders@blackbird:~$ ./mdlcheck_ip.sh
  % Total    % Received % Xferd  Average Speed   Time    Time     Time  Current
                                 Dload  Upload   Total   Spent    Left  Speed
100 17304  100 17304    0     0  36086      0 --:--:-- --:--:-- --:--:-- 65794
            sIP|            dIP|sPort|dPort|pro|   packets|     bytes|   flags|                  sTime|      dur|                  eTime|  sensor|
 96.127.176.138|    172.16.16.11|   80|42683|  6|         3|       128|FS  A   |2013/06/26T01:18:30.890|    2.557|2013/06/26T01:18:33.447|INTERNAL|
 96.127.176.138|    172.16.16.11|  443|39389|  6|         5|       208|FS  A   |2013/06/26T01:18:35.430|    2.993|2013/06/26T01:18:38.423|INTERNAL|
 96.127.176.138|    172.16.16.11|  443|39390|  6|         5|       208|FS  A   |2013/06/26T01:18:39.427|    3.100|2013/06/26T01:18:42.527|INTERNAL|
 96.127.176.138|    172.16.16.11|  443|39391|  6|         3|       128|FS  A   |2013/06/26T01:18:43.530|    1.980|2013/06/26T01:18:45.510|INTERNAL|
 96.127.176.138|    172.16.16.11|  443|39392|  6|         3|       128|FS  A   |2013/06/26T01:18:47.312|    2.853|2013/06/26T01:18:50.165|INTERNAL|
 96.127.176.138|   192.168.1.254|   80|42683|  6|         3|       128|FS  A   |2013/06/26T01:18:30.890|    2.557|2013/06/26T01:18:33.447|     DMZ|
 96.127.176.138|   192.168.1.254|  443|39389|  6|         5|       208|FS  A   |2013/06/26T01:18:35.430|    2.993|2013/06/26T01:18:38.423|     DMZ|
 96.127.176.138|   192.168.1.254|  443|39390|  6|         5|       208|FS  A   |2013/06/26T01:18:39.427|    3.101|2013/06/26T01:18:42.528|     DMZ|
 96.127.176.138|   192.168.1.254|  443|39391|  6|         3|       128|FS  A   |2013/06/26T01:18:43.530|    1.980|2013/06/26T01:18:45.510|     DMZ|
 96.127.176.138|   192.168.1.254|  443|39392|  6|         3|       128|FS  A   |2013/06/26T01:18:47.312|    2.854|2013/06/26T01:18:50.166|     DMZ|
   172.16.16.11|  96.127.176.138|42683|   80|  6|         5|       220|FS  A   |2013/06/26T01:18:30.821|    2.626|2013/06/26T01:18:33.447|INTERNAL|
   172.16.16.11|  96.127.176.138|39389|  443|  6|         7|       302|FS PA   |2013/06/26T01:18:35.363|    3.060|2013/06/26T01:18:38.423|INTERNAL|
   172.16.16.11|  96.127.176.138|39390|  443|  6|         7|       302|FS PA   |2013/06/26T01:18:39.359|    3.168|2013/06/26T01:18:42.527|INTERNAL|
   172.16.16.11|  96.127.176.138|39391|  443|  6|         5|       220|FS  A   |2013/06/26T01:18:43.461|    2.049|2013/06/26T01:18:45.510|INTERNAL|
   172.16.16.11|  96.127.176.138|39392|  443|  6|         5|       220|FS  A   |2013/06/26T01:18:47.244|    2.921|2013/06/26T01:18:50.165|INTERNAL|
  192.168.1.254|  96.127.176.138|42683|   80|  6|         5|       220|FS  A   |2013/06/26T01:18:30.822|    2.625|2013/06/26T01:18:33.447|     DMZ|
  192.168.1.254|  96.127.176.138|39389|  443|  6|         7|       302|FS PA   |2013/06/26T01:18:35.363|    3.060|2013/06/26T01:18:38.423|     DMZ|
  192.168.1.254|  96.127.176.138|39390|  443|  6|         7|       302|FS PA   |2013/06/26T01:18:39.359|    3.169|2013/06/26T01:18:42.528|     DMZ|
  192.168.1.254|  96.127.176.138|39391|  443|  6|         5|       220|FS  A   |2013/06/26T01:18:43.461|    2.049|2013/06/26T01:18:45.510|     DMZ|
  192.168.1.254|  96.127.176.138|39392|  443|  6|         5|       220|FS  A   |2013/06/26T01:18:47.244|    2.922|2013/06/26T01:18:50.166|     DMZ|
sanders@blackbird:~$
```

图 8.5　SiLK 输出的低信誉 IP 地址匹配结果

完整捕获数据包中恶意域名的检测

下面的任务就是检测我方主机是否与下载自 MDL 的列表中的潜在恶意域名发生通信行为。该种通信行为无法在会话数据中找到，只能在捕获数据包中查找。

这一过程会比使用 rwfilter 工具检查 IP 地址略复杂，需要依靠 BASH 函数调度各个步骤。在开始着手写函数之前，需要告诉脚本，待解析的 PCAP 文件将作为脚本的命令行参数传入。由以下语句实现：

```
pcapfile=$(echo $1)
```

第一个函数利用 Justniffer（曾在第 6 章讨论过）解析其支持的 PCAP 文件，并由 TCP 协议 80 端口发生的 HTTP 通信行为提取全部域名，保存成名为 temp.domains 的独立文件：

```
ParsePCAP() {

    justniffer -p "tcp port 80" -f $pcapfile -u -l "%request.timestamp -
%source.ip ->%dest.ip - %request.header.host - %request.line">temp.
domains

}
```

随后要实现的函数才会真正检测 temp.domains 文件的内容，在 while 循环中调用 grep 命令，匹配文件内容是否出现在 MDL 域名列表中。该函数会在输出结果中显示包含匹配到的内容的 HTTP 请求部分。sed 语句用于在请求尾部添加内容，指明所匹配的域名。在将匹配结果输出到控制台的同时，使用 tee 命令将其输出到名为 alert.txt 的文件。

```
DetectMDL() {
      while read blacklistterm; do
            grep -i $blacklistterm temp.domains | sed "s,$, -
Match\:$blacklistterm,g"| tee -a alert.txt
          done<"mdl.domainlist"
}
```

将上述函数组合起来放在一个单独的脚本中，并加入一个额外的函数，用于清理解析 PCAP 文件时生成的临时文件：

```
#!/bin/bash
pcapfile=$(echo $1)
ParsePCAP() {
      justniffer -p "tcp port 80" -f $pcapfile -u -l "%request.timestamp -
%source.ip ->%dest.ip - %request.header.host - %request.line">temp.
domains
}
DetectMDL() {
      while read blacklistterm; do
            grep -i $blacklistterm temp.domains | sed "s,$, -
Match\:$blacklistterm,g"| tee -a alert.txt
          done<"mdl.domainlist"
}
CleanUp() {
      rm -rf temp.domains
}
ParsePCAP
DetectMDL
CleanUp
Exit
```

该脚本最后的输出结果如图 8.6 所示。

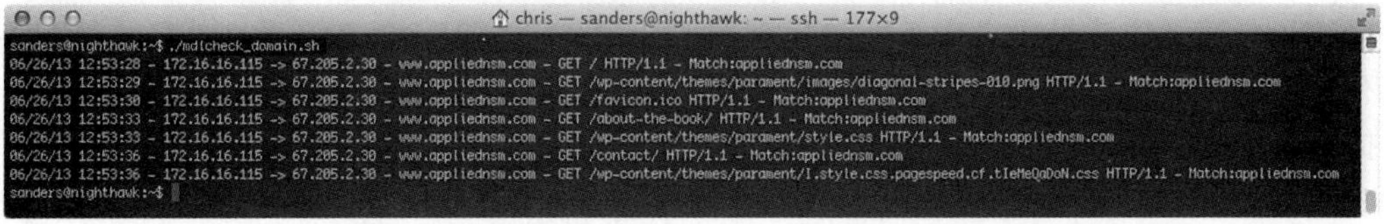

```
chris — sanders@nighthawk: ~ — ssh — 177×9
sanders@nighthawk:~$ ./mdlcheck_domain.sh
06/26/13 12:53:28 - 172.16.16.115 -> 67.205.2.30 - www.appliednsm.com - GET / HTTP/1.1 - Match:appliednsm.com
06/26/13 12:53:29 - 172.16.16.115 -> 67.205.2.30 - www.appliednsm.com - GET /wp-content/themes/parament/images/diagonal-stripes-010.png HTTP/1.1 - Match:appliednsm.com
06/26/13 12:53:30 - 172.16.16.115 -> 67.205.2.30 - www.appliednsm.com - GET /favicon.ico HTTP/1.1 - Match:appliednsm.com
06/26/13 12:53:33 - 172.16.16.115 -> 67.205.2.30 - www.appliednsm.com - GET /about-the-book/ HTTP/1.1 - Match:appliednsm.com
06/26/13 12:53:33 - 172.16.16.115 -> 67.205.2.30 - www.appliednsm.com - GET /wp-content/themes/parament/style.css HTTP/1.1 - Match:appliednsm.com
06/26/13 12:53:36 - 172.16.16.115 -> 67.205.2.30 - www.appliednsm.com - GET /contact/ HTTP/1.1 - Match:appliednsm.com
06/26/13 12:53:36 - 172.16.16.115 -> 67.205.2.30 - www.appliednsm.com - GET /wp-content/themes/parament/I.style.css.pagespeed.cf.tIeMeQaDoN.css HTTP/1.1 - Match:appliednsm.com
sanders@nighthawk:~$
```

图 8.6　在 PCAP 文件中匹配具有负信誉度的域名

此处给出的脚本是非常基础的，可从多个方面改进。包括：

- 解析整个目录（而不是单个 PCAP 文件）的能力。

- 同时支持精确和模糊两种匹配标准的能力。
- 错误检查。
- 将结果输出到系统日志（syslog）、数据库、电子邮件等。

我们在一个名为 Scruff 的工具中，提供了该脚本的全功能版本，该工具所在链接 http://www.appliednsm.com/scruff。

8.2.2 集中智能框架

集中智能框架（Collective Intelligence Framework，CIF），是一种网络威胁情报管理系统，由网络信息共享与分析研究教育中心（Research and Education Networking Information Sharing and Analysis Center，REN-ISAC）的 Wes Young 开发。CIF 允许分析员设定待载入列表，并按标准原则自动引入这些列表。该数据经规范化处理后存储于 CIF 数据库。数据一经存储即可供 CIF 查询，或供后期处理脚本部署到某个检测机制。

CIF 支持从外部获取多种列表，包括 Zeus 和 SpyEye 跟踪器、Spamhaus 的 DROP 以及更多的列表。此外，CIF 还提供对于扩展开发的支持，以便用户能够解析软件未预置的列表格式。一旦获取到这些列表，可利用输出插件将这些信标发送给适当的检测机制。

CIF 没有被 Security Onion 默认集成。如果想深入了解本章示例，可根据以下链接提供的说明安装：https://code.google.com/p/collective-intelligence-framework/wiki/ServerInstall_v1

信标列表的更新与添加

CIF 安装之后，首先需要执行命令，强制 CIF 根据预设的解析列表更新数据库。更新分为两种情况：每小时更新和每日更新。前者每小时更新一次，后者每天更新一次。首先执行每小时列表的更新命令：

```
cif_crontool -d -p hourly
```

在此之后，执行每日列表的更新命令，这份名单要大得多。这一过程需要相当长一段时间，更新速度取决于带宽和安装 CIF 的系统的性能。每日更新命令为：

```
cif_crontool -d -p daily
```

更新结束后，CIF 数据库全部的预设信誉度列表都被升级到最新。

CIF 还提供了一个用于获取和解析扩展列表的框架，如果打算使用未包含于 CIF 的信誉度列表，这个框架迟早会派上用场。如果采用公开渠道无法获得或未在互联网托管的私有信誉度列表，这个框架尤其有用。CIF 支持解析无论是否含有分隔符的文本文件、XML 文件、JSON 文件等等。

通过现有的更新配置文件，可以举例说明如何向 CIF 加入自定义的获取来源。图 8.7 显示了从 malwaredomains.com 获取列表的配置文件，该列表为具有分隔符的文本文件。

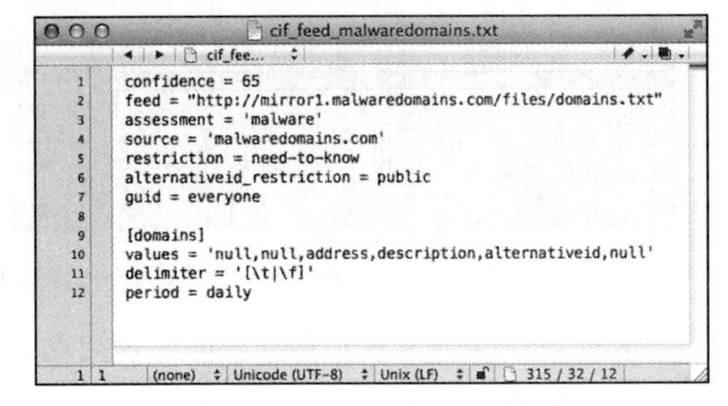

图 8.7 针对有分隔符文本文件的 CIF 更新配置

这种类型的更新配置文件非常小。在配置文件的第一节（section）中定义了更新位置，并设置了若干默认值，如列表的可信度（这里是65）和一个信标分类的评估标准（这里是malware）。在配置文件的第二节，确定文本文件的各列数据与CIF数据库各列字段的映射关系，以及如何界定文本文件各列数据、列表的更新频率。在本示例中，文本文件采用制表符和换页符（\t | \f）分隔，列表每日更新。

想了解为不同数据类型创建自定义更新配置文件的更多内容，可以访问CIF网站。

信标查询

在对CIF情报了如指掌的基础上，还需要具有对数据的查询能力。查询数据可以使用两种方式：CIF提供的Perl客户端程序和Web接口。Perl客户端程序是操作CIF数据的默认方式，稳定可靠。可以使用CIF命令，在CIF数据库中查询各类信标。例如：需要查询怀疑与恶意活动有关的IP地址，可由以下命令实现：

```
cif -q 112.125.124.165
```

-q是对CIF数据库全部有效数据的基本查询命令。CIF也支持按CIDR标记法[⊖]搜索IP地址范围，类似于112.125.124.0/24。该命令的结果如图8.8所示。

```
chris — cif@lab-cif: ~ — ssh — 206×16
cif@lab-cif:~$ cif -q 112.125.124.165
WARNING: This table output not to be used for parsing, see "-p plugins" (via cif -h)
WARNING: Turn off this warning by adding: 'table_nowarning = 1' to your ~/.cif config

feed description:   search 112.125.124.165
feed reporttime:    2013-06-23T16:08:32Z
feed uuid:          80faf844-ede0-4d03-b299-d492765aa9a2
feed guid:          everyone
feed restriction:   private
feed confidence:    0
feed limit:         50

restriction |guid     |assessment|description|confidence|detecttime          |reporttime          |address        |alternativeid_restriction|alternativeid
need-to-know|everyone|botnet    |zeus       |65        |2013-06-23T15:56:49Z|2013-06-23T15:56:49Z|112.125.124.165|public                   |https://zeustracker.abuse.ch/monitor.php?search=112.125.124.165
need-to-know|everyone|botnet    |unknown    |65        |2013-06-23T15:51:55Z|2013-06-23T15:51:55Z|112.125.124.165|public                   |http://reputation.alienvault.com/reputation.generic
cif@lab-cif:~$
```

图8.8　在CIF中查询IP地址

在输出结果中可以看到，所查询IP地址同时位于Zeus跟踪器和Alientvault信誉度列表中，其分类属于僵尸网络。输出结果分别提供了两个信誉度列表的URL，以便由此获得信标的更多资料。输出结果还提供了该信标的局限性和可信度相关信息。这些值均可在CIF配置文件中设置，因为有些列表会提供默认的局限性和可信度数值。

如果再次执行该命令，会发现在列表的“评估”（assessment）列下方出现了以“search”开头的附加内容。一旦有人搜索了CIF中特定信标，搜索行为会被记录并将在输出结果中显示。这有助于掌握是否有其他分析员也在搜索这些信标。在有些情况下也许会发现，某个受关注的信标虽未出现在任何公共信誉度列表中，却被自身组织的多个分析员重复搜索。既然那么多人怀疑，也许意味着与该信标相关的活动需要进一步调查。在图8.9的示例中，CIF查询的输出结果显示一条信标被搜索了多次。

如果希望简化用户查询产生的输出结果，可以使用 –e 标志。该标志用于指定哪些类型的评估内容需要从查询结果中屏蔽。在本示例中，为查询命令加入“ -e search”，过滤掉“search”类内容。

⊖ CIDR即无类别域间路由（Classless Inter-Domain Routing），是一种IP地址归类的方法。——译者注

```
chris — cif@lab-cif: ~ — ssh — 204×33
cif@lab-cif:~$ cif -q 112.125.124.165
WARNING: This table output not to be used for parsing, see "-p plugins" (via cif -h)
WARNING: Turn off this warning by adding: 'table_nowarning = 1' to your ~/.cif config

feed description:   search 112.125.124.165
feed reporttime:    2013-06-23T16:25:41Z
feed uuid:          25f9346b-1ed5-48fa-8cad-75a2e0865c3d
feed guid:          everyone
feed restriction:   private
feed confidence:    0
feed limit:         50

restriction |guid    |assessment|description           |confidence|detecttime          |reporttime          |address          |alternativeid_restriction|alternativeid

private     |everyone|search    |search 112.125.124.0/24|50        |2013-06-23T16:08:02Z|2013-06-23T16:08:02Z|112.125.124.0/24|                         |

private     |everyone|search    |search 112.125.124.165 |50        |2013-06-23T16:02:42Z|2013-06-23T16:02:42Z|112.125.124.165 |                         |

private     |everyone|search    |search 112.125.124.165 |50        |2013-06-23T16:01:59Z|2013-06-23T16:01:59Z|112.125.124.165 |                         |

private     |everyone|search    |search 112.125.124.165 |50        |2013-06-23T16:01:03Z|2013-06-23T16:01:03Z|112.125.124.165 |                         |

private     |everyone|search    |search 112.125.124.165 |50        |2013-06-23T16:00:48Z|2013-06-23T16:00:48Z|112.125.124.165 |                         |

private     |everyone|search    |search 112.125.124.165 |50        |2013-06-23T16:00:39Z|2013-06-23T16:00:39Z|112.125.124.165 |                         |

private     |everyone|search    |search 112.125.124.165 |50        |2013-06-23T16:00:24Z|2013-06-23T16:00:24Z|112.125.124.165 |                         |

need-to-know|everyone|botnet    |zeus                   |65        |2013-06-23T15:56:49Z|2013-06-23T15:56:49Z|112.125.124.165 |public                   |https://zeustracker.abuse.ch/monitor.php?search=112
.125.124.165
need-to-know|everyone|botnet    |unknown                |65        |2013-06-23T15:51:55Z|2013-06-23T15:51:55Z|112.125.124.165 |public                   |http://reputation.alienvault.com/reputation.generic

cif@lab-cif:~$
```

图 8.9 具有多次历史搜索记录的 CIF 查询

信标的部署

本书作者最喜欢的一个 CIF 功能，就是 CIF 提供了创建和使用自定义输出插件的能力。这些插件允许将包含在 CIF 数据库中的信标输出为各种检测方法所支持的格式，有利于检测方法的部署。目前，CIF 支持多种格式输出数据的能力，包括 CSV 文件、ASCII 表格、HTML 表格、iptables 防火墙规则、PCAP 过滤器、Snort 规则和 Bro 的输入格式。

在默认情况下，CIF 将结果输出为表格格式，便于在终端窗口阅读。如果希望输出其他格式，可以使用 –p 标志。假设需要将查询结果输出为 Snort 检测规则，其命令为：

```
cif -q 112.125.124.165 -p Snort
```

该命令会为每个查询结果输出一条 Snort 规则，如图 8.10 所示。

```
chris — cif@lab-cif: ~ — ssh — 144×10
cif@lab-cif:~$ cif -q 112.125.124.165 -e search -n -p Snort
# 112.125.124.165 [ip address only / not url / not domain rule]
alert ip any any -> 112.125.124.165 any ( msg:"need-to-know - botnet zeus"; threshold:type limit,track by_src,count 1,seconds 3600; sid:5000000;
 reference:urlssl,zeustracker.abuse.ch/monitor.php?search=112.125.124.165; priority:9; )

# 112.125.124.165 [ip address only / not url / not domain rule]
alert ip any any -> 112.125.124.165 any ( msg:"need-to-know - botnet unknown"; threshold:type limit,track by_src,count 1,seconds 3600; sid:50000
01; reference:url,reputation.alienvault.com/reputation.generic; priority:9; )

cif@lab-cif:~$
```

图 8.10 将 CIF 查询结果输出为 Snort 规则

当利用 CIF 输出结果生成 Snort 规则时，需要在部署这些规则前反复检查，确保它们经过性能优化，并与组织内部署的其他 IDS 特征一视同仁。例如，默认情况下，CIF 生成的 Snort 规则被配置为只检测目标 IP 地址位于列表中的流量。很多情况下，可能需要重新配置这些规则，使它们能够检测流量中的源 IP 地址或目标 IP 地址之一位于列表的情况。这种调整相当容易，将在下一章讨论 Snort 规则时提及。

CIF 尚不成熟，偶尔会出些小错误，但它已显现出巨大的潜力。社区对于该项目的支持力度爆发出惊人的增长趋势，有大量用户承担起各种列表的订阅与输出开发插件的工作。本书作者也曾目睹过多起组织运用 CIF 管理基于信誉度检测方法的成功案例。需要了解 CIF 的更多内容，可以访问该项目网站 https://code.google.com/p/collective-intelligence-framework/。

8.2.3 Snort 的 IP 信誉度检测

Snort 是世界最流行的基于特征的入侵检测系统之一。本书在下一章将谈到 Snort 的大量细节，不过在此之前，不妨初步了解其基于信誉度的检测能力，该能力借助信誉预处理器实现，使用可能有恶意的 IP 地址检测通信行为。

在过去，Snort 使用标准规则实现基于信誉度的 IP 地址检测。考虑到该方法的性能问题，专门开发了信誉预处理器。该预处理器优先于其他预处理器执行，并有效地预告优化规则，从而能够管理大量的 IP 地址列表。

Security Onion[⊖] 默认启用了 Snort 的信誉预处理器，但并不输出告警。在给信誉预处理器添加黑名单之前，应该启用告警输出。为了做到这一点，需要首先在 SO 传感器的 /etc/nsm/rules 目录下创建名为 preprocessor_rules 的文件。为允许信誉预处理器对事件产生告警，该文件应包含下列规则：

```
alert ( msg: "REPUTATION_EVENT_BLACKLIST"; sid: 1; gid: 136; rev: 1;
metadata: rule-type preproc ; classtype:bad-unknown; )
```

接下来，必须修改 Snort 配置，使刚刚创建的预处理器规则文件能够被解析。编辑 /etc/nsm/sensor_name/snort.conf，取消该行的注释标记：

```
include $PREPROC_RULE_PATH/preprocessor.rules
```

现在，仅剩的工作就是向信誉预处理器黑名单中添加 IP 地址了。黑名单文件位于 /etc/nsm/rules/black_list.rules。该文件既支持独立的 IP 地址，也支持采用 CIDR 标记法的 IP 地址范围。也可以在某些行尾追加井字符（#），并在其后填写注释。为了测试预处理器，可以添加下面内容：

```
192.0.2.75 # Test Address
```

为使上述修改生效，需要重新启动传感器的 Snort，如图 8.11 所示。

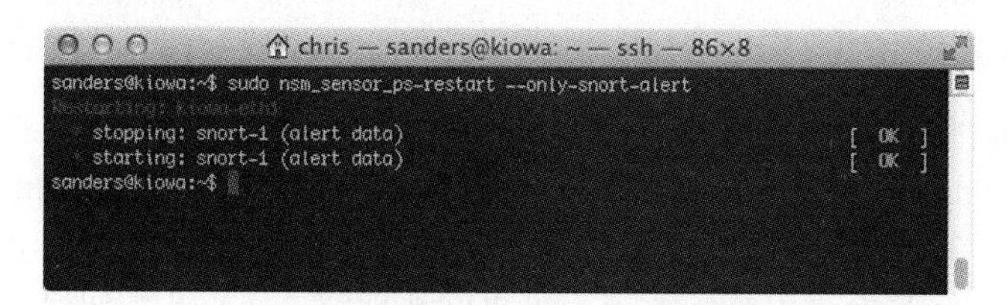

图 8.11 重新启动 Snort 的过程

为测试刚刚创建的规则，可以在 Security Onion 内部或通过别的受其监控的设备简单地 ping 一下 192.0.2.75。图 8.12 显示了一个由该规则产生告警的例子。

⊖ 本书后面提及 Security Onion 时，采用“SO”的缩写形式。——译者注

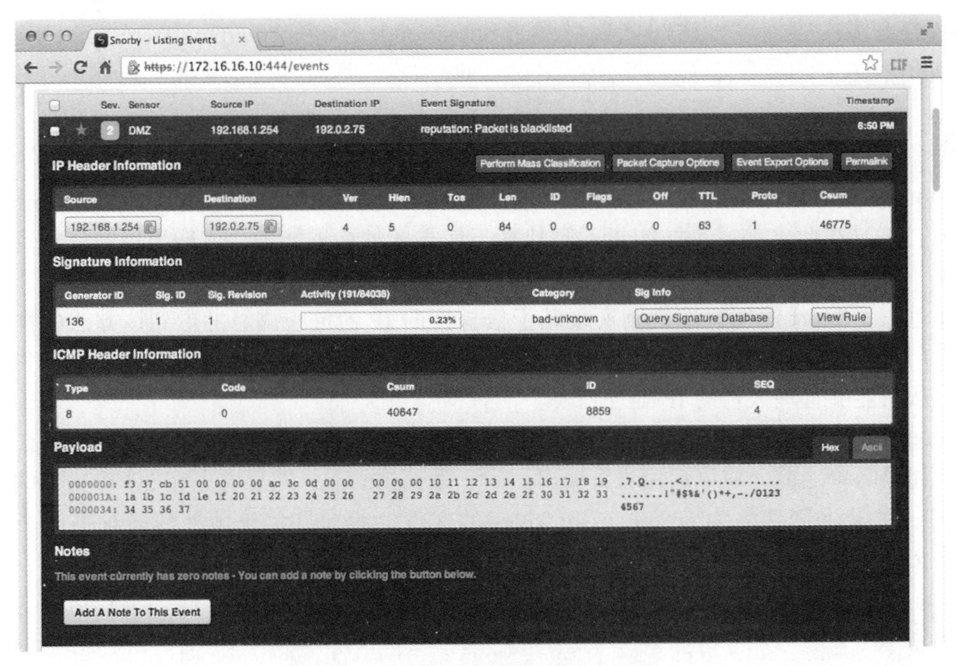

图 8.12 信誉预处理器产生一条告警

向 black_list.rules 加入大量的 IP 地址并不会降低传感器的性能。既然预处理器并不会产生过度冗余的告警信息，不妨养成向黑名单文件添加信标上下文注释的习惯，以供分析员在遇到告警时参考。

Snort 的信誉预处理器并无太多花哨功能，如果已经在组织内应用 Snort，基于信誉度检测 IP 地址容易得超乎想象，只需稍作修改即可。不幸的是，该处理器只支持检测 IP 地址。如果需要 Snort 检测恶意域名，可以使用标准 Snort 规则，这将在第 9 章介绍。不过，标准规则对于检测大量恶意域名的适应性较差。需要了解 Snort 信誉预处理器及其各种配置选项，可以访问连接 http://manual.snort.org/node175.html。

8.2.4 Suricata 的 IP 信誉度检测

作为替代 Snort 的基于特征的检测方法，Suricata 快速地流行起来。主要原因是其多线程流量检测能力更适合监控高吞吐量的连接。另一原因是其采用了与 Snort 相同的语法规则，使得规则易于在两者间迁移。本书将在第 9 章深入介绍 Suricata，不过在此之前，初步了解 Suricata 的 IP 信誉检测引擎版本。为了更好地理解 Suricata 是如何工作的，不妨先读一下第 9 章，然后再回到本部分。

Suricata 的 IP 信誉度检测功能在设计时就为处理大量规则做了优化。这种优化是借助用于控制标记和阈值的 API 实现的。要启用此功能，必须首先修改配置文件 suricata.yaml。以下部分用于启用针对 IP 的信誉度检测功能：

```
# IP Reputation
```

```
reputation-categories-file: /etc/nsm/sensor-name/iprep/categories.
txt
default-reputation-path: /etc/nsm/rules
reputation-files:
 - zeustracker.list
 - spyeyetracker.list
 - mdl.list
 - watch.list
```

配置的第一项定义了信誉类别文件。通过分类将名单及其告警组织分为易于管理的各个部分。该类别文件需要指定唯一类别 ID 号、类别名称及描述。通常情况下，按照列表来源组织各个类别。必须采用如下格式：

```
<id>,<short name>,<description>
```

类别文件举例如下：

```
1,ZeusTracker,Zeustracker IP Addresses
2,SpyEyeTracker,SpyEye Tracker IP Addresses
3,MDL,Malware Domain List IP Addresses
4,Watchlist,Internal Watch List IP Addresses
```

接下来，必须定义默认信誉文件路径，也就是信誉度列表文件所在目录。在上面的例子中，选择将这些文件置于 Security Onion 存储 Suricata 和 Snort 的 IDS 规则的相同目录。

最后需要配置的项目是定义实际被 Suricata 解析的列表文件。这些文件必须存在于默认的信誉文件路径。其文件内容必须按照如下格式：

```
<IP>,<category>,<confidence>
```

同时需要 IP 地址采用标准的四点标记法（dotted-quad notation）。此外，类别编号必须事先在类别文件中指明。最后，必须包含数字形式的可信度。信誉度列表文件格式示例如下：

```
192.0.2.1,1,65
192.0.2.2,1,50
192.0.2.3,2,95
```

IP 信誉度列表配置完成后，剩下的工作就是创建告警，在检测到与名单中 IP 地址连接时，使分析员得到通知。这是通过添加一个利用 iprep 指令的规则来实现。该 iprep 指令本身需要四个选项：

- 流量方向（any/src/dst/both㊀）：用于指定流量源或目的 IP 的方向。
- 类别（简短名称）：待匹配类别的简短名称。必须与类别文件中的简短名称完全一致。
- 运算符（>、<、=）：用于连接信誉值的指定运算符。
- 可信度（1-127）：通过比较运算符和数值，限制仅匹配某个可信度范围的规则。

该指令可与 Suricata 规则中常用功能组合，具有极大的灵活性。然而，加入附加功能（比如内容匹配）可能会降低 IP 信誉度规则的检测速度。仅匹配 IP（IP-only）规则，是唯一使用 iprep 指令的规则，而且也是实现大量 IP 信誉度规则的最快方式。

一个最基础的仅匹配 IP 规则如下：

㊀ 分别代表“任意”、“来源”、“目的”和“双向”。——译者注

```
alert ip any any - > any any (msg:"IPREP Malware Domain List - High Confi-
dence"; iprep:dst,MDL,>,75; sid:1; rev:1;)
```

一旦检测到对外连接了 MDL 名单中的 IP 地址，且可信度超过 75，该规则将产生告警。该规则产生的告警如图 8.13 所示。

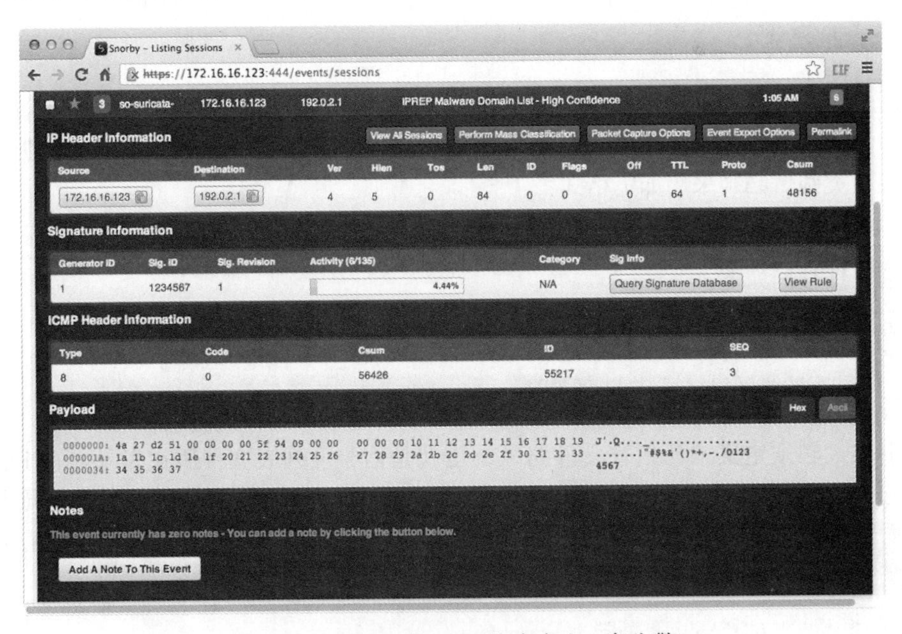

图 8.13 Suricata 的 Iprep 指令产生一条告警

借助该方法，Suricata 具备解析大量 IP 地址的能力。本书作者曾听说有些组织测试过该能力，发现在仅匹配 IP 规则的前提下，Suricata 可以支持高达百万条 IP 地址的列表。在基于信誉度的 IP 地址检测方面，Suricata 是可靠而高效的方案。

8.2.5 Bro 的信誉度检测

在众多强大而灵活的可用 NSM 检测工具中，Bro IDS 是最易于使用的一个。本书将在第 10 章深入讨论这一点，不过在此之前，初步了解 Bro 的基于信誉度检测能力。借助统称为“智能框架”(intel framework）的内置的集中智能处理功能，Bro 适合多种类型信标的检测，例如：IP 地址、域名、电子邮件地址和 SSL 证书。表 8.1 列出了该框架所支持的数据类型及其在 Bro 脚本语言中的名称。本示例仅限于表现 IP 地址、域名和电子邮件。

表 8.1 Bro 情报框架支持的数据类型

数据类型	Bro 名称	描述
IP 地址	Intel::ADDR	一个 IP 地址或 CIDR 块
URL	Intel::URL	完整的 URL，“http://” 或 “https://” 前缀已删除
软件名称	Intel::Software	软件名称或特定版本
电子邮件地址	Intel::EMAIL	一个电子邮件地址

（续）

数据类型	Bro 名称	描述
域名	Intel::DOMAIN	完整域名，包含各子域名
用户名	Intel::USER	一个用户名
MD5、SHA-1 或 SHA-256 文件哈希	Intel::HASH	文件对象哈希值（依赖 Bro 文件分析框架）
SSL 证书哈希	Intel::CERT_HASH	指定 SSL 证书的 SHA-1 哈希值

该智能框架与 Bro 丰富的协议解析扩展库紧密集成。信标一旦被加载到智能框架中，便“无从响应”（fire-and-forget）[⊖]。Bro 在协议处理时，如发现该信标会自动解码就会对其记录，无论需要回溯几层隧道或几次加密。这使得该情报框架成为最强大和最灵活的可用信标检测方案之一。其扩展性也堪称一绝，甚至还产生了一种小众的“Bro 脚本语言”（Brogramming，不错，目前已经有这个词了！），通过这种语言，可以添加自己专有的信标类型，或者让 Bro 自行寻找。

在配置该情报框架之前，必须创建一个包含全部信标的输入文件，该文件为简单 TAB 分隔的文本文件。第一行是必备的（尽管看起来像是注释），用于描述后续行的字段名称。图 8.14 展示了一个简单的这种格式的输入文件。Bro 对于该文件的格式特别挑剔，所以需要确保各字段间使用一个且仅有一个 TAB 符，而且还要保证文件中不包含空行。

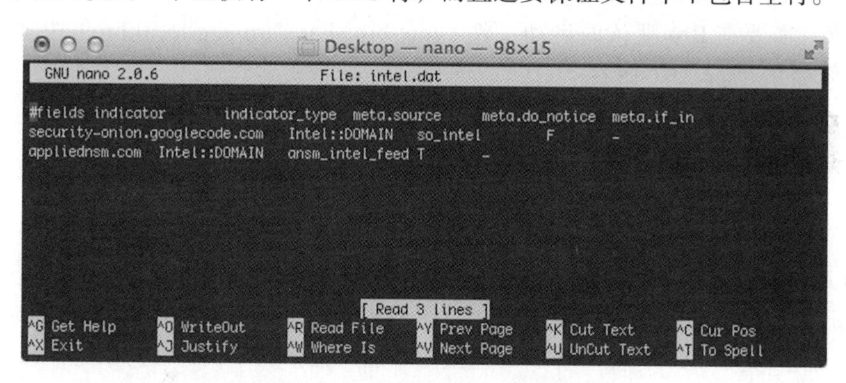

图 8.14 Bro 信誉度列表内容示例

各数据行由实际信标值开始，随后是数据类型（参照上表 8.1）。尽管每行各个字段都不能为空，但值可以没有内容。如果哪一项不希望指定具体值，可以使用连字符（“-”）占位。

“meta.source”字段用于存放信标的情报订阅来源名称。该名称可以包含空格或标点，但不可以出现 TAB 符。它可以是数据库的主键，也可以是基于 Web 的情报应用程序的 URL，这取决于采用哪一种情报管理基础结构。如果信标出现在流量中，Bro 会记录该数据，同时在日志中记录源字段的值，作为上下文数据。

“meta.do_notice”字段是布尔型的，只能是“T”（真）或“F”（假）。该字段控制是否

⊖ fire-and-forget 本意是“发射后不再理会”，泛指武器在发射之后，就不再接受任何外界控制，自动完成任务。——译者注

需要将信标匹配结果同时输出到 Bro 的 notice.log 通知日志文件。尽管事件可能已经被某个环节记录下来，Bro 还是可以采用通知的方式提醒人们对事件进行格外关注。本书将在第 10 章讨论 Bro 的通知方式及其意义。

“meta. if_in”字段允许限制仅对特定内容（如“仅当信标出现在 HTTP Host:header”）发送通知。无论此处如何设置，情报框架都会记录全部匹配结果，只是在不满足匹配条件的时候并不会发送通知。这个字段可能会很有用，比如有情报表明信标仅与 HTTP 协议流量有关的时候。如果发现该信标出现于 DNS 和邮件流量中，Bro 仍然会将该活动记录在 intel.log 文件中，但不会发出通知，因为没有人会在意这种流量中产生的活动。

升级该名单有多种途径。如果正在使用 CIF，可以使用 CIF 的一个选项，使其输出 Bro 情报框架可使用的数据格式，通常这样最简单易行。另一种方法是自己编写脚本，将名单内容输出为这类格式。为了测试该功能，可以手工创建一些内容。

假设现在已经有了一个信誉度数据文件，还需要部署该文件，使 Bro 脚本把它加载到情报框架。在默认安装的情况下，Bro 将其配置和脚本文件保存于

/usr/local/bro/share/bro 目录下，但 Security Onion 平台下的 Bro 版本会将上述文件保存于 /opt/bro/share/bro/site 目录下，此处假设是后一种情况。不妨在该目录下创建一个名为 Reputation 的目录，然后把已有数据复制为 /opt/bro/share/bro/site/Reputation/reputation.dat 。

接下来，需要在 Bro 默认的启动文件（/opt/bro/share/bro/site/local.bro）中加入几行代码。编辑该文件，加入以下内容：

```
@load frameworks/intel/seen
@load frameworks/intel/do_notice
redef Intel::read_files+= {
      “/opt/bro/share/bro/site/Reputation/reputation.dat”
};
```

第 10 章将提供更多的背景知识，以帮助理解 Bro 脚本的细节，不过，既然上面的脚本已经写了出来，还是有必要解释一下。这段代码从情报框架中加载了两个 Bro 脚本的模块（分别是 seen 和 do_notice），然后将新的情报数据加入数据名单文件（初始为空），该文件在 Bro 启动时会被读入。框架会自动处理剩余的部分。实际上，并不需要向信誉度列表加入或删除内容，只需要适当地编辑 reputation.dat 文件。Bro 足够智能，可以自动发现该文件的改变并更新内部状态。

最后，需要按以下方法通知运行中的 Bro 配置已被修改。

1. 执行 `broctl check` 命令，该命令会检查代码是否存在错误。
2. 执行 `broctl install` 命令，该命令会安装新的脚本。
3. 执行 `broctl restart` 命令，该命令会使 Bro 重新启动。

上述修改完成后，这些命令就应该被执行。一旦 Bro 在数据文件中发现某个信标，就会将此记录在 /usr/local/bro/logs/current/intel.log 文件（Bro 默认安装）或 /etc/nsm/bro/logs/current/intel.log（Security Onion）中。另外，如果已经对某项信标启用了 meta.do_notice 开关，信标被命中的同时还会在相同目录的 notice.log 文件中生成记录。示例 intel.log 文件参见 8.15。

```
Desktop — bash — 170×14
maverick:Desktop chris$ cat intel.log
#separator \x09
#set_separator  ,
#empty_field    (empty)
#unset_field    -
#path   intel
#open   2013-08-13-09-09-34
#fields ts      uid     id.orig_h       id.orig_p       id.resp_h       id.resp_p       seen.indicator  seen.indicator_type     seen.where      sources
#types  time    string  addr    port    addr    port    string  enum    enum    table[string]
1376399374.949623       CSc7zEu8w1d     192.168.43.159  55707   192.168.43.1    53      appliednsm.com  Intel::DOMAIN   DNS::IN_REQUEST ansm_intel_feed
1376399381.031260       e6CFzdkHbWl     192.168.43.159  41317   192.168.43.1    53      security-onion.googlecode.com   Intel::DOMAIN   DNS::IN_REQUEST so_intel
1376399381.384055       SUq3DjtLqM5     192.168.43.159  49726   74.125.28.82    80      security-onion.googlecode.com   Intel::DOMAIN   HTTP::IN_HOST_HEADER    so_intel
#close  2013-08-13-09-09-53
maverick:Desktop chris$
```

图 8.15　intel.log 文件输出示例

本书将在第 10 章介绍 Bro 日志的更多细节，在此之前，先简单了解一下某人查询 appliednsm.com 的 DNS 及访问 Security Onion 位于 Google Code 的网站的情报日志。因为在信誉度数据文件中指定了命中 appliednsm.com 信标后发出通知，访问该域名的 DNS 活动就会出现在 notice.log 文件中，如图 8.16 所示。

```
Desktop — bash — 146×17
maverick:Desktop chris$ cat notice.log
#separator \x09
#set_separator  ,
#empty_field    (empty)
#unset_field    -
#path   notice
#open   2013-08-13-09-09-34
#fields ts      uid     id.orig_h       id.orig_p       id.resp_h       id.resp_p       fuid    file_mime_type  file_desc       proto   note    ms
g       sub     src     dst     p       n       peer_descr      actions suppress_for    dropped remote_location.country_code    remote_location.re
gion    remote_location.city    remote_location.latitude        remote_location.longitude
#types  time    string  addr    port    addr    port    string  string  string  enum    enum    string  string  addr    addr    port    count   st
ring    table[enum]     interval        bool    string  string  string  double  double
1376399374.949623       CSc7zEu8w1d     192.168.43.159  55707   192.168.43.1    53      -       -       -       udp     Intel::Notice   Intel hit
on appliednsm.com at DNS::IN_REQUEST    appliednsm.com  192.168.43.159  192.168.43.1    53      -       bro     Notice::ACTION_LOG      3600.00000
0       F       -       -       -       -       -
#close  2013-08-13-09-09-53
maverick:Desktop chris$
```

图 8.16　notice.log 文件输出示例

出于演示目的，本书直接从文件中读取了全部日志的原始格式，但在生产环境中，这些内容会为发出告警而被导出给日志管理程序，比如 ELSA 或 Log Stash。不论选择哪一个程序查看这些数据，Bro 都是一款极其有效的基于信誉度的检测方法。

8.3　本章小结

基于信誉度检测是一种轻而易举的 NSM 方法，实施简单也容易奏效，而且总能产生确定结果。对于刚刚开始建立 NSM 能力的人们，基于信誉度的检测是最轻松和最划算的入门方法。

在本章讨论了基于信誉度检测的重要性，并提供了多个公开信誉度列表来源。本书也介绍了几种基于信誉度检测的自动化方法，包括使用基本的 BASH 脚本，以及集中智能框架的应用。本书还介绍了 Snort、Suricata 和 Bro，可用于有效果检测对于可疑 IP 地址和域名的潜在恶意连接。在下面的几章，本书将深入讲解 Snort、Suricata 和 Bro，帮助读者扩展这些平台的知识。

Chapter 9 第 9 章

基于 Snort 和 Suricata 特征检测

IDS 最常见的形式则是基于特征检测，此类系统的工作机制主要通过检查受害信标的分组数据来实现，受害信标由入侵检测平台特定的指令与特征（或者叫规则）相结合而形成，以此来控制入侵检测系统如何有效地定位网络数据中的信标。当一个基于特征的 IDS 定位到与特征匹配的数据内容时，会生成告警数据并通知分析员。

基于特征检测成为网络安全防御的生存之道，这一现状持续了十多年，主要原因在于这和反病毒工具检测主机上恶意程序活动十分相似。使用方法非常简单：每当分析员发现恶意代码活动，便根据信标形成对应的特征，一旦恶意活动再次发生，这些特征将会根据匹配内容发出告警。在过去几年，恶意软件种类较少，这种方法非常有效，如今，再使用特征机制作为网络反病毒的手段，并不完全奏效。截止到本书定稿时，时下较为流行的恶意软件共享资源库（ http://www.virusshare.com）共有超过 11 万个独特的恶意软件样本。这仅仅是对互联网上诸多样本的采样，试图创建和维护数以万计的恶意样本特征几乎是不可能的。

如今，基于特征的 IDS 被发现在恶意行为检测方面具有独到之处，在识别恶意软件方面则差强人意。这类恶意行为可能包括漏洞利用成功后发生的常见活动，比如启动一个 shell 终端、在网络上出现一个意想不到的用户账户，或者违反安全策略的行为，例如服务器未经授权部署、系统由未经确认的服务器下载更新文件。基于特征的 IDS 可以有效地检测恶意软件，但不宜试图用它来检测网络上的各个恶意代码实例，它最适合检测特定的或者当前关心的恶意软件。这类恶意软件可能包括目前流行的 Web 漏洞利用工具（例如 Blackhole、Redkit 等），或者与近期重大事件有关的恶意程序。虽然基于特征的 IDS 的应用目标最终取决于你的网络环境以及你最为关注的威胁，但它却是部署 NSM 的关键组成部分。

本章将会介绍最为流行的两种基于特征检测的入侵检测系统，分别是 Snort 和 Suricata。重点讨论这两个工具相关的常规配置选项，深入解析如何创建特征规则，还会提及一些查看 Snort 和 Suricata 告警信息的流行方法。本章并未对 Snort 和 Suricata 做详细阐述，而是提供基础知识，介绍技术原理，说明分析员如何能够运用这些知识建立有效的检测特征。

9.1 Snort

Snort IDS 作为一款免费开源的轻量级入侵检测系统，最初由 Martin Roesch 在 1998 年开发，最终成立了 Sourcefire 公司。在 Snort 发展之初，便逐渐成为世界上最流行的 IDS。该“轻量级”系统具有超过四百万的下载量，已经成为一种极为强大而且灵活的 IDS，并且成为 IDS 行业的标准。在全球的大学、私人企业以及政府部门，都能发现 Snort 的身影。2013 年，思科宣布将收购 Sourcefire 公司（尽管在本章定稿之时，交易并未完全实现）。

在 Security Onion 系统中，Snort 会被默认安装，不过，即使手动安装也不麻烦。Sourcefire 公司针对不同的操作系统提供多个版本的安装说明，可以在其官网查看：http://Snort.org/docs 。

如果在 Security Onion 安装过程中已选择将 Snort 作为 IDS，那么 Snort 很有可能已经运行着。可以通过如下命令进行验证：sudo nsm_sensor_ps-status。输出结果如图 9.1 所示，可以发现 Snort-1（告警数据）已经显示为 [OK]

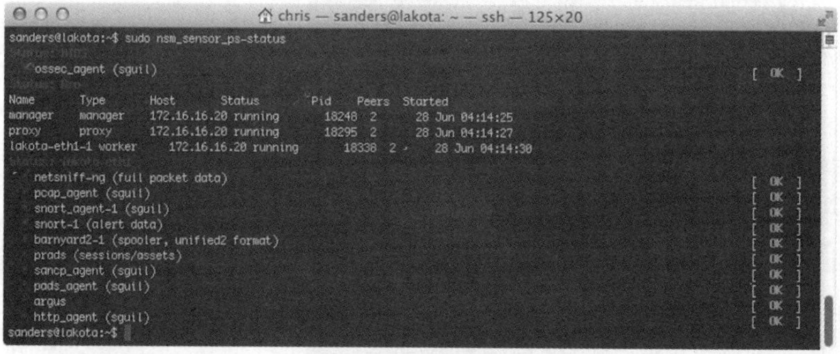

```
chris — sanders@lakota: ~ — ssh — 125×20
sanders@lakota:~$ sudo nsm_sensor_ps-status
  ossec_agent (sguil)                                          [  OK  ]
Name        Type      Host          Status      Pid    Peers  Started
manager     manager   172.16.16.20  running     18248  2      28 Jun 04:14:25
proxy       proxy     172.16.16.20  running     18295  2      28 Jun 04:14:27
lakota-eth1-1 worker  172.16.16.20  running     18338  2      28 Jun 04:14:30
  netsniff-ng (full packet data)                               [  OK  ]
  pcap_agent (sguil)                                           [  OK  ]
  snort_agent-1 (sguil)                                        [  OK  ]
  snort-1 (alert data)                                         [  OK  ]
  barnyard2-1 (spooler, unified2 format)                       [  OK  ]
  prads (sessions/assets)                                      [  OK  ]
  sancp_agent (sguil)                                          [  OK  ]
  pads_agent (sguil)                                           [  OK  ]
  argus                                                        [  OK  ]
  http_agent (sguil)                                           [  OK  ]
sanders@lakota:~$
```

图 9.1 查看传感器状态

Snort 本身可以从命令行调用，运行如下命令查看 Snort 版本信息：Snort -V，输出结果如图 9.2 所示。

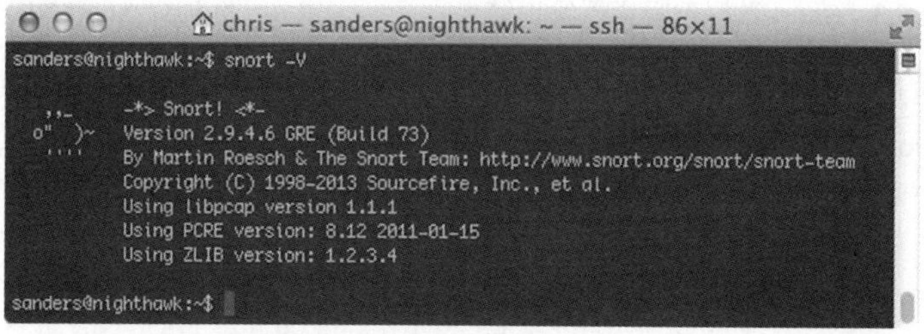

```
chris — sanders@nighthawk: ~ — ssh — 86×11
sanders@nighthawk:~$ snort -V

   ,,_     -*> Snort! <*-
  o"  )~   Version 2.9.4.6 GRE (Build 73)
   ''''    By Martin Roesch & The Snort Team: http://www.snort.org/snort/snort-team
           Copyright (C) 1998-2013 Sourcefire, Inc., et al.
           Using libpcap version 1.1.1
           Using PCRE version: 8.12 2011-01-15
           Using ZLIB version: 1.2.3.4

sanders@nighthawk:~$
```

图 9.2 查看 Snort 版本信息

Snort 架构

Snort 的功能取决于在运行时指定哪种工作模式。Snort 有三种工作模式：嗅探器模式、数据包记录器模式、NIDS[⊖]模式。

嗅探器模式允许 Snort 捕获来自网络的数据包，并且以可读的格式输出到屏幕上——就像 tcpdump 一样（本书将在第 13 章讨论 tcpdump）。但是，由于 Snort 可以将所捕获流量的特定部分加上标签，所以它的输出结果要比 tcpdump 更为美观。当捕获进程停止时，它还将提供一些有用的流量统计，数据包内容显示样例如图 9.3 所示。

数据包嗅探器模式是 Snort 的默认运行模式，因此你可以在该模式下，通过 Snort –i < 网卡接口 > 命令指定捕获接口来运行 Snort。数据包记录器模式与嗅探器模式基本相同，不同之处在于它将数据包信息记录在文件中，而不是打印在屏幕上。该数据使用最常见的二进制 PCAP 格式进行记录，你可以通过 -l 命令指定日志目录，从而启用该工作模式，例如：Snort –l < 日志目录 >。有时候，你可能想要查看这些 PCAP 文件，这时可以通过调用 Snort 的 -r 命令实现，例如：Snort –r < pcap 文件 >

我们主要关注 NIDS 模式，该模式用于从网络上捕获数据，最终目的是输出告警信息。要做到这一点，数据包要经过 Snort 架构的不同阶段，如图 9.4 所示。

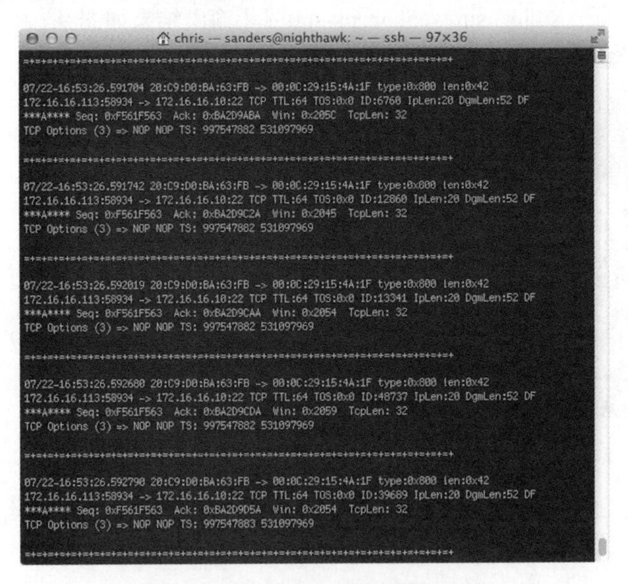

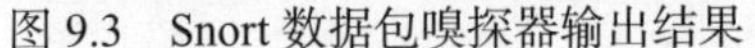

图 9.3 Snort 数据包嗅探器输出结果

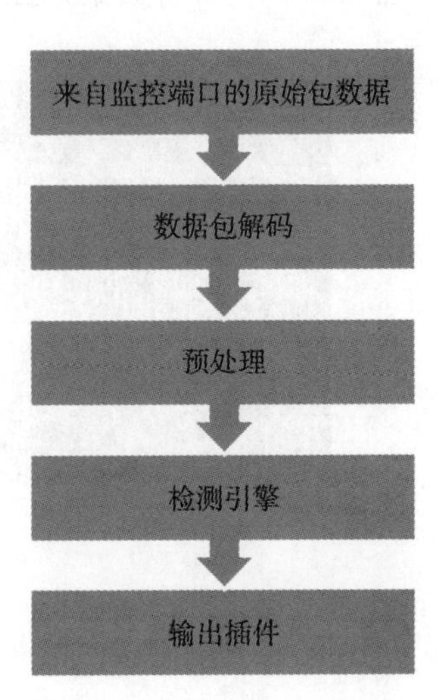

图 9.4 Snort NIDS 模式架构

Snort 可以通过解析手动指定的 PCAP 文件，或者直接从传感器监控接口读取的方式来接收数据。当 Snort 接收到该数据时，第一步是用数据包解码器来分析数据，数据包解码器实际上是一系列解码器的组合，用来分析数据包数据，并将其解析成适合预处理和检测引擎的标准化格式。

⊖ NIDS 为 Network Intrusion Detection System 缩写，即网络入侵检测系统。——译者注

当数据被数据包解码器处理完成后，便传送到预处理器中。共有两种预处理器，第一种用于检测目的；第二种预处理器包括那些用来修改分组数据，使得检测引擎更好地解析的预处理器。

在预处理完成之后，数据被送往 Snort 体系结构的重载环节——检测引擎。检测引擎是 Snort 体系架构中的一部分，负责解析规则及判定规则中的条件与被分析的流量是否相匹配。

一旦检测引擎确定网络流量与某条规则匹配，便将数据传递给输出插件——该插件由 Snort 配置文件启用——以便分析员能够注意到该告警。Snort 可以记录多种格式的告警文件，包括以单行记录告警信息的文本文件、CSV 文件，包含流量匹配规则的 PCAP 格式、XML 格式、Syslog 格式等。在很多应用环境中，Snort 被配置成以 Unified2 格式记录日志，这是一种开放的数据格式，可以被类似 Barnyard2 或 Pigsty 等工具读取，从而具有更为灵活的格式输出能力，比如直接输出到一个数据库中。

9.2 SURICATA

Snort 目前已经成为最为流行的基于特征的 IDS，其替代方案 Suricata 也日益流行。Suricata 是一种开源的 IDS，由开放信息安全基金会（OISF）研发，并在早期得到了美国国土安全部的资助。自 2010 年发布以来，Suricata 备受青睐，这主要是因为其多线程支持带来的性能表现。实际上，Suricata 功能与 Snort 十分相似，如果你熟悉 Snort 的操作流程，那么使用 Suricata 也并无障碍。

如果你选择 Suricata 作为你的 IDS，且按照 Security Onion 系统安装步骤，那么它很有可能已经运行着。你可以通过如下命令进行验证：sudo nsm_sensor_ps-status。输出结果如图 9.5 所示，可以发现 Suricata（告警数据）已经显示 [OK]

```
chris — sanders@so-suricata: ~ — ssh — 117×19
sanders@so-suricata:~$ sudo nsm_sensor_ps-status
   ossec_agent (sguil)                                      [  OK  ]
Name      Type      Host         Status       Pid    Peers  Started
manager   manager   172.16.16.123 running     3485   2      01 Aug 19:27:17
proxy     proxy     172.16.16.123 running     3656   2      01 Aug 19:27:19
so-suricata-eth0-1 worker   172.16.16.123 running     3823   2      01 Aug 19:27:21
   netsniff-ng (full packet data)                           [  OK  ]
   pcap_agent (sguil)                                       [  OK  ]
   snort_agent (sguil)                                      [  OK  ]
   suricata (alert data)                                    [  OK  ]
   barnyard2 (spooler, unified2 format)                     [  OK  ]
   prads (sessions/assets)                                  [  OK  ]
   sancp_agent (sguil)                                      [  OK  ]
   pads_agent (sguil)                                       [  OK  ]
   argus                                                    [  OK  ]
   http_agent (sguil)                                       [  OK  ]
```

图 9.5　检查探头状态

如果你所使用的传感器平台并非基于 Security Onion 系统，Suricata 则需要手动安装，OISF 针对不同的操作系统提供了对应的安装指导说明书：https://redmine.openinfosecfoundation.org/

projects/suricata/wiki/Suricata_Installation。

Suricata 本身可以从命令行调用，运行如下命令查看 Suricata 版本信息：suricata -V，输出结果如图 9.6 所示。

```
chris — sanders@so-suricata: ~ — ssh — 73×5
sanders@so-suricata:~$ suricata -V
This is Suricata version 1.4.2 RELEASE
sanders@so-suricata:~$
```

图 9.6 查看 Suricata 版本信息

Suricata 架构

Suricata 由多个关联模块组成，这依赖于 Suricata 如何进行初始化操作。其中这些模块以及与它们关联的线程队列等排列方式取决于 Suricata 的运行模式。该运行模式的选择基于 Suricata 设置的程序优先级。

默认运行模式是优化检测，这是典型的资源密集型模块，该运行模式如图 9.7 所示。

在另一种运行模式中，使用 pfring 优化数据包捕获以及对高吞吐量连接的解码，如图 9.8 所示。

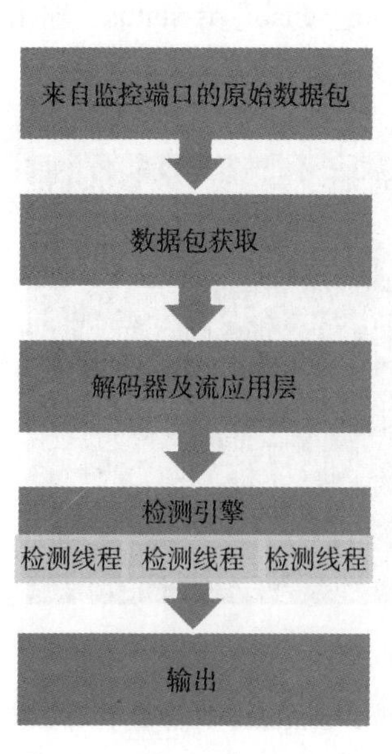

图 9.7 Suricata 默认运行模式

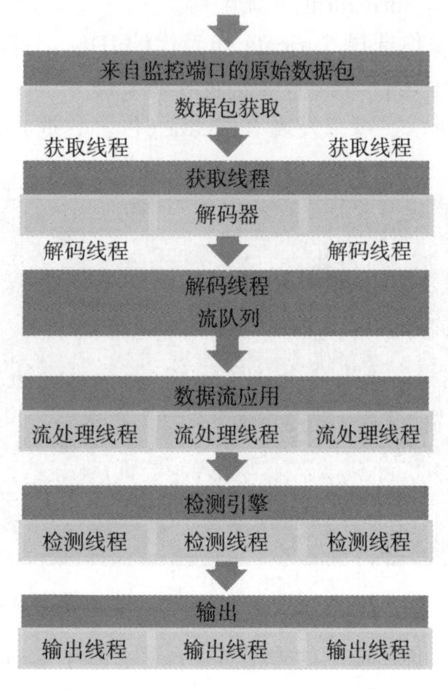

图 9.8 Suricata pfring 运行模式

无论应用哪种运行模式，Suricata 的前置环节都是利用数据包捕获模块获取数据包。该模块从网络接口获取数据并将其传递给数据包解码器，供其确定连接类型，并为后续其他模块的处理过程提供数据格式化。这一过程结束后，数据会被传递给数据流处理模块。数据流处理模块主要用于追踪会话传输层相关协议（例如 TCP 协议），并以一定的顺序重组数据包。此外，数据流处理模块也负责应用层（例如 HTTP 协议）的数据处理和重排序。这些数据经妥善处理后被交给检测模块，由检测模块分析包数据，匹配用户创建的特征或规则。若产生告警信息，该告警信息及其关联数据将被送到输出模块，并由该模块以多种格式输出数据。

9.3　在 Security Onion 系统中改变 IDS 引擎

如果 Security Onion 系统已完成安装步骤，并在其后选择 Snort 或者 Suricata 作为 IDS 引擎，但你希望在不重新安装 Security Onion 的情况下尝试另一种引擎，只需按如下方法做些小改动即可实现：

1. 停止 NSM 传感器进程：

```
sudo nsm_sensor_ps-stop
```

2. 移除 SO 主要配置文件：

从 Snort 切换到 Suricata:

```
sudo sed -i 's|ENGINE=snort|ENGINE=suricata|g' /etc/nsm/
securityonion.conf
```

从 Suricata 切换到 Snort:

```
sudo sed -i 's|ENGINE=suricata|ENGINE=snort|g' /etc/nsm/
securityonion.conf
```

3. 更新传感器规则，设置适当的 IDS 引擎：

```
sudo rule-update
```

4. 重启 NSM 传感器进程：

```
sudo nsm_sensor_ps-start
```

如果你已经为传感器定制开发了规则，请确保这些规则与你选择的 IDS 引擎相匹配，以免 IDS 无法正常完成初始化过程。

9.4　初始化 Snort 和 Suricata 实现入侵检测

为了使 Snort 或者 Suricata 能够实现入侵检测，只需在命令行下通过 -c 命令，指定一个有效配置文件的路径，并使用 -i 选项指定监控的网卡接口。

Snort:

```
sudo snort -c snort.conf -i eth1
```

Suricata:

```
sudo suricata -c suricata.yaml -i eth1
```

在执行以上命令之前，务必保证配置文件有效。通过加入 -T 参数可以达到这个目的，该参数使得 IDS 引擎根据所提供的配置文件试运行，用于确定指定配置文件是否可被成功加载。

Snort:

```
sudo snort -Tc snort.conf -i eth1
```

Suricata:

```
sudo suricata -Tc suricata.yaml -i eth1
```

如果 Snort 运行一切正常，你将看见一条显示配置生效的信息，如图 9.9 所示。测试完成后，Snort 将会退出。

```
chris — sanders@lakota: ~ — ssh — 86×26
   ,,_     -*> Snort! <*-
  o"  )~   Version 2.9.4.6 GRE (Build 73)
   ''''    By Martin Roesch & The Snort Team: http://www.snort.org/snort/snort-team
           Copyright (C) 1998-2013 Sourcefire, Inc., et al.
           Using libpcap version 1.1.1
           Using PCRE version: 8.12 2011-01-15
           Using ZLIB version: 1.2.3.4

           Rules Engine: SF_SNORT_DETECTION_ENGINE  Version 1.17  <Build 18>
           Preprocessor Object: SF_SDF  Version 1.1  <Build 1>
           Preprocessor Object: SF_DNS  Version 1.1  <Build 4>
           Preprocessor Object: SF_IMAP  Version 1.0  <Build 1>
           Preprocessor Object: SF_REPUTATION  Version 1.1  <Build 1>
           Preprocessor Object: SF_MODBUS  Version 1.1  <Build 1>
           Preprocessor Object: SF_SIP  Version 1.1  <Build 1>
           Preprocessor Object: SF_DNP3  Version 1.1  <Build 1>
           Preprocessor Object: SF_FTPTELNET  Version 1.2  <Build 13>
           Preprocessor Object: SF_SSH  Version 1.1  <Build 3>
           Preprocessor Object: SF_POP  Version 1.0  <Build 1>
           Preprocessor Object: SF_SSLPP  Version 1.1  <Build 4>
           Preprocessor Object: SF_GTP  Version 1.1  <Build 1>
           Preprocessor Object: SF_SMTP  Version 1.1  <Build 9>
           Preprocessor Object: SF_DCERPC2  Version 1.0  <Build 3>

Snort successfully validated the configuration!
Snort exiting
```

图 9.9 Snort 在 NIDS 模式下成功测试一个配置文件

如果 Suricata 初始化成功，你将看见一条显示提供的配置文件被成功载入的信息，如图 9.10 所示。测试完成后，Suricata 将会退出。

在测试过程中，如果 Snort 或者 Suricata 出现任何错误，需在试图将其投入生产环境运行之前得到修复。一个典型的错误是在利用这些工具监听网络通信时忘记使用正确的权限，最常见的则是忘记了使用 sudo 命令。

```
chris — sanders@so-suricata: ~ — ssh — 115×23
2/8/2013 -- 14:34:02 - <Info> - host memory usage: 349376 bytes, maximum: 16777216
2/8/2013 -- 14:34:02 - <Info> - allocated 3670016 bytes of memory for the flow hash... 65536 buckets of size 56
2/8/2013 -- 14:34:02 - <Info> - preallocated 10000 flows of size 272
2/8/2013 -- 14:34:02 - <Info> - flow memory usage: 6390016 bytes, maximum: 33554432
2/8/2013 -- 14:34:02 - <Info> - Loading reputation file: /etc/nsm/rules/iprep/black.list
2/8/2013 -- 14:34:02 - <Info> - host memory usage: 349376 bytes, maximum: 16777216
2/8/2013 -- 14:34:02 - <Info> - using magic-file /usr/share/file/magic
2/8/2013 -- 14:34:02 - <Info> - Delayed detect disabled
2/8/2013 -- 14:34:09 - <Info> - 2 rule files processed. 13850 rules successfully loaded, 0 rules failed
2/8/2013 -- 14:34:33 - <Info> - 13859 signatures processed. 1030 are IP-only rules, 4289 are inspecting packet payl
oad, 10439 inspect application layer, 72 are decoder event only
2/8/2013 -- 14:34:33 - <Info> - building signature grouping structure, stage 1: adding signatures to signature sour
ce addresses... complete
2/8/2013 -- 14:34:33 - <Info> - building signature grouping structure, stage 2: building source address list... com
plete
2/8/2013 -- 14:34:37 - <Info> - building signature grouping structure, stage 3: building destination address lists.
.. complete
2/8/2013 -- 14:34:39 - <Info> - Threshold config parsed: 0 rule(s) found
2/8/2013 -- 14:34:39 - <Info> - Core dump size set to unlimited.
2/8/2013 -- 14:34:39 - <Info> - fast output device (regular) initialized: fast.log
2/8/2013 -- 14:34:39 - <Info> - Unified2-alert initialized: filename snort.unified2, limit 32 MB
2/8/2013 -- 14:34:39 - <Info> - Configuration provided was successfully loaded. Exiting.
sanders@so-suricata:~$
```

图 9.10　Suricata 在默认运行模式下成功测试一个配置文件

如果 Snort 以 NIDS 模式成功启动，你应该注意到 Snort 已经开始进行包处理，可以通过进程 ID（PID）查看，如图 9.11 所示。

```
chris — sanders@lakota: /etc/nsm/lakota-eth1 — ssh — 92×27
        --== Initialization Complete ==--

   ,,_     -*> Snort! <*-
  o"  )~   Version 2.9.4.6 GRE (Build 73)
   ''''    By Martin Roesch & The Snort Team: http://www.snort.org/snort/snort-team
           Copyright (C) 1998-2013 Sourcefire, Inc., et al.
           Using libpcap version 1.1.1
           Using PCRE version: 8.12 2011-01-15
           Using ZLIB version: 1.2.3.4

           Rules Engine: SF_SNORT_DETECTION_ENGINE  Version 1.17  <Build 18>
           Preprocessor Object: SF_SDF  Version 1.1  <Build 1>
           Preprocessor Object: SF_DNS  Version 1.1  <Build 4>
           Preprocessor Object: SF_IMAP  Version 1.0  <Build 1>
           Preprocessor Object: SF_REPUTATION  Version 1.1  <Build 1>
           Preprocessor Object: SF_MODBUS  Version 1.1  <Build 1>
           Preprocessor Object: SF_SIP  Version 1.1  <Build 1>
           Preprocessor Object: SF_DNP3  Version 1.1  <Build 1>
           Preprocessor Object: SF_FTPTELNET  Version 1.2  <Build 13>
           Preprocessor Object: SF_SSH  Version 1.1  <Build 3>
           Preprocessor Object: SF_POP  Version 1.0  <Build 1>
           Preprocessor Object: SF_SSLPP  Version 1.1  <Build 4>
           Preprocessor Object: SF_GTP  Version 1.1  <Build 1>
           Preprocessor Object: SF_SMTP  Version 1.1  <Build 9>
           Preprocessor Object: SF_DCERPC2  Version 1.0  <Build 3>
Commencing packet processing (pid=18490)
Decoding Ethernet
```

图 9.11　Snort 以 NIDS 模式成功启动

如果 Suricata 成功启动，你应该注意到线程初始化完成，引擎已经启动，如图 9.12 所示。

在 Security Onion 系统中，Snort 和 Suricata 可以通过使用 nsm_sensor_ps-start 脚本启动，详情请参考附录 1 中的描述。

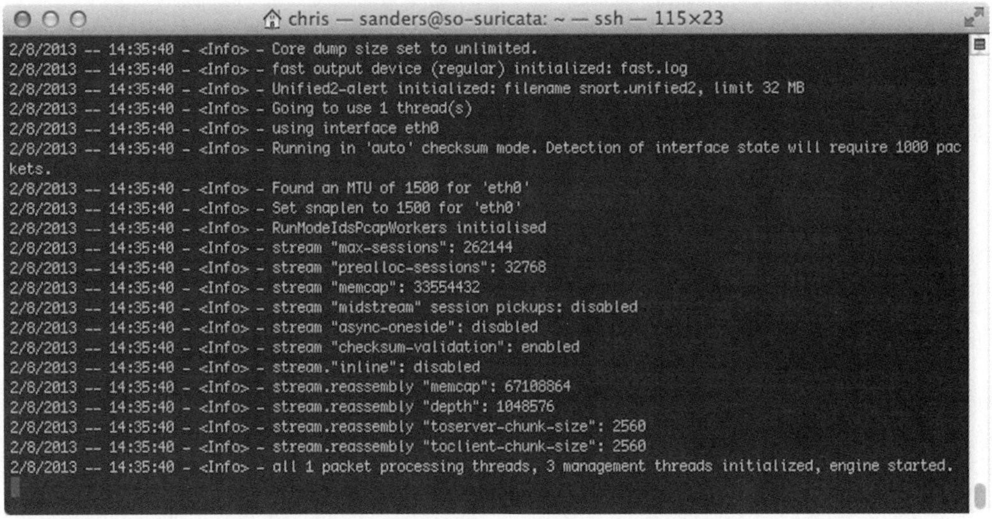

```
chris — sanders@so-suricata: ~ — ssh — 115×23
2/8/2013 -- 14:35:40 - <Info> - Core dump size set to unlimited.
2/8/2013 -- 14:35:40 - <Info> - fast output device (regular) initialized: fast.log
2/8/2013 -- 14:35:40 - <Info> - Unified2-alert initialized: filename snort.unified2, limit 32 MB
2/8/2013 -- 14:35:40 - <Info> - Going to use 1 thread(s)
2/8/2013 -- 14:35:40 - <Info> - using interface eth0
2/8/2013 -- 14:35:40 - <Info> - Running in 'auto' checksum mode. Detection of interface state will require 1000 pac
kets.
2/8/2013 -- 14:35:40 - <Info> - Found an MTU of 1500 for 'eth0'
2/8/2013 -- 14:35:40 - <Info> - Set snaplen to 1500 for 'eth0'
2/8/2013 -- 14:35:40 - <Info> - RunModeIdsPcapWorkers initialised
2/8/2013 -- 14:35:40 - <Info> - stream "max-sessions": 262144
2/8/2013 -- 14:35:40 - <Info> - stream "prealloc-sessions": 32768
2/8/2013 -- 14:35:40 - <Info> - stream "memcap": 33554432
2/8/2013 -- 14:35:40 - <Info> - stream "midstream" session pickups: disabled
2/8/2013 -- 14:35:40 - <Info> - stream "async-oneside": disabled
2/8/2013 -- 14:35:40 - <Info> - stream "checksum-validation": enabled
2/8/2013 -- 14:35:40 - <Info> - stream."inline": disabled
2/8/2013 -- 14:35:40 - <Info> - stream.reassembly "memcap": 67108864
2/8/2013 -- 14:35:40 - <Info> - stream.reassembly "depth": 1048576
2/8/2013 -- 14:35:40 - <Info> - stream.reassembly "toserver-chunk-size": 2560
2/8/2013 -- 14:35:40 - <Info> - stream.reassembly "toclient-chunk-size": 2560
2/8/2013 -- 14:35:40 - <Info> - all 1 packet processing threads, 3 management threads initialized, engine started.
```

图 9.12 Suricata 以默认运行模式成功启动

9.5 Snort 和 Suricata 的配置

Snort 和 Suricata 都依赖配置文件和 / 或命令行参数控制其功能。Snort 使用名为 snort.conf 的文件，Suricata 使用名为 suricata.yaml 的文件。这些文件实际上可以用于控制和调整两个工具的各种行为，包括特定的检测引擎、规则文件位置以及声明规则使用的变量。如果你使用 Security Onion 系统，这些文件位于 /etc/nsm/< 探头接口 >/. 如果你负责维护 Snort 或 Suricata 安装，或者只是想了解这些工具的功能，你应该花费一些时间按照配置文件的步骤进行操作。据说这样做效果非常好。接下来，我们将开始按照一些通用的配置选项进行操作，这些选项都适用于这两个工具。

9.5.1 变量

在计算机领域，变量是引用存储值的符号名称。Snort 和 Suricata 在各自配置中都支持使用变量，从而增加 IDS 规则的灵活性，使其易于创建和维护。在配置文件中，Snort 也支持使用变量引用公共路径。变量只需定义一次，Snort 执行时载入已定义变量，然后就可以在配置文件或者 Snort 规则中任意引用。这种情况下有三种不同类型的变量可供使用：IP 变量、端口变量以及标准变量。

9.5.2 IP 变量

在引用待检测流量的源或目标 IP 时，可在 IDS 规则中使用 IP 变量定义网络地址或者地址范围。通过使用变量指定频繁引用的 IP 地址范围，在该范围内的任何规则，只需更新一次变量并应用即可。

对于 Snort 而言，在 snort.conf 文件中定义 IP 变量时应使用 ipvar 关键字，其后是变量名和 IP 地址。例如，为了标明网络中的 DNS 服务器，你可以定义如下变量：

```
ipvar DNS_SERVERS 192.168.1.10
```

你可以在方括号中一次定义多个 IP 地址，使用逗号分隔。如下设置是为了标明一组 SMTP 邮件服务器：

```
ipvar SMTP_SERVERS [192.168.1.75,192.168.1.76,192.168.1.77]
```

你可以使用 CIDR 标识法在中方括号中指定地址范围，并以逗号分隔。如下所示，我们按此方式标明两个只包含 Web 服务器的子网地址：

```
ipvar HTTP_SERVERS [192.168.2.0/24,192.168.12.0/24]
```

在 Suricata 中，并不使用特定关键字来定义变量；取而代之的是，在 suricata.yaml 文件的指定位置定义特定类型的变量。具体而言，你必须在 vars 头部定义所有变量，在地址组子项下面定义 IP 变量。此外，上面提到的地址格式以及 CIDR 表示法同样适应该规则：

```
vars:
    address-groups:
    DNS_SERVERS 192.168.1.10
    SMTP_SERVERS [192.168.1.75,192.168.1.76,192.168.1.77]
    HTTP_SERVERS [192.168.2.0/24,192.168.12.0/24]
```

如果要在规则中使用 IP 变量，则必须在变量名前使用 $ 符号，以下面的规则为例，$SMTP_SERVERS 和 $EXTERNAL_NET 变量被用于尝试检测强制性 SMTP 登录认证：

```
alert tcp $SMTP_SERVERS 25 -> $EXTERNAL_NET any (msg:"GPL SMTP AUTH LOGON
brute force attempt"; flow:from_server,established; content:"Authen-
tication unsuccessful"; offset:54; nocase; threshold:type threshold,
track by_dst, count 5, seconds 60; classtype:suspicious-login;
sid:2102275; rev:3;)
```

最重要的两个网络变量是：$HOME_NET 和 $EXTERNAL_NET。

$HOME_NET 变量用来识别 Snort/Suricata 负责保护的 IP 地址范围，这通常用于配置内网 IP 地址，例如 10.0.0.0/8, 172.16.0.0/12, 或 192.168.0.0/16，它取决于传感器的部署位置及其开放程度（visibility）。

一个常见的 $HOME_NET 可以这样声明：

Snort:

```
ipvar HOME_NET [192.168.0.0/16,10.0.0.0/8,172.16.0.0/12]
```

Suricata:

```
vars:
    address-groups:
    HOME_NET [192.168.0.0/16,10.0.0.0/8,172.16.0.0/12]
```

$EXTERNAL_NET 变量用于标明 Snort/Suricata 保护之外的 IP 地址范围。一般情况下，该范围包括不属于组织的、被视作网络边界之外的任何 IP 地址。如你所料，该范围相

当于所有不属于 $HOME_NET 的那部分 IP 地址。因此，通常将此变量设置为 !$HOME_NET。惊叹号可用于变量中，表示指定变量的非值。将该变量设置为“any”也是很普遍的，这将泛指任意 IP 地址。

Snort:

```
ipvar EXTERNAL_NET !$HOME_NET
```

Suricata:

```
vars:
    address-groups:
    EXTERNAL_NET !$HOME_NET
```

$HOME_NET 和 $EXTERNAL_NET 是 Snort 和 Suricata 所需的网络变量，多数公开的可用规则在编写时会经常使用这些变量值。其他可选的网络变量可以在 snort.conf 和 suricata.yaml 文件中找到，强烈建议在编写规则时使用这些变量，因为这样可以提高规则的灵活性，以及降低规则的粒度（granularity）[㊀]。此外，本书稍后将讨论可以使用这些变量的公开规则集，其中包括：

- $HTTP_SERVERS —— 可用于创建和部署服务器端或者客户端的 Web 漏洞规则。
- $DNS_SERVERS —— 可用于创建和部署域名信誉度或者恶意软件的命令和控制的规则。
- $SMTP_SERVERS —— 可用于创建和部署垃圾邮件或恶意附件的规则。
- $SSH_SERVERS —— 用于记录交换机、路由器以及其他 SSH 协议网络设备相关的活动。

你可以通过如下语法创建专有变量，这是一种将各种设备分组管理的有效策略，包括：

- 关键任务系统
- VoIP 电话
- 打印机
- 网络监控电视和投影仪
- 管理工作站
- 传感器

诸多可能，无穷无尽，分组越精确，创建的规则越灵活。

> **警告** 当使用变量明确定义某些内容时，需要仔细。例如，配置 HTTP_SERVERS 变量时，很容易漏掉如打印机、扫描仪可能包含的内置 web 服务。

端口变量

在引用待检测流量的源或目标端口时，可在 IDS 规则中使用端口变量定义四层（layer four）[㊁]端口或者端口范围。

㊀ 作者意在强调规则的可重用性，细粒度的规则更容易被重用。——译者注

㊁ 即应用层。——译者注

对于 Snort 而言，应使用 portcar 关键字在 snort.conf 文件中创建这些变量。以下示例用于指定 SMTP 服务所使用的单一端口：

```
portvar SMTP_PORTS 25
```

可以通过冒号分隔符来指定端口序列的开始和结束值。以下示例用于定义 FTP 服务通常使用的两个端口：

```
portvar FTP_PORTS 20:21
```

必要时，可以使用 IP 变量相同的定义格式，在方括号中使用逗号列表分隔定义端口列表。此处声明了一些可用于 HTTP 通信的端口：

```
portvar  HTTP_PORTS  [80,81,82,83,84,85,86,87,88,89,311,383,591,593,
631,901,1220,1414,1741,1830,2301,2381,2809,3037,3057,3128,3702,4343,
4848,5250,6080,6988,7000,7001,7144,7145,7510,7777,7779,8000,8008,
8014,8028,
8080,8085,8088,8090,8118,8123,8180,8181,8222,8243,8280,8300,8500,
8800,8888,8899,9000,9060,9080,9090,9091,9443,9999,10000,11371,
34443,34444,41080,50002,55555]
```

在为某个不经常使用固定端口的服务编写通信规则时，端口变量显得十分有用。例如，HTTP 通信通常使用 80 端口，一些 web 服务器（特别是那些用于特定的应用程序或者设备的管理）将会使用非标准端口。如果在你的网络中这些服务也被配置为使用非标准端口，端口变量也可派上用场。这对于类似 SSH 的管理协议来说是一种常见的做法，管理员会使用非默认 22 端口，防止自动扫描工具发现这些服务。

标准变量

最后一种变量类型是标准变量，该类型变量只用于 Snort。这些变量通过使用 var 关键字创建，通常用于指定目录。默认的 snort.conf 文件经常使用；例如，指定一个包含不同类型 Snort 规则的目录：

```
var RULE_PATH /etc/nsm/rules
var SO_RULE_PATH /etc/nsm/rules
var PREPROC_RULE_PATH /etc/nsm/rules
```

大多数这些变量声明可以在 snort.conf 文件的第一部分找到。如果你想创建自定义变量并将其添加到 snort.conf 文件中（而不是以单独文件的形式包含进来），最好将这些变量添加到这一部分中，以免将来忘记它们。

9.5.3 定义规则集

对于 Snort 或者 Suricata 而言，如果打算检测网络流量中的受害信标，必须制定对应的规则。Snort 和 Suricata 规则通过特定平台方法实现受害信标的检测，这些规则本质上是告诉它们的检测引擎如何定位网络流量中的信标。

规则存在于包含按行分割格式的简单文本文件中。为了使 Snort 或 Suricata 能够解析这些规则，它们必须被包含在各自的配置文件中。

定义 Snort 规则文件

snort.conf 配置文件的最后部分通常是规则声明。你必须指定一个规则目录，通常使用 include 关键字，并在其后指定规则文件的路径和文件名。规则路径通常使用 $RULE_PATH 变量，定义在 snort.conf 文件的开始部分。

```
include $RULE_PATH/emerging-exploit.rules
```

> **实战中的启示**
>
> 为了避免不断增加或删除 snort.conf 中的规则，你可以在行开头使用 # 号注释掉不使用的规则，Snort 不会解析以 # 号开头的任何行。这对于注释暂时不使用的个人配置行非常有用，该原则同样适用于 suricata.yaml。

Snort 也支持非标准的规则类型，例如：

- 预处理程序规则：这些规则依赖于预处理器所提供的功能，在检测引擎解析规则之前进行解析。
- 共享对象规则：这些规则需要经过编译，而不是从文本文件中逐行解释加载。这种方式对于创建复杂规则很有好处，还可以使规则在部署时不必泄露规则信标本身的细节。

这些规则可以位于不同的位置，因此它们拥有自己的路径变量，规则文件可以包含以下变量：

```
include $PREPROC_RULE_PATH/preproc.rules
include $SO_RULE_PATH/sharedobj.rules
```

Snort 在初始化的时候载入规则，但也可以在不重新启动 Snort 的情况下强制更新配置。这就意味着不必因更改规则而迫使检测引擎暂时停止运行。不过，其前提是 Snort 在编译时启用了 -enable-reload 编译选项。为使规则被实时重载，需完成如下步骤：

1. 查找 Snort 进程 ID。使用 ps 命令列出正在运行的进程，并使用 grep 命令在其中搜索 Snort 进程：

```
ps aux | grep snort.conf
```

在该实例中，进程 ID 为 22859，如图 9.13 所示：

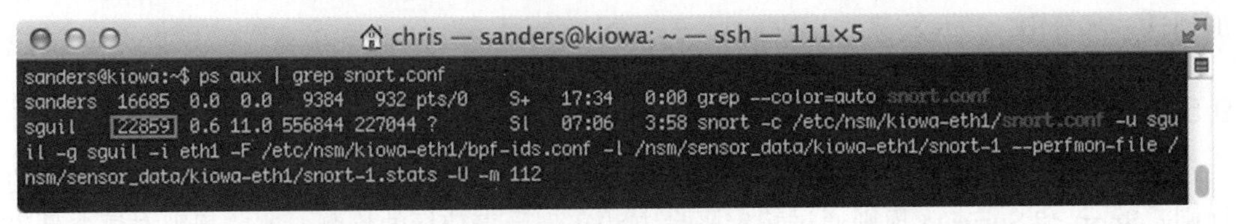

图 9.13 查找 Snort 进程 ID

2. 最后，使用 kill 命令发送 SIGHUP 信号触发规则实时重载。在本例中，命令如下：

```
sudo kill -SIGHUP 22859
```

3. Snort将重新启动并解析更新后的snort.conf文件及其相关规则。注意，有些配置选项不支持实时重载，详情查看：http://manual.Snort.org/node24.html.

定义Suricata规则文件

对于Suricata而言，规则文件需要位于suricata.yaml的适当位置才能被识别。因此，必须指定默认的规则路径，并使规则文件位于rule-files下方，每行一个文件，文件前需要有一个连字符号。

```
default-rule-path: /etc/nsm/rules/
    rule-files:
      - local.rules
      - downloaded.rules
```

和Snort一样，Suricata不必为了使新规则生效而重新启动。通过以下步骤，可以强制添加、修改、删除规则而无需重启Suricata：

1. 首先，确保在Suricata.yaml文件中实时规则重载已经启用：

```
# When rule-reload is enabled, sending a USR2 signal to the Suricata
process will trigger a live rule reload. Experimental feature, use with
care.
    - rule-reload: true
```

2. 其次，查找Suricata进程ID，为了列出该进程，使用ps命令列出正在运行的进程，再使用grep搜索Suricata进程：

```
ps aux | grep suricata.yaml
```

在该示例中，假设进程ID为30577.

3. 最后，使用kill命令发送USR2信号触发规则实时重载。在该示例中，命令如下：

```
sudo kill -USR2 30577
```

该操作日志输出结果如图9.14所示：

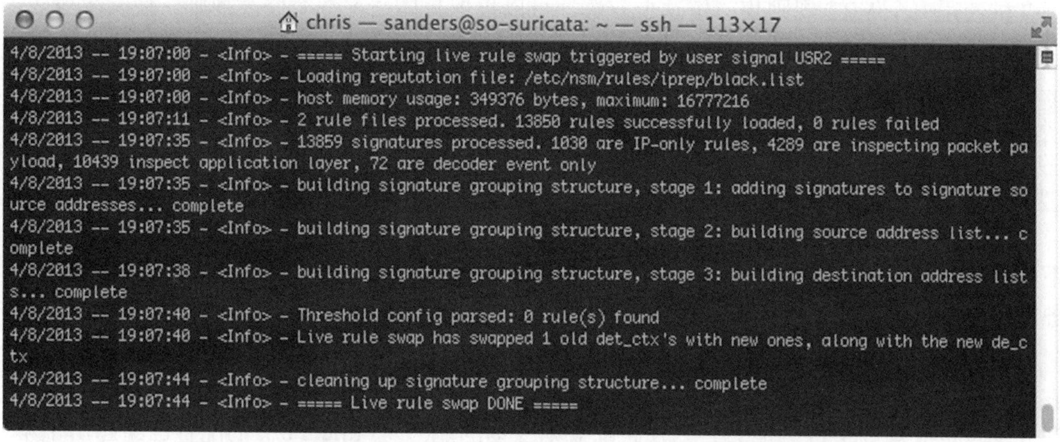

```
chris — sanders@so-suricata: ~ — ssh — 113×17
4/8/2013 -- 19:07:00 - <Info> - ===== Starting live rule swap triggered by user signal USR2 =====
4/8/2013 -- 19:07:00 - <Info> - Loading reputation file: /etc/nsm/rules/iprep/black.list
4/8/2013 -- 19:07:00 - <Info> - host memory usage: 349376 bytes, maximum: 16777216
4/8/2013 -- 19:07:11 - <Info> - 2 rule files processed. 13850 rules successfully loaded, 0 rules failed
4/8/2013 -- 19:07:35 - <Info> - 13859 signatures processed. 1030 are IP-only rules, 4289 are inspecting packet pa
yload, 10439 inspect application layer, 72 are decoder event only
4/8/2013 -- 19:07:35 - <Info> - building signature grouping structure, stage 1: adding signatures to signature so
urce addresses... complete
4/8/2013 -- 19:07:35 - <Info> - building signature grouping structure, stage 2: building source address list... c
omplete
4/8/2013 -- 19:07:38 - <Info> - building signature grouping structure, stage 3: building destination address list
s... complete
4/8/2013 -- 19:07:40 - <Info> - Threshold config parsed: 0 rule(s) found
4/8/2013 -- 19:07:40 - <Info> - Live rule swap has swapped 1 old det_ctx's with new ones, along with the new de_c
tx
4/8/2013 -- 19:07:44 - <Info> - cleaning up signature grouping structure... complete
4/8/2013 -- 19:07:44 - <Info> - ===== Live rule swap DONE =====
```

图9.14　使用kill命令发送USR2信号实现Suricata强制重载规则

公开的规则资源

规则可以手动创建，也可以在组织之间分享，还可以从公共资源中获取。如何建立自定义规则将在本章后续内容涉及，在此之前，需要讨论 Snort 和 Suricata 规则的两个重要来源：Emerging Threats 和 Sourcefire VRT。

Emerging Threats（ET），原名为 Snort 滴血（Bleeding Snort），最早于 2003 年被 Matt Jonkman 推出，目的是作为一个开源社区分享 IDS 规则。ET 促进了一个庞大而活跃的规则开发社区的发展，甚至收到了一些资助，帮助他们推动该事业。

现在，ET 社区比以往更加强大，为 Snort 和 Suricata 提供规则集，这些免费开放的规则集由社区推动和维护，还可以订阅收费的“ETPro”规则集，收费规则集由 ET 研究小组维护。如果希望了解关于 ET 规则集的更多信息，可以访问链接：http://www.emergingthreats.net/open-source/etopen-ruleset/。ET 团队也有一个提供规则更新通知的博客：http://www.emergingthreats.net/blog/ 。

Sourcefire 漏洞研究团队（Sourcefire Vulnerability Research Team ，缩写为 VRT）与 Snort 创建团队同属一个公司，是安全研究精英团队，积极研发针对趋势攻击技术、恶意软件以及漏洞的检测能力。VRT 雇佣了一些非常有才华的人，由他们负责 Snort.org 官方规则的研发和维护。

官方 Snort 规则集共有三种。VRT 规则集是其高级版本，需要付费订阅。不过，一旦有规则集发布，付费订阅者便会即时得到全部 VRT 规则。稍差些的是注册用户版本，可在 snort.org 官方网站免费注册，但只能在规则发布 30 天之后访问 VRT 规则集。第三个（也是最后一个）是社区规则集，它是付费订阅用户的规则集的一部分，免费分发。社区规则集无需注册，每天更新，在该规则集中发布的所有规则都遵循 GPLv2 协议。

因为 Sourcefire VRT 并不提供 Suricata 指定的规则集，所以只有部分规则可用于 Suricata。毕竟 Suricata 不支持由 Snort 预处理程序提供的许多规则选项，所以，如果 Suricata 的用户打算使用 VRT 规则，建议选择那些经 Suricata 测试可用的独立规则，而不要尝试使用整个 VRT 规则集。按这个方法，可以根据具体情况逐个修改规则，使其生效。

Snort VRT 规则可由此下载：http://www.Snort.org/Snort-rules/ 。也可以从 VRT 博客 http://vrt-blog.Snort.org/ 找到大量信息，如果需要获悉规则的更新和规则集的最新消息，可访问：http://blog.Snort.org 。

使用 PulledPork 管理规则更新

ET 团队和 Sourcefire VRT 几乎每天都会发布新的规则。如果手工检查规则更新情况、下载更新后的规则、将这些规则保存在相应目录以及确保它们被应用于生产系统，这些任务将是十分枯燥乏味的。

为了自动完成上述过程，有人开发了 PulledPork，它可以用来确保你的规则保持最新。它还提供了多种功能，使其适用于多种场景。其中包括：用于下载更新规则的机制，管理和分发自定义规则文件的能力，以及跟踪规则变动的能力。PulledPork 的配置已经超出了本书的范围，如需了解更多可访问：https://code.google.com/p/pulledpork/ 。

Security Onion 系统的规则管理

在 Security Onion 系统中，规则默认存放于 /etc/nsm/rules/。下载自 Sourcefire VRT 或 Emerging Threats 等可用公共资源的规则保存于 downloaded.rules 文件，自定义创建的规则应该存放于 local.rules 文件。使用额外的规则文件的前提条件是，它们应该在 snort.conf 或 suricata.yaml 文件中予以指定。

如果使用 Security Onion 作为 NSM 平台，应该避免使用前面章节提到的方法更新规则，而是采用规则更新脚本（rule-update）实现。该脚本需要其他工具执行额外任务，例如 Barnyard2 和 PulledPork，脚本运行如下所示：

```
sudo rule-update
```

运行规则更新脚本，部分输出内容如图 9.15 所示：

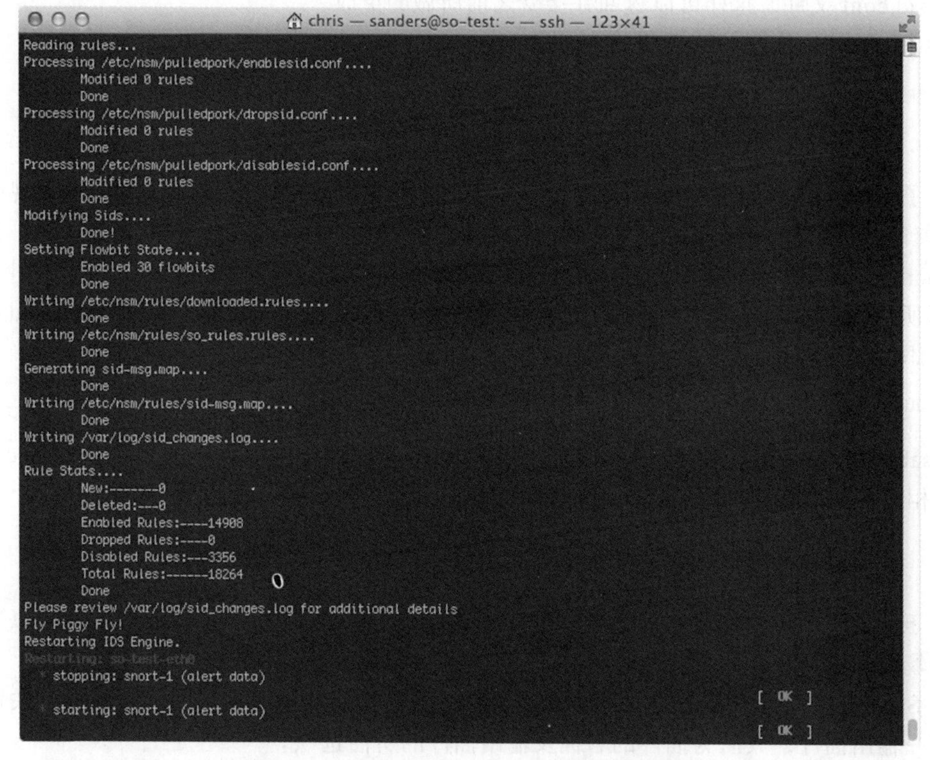

图 9.15　运行 Security Onion 规则更新脚本

在 Security Onion 系统中，有两个文件对于维护规则特别重要：disablesid.conf 和 modifysid.conf。这些文件是 PulledPork 工具的一部分，其使用方式与本章描述一致，与是否使用 Security Onion 系统无关。

disablesid.conf 文件用于永久性地禁用那些不再需要的规则。这种能力非常有用，尤其是在与不断更新的公共资源交换所获得的规则的时候。例如，假设你希望禁用 SID 为 12345 的规则，你首先会想到将其从规则文件中删除，或者使用“#”符号注释掉该规则。

如果这样做，最初可能会产生效果，但是当 PulledPork 在晚上运行并从 Emerging Threats 或 Sourcefire 下载了一条新规则的时候，已删除或者被禁用的规则将会被还原，重新应用于生产系统。因此，更恰当的禁用规则方式则是使用 disablesid.conf 文件。当 PulledPork 下载一个新规则文件时，会解析该文件，据此撤销或再次禁用任何不应启用的规则。disablesid.conf 文件中的内容存储格式为 GID:SID。对于本例，可以在 disablesid.conf 文件中添加如下一条记录，永久地禁用该规则：

```
1:12345
```

modifysid.conf 文件用于永久性更改从公共资源获得的规则。与被删除规则的情况类似，如果我们想要修改一条从公共资源获得的规则，PulledPork 的夜间更新将会替换规则文件，并且会消除我们所做的任何更改。正因如此，PulledPork 在每条规则更新之后解析 modifysid.conf 文件，这样可以返回并接受之前所做的更改。

例如，让我们修改如下规则：

```
alert ip any any ->any any (msg:"GPL ATTACK_RESPONSE id check returned
root"; content:"uid=0|28|root|29|"; fast_pattern:only; classtype:
bad-unknown; sid:2100498; rev:8;)
```

为了修改这条规则，需要在 modifysid.conf 文件中增加一条记录，指定所修改规则的 SID，修改前内容和修改后内容。在本例中，我们需要用“ alert ip $HOME_NET any”替换掉“ alert ip any any” 内容。通过修改该特征，使得指定模式与流量匹配时，仅当流量来自传感器所保护网络的外部 IP 地址时才会产生警报。为实现这一改变，应在 modifysid.conf 文件中添加如下内容：

```
2100498 "alert ip any any" "alert ip $HOME_NET any"
```

disablesid.conf 和 modifysid.conf 均在相应的文件提供参考示例。此处有更多 Security Onion 相关案例可阅读 : https://code.google.com/p/security-onion/wiki/ManagingAlerts 。

9.5.4 警报输出

对于向分析员输出告警数据的方式，Snort 和 Suricata 均具有一定的灵活性，可以适用于不同场景。

在 Snort 中，警报的输出由 snort.conf 文件中的输出插件模块控制。通过 output 关键字指定某一输出插件，其后为插件的名称及输出插件的所需选项。

```
output <plugin name>: <options>
```

如果未在运行时指定 -l 参数，则 Snort 默认日志目录将被设置为 /var/log/snort。

在 Suricata 中，警报的输出由 suricata.yaml 文件中的输出模块控制。在 outputs 下面列出了各个输出类型及其对应的选项。

```
outputs:
    - <output type>:
        <options>
```

如果未在运行时指定 -l 参数，则 Suricata 默认日志目录将被设置为 /var/log/suricata。

> **分析师须知**
>
> Snort 和 Suricata 允许多种输出插件同时使用，当多种插件同时使用时，它们按照在 snort.conf 和 suricata.yaml 文件中的顺序被有序调用。

现在我们看看常见的警报输出。注意，实际的输出选项远不止这里提及的，如果需要查找一些特殊选项，请查阅 Snort 或 Suricata 参考文档，其中很可能已经提供了所需内容。为触发 SID 2100498 规则从而产生以下示例所展示的警报样例，其中我访问了 http://www.testmyids.com 网站：

```
alert ip any any -> any any (msg:"GPL ATTACK_RESPONSE id check returned
root"; content:"uid=0|28|root|29|"; fast_pattern:only; classtype:
bad-unknown; sid:2100498; rev:8;)
```

快速警报

快速警报格式以简陋的单行格式显示警报，这种警报格式简明扼要，便于分析员在命令行中查看。它提供了对于警报相关数据审查所需的最小量信息。

```
08/05-15:58:54.524545 [**] [1:2100498:8] GPL ATTACK_RESPONSE id check
returned root [**] [Classification: Potentially Bad Traffic] [Priority:
2] {TCP} 217.160.51.31:80 -> 172.16.16.20:52316
```

全面警报

全面警报格式将显示快速警报中各项内容的完整信息，包括触发告警的数据包的头部的详细信息。该警报的格式是多行警报，因此不利于命令行工具解析。

```
[**] [1:2100498:8] GPL ATTACK_RESPONSE id check returned root [**]
[Classification: Potentially Bad Traffic] [Priority: 2]
08/05-15:58:54.524545 217.160.51.31:80 -> 172.16.16.20:52316
TCP TTL:40 TOS:0x20 ID:44920 IpLen:20 DgmLen:299 DF
***AP*** Seq: 0x6BD4465B Ack: 0xE811E4E6 Win: 0x36 TcpLen: 20
```

Syslog

按照设计，syslog 警报格式的警报将被发送到 syslog 服务，而 syslog 服务既可以工作在传感器设备本身，也可以工作在其他设备上。syslog 是一种很常见的日志记录格式，被大量设备所支持，也可以被大部分日志管理分析工具解析。syslog 的输出存储在单独的一行，便于从命令行接口进行检索。该警报输出的大部分内容与快速警报格式相同。

```
Aug 5 15:58:54 lakota snort: [1:2100498:8] GPL ATTACK_RESPONSE id check
returned root [Classification: Potentially Bad Traffic] [Priority: 2]:
{TCP} 217.160.51.31:80 -> 172.16.16.20:52316
```

数据包记录

基于文本的警报是一个良好的开端，但你也可能希望手工检查导致生成警报的数据。

如果你正在使用第 5 章所讨论的那种完整的数据包捕获方案，那么最好去第 5 章查找答案吧。否则，你还可以配置 Snort 和 Suricata 以 PCAP 格式记录产生警报的数据。产生上述告警示例的数据包如图 9.16 所示。

```
chris — sanders@lakota: ~ — ssh — 103×26
sanders@lakota:~$ sudo tcpdump -nnXr tcpdump.log
reading from file tcpdump.log, link-type EN10MB (Ethernet)
15:58:54.524545 IP 217.160.51.31.80 > 172.16.16.20.52316: Flags [P.], seq 1809073755:1809074014, ack 38
93486822, win 54, length 259
        0x0000:  4520 012b af78 4000 2806 d950 d9a0 331f  E..+.x@.(..P..3.
        0x0010:  ac10 1014 0050 cc5c 6bd4 465b e811 e4e6  .....P.\k.F[....
        0x0020:  5018 0036 4184 0000 4854 5450 2f31 2e31  P..6A...HTTP/1.1
        0x0030:  2032 3030 204f 4b0d 0a44 6174 653a 204d  .200.OK..Date:.M
        0x0040:  6f6e 2c20 3035 2041 7567 2032 3031 3320  on,.05.Aug.2013.
        0x0050:  3135 3a35 383a 3534 2047 4d54 0d0a 5365  15:58:54.GMT..Se
        0x0060:  7276 6572 3a20 4170 6163 6865 0d0a 4c61  rver:.Apache..La
        0x0070:  7374 2d4d 6f64 6966 6965 643a 204d 6f6e  st-Modified:.Mon
        0x0080:  2c20 3135 204a 616e 2032 3030 3720 3233  ,.15.Jan.2007.23
        0x0090:  3a31 313a 3535 2047 4d54 0d0a 4554 6167  :11:55.GMT..ETag
        0x00a0:  3a20 2236 3163 3232 6632 322d 3237 2d34  :."61c22f22-27-4
        0x00b0:  3237 3163 3566 3161 6334 6330 220d 0a41  271c5f1ac4c0"..A
        0x00c0:  6363 6570 742d 5261 6e67 6573 3a20 6279  ccept-Ranges:.by
        0x00d0:  7465 730d 0a43 6f6e 7465 6e74 2d4c 656e  tes..Content-Len
        0x00e0:  6774 683a 2033 390d 0a43 6f6e 7465 6e74  gth:.39..Content
        0x00f0:  2d54 7970 653a 2074 6578 742f 6874 6d6c  -Type:.text/html
        0x0100:  0d0a 0d0a 7569 643d 3028 726f 6f74 2920  ....uid=0(root).
        0x0110:  6769 643d 3028 726f 6f74 2920 6772 6f75  gid=0(root).grou
        0x0120:  7073 3d30 2872 6f6f 7429 0a              ps=0(root).
sanders@lakota:~$
```

图 9.16 匹配规则 SID 为 2100498 的数据包数据

Unified2 格式

在企业环境中，最常用的日志格式是 Unified2，这是可以同时存储警报数据和数据包数据的二进制格式。如果你尝试手工查看这些文件，你将会发现它是无法读取的。Unified2 输出格式并非被设计成手工或者命令行工具可读，相反，它是旨在与类似 Barnyard2 或 Pigsty 的工具相结合使用。这些工具用于解析 Unified2 格式输出，并将警报数据存储在数据库中，比如 MySQL 或 Postgres SQL 数据库。Snort 本身也集成一个称为 u2spewfoo 的工具，该工具备读取 Unified2 格式文件并将其输出到命令行界面的能力。

多年以来，Barnyard2 已经成为数据库格式存储 Unified2 警报的事实标准工具，效果不错。Barnyard2 也支持其他多种输出模式。关于 Barnyard2 更多信息请参阅：https://github.com/firnsy/barnyard2 。

Pigsty 是一种较新的工具，由提供 Snorby 的 Threat Stack 团队开发，关于 Snorby 工具，本章稍后讨论。Pigsty 的开发目的与 Barnyard2 一致，但有更好的扩展性。它提供了创建自定义输出插件的能力，增加了 Snort 和 Suricata 警报数据输出选项的灵活性。除了支持数据库输出插件，Pigsty 也支持其他方法的输出，例如 Websockets、Sguild、IRC 和 REST 输出。如需了解 Pigsty 更多内容可访问：https://github.com/threatstack/pigsty 。

如果希望获取更多关于警报输出配置的相关信息，请参考 Snort 和 Suricata 官方在线文档的对应章节。

9.5.5 Snort 预处理器

不同于 Suricata 将大多数功能内置于核心架构，Snort 的很多功能是通过使用单独的预处理程序实现的。本书前面曾讨论过Snort的体系架构，其预处理器分为两种类型，用于在检测引擎解析之前格式化数据，并为检测引擎所使用的Snort规则提供灵活性。这两种类型的预处理器可以在snort.conf中配置。预处理程序由preprocessor关键字识别，紧随预处理器名称之后是与其相关的选项。有些预处理器（比如端口扫描检测处理器），只有少量配置选项，如：

```
# Portscan detection. For more information, see README.sfportscan
# preprocessor sfportscan: proto { all } memcap { 10000000 } sense_level
{ low }
```

而另外一些预处理器（例如SSH异常检测预处理器）拥有较多的选项，如：

```
# SSH anomaly detection. For more information, see README.ssh
preprocessor ssh: server_ports { 22 } \
                  autodetect \
                  max_client_bytes 19600 \
max_encrypted_packets 20 \
max_server_version_len 100 \
enable_respoverflow enable_ssh1crc32 \
enable_srvoverflow enable_protomismatch
```

需要注意，在配置文件中列出的预处理器是顺序执行的。因此，预处理器的调度需要依据所关联的网络层。首先应该是用于IP分片重组的frag3这类的网络层预处理器。其后是用于处理TCP流重组的Stream 5这类传输层预处理器。再后面是应用层预处理器，例如SSH、HTTP和SMTP异常检测器。这个顺序马虎不得，因为应用层预处理器可能无法处理零散片段数据、乱序或者接收意外状态的数据。

在使用Snort之初，可能你不太会善加利用大量的预处理器，对目前所使用的预处理器可能也不甚了解。可是，你必须花费时间检查snort.conf文件中所列的各个预处理器，并阅读对应的README文档。这些预处理器，有的可能暂时还用不到，有的则是不可或缺的。你甚至会发现，当你试图编写复杂的规则时，利用预处理器则会简单得多。包括其中几个：

- Reputation: 基于信任检测，阻断与特定IP地址（我们在第8章讨论过）的通信。
- ARPSpoof: 设计成能够检测到ARP欺骗的发生。
- SFportscan: 检测到潜在的识别扫描。
- Frag3: 进行IP数据包碎片整理，有助于防止IDS漏掉检测。
- Stream5: 允许跟踪TCP链接状态，创建有状态的规则。
- HTTP_Inspect: 恢复正常的HTTP流量，因此可以被检测引擎正确解析，提供了可供Snort规则直接使用的一些指令。

你可以在Snort用户指南的“预处理器”（Preprocessors）章节了解关于Snort预处理器的详细信息，或者通过查看Snort附带的关于预处理器文档的README文件。

9.5.6　NIDS模式命令行附加参数

虽然大多数选项都可以在snort.conf和suricata.yaml文件中进行配置，但在命令行参数中所指定的各个参数将优先于配置文件中已经设置的选项。通常，在运行 Snort 和 Suricata 时都会添加这类参数。

对于 Security Onion 系统，通过列出正在运行的 IDS 引擎进程，可以看到使用命令行参数的例子。如图 9.17 所示，我们可以发现 Snort 正在运行。

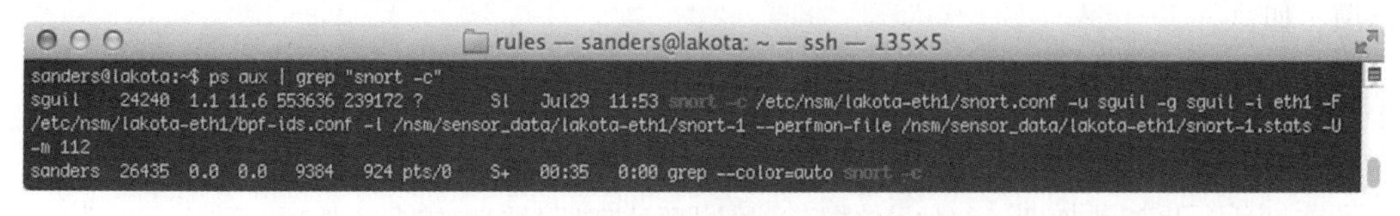

图 9.17 运行时带有命令行选项的 Snort

在此例中，可以看到一些常用的 Snort 命令行参数，除此之外，还有一些其他的常用参数如下：

- -A < 模式 >: 指定无格式文本警报的警报等级。模式可以被设置为 fast、full、unsock、console、cmg 或 none。
- -c < 文件 >: 用来指定包含路径在内的 NIDS 模式配置文件 snort.conf。
- -D: 作为守护进程执行 Snort（后台运行）。
- -F < 文件 >: 从一个文件中读伯克利封包过滤器（BPF）[⊖]，关于 BPF 内容将在第 13 章深入讨论。
- -g < 用户组 >: 指定 Snort 初始化后以哪个用户组运行。这可以用来允许 Snort 在初始化之后脱离 root 权限。
- -i < 接口 >: 指定一个专用接口来监测流量。
- -l < 目录 >: 指定一个用来记录警报的文本报告的输出目录。
- -L < 目录 >: 指定一个用来记录警报的二进制报告的输出目录。
- -m < 掩码 >: 强制新创建的文件具有特定的用户权限掩码（umask）。
- -u < 用户 >: 指定 Snort 初始化后以哪个用户运行。这可以用来允许 Snort 在初始化之后脱离 root 权限。
- -U: 将与所有日志和警报相关的时间戳改为 UTC 格式。
- -T: 用来测试一个配置文件。
- --perfmon-file < 文件 >: 指定 perfmon 预处理器用来追踪 Snort 统计量的文件。

在 Security Onion 系统下使用命令行参数运行 Suricata 的例子，如图 9.18 所示。

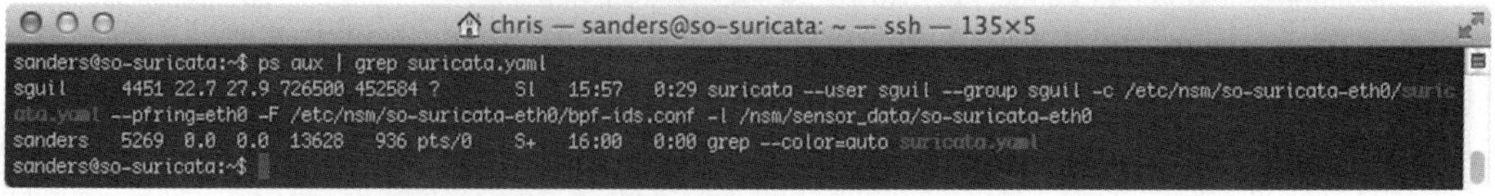

```
chris — sanders@so-suricata: ~ — ssh — 135×5
sanders@so-suricata:~$ ps aux | grep suricata.yaml
sguil     4451 22.7 27.9 726500 452584 ?      Sl   15:57   0:29 suricata --user sguil --group sguil -c /etc/nsm/so-suricata-eth0/suric
ata.yaml --pfring=eth0 -F /etc/nsm/so-suricata-eth0/bpf-ids.conf -l /nsm/sensor_data/so-suricata-eth0
sanders   5269  0.0  0.0  13628   936 pts/0   S+   16:00   0:00 grep --color=auto suricata.yaml
sanders@so-suricata:~$
```

图 9.18 运行时带有命令行参数的 Suricata

⊖ 伯克利封包过滤器（Berkeley Packet Filter，BPF），是类 Unix 系统上数据链路层的一种原始接口，提供原始链路层封包的收发。——译者注除上图的命令行之外，还有一些其他的常用参数如下：

- -c < 文件 >: 用来指定包含路径的 suricata.yaml 配置文件。
- -D：作为守护进程执行 Suricata（后台运行）。
- --group < 用户组 >: 指定 Suricata 初始化后以哪个用户组运行。这可以用来允许 Suricata 在初始化之后脱离 root 权限。
- -F < 文件 >: 从一个文件中读伯克利封包过滤器（BPF），关于 BPF 内容将在第 13 章做深入讨论。
- -i < 接口 >: 指定一个专用接口来监测流量。
- -l < 目录 >: 用来指定默认的日志目录。
- -r < pcap 文件 >: 离线模式下解析一个 PCAP 文件。
- --runmode < 模式 id >: Suricata 初始化后运行模式的 ID。
- -s: 用来手动指定一个包含 IDS 特征以及 suricata.yaml 中指定特征的文件。
- -T: 用来测试一个配置文件。
- -u < 用户 >: 指定 Suricata 初始化后以哪个用户运行。这可以用来允许 Suricata 在初始化之后脱离 root 权限。

在 Snort 和 Suricata 的初始化阶段，还有一些其他可用的命令行参数。你可以在各个工具对应的使用手册中查看完整的选项列表，查看方法是在已安装工具的系统命令行输入 man snort 或 man suricata。

9.6 IDS 规则

我们在前面已经了解到规则在 Snort 和 Suricata 中的运用方法、一些公共规则资源和保持这些规则持续更新的机制。这些固然重要，但是分析员平时对于 Snort 或 Suricata 的主要操作还是创建新规则、修改现有规则（目的是让规则更加有效，这一过程也称作“调优”）。在本节中，我们将讨论建立规则的方法、一些常用规则选项，还会通过一些实际场景介绍规则的创建步骤。

因为 Snort 和 Suricata 的一些基本语法相同，本节大部分内容同时适用于两者。倘若某规则不具有通用性，本书会加以说明。

9.6.1 规则解析

尽管 Snort 和 Suricata 规则语法非常灵活，但是依然需要遵循一些约定，以下示例是一个非常简单的规则：

```
alert tcp $EXTERNAL_NET 80 ->$HOME_NET any (msg:"Users Downloading
Evil); content:"evil"; sid:55555555; rev:1;)
```

该规则非常简单，用于当内网用户从 web 服务器上下载包含关键字“evil”的数据时生成警报。当然，检测用户从互联网上下载的恶意内容远没有那么容易！

在研究该条规则的各个组成之前，你应该注意到规则是由两个部分构成：规则头部和规则选项。规则头在括号外面，而规则选项在括号里面。分解示意如图 9.19 所示。

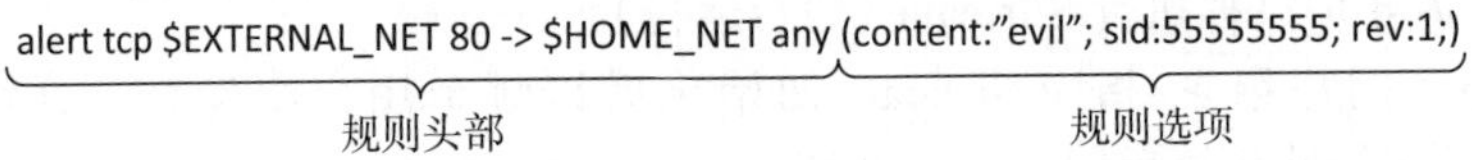

alert tcp $EXTERNAL_NET 80 -> $HOME_NET any (content:"evil"; sid:55555555; rev:1;)

规则头部　　规则选项

图 9.19　基本规则解析

规则头部

规则头部永远是规则的第一部分，也是规则的必要组成部分。规则头部并不是用于确定匹配模式的，而是负责定义待匹配流量与“谁”有关。在规则头部定义的每项内容都应该在数据包头中找到，这在规则解析过程中至关重要。规则头部分解示意如图 9.20 所示。

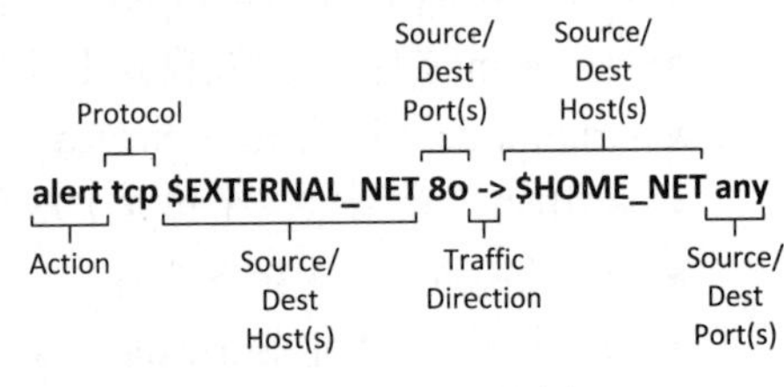

图 9.20　IDS 规则头

规则头总是包含相同的几个部分：规则行为、协议、源 / 目标主机、源 / 目标端口以及流量方向。

规则行为

所有规则的第一部分都是行为声明，用于通知 IDS 引擎在触发警报时该做什么，共有 3 种可选行为：

- Alert：通知 IDS 引擎记录所匹配的规则、与匹配规则相关的数据包数据，这是最常见的规则行为。
- Log：通知 IDS 引擎记录所匹配的规则，但是并不记录与匹配规则相关的数据包数据。
- Pass：通知 IDS 引擎对该数据包不做任何处理。

协议

该字段通知 IDS 引擎该规则适用于何种协议，可用选项包括：tcp、udp、icmp、ip 以及 any。注意，每条规则只能选择其一。如需编写同时适用于 TCP 和 UDP 协议的通信规则，应在规则头部使用 IP 协议。为追求性能，尽量使用待匹配流量所特有的模式。在示例规则中，我们所关注的 HTTP 流量属于 TCP 协议，因此在规则中指定了 TCP 协议。

源和目标主机

创建规则时，需要为待匹配的流量模式指定源和目标主机。主机需以 IP 地址指定，其形式较为灵活，可以是 IP 地址列表，也可以是 CIDR 形式的 IP 范围，可参照我们之前在讨论 Snort 和 Suricata 配置时所讲的内容。在示例规则中，你会看到我们使用 $HOME_NET 和 $EXTERNAL_NET 变量定义 IP 地址。若无法将该规则局限于特定类别的主机，可以使用关键字“any”说明匹配任意主机。

源和目标端口

我们不仅可以指定所关心的主机参与规则匹配，还可以指定特定应用层端口。注意，这类端口可以是单独的端口、端口列表，也可以是前面提到的端口范围。当没有特定端口适用时，可以使用关键字“any”说明匹配任意端口。在示例规则中，我们已经为 $EXTERNAL_NET 变量指定了 80 端口，同时使用关键字“any”为 $HOME_NET 变量指定任意端口。

流量方向

对于建立规则头来说，最后一个令头痛的问题就是指定流量的方向。只有如下两种有效选项：

- ->：定义从源到目标地址的单向流量。
- <>：定义双向流量。

因为此处只有两种选择，所以编写规则时需要判断通信流量方向。如果不需要在意通信流量方向，那么源、目标主机以及头部端口号的顺序也就不重要。相反，如果流量方向重要，那么源主机和端口号应该列在前面。

正如示例规则所述的规则头，我们关注用户从外网服务器下载恶意的内容，这意味着恶意数据包的潜在来源为外网服务器，目标地址是某个内网主机。因此，应该首先列出外网主机和端口（$EXTERNAL_NET 80），后面才是源地址到目标地址的方向指示符（->），接着是内网主机和端口（$HOME_NET any）。

规则选项

规则头部分负责说明流量与“谁”有关，而规则选项部分则是负责说明流量是“什么”。这一部分将通知 IDS 引擎在检查数据包过程中寻找什么内容，以及如何寻找。规则选项部分包含多项内容，且内容是可变的，但是这些内容必须限定在尖括号内。尖括号中的选项采用如下的形式：

```
<option>:<option values>;
```

选项名称及其值使用冒号（：）分割，选项值以分号（；）结尾。如果选项包含空格，则必须使用引号括起来。

有时候，选项没有值，而只是采用以下形式调用：

```
<option>;
```

注意选项名称必须以分号结尾，如果你并未按照要求使用冒号或分号，那么你所使用的 IDS 引擎解析规则时将会初始化失败。

警告　不要忘记在规则选项部分添加分号，这是一个容易被忽略的常见错误。

接下来，我们将查看一些通用规则选项。

事件信息选项

事件信息选项用于提供规则的上下文信息。如果所调查数据将被用于输出告警信息，事件信息越详细，就对分析员越有效。事件信息选项包括：

消息（msg）该选项用于规则相关的文本描述。这通常被认为是规则的“名称”，当分析员检查由 IDS 引擎产生的警报时，最先看到的是这类消息。所以，令描述信息尽可能详细，会是一个好主意。示例如下：

- ET POLICY Outgoing Basic Auth Base64 HTTP Password detected unencrypted
- OS-WINDOWS SMB NTLM NULL session attempt
- EXPLOIT-KIT Blackholev2 exploit kit jar file downloaded

特征标识符（sid）该选项用于唯一性地标识规则。每个规则的 SID 必须不能重复，且只能是数值。注意，有些数值范围是保留的，分别为：

- 0-1000000: 为 Sourcefire VRT 保留。
- 2000001-2999999: 用于 Emerging Threats（ET）。
- 3000000 +: 公用。

为了避免冲突，应该使用 3000000 以上的数值作为 SID 标识。另外还需要为应用于传感器的本地 SID 建立跟踪、维护列表。

修订（rev）该选项用于表示规则发生了修改。当创建一条新规则时，应该指定为 rev:1；以表明它是该规则的第一个版本。当规则被改变时，不是每次都创建一个新的 SID，而是保持 SID 不变，但版本号自增。一旦 Snort 或者 Suricata 遇到重复 SID 的规则时，将使用具有高版本号的规则。

引用（reference）该选项用于链接外部信息来源，从而为规则提供附加的情景资料。最常见的方法则是简单地将 URL 加入 reference 字段，如下规则所示：

```
alert tcp $HOME_NET any -> $EXTERNAL_NET $HTTP_PORTS (msg:"ET CURRENT
_EVENTS FakeAlert/FraudPack/FakeAV/Guzz/Dload/Vobfus/ZPack HTTP Post
2"; flow:established,to_server; content:"POST"; http_method; con-
tent:"/perce/"; nocase; http_uri; content:"/qwerce.gif"; nocase;
http_uri; content:"data="; nocase; reference:url,threatinfo.trendmi-
cro.com/vinfo/virusencyclo/default5.asp?VName=TROJ_AGENT.
GUZZ&VSect=T;   reference:url,www.threatexpert.com/threats/trojan-
fraudpack-sd6.html; reference:url,vil.nai.com/vil/content/v_157489.
htm; reference:url,doc.emergingthreats.net/2010235; classtype:tro-
jan-activity; sid:2010235; rev:6;)
```

以上规则用于检测若干已知恶意软件，这些恶意软件都使用相同类型的 HTTP POST 请求方法连接远程服务器。因此，在规则中包括四条单独的引用：

- reference:url,threatinfo.trendmicro.com/vinfo/virusencyclo/default5.asp?VName = TROJ_AGENT.GUZZ&VSect = T;
- reference:url,www.threatexpert.com/threats/trojan-fraudpack-sd6.html;
- reference:url,vil.nai.com/vil/content/v_157489.htm;
- reference:url,doc.emergingthreats.net/2010235;

注意，引用采取以下格式：

```
reference: <reference name>,<reference>;
```

在 Snort 和 Suricata 使用的 reference.config 文件中定义引用类型，该文件的名称和路径可以在 snort.conf 和 suricata.yaml 文件中配置。在 Security Onion 系统中，它位于 /etc/nsm/< 传感器名称 >/reference.config，如图 9.21 所示。

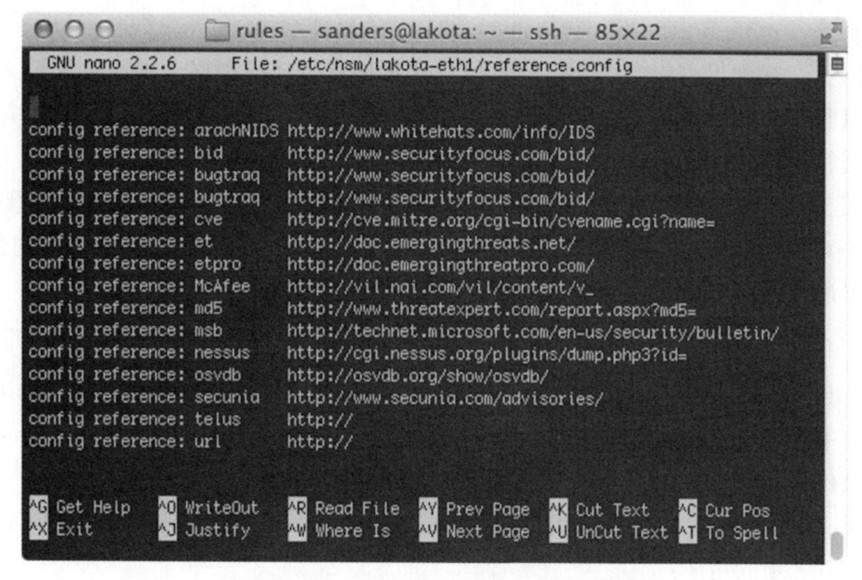

图 9.21　reference.config 文件示例

在 reference.config 文件中，使用以下语法格式定义引用类型：

```
config reference: <reference name><reference prefix>
```

引用名称（reference name）可以是任意的单字（single word）。引用前缀（reference prefix）用于为 URL 分配一个代号，它会出现在规则中的引用内容前面。这样可以保证规则的简洁性，使得图形化的前端显示更为灵活，分析员只要点击“reference”就可以直达正确的链接。因此，指定 URL 引用如下：

```
reference:url,vil.nai.com/vil/content/v_157489.htm;
```

完整引用实际上是：

```
http://url,vil.nai.com/vil/content/v_157489.htm
```

其他引用类型可以更有效的利用此功能。例如，以下规则用于检测 NTPDX 溢出：

```
alert udp $EXTERNAL_NET any -> $HOME_NET 123 (msg:“GPL EXPLOIT ntpdx
overflow attempt”; dsize:>128; reference:bugtraq,2540; reference:
cve,2001-0414; classtype:attempted-admin; sid:2100312; rev:7;)
```

在该规则中，指定两条引用：bugtraq 和 cve。如果你查看如图 9.21 所示的 reference.config 文件，你将会发现这两个引用类型同时使用指定的 URL 前缀，允许该数据被快速引用：

```
config reference: bugtraq http://www.securityfocus.com/bid/
config reference: cve http://cve.mitre.org/cgi-bin/cvename.cgi?name=
```

使用此配置，与 SID 值为 2100312 相关的实际引用为：

- http://www.securityfocus.com/bid/2540

- http://cve.mitre.org/cgi-bin/cvename.cgi?name=2001-0414

如你所见，规则仅需包含引用名称和值，这种描述方式可以极大地减小规则文件的长度，并使其更易于编辑和管理。对自定义引用类型的支持，在一定程度上增加了向规则中补充情景资料的灵活性。

优先级（priority）该字段用于手动指定规则的优先级，帮助分析员提高查看警报的效率。该选项可以设置为任何整型值，但是很多公共规则集只是使用 1 到 10 之间的数值，1 代表优先级最高，10 代表优先级最低。该选项的语法如下所示：

```
priority:<value>;
```

如果你已经为某条规则分配了类别（classification），那么该规则将使用 classification.config 文件中指定的该类别规则的默认优先级，但是如果你明确指定了优先级，Snort 将使用这个值来代替。

类别（classification）该选项用于按照规则所检测的活动类型为规则分类。以下示例规则将阐述类别选项的用法：

```
alert tcp $HOME_NET any ->$EXTERNAL_NET $HTTP_PORTS (msg:"ET CURRENT_
EVENTS Potential Fast Flux Rogue Antivirus (Setup_245.exe)"; flow:
established,to_server; content:"GET"; nocase; http_method; con-
tent:"/Setup_"; nocase; http_uri; content:".exe"; nocase; http_uri;
pcre:"/\/Setup_\d+\.exe$/Ui"; reference:url,www.malwareurl.com/list
ing.php?domain=antivirus-live21.com; classtype:trojan-activity;
sid:2012392; rev:3;)
```

必须使用以下语法指定类别：

```
classtype:<classification name>;
```

Snort 和 Suricata 都是在 classification.config 文件中描述类别名称。该文件的名称和路径可以在 snort.conf 和 suricata.yaml 文件中进行设置。在 Security Onion 系统中，该文件位于 /etc/nsm/< 传感器名称 >/classification.config.

在该文件中须使用以下格式：

```
config classification: <classification name>,<classification
description>,<default priority>
```

在规则中引用类别名称时，应使用缩写格式且不包含空格，类别描述可以稍长些，且提供类别相关的详细信息。对于使用了类别名称的各个规则，其基准优先级将指定为默认优先级。

Snort 和 Suricata 都具有一些内置的类别类型，当你从 Sourcefire VRT 或者 Emerging Threats 等公共资源下载规则时，所下载的内容将包含一个 classification.config 文件，该文件包含规则中使用的所有分类。图 9.22 显示了 Security Onion 系统的 classification.config 文件。

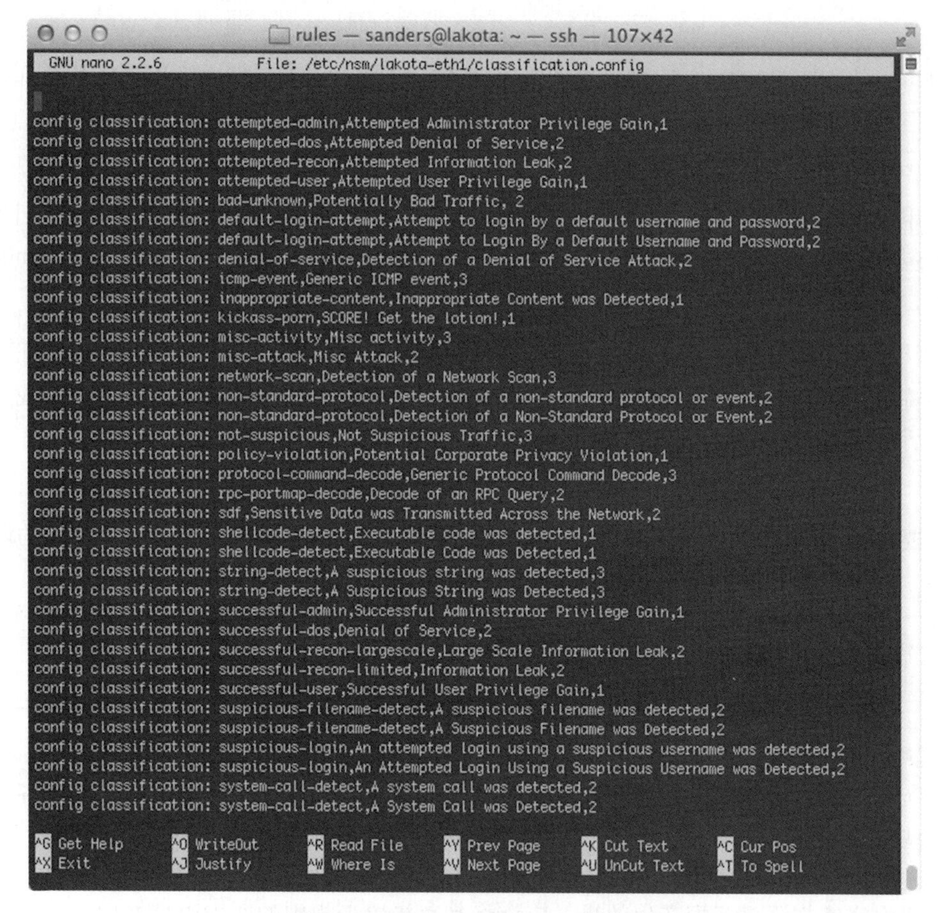

图 9.22　classification.config 示例文件

一般情况下，坚持对每条规则分类是个好主意。如果你已经可以正确地追踪规则的创建和修改，多半你早就为 IDS 使用的规则建立了某种形式的分类。如果你只是刚开始建立一个基于特征检测能力的规则，那么 Snort 和 Suricata 提供的分类类型将是一个很好的起点。

检查内容

IDS 规则选项所提供的最基本的作用是执行简单的内容匹配，使用 content 关键字让 IDS 引擎检查指定的应用层数据包数据内容（载荷）。本书第 13 章将会详细讲解载荷区域在数据包的开始位置。该数据可以用文本、十六进制表示的二进制数据或两者相结合来表示。

例如，如果我们想检查数据包内容是否包含字符串“evilliveshere”，那么我们可以指定：

```
content:"evilliveshere";
```

你也可以在一个规则中指定多项匹配内容，当我们在后面讨论内容修饰语（content modifiers）以及在特定位置查找内容时，这种方法将会派上用场。

```
content:"evillives"; content:"here";
```

也可以使用叹号（！）表示对匹配内容的否定. 例如，以下匹配内容用于捕获全部登录尝试，但不会匹配到匿名帐户：

```
content:"USER"; content:!"anonymous";
```

使用管道符（|）包围的表示为十六进制的二进制数据也可以参与匹配。比如我们想检查数据包中是否存在 JPEG 格式数据，可以通过匹配 JPEG 格式的“魔数”（magic numbers）来实现，如下所示：

```
content:"|FF D8|";
```

字符串数据和二进制数据可以在内容搜索中混合使用。在以下示例中，我们查找三个冒号，后接文本“evilliveshere”，其次是 3 个空字节：

```
content:" |3A 3A 3A|evilliveshere|00 00 00|";
```

需要注意的是，所有的匹配内容都是区分大小写的，并且不限制在数据包中的匹配位置。

警告 在创建内容规则时需要注意，若有保留字符（比如分号、反斜线和引号）用于内容匹配则必须进行转义或者用十六进制表示。

检测内容修饰语

在匹配内容之后添加一些修饰语，可以精确控制 IDS 引擎在网络数据中匹配内容的方式。这些修饰语不但能够提高规则内容匹配的准确性，还可以提高 IDS 引擎的检测性能，这是因为修饰语能够限制引擎在指定位置搜索内容，使引擎不必搜索整个数据包载荷。

为使内容修饰语对匹配产生效果，应该将其直接置于规则的匹配内容之后。现在我们看几个修饰语。

Nocase。内容匹配默认区分大小写，因此，如果你指定针对文本“root”的内容匹配，那么数据包中包含字符“ROOT”时就不会产生警报。为了表示内容匹配不区分大小写，可以使用 nocase 修饰语，例如：

```
content:"root"; nocase;
```

这样，在内容匹配时将匹配“root”一词的任意大小写字母情况。

Offset 和 Depth。Offset 修饰语用于表示从数据包载荷的特定位置开始内容匹配，从载荷起始处算起。注意，载荷从 0 字节处开始，而不是 1 字节处。因此，如果你指定 offset 为 0，检测引擎将会在载荷开始位置查找内容；如果你指定 offset 为 1，检测引擎则会从载荷开始位置的第二个字节处查找内容。

例如，我们检查如下 FTP 数据包：

```
14:51:44.824713 IP 172.16.16.139.57517>67.205.2.30.21: Flags [P.],
seq 1:15, ack 27, win 16421, length 14
    0x0000: 4510 0036 efe4 4000 4006 4847 ac10 108b E..6..@.@.HG....
```

```
0x0010: 43cd 021e e0ad 0015 0bcb 6f30 fcb2 e53c C.........o0...<
0x0020: 5018 4025 2efb 0000 5553 4552 2073 616e P.@%....USER.san
0x0030: 6465 7273 0d0a ders..
```

如果我们需要编写一条内容匹配规则，用于检测任意时间内用户试图使用以下用户名登录外部 FTP 服务器，那么规则应该如下所示：

```
alert tcp $HOME_NET any ->67.205.2.30 21 (msg:"Suspicious FTP Login";
content:"sanders"; sid:5000000; rev:1;)
```

对于上述数据包，该规则肯定会产生警报，但也容易出现误报。例如，如果有人以其他账户登录到 FTP 服务器上，浏览名为“sanders”的目录，也会产生警报。

我们可以通过指定出现在数据包载荷中用户名的偏移量缩小规则的作用范围，在本案例中，数据包载荷第一个字节是 0x55，用户名的第一个字符出现在偏移量为 5 的位置（0x73）。切记，我们从零开始计数。按着这个思路，我们可以重写规则，使其自该偏移开始匹配：

```
alert tcp $HOME_NET any ->67.205.2.30 21 (msg:"Suspicious FTP Login"
content:"sanders"; offset:5; sid:5000000; rev:1;)
```

这不仅能够降低该规则的误报率，同时也会提高规则检测的效率，因为它限制了 IDS 引擎必须检查的字节数。

Offset 修饰语可以用来指定 IDS 引擎搜索匹配内容的开始位置，depth 修饰语则用来限制搜索匹配内容的结束位置。如果使用了 offset 修饰语，则结束位置是相对于被检查载荷的第一个 offset 而言的；反之，结束位置是相对载荷开始位置而言的。

如果我们检查之前创建的登录 FTP 的 Snort 规则案例，可以通过限制 depth 提高规则的效率。下面，我们限制 depth 为 6 字节，这是待匹配字符串的长度（再次重申，从零开始计数）。因此，我们将 offset 和 depth 修饰语结合起来，设定待匹配内容的绝对位置。

```
alert tcp $HOME_NET any ->67.205.2.30 21 (msg:"Suspicious FTP Login"
content:"sanders"; offset:5; depth:7; sid:5000000; rev:1;)
```

Distance 和 Within。正如我们之前所说，一条规则里面可以有多个内容匹配。对于这类情况，如果可以指定内容匹配之间的位置关系，会为我们的工作带来极大的方便。使用 distance 修饰语是达到该目的的方法之一，该修饰语用于指定上一次内容匹配的结束位置距离本次内容匹配的开始位置间的距离。

下例的规则就是利用 distance 修饰语产生效果：

```
alert tcp $HOME_NET 1024: -> $EXTERNAL_NET 1024: (msg:"ET P2P Ares Server
Connection"; flow:established,to_
server; dsize:<70; content:"r|be|bloop|00|dV"; content:"Ares|00 0a|";
distance:16; reference:url,aresgalaxy
.sourceforge.net;    reference:url,doc.emergingthreats.net/bin/view/
Main/2008591; classtype:policy-violation;
sid:2008591; rev:3;)
```

上面所展示的规则用于检测 Ares P2P 文件共享网络相关的活动。

1. content:" r|be|bloop|00|dV" ;

匹配内容可以出现在数据包载荷的任意位置。

2. content:" Ares|00 0a|" ; distance:16;

在上面匹配内容之后至少 16 个字节处开始本次匹配内容，从 1 计数。根据该规则，如下数据包载荷将会产生一条警报：

```
0x0000: 72be 626c 6f6f 7000 6456 0000 0000 0000 r.bloop.dV.......
0x0010: 0000 0000 0000 0000 0000 0000 0000 0000 ................
0x0020: 4172 6573 000a Ares..
```

然而，如下载荷不会匹配该规则，因为第二个内容匹配不会出现在第一次匹配之后至少 16 个字节处：

```
0x0000: 72be 626c 6f6f 7000 6456 0000 0000 0000 r.bloop.dV.......
0x0010: 4172 6573 000a 0000 0000 0000 0000 0000 Ares............
```

实战中的启示

一个常见的误解是 Snort 或者 Suricata 将按照出现在规则中的顺序搜索内容匹配。例如，规则声明"content:one; content:two;"，IDS 引擎将按照以上顺序查找这些内容匹配。但是，事实并非如此，此规则将匹配载荷包含"onetwo"或"twoone"数据包。为了确保这些匹配的顺序性，可以使用数值为零的 distance 修饰语限制该规则。这将会告诉 IDS 引擎，第二个内容匹配应该在第一个之后，但是匹配之间的距离无关紧要。因此，我们可将匹配内容修改为："content:one; content:two; distance:0;"，这样就会匹配"onetwo"但是不会匹配"twoone"。

另一个可用于规范多个内容匹配之间的相互关系的规则修饰语是 within。该修饰语限制本次匹配内容必须出现在上一次匹配内容结束后的多少个字节之内。以下规则结合了 distance 修饰语和 within 修饰语，应用于多个内容匹配：

```
alert tcp $HOME_NET any ->$EXTERNAL_NET 3724 (msg:"ET GAMES World of
Warcraft connection"; flow:established,to_server; content:"|00|";
depth:1; content:"|25 00|WoW|00|"; distance:1; within:7; reference:
url,doc.emergingthreats.net/bin/view/Main/2002138;  classtype:pol-
icy-violation; sid:2002138; rev:9;)
```

该规则用于检测连接魔兽世界（World of Warcraft）在线游戏的行为，按先后顺序检测以下两项匹配内容：

1. content:" |00|" ; depth:1;

匹配内容出现在数据包载荷第一个或者第二个字节处。

2. content:" |25 00|WoW|00|" ; distance:1; within:7;

开始匹配内容出现在上次内容匹配后 1 字节处，至第 7 字节结束。

按此标准，如下数据包载荷将由该规则产生警报：

```
0x0000: 0000 2500 576f 5700 0000 0000 0000 0000 ...WoW..........
0x0010: 0000 0000 0000 0000 0000 0000 0000 0000 ................
```

以下数据将不会产生警报，因为第二个内容匹配在 distance 修饰语和 within 修饰语的指定值之外：

```
0x0000: 0000 0000 0000 0000 2500 576f 5700 0000 ..........WoW....
0x0010: 0000 0000 0000 0000 0000 0000 0000 0000 ................
```

HTTP 内容修饰语。用于检测 HTTP 流量的规则通常编写得最多的。这是由于 HTTP 协议在正常流量中使用频繁，也是恶意行为常见的藏身之处。前面讨论过的内容修饰语可以应用于 HTTP 流量，有效地检测出恶意行为，但是总有些麻烦。

以下面的 HTTP 数据包为例：

```
11:23:39.483578 IP 172.16.16.139.64581>67.205.2.30.80: Flags [P.],
seq 1:806, ack 1, win 16384, length 805
        0x0000: 4500 034d 532b 4000 4006 e1f9 ac10 108b E..MS+@.@.......
        0x0010: 43cd 021e fc45 0050 2b1e 34a5 9140 5480 C....E.P+.4..@T.
        0x0020: 5018 4000 5334 0000 4745 5420 2f20 4854 P.@.S4..GET./.HT
        0x0030: 5450 2f31 2e31 0d0a 486f 7374 3a20 7777 TP/1.1..Host:.ww
        0x0040: 772e 6170 706c 6965 646e 736d 2e63 6f6d w.appliednsm.com
        0x0050: 0d0a 436f 6e6e 6563 7469 6f6e 3a20 6b65 ..Connection:.ke
        0x0060: 6570 2d61 6c69 7665 0d0a 4163 6365 7074 ep-alive..Accept
        0x0070: 3a20 7465 7874 2f68 746d 6c2c 6170 706c :.text/html,appl
        0x0080: 6963 6174 696f 6e2f 7868 746d 6c2b 786d ication/xhtml+xm
        0x0090: 6c2c 6170 706c 6963 6174 696f 6e2f 786d l,application/xm
        0x00a0: 6c3b 713d 302e 392c 2a2f 2a3b 713d 302e l;q=0.9,*/*;q=0.
        0x00b0: 380d 0a55 7365 722d 4167 656e 743a 204d 8..User-Agent:.M
        0x00c0: 6f7a 696c 6c61 2f35 2e30 2028 4d61 6369 ozilla/5.0.(Maci
        0x00d0: 6e74 6f73 683b 2049 6e74 656c 204d 6163 ntosh;.Intel.Mac
        0x00e0: 204f 5320 5820 3130 5f38 5f34 2920 4170 .OS.X.10_8_4).Ap
        0x00f0: 706c 6557 6562 4b69 742f 3533 372e 3336 pleWebKit/537.36
        0x0100: 2028 4b48 544d 4c2c 206c 696b 6520 4765 .(KHTML,.like.Ge
        0x0110: 636b 6f29 2043 6872 6f6d 652f 3238 2e30 cko).Chrome/28.0
        0x0120: 2e31 3530 302e 3935 2053 6166 6172 692f .1500.95.Safari/
        0x0130: 3533 372e 3336 0d0a 4163 6365 7074 2d45 537.36..Accept-E
        0x0140: 6e63 6f64 696e 673a 2067 7a69 702c 6465 ncoding:.gzip,de
        0x0150: 666c 6174 652c 7364 6368 0d0a 4163 6365 flate,sdch..Acce
        0x0160: 7074 2d4c 616e 6775 6167 653a 2065 6e2d pt-Language:.en-
        0x0170: 5553 2c65 6e3b 713d 302e 380d 0a43 6f6f US,en;q=0.8..
```

如果我们认为 appliednsm.com 域名是恶意的，那么我们不妨编写一个 IDS 规则，检测用户通过浏览器访问该域名的行为。如果仅使用此前学过的规则选项，该规则大致如下所示：

```
alert tcp $HOME_NET any ->$EXTERNAL_NET any (msg:“Evil Domain www.appli
ednsm.com”; content:“GET ”; offset:0; depth:4; content:“Host|3a 20|www.
appliednsm.com”; distance:0; sid:5000000; rev:1;)
```

该规则将执行以下操作：

1. content:” GET ”; offset:0; depth:4;

从数据包载荷起始处开始匹配内容，到第四个字节结束。

2. content:" Host|3a 20|www.appliednsm.com";

在上次匹配结果的基础上，继续匹配本次内容。

虽然这样的规则可以正常工作，但是还有一种更好的方法。Snort 和 Suricata 都提供 HTTP 流重组能力，同时提供了一些用于编写 HTTP 流量相关的更高效的规则修饰语。例如，我们可以使用 http_method 和 http_uri 修饰语重写以上规则：

```
alert tcp $HOME_NET any -> $EXTERNAL_NET any (msg:"Evil Domain www.appli
ednsm.com"; content:"GET"; http_method; content:"www.appliednsm.
com"; http_uri; sid:5000000; rev:1;)
```

显然，这个规则更容易编写，并且以更加有效的方式实现相同的目的。HTTP 修饰语较多，其中常见的如表 9.1 所示。

表 9.1 HTTP 规则修饰语

HTTP 修饰语	说明
http_client_body	HTTP 客户端请求的主体内容
http_cookie	HTTP 头字段的"Cookie"内容
http_header	HTTP 请求或响应头的任何内容
http_method	客户端使用的 HTTP 方法（GET, POST 等）
http_uri	HTTP 客户端请求的 URI 内容
http_stat_code	服务器响应的 HTTP 状态字段内容
http_stat_message	服务器响应的 HTTP 状态消息内容
http_encode	在 HTTP 传输过程中所使用的编码类型

兼容 Perl 语法的正则表达式（PCRE）

有些时候，可能无法根据 IDS 引擎提供的结构编写规则。这种情况下，不妨使用 PCRE 扩展规则。正则表达式具有令人难以置信的强大能力，提供的语法支持匹配你能想到的任何类型内容。

有的 PCRE 十分简单，例如以下规则将会检测信用卡号码：

```
alert ip any any -> any any (msg:"ET POLICY SSN Detected in Clear Text
(dashed)"; pcre:"/ ([0-6]\d\d|7[0-2
56]\d|73[0-3]|77[0-2])-\d{2}-\d{4} /"; reference:url,doc.emerging-
threats.net/2001328; classtype:policy-viol
ation; sid:2001328; rev:13;)
```

有的 PCRE 则非常复杂，如以下规则所示，该规则用于检测 Java 程序向动态 DNS 域名发起恶意请求：

```
alert tcp $HOME_NET any -> $EXTERNAL_NET $HTTP_PORTS (msg:"ET CURRENT
_EVENTS SUSPICIOUS Java Request to Cha
ngeIP Dynamic DNS Domain"; flow:to_server,established; content:" Java/
1."; http_header; pcre:"/^Host\x3a\x2
0[^\r\n]+\.(?:m(?:y(?:p(?:op3\.(?:net|org)|icture\.info)|n(?:etav
\.(?:net|org)|umber\.org)|(?:secondarydns|
lftv|03)\.com|d(?:ad\.info|dns\.com)|ftp\.(?:info|name)|www\.biz|z
\.info)|(?:r(?:b(?:asic|onus)|(?:slov|fac
```

```
)e)|efound)\.com|oneyhome\.biz)|d(?:yn(?:amic(?:dns\.(?:(?:org|co|
me)\.uk|biz)|-dns\.net)|dns\.pro|ssl\.com
)|ns(?:(?:-(?:stuff|dns)|0[45]|et|rd)\.com|[12]\.us)|dns\.(?:m(?:e
\.uk|obi|s)|info|name|us)|(?:smtp|umb1)\.
com|hcp\.biz)|(?:j(?:u(?:ngleheart|stdied)|etos|kub)|y(?:ou(?:
dontcare|rtrap)|gto)|4(?:mydomain|dq|pu)|q(?:
high|poe)|2(?:waky|5u)|z(?:yns|zux)|vizvaz|1dumb)\.com|s(?:e(?:(?:
llclassics|rveusers?|ndsmtp)\.com|x(?:idu
de\.com|xxy\.biz))|quirly\.info|sl443\.org|ixth\.biz)|o(?:n(?:mypc
\.(?:info|biz|net|org|us)|edumb\.com)|(?:
(?:urhobb|cr)y|rganiccrap|tzo)\.com)|f(?:ree(?:(?:ddns|tcp)\.com|
www\.(?:info|biz))|a(?:qserv|rtit)\.com|tp
(?:server|1)\.biz)|a(?:(?:(?:lmostm|cmeto)y|mericanunfinished)\.
com|uthorizeddns\.(?:net|org|us))|n(?:s(?:0
(?:1\.(?:info|biz|us)|2\.(?:info|biz|us))|[123]\.name)|inth\.biz)|
c(?:hangeip\.(?:n(?:ame|et)|org)|leansite
\.(?:info|biz|us)|ompress\.to)|i(?:(?:t(?:emdb|saol)|nstanthq|
sasecret|kwb)\.com|ownyour\.(?:biz|org))|p(?:
ort(?:relay\.com|25\.biz)|canywhere\.net|roxydns\.com)|g(?:r8(?:
domain|name)\.biz|ettrials\.com|ot-game\.or
g)|l(?:flink(?:up\.(?:com|net|org)|\.com)|ongmusic\.com)|t(?:o(?:
ythieves\.com|h\.info)|rickip\.(?:net|org)
)|x(?:x(?:xy\.(?:info|biz)|uz\.com)|24hr\.com)|w(?:ww(?:host|1)\.
biz|ikaba\.com|ha\.la)|e(?:(?:smtp|dns)\.b
iz|zua\.com|pac\.to)|(?:rebatesrule|3-a)\.net|https443\.(?:net|
org)|bigmoney\.biz)(\x3a\d{1,5})?\r$/Hmi"; c
lasstype:bad-unknown; sid:2016581; rev:1;)
```

由上例不难看出，PCRE内容匹配可根据以下语法加入规则：

```
pcre:<regular expression>;
```

编写正则表达式已经超出本书所属范围，好在有一些关于该话题的网络教程提供了快速入门方法。如果你正在寻找一份更全面的参考文档，我推荐两本不同难度级别的参考书，分别是：Michael Fitzgerald 编写的《正则表达式简介》和 Jeffrey E.F. Friedl 所著的《精通正则表达式》。

通信流量

Snort 和 Suricata 都支持根据 TCP 协议网络流量状态编写规则。在规则头部已经允许组合源、目标 IP 地址和相应端口的情况下，这种支持显得有些多余，但事实并非如此。规则头部信息可以帮助确定流量的方向（流入或流出），并不一定总是需要告诉你谁负责通信的哪些部分。

为了理解数据流选项的工作原理及其重要性，首先要明白 TCP 会话的构成。通常在一个 TCP 会话中，包含客户端和服务器两部分。客户端向服务器的监听端口发送 SYN 包来发起连接。此时，服务器需要向客户端回复一个 SYN/ACK 包。一旦收到该包，客户端将会回复给服务器一个 ACK 包，至此，三次握手完成，客户端和服务器建立连接，直到其中一方中断连接——要么是以 RST 数据包强行中断，要么会更加优雅地发送一连串被称为

“挥泪告别”（TCP teardown）的 FIN 数据包。我们将会在第 13 章做进一步讨论，但是以上内容是组成 TCP 会话的基本前提。

按这个思路，数据流规则选项有一些专用选项。它们被分为三个类别：状态选项，定向选项和流量模式状态。这些选项都使用以下格式进行配置，其中至少有一个选项是必须的，其他的选项是可选的：

```
flow: <option>,<option>,<option>;
```

两个有效声明选项分别为 established 和 stateless。Established 选项表示只匹配已经建立 TCP 会话连接的流量。Stateless 选项表示不论是否已建立 TCP 会话连接均应匹配。

方向选项共有四种：

- to_server: 从客户端到服务器的流量
- from_server: 从服务器到客户端的流量
- to_client: 从服务器到客户端的流量
- from_client: 从客户端到服务器的流量

分析师须知

也许你注意到 to_server/from_client 与 to_client/from_server 含义相同，放心吧，你没看错，这并非印刷错误。事实上，这些选项就是一样的，其目的在于使规则更具可读性。

最后两个选项是 no_stream 和 only_stream，用于表示待匹配数据是重组后的流还是单独的数据包。

作为一个数据流选项应用案例，我们来查看下面这条规则：

```
alert tcp $HOME_NET any -> $EXTERNAL_NET 5222 (msg:“GPL CHAT MISC Jabber/
Google Talk Outgoing Traffic”; flo
w:to_server,established; content:”<stream”; nocase; reference:url,
www.google.com/talk/; classtype:policy-vi
olation; sid:100000230; rev:2;)
```

这条规则用来检测 Jabber/Google Talk 聊天服务器的身份验证。在这个例子中，我们看到使用了一个简单的内容匹配，但是在这之前，用到了 flow:to_server,established 这个选项。通过确保只有建立 TCP 会话的才检查该规则，提高了 Snort/Suricata 的性能，并且确保只有通过 TCP 会话定义的与实际服务器通信的流量的检测，提高了规则的精确度。

规则可能并非总是从流规则精确度直接获益，但是它们可以通过使用流状态（flow state option）选项提高性能，所以本书作者会尽量使用这个选项。

协议头检测选项

Snort 和 Suricata 提供了检测数据包头内容的功能。包括大多数 ICMP、IP、TCP 和 UDP 头内容在内，均可被检测。这些内容在 Snort 和 Suricata 说明文档里可以找到，在此无需赘言。本书作者经常使用的一些值包括：

- TTL：匹配指定的 TTL 值。可以指定为一个精确值（=）或者使用关系运算符（>, >=,

<, <=)。初始的 TTL 值，对于检测某些类型的操作系统非常有用。

- dsize：匹配一个指定 payload 大小的数据包。可以指定为一个精确的值（=）或者使用关系运算符 (>, <)。通过与内容匹配规则相结合，可以提高规则的性能。
- itype：匹配指定的 ICMP 类型值。
- icode：匹配指定的 ICMP 代码值。
- ip_proto：匹配指定的 IP 协议。可以指定为协议名称（IGMP, GRE 等)，或者是数字。

9.6.2 规则调优

在第 7 章我们讨论了通过像误报率和准确率这样的度量方法来确定特征有效性。如果有人关注这一点，本书可以提供一些增强特征效果的方法。其中部分方法也可以用来提高规则的性能。现在让我们来学习 IDS 规则调优中的一些最佳实践。

事件过滤

总是有些规则由其本质决定会产生大量的告警，例如用来检测特定类型的拒绝服务（DoS）攻击的规则就是如此。具备这类攻击的检测能力固然重要，不过，如果你写的规则是匹配每一次 DoS 数据包的发送行为，而你每秒会收到成千上万的这种数据包，那么你每秒也会收到成千上万条告警。最终，IDS 引擎甚至分析员都会被如此大量的警报所淹没。Snort 和 Suricata 提供了事件过滤选项，用于调整规则的阈值以阻止这种警报爆发。

事件过滤器有意地放置于 threshold.conf 文件中，而不是作为一个规则选项声明于规则内容之中。根据需要，这个文件的命名和位置配置在 snort.conf 和 suricata.yaml 中。在 Security Onion 系统中，该文件存放路径为：/etc/nsm/< 传感器名称 >/threshold.conf。

> **分析师须知**
>
> 过去，事件过滤器曾被作为阈值规则选项与规则一起置于行内。在撰写此书时，Snort 和 Suricata 仍然支持这种方法，所以你会发现很多公开的规则仍使用这种格式。这两种格式的语法是一样的。由于本书使用了公开来源的规则，你会发现给出的规则仍然使用了旧的行内阈值选项。但是，推荐将事件过滤器内容放置在 threshold.conf 文件中的这种新方法。

事件过滤器共有三种类型：

- Limit: 在时间间隔内（seconds)，第一次达到匹配数量（count）时产生警报，然后忽略这个时间间隔内的剩余警报。
- Threshold: 在时间间隔内（seconds）每次匹配命中（count）均产生警报。
- Both: 在时间间隔内，每当达到指定匹配次数（count）时，只生成一次警报，然后忽略这个时间间隔内的其他匹配情况。

事件过滤器内容采用以下语法格式：

```
event_filter gen_id<value>, sig_id<value>, type<limit|threshold|
both>, track<by_src|by_dst>, count<value>, seconds<value>
```

选项解释如下：

- gen_id: 指定规则生成器的 ID 值
- sig_id: 指定规则的 SID 值
- type < limit|threshold|both >: 如上所述，指定应用事件过滤器的类型。
- track < by_src/by_dst >: 指定规则匹配是被唯一的源地址还是被唯一的目标地址所追踪。
- count: 在指定时间间隔内触发事件过滤器的规则匹配命中次数。
- seconds: 用于跟踪规则匹配命中情况的秒数

作为一个使用事件过滤的例子，考虑如下规则：

```
alert tcp $HOME_NET any ->!$WSUS_SERVERS $HTTP_PORTS (msg:"ET POLICY
Windows Update in Progress"; flow:established,t
o_server;    content:"Windows-Update-Agent";    http_header;    con-
tent:"Host|3a|"; http_header; nocase; within:20;
pcre:"/User-Agent\x3a[^\n]+Windows-Update-Agent/i";
reference:url,windowsupdate.microsoft.com; reference:url,doc.emer-
gingthreats.net/2002949; classtype:pol
icy-violation; sid:2002949; rev:8;)
```

上面这条规则通过匹配一个特定的 user angent 字符串，用来检测是否有某台设备从未被授权的更新服务器下载 Windows 更新程序。当一台 Windows 计算机系统更新时，可以在多个数据包中看到这个字符串，从而导致一台主机产生大量警报。如果你有很多主机存在这种行为，警报的数量将会很快使分析员疲于应付。这使得该规则完美地诠释了事件过滤器的价值。以下规则将会实现该效果：

```
event filter gen_id 1,sig_id 2002949,type limit,track by_s
rc,count 1, seconds 300
```

该事件过滤器将会追踪警报的源地址，并且在 300 秒的时间间隔内记录每个发生的事件。由于这是一个 limit 过滤器，计数值设为 1，所以每 300 秒每台主机只会生成一条规则匹配的警报。

事件过滤器的另一个重要功能是把规则和扫描结合起来。当扫描行为发生时，将会产生大量的数据包，因此，为每个数据包匹配规则中指定的内容而生成对应的警报，这会使得分析员疲于应付。为了解决这个问题，事件过滤器可以用来告知分析员该扫描事件，而不会占据他们用于分析的控制台屏幕。

警报排除

本书作者见过很这样的情况：某个分析员投入了大量精力编写一条新规则，不料在网络中有一两台主机产生的某类流量导致了大量误报。这会产生挫折感，甚至让这位分析员丢弃该规则。这些分析员通常不知道 Snort 和 Suricata 的警报排除功能。此功能允许指定某条规则或者某个 IP 地址 (或从变量中得到的一组 IP 地址)，排除（suppress）相关规则在这类主机产生的警报。

suppress 选项也包含在 threshold.conf 文件中，使用如下语法：

```
suppress gen_id<value>,sig_id<value>,track<by_s
rc|by_dst>,ip<value>
```

选项内容解释如下：

- gen_id: 指定规则生成器的ID值
- sig_id: 指定规则的SID值
- track < by_src|by_dst >: 指定是否排除源或目标地址生成与规则相匹配的流量，该选项可选。
- ip < value >: 排除从指定规则的IP地址产生的警报

下面的条目将用于排除源IP地址为192.168.1.100，SID值为5000000所产生的任何警报：

```
suppress gen_id 1, sig_id 5000000, track by_src, ip 192.168.1.100
```

对于减少个别主机因特定规则而产生的误报，排除法是一种有效的策略。这应该是删除规则之前首先要考虑的方法。

警报检测过滤器

Snort和Suricata支持由检测过滤器设置规则匹配命中次数的阈值，该阈值决定是否产生警报。检测过滤器可以应用到基于流量的源地址或者目标地址的规则，可以根据在指定时间间隔内检测到的规则匹配数设置阈值。

检测过滤器选项应用于规则行内，格式如下：

```
detection_filter: track<by_src|by_dst>, count<value>,
seconds<value>;
```

这些选项包括：

- track < by_src|by_dst >: 指定是否通过独特的源地址或者目标地址追踪规则匹配。
- count: 在指定时间内触发警报产生的规则匹配数。
- seconds: 指定编号的规则匹配必须在此秒数内发生才会产生警报。

关于检测过滤器实践的例子，让我们看看以下这条规则：

```
alert tcp $EXTERNAL_NET any -> $HTTP_SERVERS $HTTP_PORTS (msg:"ET SCAN
Sqlmap SQL Injection Scan"; flow:to_
server,established; content:"User-Agent|3a| sqlmap"; fast_pattern:
only; http_header; detection_filter:track
by_dst, count 4, seconds 20; reference:url,sqlmap.sourceforge.net; ref-
erence:url,doc.emergingthreats.net/2
008538; classtype:attempted-recon; sid:2008538; rev:8;)
```

此规则用于检测由Sqlmap工具产生的扫描活动。Sqlmap被用于检测及构造SQL注入攻击。在本例中，该规则匹配Sqlmap所使用的user agent相关内容。通常，这样的user agent只出现一次到两次不足以证明出现某种类型的扫描活动，因为Sqlmap的扫描远不止于此。因此，每次发现该user agent就生成一条警报，可能会产生大量误报。正因如此，在检测过滤器中配置如下规则：

```
detection_filter:track by_dst, count 4, seconds 20;
```

该检测过滤器要求检测引擎在满足阈值后才触发告警。具体来说，检测引擎将会追踪与目标地址相匹配的规则编号，若 20 秒内该规则匹配命中超过 4 次，则会产生一条警报。

检测过滤器适用于多种场合，尤其适用于某种活动出现次数少时并无不妥，但出现次数过多时则有恶意的情况。例如，某个用户试图登录 web 服务时，因忘记密码出现一两次尝试登录失败，我们认为这很正常。但是，当用户在几分钟之内试图登录 web 服务，次数多达几百次，则可能是在猜测密码或者暴力破解，值得深入调查。

排除不必要的流量

一个常见的误解是，每增加一个规则选项，都会导致该规则性能下降，事实上，情况相反。每当你增加限制 IDS 引擎检测流量数量的 IDS 规则选项，则会提升该规则的性能。因此，你应该尽可能增加这些选项，控制 IDS 引擎针对某规则检测的流量规模。以下为一些建议：

- 尽量使用协议头检测选项。检测引擎在检查数据包载荷前，会首先检查协议头，所以如果能在检查内容之前排除掉该数据包，就会节省宝贵的处理周期。
- 在规则头部慎用“any”关键字。将规则限定于具体一台主机或一组主机，可以减少 IDS 引擎需要解析的流量规模。
- 尽量指定被检测内容的精确位置。例如，如果已知待匹配字符串内容总是出现在数据包载荷的固定位置，应该使用 offset 和 depth 选项，避免检测引擎检查整个数据包内容。
- 根据数据包载荷的大小限制被检查数据包的长度。即使不知道待匹配内容的精确位置，如果知道该内容总是出现在特定大小的数据包中，也可以通过 dsize 选项限制检测引擎检测数据包的大小，从而提升引擎性能。
- 尽量使用流选项。如果待匹配的流量只存在于“到服务器”的已建立连接中，那么检测引擎在匹配规则数据时，就可以轻易丢弃其他全部流量。这会显著地提升性能。
- 在规则头部选择适当的协议。如果可以使用 TCP 协议或 UDP 协议，而不是简单地使用 IP 协议，就可以大幅减少检测引擎为应用规则而不得不解析的数据包数量。

针对脆弱点

如果编写规则的目的是捕获服务漏洞，通常捕获特定漏洞利用的规则更容易编写。虽然这类规则易于编写，却给漏报留下了很大的空间。虽然开发一条漏洞利用的检测规则理论上能够捕获到一个特定漏洞利用，却无法捕获针对相同脆弱点的其他漏洞利用。因此，考虑用规则检测脆弱点更好些。

例如，假设有某个网络应用程序的输入字段存在脆弱点，可被缓冲区溢出方式漏洞利用。编写检测公开发布的漏洞利用的规则固然轻而易举，但对于攻击者来说，也可以使用不同的填充内容、shellcode 或者载荷（payload），同样轻而易举地修改漏洞利用的字符串。不要编写规则匹配漏洞利用的字符串内容，而应根据所提交输入字段中存在异乎寻常的大量字符编写内容匹配规则。该规则更难编写，也容易产生误报，但是它能更准确地检测到试图攻击具有脆弱点的服务的漏洞利用。

尽管这属于劳动密集型策略，但是它会产生更好的结果，减少漏掉恶意活动的机会。

借助 PCRE 实现内容匹配

PCRE 规则在增加 IDS 规则的灵活性的同时，也为系统增加了性能上的开销。有一种可用于降低负载的策略是将 PCRE 的使用与内容匹配相结合。检测引擎首先解析、匹配内容，对于内容匹配的流量才会使用 PCRE 匹配。

举例说明，假设有如下规则：

```
alert tcp $EXTERNAL_NET any ->$HOME_NET any (msg:"ET TROJAN IRC poten-
tial reptile commands"; flow:establis
hed,from_server;  content:"PRIVMSG|20|";  depth:8;  content:"|3a|";
within:30; pcre:"/\.((testdlls|threads|nsp
|speed|uptime|installed|secure|sec|unsecure|unsec|process|ps|rand|
exploitftpd|eftpd|flusharp|farp|flushdns|
fdns|resolve|dns|pstore|pst|sysinfo|si|netinfo|ni|driveinfo|di|
currentip)\s*[\r\n]|(iestart|ies|login|l|mir
ccmd|system|file\s+(cat|exists|e|del|rm|rmdir|move|copy|attrib)|
down|dl\dx|update|reg\s+(query|delete|write
))\s+\w+|(banner|ban|advscan|asc|scanall|sa|ntscan|nts)\s*[\n\r])/
i"; reference:url,doc.emergingthreats.net
/2002363; classtype:trojan-activity; sid:2002363; rev:15;)
```

该规则用于检测试图通过 IRC 执行命令的 Reptile 类恶意软件。虽然该命令确实包含了一条非常消耗 CPU 的正则表达式，但它同时也包括了两个单独的内容匹配：

1. content:” PRIVMSG|20|” ; depth:8;

2. content:” |3a|” ; within:30;

上述内容匹配可以保证 IDS 引擎在试图执行 PCRE 匹配之前，首先检查该数据包是否为 IRC 相关的流量。

快速模式匹配

当某条规则中存在多项内容匹配时，Snort 和 Suricata 将会首先尝试匹配最为独特的字符串，如果未匹配成功，就可以快速终止本次规则匹配。正因如此，它们的默认行为规则是首先尝试匹配最长的字符串内容，因为这样的字符串被它们认为是最独特的。虽然这种策略通常是有效的，但并不总是经得起考验。因此，Snort 和 Suricata 检测引擎提供快速模式匹配内容选项修饰语。该修饰语告诉检测引擎优先匹配所指定的较短内容。

以下规则提供了一个关于快速模式匹配修饰语的实际应用案例：

```
alert tcp $EXTERNAL_NET any ->$HOME_NET $HTTP_PORTS (msg:"ET SCAN
Nessus User Agent"; flow: established,to
_server; content:"User-Agent|3a|"; http_header; nocase; content:"Nes-
sus"; http_header; fast_pattern; nocase
; pcre:"/^User-Agent\:[^\n]+Nessus/Hmi"; threshold: type limit, track
by_src,count 1, seconds 60; reference
:url,www.nessus.org; reference:url,doc.emergingthreats.net/2002664;
classtype:attempted-recon; sid:2002664;
rev:12;).
```

如你所见，这里有两个内容选项：

1. content:"User-Agent|3a|"; http_header; nocase;

2. content:"Nessus"; http_header; fast_pattern; nocase

在该示例中，“User-Agent|3a|”内容最长，但是它肯定不是最高级的，因为该字符串存在于标准的HTTP客户端请求头部。因此，它会优先匹配较短内容选项“Nessus”，这就是为何该选项启用fast_pattern;的原因。

分析师须知

快速模式修饰语在一个规则中只能使用一次，而且，不能与如下的HTTP内容修饰语同时使用：http_cookie、http_raw_uri、http_raw_header、http_raw_cookie、http_method、http_stat_code、http_stat_msg.

手动测试规则

规则编写之后，对其完整测试是很重要的。我们已经介绍过测试规则语法的过程，但这只是整个过程中的一个步骤。你还应该确保该规则检测到应该与其相匹配的流量。由于重现攻击或复现自身恶意行为十分耗时，所以IDS提供了一些其他选项。

在SOC环境下，任何分析员都可以编写基于已经发生事件的规则。在这种情况下，如果已经捕获到该活动的数据包，则可向传感器的监控接口重放该数据包（最好是向已部署最新规则的运行IDS引擎的试验机），尝试触发警报。对于重放实时接口捕获数据包，使用Tcpreplay是一种较好的选择。关于Tcpreplay重放数据包文件的例子如图9.23所示。如需了解关于Tcpreplay的更多信息，可访问以下链接：http://tcpreplay.synfin.net/wiki/tcpreplay.

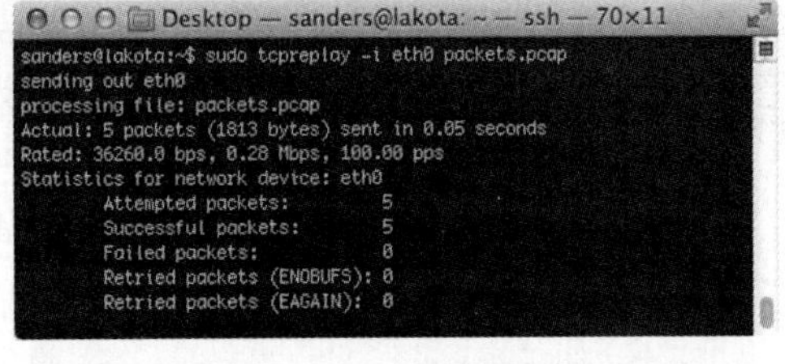

图9.23 使用Tcpreplay重放PCAP文件捕获

如果你没有与规则活动相关的可用数据包文件，可以使用Scapy手动生成该流量。Scapy是一个强大的python库，可用于在网络上生成和接收数据包。虽然在本书中我们并未深入探讨Scapy，但这是每位分析员必须熟悉的一款非常有价值的工具 。以下示例是一个非常基础的Python脚本，主要功能是使用Scapy向192.168.1.200主机的80端口发送载荷为“AppliedNSM”的TCP数据包。

```
ip=IP()
ip.dst="192.168.1.200"
ip.src="192.168.1.100"
tcp=TCP()
tcp.dport=80
tcp.sport=1234
payload="AppliedNSM"
send(ip/tcp/payload)
```

如需了解关于Scapy的更多内容，可访问以下链接：http://www.secdev.org/projects/scapy/

9.7　查看 Snort 和 Suricata 警报

在传感器配置所选 IDS 引擎并下载或创建 IDS 规则之后，剩下的事情则是坐等警报蜂拥而至了。虽然可以直接从传感器和 Snort 和 Suricata 生成的文件读取这些警报，但你可能希望使用第三方图形化工具帮助处理这一过程。查看 Snort 或 Suricata 生成警报的工具有多种。让我们来看两个最流行的免费开源的警报管理界面：Snorby 和 Sguil。你会发现，本书多处提及这些工具。

9.7.1　Snorby

Snorby 是一个使用 ruby 语言基于 rails 框架编写的较新的警报管理控制台程序，运行在 web 浏览器端。Snorby 由 Dustin Weber 创建，他将 Snorby 作为一款免费开源的应用来维护。后来，Dustin Weber 创立了一个名为 Threat Stack 的公司。Snorby 的终极目标是：为分析员提供一种十分简便的查看和分析警报的方式，同时提供高效分析所需的全部支持。

你可以使用用户名 demo@snorby.org、密码为 snorby 的注册用户登录 http://demo.snorby.org，访问 Snorby 在线示例。除此之外，如果你使用 Security Onion 系统，你可以直接点击桌面上的 Snorby 图标来访问 Snorby，或者通过 https://<Security_Onion_IP>:444/ 访问 Snorby。图 9.24 显示 Snorby 主要控制面板。

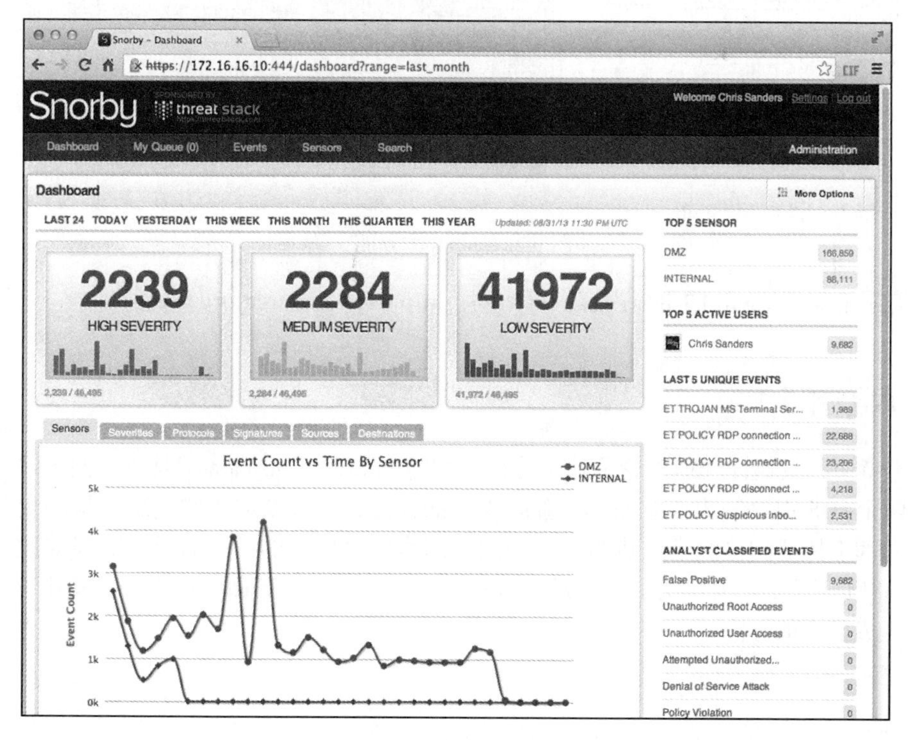

图 9.24　Snorby 面板

如需了解关于 Snorby 的更多内容，可以访问 http://www.snorby.org。

9.7.2 Sguil

多年以来，Sguil 已经成为 NSM 分析员事实上的警报分析管理平台。与 Snorby 不同的是，Sguil 以桌面应用程序的形式操作，实现对中心数据资源的访问。Sguil 由 Bamm Visscher 编写，作为一款免费开源程序来维护。它会在 Security Onion 系统中默认安装，可以通过点击桌面上 Sguil 图标来运行。图 9.25 显示了 Sguil 主界面。

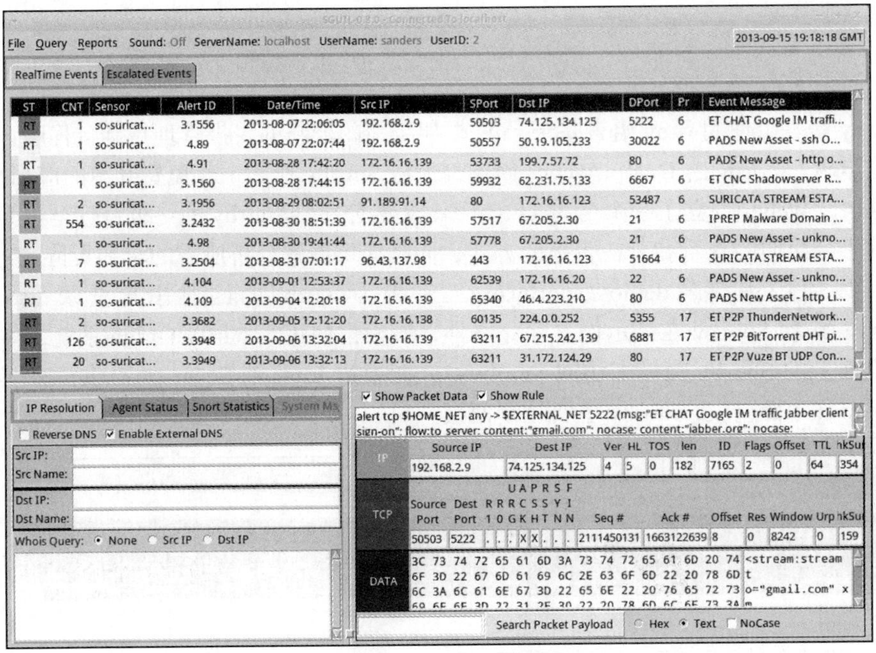

File Query Reports Sound: Off ServerName: localhost UserName: sanders UserID: 2 2013-09-15 19:18:18 GMT

RealTime Events | Escalated Events

ST	CNT	Sensor	Alert ID	Date/Time	Src IP	SPort	Dst IP	DPort	Pr	Event Message
RT	1	so-suricat...	3.1556	2013-08-07 22:06:05	192.168.2.9	50503	74.125.134.125	5222	6	ET CHAT Google IM traffi...
RT	1	so-suricat...	4.89	2013-08-07 22:07:44	192.168.2.9	50557	50.19.105.233	30022	6	PADS New Asset - ssh O...
RT	1	so-suricat...	4.91	2013-08-28 17:42:20	172.16.16.139	53733	199.7.57.72	80	6	PADS New Asset - http o...
RT	1	so-suricat...	3.1560	2013-08-28 17:44:15	172.16.16.139	59932	62.231.75.133	6667	6	ET CNC Shadowserver R...
RT	2	so-suricat...	3.1956	2013-08-29 08:02:51	91.189.91.14	80	172.16.16.123	53487	6	SURICATA STREAM ESTA...
RT	554	so-suricat...	3.2432	2013-08-30 18:51:39	172.16.16.139	57517	67.205.2.30	21	6	IPREP Malware Domain ...
RT	1	so-suricat...	4.98	2013-08-30 19:41:44	172.16.16.139	57778	67.205.2.30	21	6	PADS New Asset - unkno...
RT	7	so-suricat...	3.2504	2013-08-31 07:01:17	96.43.137.98	443	172.16.16.123	51664	6	SURICATA STREAM ESTA...
RT	1	so-suricat...	4.104	2013-09-01 12:53:37	172.16.16.139	62539	172.16.16.20	22	6	PADS New Asset - unkno...
RT	1	so-suricat...	4.109	2013-09-04 12:20:18	172.16.16.139	65340	46.4.223.210	80	6	PADS New Asset - http Li...
RT	2	so-suricat...	3.3682	2013-09-05 12:12:20	172.16.16.138	60135	224.0.0.252	5355	17	ET P2P ThunderNetwork...
RT	126	so-suricat...	3.3948	2013-09-06 13:32:04	172.16.16.139	63211	67.215.242.139	6881	17	ET P2P BitTorrent DHT pi...
RT	20	so-suricat...	3.3949	2013-09-06 13:32:13	172.16.16.139	63211	31.172.124.29	80	17	ET P2P Vuze BT UDP Con...

IP Resolution | Agent Status | Snort Statistics | System Ms

Reverse DNS Enable External DNS

Src IP:
Src Name:
Dst IP:
Dst Name:

Whois Query: None Src IP Dst IP

Show Packet Data Show Rule

alert tcp $HOME_NET any -> $EXTERNAL_NET 5222 (msg:"ET CHAT Google IM traffic Jabber client sign-on"; flow:to_server; content:"gmail.com"; nocase; content:"jabber.org"; nocase;

IP	Source IP	Dest IP	Ver	HL	TOS	len	ID	Flags	Offset	TTL	hkSu
	192.168.2.9	74.125.134.125	4	5	0	182	7165	2	0	64	354

TCP	Source Port	Dest Port	R 1	R 0	U R G	A C K	P S H	R S T	S Y N	F I N	Seq #	Ack #	Offset	Res	Window	Urp	hkSu
	50503	5222	.	.	.	X	X	.	.	.	2111450131	1663122639	8	0	8242	0	159

```
DATA
3C 73 74 72 65 61 6D 3A 73 74 72 65 61 6D 20 74  <stream:stream t
6F 3D 22 67 6D 61 69 6C 2E 63 6F 6D 22 20 78 6D  o="gmail.com" x
6C 3A 6C 61 6E 67 3D 22 65 6E 22 20 76 65 72 73  m
```

Search Packet Payload Hex Text NoCase

图 9.25 Sguil 主界面

如需了解关于 Sguil 的更多内容，可访问：http://sguil.sourceforge.net/

9.8 本章小结

在本章中，我们详细地讨论了基于特征检测的 Snort 和 Suricata 工具。我们了解了如何操作这两个 IDS 引擎，为何它们具有独一无二的优势，以及如何为它们编写检测规则。长期以来，基于特征的检测已经成为入侵检测和网络安全监控的中坚力量，不仅如此，它更是任何 NSM 环境的核心能力。在稍后的分析章节中，我们将着眼于查看和分析由 Snort 和 Suricat 生成警报的方法。

第 10 章 Chapter 10

Bro 平台

NSM 是一种为检测和分析汇聚网络数据、提供情景信息的技术。多数 NSM 系统已经集成了“三大数据”的来源（IDS 告警数据、会话数据、全包捕获数据），但正如本书前面所讲，可用的数据源并不止于此。还有一个特别丰富的数据来源是 Bro。

Bro 通常被说成是一种 IDS，但读完本章后不难看出，这种说法不尽合理。细想一下，不如称其为一种针对网络监控应用程序的开发平台。Bro 除了提供大量“开箱即用”（out-of-the-box）的功能，可用于解码和记录网络流量，还提供一种事件驱动的开发模型，支持监视特定类型的事务以及由这类事务触发执行自定义脚本。

在本章中，可以看到如何利用 Bro 内置的日志识别我方网络中值得关注的活动。还将看到一些 Bro 编程的示例，以此展现 Bro 的一些重要而且实用的功能。

警告 本章所提供的示例适用于 Bro 2.2 版本，截止本书编写时，尚只有 beta 版。因此，Bro 2.2 并未被 Security Onion 默认安装。如果想尝试这些示例，可按以下链接的说明，在 Security Onion 安装 Bro 2.2 Beta 版。http://www.appliednsm.com/bro-22-on-seconion/

10.1 Bro 基本概念

与普遍的看法相反，Bro 本身并不是一种 IDS，尽管有时候会被称为“Bro IDS”。Bro 实际上是一个脚本平台，专为网络流量工作设计。正如将在本章看到的示例，Bro 脚本语言（亦被简称为“Bro”，这多少有些令人混淆）提供了特别适用于协议分析的功能（例如，IP 地址和端口都是原始的数据类型）。Bro 还提供了很多适用于基本分析任务的开箱即用功能，比如，强大的协议解码、事务记录和针对一些常见安全事件的通知功能。

也就是说，Bro 实际上是一个优秀的 IDS 平台，这正是将其加入本书的原因。Bro 不同于 Snort 或 Suricata 这类基于特征的 IDS，这也是其值得称道的地方。Snort 规则语言很适合用于从网络流量中发现一些字节信息（大多数任务实质上就是如此！），而 Bro 通常是处理更复杂任务的最佳选择，比如需要更高水平协议知识的任务、贯穿多种网络流的工作或需要使用自定义算法计算当前处理流量的某部分。

Bro 的强大之处在于其与生俱来地支持所有常见网络协议，甚至许多不太常见的协议也被支持。借助一种被称为动态协议检测（Dynamic Protocol Detection，缩写为 DPD）的特性，即使网络流量出现于非标准端口，依然可以被其识别。部分被 Bro 支持的应用层协议和隧道协议如下：

- DHCP
- DNS
- FTP
- HTTP
- IRC
- POP3
- SMTP
- SOCKS
- SSH
- SSL
- SYSLOG
- Teredo
- GTPv1

默认情况下，当 Bro 在网络流量中检测到已知应用程序协议时，会将本次事务的细节记录在一个文件中。当然，该记录也是可以全面定制的，但 Bro 的功能还不止于此。实际上，在 Bro 对当前流量进行协议解析和协议解码的过程中，还提供一种创建自定义事务处理逻辑的机制。由协议产生的行为会被视为一系列的事件，用户可以向 Bro 注册事件处理程序，接管事件处理。在对于特定事件编写和注册了一个新的事件处理程序后，一旦网络流量中出现了该事件，Bro 将自动调用该事件处理程序，执行用户代码。在事件处理程序中，用户可以做任何想做的事，而事件处理程序的数量也没有限制。甚至，对于同一个事件，也可以使用多个事件处理程序。当在相同协议上发现了不同类型的行为时，可能会出现这种情况。

例如，下面的代码展示了一个最简单的 Bro 事件处理程序，用于处理 http_request 事件。每当一个 HTTP 客户端向服务器发出请求时，Bro 就会产生该事件。这段代码实现向控制台（标准输出）打印输出客户端请求的原始 URL 路径。当然，这在生产环境下并不是非常有用的，不过本章后面会提供更具现实意义的示例。现在，只需要知道将这段代码简单地加入到任意的脚本中，它们就会被运行中的 Bro（这里指其进程，后面会介绍）加载，并在Bro检测到HTTP请求时，调用已注册的事件处理程序。

```
#
# This is a sample event handler for HTTP requests.
#
event http_request(c: connection, method: string, orig_uri: string,
unescaped_uri: string, version: string) {
        print fmt("HTTP request found for %s", orig_uri);
}
```

10.2 Bro的执行

运行Bro最简单的方式就是在命令行执行Bro，使其在默认配置下处理一个PCAP文件。使用如下命令可以实现这一点：

```
bro -C -r file.pcap
```

其中，-r file.pcap参数告诉Bro从指定文件中读取包数据，在本示例中该文件名为file.pcap。-C选项用于关闭Bro内部的校验和（checksum）检查功能。每个IP数据包都具有一个内置的校验和，以供检查其是否被正确接收。这对于保证网络传输的正确性至关重要，而且，每台主机默认都会对其检查。不过，许多网卡渐渐地都以一种名为TCP校验和卸载（checksum offloading）的功能实现NIC硬件级校验，使系统的CPU从不必要的计算周期中解脱出来。对于千兆或以上速度的网卡，这将产生显著区别，不过这也意味着当数据包到达libpcap（或其他捕包驱动）所工作的系统时，校验和通常会缺失或错误。默认情况下，Bro简单地忽略不合法的校验和，而-C选项强制Bro跳过校验和合法性验证步骤，直接处理数据包。差不多你永远会这样使用，尤其是在处理来自不知道校验和卸载是否开启的系统的PCAP文件时。如果在实验室系统中使用了Security Onion设置脚本自动配置网络接口，那么监控接口会默认关闭校验和卸载功能，不过其他的多数系统都会默认开启该功能。

10.3 Bro日志

在默认安装配置下，Bro的记录事无巨细。在这种情况下，与其说Bro是在找坏东西（按照IDS的方式），不如说它实际上是详细记录了所发现的一切。图10.1展示了使用Bro处理单一PCAP文件的简单示例。请注意，开始时还是一个空目录，但Bro在处理了该文件后，建立了几个日志文件和一个新目录。

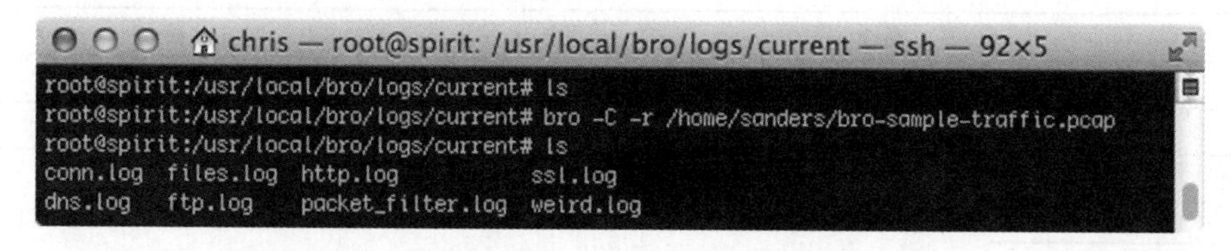

图10.1 Bro处理PCAP文件及创建日志文件

从日志文件的名称不难看出，Bro 在该捕包文件中检测到 DNS、FTP、HTTP 和 SSL 流量。此外还有一些文件，不像这么直观。其中，conn.log 文件记录了网络连接（流），files.log 文件记录了所有文件传输（在本例中，是通过 HTTP 或 FTP 传输，包括全部 HTML、图像和其他来自 Web 流量的嵌入媒体）。packet_filter.log 仅包含 Bro 所使用的（默认为 “ip or not ip”，这是 “所有的包” 的另一种说法）BPF[⊖]。weird.log 就是 Bro 用于记录任何协议异常（unusual）事件的文件，不过，Bro 所认为的 “异常” 未必与使用者的想法一致。最后，extract_files 目录暂时还是空的，但随后其中的文件会多起来。

如果打开上述日志文件中的一个，将发现它是由 TAB 符分隔的文本文件。文件的开始几行是 Bro 内部的元数据，用于描述字段与数据类型、日志文件创建时间和其他用处不大的信息。通过阅读这些标有字段和类型的内容，读者可以逐渐熟悉 Bro 日志文件格式，以便将来在需要了解 Bro 日志文件中陌生类型的内容时，不至于无所适从。日志的实际内容紧随元数据之后。各日志均为单行文本。

图 10.2 展示了 http.log 文件的内容片断，并描述了 Bro 在 PCAP 文件中发现到的 HTTP 事务。

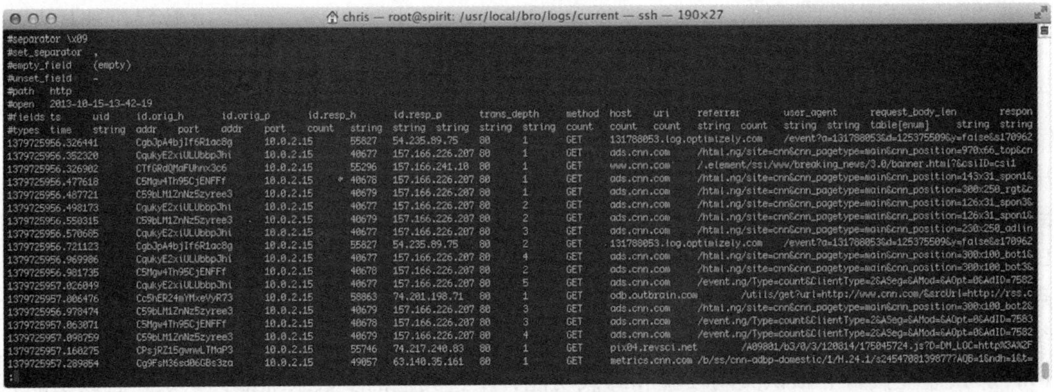

图 10.2 http.log 文件内容片断

这里只提供部分日志文件内容，原因有二。首先，内容过多，不适合在窗口中显示，所以只提供了文件的开始部分。更重要的是，这些记录都非常长，而且会延伸到窗口外面。同时，因为记录过长，也难于以打印格式输出示例的日志文件。表 10.1 总结了一些经常会在 http.log 文件中发现的非常重要的字段。注意，有可能（甚至经常如此）需要使用额外的字段扩展标准的 Bro 日志文件，这取决于在 Bro 实例中所使用的脚本。

表 10.1 http.log 字段

字段名称	描述	字段名称	描述
ts	事件时间戳	request_body_len	请求部分长度
uid	该事务所包含流的唯一 ID	response_body_len	应答部分长度
id.orig_h	来源主机	status-code	HTTP 应答状态码

⊖ 伯克利封包过滤器（Berkeley Packet Filter，BPF）。——译者注

（续）

字段名称	描述	字段名称	描述
id.orig_p	来源端口	status_msg	人类可读的 HTTP 状态信息
id.resp_h	目的主机	filename	下载文件名，由服务器指定
id.resp_p	目的端口	username	HTTP 普通鉴权用户名
trans_depth	HTTP 流水线内部事务位置	password	HTTP 普通鉴权密码
method	针对该事务的 HTTP 动词	orig_fuids	请求中的唯一文件 ID 列表（参见 file.log）
host	HTTP Host 头部值	orig_mime_types	请求对象的 MIME 类型
uri	请求路径	resp_fuids	应答中的唯一文件 ID 列表
referrer	HTTP Referrer 头部值	resp_mime_types	应答对象的 MIME 类型
user_agent	HTTP User-Agent 头部值		

实战中的启示

如果读者曾使用过其他的数据包或数据流分析工具（比如 Tcpdump、Wireshark 或 Snort），也许想知道源、目的 IP 地址或端口都被 Bro 放在何处。它们就在这里，不过，Bro 将其称为“发起者”（originators）和“响应者”（responders）。在该日志文件中，类似 orig_h 和 orig_p 的名字用于表示源 IP 地址和端口号，同样，类似 resp_h 和 resp_p 的名字用于表示目的 IP 地址和端口号。除非特殊原因，本章和本书剩余部分仍坚持采用“源”（source）和“目的”（destination）的说法。

不错，如果把这些信息全部保存到一个日志文件中，将是令人生畏的事。坦率地讲，如果只是针对具体问题，通常不会实际用到多达 25 个以上的全部字段。有时，只从其中提取所关心的几个字段，会更方便一些。幸运的是，有一个简单的 Bro 命令可以做到这一点，它是 bro-cut。

执行 bro-cut 命令的最简单的方法是，在终端环境下使用 cat 命令查看一个日志文件，将其结果通过管道符传递给 bro-cut 命令。在传递数据给 bro-cut 的时候，可以指定需要提取哪些字段，如图 10.3 所示。

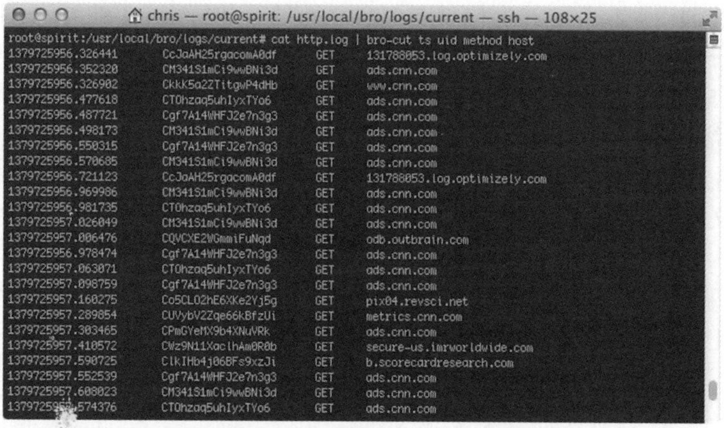

```
chris — root@spirit: /usr/local/bro/logs/current — ssh — 108×25
root@spirit:/usr/local/bro/logs/current# cat http.log | bro-cut ts uid method host
1379725956.326441    CcJoAH25rgacomA0df    GET    131788053.log.optimizely.com
1379725956.352320    CM341S1mCi9wwBNi3d    GET    ads.cnn.com
1379725956.326902    CkkK5a2ZTitgwP4dHb    GET    www.cnn.com
1379725956.477618    CTOhzaq5uhIyxTYo6     GET    ads.cnn.com
1379725956.487721    Cgf7A14WHFJ2e7n3g3    GET    ads.cnn.com
1379725956.498173    CM341S1mCi9wwBNi3d    GET    ads.cnn.com
1379725956.550315    Cgf7A14WHFJ2e7n3g3    GET    ads.cnn.com
1379725956.570685    CM341S1mCi9wwBNi3d    GET    ads.cnn.com
1379725956.721123    CcJoAH25rgacomA0df    GET    131788053.log.optimizely.com
1379725956.969986    CM341S1mCi9wwBNi3d    GET    ads.cnn.com
1379725956.981735    CTOhzaq5uhIyxTYo6     GET    ads.cnn.com
1379725957.026049    CM341S1mCi9wwBNi3d    GET    ads.cnn.com
1379725957.006476    CQVCXE2WGmmiFuNqd     GET    odb.outbrain.com
1379725956.978474    Cgf7A14WHFJ2e7n3g3    GET    ads.cnn.com
1379725957.063071    CTOhzaq5uhIyxTYo6     GET    ads.cnn.com
1379725957.098759    Cgf7A14WHFJ2e7n3g3    GET    ads.cnn.com
1379725957.160275    Co5CLO2hE6XKe2Yj5g    GET    pix04.revsci.net
1379725957.289854    CUVybV2Zqe66kBfzUi    GET    metrics.cnn.com
1379725957.303465    CPmGYeMX9b4XNuVRk     GET    ads.cnn.com
1379725957.410572    CWz9N11XaclhAm0R0b    GET    secure-us.imrworldwide.com
1379725957.590725    ClkIHb4j06BFs9xzJi    GET    b.scorecardresearch.com
1379725957.552539    Cgf7A14WHFJ2e7n3g3    GET    ads.cnn.com
1379725957.608023    CM341S1mCi9wwBNi3d    GET    ads.cnn.com
13797259[illegible].574376    CTOhzaq5uhIyxTYo6     GET    ads.cnn.com
```

图 10.3　简单的 bro-cut 输出

在此例中，指定输出 ts、uid、method 和 host 这几个字段。多数情况下，加上 -C（包含日志文件全部元数据）选项和 -u（将时间戳解码为更具可读性的 UTC 时间）选项，可以得到更为友好的输出结果，如图 10.4 所示。

```
chris — root@spirit: /usr/local/bro/logs/current — ssh — 108×25
root@spirit:/usr/local/bro/logs/current# cat http.log | bro-cut -u ts uid method host
2013-09-21T01:12:36+0000    CcJaAH25rgacomA0df    GET    131788053.log.optimizely.com
2013-09-21T01:12:36+0000    CM341S1mCi9wwBNi3d    GET    ads.cnn.com
2013-09-21T01:12:36+0000    CkkK5a2ZTitgwP4dHb    GET    www.cnn.com
2013-09-21T01:12:36+0000    CTOhzaq5uhIyxTYo6     GET    ads.cnn.com
2013-09-21T01:12:36+0000    Cgf7A14WHFJ2e7n3g3    GET    ads.cnn.com
2013-09-21T01:12:36+0000    CM341S1mCi9wwBNi3d    GET    ads.cnn.com
2013-09-21T01:12:36+0000    Cgf7A14WHFJ2e7n3g3    GET    ads.cnn.com
2013-09-21T01:12:36+0000    CM341S1mCi9wwBNi3d    GET    ads.cnn.com
2013-09-21T01:12:36+0000    CcJaAH25rgacomA0df    GET    131788053.log.optimizely.com
2013-09-21T01:12:36+0000    CM341S1mCi9wwBNi3d    GET    ads.cnn.com
2013-09-21T01:12:36+0000    CTOhzaq5uhIyxTYo6     GET    ads.cnn.com
2013-09-21T01:12:37+0000    CM341S1mCi9wwBNi3d    GET    ads.cnn.com
2013-09-21T01:12:37+0000    CQVCXE2WGmmiFuNqd     GET    odb.outbrain.com
2013-09-21T01:12:36+0000    Cgf7A14WHFJ2e7n3g3    GET    ads.cnn.com
2013-09-21T01:12:37+0000    CTOhzaq5uhIyxTYo6     GET    ads.cnn.com
2013-09-21T01:12:37+0000    Cgf7A14WHFJ2e7n3g3    GET    ads.cnn.com
2013-09-21T01:12:37+0000    Co5CLO2hE6XKe2Yj5g    GET    pix04.revsci.net
2013-09-21T01:12:37+0000    CUVybV2Zqe66kBfzUi    GET    metrics.cnn.com
2013-09-21T01:12:37+0000    CPmGYeMX9b4XNuVRk     GET    ads.cnn.com
2013-09-21T01:12:37+0000    CWz9N11XaclhAm0R0b    GET    secure-us.imrworldwide.com
2013-09-21T01:12:37+0000    ClkIHb4j06BFs9xzJi    GET    b.scorecardresearch.com
2013-09-21T01:12:37+0000    Cgf7A14WHFJ2e7n3g3    GET    ads.cnn.com
2013-09-21T01:12:37+0000    CM341S1mCi9wwBNi3d    GET    ads.cnn.com
2013-09-21T01:12:37+0000    CTOhzaq5uhIyxTYo6     GET    ads.cnn.com
```

图 10.4 更实用的 bro-cut 输出

到目前为止，本书只涉及了这些日志文件中的一种，实际上还有许多其他类型的日志文件，这些日志文件互有联系。例如，http.log 文件中的每个 HTTP 事务都依赖于 conn.log 文件的特定网络流，同样，许多网络流也依赖于 dns.log 文件中的目的主机域名解析。仔细看前几张屏幕截图，不难看到其中包含的 uid⊖字段。Bro 在多处用到这些唯一标识符（unique identifier），据此定位相关的日志内容，哪怕它们可能位于不同文件。因此，审核 Bro 日志时引入 uid 通常是个好主意，这样就能以 uid 为主键关联检索不同日志文件。

举个例子，假设现在需要知道位于图 10.4 中第一行的特定 HTTP 事务的详细情况。第二列提供了关于该 HTTP 事务的网络流的唯一 ID。如果在全部日志文件中搜索该 ID 的字符串（如图 10.5 所示），不难发现 Bro 检测到了多种不同类型的日志内容。http.log 文件表明，该单一网络流记录对应到两条 HTTP 事务。通过单一网络连接发送多个事务，对于 HTTP 协议是常见的情况，这是为了节省在多次 TCP 会话中建立和断开连接所花费的时间。根据 files.log 文件可以看出，这些事务读取了一个文本文件和一个 GIF 图片。同样，原始网络会话自身内容在 conn.log 文件中显示，可供参考。

许多 Bro 日志文件包含的 ID 字段不止一个。比如，HTTP 日志不仅包含可用于回溯到特定连接的 uid 字段，也包含一个 resp_fuids 字段，该字段指向一个在各事务中被下载的文件的 ID 列表。这些 ID 可以作为主键，关联检索不同事务，通过日志文件深入细节。

⊖ uid 是 unique identifier 的缩写。——译者注

```
chris — root@spirit: /usr/local/bro/logs/current — ssh — 133×17
root@spirit:/usr/local/bro/logs/current# grep CcJaAH25rgacomA0df *.log
conn.log:1379725956.290110	CcJaAH25rgacomA0df	10.0.2.15	55827	54.235.89.75	80	tcp	http	62.838975	1
221	579	SF	-	0	ShADadfF	9	1601	8	903	(empty)
files.log:1379725956.360705	FXW4iQKrjwrjGNvP6	54.235.89.75	10.0.2.15	CcJaAH25rgacomA0df	HTTP	0	(empt
y)	text/plain	-	0.000000	-	F	2	2	0	0	F	-	-	-	-	-
files.log:1379725956.755784	F4kMAj1k4Hs4MfCYs5	54.235.89.75	10.0.2.15	CcJaAH25rgacomA0df	HTTP	0	(empt
y)	image/gif	-	0.000000	-	F	35	35	0	0	F	-	-	-	-	-
http.log:1379725956.326441	CcJaAH25rgacomA0df	10.0.2.15	55827	54.235.89.75	80	1	GET	131788053.log
.optimizely.com /event?a=131788053&d=125375509&y=false&s170962340=false&s171657961=gc&s172148679=none&s172265329=direct&n=http://www.
cnn.com/&u=oeu1376503617930r0.8979341343510896&wxhr=true&t=1379725956253&f=	http://www.cnn.com/	Mozilla/5.0 (X11; Linux x86_6
4) AppleWebKit/537.36 (KHTML, like Gecko) Ubuntu Chromium/28.0.1500.71 Chrome/28.0.1500.71 Safari/537.36	0	2	200 O
K	-	-	-	(empty) -	-	-	-	-	FXW4iQKrjwrjGNvP6	text/plain
http.log:1379725956.721123	CcJaAH25rgacomA0df	10.0.2.15	55827	54.235.89.75	80	2	GET	131788053.log
.optimizely.com /event?a=131788053&d=125375509&y=false&s170962340=false&s171657961=gc&s172148679=none&s172265329=direct&n=http://www.
cnn.com/&u=oeu1376503617930r0.8979341343510896&t=1379725956715&f=	http://www.cnn.com/	Mozilla/5.0 (X11; Linux x86_64) Apple
WebKit/537.36 (KHTML, like Gecko) Ubuntu Chromium/28.0.1500.71 Chrome/28.0.1500.71 Safari/537.36	0	35	200	OK (
empty) -	-	-	-	-	F4kMAj1k4Hs4MfCYs5	image/gif
```

图 10.5　由事务 uid 在多个 Bro 日志文件间交互验证

10.4　使用 Bro 定制开发检测工具

在本章开始部分曾将 Bro 比作 Python 或 Perl 之类的脚本语言，但到目前为止，却只关注了日志文件。Bro 当然不仅仅是一个日志平台。事实上，它是一种侧重于读取与处理网络流量的通用编程语言。前面提及的所有这些日志，都还只是准备为各种用户程序执行粗粒度解析和标准化而产生的副产品。为了让一切更加有趣，下面使用 Bro 开发一个工具，用于辅助 NSM 的采集、检测和分析工作。

本书准备将本章剩余部分用于讨论 Bro 的精彩之处，但先要讲些不那么精彩的东西：Bro 的文档。

Bro 团队一如既往地在 Bro 平台本身倾注大量的时间，虽然在过去一年左右稍有改善，但在使用说明文档方面的投入仍然不足，仅提供了一些示例。对于 Bro 编程语言来说，这种情况更为明显。除了一些基础的参考文档（比如 Bro 内置数据类型说明、Bro 自带的事件、函数的简要说明）之外，并未提供面向初级 Bro 程序员的全面教程。

多数人是通过查看现有代码学习 Bro 脚本语言的，不是通过 Bro 发布版的脚本大全（可在 Security Onion 的 /opt/bro/share/bro 目录及其子目录下找到），就是通过邮件列表或 GitHub 之类的代码共享平台下载的代码。

如果你想自学 Bro 脚本语言，本章所提供的示例也能达到同样效果。本书没有提供一份由 A 到 Z 地罗列 Bro 全部内容的列表，而是剖析了几个涵盖 Bro 重要概念的实用示例脚本，让代码来说话。读完本章，你会发现以下链接所提供的 Bro 在线文档颇为有用：http://www.bro.org/documentation/index.html。该文档几乎在整个学习过程中都有借鉴作用，在这一过程中，你会不断地发现有趣的 Bro 代码，然后理解代码的用途，并最终掌握这些代码。

10.4.1　文件分割

在 NSM 环境中，会经常需要从会话中提取被传输的文件。对于 PCAP 文件，有一些工具可以做到这一点（比如 tcpxtract），但这类工具通常不具备协议识别能力，只能在字节级别提取文件。一旦它们遇到能够识别的对象，比如说，某个 PDF 文件的开始位置，它们通常能够在其后分割数千字节，保存为磁盘文件，但该文件只是与实际文件近似，并非实际传输的文件。采用这种方法，还需要在事后手工修正，才能得到实际需要的文件。

与之相反，Bro 对其具备解码能力的协议有更多了解，这是它有别于其他工具的根本原因。以前一个问题为例，假设需要找到一种借助 Bro 从捕获的数据包中提取出全部文件的方法。我们先以处理单个 PCAP 文件的命令行工具的形式开发这一功能，然后展示将该工具整合成运行在 Security Onion 平台的 Bro 的方法，使其全天候地处理真实网络流量。

首先，我们建立一个快速原型。Bro 具有一套内置的在线文件动态分析机制，被称为"文件分析框架"(File Analysis Framework)。其中，一种 Bro 所能理解并可以执行的"分析"类型就是将文件写到磁盘。对于读者感兴趣的各个文件，只需由 Bro 处理这类分析任务就可以了。

幸运的是，这比听起来简单得多。建立一个名为 extract-files.bro 的文件，在其中加入以下代码：

```
# When Bro finds a file being transferred (via any protocol it knows about),
# write a basic message to stdout and then tell Bro to save the file to disk.
event file_new(f: fa_file)
{
      local fuid=f$id;
      local fsource=f$source;
      local ftype=f$mime_type;
      local fname=fmt("extract-%s-%s", fsource, fuid);
      print fmt("*** Found %s in %s. Saved as %s. File ID is %s", ftype
fsource, fname, fuid);
      Files::add_analyzer(f, Files::ANALYZER_EXTRACT,
[$extract_filename=fname]);
}
```

该 Bro 脚本为 file_new 事件（event）创建了一个新的事件处理程序，每当 Bro 检测到新文件传输的起始标志，无论文件传输来自哪种协议，都会触发该事件。Bro 传递给该事件处理程序的单一参数 f 是框架所定义的 fa_file 记录类型。注意，Bro 使用美元符号（$）作为访问记录字段的操作符。该脚本引用了 id、source 和 mime_type 字段，并使用这些字段为每个被发现的文件构造和打印一段简短的信息。然后，脚本将文件流传递给文件提取分析程序（file extraction analyzer），而这个文件流就是实际由 Bro 保存为磁盘文件的数据片断。它就是我们需要的文件！现在该文件被传递给分析程序 ANALYZER_EXTRACT，Bro 将自行处理后继任务。

现在，剩下的全部工作就是实际运行该脚本处理 PCAP 文件了。运行指定的 Bro 脚本与之前单独运行 Bro 非常相似，只是本次在命令行结尾处加上了脚本文件名。事实上，读者可以同时在一个命令行运行多个 Bro 脚本，但此处并不需要这样做。执行命令为：

```
bro -C -r ../pcaps/bro-sample-traffic.pcap ../scripts/extract-files.
bro
```

图 10.6 展示了该脚本运行后的样子。注意在每一行都包含了文件的 ID，在必要时可以由此在 files.log 文件中找到对应记录，了解更多信息。

```
chris — sanders@spirit: ~ — ssh — 125×18
sanders@spirit:~$ bro -C -r pcaps/bro-sample-traffic.pcap scripts/extract-files.bro
*** Found text/plain in HTTP. Saved as extract-HTTP-FXW4iQKrjwrjGNvP6. File ID is FXW4iQKrjwrjGNvP6
*** Found text/html in HTTP. Saved as extract-HTTP-F7YOjc3jvCy2XzQI75. File ID is F7YOjc3jvCy2XzQI75
*** Found application/octet-stream in HTTP. Saved as extract-HTTP-FkVa4r2RjZVAbk9t46. File ID is FkVa4r2RjZVAbk9t46
*** Found text/html in HTTP. Saved as extract-HTTP-FV1jwa16wA7An4XIv4. File ID is FV1jwa16wA7An4XIv4
*** Found application/octet-stream in HTTP. Saved as extract-HTTP-FgCF2w3M2s103iELV6. File ID is FgCF2w3M2s103iELV6
*** Found text/html in HTTP. Saved as extract-HTTP-FXhp8T3vEFpxGmtbdl. File ID is FXhp8T3vEFpxGmtbdl
*** Found text/html in HTTP. Saved as extract-HTTP-Fx1tqe4WfUOazFUodi. File ID is Fx1tqe4WfUOazFUodi
*** Found image/gif in HTTP. Saved as extract-HTTP-F4kMAj1k4Hs4MfCYs5. File ID is F4kMAj1k4Hs4MfCYs5
*** Found text/html in HTTP. Saved as extract-HTTP-FpWOci3rIJp08MVD8j. File ID is FpWOci3rIJp08MVD8j
*** Found text/html in HTTP. Saved as extract-HTTP-FJ2jLb43goPMXC92Tf. File ID is FJ2jLb43goPMXC92Tf
*** Found text/html in HTTP. Saved as extract-HTTP-FyrJal2HBucxAGVbDg. File ID is FyrJal2HBucxAGVbDg
*** Found text/plain in HTTP. Saved as extract-HTTP-FRag0k2dqx5HZyJ4x6. File ID is FRag0k2dqx5HZyJ4x6
*** Found text/plain in HTTP. Saved as extract-HTTP-FsoRCO3kODc4Aw8kda. File ID is FsoRCO3kODc4Aw8kda
*** Found text/plain in HTTP. Saved as extract-HTTP-FUnEFi34vzSfu7Xo87. File ID is FUnEFi34vzSfu7Xo87
*** Found image/gif in HTTP. Saved as extract-HTTP-FPVBzy2K22EjB6CoYl. File ID is FPVBzy2K22EjB6CoYl
*** Found image/gif in HTTP. Saved as extract-HTTP-FRi4u9jyDAJ8r8dKf. File ID is FRi4u9jyDAJ8r8dKf
*** Found text/html in HTTP. Saved as extract-HTTP-FiVZza14EyUeg8LII4. File ID is FiVZza14EyUeg8LII4
```

图 10.6 简单的文件提取程序输出

注意，脚本运行后，Bro 生成的日志文件与前一示例输出结果完全一致。事实上，一切都看起来很像以前一样。但是这一次，在 extract_files 子目录下出现了文件，如图 10.7 所示。

```
chris — sanders@spirit: ~ — ssh — 102×18
sanders@spirit:~$ ls -l extract_files/
total 4008
-rw-rw-r-- 1 sanders sanders    368 Oct 15 09:40 extract-FTP_DATA-Fb6L6F4wCnIHJeiMv8
-rw-rw-r-- 1 sanders sanders   1690 Oct 15 09:40 extract-FTP_DATA-FBX4m9uszKFmhgYO
-rw-rw-r-- 1 sanders sanders 323584 Oct 15 09:40 extract-FTP_DATA-FFiUwe2cn2KgeFSPIj
-rw-rw-r-- 1 sanders sanders   1521 Oct 15 09:40 extract-FTP_DATA-FjQaEcCdkzZa0ROZ
-rw-rw-r-- 1 sanders sanders   1704 Oct 15 09:40 extract-FTP_DATA-FXlx3D3CgSc2WVAiv
-rw-rw-r-- 1 sanders sanders    318 Oct 15 09:40 extract-HTTP-F0aJjg4YKZ4nKn3Et2
-rw-rw-r-- 1 sanders sanders   2654 Oct 15 09:40 extract-HTTP-F0PCOT2WhWPfZkPvNg
-rw-rw-r-- 1 sanders sanders   1353 Oct 15 09:40 extract-HTTP-F1CEhH3pkHfKGL0xA5
-rw-rw-r-- 1 sanders sanders    494 Oct 15 09:40 extract-HTTP-F1Ik6X1vRMhDKG6j31
-rw-rw-r-- 1 sanders sanders    239 Oct 15 09:40 extract-HTTP-F22kDiHIwSrZvLFO5
-rw-rw-r-- 1 sanders sanders   5226 Oct 15 09:40 extract-HTTP-F293Er3MkhPKlu6YC8
-rw-rw-r-- 1 sanders sanders    300 Oct 15 09:40 extract-HTTP-F2eCKt70fccQCWUx7
-rw-rw-r-- 1 sanders sanders   4794 Oct 15 09:40 extract-HTTP-F2zLsm4Pn26RXjhRQk
-rw-rw-r-- 1 sanders sanders   1453 Oct 15 09:40 extract-HTTP-F388Kw33ke9Mae1Ntc
-rw-rw-r-- 1 sanders sanders   4163 Oct 15 09:40 extract-HTTP-F3NLL9EKtMQpYP99h
-rw-rw-r-- 1 sanders sanders     35 Oct 15 09:40 extract-HTTP-F4kMAj1k4Hs4MfCYs5
```

图 10.7 提取到的文件

10.4.2 选择性提取文件

从以上输出不难看到，在用作示例的 PCAP 中包含了很多的 GIF 文件，还有一些 HTML 文本文件。这些文件都来自于 WEB 流量，但并非人们通常所理解的“文件下载”。如果对这类文件不感兴趣，只是打算提取那些 Windows 可执行程序，该怎么办呢？没有问题！注意本书前面的代码示例，Bro 实际上是可以识别各个文件的 MIME 类型的。Bro 通过检查文件内容识别其文件类型，而不是轻信文件传输协议中声明的文件类型。

实战中的启示

MIME代表多用途互联网邮件扩展（Multipurpose Internet Mail Extensions）。从技术上讲，MIME是一种供电子邮件（也允许HTTP及其他协议）由一个或多个分段消息建立一个单独消息的格式。如果有谁曾经收到一封带有附件的电子邮件，那么他就一定收到过MIME消息，无论他是否意识到这一点。

MIME规范最常用的功能，可能就是描述各分段消息组成内容的类型。MIME类型非常受欢迎，事实上，许多非MIME类型的应用程序也在使用MIME类型描述所用到的数据。

HTTP使用MIME格式处理涉及一次发送多个数据片断（例如，使用POST方法提交表单）的特定事务。虽然所使用的MIME格式并不完整，但几乎HTTP协议传输的各种数据都标注了MIME类型。最常见的MIME格式是“text/html”、“text/plain”和“image/gif”。还有许多其他的类型，由于数量过多，无法在此全部列出。

下面我们修改脚本，在数据被送到提取分析程序之前，检查各文件的MIME类型。

```
#!/usr/bin/env bro
# When Bro finds an executable file being transferred (via any protocol it
# knows about), write a basic message to stdout and then tell Bro to save
# the file to disk.
event file_new(f: fa_file)
{
        # Check that we have a MIME type value in this record
        if (f?$mime_type) {
            # See if the type is one we care about
             if(f$mime_type == "application/x-dosexec" ||
                f$mime_type == "application/x-executable") {
                    local ftype=f$mime_type;
                    local fuid=f$id;
                    local fsource=f$source;
                    local fname=fmt("extract-%s-%s", fsource, fuid);
                    print fmt("*** Found %s in %s. Saved as %s. File ID
is %s", ftype, fsource, fname, fuid);
                    Files::add_analyzer(f,
Files::ANALYZER_EXTRACT, [$extract_filename=fname]);
             }
        }
}
```

这个版本的脚本与最初的那个非常相似，只是增加了一个if条件语句检查在文件记录（f?$mime_type部分）中是否存在mime_type声明，如果存在，则继续检查其MIME类型，以确定是否将该文件记录交给提取分析程序。图10.8展示了新的输出结果，这次脚本忽略了全部的图片和HTML文件，只处理可执行程序。

为了展示Bro的另一种运行方式，先看一个有用的技巧。到现在为止，本书都是通过明确地调用Bro命令来执行指定脚本。注意，在改进后的脚本的第一行，由具有Unix特色的“哨棒”⊖符号（#!）开始。不难猜到，这意味着在Bro下编写的工具可以在命令行独立运行，就像其他脚本语言那样。要做到这一点，必须事先修改脚本权限，使其具有可执行权限：

图 10.8　仅提取 Windows 可执行程序

```
chmod 755 extract-exe-files.bro
```

现在，可以像其他命令那样调用该脚本，如图10.9所示。脚本的执行与之前并无两样：创建日志文件，将文件写入磁盘。这样执行代码更加方便，尤其是当你准备将这些脚本工具提供给其他团队的Bro新手时。

```
chris — sanders@spirit: ~ — ssh — 124×5
sanders@spirit:~$ chmod 755 scripts/extract-exe-files.bro
sanders@spirit:~$ ./scripts/extract-exe-files.bro -C -r pcaps/bro-sample-traffic.pcap
*** Found application/x-dosexec in HTTP. Saved as extract-HTTP-Fw19vz3P2lhtDCQOGg. File ID is Fw19vz3P2lhtDCQOGg
*** Found application/x-dosexec in FTP_DATA. Saved as extract-FTP_DATA-FFiUwe2cn2KgeFSPIj. File ID is FFiUwe2cn2KgeFSPIj
sanders@spirit:~$
```

图 10.9　将脚本作为命令调用

10.4.3　从网络流量中实时提取文件

至此，我们已经将该脚本改进为独立工具，下面考虑如何使其像Security Onion的Bro实例那样持续运行。这样做的益处在于，可以近乎实时地提取网络中出现的特定类型文件，而不是通过事后追溯一组相互独立的PCAP文件提取它们。

通常情况下，令一个有效的Bro脚本持续执行并非难事。若Security Onion以传感器模式运行Bro，Bro默认加载/opt/bro/share/bro/site/local.bro配置文件。当然，此处“配置”（configuration）这个术语是很不严谨的。实际上，local.bro同样只是一个脚本，由Bro在启动时加载执行。Security Onion默认集成的local.bro，只不过是用来加载其他执行具体功能的Bro脚本，例如：扫描、记录应用程序网络行为、查询特定协议日志添加IP地理信息（GeoIP）等等。当然，local.bro确实只是Bro的“本地”（local）配置，读者也可以借此加入自定义的配置。将上述提取文件程序加入Bro的最简单方法，就是把它们原样粘贴到local.bro文件尾部，如图10.10所示。

local.bro文件被修改后，需要执行以下三个简单步骤，将这些改变通知运行中的Bro实例。各步骤均由Bro控制程序broctl执行对应功能，命令如下：

⊖ shebang，本意是俚语“事情、家当”，发音近乎“哨棒”。在Unix术语中，井号（#）通常称为sharp、hash或mesh，而叹号（!）通常称为bang，关于shebang的中文译法，目前并无统一意见。——译者注

```
#### Network File Handling ####

# Enable MD5 and SHA1 hashing for all files.
@load frameworks/files/hash-all-files

# Detect SHA1 sums in Team Cymru's Malware Hash Registry.
@load frameworks/files/detect-MHR

###### Applied NSM Customizations Below! ######

# When Bro finds an executable file being transferred (via any protocol it
# knows about), write a basic message to stdout and then tell Bro to save
# the file to disk.

event file_new(f: fa_file)
{


        # Check that we have a MIME type value in this record
        if (f?$mime_type) {
                        # See if the type is one we care about
                if(f$mime_type == "application/x-dosexec" ||
                   f$mime_type == "application/x-executable") {
                        local ftype = f$mime_type;
                        local fuid = f$id;
                        local fsource = f$source;
                        local fname = fmt("extract-%s-%s", fsource, fuid);

                        print fmt("*** Found %s in %s. Saved as %s. File ID is %s", ftype, fsource, fname, fuid);

                        Files::add_analyzer(f, Files::ANALYZER_EXTRACT, [$extract_filename=fname]);
                }
        }
}
```

图 10.10 将提取文件程序加入 local.bro

1. broctl check

执行完整配置语法和健全性快速检查，确保文件未遭到意外破坏。

2. broctl install

使修改后的配置生效，也称为“安装”(install)。

3. broctl restart

重新启动 Bro，使其重新加载修改后的配置。

上述命令及输出如图 10.11 所示。

```
root@spirit:~# broctl check
bro is ok.
root@spirit:~# broctl install
removing old policies in /usr/local/bro/spool/installed-scripts-do-not-touch/site ... done.
removing old policies in /usr/local/bro/spool/installed-scripts-do-not-touch/auto ... done.
creating policy directories ... done.
installing site policies ... done.
generating standalone-layout.bro ... done.
generating local-networks.bro ... done.
generating broctl-config.bro ... done.
updating nodes ... done.
root@spirit:~# broctl restart
stopping ...
stopping bro ...
starting ...
starting bro ...
```

图 10.11 利用 broctrl 命令使修改生效

新的程序运行之后，应查看 /nsm/bro/logs/current 目录下的 Bro 日志。通过查看 files.

log 文件，可以看到提取了哪些文件。如果发现了文件，可以看看“analyzers”字段的内容，了解哪些文件是 EXTRACT 分析程序的产物，如图 10.12 所示。

```
chris — root@spirit: /usr/local/bro/logs/current — ssh — 133×16
root@spirit:/usr/local/bro/logs/current# cat files.log | bro-cut -u ts fuid analyzers conn_uids extracted | grep EXTRACT
2013-09-21T01:14:42+0000        Fw19vz3P2lhtDCQ0Gg      EXTRACT CsyYJB3A4NarD5Rh5b      extract-HTTP-Fw19vz3P2lhtDCQ0Gg
2013-09-21T01:19:40+0000        FFiUwe2cn2KgeFSPIj      EXTRACT C8j5JI3cOmD5nAkXhc      extract-FTP_DATA-FFiUwe2cn2KgeFSPIj
root@spirit:/usr/local/bro/logs/current# ls -l extract_files/extract-HTTP-Fw19vz3P2lhtDCQ0Gg
-rw-r--r-- 1 root root 495616 Oct 15 13:42 extract_files/extract-HTTP-Fw19vz3P2lhtDCQ0Gg
root@spirit:/usr/local/bro/logs/current# strings extract_files/extract-HTTP-Fw19vz3P2lhtDCQ0Gg  | grep -i putty | head
PuTTY
Chokes on PuTTY's SSH-2 'winadj' requests
PuTTY Private Key Files (*.ppk)
=~=~=~=~=~=~=~=~=~=~=~= PuTTY log %s =~=~=~=~=~=~=~=~=~=~=~=
winadj@putty.projects.tartarus.org
simple@putty.projects.tartarus.org
not a PuTTY SSH-2 private key
PuTTY key format too new
PuTTY-User-Key-File-
putty-private-key-file-mac-key
```

图 10.12 成功提取了一个文件!

通过查看所提取二进制文件的 string’s 命令输出结果，该文件似乎是 Windows SSH 客户端程序 PuTTY 的一个拷贝。

需要指出的是，重启 Bro 将会强制其对 /nsm/bro/logs/current 目录下的当前日志文件归档并新建一组日志。每天晚上（Security Onion 配置为格林威治标准时间 0 时）该归档工作会自动完成。如果读者完成了上述示例，不必为有些旧的日志文件消失不见而感到惊讶，重启 Bro、重启 SO 系统甚至仅是次日重回工作岗位，都会出现这样的情况。这些日志文件仍然存在。只是被 Bro 转移到 /nsm/bro/logs 之下的一个按日期命名的新子目录中。

10.4.4 打包 Bro 程序

现在，已将 Bro 配置为从实时网络流中提取可执行文件，这非常有用。这些文件可供进一步分析以提取恶意逻辑特征、聚合统计分析，甚至可以提供回溯 Bro 以进一步分析它们所需的信息。这样看来，一切顺利，不过还可以再多做一点：将目前混在一起的代码打包为独立的程序文件。

试想，如果不断地向 local.bro 中直接添加新代码，一段时间以后，它就会变得难于管理。不只如此，一旦读者打算向别的 Bro 用户分享这些脚本，为保证仅提供需要分享的那部分代码，就不得不重新梳理代码，找出哪些修改是不相干的。假以时日，恐怕难于管理。

如果继续阅读 local.bro 的剩余部分（这部分我们并未编辑），不难发现这部分除了加载其他脚本之外，什么都没做，而所加载的脚本都以独立文件的形式存储。读者不妨也试着这样做!

从目前的代码量看，这毫不费力。首先，将我们的代码从 local.bro 文件中剪切掉，再把它们粘贴到一个名为 extract-interesting-files.bro 的新文件，然后将该文件复制到 /opt/bro/share/bro/site 目录下。这是 Bro 默认的加载目录，所以只需将以下语句添加到 local.bro 文件中，就可以让我们的代码像以前一样好用了：

```
@load extract-interesting-files
```

如果使用 broctl 命令，依次执行 check、install 功能，最后执行 restart 功能重新启动 Bro 实例，就会看到一切都和以前工作得一样好，而我们的代码现在更容易查找、管理和分享了。

10.4.5 加入配置选项

虽然我们的代码已经采用了更为清晰的方式存储，现在还有这样的麻烦：如果因故需要提取其他类型的文件，则只能通过编辑脚本来实现，这样做可能会引入新的错误，也使得跟踪功能的变动难上加难。

在最后一次的脚本修订中，我们会加入一项称为 interesting_types 的配置参数，该参数可能会是一组我们所关心的 MIME 类型的字符串。一旦 Bro 发现某个文件的 MIME 类型位于该字符串集合，就提取该文件，然后保存到磁盘上。下面我们建立该参数，以便将来可以在其他脚本中调整参数，而无需实际修改脚本文件。

更新后的 extract-interesting-files.bro 文件如下：

```
#
# A module to find files of interest (according to their MIME types) and
# log them to disk.
#
module ExtractFiles;
export {
        const interesting_types: set[string] = [
"application/x-dosexec",
"application/x-executable"
                                        ] &redef;
}
event file_new(f: fa_file)
{
        # Check that we have a MIME type value in this record
        if (f?$mime_type) {
                # See if the type is one we care about
                if(f$mime_type in interesting_types) {
                        local ftype=f$mime_type;
                        local fuid=f$id;
                        local fsource=f$source;
                        local fname=fmt("extract-%s-%s", fsource, fuid);
                        print fmt("*** Found %s in %s. Saved as %s. File ID is %
s", ftype, fsource, fname, fuid);
                        Files::add_analyzer(f,
Files::ANALYZER_EXTRACT, [$extract_filename=fname]);
                }
        }
}
```

现在，请注意我们将该脚本声明为一个“ Bro 模块”（ module），名为 ExtractFiles。Bro 模块与其他语句的模块极为相似——为函数、变量提供新的命名空间，使其独立于主命名空间，避免冲突。默认情况下，这些命名对于模块是私有的，所以，我们不得不在变量外面使用 export 指令，把变量“导出来”(export)，使得这些变量可以在命名空间外部使用。

我们在此导出了一个命名，即常量 interesting_types，它被定义为一个字符串集合(set)。Bro 的集合是一组任意类型的无序数据，数据类型可自由指定[⊖]。Bro 集合支持数据的添加、删除以及检查某项数据是否为该集合的成员。这里只有一处算是真正的陷阱。虽然该集合被声明为“常量”(constant)，但在声明之后还有一个 &redef 标签。这意味着实际上这个常量的内容是可以被修改的，不过，为了达到这个目的，必须使用特定的 redef 说明。Bro 的这种限制，是为了避免重要的配置参数因程序错误或其他类型的失误而被意外修改。很快我们就会看到如何上述失误。

这段代码的最后一处修改，替换了对于我们关心的 MIME 类型的条件判断。此前采用了如下的硬编码：

```
if(f$mime_type == "application/x-dosexec" ||
   f$mime_type == "application/x-executable") {
```

现在简单地修改为判断文件的 MIME 类型是否属于我们感兴趣（interesting）的集合：

```
if(f$mime_type in interesting_types) {
```

现在，既然已经在 local.bro 文件中加入了适当的 @load 语句，差不多已经万事俱备了。不过，在正式开始之前，先看一看如何添加新的提取文件类型。在 Security Onion 环境下，Bro 的已知 MIME 类型数据库可在 /opt/bro/share/bro/magic 目录下的文本文件中找到。图 10.3 展示了如何修改 local.bro 文件并在我们“感兴趣的类型”（ interesting types）中加入新的 MIME 类型（ GIF 和 HTML）。注意，本书使用了 redef 关键字，向“常量”（constant）集合加入了两个新变量（因为是在主命名空间，需要使用 ExtractFiles::interesting_types 的形式引用）。

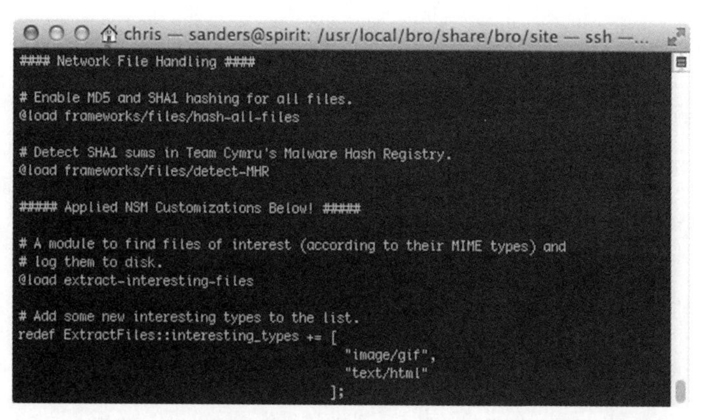

图 10.13 具有额外的感兴趣的 MIME 类型的最终文件提取配置

如果目前监视了全部 HTTP 流量，使用 broctl 命令，依次执行 check、install 功能，最后执行 restart 功能重新启动 Bro 实例，就会看到大量文件被快速提取出来，如图 10.4 所示。

⊖ 根据 Bro 官方网站提供的文档（Bro 2.3.1），在一个集合之中，各元素的数据类型必须相同，而且各元素不能重复。——译者注

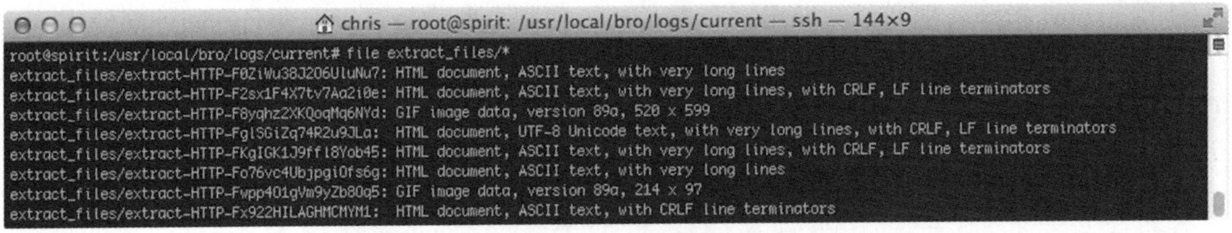

```
chris — root@spirit: /usr/local/bro/logs/current — ssh — 144×9
root@spirit:/usr/local/bro/logs/current# file extract_files/*
extract_files/extract-HTTP-F0ZiWu38J206UluNu7: HTML document, ASCII text, with very long lines
extract_files/extract-HTTP-F2sx1F4X7tv7Aa2i0e: HTML document, ASCII text, with very long lines, with CRLF, LF line terminators
extract_files/extract-HTTP-F8yqhz2XKQoqMq6NYd: GIF image data, version 89a, 520 x 599
extract_files/extract-HTTP-FglSGiZq74R2u9JLa:  HTML document, UTF-8 Unicode text, with very long lines, with CRLF, LF line terminators
extract_files/extract-HTTP-FKgIGK1J9ffl8Yob45: HTML document, ASCII text, with very long lines, with CRLF, LF line terminators
extract_files/extract-HTTP-Fo76vc4UbjpgiOfs6g: HTML document, ASCII text, with very long lines
extract_files/extract-HTTP-Fwpp4O1gVm9yZb80q5: GIF image data, version 89a, 214 x 97
extract_files/extract-HTTP-Fx922HILAGHMCMYM1:  HTML document, ASCII text, with CRLF line terminators
```

图 10.14 提取了 GIF 和 HTML 文件

10.4.6 使用 Bro 监控敌方

无论出于哪种意图，提取文件总是一项实用任务，不过，此时你也许会问自己“我怎样才能让 Bro 告诉我有趣的事情什么时候发生呢?”下面举例说明如何使用 Bro 发现特定类型的事件，以及如何在发现事件后通知我们。

假设我们准备使用 Bro 实现一个暗网（darknet）检测器。暗网是你的组织不会使用到的某种子网（从技术上讲是独立的 IP），不应有任何主机因为正当原因与之发生交互。比如说，你的组织被分配了 /16 网络，你也许有多个未被分配的 /24 网络。如果你掌握了其中的一些并能够保证它们未来也不会被分配，那么，你就建立了一个暗网。

拥有暗网是件好事，它有助于辨识针对内网的扫描，类似蠕虫在内网爆发或有非授权个体主机发动扫描的时候，可能通过暗网侦测到这类行动。由暗网发现的恶意行动并不总是准确的，因为合法用户也可能输入错误的 IP 地址，合法服务在错误配置的情况下，也可能会访问到暗网地址，不过这类事件依然有作为预警的价值，值得花费时间设置和监控。

为了做到这一点，需要建立 /opt/bro/share/bro/site/darknets.bro 脚本，并加入以下代码：

```
#
# This module allows you to specify a set of unused netblocks or addresses
# that are part of your internal network but are not used. When Bro sees
# traffic to/from these netblocks, it will generate a notice.
#
@load base/frameworks/notice
module Darknets;
export {
	# Create a notice type for logging
	redef enum Notice::Type += { Darknet_Traffic };
	# Your darknets. This is empty by default, so add some network
blocks
	# in local.bro. NOTE: You can add specific hosts here by
specifying
	# them as /32 subnets.
	const darknets: set[subnet] = {} &redef;
}
# Check each new potential connection (successful or not, TCP/UDP/IP)
# against our darknet set
event new_connection(c:connection) {
	local darknet_conn = cat(c$id$orig_h, c$id$resp_h, c$id$resp_p);
```

```
        if(c$id$orig_h in darknets) {
         NOTICE([$note=Darknet_Traffic,
              $msg="Traffic detected FROM darknet",
              $conn=c,
              $identifier=darknet_conn]);
        }
        if(c$id$resp_h in darknets) {
        NOTICE([$note=Darknet_Traffic,
             $msg="Traffic detected TO darknet",
             $conn=c,
             $identifier=darknet_conn]);
        }
}
```

上述代码中出现了一些新的东西，在继续后面的内容之前，略为详细地解释一下。

首先，注意这代码从加载 base/frameworks/notice 模块开始。该模块应用了 Bro 通知框架（Bro's Notice Framework），具有一组挂钩机制，可供方便地建立自定义的通知类型以及管理其他模块的通知行为。如果需要引用依赖通知框架的内容，必须将该框架载入 Bro。

实战中的启示

实际上，我们基本上不会直接加载通知框架，因为该框架是默认框架的一部分，一般都会被加载。但是，如果你在特定工具或非默认的 Bro 实例中重用了这段代码，又或者你将这段代码分发给其他的 Bro 用户，就不能假定该框架已经被预先加载了。在实战中，最好明确地加载所有依赖模块。即使这个模块已经被加载，再加载一次也没有什么影响；万一该模块没有被加载，你加上的这段代码就会处理好这件事。

其次，你会发现我们新建了一个集合，名为“ darknets”。该集合包含一个 subnet（子网）类型的成员，该类型为 Bro 内置的数据类型，以 CIDR 形式的 IP 组为该段代码提供文本值，其形式为 x.x.x.x/y。默认情况下，这个集合是空的，所以启用这个脚本也不会有什么效果。当然，我们无法事先知道所分配的暗网子网有哪些，这倒也说得通。后面我们会在 local.bro 中配置这些子网。

然后，你还会看到我们为 new_connection 事件提供了一个新的事件处理器。每当 Bro 开始跟踪一个新的连接，这个事件就会被触发。实际上，该事件被触发并不意味着该连接已经成功建立，因为该事件被触发得过早，此时还无法知道是否成功建立了连接，只能知道有一个新的连接在尝试建立。

实战中的启示

Bro 可以跟踪全部能够识别的传输协议的连接。TCP 协议具有三次握手的特点，Bro 据此识别会话的建立。对于 UDP 和 ICMP 这类无连接协议，Bro 会将两个不同终端的通信视作一次“连接”，若一段时间内不再有通信发生，则视作连接“结束”。相同终端后续的通信行为，则被视作一次新的连接。

传递给 new_connection 事件的参数 c，是一个 connection 类型的记录。该类型的记录是 Bro 跟踪连接时产生的数据实例（kitchen sink）。其中会保存一些基础信息，例如：源地址、目的地址、源端口、目的端口、连接状态、Bro 提供的连接 ID；非默认或用户开发的脚本通常也会将附加数据保存在此处，例如：地理位置信息、文件 HASH 等。

这些记录里最常用的数据是该连接的源 IP、目的 IP、源端口、目的端口。Bro 将这些数据作为 id 记录的一部分保存，id 记录的类型是 conn_id，也是一种 connection 类型。conn_id 记录的结构如下（见表 10.2）。

表 10.2 conn_id 记录的结构

字段名	描述	字段名	描述
orig_h	连接发起者的 IP 地址（客户端）	resp_h	连接应答者的 IP 地址（服务器）
orig_p	发起者的端口号及协议	resp_p	应答者的端口号及协议

虽然在本例中我们并未用到该记录，但端口是 Bro 的原始数据类型并包含了端口号和协议这件事还是需要注意的。比如，你可以使用以下代码为某个变量分配常规的 SMTP 端口：

```
smtp_port=25/tcp;
```

不过，在上个例子里，我们只需关心源和目的 IP 及目的端口，对于这些数据的访问分别通过 cidorig_h、cidresp_h 和 cidresp_p 这类的嵌套数据结构。

在我们的事件处理器开始部分，会调用 cat() 函数，该函数只是简单地将多个独立的字符串类型参数表示并合并成一个字符串。此处，我们获得的字符串包含源和目的 IP 及目的端口。这是创建面向连接的标识（identifier）的简单方式。我们稍后会简单地讨论为何这么做，现在只需知道我们为变量 darknet_conn 赋予了这个值就够了。

接下来，我们检测源 IP（稍后，几乎使用相同的代码片断检查目的 IP），看看其中是否出现了我们的暗网，代码如下：

```
if(c$id$orig_h in darknets) {
 NOTICE([$note=Darknet_Traffic,
       $msg="Traffic detected FROM darknet",
       $conn=c,
       $identifier=darknet_conn]);
}
```

这段代码的意义是“如果源 IP 属于暗网（darknets）集合，则生成一条通知”。这里的“通知”（notice）只是 notices.log 文件中的一条记录，是 Bro 提醒人们对某类事情注意的最常见方式。Bro 也提供了一种告警的概念，与通知相似，只不过记录被写入 alarms.log 文件，而且还会根据计划发送邮件。通知也可以立即通过邮件发送，或者显示在页面上以引起注意，不过我们在此例中不会这样做。

在我们的代码中，我们会调用 NOTICE 函数，该函数接收一个额外的参数：包含全部通知信息的记录。虽然你也可以定义单独的变量保存通知记录，但你通常会看到这样的代码，它会使用 [$field1 = value1,$field2 = value2,…,$fieldN = valueN] 这样的形式构造一个内嵌记录，这正是我们在此处使用的方式。

每个 notice 都具有一个类型（Type），它是由不同的已加载模块定义的一组枚举型变量中的一个。这些枚举型变量本身的值是什么并不重要，它们只是用来区分彼此。你只需了解这些变量的名字，能够将它们作为 $note 字段的值传递给 notice 记录即可。每个创建 notice 的模块都会定义模块特有的新类型。我们的代码定义的类型名为 Darknet_Traffic，代码如下：

```
# Create a notice type for logging
redef enum Notice::Type += { Darknet_Traffic };
```

每个 notice 还会在 $msg 字段中包含一条人类可读的消息。我们所定义的 notice 类型具有两条不同的消息，这取决于所检测的流量是进入暗网还是从暗网中出来。

接下来，我们将当前网络连接的信息加入 notice 记录的 $conn 字段。既然 Bro 现在已经知道了该 notice 关联到哪个连接，它就可以正确地在 notice.log 文件中记录连接 ID，这个 ID 可作为主键关联检索我们在本章前面部分看到的 conn.log 文件。

最后，代码通过 $identifier 添加我们前面建立的标识。该标识对于以该脚本触发通知有着重要意义。

屏蔽通知

如果错误地配置了你的网络，会出现什么后果？假设有人以为某台主机是打印服务器，尝试访问该主机的打印服务，而该主机的地址其实是暗网中的一个未使用地址。提交到这台不存在的主机的打印任务永远不会被执行，但系统会不断提交打印任务，检查打印机状态，然后再次提交，诸如此类。这种事情会持续很久，直到有人注意到此事后，手动删除打印任务。你也许希望发现到这类活动，但不会愿意不断地看到这种错误的打印机通信相关的网络连接通知。

Bro 使用屏蔽通知（notice suppression）的方法解决这类问题。换句话说，Bro 足够聪明，可以知道对于特定事件是否已经发送过通知，一旦出现这种情况，会在一段时间内阻止发送下一条通知。为了做到这一点，Bro 会检查每次通知的类型（比如 Darknet_Traffic），同时你也需要在代码中提供唯一的标识。这就是我们创建 darknet_conn 值的原因。

darknet_conn 会使用源、目的 IP 并附加目的端口建立该连接的“唯一”标识符。事实上，这个标识符并不总是独一无二的，因为这里没有考虑源端口，不过这是有意为之的。从不同的源端口重复连接同一服务，是很常见的事情，所以，如果标识符包含了源端口，会使标识符过于特殊，从而产生更多的通知。相反，我们假设如果发现了 10.0.2.15 与 192.168.1.1 的 80 端口建立连接，就可以忽略随后几分钟时间内的多次通信行为。一旦我们接收到最初的通知，总是可以在需要时从 conn.log 文件里面找到完整的连接列表。

默认的屏蔽时间间隔是 1 小时，所以对于同样一个事件，你在一天内最多接到 24 次通知。你可以根据需要调整这个时间间隔。如果希望对全部的通知调整该时间间隔，可按以下方式修改 local.bro 文件：

```
# Change the default notice suppression interval for all notice types
redef Notice::default_suppression_interval = 30 min;
```

Bro 有一个内置的名为 interval 的数据类型，可以设置为以微秒（usec）、毫秒（msec）、秒（sec）、分钟（min）、小时（hr）或者天（day）为单位的任何数值。这使得设置时间间隔这类工作颇为轻松。

你也可以为每类不同的通知单独设置时间间隔。比如，如果你希望对于多数通知类型采用较短的时间间隔，而对前面的 Darknet_Traffic 类型保持较长的时间间隔，可按以下方式修改 local.bro 文件：

```
Notice::type_suppression_intervals[Darknet_Traffic]=2 hour;
```

随着你对 Bro 及其在实际环境中的工作机制的了解，你肯定会动手尝试调整一个或者全部这类通知类型的屏蔽时间间隔值。

脚本的使用和测试

现在，我们已经将脚本命名为 darknets.bro，并存放在正确的目录下，剩下的事情就是在 local.bro 加载该脚本，以及将真实的暗网子网列表提供给它。具体方法见图 10.15 所示。

```
chris — root@spirit: /usr/local/bro/share/bro/site — ssh —...
#### Network File Handling ####

# Enable MD5 and SHA1 hashing for all files.
@load frameworks/files/hash-all-files

# Detect SHA1 sums in Team Cymru's Malware Hash Registry.
@load frameworks/files/detect-MHR

##### Applied NSM Customizations Below! #####

# Our new module to extract files based on whether the MIME types are in a
# list of "interesting" types.
@load extract-interesting-files

# Add some new interesting types to the list.
redef ExtractFiles::interesting_types += [
                                        "image/gif",
                                        "text/html"
                                      ];

# Log notices for traffic to/from our unused subnets
@load darknets.bro

redef Darknets::darknets = [
                        10.0.4.0/24,
                        192.168.1.100/32
                    ];
```

图 10.15　在 local.bro 中配置暗网脚本

在上述例子中，指定 10.0.4.0 – 10.0.4.255 的 IP 范围为暗网，同时作为暗网的还有一个单独的 IP 地址 192.168.1.100。这些 IP 地址的任何一个均未在本书作者的实验室网络中使用，但在真实场景中，你应该修改该列表，使其符合实际环境。

经过一轮快速的 broctl check、broctl install 和 broctl restart，这个 darknet 脚本应该已经被我们的 Bro 实例加载了。理想情况下，因为这些 IP 地址都是“不可见的”（dark），我们应该不会看到任何与之相关的网络流量。因为 Bro 只在检测到事件时才会创建日志文件，所以你不会马上看到 notice.log 文件。这是正常情况。

下一步就是为已经配置的暗网建立一些测试流量。在第一次测试中，我们尝试建立一些针对“不可见的”主机的简单的 ICMP 流量。在此，我随机在前面配置的暗网的 10.0.4.0/24 范围内选择了一个 IP 地址，然后使用 ping 命令发送几个数据包，如图 10.16 所示。该主机在我的网络中并不存在，所以无法得到任何应答，不过 Bro 并不理会是否有应答包。

```
chris — root@spirit: /usr/local/bro/logs/current — ssh — 151×15
root@spirit:/usr/local/bro/logs/current# cat notice.log
#separator \x09
#set_separator  ,
#empty_field    (empty)
#unset_field    -
#path   notice
#open   2013-10-15-10-33-59
#fields ts      uid     id.orig_h       id.orig_p       id.resp_h       id.resp_p       fuid    file_mime_type  file_desc       proto   note    msg
    sub     srcdst  p       n       peer_descr      actions suppress_for    dropped remote_location.country_code    remote_location.region  remote
_location.city  remote_location.latitude        remote_location.longitude
#types  time    string  addr    port    addr    port    string  string  string  enum    enum    string  string  addr    addr    port    count   string
  table[enum]interval bool      string  string  string  double  double
1381847639.390805       CKvzpnscKKSB71Tu5       172.16.16.103   8       10.0.4.12       0       -       -       -       icmp    Darknets::Darknet_Traff
ic      Traffic detected TO darknet -   172.16.16.103   10.0.4.12       0       -       bro     Notice::ACTION_LOG      3600.000000     F       -
    -       -       - -
```

图 10.16 由 ICMP 流量生成的 Darknet_Traffic 通知

从图 10.16 不难看出，Bro 将该通知的类型记录为 Darknets::Darknet_Traffic，这样就可以很方便地使用 grep 命令或者你喜欢的随便什么报告工具找到它。通知中还会显示发现“Traffic detected TO darknet”，由此可以知道这是一个进入暗网子网的连接。

在另一个测试中，我们尝试与 192.168.1.100 地址建立几个 TCP 连接，该地址在前面被配置为不可见的独立主机。我尝试与 80/tcp（HTTP）及 515/tcp（Unix 假脱机打印服务）端口建立连接。上述活动产生通知如图 10.17 所示。

```
chris — root@spirit: /usr/local/bro/logs/current — ssh — 153×18
root@spirit:/usr/local/bro/logs/current# cat notice.log
#separator \x09
#set_separator  ,
#empty_field    (empty)
#unset_field    -
#path   notice
#open   2013-10-15-10-33-59
#fields ts      uid     id.orig_h       id.orig_p       id.resp_h       id.resp_p       fuid    file_mime_type  file_desc       proto   note    msg     sub
    src     dst     p       n       peer_descr      actions suppress_for    dropped remote_location.country_code    remote_location.region  remote_loca
tion.city       remote_location.latitude        remote_location.longitude
#types  time    string  addr    port    addr    port    string  string  string  enum    enum    string  string  addr    addr    port    count   stringtab
le[enum]        interval        bool    string  string  string  double  double
1381847639.390805       CKvzpnscKKSB71Tu5       172.16.16.103   8       10.0.4.12       0       -       -       -       icmp    Darknets::Darknet_Traffic
    Traffic detected TO darknet     -       172.16.16.103   10.0.4.12       0       -       bro     Notice::ACTION_LOG      3600.000000     F       -
1381847791.619960       CMdCn6WIfuesG90vb       172.16.16.103   36341   192.168.1.100   80      -       -       -       tcp     Darknets::Darknet_Traffic
    Traffic detected TO darknet     -       172.16.16.103   192.168.1.100   80      -       bro     Notice::ACTION_LOG      3600.000000     F       -
1381847802.179182       CLx34R36XqJ5IW4rll      172.16.16.103   54787   192.168.1.100   515     -       -       -       tcp     Darknets::Darknet_Traffic
    Traffic detected TO darknet     -       172.16.16.103   192.168.1.100   515     -       bro     Notice::ACTION_LOG      3600.000000     F       -
```

图 10.17 由不可见主机产生的 Darknet_Traffic 通知

仔细看图 10.17，不难发现 Bro 为 Darknet_Traffic 对于 192.168.1.100 地址的 80 端口的连接尝试记录了若干条通知，并对于进出 515 端口的流量，每次只有一条通知。我们可以由此推断，主机根本没有应答 HTTP 请求，但在假脱机打印服务端口的监听是存在的。这令我们确信，有人对他 / 她的打印机做出了错误的配置。

10.4.7 暗网检测脚本的扩展

既然已经初见成效，不妨对该暗网检测模块加以改造，使其适用于其他场景。比如，假设你的安全策略规定活动目录（Active Directory）服务器应位于专有的子网，这些网络主机不应被互联网访问，你可以修改上述代码，将 darknet 列表替换为这些服务器的子网列表。在此情况下，你并不关心活动目录与内网中的其他主机的通信流量，所以不能简单地设置每次连接都要告警。为此，你要么单独运行一个 Bro 实例，使该模块仅监测进出互联网的流量，要么稍稍修改 new_connection 处理程序的逻辑，使其保证连接的一端并非本地的子网（也许会用到 subnet 类型）。

你也可以照此思路检测 DMZ[⊖]主机与内网敏感端口的非授权连接（比如，"为何会有 DMZ 主机连接 CEO 的计算机？"），或者索性以允许端口列表代替上述的子网，并对非常见的连接或不满足安全策略的服务进行审查。针对你的网络环境对这个简单的示例程序的定制与改造，差不多就结束了，在此过程中展示了 Bro 这一网络恶意行为检测框架的强大与灵活。

10.4.8 重载默认的通知处理

我们已配置的 Bro 会在检测到外界与暗网中的机器建立连接时发出告警，按本书的方法，我们的脚本并不适用于精确检测与暗网通信的行为。本书在前面讲过，正常情况下网络中的合法主机不会与暗网通信，但对于该规则来说，还是有一些例外情况，例如：内网映射。

对于组织而言，有时需要掌握网络中的流量情况，无论是出于发现待管理设备的目的，还是为了审查未授权主机的连接行为。网络工程师也许会定期检查网络流量，而这个功能也是多数漏洞管理工具包所具有的。很明显，总会有一些主机试图与暗网建立连接，哪怕仅仅是为了验证这些暗网是否还是不可见的。我们不会希望收到这些合法活动的告警，但是按本书的方法，我们的脚本可能会对这类活动产生数量惊人的通知。下面看看如何解决这个问题。

这个问题有多种解决方法。如果仅使用我们前面已经了解到的技术，可以修改 darknets 模块，另外定义一个已授权扫描器的网络地址列表，然后在 new_connection 事件处理程序中加入一些逻辑，根据对该列表的检查结果，决定是否触发通知。这样做是有效果的，对于该脚本也是一种实用的扩展。事实上，对于我们自己编写的初级 darknets 检测代码而言，这也许是最有效的方式。不过，我们已经了解了更为全面的技术手段，下面试一些新的方式。

假设我们的初级 darknet 检测代码来自另一位 Bro 用户。在这种情况下，直接修改代码也许并不合适，因为我们还要维护本地的补丁，并对该模块的每个新版本都要申请和测试。这是件烦人的事，幸运的是还有另一种方法。我们可以在 Bro 将通知写入磁盘前，拦截它

⊖ DMZ 为"demilitarized zone"缩写，意为"隔离区"或"非军事化区"，DMZ 主机是位于非安全系统与安全系统之间地带的主机，安全性较差。——译者注

们，根据对通知内容的检查结果，决定我们是否需要记录这些通知、丢弃这些通知，还是采取其他行动。

像其他的示例一样，我们将新的代码保存为独立的文件。不过，因为我们的代码会在local.bro中直接加载，加载darknets模块的代码依然会被保存，而且修改日志的代码也同样会被加载，这会使本示例的代码看起来更为清晰，也更易于维护。以下是local.bro文件尾部的样子，前面的darknets代码和我们刚刚扩展的部分都在这里：

```
# Log notices for traffic to/from our unused subnets
@load darknets.bro

redef Darknets::darknets = [
                              10.0.4.0/24,
                          192.168.1.100/32
                            ];

# These are our legitimate network scanners, which are allowed to talk to
# our darknets without logging notices.
const allowed_darknet_talkers: set[addr] = {
                                          10.0.2.15
                                  };

# Process all notices at high priority, looking for Darknets::
Darknet_Traffic
# types. When we find them and either the src or dst IP is an
# allowed_darknet_talker, remove all actions from the notice, which
causes
# Bro not to log, alarm, email or page it.
hook Notice::policy(n: Notice::Info) &priority=5 {
    if(n$note == Darknets::Darknet_Traffic &&
        (n$conn$id$orig_h in allowed_darknet_talkers ||
     n$conn$id$resp_h in allowed_darknet_talkers)) {

            # Remove all actions and assign it the empty set
              n$actions = set();
        }
}
```

在代码的开始处，定义了一个新的常量allowed_darknet_talkers，它是一个IP地址集合(如果你有许多网络扫描器或者IP地址白名单，也可以很容易地加入这个集合)，此处将网络扫描系统的IP地址（10.0.2.15）作为集合唯一的记录。

接下来，定义了一个名为hook的挂钩函数类型。挂钩函数与事件处理程序相似，会被Bro在执行流量处理等任务时调用。其主要区别在于，事件处理程序用于响应Bro在网络流量中发现的事件，而挂钩函数会在Bro执行内部处理过程时被调用。

在该示例中，Bro在触发一条新通知时，会调用Notice::policy（通知策略）挂钩函数，从而允许你执行本地处理程序，以及修改Bro对该通知的处理方式（或者说，如何实现针对该通知的通知策略）。传递给挂钩函数的参数只有一个n，它是一个Notice::Info类型记录，包含了Bro关于该通知的全部信息。

有趣的是，挂钩定义使用了&priority关键词，为挂钩函数的执行分配了5个优先级。

对于每个事件你都可以使用多个事件处理程序，对于每个挂钩也可以使用多个挂钩函数，因此，Bro 允许你设置各个挂钩函数的调用顺序。优先级是 0（默认）到 5 之间的任意整数。挂钩函数与事件处理程序都会按优先级的顺序调用，先调用优先级数值大者，后调用优先级数值小者。在本示例中，设置 &priority 为 5，从而保证 Bro 在处理其他通知策略之前，优先调用我们的挂钩函数，这就给了我们一个在处理该通知前采取应急措施的机会。

在我们的挂钩函数中首先要做的事情，就是判断该通知是否需要处理。Bro 可以生成多种不同类型的通知，但我们在此处只关心 Darknets::Darknet_Traffic 通知，而且两个 IP 地址[⊖]中还要有一个属于我们的 allowed_darknet_talkers 集合。在我们的初级 darknets 模块代码中，我们已经知道了如何通过 conn_id 类型访问有问题的连接的源、目的 IP 地址。Notice::Info 类型中也保存了一份 conn_id 记录，提供了触发该通知的原始连接，我们可以按 n$conn 的方式访问该记录。因为，n$connidorig_h 就是客户端的 IP，而 n$conn$id$resp_h 是服务器的 IP。放在挂钩函数开始部分的 if 语句实现了所有的判断过程，从而保证全部条件都满足后才会执行后面的语句。若 if 语句条件不满足，代码什么也不做，Bro 将照常记录该通知。

不过，一旦满足了我们的判断条件，Bro 会执行挂钩函数的代码部分，使 n$actions 变量被置为空集合：

```
# Remove all actions and assign it the empty set
n$actions=set();
```

对这行代码稍加解释。Bro 会根据 actions 列表的内容决定如何处理通知。Actions 是一组枚举型变量，一共有四种可用值。表 10.3 列出了这些值并说明其用途。

表 10.3 Bro 通知行为

行为	描述
Notice::ACTION_LOG	将通知写入 notice.log 文件
Notice::ACTION_ALARM	将通知写入 alarm.log 文件，该文件会被每小时发送到 Notice::mail_dest 变量指定的邮箱
Notice::ACTION_EMAIL	立即将通知发送到 Notice::mail_dest 变量指定的电子邮件
Notice::ACTION_PAGE	立即将通知发送到 Notice::mail_page_dest 变量指定的地址，该地址一般为某类邮件到短信（email-to-SMS）网关，但可以是任意的电子邮件地址

Notice::policy 挂钩的基本宗旨是允许用户在 Bro 开始执行具体的通知响应行为前修改 Bro 默认的通知响应行为。在我们的代码中，因为所有的响应行为均被该空集赋值清空，这就等于我们告诉 Bro“对这条通知什么都不要做”。

现在到了尝试我们的新代码的时候了。重新启动 Bro 之后，再次调用这段代码，我们的日志目录被清空了，说明现在已经没有通知了。然后我们从扫描系统的主机 ping 一个暗网中的 IP（不会成功），连接我们定义的不可见主机的打印端口（会成功）。如果我们查看日志文件，仍然不会有更多的通知（见图 10.18）。这表明我们的挂钩函数产生了效果，这可

⊖ 源 IP 和目的 IP——译者注

以帮助我们避免已核准的内部扫描设备发起的流量产生通知。

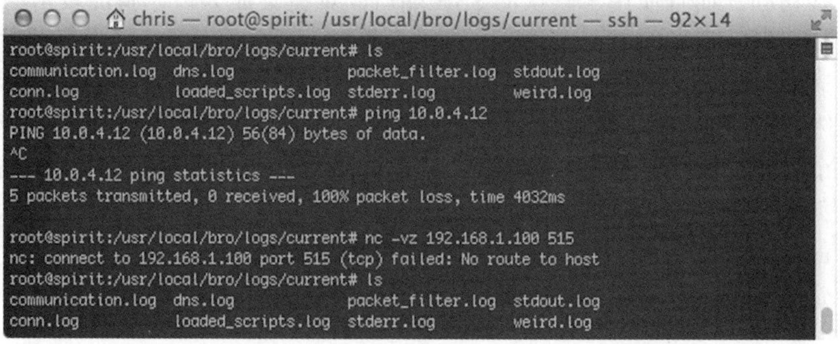

```
chris — root@spirit: /usr/local/bro/logs/current — ssh — 92×14
root@spirit:/usr/local/bro/logs/current# ls
communication.log  dns.log             packet_filter.log  stdout.log
conn.log           loaded_scripts.log  stderr.log         weird.log
root@spirit:/usr/local/bro/logs/current# ping 10.0.4.12
PING 10.0.4.12 (10.0.4.12) 56(84) bytes of data.
^C
--- 10.0.4.12 ping statistics ---
5 packets transmitted, 0 received, 100% packet loss, time 4032ms

root@spirit:/usr/local/bro/logs/current# nc -vz 192.168.1.100 515
nc: connect to 192.168.1.100 port 515 (tcp) failed: No route to host
root@spirit:/usr/local/bro/logs/current# ls
communication.log  dns.log             packet_filter.log  stdout.log
conn.log           loaded_scripts.log  stderr.log         weird.log
```

图 10.18 已核准设备发起的通信不会产生通知

由暗网事件触发邮件通知

与本章的其他示例相似，这段禁止记录 Darknets::Darknet_Traffic 通知的代码也很容易修改为其他用途。举个例子，假设你的组织里面并没有已授权的网络扫描器，而你急需立即了解有关暗网事件的通知。简单地修改这段代码，调整处理流程，比如使通知既被记录也被通过邮件发送。只需要在上面 if 语句外检查 n$conn$id$orig_h 和 n$conniddest_h 这两个字段，并对以下代码进行替换：

```
# Remove all actions and assign it the empty set
n$actions=set();
```

替换为：

```
# In addition to the default Notice::ACTION_LOG which is already assigned
# to this event, add the Notice::ACTION_EMAIL action, so the notice will be
# emailed immediately.
add n$actions[Notice::ACTION_EMAIL];
```

同时，你还需要为 local.bro 文件中的 Notice::mail_dest 字段配置邮件地址，如下：

```
redef Notice::mail_dest="admin@appliednsm.com";
```

重新启动 Bro，你以后就可以随时接收到某系统试图与你已定义的暗网中某个 IP 地址通信的邮件告警了。

10.4.9 屏蔽，邮件，警报——举手之劳

我们在最后一节了解到如何为 Bro 的通知处理过程挂钩，从而实现深入和细粒度地定制各个通知处理过程。这种外科手术式的精准处理方法固然不错，但有时你所需要的只是像一把大锤子那样的粗放处理能力。

Bro 提供了多种实用的快捷方式，可用来修改通知处理策略。这类快捷方式以常量的形式提供，通过对它们的设置，可以改变某类事件类型的全部处理策略。

举个例子，假设你的网络中只有一台 SSH 服务器，且该服务器已暴露于互联网。该服

务器具有合法的业务（为你的商业伙伴提供安全的远程文件传输），可是，因为该服务器可由互联网直接访问，而且使用了默认的 SSH 端口，难免会成为口令猜测攻击的固定目标。Bro 为 SSH 协议提供了 SSH::Password_Guessing 通知，可在每次发现这类活动时记录日志，不过，这类通知你每天可能收到上百次。因为你对这类攻击无能为力，所以这类通知令人厌烦。你显然不能将 Bro 为 SSH 协议提供的支持全面关闭，好在还有另一种选择。

解决这个问题的答案就是将 SSH::Password_Guessing 通知类型加入永不记录的通知列表。Bro 仍然会跟踪这类活动（因为还有其他需要检测口令猜测攻击活动的通知类型），但你再也不会看到这类通知了。在 local.bro 文件加入以下代码可实现该功能：

```
# Don't generate any notices for SSH password guessing attempts.
redef Notice::ignored_types += { SSH::Password_Guessing };
```

重新启动 Bro，日志中不会再出现口令猜测攻击的通知。这会影响到所有通知，无论事件来自哪台主机，所以，如果你希望对于部分主机仍然可以看到通知，这个方法就不适合你了。毕竟在我们的示例中，只有一台独立的 SSH 服务器，这样做完全没有问题。

与之相反的示例是将某种类型的通知提升为警报（告警数据），或者是以邮件发送告警。假设你有一台以上的面向互联网的 WEB 服务器，而且非常关注 SQL 注入攻击。Bro 具有 SQL 注入攻击的检测能力，只需要加载 detect-sqli 脚本（基本上都会默认加载）就可以实现，一旦 Bro 发现有某台主机对你的服务器发动攻击，就会发出 HTTP::SQL_Injection_Attacker 通知（与此同时，也会发出一条关于目标主机的 HTTP::SQL_Injection_Victim 通知，但我们现在先不管它）。

问题在于，默认情况下，这些通知和一些其他的通知只被记录在 notice.log 文件中，可你希望它们被记录在 alerts.log 文件中，以便能够每小时自动发送通知事件汇总邮件。你可以通过向 local.bro 添加以下代码实现这一点：

```
# Alarm on any SQLi attempts
redef Notice::alarmed_types += { HTTP::SQL_Injection_Attacker };
```

甚至，你还可以更进一步，将这些通知保存为立即通过邮件发送的告警，如下：

```
# Send email immediately for any SQLi attempts
redef Notice::emailed_types += { HTTP::SQL_Injection_Attacker };
```

当然，为保证上两段代码产生效果，你必须定义本书前面已经讨论过的 Notice::mail_dest 变量。否则，Bro 就不知道该把邮件发到哪里。

10.4.10 为 Bro 日志添加新字段

在开始我们最后的示例之前，先回到本章开始部分，再讨论一些日志方面的内容。我们已经知道，Bro 在不同类型事务的日志记录方面颇有建树，可有些时候，即使是 Bro 也有鞭长莫及的地方。假设需要跟踪特定事务的附加信息片断，或者需要围绕某些事件提供额外的上下文信息。为现有的 Bro 日志添加新的字段非常容易，也是很常见的作法。

假设你正在为一家机构工作，该机构对其互联网流量的来源或去向较为关注。为了跟踪这些流量，你可以开发一个简单的脚本，借助 Bro 检查其监控到的全部网络连接（包含来源、目的）的国家代码，并将这些代码以一个新的字段添加在 conn.log 文件中。

为了实现上述功能，请将以下代码复制、粘贴到 conn-geoip.bro 文件：

```
redef record Conn::Info+= {
      orig_cc: string &optional &log;
      resp_cc: string &optional &log;
};

event connection_state_remove (c: connection)
{
     local client_geo_data=lookup_location(c$id$orig_h);
     local server_geo_data=lookup_location(c$id$resp_h);

     if(client_geo_data?$country_code) {
         c$conn$orig_cc=client_geo_data$country_code;
     }
     if(server_geo_data?$country_code) {
         c$conn$resp_cc=server_geo_data$country_code;
     }
}
```

这段脚本在开始处向 Conn::Info 记录类型添加了两个字段。Conn::Info 是 Bro 用来保存各个连接相关信息的数据类型。通常，它是用来记录连接的时间戳、uid、终端、应用层协议之类的信息。在我们的示例脚本里，添加了用来保存终端国家代码的两个新字段：orig_cc 和 resp_cc。

注意，每个字段都添加了几个选项标签。这些标签并非记录本身的部分，而是用来告诉 Bro 这些字段在不同环境下需要怎样处理。选项标签 &log 用于告诉 Bro，在创建 conn.log 内容的同时也将该字段的值记录下来。如果你忽略了这个选项，Bro 只会跟踪该数据，但并不会在日志文件中记录该数据。选项标签 &optional 指明，即使该字段的值为空也没关系（比如，如果某终端具有 RFC 1918 的地址[⊖]，并没有联结具体的地理位置）。在这种情况下，Bro 会将该字段的值记录为“-”，这是 Bro 对于各个日志的任意无值的字段记录的默认行为。从技术上说，如果你想在这种情况下不使用该默认字符，应该使用 &default=“None”（或其他什么字符串）替换掉 &optional，不过，本书其他的部分已经使用了标准的“-”字符，为了保持前后一致，这里不这样做。

接下来，我们为 connection_state_remove 事件建立一个简单的事件处理程序，该事件会在 Bro 准备从其状态表中删除活跃连接并写入磁盘日志文件前触发。我们使用 Bro 内置的 lookup_location() 函数查找连接的 IP 地理位置。该函数的参数为 IP 地址，并会返回 geo_location 记录，Bro 对该记录定义如下：

```
type geo_location: record {
     country_code: string;
     region: string;
```

⊖ RFC 1918 指定了三种用于私有网络的 IP 地址，即 10.0.0.0-10.255.255.255、172.16.0.0-172.16.255.255 和 192.168.0.0-192.168.255.255。——译者注

```
    city: string;
    latitude: double;
    longitude: double;
}
```

我们的脚本会先后两次调用该函数，查询连接两端的 IP 地址，其中，IP 由连接记录提供：

```
local client_geo_data=lookup_location(c$id$orig_h);
local server_geo_data=lookup_location(c$id$resp_h);
```

然后，脚本检查各个返回值是否包含国家代码信息。如果包含，则将该国家代码赋值给我们重新定义后的连接信息记录的相应字段；否则，什么都不做。

```
if(client_geo_data?$country_code) {
    c$conn$orig_cc=client_geo_data$country_code;
}
```

就是这样！一旦我们为 Conn::Info 记录添加了这两个新字段并且设置了 &log 参数，我们就能确保这些值将被记录在 conn.log 文件中。connection_state_remove 事件处理程序需要做的全部工作就是查询这些变量并将结果保存在连接信息记录中。Bro 会处理好剩下的事件。

现在，到了运行我们的脚本的时候。虽然你已经足够了解如何将脚本加入 Bro 实例，使之持久生效，但出于演示目的，我们还是沿用由命令行检测 PCAP 文件的方式。图 10.19 展示了我们当前连接日志的尾部，各个终端的 IP 地址与地理信息均被提取出来。

警告 对于本示例，还有一个非常重要的前提条件未被提及：IP 地理信息库（GeoIP database）。实际上，Bro 本身并不知道全部的 IP 地址与国家代码。Bro 依赖于由 MaxMind(http://www.maxmind.com) 提供的第三方 GeoIPLite 数据库，从而获得 IP 地址与国家代码的对应关系。该数据库在 Security Onion 中默认安装，但如果你在其他系统运行本示例程序，就需要自行安装。好在 GeoIPLite 为大多数 Linux 或 *BSD 平台提供了广泛适用的安装包。

MaxMind 还提供其他的一些数据库，包括更为详细的信息。GeoIPLite 默认只提供国家代码，且只能应用于 IPv4 地址，所以，Bro 除了国家代码之外，无法填补 geo_location 结构的其他任何字段。不过，MaxMind 的其他数据库可以提供城市和经纬度信息、同时支持 IPv4 和 IPv6。如果需要更细粒度的定位信息，或者需要处理大量的支持 IPv6 的主机，可访问 http://dev.maxmind.com/geoip/legacy/geolite/ ，根据 GeoIPLite 主页说明下载和安装这类扩展数据库。

如果你不打算安装这些扩展数据库，地理信息检查模块也是可以工作的，只不过 geo_location 结构的多数值都是空的。同时，你还会看到一些非致命（non-fatal）警告信息，就像图 10.19 所展示的那样，表明 Bro 尝试使用这些扩展数据库但未成功，不过你可以忽略这些信息。

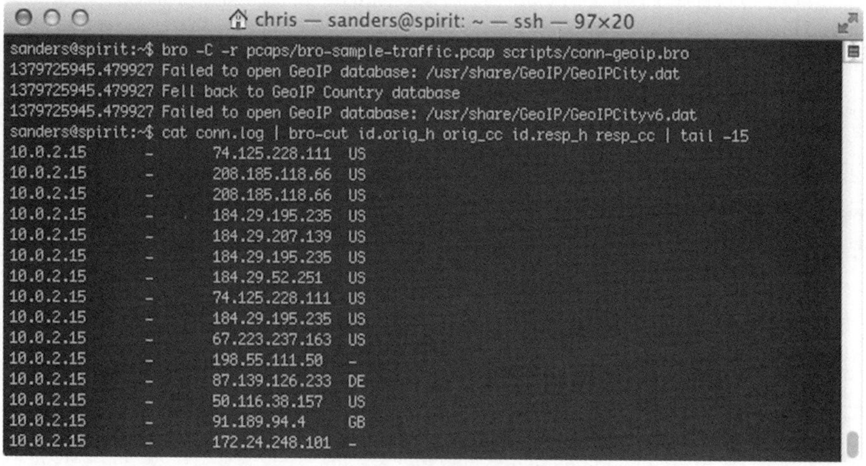

```
chris — sanders@spirit: ~ — ssh — 97×20
sanders@spirit:~$ bro -C -r pcaps/bro-sample-traffic.pcap scripts/conn-geoip.bro
1379725945.479927 Failed to open GeoIP database: /usr/share/GeoIP/GeoIPCity.dat
1379725945.479927 Fell back to GeoIP Country database
1379725945.479927 Failed to open GeoIP database: /usr/share/GeoIP/GeoIPCityv6.dat
sanders@spirit:~$ cat conn.log | bro-cut id.orig_h orig_cc id.resp_h resp_cc | tail -15
10.0.2.15       -       74.125.228.111  US
10.0.2.15       -       208.185.118.66  US
10.0.2.15       -       208.185.118.66  US
10.0.2.15       -       184.29.195.235  US
10.0.2.15       -       184.29.207.139  US
10.0.2.15       -       184.29.195.235  US
10.0.2.15       -       184.29.52.251   US
10.0.2.15       -       74.125.228.111  US
10.0.2.15       -       184.29.195.235  US
10.0.2.15       -       67.223.237.163  US
10.0.2.15       -       198.55.111.50   -
10.0.2.15       -       87.139.126.233  DE
10.0.2.15       -       50.116.38.157   US
10.0.2.15       -       91.189.94.4     GB
10.0.2.15       -       172.24.248.101  -
```

图 10.19 含有 IP 地理信息的连接日志

10.5 本章小结

我们在本章开始概述了一些 Bro 基本概念，走马观花地看了看日志文件，随即进入了动手阶段，为 Bro 的代码编写稍作启蒙。至此，我们已经完成了一些简单但实用的工作，比如文件提取和暗网监控。我们也了解到一些你可以在 Bro 学习过程中反复运用的技术，比如通知处理、告警、配置优化及日志设置，还包括创建自己的模块。

尽管上面提到这么多，但本书所触及的还只是冰山一角。虽然我们已经竭尽全力，且也无法在单独一个章节里讲述 Bro 的全部内容。想掌握 Bro 还是需要阅读专门书籍，目前，不妨密切关注其网站 http://bro.org，尤其是 Bro 提供的邮件列表。这是一个活跃的、成长迅速的社区，它像一个平台，为 Bro 用户答疑、发布脚本，并令人不断突破自身能力限制。如果希望获取实时帮助，你也可以加入 Freenode IRC 的 #bro 频道，通常这里会有人帮助你解答问题，也可能他们只是在讨论一些关于 Bro 的有趣话题。Bro 是高效 NSM 检测的未来，这既是本书作者的观点，也是众多 NSM 社区人士的看法。

Chapter 11 第 11 章

基于统计数据异常的检测

网络安全监控以数据采集为基础，实施检测与分析。SOC 利用已采集的大量数据生成统计数据，而这些统计数据又可以用于检测与分析。在本章中，我们将对用于检测的统计数据的生成方法展开讨论，包括准实时检测与事后检测两个部分。

统计数据来源于对既有数据的收集、组织、分析、解释和呈现[⊖]。由 NSM 团队受命解析的海量数据生成的统计数据，可以在检测与分析（从对特定敌对主机流量的分析，到某个新增传感器整体可见性的展现）中起到重要作用。NSM 的现状是这样的，一些知名厂商以大仪表盘套小仪表盘的形式，发布吸引眼球的统计数据。这在一定程度上证明了你安装于 SOC 墙上的 70 英寸等离子电视的作用，换来了你大老板的啧啧称赞，这也说明，如果统计数据得以正确使用，将是非常有用的。

11.1 通过 SiLK 获得流量排名

在你的网络中的流量排名列表，就是统计数据的一个简单示例。通过该列表，可在受控网段中辨识产生最多通信流量的我方设备。处于 SOC 环境下的 NSM 团队能够根据流量统计排名，发现向外部主机发送大量可疑流量数据的设备，或者找到因恶意软件感染而连接大量可疑外部 IP 地址的我方主机。这份排名可以提供特征检测所不具备的检测能力，因为数据来自真实网络环境中的反常现象。

如果没有合适的工具，或者缺少访问网络数据的权限，生成流量排名列表将是一种挑战。不过，SiLK 和 Argus 之类的会话分析工具会让该任务变得易如反掌。

我们曾在第 4 章讨论了会话数据的采集方法，以及对于会话数据的基本解析方法。在

⊖ Dodge, Y. (2006) The Oxford Dictionary of Statistical Terms, OUP. ISBN 0-19-920613-9。

那一部分内容中，我们介绍了 SiLK，它是一种高效的工具，被用于流数据的采集、存储和分析。有大量适用于多种场景的统计、度量工具，都是借助 SiLK 实现的。SiLK 在工作时，首先要求用户设定数据源并从中识别数据，然后允许用户指定用于对该数据集进行显示、排序、统计、分组和匹配的各种工具。在这类工具中，rwstats 和 rwcount 可供我们生成流量排名列表。让我们看一下应该怎么做。

虽然许多人喜欢直接使用 SiLK 查看流数据，但 rwstats 才是最有效的方法之一，它可以真正地利用会话数据，更好地理解你的环境，指挥事件响应，发现犯罪行为。在本书作者所见的各种 SiLK 环境中，rwstats 一直是最常使用的统计数据源。下面我们开始使用 rwstats 输出流量排名列表。

为了充分利用 SiLK，本书作者建议你首先创建一个 rwfilter 命令，以此验证用来生成统计结果的数据集的有效性。一般情况下，这会像过滤数据并将结果通过管道传递给 rwcut 那样容易。rwfilter 命令的输出结果可供你确定所使用数据集是否正确。如果你对 rwfilter 的用法和 rw 系列工具之间的管道输出并不熟悉，不妨在继续阅读之前，先回顾一下第 4 章的内容。对于下面的多数示例，我们都会使用 rwfilter 的基本查询方式，这样，任何人都可以“开箱即用”般地直接使用他们已部署的 SiLK，跟上我们的实验内容。

你仅需要为 rwstats 指定三个参数：输入参数、一组用于生成统计结果的字段和你用来限制结果的停止条件。输出参数，既可以是在命令行提供的文件名，也可以由标准输入读取 rwfilter 命令的结果数据。后一种情况更为常见，在这种情况下，输入数据应该直接取自 rwfilter，而不应是 rwcut 命令解析过的结果。你指定一组字段，表现为一组用户定义主键，SiLK 据此对流记录分组。每当有匹配到该主键的数据出现，都会被存储于不同的容器（bin）。然后，这些容器的总量（合计字节数、记录总数、数据包总数或者不同通信记录的数量）被用于生成根据总量自大到小（默认）排序的列表，也可以是自小到大排序，取决于用户的选择。停止条件被用于限制生成结果，限制方式可以是：总记录数（比如：打印 20 个容器）、阈值（比如：打印字节数量少于 400 的容器）或者特定总量所占的百分比（比如：打印至少包含全部数据包 10% 的容器）。

现在，我们已经对 rwstats 的工作方式有了一些了解，生成流量排名列表的第一个步骤是创建一个有效的 rwfilter 命令，该命令用于生成我们所要调查的数据。然后我们使用管道符将数据传送给 rwstats。命令如下所示：

```
rwfilter --start-date=2013/08/26:14 --any-address=102.123.0.0/16 --
type=all --pass=stdout | rwstats --top --count=20 --fields=sip,dip --
value=bytes
```

在该例中，rwfilter 命令收集了 8 月 26 日 14 时以来的全部流记录，而且限制流量的 IP 范围为 102.123.0.0/16。这些数据将通过管道发送给 rwstats，供其过滤数据生成前 20 个（--count = 20）源、目的 IP 地址组合（--fields = sip,dip），并按字节数据排序（--value = bytes）。

得到同样结果的另一种方式，是将 rwfilter 命令的结果保存为文件，再由 rwstats 解析该文件。以下两条命令完成该功能，文件名为 test.rwf：

```
rwfilter --start-date=2013/08/26:14 --any-address=102.123.0.0/16 --
type=all --pass=stdout>test.rwf
```

```
rwstats test.rwf --top --count=20 --fields=sip,dip --value=bytes
```

上述命令结果如图 11.1 所示。

```
ch11 — bash — 80×23
INPUT: 14258003 Records for 1442095 Bins and 359838034159 Total Bytes
OUTPUT: Top 20 Bins by Bytes
            sIP|            dIP|               Bytes|   %Bytes|   cumul_%|
102.123.222.245|  168.59.76.107|         30038339439| 8.347739|  8.347739|
 173.221.197.93|102.123.155.234|         29118445814| 8.092098| 16.439837|
 173.221.45.238| 102.123.168.43|          6201460707| 1.723403| 18.163240|
102.123.170.162|  119.104.73.89|          6196314721| 1.721973| 19.885213|
102.123.242.126|   79.86.35.244|          6001082411| 1.667718| 21.552931|
 173.12.240.132| 102.123.168.43|          5633491224| 1.565563| 23.118494|
  102.123.73.19| 173.184.168.79|          4815223824| 1.338164| 24.456658|
  102.123.73.19| 173.184.168.42|          4791526426| 1.331579| 25.788237|
102.123.168.248|  102.123.112.7|          3817497327| 1.060893| 26.849130|
 102.123.142.81|102.123.155.160|          2335601387| 0.649070| 27.498200|
  168.59.73.160|  102.123.25.93|          2329652425| 0.647417| 28.145617|
173.184.210.142|  102.123.73.31|          2119689249| 0.589068| 28.734685|
    71.9.97.121| 102.123.175.66|          2102937605| 0.584412| 29.319097|
102.123.168.169|  168.59.121.15|          1950040136| 0.541922| 29.861019|
  168.59.73.132|  102.123.25.53|          1903135121| 0.528887| 30.389905|
102.123.142.136|184.201.124.129|          1890621864| 0.525409| 30.915314|
102.123.142.203|102.123.155.160|          1845292902| 0.512812| 31.428127|
 102.123.155.25|  119.104.73.49|          1831162761| 0.508885| 31.937012|
  168.59.73.160|  102.123.25.53|          1795540049| 0.498986| 32.435997|
 102.123.142.79|184.201.124.129|          1756983560| 0.488271| 32.924268|
```

图 11.1 rwstats 生成的流量排名

由图 11.1 所示数据可以看出，本地网络有几台设备异乎寻常地繁忙。假如这种情况在意料之外，就需要进一步调查。在此，我们发现大量的流量系由主机 102.123.222.245 所产生。我们可以生成更多的统计结果，深入研究该主机的通信行为。

通过执行相同的命令，我们可以看到产生这些流量的该台主机与哪些主机通信，不过，这一次我们缩小 CIDR 范围，只统计在 rwfilter 语句结果中排名第一的 IP 地址。

```
rwfilter  --start-date=2013/08/26:14  --any-address=102.123.222.245
--type=all --pass=stdout | rwstats --top --count=5 --fields=sip,dip
--value=bytes
```

本次查询生成的统计结果如图 11.2 所示。

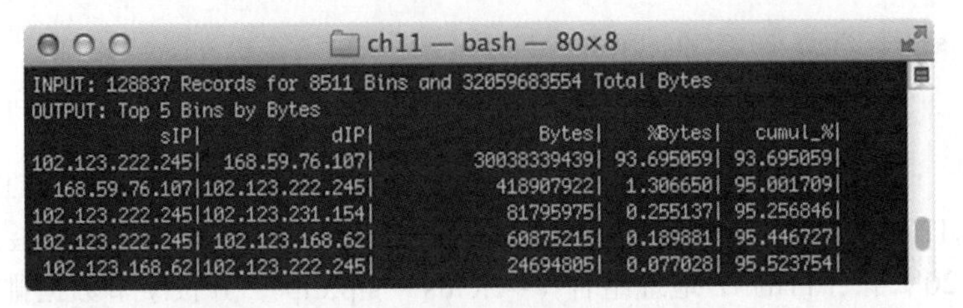

```
ch11 — bash — 80×8
INPUT: 128837 Records for 8511 Bins and 32059683554 Total Bytes
OUTPUT: Top 5 Bins by Bytes
            sIP|            dIP|               Bytes|   %Bytes|   cumul_%|
102.123.222.245|  168.59.76.107|         30038339439|93.695059| 93.695059|
  168.59.76.107|102.123.222.245|           418907922| 1.306650| 95.001709|
102.123.222.245|102.123.231.154|            81795975| 0.255137| 95.256846|
102.123.222.245| 102.123.168.62|            60875215| 0.189881| 95.446727|
 102.123.168.62|102.123.222.245|            24694805| 0.077028| 95.523754|
```

图 11.2 聚焦于单台主机的重点通信对象

这次统计有助于辨识是“谁”(who) 造成了大量异常流量。修改搜索标准，根据这些设备之间的通信数据，尝试判定是哪种常用服务，即“什么”(what) 导致了异常流量。

```
rwfilter --start-date=2013/08/26:14 --any-address=102.123.222.245
--type=all --pass=stdout | rwstats --top --count=5 --fields=sip,
sport,dip --value=bytes
```

在该命令中，我们使用了相同的数据集，但令 rwstats 将源端口字段作为另一个统计标准。图 11.3 展示了本次查询结果。

图 11.3 通过统计辨识所用服务

结果显示，罪魁祸首是某类 SSH 连接，不过，在请教用户或者通过其他数据源验证之前，让我们再多生成一些统计结果，帮助我们找出通信时间相关的“何时”（when）。为此，我们暂时抛开 rwstats，使用 rwcount 找出通信发生的时间周期。rwcount 也是 SiLK 分析工具包中的一款工具，用于根据时间汇总 SiLK 流记录。该工具通过统计输入数据流的记录数，将其字节数和数据包总数分组存放于时间容器（time bins）中。默认情况下，将 rwfilter 命令的结果直接通过管道发送给 rwcount，将会得到一份表格，该表以 30 秒为时间间隔，呈现 rwfilter 结果中的记录数量、字节数量和数据包数量。可以通过使用 --bin-size 选项修改该时间间隔，指定不同的间隔秒数。照此思路，我们使用以下命令：

```
rwfilter --start-date=2013/08/26:14 --any-address=102.123.222.245
--sport=22 --type=all --pass=stdout | rwcount --bin-size=600
```

因为我们希望在 22 端口每次出现流量的时候都能被识别，所以修改了 rwfilter，用到了 --sport = 22 选项，而且，我们以 rwcount 替换了 rwstats，用于衡量出现数据时的时间单位。我们还会在本章后面提到 rwcount 的更多内容，暂时我们先以 --bin-size 选项设定每 10 分钟（600 秒）调查一次容器。该命令结果如图 11.4 所示。

ch11 — bash — 82×11

Date	Records	Bytes	Packets
2013/08/26T14:30:00	0.26	405758958.97	271885.01
2013/08/26T14:40:00	1.00	1553551544.63	1040980.97
2013/08/26T14:50:00	1.00	1553551544.63	1040980.97
2013/08/26T15:00:00	1.00	1516348807.05	1016170.31
2013/08/26T15:10:00	1.00	1411920652.04	946529.39
2013/08/26T15:20:00	1.00	1411920652.04	946529.39
2013/08/26T15:30:00	1.00	1596803663.96	1070176.01
2013/08/26T15:40:00	1.00	2120740976.27	1420577.80
2013/08/26T15:50:00	1.00	2120740976.27	1420577.80
2013/08/26T16:00:00	0.74	1565821801.15	1048865.34

图 11.4 通信发生时的 rwcount 详细结果

我们由此可以看到，数据传输在时间上呈现出相对的一致性。这表明 SSH 隧道可能被用于大量数据的传输。这可能是由于某种数据泄露之类的恶意事件导致，也可能是某用户为备份数据而使用 SCP 工具向其他系统传输数据。通过对额外数据源的分析，才能查明问题的真相，不过，我们已经生成的这些统计结果可以为分析人员指明下一步的调查方向。

11.2 通过 SiLK 发现服务

rwstats 命令同样适用于发现本地网络中我方资产的活动。理想条件下，每当 SOC 负责防护的生产网络中部署了新的服务器，SOC 都会得到通知。但实际情况是，这类通知文档很难及时送到分析人员手中。不过，只要这类服务器落入你负责防护的范围，你就应该具备适当方法发现它们。这不仅有助于你掌握我方设备部署情况，还有利于发现未授权的以及制造麻烦的服务器，它们可能由内部用户部署，也可能是由对手部署。

使用 rwstats 发现这类服务是相对容易的。在本例中，本书作者会辨识若干与外网设备进行常规通信的关键服务器。首先需要创建一个 rwfilter 收集数据集，统计结果将由该数据集产生。理想情况下，这类查询应被定期执行和持续调查。这有助于捕捉那些临时部署而目前已被关闭的流氓服务器（rogue server）。

在本例中，我们的操作对象是由 rwfilter 生成的文件，这样就可以很方便地将它作为 rwstats 命令的输入数据，而不必持续不断地生成该数据集并通过管道传递给 rwstats。为此，我们使用类似的过滤器（filter），将特定时间间隔内的全部流量生成数据集，再将该数据传递（pass）到 sample.rw 文件。

```
rwfilter  --start-date=2013/08/28:00  --end-date=2013/08/28:23  --
type=all --protocol=0- --pass=sample.rw
```

待解析的数据集已经准备好，现在我们需要决定生成哪些统计结果。在生成统计结果之前，最好先提出问题。然后，把该问题写出来，再“转换”为 rwstats 语法，以便得到你需要的数据。作为该方法的一个例子，我们向自己提出一个问题，“本地设备多与哪些常见服务器端口通信？是在 1 到 1024 的端口范围内么？”。该问题可能的答案有很多种。你想要获得真实结果，取决于那些排名列表中居前的记录。在本例中，我们将该问题换一种问法，“使用源端口 1-1024 与外网最多不同目的 IP 地址通信的前 20 台本地设备是什么？”。转换为 rwstats 命令后，该问题如下：

```
rwfilter sample.rw --type=out,outweb --sport=1-1024 --pass=stdout |
rwstats --fields=sip,sport --count=20 --value=dip-distinct
```

本次查询结果如图 11.5 所示。

本次查询结果显示出排名居于前 20（--count = 20）的本地服务器的源 IP 地址和端口（--fields = sip,sport），排名取决于这些主机与外部设备的连接数量。rwfilter 使用了我们已经生成的 sample.rw 数据集，且只将源端口为 1-1024 的出站流量传递给 rwstats（--type = out,outweb --sport = 1-1024），这些条件限制了本次查询所使用的原始数据。

查询结果为我们提供了部分所需数据，但是，不与外部主机通信的那些服务器流量呢？如果你的流量采集器（传感器或路由器）设置为可采集内网间流量，我们在 –type 选项后面加上 int2int，就可以将这部分流量也包括进来。

```
ch11 — bash — 63×24
INPUT: 893306 Records for 30815 Bins
OUTPUT: Top 20 Bins by dIP-Distinct
             sIP|sPort|dIP-Distin|%dIP-Disti|    cumul_%|
  219.15.129.211|   53|     41806|         ?|          ?|
  184.226.35.112|   25|     28637|         ?|          ?|
  184.226.79.198|   25|     16328|         ?|          ?|
  184.226.79.199|   53|      6155|         ?|          ?|
  184.226.79.216|   53|      6134|         ?|          ?|
  219.15.128.211|   53|      4066|         ?|          ?|
  219.15.128.242|   53|      4062|         ?|          ?|
  219.15.165.211|   25|      1458|         ?|          ?|
   184.226.19.89|   25|       387|         ?|          ?|
  184.226.60.116|   25|       357|         ?|          ?|
  184.226.60.145|   25|       318|         ?|          ?|
   184.226.60.43|   25|       315|         ?|          ?|
    219.15.4.152|   25|       233|         ?|          ?|
    219.15.178.3|  992|       194|         ?|          ?|
  184.226.35.215|   25|       113|         ?|          ?|
 120.140.239.134|  500|       100|         ?|          ?|
 184.226.127.254|  500|        95|         ?|          ?|
   219.15.155.69|   21|        88|         ?|          ?|
   219.15.156.80|   25|        86|         ?|          ?|
  184.226.94.102|  500|        65|         ?|          ?|
maverick:ch11 chris$
```

图 11.5　服务器通信端口排名

还有一种方法，既能提高数据源质量，又能方便我们以后生成统计数据，就是仅对我们保护的网络范围内的已有源 IP 地址进行统计。这一般是通过设置 SiLK 的配置文件 sensor.conf，在其中定义内网 IP 分组（internal IP block）来实现。最佳的设置方法是建立一个包含内网 IP 分组的集合（set）。SiLK 的工具集引用内网 IP 地址分组时，会使用 set 文件。创建 set 文件时，只需将全部 IP 地址（包括 CIDR 形式的 IP 地址范围）加入一个文本文件，再使用 rwsetbuild 命令，将其转换为 set 文件即可：

```
rwsetbuild local.txt local.set
```

在此，rwsetbuild 读取由 local.txt 文件指定的 IP 分组列表，生成名为 local.set 的 set 文件。在 set 文件建立后，我们可以使用以下命令取得所需结果：

```
rwfilter sample.rw --sipset=local.set --type=int2int,out,outweb --
sport=1-1024 --pass=stdout | rwstats --fields=sip,sport --count=20
--value=dip-distinct
```

这里需要注意，给 rwfilter 命令加入 --sipset 选项，目的是让数据统计仅针对我们保护的网络范围内的源 IP 地址。

你可以根据自身网络情况，少量修改我们上面使用的方法，更加精确地控制命令的输出结果。比如，既然我们只调查每次查询的前 20 个匹配结果，只要查询结果中的某台设备与 10 个以上的其他设备产生通信，你不妨就将它视作服务器来对待。为了取得满足该标准的设备列表，只需将 --count = 20 修改为 --threshold = 10。你可以通过调整统计端口范围或新建一份 set 文件来实现。这里需要强调的一点是，我们搜索的重点是服务，所以指定了选项 --fields = sip,sport ，这就意味着所显示排名是由源地址和源端口的组合得到的。如果打算按通常方式，根据不同目的 IP 地址总数辨识流量排名靠前的服务器，务必要去掉上一条 rwstats 命令中的 sport 字段分隔符，这样才能完整地统计各设备的连接总数，命令如下：

```
rwfilter sample.rw --sipset=local.set --type=all --sport=1-1024 --
pass=stdout| rwstats --fields=sip --count=20 --value=dip-distinct
```

提取本次查询的结果，执行附加的rwstats命令，就能深入研究各具体IP地址的情况（如上例所示），对于我们生成的列表上的各个设备，可以获取运行服务的更多信息。比如，假设你想深入了解192.168.1.21主机运行的服务情况，就可以通过哪些源端口至少有10个不同出站通信，来辨识该主机提供的“服务”了。为此，你可以限制rwfilter命令的参数，使其只针对该地址，修改rwstats命令的参数，为其指定阈值参数，命令如下：

```
rwfilter sample.rw --saddress=192.168.1.21 --type=all --pass=std-
out| rwstats --fields=sport --threshold=10 --value=dip-distinct
```

该命令输出结果如图11.6所示。

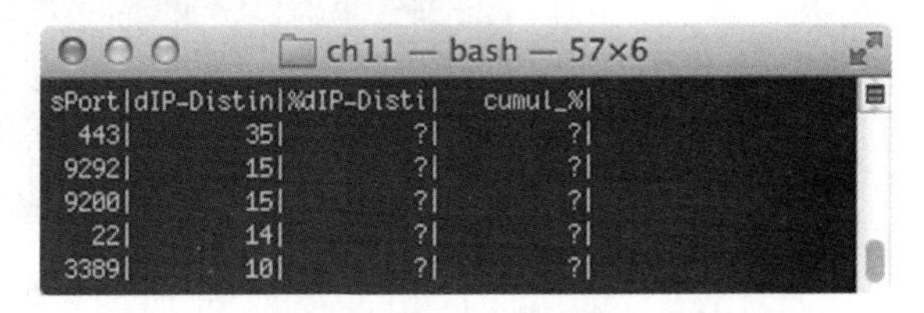

图11.6 深入到某具体设备运行中的服务

关于利用会话数据识别这类资产，有一篇优秀的论文，作者是Austin Whisnant和Sid Faber[⊖]。在该论文“基于流的网络分析”（Network Profiling Using Flow）一章里，作者给SiLK用户详细介绍了如何利用SiLK工具掌握网络重要资产和服务器的概况，主要采用的方法，就是通过rwstats来发现这些信息。作者甚至提供了一组脚本，允许你使用rwfilter建立数据样本（如前面创建sample.rw文件那样），自动地完成这类发掘工作。按照他们提供的白皮书，可以开发出一套精确资产模型，这是一种特定集合，可用于后续的SiLK查询。这套模型对于建立我方情报（这部分内容在第14章讨论）和检测，也很有价值。他们的论文为本章增色不少。

Austin Whisnant和Sid Faber在论文中提供的示例也非常出色，可供高度精准地判定当前数据之间的相关性。为了证明其精准，本书作者将“基于流的网络分析”一章中的部分查询语句改写为单行的快速查询命令。以下示例可以尝试获取网内托管服务的详情：

Web服务器

```
rwfilter sample.rw --type=outweb --sport=80,443,8080 --protocol=6 --
packets=4- --ack-flag=1 --pass=stdout|rwstats --fields=sip --
percentage=1 --bytes --no-titles|cut -f 1 -d "|"|rwsetbuild > web_ser-
vers.set ; echo Potential Web Servers:;rwfilter sample.rw --type=outweb
--sport=80,443,8080 --protocol=6 --packets=4- --ack-flag=1 --sip-
set=web_servers.set --pass=stdout|rwuniq --fields=sip,sport --
bytes --sort-output
```

Email服务器

```
echo Potential SMTP servers ;rwfilter sample.rw --type=out --
sport=25,465,110,995,143,993 --protocol=6 --packets=4- --ack-
flag=1 --pass=stdout|rwset --sip-file=smtpservers.set ;rwfilter
```

⊖ http://www.sei.cmu.edu/reports/12tr006.pdf

```
sample.rw --type=out --sport=25,465,110,995,143,993 --sipset=smtp-servers.set --protocol=6 --packets=4- --ack-flag=1 --pass=stdout|rwuniq --fields=sip --bytes --sort-output
```

DNS 服务器

```
echo DNS Servers: ;rwfilter sample.rw --type=out --sport=53 --protocol=17 --pass=stdout|rwstats --fields=sip --percentage=1 --packets --no-titles|cut -f 1 -d "|"| rwsetbuild>dns_servers.set ;rwsetcat dns_servers.set
```

VPN 服务器

```
echo Potential VPNs: ;rwfilter sample.rw --type=out --protocol=47,50,51 --pass=stdout|rwuniq --fields=sip --no-titles|cut -f 1 -d "|" |rwsetbuild>vpn.set ;rwfilter sample.rw --type=out --sipset=vpn.set --pass=stdout|rwuniq --fields=sip,protocol --bytes --sort-output
```

FTP 服务器

```
echo -e "\nPotential FTP Servers"; rwfilter sample.rw --type=out --protocol=6 --packets=4- --ack-flag=1 --sport=21 --pass=stdout|rwstats --fields=sip --percentage=1 --bytes --no-titles|cut -f 1 -d "|"|rwsetbuild>ftpservers.set ;rwsetcat ftpservers.set ; echo FTP Servers making active connections: ;rwfilter sample.rw --type=out --sipset=ftpservers.set --sport=20 --flags-initial=S/SAFR --pass=stdout|rwuniq --fields=sip
```

SSH 服务器

```
echo -e "\nPotential SSH Servers"; rwfilter sample.rw --type=out --protocol=6 --packets=4- --ack-flag=1 --sport=22 --pass=stdout|rwstats --fields=sip --percentage=1 --bytes --no-titles|cut -f 1 -d "|"|rwsetbuild>ssh_servers.set ;rwsetcat ssh_servers.set
```

TELNET 服务器

```
echo -e "\nPotential Telnet Servers"; rwfilter sample.rw --type=out --protocol=6 --packets=4- --ack-flag=1 --sport=23 --pass=stdout|rwstats --fields=sip --percentage=1 --bytes --no-titles|cut -f 1 -d "|"|rwsetbuild>telnet_servers.set ;rwsetcat telnet_servers.set
```

其余服务器

```
echo Leftover Servers: ;rwfilter sample.rw --type=out --sport=1-19,24,26-52,54-499,501-1023 --pass=stdout|rwstats --fields=sport --percentage=1
```

在检测场景下，上述命令应定期执行。对于各个运行结果，可采用纵向比较的方法，这样，一旦某台设备突然对外开放服务，就应该对其调查。

11.3 使用统计结果实现深度检测

对于多数组织来说，多数值得报告的网络事件都来自于警报数据和准实时的分析。一旦出现新的警报，根据其会话数据生成统计查询，可供检测其他主机是否存在相似信标。

作为例子，让我们看一下图 11.7 中的警报。

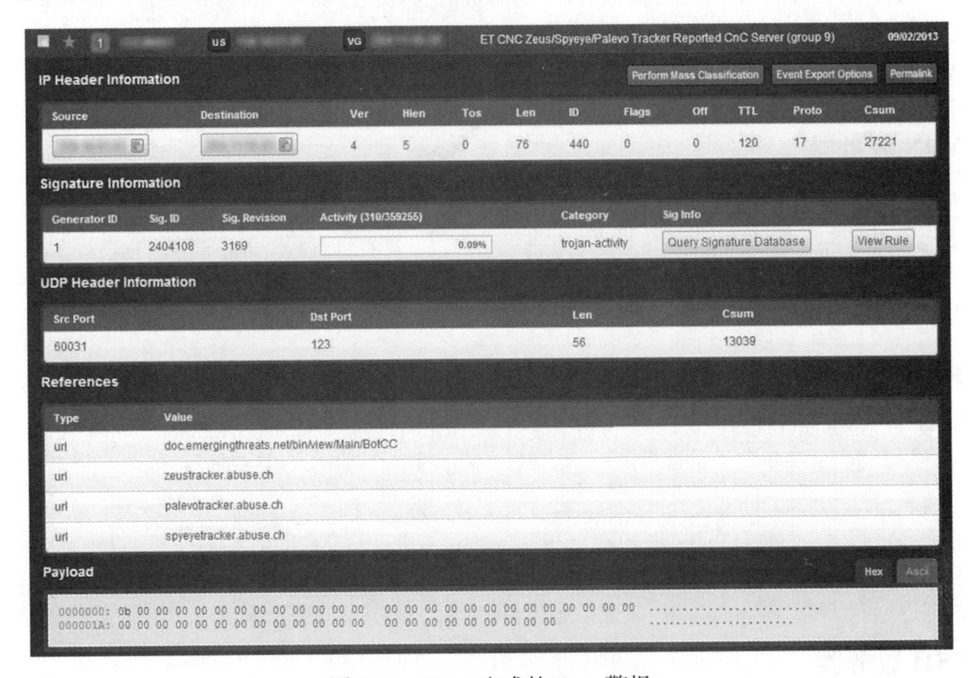

图 11.7 Snort 生成的 Zeus 警报

有证据表明，该主机与已知 Zeus 僵尸网络的命令控制相关设备具有通信行为，这是生成该警报的原因。通信流量出现在 UDP 协议的 123 端口，乍看之下，该流量似乎只是用于 NTP[⊖]通信。

如果没有接触到数据包载荷（在事后分析时可能出现这种情况），因为并无其他主动感染的迹象，该事件很可能被某些分析人员瞒报。不能排除该流量利用常见 NTP 端口掩护其通信行为。不过，在没有额外详细信息的情况下，无法确认这一点。为了获取更多的详细信息，我们需要挖掘该主机的其他通信行为。为此，我们只需提取该警报的各种细节，确定该主机是否还与其他可疑的所谓“ NTP 服务器”发生通信。我们还会在本次查询中加入目的 IP 所属国家代码，因为只有与美国等国家的 NTP 服务器通信才被认为正常的。相关命令如下：

```
rwfilter --start-date=2013/09/02 --end-date=2013/09/02 --any-
address=192.168.1.17 --aport=123 --proto=17 --type=all --pass=std-
out | rwstats --top --fields=dip,dcc,dport --count=20
```

⊖ 网络时间协议（Network Time Protocol ）的简称，该协议被用于时间同步。——译者注该命令利用rwstats显示192.168.1.17主机通过123端口连接的各个设备。结果如图11.8所示。在该图中，某些IP地址经过了匿名化处理。

```
ch11 — bash — 72×23
INPUT: 2042 Records for 44 Bins and 2042 Total Records
OUTPUT: Top 20 Bins by Records
           dIP|dcc|dPort|   Records|  %Records|   cumul_%|
  192.5.xxxxxx| us|  123|       128|  6.268364|  6.268364|
 192.36.xxxxxx| se|  123|        86|  4.211557| 10.479922|
 192.36.xxxxxx| se|  123|        85|  4.162586| 14.642507|
 192.36.xxxxxx| se|  123|        84|  4.113614| 18.756121|
150.254.xxxxxx| pl|  123|        84|  4.113614| 22.869736|
 129.242xxxxxx| no|  123|        83|  4.064643| 26.934378|
 192.36.xxxxxx| se|  123|        81|  3.966699| 30.901077|
  62.119xxxxxx| se|  123|        81|  3.966699| 34.867777|
  62.119xxxxxx| se|  123|        80|  3.917728| 38.785504|
 192.36.xxxxxx| se|  123|        77|  3.770813| 42.556317|
192.36.1xxxxxx| se|  123|        75|  3.672870| 46.229187|
203.117.xxxxxx| sg|  123|        75|  3.672870| 49.902057|
 192.36.xxxxxx| se|  123|        73|  3.574927| 53.476983|
     193xxxxxx| si|  123|        72|  3.525955| 57.002938|
  204.11xxxxxx| vg|  123|        67|  3.281097| 60.284035|
192.36.1xxxxxx| se|  123|        67|  3.281097| 63.565132|
  128.9.xxxxxx| us|  123|        64|  3.134182| 66.699314|
  192.16xxxxxx| us|60059|        60|  2.938296| 69.637610|
  193.62xxxxxx| gb|  123|        59|  2.889324| 72.526934|
  192.16xxxxxx| us|60060|        58|  2.840353| 75.367287|
```

图11.8 我方主机通过123端口与多台主机通信

如你所见，该内部主机通过123端口与多台外部主机进行通信。各主机相关的记录数量和巨大的通信量基本上表明了网络中存在恶意行为，退一万步讲，至少这些流量不会是真正的NTP流量。一般情况下，某台主机只会与一台或少量主机使用NTP协议同步时间，这些主机也很容易鉴别。从连接了境外（非美国）主机这一点，也可以确认这些流量的恶意本质，因为典型的NTP同步都会连接美国等国家的主机或网络。

此时，我们有了一个应该被升级的事件。换句话说，我们有了一个有趣的信标，它能提供比IDS规则更为深入的检测能力。和以前一样，在我们深入浅出地分析数据之前，先要评估我们的目标。对于该事件，我们以192.168.1.17作为源地址，检索了全部通过UDP协议123端口通信的会话数据。有数量惊人的UDP/123流量流向了众多外部主机，我们由此推断恶意行为正在进行。我们可以建立一个过滤器，对全部本地地址匹配这类特征。该过滤器如下：

```
rwfilter --start-date=2013/09/02 --end-date=2013/09/02 --not-dip-
set=local.set --dport=123 --proto=17 --type=all --pass=stdout |
rwstats --top --fields=sip --count=20 --value=dip-distinct
```

上述命令的意义是：仅处理2013年9月2日的数据，而且数据需满足目的地址不为本地网络、使用UDP协议、目的端口为123的要求。该数据传递给rwstats后，将对满足本标准的数据生成统计结果，输出前20个不同的本地IP地址（见图11.9）。

我们可以加强对于过滤器的限制，使其仅匹配流向非美国主机的UDP/123通信记录，这是判定原始通信可疑的标准之一。该查询命令实现于前一条命令的基础之上，不过，在前一个rwfilter命令的结果中，只有那些判断目标地址代码是否包含“us”时显示“fail”

的记录，才会传递给后一个 rwfilter 命令，从而保证我们只会看到流向境外的数据。

```
ch11 — bash — 72×23
INPUT: 19279 Records for 95 Bins
OUTPUT: Top 20 Bins by dIP-Distinct
          sIP|dIP-Distin|%dIP-Disti|    cumul_%|
  192.16.xxxxxx|       596|         ?|          ?|
   192.16xxxxxx|       500|         ?|          ?|
 192.16.1xxxxxx|       471|         ?|          ?|
  192.16.xxxxxx|       130|         ?|          ?|
   192.26xxxxxx|        93|         ?|          ?|
   10.20.xxxxxx|        46|         ?|          ?|
   192.16xxxxxx|        22|         ?|          ?|
    10.49xxxxxx|        21|         ?|          ?|
    10.49xxxxxx|        21|         ?|          ?|
  205.204xxxxxx|        12|         ?|          ?|
 192.24.1xxxxxx|        10|         ?|          ?|
   192.25xxxxxx|         7|         ?|          ?|
  10.242.xxxxxx|         5|         ?|          ?|
  10.240.xxxxxx|         5|         ?|          ?|
   192.16xxxxxx|         3|         ?|          ?|
  192.24.xxxxxx|         3|         ?|          ?|
  192.24.xxxxxx|         3|         ?|          ?|
 192.24.1xxxxxx|         3|         ?|          ?|
  10.240.xxxxxx|         3|         ?|          ?|
  10.43.1xxxxxx|         3|         ?|          ?|
```

图 11.9 显示具有相似通信模式的多台设备

```
rwfilter --start-date=2013/09/02 --end-date=2013/09/02 --not-dip-
set=local.set --dport=123 --proto=17 --type=all --pass=stdout |
rwfilter --input-pipe=stdin --dcc=us --fail=stdout | rwstats --top
--fields=sip --count=20 --value=dip-distinct
```

进一步调查这些结果，就可以成功地揭示出其他系统的恶意逻辑，只要这些系统表现出原始 IDS 警报记录的类似行为。虽然 IDS 警报可以捕获某些恶意行为，但无法捕获事件的全部，这时统计分析就会派上用场。此处示例取自真实调查，那时，通过统计分析发现了额外的 9 台受感染主机，均未被 IDS 警报捕获。

11.4 使用 Gnuplot 实现统计数据的可视化

对于统计数据的可视化能力，使得人们可以深入理解那些难于把握的冷冰冰的数字。绘制吞吐量（Throughput）统计图是一种全球适用的统计方法，可以有效应用于检测和统计数据的可视化。利用吞吐量，可生成统计数据，以及通过传感器接口或两台主机之间的数据总量绘制图形，有助于在若干前端产品中实现检测能力。开始阶段，吞吐量可作为一种基于异常的检测方法，一旦某设备发出或收到超乎寻常的大量流量，便向分析人员告警。该方法适合检测数据外泄、内部主机被恶意软件用于互联网服务或受到拒绝服务攻击(Denial of Service attack)。吞吐量图还可以帮助分析人员缩小数据查询范围，节省时间，最终加快分析进程。

rwcount 是一种颇为有用的工具，可供汇总特定时间间隔内产生的数据，生成相关的统计。早些时候，我们只是简单地使用 rwcount 缩小特定活动发生的时间范围。除此之外，rwcount 还可用于提供各通信序列数据量分布情况的感知能力。该工具最简单的用法，是观察某指定日期内受控网段的数据进出总量。与多数 SiLK 查询相似，该工具使用 rwfilter 命令过滤你感兴趣的时间间隔内的数据。在本例中，我们使用管道将数据传递给 rwcount，后者以用户指定的时间间隔，按秒分隔发送到各容器。比如，现在需要调查给定 1 小时内进出网络装置的记录总数、字节数、每分钟数据包数量（--bin-size = 60），可使用以下命令：

```
rwfilter --start-date=2013/09/02:14 --proto=0- --pass=stdout --
type=all | rwcount --bin-size=60
```

对前面的 rwfilter 加以调整，可以使你在判断更为具体的吞吐量标准时，具有一定的创造性。 这类的表格独立应用时固然有效，经过可视化处理后，则更易于理解。

让我们回顾上一节可疑 NTP 流量示例。如果我们参照上一示例，使用 rwcount 进一步挖掘图 11.9 所示结果，我们就能够看到，在 204.2.134.0/24 地址范围内有多个请求 NTP 客户端通信的外部 IP 地址，这可能表明有多台非法设备被配置为使用非本地 NTP 服务。如果我们对于当日流量深入调查，就会发现每分钟的数据量（见图 11.10）是差不多的，但表格尚不足以支持对该流量的解释：

ch11 — bash — 82×11

Date	Records	Bytes	Packets
2013/09/02T00:20:00	2848.12	3881203.67	28537.12
2013/09/02T00:21:00	3565.92	5550209.88	41936.87
2013/09/02T00:22:00	3371.62	5296400.96	39838.18
2013/09/02T00:23:00	3014.70	4507246.46	34867.01
2013/09/02T00:24:00	2983.83	4713578.12	36133.11
2013/09/02T00:25:00	390.33	663388.40	5114.80
2013/09/02T00:26:00	1.41	1714.79	6.62
2013/09/02T00:27:00	0.96	847.26	3.95
2013/09/02T00:28:00	0.61	152.66	1.82
2013/09/02T00:29:00	0.51	128.79	1.53

图 11.10　Rwcount 显示数据在整个时间间隔内均匀分布

为了将该数据真正地全面可视化，我们可以画一幅大图。既然 SiLK 并未提供该能力，我们将 SiLK 查询结果处理后，通过管道传递给 gnuplot 实现绘图。Gnuplot (http://www.gnuplot.info/) 是一种可移植命令行驱动的绘图应用程序。虽然它不具有直观的绘图界面，但经过配置，它就可以读取已有数据，易于通过脚本将结果传递给其他工具。

我们的目标是创建一张图片，展示 204.2.134.0/24 IP 范围内任意地址的会话数据每小时产生的字节总数，从而使上述数据更有意义。我们由前面提到的 rwcount 命令着手，设置容器大小为 3600，以形成“每小时”结果。该 rwcount 命令的输出结果经一些命令行工具处理后，将生成一个 CSV 格式文件，文件中只包含时间戳及对应的字节总数。该命令如下：

```
rwfilter --start-date=2013/09/02 --any-address=204.2.134.0/24 --
proto=0- --pass=stdout --type=all | rwcount --bin-size=3600 -
delimited=, --no-titles| cut -d “,” -f1,3>hourly.csv
```

结果数据形如：

```
2013/09/02T13:00:00,146847.07
2013/09/02T14:00:00,38546884.51
2013/09/02T15:00:00,1420679.53
2013/09/02T16:00:00,19317394.19
2013/09/02T17:00:00,16165505.44
2013/09/02T18:00:00,14211784.42
2013/09/02T19:00:00,14724860.35
2013/09/02T20:00:00,26819890.91
2013/09/02T21:00:00,29361327.78
2013/09/02T22:00:00,15644357.97
2013/09/02T23:00:00,10523834.82
```

接下来，我们需要对这些统计数据设置 Gnuplot 的绘图方式。该过程通过创建 Gnuplot 脚本完成。该脚本用以代替 Gnuplot 的命令行参数，像 BASH 脚本那样，被逐行读取。你会注意到 Gnuplot 被声明为脚本的解析器，出现在该脚本的第一行。该脚本示例如下：

```
#! /usr/bin/gnuplot
set terminal postscript enhanced color solid
set output "hourly.ps"
set title "Traffic for 204.2.134.0/24 (09/02/2013)"
set xlabel "Time (UTC)"
set ylabel "Bytes"
set datafile separator ","
set timefmt '%Y/%m/%dT%H:%M:%S'
set xdata time
plot 'hourly.csv' using 1:2 with lines title "Bytes"
```

如果 postscript 图像格式不适合你，你也可以将该图像转换为 JPG 格式，其 Linux 平台的转换命令如下：

```
convert hourly.ps hourly.jpg
```

最后，你得到了一张绘制好的 Gnuplot 吞吐量图，如图 11.11 所示。

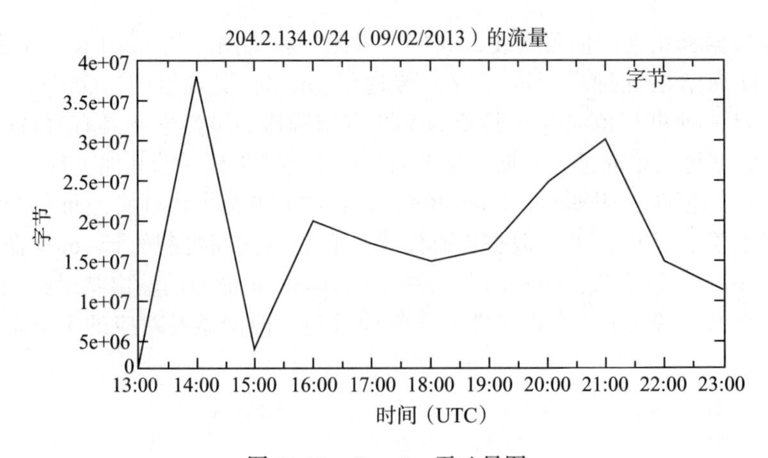

图 11.11 Gnuplot 吞吐量图

你很容易使用本例创建一个BASH脚本，实现自动推送某日、某主机的数据，生成Gnuplot图。其示例脚本如下：

```
#!/bin/bash

#traffic.plotter
echo "Enter Date: (Example:2013/09/02)"
read theday
echo "Enter Host: (Example:192.168.5.0/24)"
read thehost

if [ -z "theday" ]; then
echo "You forgot to enter the date."
exit
fi
if [ -z "thehost" ]; then
echo "You forgot to enter a host to examine."
exit
fi

rm hourly.csv
rm hourly.ps
rm hourly.jpg

rwfilter --start-date=$theday --any-address=$thehost --proto=0- --
pass=stdout --type=all -- | rwcount --bin-size=3600 --delimited=,
--no-titles| cut -d "," -f1,3>hourly.csv

gnuplot<< EOF
set terminal postscript enhanced color solid
set output "hourly.ps"
set title "Traffic for $thehost ($theday)"
set xlabel "Time (UTC)"
set ylabel "Bytes"
set datafile separator ","
set timefmt '%Y/%m/%dT%H:%M:%S'
set xdata time
plot 'hourly.csv' using 1:2 with lines title "Bytes"
EOF

convert hourly.ps hourly.jpg
exit
```

该脚本可供你对任意给定IP地址或IP范围，选取特定日期生成“每小时字节数量”吞吐量图。根据你的环境编辑该脚本，应该是易如反掌的。

11.5　使用Google图表实现统计数据的可视化

显示吞吐量及更多数据的另一种方法就是利用Google图表API（Google Charts API，https://developers.google.com/chart/）。Google提供了各式各样的图表，可使用你能想到的任意的理解方式和交互方式表现各种数据。Google图表API所生成的多数图表具有跨浏览器的兼容性，而且它是完全免费的。

在为 SiLK 记录绘制一段时间内的图形时，Google 图表与 Gnuplot 的最大区别在于，后者的相关示例非常丰富。Gnuplot 自 1986 年开始获得支持并积极发展，而且，只要你懂 Gnuplot 语言，就几乎无所不能。由于 Gnuplot 长期致力于绘图和制表方向，具有无穷无尽的示例指导你实现各种功能。可是，Google 图表还是新生事物，只提供了少量帮助示例。幸运的是，Google 图表日渐流行，而且，它从设计上就是为了迎合那些希望“开箱即用”的人们。为帮助用户接纳它，Google 设立了 Google Charts Workshop，支持用户浏览和编辑现有示例，无需手动编码就能在线测试数据效果。Google 图表的语法相对简单，“编码”一词用在这里是不够准确的。为实现统计数据的可视化，我们将使用 rwcount 产生的数据作为简单示例，利用 Google 图表 API，将数据转换为 HTML 文件。许多流行的浏览器都可以直接显示这些示例结果，无需安装任何插件或扩展程序。

为说明其用法，让我们看看前面 Gnuplot 例子中所使用的数据。我们将使用该数据生成折线图。当你为创建折线图而学习 Google 图表 API 的时候，首先会注意到的是，提取数据的文件格式并不是标准的 CSV 文件。该 API 既可接受 JavaScript，也可以接受 Object Literal（缩写为 OL）格式的数据标记表。这类数据格式可由多种工具或库生成，但是为了保持简洁，我们仍然使用命令行技巧，将已有的 CSV 输出结果转换为 OL 数据表格式。

在前一个例子里，我们已有的 CSV 文件很小，只有 11 条数据记录。除了这些数据以外，我们还需要添加栏目，定义各记录自变量和因变量的名称。就是说，需要在我们的 CSV 文件的第一行加上“Data,Bytes”来指称这两栏，如下：

```
Date,Bytes
2013/09/02T13:00:00,146847.07
2013/09/02T14:00:00,38546884.51
2013/09/02T15:00:00,1420679.53
2013/09/02T16:00:00,19317394.19
2013/09/02T17:00:00,16165505.44
2013/09/02T18:00:00,14211784.42
2013/09/02T19:00:00,14724860.35
2013/09/02T20:00:00,26819890.91
2013/09/02T21:00:00,29361327.78
2013/09/02T22:00:00,15644357.97
2013/09/02T23:00:00,10523834.82
```

现在，我们可以使用一点儿 sed 替换魔法，将 CSV 文件转换为正确的 OL 数据表格式：

```
cat hourly.csv | sed “s/\(.*\),\(.*\)/[‘\1’, \2],/g”|sed ‘$s/,$//’| sed
“s/, \([A-Za-z].*\)],/, ‘\1’],/g”
```

此时，我们的数据呈现如下的样子，而且，已经可以供 API 提取数据了：

```
[‘Date’, ‘Bytes’],
[‘2013/09/02T13:00:00’, 146847.07],
[‘2013/09/02T14:00:00’, 38546884.51],
[‘2013/09/02T15:00:00’, 1420679.53],
[‘2013/09/02T16:00:00’, 19317394.19],
[‘2013/09/02T17:00:00’, 16165505.44],
[‘2013/09/02T18:00:00’, 14211784.42],
[‘2013/09/02T19:00:00’, 14724860.35],
```

```
['2013/09/02T20:00:00', 26819890.91],
['2013/09/02T21:00:00', 29361327.78],
['2013/09/02T22:00:00', 15644357.97],
['2013/09/02T23:00:00', 10523834.82]
```

现在我们调用 API，将数据保存为 HTML 格式文件。最简单的方法就是参考 Google 文档的折线图部分，将示例代码复制到此处。完成后的代码如下：

```
<html>
   <head>
      <script type="text/javascript" src="https://www.google.com/
jsapi"></script>
     <script type="text/javascript">
        google.load("visualization", "1", {packages:["corechart"]});
        google.setOnLoadCallback(drawChart);
        function drawChart() {
         var data=google.visualization.arrayToDataTable([
['Date', 'Bytes'],
['2013/09/02 T13:00:00', 146847.07],
['2013/09/02 T14:00:00', 38546884.51],
['2013/09/02 T15:00:00', 1420679.53],
['2013/09/02 T16:00:00', 19317394.19],
['2013/09/02 T17:00:00', 16165505.44],
['2013/09/02 T18:00:00', 14211784.42],
['2013/09/02 T19:00:00', 14724860.35],
['2013/09/02 T20:00:00', 26819890.91],
['2013/09/02 T21:00:00', 29361327.78],
['2013/09/02 T22:00:00', 15644357.97],
['2013/09/02 T23:00:00', 10523834.82]
         ]);
         var options={
           title: 'Traffic for 204.2.134.0-255'
         };
         var  chart=new  google.visualization.LineChart(document.
getElementById('chart_div'));
         chart.draw(data, options);
       }
   </script>
</head>
<body>
  <div id="chart_div" style="width: 900px; height: 500px;"> </div>
 </body>
</html>
```

图 11.12 为浏览器中的显示结果，完整地支持鼠标划过的事件响应。

正如前面我们可以脚本化处理 Gnuplot 的例子一样，我们也可以实现 Google 图表的自动化处理。为简洁起见，下面展示的自动化方法有些简陋，尽管如此，还是需要些额外的工作才能使其产生效果。

我们已经在当前工作目录下创建了名为“googlecharts”的目录。我们打算在该目录下创建若干模板文件，用于嵌入数据。第一个模板文件名为 linechart.html。

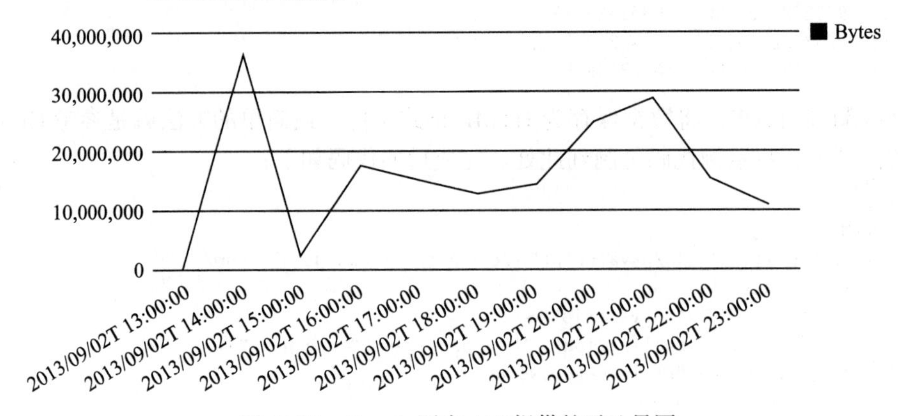

图 11.12 Google 图表 API 提供的吞吐量图

```
<html>
  <head>
    <script  type="text/javascript"  src="https://www.google.com/
jsapi"></script>
   <script type="text/javascript">
     google.load("visualization", "1", {packages:["corechart"]});
     google.setOnLoadCallback(drawChart);
     function drawChart() {
       var data=google.visualization.arrayToDataTable([
       dataplaceholder
       ]);
       var options={
         title: 'titleplaceholder'
       };
       var chart=new google.visualization.LineChart(document.get
ElementById('chart_div'));
       chart.draw(data, options);
     }
    </script>
  </head>
  <body>
   <div id="chart_div" style="width: 900px; height: 500px;"></div>
  </body>
</html>
```

你会注意到，我们的 linechart.html 文件具有两个独特的占位符（placeholder）：一个用于嵌入我们即将建立的数据表（dataplaceholder），另一个用于嵌入标题（titleplaceholder）。

现在，我们将在当前工作目录的最顶层编写绘图应用程序，并命名为 plotter.sh。该绘图应用程序是一个 BASH 脚本，根据用户提供的 rwfilter 和 rwcount 命令生成图形。该工具提取两个命令的输出结果，将其解析为适当的 OL 数据表格式，并将数据插入临时文件。该临时文件的内容将被用于替换 googlecharts/linechart.html 模板文件的数据占位符。因为我们在模板文件中还有一个标题占位符，所以绘图脚本里面有一个用于定义标题的变量。

```
##EDIT THIS#######################################
title='Traffic for 204.2.134.0-255'
rwfilter --start-date=2013/09/02 T1 --any-address=204.2.134.0/24 --
type=all --proto=0- --pass=stdout | rwcount --bin-size=300 --
delimited=, |\
cut -d "," -f1,3 |\
#################################################

sed "s/\(.*\),\(.*\)/['\1',\2],/g"|sed '$s/,$//'|sed "s/,\([A-Za-z].
*\)],/,'\1'],/g">temp.test
sed '/dataplaceholder/{
    s/dataplaceholder//g
    r temp.test
}' googlechart/linechart.html | sed "s/titleplaceholder/${title}/g"
rm temp.test
}
linechart
```

plotter.sh 脚本执行后，将使用该模板文件，把相应数据嵌入 linechart.html 文件。

此处提供的脚本有些简陋，不过，经过扩展后，脚本可以支持快速生成 Google 图表，可供检测和分析时使用。

11.6 使用 Afterglow 实现统计数据的可视化

有效地与人交流数据含义固然是一种挑战，但对这些数据深入了解却并不困难。实际上，有时只有跳出数据的细节，你才能真实地了解发生了什么事。Afterglow 是一种用 Perl 开发的用于生成连线图（link graph）的辅助工具，支持以图像方式呈现“列表中的数字”之间的关系。Afterglow 的输入为两栏或三栏的 CSV 文件，输出为点特征绘图语言文件（需要 graphviz 库支持）或者可被 Gephi 解析的 GDF 文件。值得一提的是，Afterglow 对输入数据处理后，产生的输出数据可用于生成连线图。实际上，连线图是由第三方工具创建的，比如我们马上要提到的 Graphviz。至于如何使用 Afterglow 在数据集中发现数字之间的关系，在互联网上可以找到大量的例子：在 Afterglow 的主页上，可以找到对于 PCAP 和 Sendmail 的应用示例。

在开始使用 Afterglow 之前，最好先访问 http://afterglow.sourceforge.net/，阅读用户手册，了解其工作机理。从本质上讲，你只需提供一个包含所需数据的 CSV 文件，然后通过管道将数据正确地传递给 Afterglow，你就马上可以得到一份连线图。

首先，下载 Afterglow 并保存在工作目录。对于本例，你需要确保可以访问 SiLK 工具，这样才能顺利地得到结果。下载和解压 Afterglow 之后，你可能会需要安装一个 Perl 模块（取决于你是否已经安装）。如果你需要安装该模块，则执行以下命令：

```
sudo /usr/bin/perl -MCPAN -e'install Text::CSV'
```

我们将用到的可视化工具由 Graphviz 提供，如需安装 Graphviz，可使用 Linux 发布版所提供的包管理程序。Graphviz 是一种开源的可视化软件，由 AT&T 研究院开发。其中包含了大量的图形工具，均可用于处理其自有的连线图。如需 Graphviz 中的各图形工具文档，可访问 http://www.graphviz.org/Documentation.php。为在 Security Onion 下安装 Graphviz，我们使用如下的 APT 命令：

```
sudo apt-get install graphviz
```

此时，你需要进入 Afterglow 的工作目录。Afterglow 需要你提供一个配置文件，不过，一个名为 sample.properties 已经事先被包含在工具中了。本书作者建议向该文件中添加一行 xlabels = 0，以保证图片中的标签可以正常显示。在生成数据的过程中，注意前面提到的两种“模式”：两栏模式和三栏模式。在两栏模式下，你只需要提供“来源”(源 IP 地址）和目标（目的 IP 地址)。如果使用三栏模式，数据栏目将被分配为“来源，事件，目标”。

在生成连线图之前，我们需要先生成一个 CSV 文件，其数据为 SiLK 每小时例行记录的内网通信流量。在本例中，我们将使用 184.201.190.0/24 作为待调查网络。为了使用 SiLK 生成该数据，我们使用一些 rwcut 扩展选项，限制待处理数据总量：

```
rwfilter --start-date=2013/09/06:15 --saddress=184.201.190.0/24 --
type=all --pass=stdout | rwcut --fields=sip,dip --no-titles --
delimited=, | sort -u>test.data
```

上述命令执行后，检查“ test.data”文件中各行是否含有“源 IP，目的 IP”。如果数据存在，你就已经完成了最困难的部分。为了生成连线图，你有两个可选方案。一个方案是使用 Afterglow 处理数据，加入 -w 参数，生成 DOT 格式文件，这种格式文件可以被 Neato 之类的 Graphviz 工具解析然后生成图形文件。另一方案是把 Afterglow 的输出结果通过管道直接传递给 Neato 工具。如果你希望仅使用 Afterglow 处理数据，然后传送给你所选择的图形工具，我们就以通过管道将 Afterglow 输出结果直接传递给 Graphviz 工具为例。

执行以下命令，生成我们的图形。

```
cat test.data | perl afterglow.pl -e 5 -c sample.properties -t | neato -
Tgif -o test.gif
```

参数 -e 定义图形的大小。参数 -c 指定所采用的配置文件，在本例中，使用 Afterglow 提供的示例文件作为配置文件。参数 -t 用于指定“两栏”模式。最后，数据通过管道传递给 neato 工具，其中，使用参数 -T 指定生成 GIF 格式文件，使用参数 -o 指定输出文件名。命令执行结果是生成了 test.gif 文件，如图 11.13 所示。

如果你一直跟着做下来，现在应该会得到上图类似的结果，只是图形的颜色会有些区别⊖。Afterglow 使用的颜色在 sample.properties 文件中定义。该文件针对 RFC 1918 规定的地址分配方式，事先为不同类型的地址设置了特定的颜色。对于不在规定范围内的地址（比如我们的这个示例)，“来源”节点会以红色表示。如果你需要为内网地址范围明确设定颜色代码，则应仔细地研究该示例配置文件。记住，该配置文件对于颜色代码的设定，采用“最先匹配原则”。比如，如果你采用以下方式设置源地址颜色，则全部源地址节点都显示为蓝

⊖ 原图中的蓝色节点印刷后为深色，红色节点印刷后为浅色。——译者注

色，因为最前面的语句被读入后已经生效，这就是“最先匹配原则”。

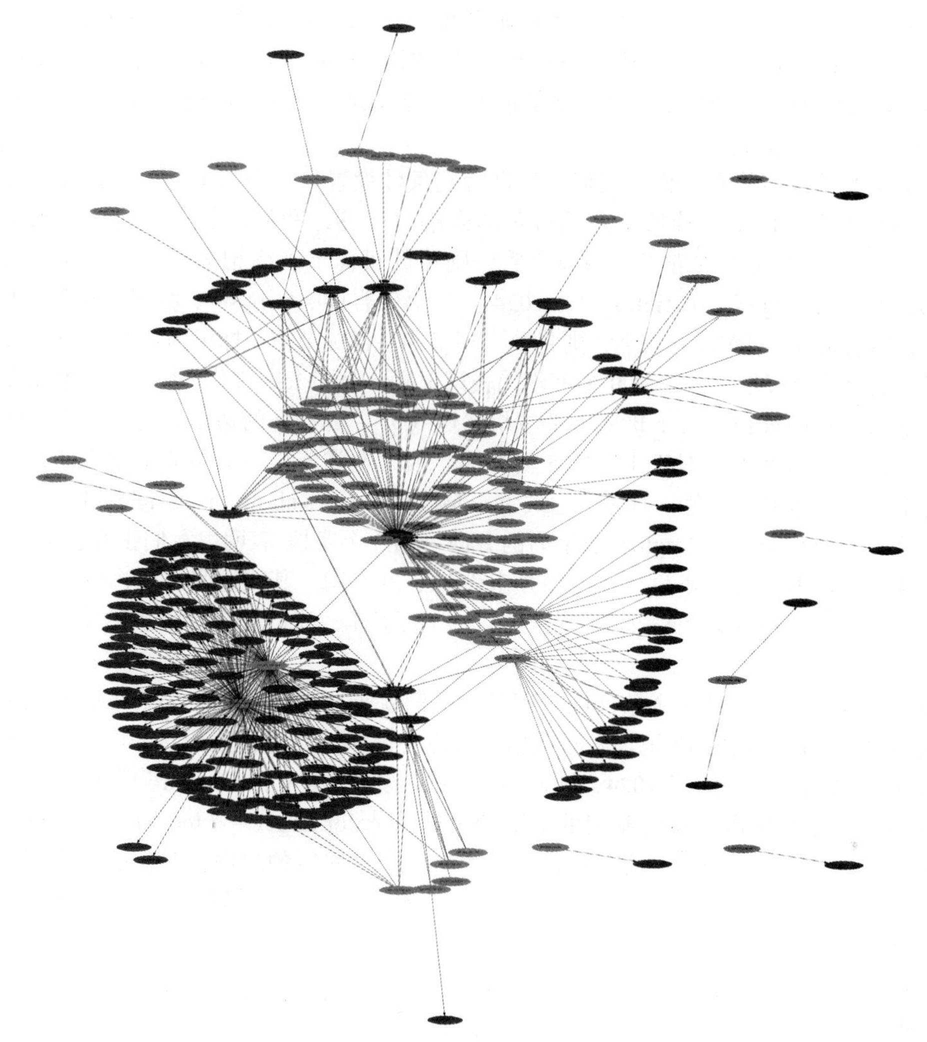

图 11.13　由网络流数据创建的连线图

```
color.source="blue"
color.source="greenyellow" if ($fields[0]=~/^192\.168\.1\..*/);
color.source="lightyellow4" if ($fields[0]=~/^172\.16\..*/);
```

现在，你得到的数据已经很棒了，我们让数据变得更为实用吧。在后面的例子里面，我们会生成自己的配置文件，并使用三栏模式。首先，假设我们需要检查工作时间以外的内网 IP 地址对外发起连接的情况。我们建立一个配置文件，以便能够直观地辨识异常情况。在此例中，我们不打算让终端用户在下班以后还要查看网络数据，也不希望让那些响应了外部主机连接请求的出站服务器引起误报。前面讲过，我们应该了解所用的这些数据集。我们希望通过该图找出一些问题，所以就由配置文件着手，解释各栏的意义。在本例中，本书作者会告诉你如何将这些内容简化为一行命令，生成图形。

我们先从建立配置文件开始。为了确保我们的标签不会被弄乱，应在第一行加入 xlabels = 0。在本例中，我们将生成一张连线图，用以显示本地设备对外网的连接情况，该连接是主动发起的？还是为了应答某通信请求？我们假设全部的内网地址都是“好的”，并将其颜色定义为“green”。

为了能够辨认出异常事件，我们将根据特定条件设置目标节点的颜色。比如，为了区别某通信行为常见的服务应答，还是可疑的高端口应答，我们需要判断通信的源端口是否大于 1024。如果我们发现了高端口应答，则将其目标节点标记为橙色，对应表达式为 color.target = “ orange” if ($fields[1] > 1024)。该语句告诉 Afterglow，如果发现第二栏（事件节点）的值是大于 1024 的数字，则将第三栏节点（目标节点）标记为橙色。CSV 文件里面的栏要比字段更好用，因为第 0 个字段代表第 1 栏，第 1 个字段代表第 2 栏，依此类推。

接下来，我们很想看看下班后外部主机接收我方主机数据的通信行为。在本例中，我们专门尝试辨识这些设备对于中国的通信行为。因为这类连接可能是非常合理的，我们将这类的中国节点标记为黄色，对应表达式为 color.target = “ yellow” if ($fields[3] = ～ /cn/)。别忘了这种判断是根据 Afterglow 数字列的方向，第 3 个字段 表明，我们正在获取 CSV 文件中第 4 栏的一些信息。不过，第 4 栏并未作为节点使用，其用途是供行内的其他节点引用，在本例中，若发现第 4 栏文本中包含“ cn”的字样，我们就会将第 3 栏生成的节点标记为黄色。

在上述场景下，一旦两个条件同时满足，我们就需要提高警惕。如果我们发现本地设备使用临时端口向中国的 IP 地址发送数据，就应将这些节点标记为醒目的红色。为此，我们需要辨识源端口是否大于 1024，同时对应的第 4 栏文本中含有“ cn”字样的节点。为了实现与（AND）操作，我们使用的应对表达式为 color.target = “ red” if (grep($fields[1] > 1024,$fields[3] = ～ /cn/))。前面说过，配置文件中这些行的顺序会对你的连线图产生影响。本书作者建议你采用由严至宽的顺序。在本例中，我们的配置文件（我们将其命名为 config.properties）的全部内容如下：

```
##Place all labels within the nodes themselves.
xlabels=0
##Color all source nodes (first column addresses) green
color.source="green"
##Color target nodes red if the source port is above 1024 and ##4th column
reads "cn"
color.target="red" if (grep($fields[1]>1024,$fields[3]=~/cn/))
##Color target nodes yellow if the 4th column reads "cn"
color.target="yellow" if ($fields[3]=~/cn/)
##Color target nodes orange if the source port is above 1024
color.target="orange" if ($fields[1]>1024)
##Color target nodes blue if they don't match the above statements
color.target="blue"
##Color event nodes from the second column white
color.event="white"
##Color connecting lines black with a thickness of "1"
```

```
color.edge="black"
size.edge=1;
```

我们采用以下命令获得生成该图所需的数据：

```
rwfilter --start-date=2013/09/06:15 --saddress=184.201.190.0/24 --
type=out,outweb --pass=stdout |\
rwcut --fields=sip,sport,dip,dcc --no-titles --delimited=,|\ sort -u
|perl afterglow.pl -e 5 -c config.properties -v |\
neato -Tgif -o test.gif
```

注意，在 rwfilter 命令的参数类型中，我们使用 out 和 outweb 两个选项，使其仅对出站流量生效。我们还使用 --fields = sip,sport,dip,dcc 参数，使其生成所需的四栏内容。这些数据通过管道直接传递给 Afterglow 和 Neato 命令，产生的 test.gif 图片内容如图 11.14 所示。

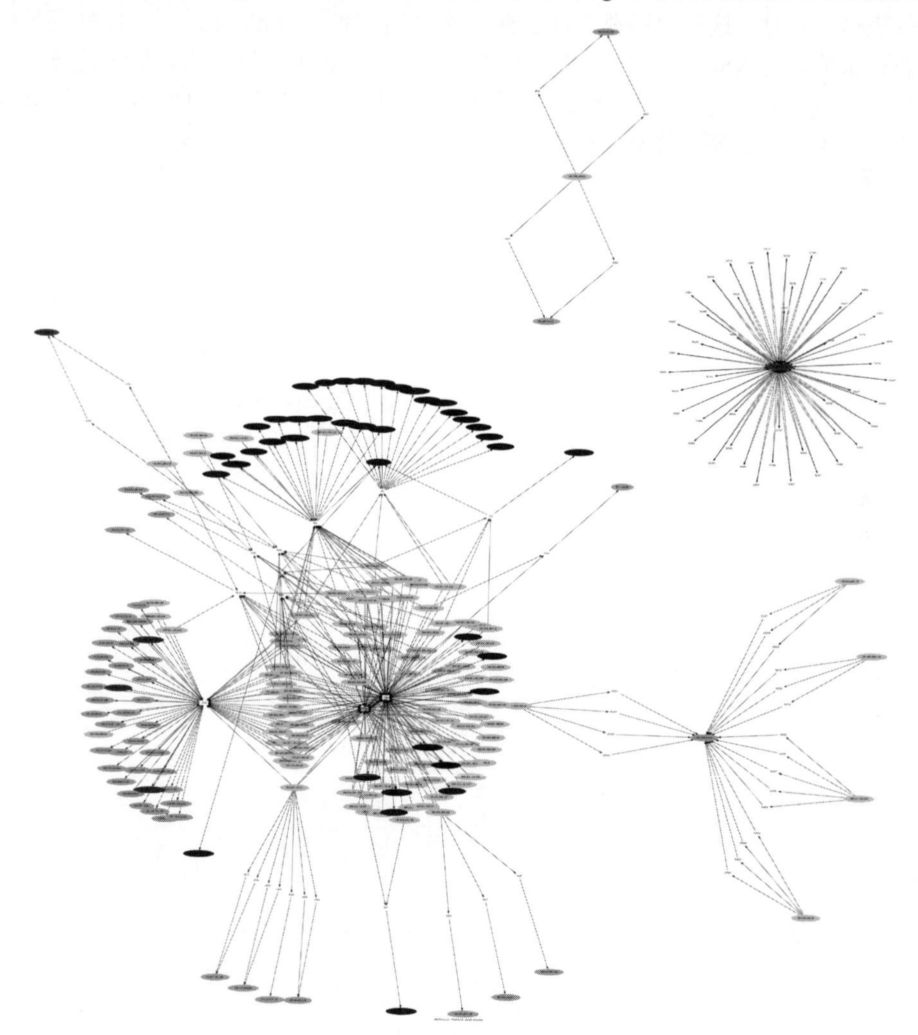

图 11.14　定制连线图显示的出站通信

Afterglow不仅具有强大的能力，同时还有一定的灵活性，它支持创建多种风格的连线图，适用于在不同应用环境下调查实体之间的联系。希望上述示例可以向你展示其强大之处，帮助你创建自己特有的连线图。

11.7 本章小结

对于你的环境中的用户和网络相关数据，从整体上理解其流动规律并非易事。不过，随着你的组织日渐成熟，随着你对网络和数据通信的理解的加深，可以采用一些基于数据统计的措施来保障这一点。本章主要想说的是，你可以从现有数据中产生更有价值的数据。这些新的数据可以帮助我们跳出细节，放眼全局。有时，这种大局观来自于由海量数据归纳得出的表格。有时，这种大局观来自于真正的“大图片”(big picture)[⊖]。此处只是提供了一些思路，未能针对NSM检测与分析过程中可能出现的各种场景介绍数据统计及可视化的实现方法，不过，希望这部分内容可以帮你克服学习这类工具的最初难关，令你可以举一反三，生成适用于你的环境的统计数据。

⊖ 指具有可视化效果的数据统计结果。——译者注。

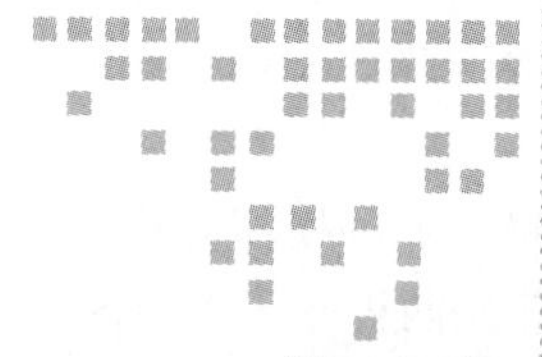

第 12 章 Chapter 12

使用金丝雀蜜罐进行检测

根据定义，蜜罐是一种安全资源，其价值在于被探测、攻击或攻陷时掌握攻击者信息。在实践中，蜜罐通常表现为一个系统或一种软件，该系统或软件模仿了一个有意留下漏洞的系统或服务。这类系统经过部署后，即可等待攻击者将其发现和对其利用。蜜罐中并未包含有价值的真实数据，而且隔离于其他网络设备，但攻击者通常对此一无所知。借助蜜罐收集的详细日志记录信息，网络维护者可以获取攻击者所使用的工具，了解攻击者的战术，以及掌握攻击者的攻击步骤。

生产网络上较少使用蜜罐，因为在生产网络上部署易被攻击者入侵的设备，这似乎有悖常理。事实上，大多数蜜罐出现在研究或者学术环境中。然而，有些 NSM 能力成熟的企业已经着手研究将蜜罐作为一种高级形式，应用于其检测环境。本章我们将介绍金丝雀蜜罐（canary honeypot)，并探讨适用于 NSM 的不同类型蜜罐。此外，我们还会讨论金丝雀蜜罐部署、日志记录以及最佳实践等诸多事项。我们也会了解一些流行的蜜罐软件解决方案。

在进一步讨论之前，本书作者声明：本章讨论的一些防守战术具有争议。一些企业由于法律原因拒绝使用蜜罐，在此我们不予置评（这是你和律师之间的事情）。其他一些企业根本不懂得如何妥善保护它们的生产环境，确保攻击者无法以一种意想不到的方式利用被入侵的蜜罐，或者说他们只是不明白蜜罐的使用价值。必须强调：不管你如何配置蜜罐，对于 NSM 蜜罐的实现是一种劳动密集型过程，一般只是用于成熟的 SOC 环境中，提供 24 ×7 小时的监控。

12.1 金丝雀蜜罐

金丝雀原本是用于采矿业的一种预警系统。在矿井中致命气体严重程度的衡量技术出现之前，矿工们将金丝雀放置在这些矿井的笼子中。金丝雀更易感知甲烷类致命气体，因此，如果出现金丝雀生病或者死亡的状况，矿工们就会知道自己身处险境，他们应该撤离矿井，或是采取一些其他形式的改善措施，比如开设更多的通风井。这一概念有助于理解金丝雀蜜罐。

金丝雀蜜罐是一种模拟生产系统的系统，作为初期检测机制部署在含有网络漏洞的服务器上。可以使用两种方式操作这些蜜罐：可被利用或者不可利用的蜜罐。

一个可利用的金丝雀蜜罐实际上是使用软件来模拟真实的服务，但是以另外一种方式将漏洞形式展现在攻击者面前。通常针对模拟的环境提供一些有限的访问权限，此举旨在使攻击者相信，他们正在与一个真实的系统进行交互。在这种情况下，蜜罐软件也会产生大量的日志，详细说明攻击者突破伪造服务所使用的方法，在模拟操作环境中重现他们的活动。该警报也可以与其他形式的检测相结合，包括 IDS 特征，帮助分析人员利用金丝雀蜜罐作为检测资源。

不可利用的金丝雀蜜罐提供与生产镜像中相同的服务，但并不设计成传统意义上被攻击者所利用的蜜罐。这些蜜罐和合法的生产系统之间唯一的区别是，实际上没有其他的合法系统与蜜罐进行连通。这意味着，该系统发起的任何连接都是可疑的。攻击者实际上不能访问该系统，如果他们试图登录、扫描系统或者产生其他交互行为，那么部署在该环境中的任何特征、异常或者统计检测机制应该基于攻击者活动而生成警报。这与第 10 章中我们使用 Bro 看到 Darknet 案例的概念类似。

因为这类蜜罐背后并未提供真实业务的相关服务，所以任何人都没有正当理由连接蜜罐。在真实的生产系统中不可能采用这种记录日志和警报的级别，因为这将会产生大量的误报，但是对于那种根本不会有人与之通信的系统来说，这是一种理想的解决方案。

需要注意的一点是，金丝雀蜜罐并非设计用来检测获取网络初始连接权限的攻击者，而是主要用于检测那些已经在网络中站稳脚跟而打算继续提升权限的攻击者的活动。无论攻击者多么老练，他们总是会选择最易于突破的路线，而且不会轻易出手。社会工程学和针对性钓鱼攻击的盛行，使得边界防御和跨边界检测变得十分困难。

12.2 蜜罐类型

蜜罐是按照其提供的交互级别进行分类的，一般分为低交互蜜罐和高交互蜜罐两种。待部署蜜罐交互级别的设定，取决于企业的目标、你所保护的资产，以及期望模拟的服务。

低交互蜜罐是由软件模拟一个或多个服务而实现的。提供的交互级别依赖于被模拟的服务及其软件自身。例如，Kippo 是一种用来模拟 SSH 服务的低交互蜜罐，它允许攻击者登录该服务，甚至浏览一个伪造的文件系统。但是，它永远不会允许攻击者访问操作系统底层的真实内容。

高交互蜜罐实际上被配置为生产系统的镜像，诱骗攻击者入侵系统，并在此期间为攻击者提供该操作系统的完全控制权限。在采用一套详尽的 IDS 规则集进行监控的前提下，该系统经过配置，将记录主机系统和文件系统的大量日志。高交互蜜罐通常存在于虚拟机中，可以轻易恢复到一个已知干净的快照。

实现高交互蜜罐，特别要注意限制攻击者将该系统作为跳板攻击生产系统。攻击者只被允许入侵该主机，但不能利用该主机系统的控制权针对网络上的合法系统采取进一步行动。

警告　有些蜜罐号称中交互蜜罐，是一种介乎低交互蜜罐和高交互蜜罐之间的方案。例如，Kippo是中交互蜜罐，因为它是模拟服务的一种软件，同时它也模拟了攻击者可以与之交互的文件系统。与之相反，Tom's Honeypot这类蜜罐是真正的低交互蜜罐，因为它通过软件来模拟服务，但并未向攻击者提供可在入侵后进行交互的各类仿真环境。虽然在某些情况下，中交互蜜罐是一种有效的分类，但本书将中交互蜜罐和低交互蜜罐视作同一类，因为它们通常只是运行在系统上的应用程序，而不是一个真正的操作系统。

对于收集老练对手的情报，高交互蜜罐很奏效，然而它们在设置过程中需要花费大量的时间和精力，而且需要持续地密切监控。

总体而言，低交互蜜罐易于配置和维护。由于其简单的特性，在实际环境中带来的风险也较小。如果你的目的是在NSM环境中进行检测，那么低交互蜜罐通常是最适合的。本书将重点关注与NSM检测相关的低交互蜜罐。

12.3　金丝雀蜜罐架构

考虑到NSM的诸多方面，正如我们在第2章讨论的采集框架应用，金丝雀蜜罐的部署也需要针对企业面临的威胁做出全面规划。根据已经掌握的研究成果，规划部署单个或者多个金丝雀蜜罐系统应该包括3个主要步骤：

1. 确定待模拟的设备和服务。
2. 确定金丝雀蜜罐放置位置。
3. 建立警报和日志记录。

下面我们深入探讨这三个阶段。

12.3.1　第一阶段：确定待模拟的设备和服务

在针对NSM采集需求制定规划时，你已经完成了风险评估，所以你会清楚哪些网络资产需要优先考虑。对于蜜罐系统来说，这些都是需要模拟其服务的主要目标。部署金丝雀蜜罐的目的在于，一旦系统遭到入侵，蜜罐能够生成警报，并作为预警信标，预示着类似的重要服务即将成为攻击目标，或者情况更糟，即它们已经被入侵了。

通过蜜罐软件仿真关键系统所提供的服务，这种策略是部署蜜罐最好的方案。实际上，并不存在可以模拟企业每个关键服务的软件，但是有些方案可以模拟企业中的多数常见服务。

例如，假设在某环境中，最关键的网络资产是一组外网无法访问的Windows服务器，上面装有财务部门的内部专用程序。这些 Windows 服务器属于同一个域，通过远程桌面协议（RDP）进行管理。使用蜜罐模拟内部专用程序可能存在困难，但却可以完美地仿真 RDP 服务。我们稍后会讨论的 Tom’s Honeypot 支持模拟 RDP 服务，若有人试图登录该服务器，即会触发告警。虽然对于其他 Windows 服务器来说，对每次 RDP 登录都主动记录和调查可能是不现实的，但是主动查看 RDP 蜜罐生成的警报是绝对可行的，因为不会有人反复尝试登录未对互联网暴露的系统。

在另一种情况下，假设我们企业的一些 Linux 服务器装有电子商务网站相关的后台数据库。该 Linux 服务器并不对外公开，只在内部运行用于服务器管理的 SSH 服务，以及数据库对应的 MySQL 服务。既然如此，这两种服务都可以通过蜜罐来模拟，SSH 服务可以通过类似 Kippo 这种 SSH 蜜罐来模拟，MySQL 服务可以通过 Tom’s Honeypot 这类工具来模拟。再者，应该不会有人持续登录这些特殊的蜜罐系统，所以任何访问这些系统的行为都应该触发警报，作为内部潜在威胁或者即将对关键系统发动攻击的一次警告。

12.3.2 第二阶段：确定金丝雀蜜罐安放位置

需要模拟的服务一经确定，就该准备在网络中安放蜜罐系统。对于安放位置的选择，看起来就像在主机上部署蜜罐应用程序并将其放在网络中那样简单，但是还需考虑其他因素。

首先，应该确保蜜罐与所模拟的资产放置在同一网段。如果蜜罐放置在不同网段，那么它被入侵并不能真实地表明攻击者已经掌握了入侵你所保护的网段的方法。如图 12.1 所示。

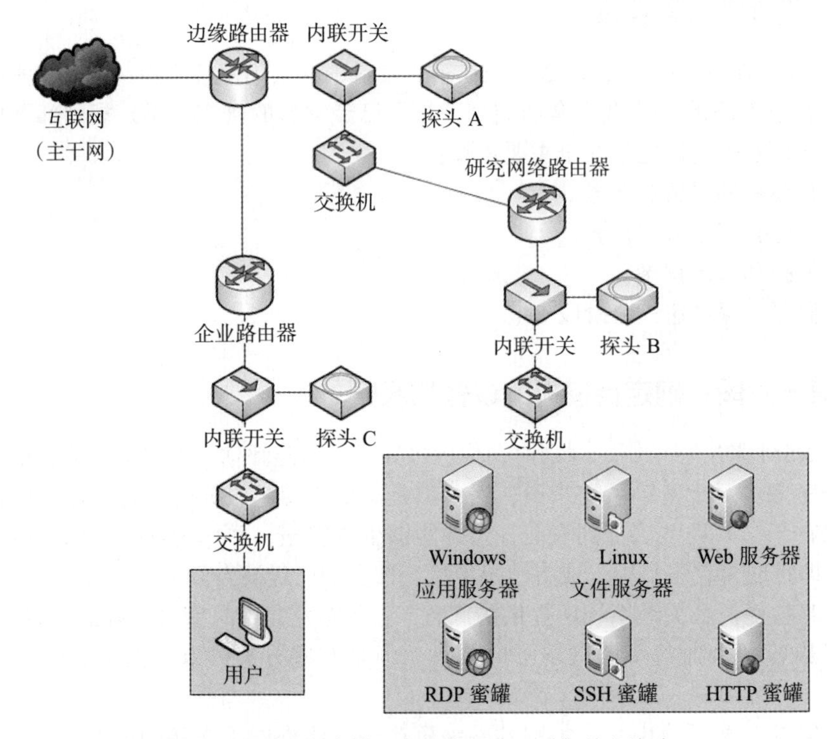

图 12.1 金丝雀蜜罐的安放位置临近受保护的资产

在该图中出现了多个网段。从威胁的角度来看，研究（research）段含有最核心的网络资产。这正应该是安放金丝雀蜜罐系统的位置。在该网段中，蜜罐系统与正常的服务器形成互补，放在服务器旁边。Linux 文件服务器与 SSH 蜜罐相邻，Windows 应用服务器与 RDP 蜜罐相邻，Web 服务器与 HTTP 蜜罐相搭配。

蜜罐系统的主要目标是当有人试图访问该系统或服务时，生成警报并记录数据。考虑到这一点，你应该确保蜜罐所放置的位置允许 NSM 传感器或日志收集设备传输数据。在图 12.1 中，传感器 B 将负责执行检测进出该网段的分析数据。

在确保蜜罐可以发挥正常作用的前提下，还应确保限制蜜罐实际参与通信的总量。虽然蜜罐应该像所模拟的正常资产那样，对同类请求做出响应，但应该阻止其与其他主机产生通信。这完全可以通过蜜罐上游路由器上的防火墙规则来实现。在图 12.1 中，上游路由器具体是指“研究网络路由器（Research Network Router）”。

12.3.3　第三阶段：建立警报和日志记录

部署金丝雀蜜罐的最后一步是建立日志和警报，用以通知分析人员攻击者正在与蜜罐系统进行交互。

首先，也是最重要的一点是，你应该全面掌握你所使用的蜜罐软件的功能。在某些情况下，你会发现该软件具有将生成数据用于告警的能力。这可能包括生成 MySQL 数据记录或者系统日志事件的能力。如果这种操作不可取，那就可能需要将蜜罐软件和其他检测机制结合使用，以便生成警报。

如果希望不借助蜜罐软件自身功能，由金丝雀蜜罐更好地生成警报，就需要考虑 NSM 传感器与蜜罐系统相对部署位置。在图 12.1 中，传感器被直接放置在蜜罐所处的关键网段的上游。如果攻击者从其他内网段登录访问这些蜜罐，你就可以利用传感器所采用的网络检测机制（例如 Snort/Suricata、Bro 或者基于统计的检测工具），生成蜜罐交互相关的警报。

由于任何与蜜罐产生的交互都应该视为异常，你可以根据模拟服务的上下文内容中的正常通信序列生成警报。例如，如下事件的 IDS 特征将适用于图 12.1：

1. SSH 蜜罐——检测传输的 SSH 服务标识。
2. RDP 蜜罐——检测 RDP 登录。
3. HTTP 蜜罐——检测 HTTP GET/POST 等请求。

在某个场景中，攻击者正在通过关键网段内受控设备与蜜罐系统交互，但因为通信内容并未通过传感器的边界，该传感器可能无法检测攻击者的行为。通过在蜜罐主机内部配置一个基于主机的检测方法，可以弥补这一不足，使得警报数据可被生成。这种检测方法，可以利用蜜罐软件的内在功能，也可以借助类似 OSSEC 第三方基于主机检测工具，甚至是一个自定义脚本。在我们的例子中，基于主机检测机制可以直接向探头 B 汇报，或者通过其他的上游系统收集日志数据。

警报一旦生成，分析人员就可以访问蜜罐系统，查看生成的日志，确定潜在的攻击者在系统中的所作所为。这些日志中提供的大量可用细节，通常依赖于蜜罐软件自身，但是你应该设法使这些日志信息更加详细。金丝雀蜜罐产生误报的可能性很小，生成的日志也比较少，因此不会出现日志数据淹没或超出存储容量的危险。请记住，在蜜罐中发生的任何活动都被认为是可疑的，因为合法用户不会持续尝试与之通信。

如上所述，某些情况下也会发生误报，通常由网络服务自动发现之类的功能引发，或者是由合法的内部扫描导致。蜜罐部署的这一阶段也应该包括误报排除，通过扫描服务时过滤掉蜜罐 IP 地址来实现，或者调整与蜜罐系统相结合的检测机制。

12.4 蜜罐平台

有一些低交互蜜罐是可以免费获取的，本章剩余部分内容将会专门讨论如何将这些工具作为 NSM 平台的金丝雀蜜罐使用。

12.4.1 Honeyd

提到蜜罐软件的发展史，通常会从 Honeyd 说起。Honeyd 是十几年前由 Niels provos 开发的应用程序，支持以低交互蜜罐的形式仿真主机。实际上，多年以来 Honeyd 一直是低交互蜜罐标准解决方案，因其广受欢迎，很多现代蜜罐方案也会借鉴其功能。虽然 Honeyd 在一段时间内并无重大更新，但作为一种金丝雀蜜罐应用软件，它仍然是颇为实用的，而且发挥着重大作用。虽然 Windows 平台存在着不止一个版本的 Honeyd，但是最初版本的 Honeyd 蜜罐依然在 Unix 类操作系统上占据着统治地位，这也是我们将要介绍的版本。

Honeyd 蜜罐的灵活性在于：只需借助一个简单的配置文件，就可以仿真大量的系统和服务。单一 Honeyd 实例可以产生十几个、上百个甚至上千个蜜罐系统。不止如此，Honeyd 还能利用操作系统指纹信息，模拟预期的操作系统特性直到第三层[1]、第四层[2]网络的特性。当攻击者试图确定被攻击设备的操作系统类型时，大部分的自动化工具将会根据蜜罐配置文件中指定的内容，告诉攻击者这是哪种类型的操作系统，尽管 Honeyd 蜜罐正在运行着的系统并非真实的操作系统。

实践，是展示 Honeyd 功能的最好方式。Honeyd 的安装可以通过源码编译完成，也可以使用 APT 之类的包管理器来完成，命令为：

```
apt-get install honeyd
```

为了运行 Honeyd，我们必须创建一个配置文件。默认的配置文件 /etc/honeypot/honeyd.conf，包含了一些用来说明文件结构的示例。我们将在此基础之上，创建自己的配置文件，这个过程十分简单。在这个例子中，我们尝试配置一个模拟 Windows2003 服务器的蜜罐，只开启几个典型的端口（135、139 和 445）。

首先，我们必须配置 Honeyd 一些默认设置，如下所示：

```
create default
set default default tcp action block
```

[1] OSI 七层模型的网络层。——译者注

[2] OSI 七层模型的传输层。——译者注

```
set default default udp action block
set default default icmp action block
```

以上四行内容告诉 Honeyd 阻止所有与蜜罐的入站通信，除非另有规定。一般将此视作一套默认的防火墙拒绝规则。

然后，使用“create”命令创建蜜罐，指定蜜罐的名称。在该例中，我们将蜜罐名称指定为 ansm_winserver_1：

```
create ansm_winserver_1
```

我们准备仿真的是 Windows Server 2003 设备，使用“set”命令结合“personality”选项来完成这一步骤：

```
set ansm_winserver_1 personality "Microsoft Windows Server 2003 Stan-
dard Edition"
```

个性化（personality）信息是从流行的 Nmap 端口漏洞扫描工具所使用的指纹数据库提取的。Honeyd 默认使用安装文件 /etc/honeypot/nmap.prints 作为指纹数据，但是该文件几乎从未更新过。如果你想引用 namp.prints 之外的现代操作系统个性化信息，可以根据最新的 Nmap 指纹数据库（https://svn.nmap.org/nmap/nmap-os-db）创建自己的记录。请记住，来自 Nmap 最新版本的指纹可能需要进行一些修改，才能让 Honeyd 正常工作。

现在，我们已完成了蜜罐本身的创建，还需要配置我们准备开放的端口。在该例中，我们准备开放 Windows 系统中的三个常见端口：TCP 端口 135、139 和 445。

```
add ansm_winserver_1 tcp port 135 open
add ansm_winserver_1 tcp port 139 open
add ansm_winserver_1 tcp port 445 open
```

最后一步是为蜜罐提供 MAC 地址和 IP 地址，这样就可以在网络上进行通信。通过“set”和“bind”命令可以实现，分别为：

```
set ansm_winserver_1 ethernet "d3:ad:b3:3f:11:11"
bind 172.16.16.202 ansm_winserver_1
```

此时，我们已经具备运行该简易蜜罐的所有条件。假设你已经将这些配置项目保存到 ansm.conf 文件中，可以如下命令执行 Honeyd：

```
sudo honeyd -d -f /etc/honeypot/ansm.conf
```

-d 开关用于告诉 Honeyd 不以守护进程模式运行。这样我们就可以看到它的屏幕输出内容，-f 开关用于指定我们创建的配置文件位置。现在，我们使用端口扫描的方式，测试我们通过配置文件创建的蜜罐。扫描输出结果如图 12.2 所示。

如你所料，Honeyd 已经全面地记录了扫描日志。该日志默认以 Syslog 格式存储在 /var/log/syslog 目录下，以便日志数据可以便捷地发送给 ELSA、Logstash 之类的第三方工具。此次扫描活动的输出结果如图 12.3 所示：

此时，我们的蜜罐的功能还非常有限。虽然攻击者可以扫描该主机并发现一些开放端口（通过查看 TCP 三次握手结果），但是他们无法与该主机进行实际交互。如果你只想仿真一台不提供任何服务的 Windows 主机，而不是仿真域控制器或文件共享服务器那样的提供真实服务的主机，对于金丝雀蜜罐来说，我们所实现的功能已经足够完美。因为不会有人与这些蜜罐系统通信，你应将蜜罐部署在 IDS 传感器的可见范围内，IDS 传感器的规则如下：

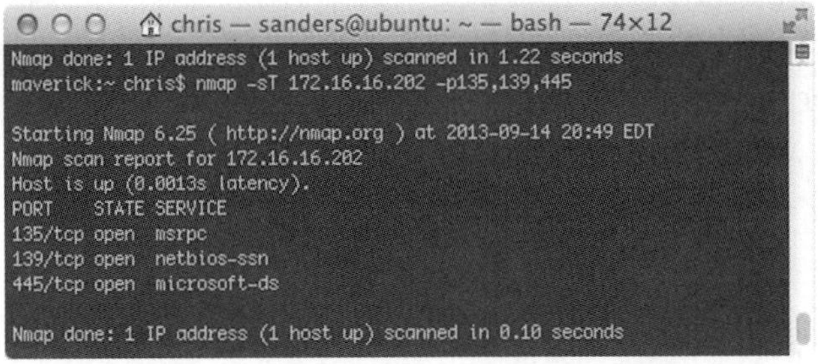

```
chris — sanders@ubuntu: ~ — bash — 74×12
Nmap done: 1 IP address (1 host up) scanned in 1.22 seconds
maverick:~ chris$ nmap -sT 172.16.16.202 -p135,139,445

Starting Nmap 6.25 ( http://nmap.org ) at 2013-09-14 20:49 EDT
Nmap scan report for 172.16.16.202
Host is up (0.0013s latency).
PORT    STATE SERVICE
135/tcp open  msrpc
139/tcp open  netbios-ssn
445/tcp open  microsoft-ds

Nmap done: 1 IP address (1 host up) scanned in 0.10 seconds
```

图 12.2 端口扫描显示出的蜜罐开放端口

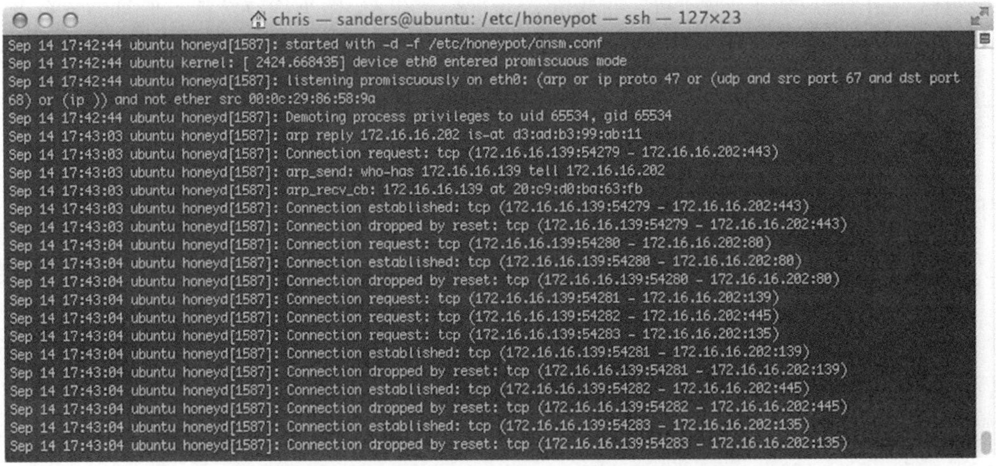

```
chris — sanders@ubuntu: /etc/honeypot — ssh — 127×23
Sep 14 17:42:44 ubuntu honeyd[1587]: started with -d -f /etc/honeypot/ansm.conf
Sep 14 17:42:44 ubuntu kernel: [ 2424.668435] device eth0 entered promiscuous mode
Sep 14 17:42:44 ubuntu honeyd[1587]: listening promiscuously on eth0: (arp or ip proto 47 or (udp and src port 67 and dst port
68) or (ip )) and not ether src 00:0c:29:86:58:9a
Sep 14 17:42:44 ubuntu honeyd[1587]: Demoting process privileges to uid 65534, gid 65534
Sep 14 17:43:03 ubuntu honeyd[1587]: arp reply 172.16.16.202 is-at d3:ad:b3:99:ab:11
Sep 14 17:43:03 ubuntu honeyd[1587]: Connection request: tcp (172.16.16.139:54279 - 172.16.16.202:443)
Sep 14 17:43:03 ubuntu honeyd[1587]: arp_send: who-has 172.16.16.139 tell 172.16.16.202
Sep 14 17:43:03 ubuntu honeyd[1587]: arp_recv_cb: 172.16.16.139 at 20:c9:d0:ba:63:fb
Sep 14 17:43:03 ubuntu honeyd[1587]: Connection established: tcp (172.16.16.139:54279 - 172.16.16.202:443)
Sep 14 17:43:03 ubuntu honeyd[1587]: Connection dropped by reset: tcp (172.16.16.139:54279 - 172.16.16.202:443)
Sep 14 17:43:04 ubuntu honeyd[1587]: Connection request: tcp (172.16.16.139:54280 - 172.16.16.202:80)
Sep 14 17:43:04 ubuntu honeyd[1587]: Connection established: tcp (172.16.16.139:54280 - 172.16.16.202:80)
Sep 14 17:43:04 ubuntu honeyd[1587]: Connection dropped by reset: tcp (172.16.16.139:54280 - 172.16.16.202:80)
Sep 14 17:43:04 ubuntu honeyd[1587]: Connection request: tcp (172.16.16.139:54281 - 172.16.16.202:139)
Sep 14 17:43:04 ubuntu honeyd[1587]: Connection request: tcp (172.16.16.139:54282 - 172.16.16.202:445)
Sep 14 17:43:04 ubuntu honeyd[1587]: Connection request: tcp (172.16.16.139:54283 - 172.16.16.202:135)
Sep 14 17:43:04 ubuntu honeyd[1587]: Connection established: tcp (172.16.16.139:54281 - 172.16.16.202:139)
Sep 14 17:43:04 ubuntu honeyd[1587]: Connection dropped by reset: tcp (172.16.16.139:54281 - 172.16.16.202:139)
Sep 14 17:43:04 ubuntu honeyd[1587]: Connection established: tcp (172.16.16.139:54282 - 172.16.16.202:445)
Sep 14 17:43:04 ubuntu honeyd[1587]: Connection dropped by reset: tcp (172.16.16.139:54282 - 172.16.16.202:445)
Sep 14 17:43:04 ubuntu honeyd[1587]: Connection established: tcp (172.16.16.139:54283 - 172.16.16.202:135)
Sep 14 17:43:04 ubuntu honeyd[1587]: Connection dropped by reset: tcp (172.16.16.139:54283 - 172.16.16.202:135)
```

图 12.3 Honeyd 输出到 Syslog 的日志显示出我们的扫描活动

```
alert ip !$TRUSTED_MS_HOSTS any -> $MS_HONEYPOT_SERVERS [135,139,445]
(msg:"Attempted Communication with Windows Honeypot on MS Ports";
sid:5000000; rev:1;)
```

该规则可检测 $TRUSTED_MS_HOSTS 变量指定系统之外的任何系统与蜜罐发生的 TCP 或 UDP 通信（假设蜜罐 IP 已在 $MS_HONEYPOT_SERVERS 变量中指明）。在规则中使用 $TRUSTED_MS_HOSTS 变量的目的是，排除来自域控制器或更新、管理服务器等设备的通信流量，比如 WSUS[⊖]和 SMS[⊜]。

考虑到与蜜罐通信的系统可能与蜜罐处于相同网段，你还应该采用某种可从蜜罐服务器自身生成警报数据的检测方法。由于 Honeyd 以 Syslog 格式生成日志数据，因此可以很

⊖ 全称是 Windows Server Update Services——译者注

⊜ 全称是 System Management Server——译者注

容易地将 Syslog 数据发送到其他主机，在其他主机上据此数据生成警报，或者使用 OSSEC 之类的基于主机的 IDS 工具。

虽然当前配置在仿真简单服务方面是有效的，Honeyd 的功能却不止于此。通过调用指定开放端口的关联脚本，Honeyd 可以模拟更为高级的服务。比如，我们可以配置 Windows 2003 蜜罐，使其仿真一台 Web 服务器。要做到这一点，可在上述开放端口命令后，添加如下内容：

```
add ansm_winserver_1 tcp port 80 "sh /usr/share/honeyd/scripts/win32/
web.sh"
```

如果攻击者此时试图扫描该设备端口，将会发现 80 端口处于开放状态，表明该系统存在 Web 服务。如果该攻击者使用 Web 浏览器访问到该系统，他会真的看到 Web 页面。该页面所包含内容由 web.sh 脚本调用后产生，也可以自行定制，使之与你的环境中的其他 Web 服务器相似。除了记录标准 syslog 格式的日志，在攻击者尝试连接伪装 Web 服务时，Honeyd 还可以记录其 HTTP 客户端请求的头部信息。如图 12.4 所示：

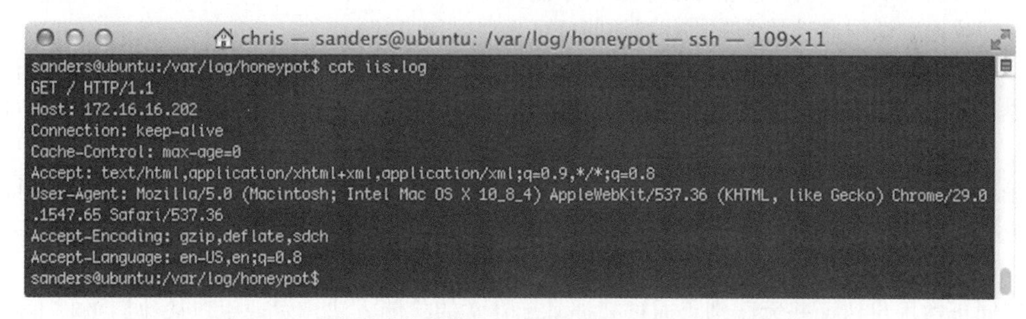

图 12.4　攻击者连接蜜罐 Web 服务的 HTTP 客户端头部信息

这个级别的记录可供你剖析攻击者用来尝试访问你的网络设施的工具。例如，你可以在图 12.4 中发现攻击者使用 Chrome 浏览器（User-Agent: Mozilla/5.0 (Macintosh; Intel Mac OS X 10_8_4) AppleWebKit/537.36 (KHTML, like Gecko) Chrome/29.0.1547.65 Safari/537.36），以及美式英语字符集（Accept-Language: en-US,en;q = 0.8）。

在本例中，可使用以下 IDS 规则检测该金丝雀蜜罐的通信情况：

```
alert tcp any any ->$WEB_HONEYPOT_SERVERS 80 (msg:"HTTP GET Request to
Web Honeypot"; content:"GET"; http_method; sid:5000000; rev:1;)
```

只要某主机在 IDS 引擎的 $WEB_HONEYPOT_SERVERS 变量中声明，任何向该主机发出的任何 HTTP GET 请求，都会被该条规则触发警报。如果你想开发与内容联系更紧密的规则，可在蜜罐的 HTML 页面中嵌入特定内容的字符串，并且创建一条检测该字符串的规则。Honeyd 提供的若干脚本均以相似的方式仿真各种服务，包括 STMP、SNMP、TELNET、POP 等服务。这些脚本均以提供了不同的交互等级，你应该对其全面测试，确定哪些适合你的环境。

在本章中，我们仅仅接触了 Honeyd 的表面功能，除了我们已提到的内容，Honeyd 还具有将攻击者重定向到另一个系统的能力，甚至伪装成路由设备。虽然它并不如那些专门模拟某一服务的蜜罐解决方案强大，但是它可以生成十几种蜜罐系统的能力，使其非常适用于 NSM 检测中的金丝雀蜜罐。如果你想深入体验 Honeyd，就应该在 http://honeyd.org/ 看看它们的说明文档。

12.4.2 Kippo SSH 蜜罐

我们将要讨论的下一个平台是本章此前多次提到的 Kippo SSH 蜜罐。Kippo 是一种模拟 SSH 服务的低交互蜜罐，用来检测暴力破解和记录攻击者同模拟 shell 环境之间的交互行为。

Kippo 是一种实用的金丝雀蜜罐，因为 SSH 协议通常用于管理基于 Unix 平台的设备和交换机、路由器之类的网络设备。一旦攻击者在网络上站稳脚跟，将会使用 SSH 服务访问设备，可能的情形如下：

1. 攻击者试图使用暴力破解或字典攻击获得 SSH 服务的访问权。
2. 攻击者试图猜测用户登录密码获得权限。
3. 攻击者试图通过其他手段获得访问凭证登录到服务器。

第一种情况，如果攻击者的攻击行为经过传感器边界并触发报警，是可以被检测到。可是，如果攻击者试图暴力破解攻击同网段设备，则基于网络的检测方法就会失效。这对第二种情况也同样适用，但是，这种方法的认证尝试次数较少，会使得情况更难于发现。这是因为，暴力破解攻击或字典攻击将会产生大量的通信流量，可以很容易地通过 IDS 特征或某类基于统计的检测方法发现，而攻击者单纯猜测用户密码，则不太容易达到警报阈值。第三种情况，传统意义上的网络检测几乎无能为力，因为攻击者使用了合法凭证，看起来同正常用户认证并无区别。通过某类基于异常的检测方法，发现用户从他们平时不使用的系统登录该服务，可能是我们发现这类攻击活动的唯一机会。

作为防御者，我们可以在具有重要资产的网段部署 Kippo 这类 SSH 蜜罐，在与这类攻击的对抗中扭转局面。既然不会有人登录这类系统，任何登录这类系统的尝试或超出标准流量的广播、升级，都应该触发警报。这就使我们处于有利的形势，使得上述三种情况均可被检测出，而且，如果有人在网络中执行未被授权的活动，金丝雀蜜罐还可以有效地发出预警。额外的好处是，一旦攻击者试图使用其他途径取得的凭证，就会被我们立刻发现并采取行动，因为这表明该用户有权访问的其他服务可能遭到入侵。唯一可能出现误报的情况是，管理员可能意外地尝试登录其中的某个系统。

你可以从 https://code.google.com/p/kippo/ 下载 Kippo。由于 Kippo 是一个 Python 脚本，无需对其编译或安装，你可以执行 Kippo 目录下的 start.sh 文件，运行 Kippo。通过 kippo.cfg 文件可以对 Kippo 进行全面配置，但在这里我们将保持默认配置文件不变。

> **实战中的启示**
>
> 如果将 Kippo 部署在生产环境中，应该花时间来修改蜜罐配置，使得攻击者误认为该蜜罐为实际生产环境。包括诸如主机名、伪装文件系统等内容，理想情况下，这些都要配置得与生产设备相似。

如果你已经遵照本书步骤执行了 Kippo，那么你应该能够连接伪装的 SSH 环境了。在默认配置的情况下，Kippo 会在 2222 端口启动 SSH 服务，你可以根据自身情况设置蜜罐使用任意的常用端口，比如使用默认的 22 端口。

在基准之内（At baseline），Kippo 会记录任何尝试登录服务的行为，并会全面记录所使用的用户名和密码。这类数据默认记录在 log/kippo.log 文件中。该日志的输出样例如图 12.5 所示：

```
kippo-0.8 — sanders@nighthawk: ~/kippo-0.8 — ssh — 127×18
2013-09-14 18:21:33+0000 [HoneyPotTransport,0,172.16.16.139] Remote SSH version: SSH-2.0-OpenSSH_5.9
2013-09-14 18:21:33+0000 [HoneyPotTransport,0,172.16.16.139] kex alg, key alg: diffie-hellman-group1-sha1 ssh-rsa
2013-09-14 18:21:33+0000 [HoneyPotTransport,0,172.16.16.139] outgoing: aes128-ctr hmac-md5 none
2013-09-14 18:21:33+0000 [HoneyPotTransport,0,172.16.16.139] incoming: aes128-ctr hmac-md5 none
2013-09-14 18:21:33+0000 [HoneyPotTransport,0,172.16.16.139] NEW KEYS
2013-09-14 18:21:33+0000 [HoneyPotTransport,0,172.16.16.139] starting service ssh-userauth
2013-09-14 18:21:33+0000 [SSHService ssh-userauth on HoneyPotTransport,0,172.16.16.139] root trying auth none
2013-09-14 18:21:33+0000 [SSHService ssh-userauth on HoneyPotTransport,0,172.16.16.139] root trying auth keyboard-interactive
2013-09-14 18:21:34+0000 [SSHService ssh-userauth on HoneyPotTransport,0,172.16.16.139] login attempt [root/admin] failed
2013-09-14 18:21:34+0000 [SSHService ssh-userauth on HoneyPotTransport,0,172.16.16.139] root failed auth keyboard-interactive
2013-09-14 18:21:34+0000 [SSHService ssh-userauth on HoneyPotTransport,0,172.16.16.139] unauthorized login:
2013-09-14 18:21:34+0000 [SSHService ssh-userauth on HoneyPotTransport,0,172.16.16.139] root trying auth keyboard-interactive
2013-09-14 18:21:35+0000 [SSHService ssh-userauth on HoneyPotTransport,0,172.16.16.139] login attempt [root/admin1] failed
2013-09-14 18:21:35+0000 [SSHService ssh-userauth on HoneyPotTransport,0,172.16.16.139] root failed auth keyboard-interactive
2013-09-14 18:21:35+0000 [SSHService ssh-userauth on HoneyPotTransport,0,172.16.16.139] unauthorized login:
2013-09-14 18:21:35+0000 [SSHService ssh-userauth on HoneyPotTransport,0,172.16.16.139] root trying auth keyboard-interactive
2013-09-14 18:21:37+0000 [SSHService ssh-userauth on HoneyPotTransport,0,172.16.16.139] login attempt [root/admin123] failed
2013-09-14 18:21:37+0000 [SSHService ssh-userauth on HoneyPotTransport,0,172.16.16.139] root failed auth keyboard-interactive
```

图 12.5　Kippo 记录的登录验证尝试日志

Kippo 经配置后，可允许潜在攻击者以指定用户名和密码通过认证，登录到伪装的文件系统。该用户名和密码由 data/userdb.txt 文件指定，默认用户名为“root”，默认密码为“123456”。如果攻击者使用该用户名和密码组合，就会将伪装的文件系统分配给他们，他们可以随意浏览，甚至可以创建、删除文件，如图 12.6 所示。

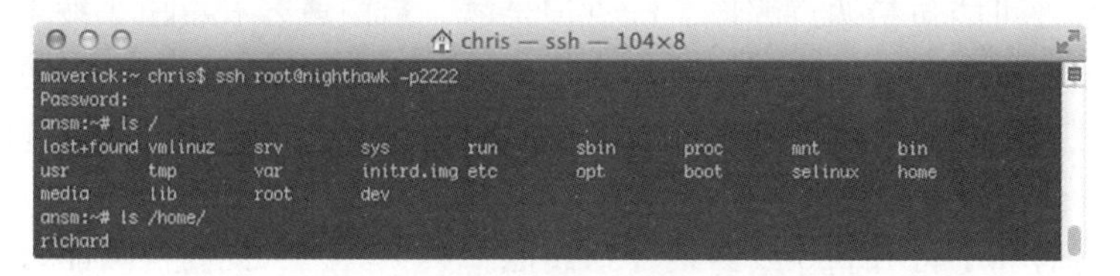

图 12.6　浏览 Kippo 的伪装文件系统

正如你所料，在该环境下，攻击者的行为被完全记录在日志中，部分日志如图 12.7 所示。

```
kippo-0.8 — sanders@nighthawk: ~/kippo-0.8 — ssh — 168×19
2013-09-14 18:28:03+0000 [SSHService ssh-userauth on HoneyPotTransport,2,172.16.16.139] login attempt [root/123456] succeeded
2013-09-14 18:28:03+0000 [SSHService ssh-userauth on HoneyPotTransport,2,172.16.16.139] root authenticated with keyboard-interactive
2013-09-14 18:28:03+0000 [SSHService ssh-userauth on HoneyPotTransport,2,172.16.16.139] starting service ssh-connection
2013-09-14 18:28:03+0000 [SSHService ssh-connection on HoneyPotTransport,2,172.16.16.139] got channel session request
2013-09-14 18:28:03+0000 [SSHChannel session (0) on SSHService ssh-connection on HoneyPotTransport,2,172.16.16.139] channel open
2013-09-14 18:28:03+0000 [SSHService ssh-connection on HoneyPotTransport,2,172.16.16.139] got global no-more-sessions@openssh.com request
2013-09-14 18:28:03+0000 [SSHChannel session (0) on SSHService ssh-connection on HoneyPotTransport,2,172.16.16.139] pty request: xterm-256color (15, 104, 624, 210)
2013-09-14 18:28:03+0000 [SSHChannel session (0) on SSHService ssh-connection on HoneyPotTransport,2,172.16.16.139] Terminal size: 15 104
2013-09-14 18:28:03+0000 [SSHChannel session (0) on SSHService ssh-connection on HoneyPotTransport,2,172.16.16.139] request_env: '\x00\x00\x00\x04LANG\x00\x00\x00\x0ben
_US.UTF-8'
2013-09-14 18:28:03+0000 [SSHChannel session (0) on SSHService ssh-connection on HoneyPotTransport,2,172.16.16.139] getting shell
2013-09-14 18:28:03+0000 [SSHChannel session (0) on SSHService ssh-connection on HoneyPotTransport,2,172.16.16.139] Opening TTY log: log/tty/20130914-182803-4685.log
2013-09-14 18:28:03+0000 [SSHChannel session (0) on SSHService ssh-connection on HoneyPotTransport,2,172.16.16.139] /etc/motd resolved into /etc/motd
2013-09-14 18:28:08+0000 [SSHChannel session (0) on SSHService ssh-connection on HoneyPotTransport,2,172.16.16.139] CMD: id
2013-09-14 18:28:08+0000 [SSHChannel session (0) on SSHService ssh-connection on HoneyPotTransport,2,172.16.16.139] Command found: id
2013-09-14 18:28:43+0000 [SSHChannel session (0) on SSHService ssh-connection on HoneyPotTransport,2,172.16.16.139] CMD: scp /etc/passwd 172.16.16.139
2013-09-14 18:28:43+0000 [SSHChannel session (0) on SSHService ssh-connection on HoneyPotTransport,2,172.16.16.139] Command not found: scp /etc/passwd 172.16.16.139
2013-09-14 18:29:02+0000 [SSHChannel session (0) on SSHService ssh-connection on HoneyPotTransport,2,172.16.16.139] CMD: ftp /etc/shadow 172.16.16.139
2013-09-14 18:29:02+0000 [SSHChannel session (0) on SSHService ssh-connection on HoneyPotTransport,2,172.16.16.139] Command not found: ftp /etc/shadow 172.16.16.139
```

图 12.7　Kippo 记录了某攻击者的终端行为

在上面的例子中，我们可以看到攻击者试图通过 SCP 和 FTP 命令将 /etc/passwd 文件传回他们的登录主机。在该环境下，SCP 和 FTP 客户端均无法使用，因此系统显示该命令无法找到。默认的 kippo.log 文件并未显示这些命令的详细输出，但是这些信息可以在 log/tty 目录下找到。该目录包含详细的二进制日志文件，它们记录了由软件创建的各个终端所执行的命令。各日志文件的文件名均根据终端初始化时的时间戳生成。这类文件不是能够轻易看到明文的，但可以借助在 util/ 目录下的由 Kippo 提供的 playlog.py 工具回放。该工具在回放时，就好像你坐在攻击者身后，观看他们与终端交互。该工具可以实时显示指令输入过程，每一次击键、退格和停顿，都能够完整再现。该结果用于演示时，将给人留下深刻印象。图 12.8 显示了 playlog.py 对于图 12.7 的攻击序列的输出结果。你可以看到未在基础的 kippo.log 文件中显示的 id 命令的详细输出。

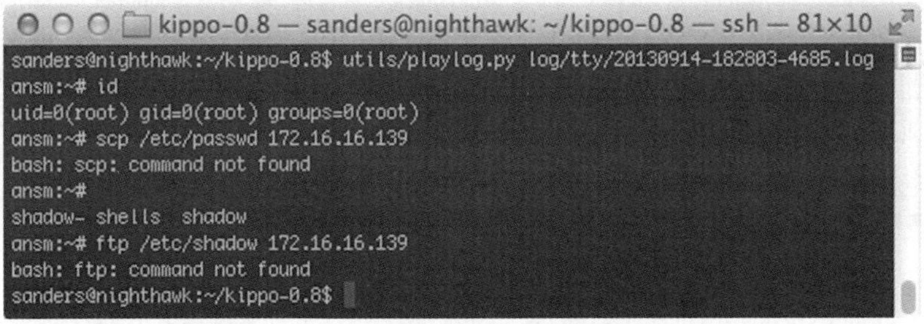

```
kippo-0.8 — sanders@nighthawk: ~/kippo-0.8 — ssh — 81×10
sanders@nighthawk:~/kippo-0.8$ utils/playlog.py log/tty/20130914-182803-4685.log
ansm:~# id
uid=0(root) gid=0(root) groups=0(root)
ansm:~# scp /etc/passwd 172.16.16.139
bash: scp: command not found
ansm:~#
shadow- shells  shadow
ansm:~# ftp /etc/shadow 172.16.16.139
bash: ftp: command not found
sanders@nighthawk:~/kippo-0.8$
```

图 12.8 回放 kippo TTY 日志中的攻击序列

这种由 Kippo 借助伪装文件系统提供的额外交互能力，对于获取攻击者的动机和战术相关的情报很有帮助。通常，攻击者获得系统访问权限后，首先要做的就是从外网下载其他文件。这些文件可能包括恶意程序、键盘记录器、后门或者 rootkit，被用于进一步攻击目标。当他们在 Kippo 环境中试图下载这些工具时，你可以看到他们试图访问的远程主机以及试图下载的工具。这些情况的实用性超出想象，可据此调整采集、检测以及分析策略。

虽然 Kippo 的原始记录格式易于被其他工具解析，但它还提供了向 MySQL 数据库记录日志的选项，这有利于将 Kippo 数据整合到其他工具中。为了提高检测能力，可将 IDS 规则或其他检测方法与蜜罐服务器配合使用。通常，这是对于蜜罐交互事件发出警告的首选方法。例如，以下 Snort/Suricata IDS 规则可指示企图通过蜜罐系统身份验证的行为。

```
alert tcp $HONEYPOT_SERVERS $SSH_PORTS ->any any (msg:“ET POLICY SSH
Server Banner Detected on Expected Port - Honeypot System”; flow: from_
server,established; content:“SSH-”; offset: 0; depth: 4; byte_test:
1,>,48,0,relative; byte_test:1,<,51,0,relative; byte_test:1,=,46,1,
relative; reference:url,doc.emergingthreats.net/2001973; classtype:
misc-activity; sid:2001973; rev:8;)

alert tcp any any <> $HONEYPOT_SERVERS $SSH_PORTS (msg:“ET POLICY SSH
session in progress on Expected Port - Honeypot System”; threshold: type
both, track by_src, count 2, seconds 300; reference:url,doc.emerging-
threats.net/2001978; classtype:misc-activity; sid:2001978; rev:7;)
```

上面显示的第一条规则（SID 2001973）检测发送给客户端的 SSH 服务标识，第二条规则（SID 2001978）检测正在进行的SSH会话。这些规则由Emerging Threats提供，你应该注意到这些规则已被修改，只会检测由$HONEYPOT_SERVERS变量指明的系统产生的流量，为使这些规则生效，你应在传感器配置该变量。

照此配置规则后，一旦传感器检测到有人连接蜜罐系统的SSH服务，你就会收到警报。此时，可以参考由Kippo生成的日志数据，核定此次交互的扩展信息。请记住，只有当攻击者以传感器可见的方式访问蜜罐，该活动才会被检测到。想要检测同一网段内发生的事件，你就必须通过蜜罐系统自身产生警报。有多种方法可以做到这一点，例如当特定事件发生时，向syslog[⊖]发送Kippo日志和警报，或者使用OSSEC之类的基于主机的检测程序。

还有一些未提及的kippo功能，以及一些值得研究的附属小工具和第三方增强工具，你可以访问https://code.google.com/p/kippo/了解Kippo相关的更多内容。

12.4.3 Tom's Honeypot

我们将要讨论的最后一种蜜罐是由汤姆·利斯顿（Tom Liston）开发的Tom's Honeypot，他是美国最早蜜罐产品LaBrea Tar Pit的开发者之一。Tom's Honeypot是一种低交互Python蜜罐，被设计用于模拟一些攻击者常用的指定服务，包括：

- 远程桌面协议（RDP）（TCP/3389）
- Microsoft SQL Server（MSSQL）（TCP/1433, UDP/1434）
- 虚拟网络计算机（VNC）（TCP/5900）
- RAdmin[⊜]（Remote Administration）（TCP/4899）
- 会话初始协议（SIP）（UDP/5060）

Tom's Honeypot监听这些服务使用的通信端口，一旦有攻击者试图访问这些服务，它就会在tomshoneypot.log文件中生成警报。

因为Tom's Honeypot仅仅是一个Python脚本，所以你只需要安装其运行依赖模块（Python Twisted），然后使用Python来运行该脚本。在Security Onion系统中，可使用以下命令安装Twisted模块：

```
sudo apt-get install python-twisted
```

该脚本程序可由http://labs.inguardians.com/tomshoneypot获取，并通过以下命令执行：

```
python tomshoneypot.py
```

默认情况下，Tom's Honeypot同时开启所有的可用服务。如果你只需要运行这些服务的某个子集，就只能手动编辑该脚本，注释掉相应部分。可注释掉的部分包括：

```
reactor.listenTCP(1433, fMSSQL, interface=interface)
reactor.listenTCP(3389, fTS, interface=interface)
reactor.listenTCP(5900, fVNC, interface=interface)
```

⊖ syslog是Linux系统的默认守护进程。——译者注

⊜ 一种远程控制软件。——译者注

```
reactor.listenTCP(22292, fDump, interface=interface)
reactor.listenTCP(4899, fRAdmind, interface=interface)
reactor.listenUDP(1434, uFakeMSSQL(), interface=interface)
reactor.listenUDP(5060, uFakeSIP(), interface=interface)
```

如果你不希望运行某个特定服务，只需简单地在该服务所在的行首添加“#”符号，让Python解释器忽略这一行，避免监听该服务相关的端口。

让我们以其中一个服务为例。RDP协议被用于Windows主机的远程桌面管理。在常见的攻击情形中，如果攻击者已在网络中站稳脚跟，为确定可以访问的目标，他们一般会发起扫描。RDP服务通常使用3389端口，若攻击者发现某台主机开放了该端口，就会尝试使用RDP客户端进行连接。如果攻击者已从其他途径取得用户凭证，就可以通过RDP服务控制该服务器并盗取数据。即使攻击者并没有用户凭证，依然可以使用RDP服务尝试猜解用户密码，或者单纯地列举运行于机器中的Windows版本。

在本例中，Tom's Honeypot伪装开放了3389端口的RDP服务，引诱攻击者访问该服务。当攻击者尝试这样做的时候，他们发起攻击的设备会与蜜罐完成TCP三次握手，然后发起RDP连接请求；不过，蜜罐并不会应答该请求。通常，攻击者会认为这是由于主机设置了某种限制，或者只是单纯的服务故障。实际上，出现这种情况只是因为并无真正的RDP服务可供登录。Tom's Honeypot并不提供可登录的RDP服务，而是简单地记录访问伪装系统的过程。该记录日志的示例如图12.9。

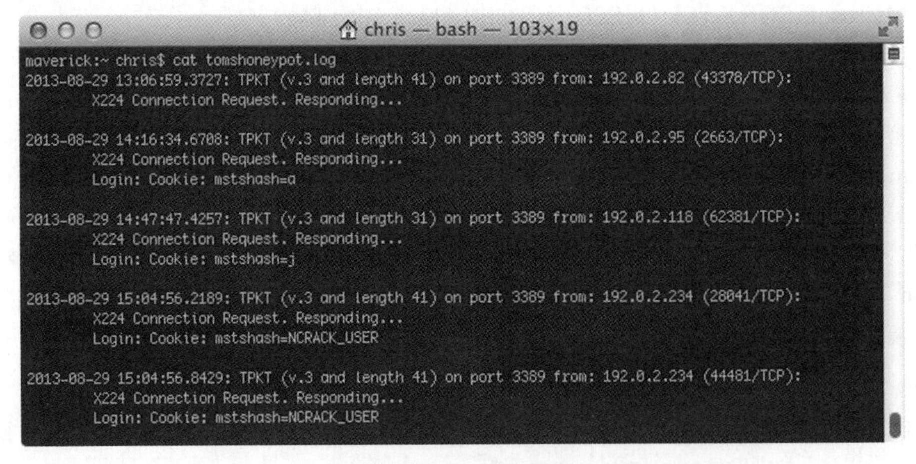

图12.9 Tom's Honeypot的RDP服务尝试登录的日志

在上述日志中，共有五条独立的记录。其中，四条记录包含“Login”字段。虽然Tom's Honeypot在攻击者试图登录时并不创建交互屏幕，但它利用了RDP客户端会在初始协商请求中发送cookie的特点。该RDP cookie虽不具有认证数据，但是它包含了用于识别终端服务的用户名。在图12.9的第一条日志中，没有出现该字段相关结果，是因为在尝试连接时，并不会出现RDP cookie，不过，其余的四条日志记录均有出现。第二条和第三条记录显示了两个不同的试图连接该蜜罐的IP地址，其RDP cookie的用户名分别为“a”和“j”。最后两条日志记录显示来自IP地址192.0.2.234的两次尝试，其RDP cookie用户名为“NCRACK_USER”。Ncrack 是一种身份验证破解工具，可用于攻击 RDP 服务。这表明 192.0.2.234 正在试图针对蜜罐系统获取未经授权的访问。

Tom’s Honeypot 所提供的其他伪装服务都以相似的方式工作，图 12.10 显示了从 MSSQL 和 SIP 蜜罐服务生成日志的例子。

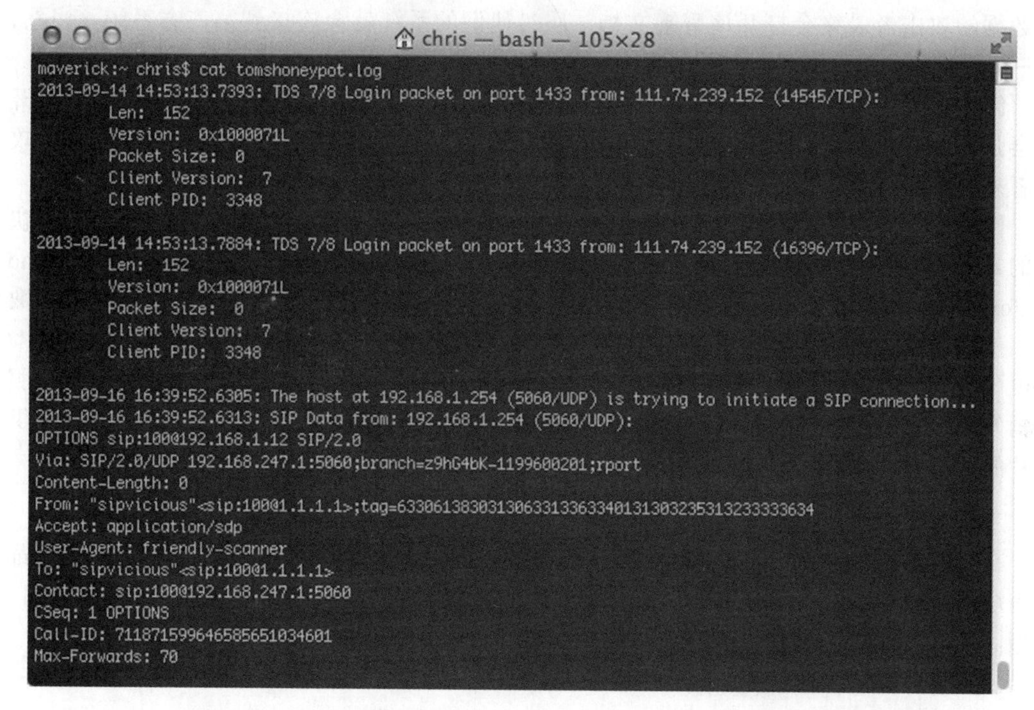

图 12.10 Tom’s Honeypot 生成的 MSSQL 和 SIP 协议的日志示例

图 12.10 显示了两条日志。第一条日志信息显示，攻击者正在尝试使用 MS SQL 客户端（TCP 端口 1433）与 Tom’s Honeypot 进行通信。注意，该输出结果显示了连接伪装的 MSSQL 服务的客户端相关信息。

第二条日志信息显示，有人正在尝试使用 SIP 协议（UDP 端口 5060）与蜜罐进行通信，该协议通常用于 IP 语音服务（VoIP）。在本例中，我们可以看到与 Sipvicious 工具相关的流量，该工具主要用于对 SIP 服务的扫描、枚举和审计。

Tom’s Honeypot 是一个积极发展的项目，可能到本书出版时，还会添加更多的功能。如果你想进一步学习 Tom’s Honeypot，可以访问项目网站：http://labs.inguardians.com/tomshoneypot/。

12.4.4 蜜罐文档

在描述信息安全概念的时候，我们往往更关心系统和进程的保护。虽然这方面值得付出努力，但真正需要保护的并非这些系统和进程，而是其中存储的数据。此时就该蜜罐文档（honeydoc）出场了。

蜜罐文档是一种特殊形式的“蜜罐技术”。与模拟一个合法的系统并登录访问该系统有所不同的是，蜜罐文档用于模拟一个正常文档，并记录别人对该文档的访问日志。

在一个典型的部署环境中，蜜罐文档是与正常数据放在一起的一堆伪造数据。在这些蜜罐文档的伪造数据中，还包含某种类型第三方服务的隐藏代码。其目的是希望获取了安全数据的攻击者最终会打开该蜜罐文档，届时他们的系统就会连接到第三方系统。当然，第三方系统将会记录打开该文档的客户端的全部细节。

创建蜜罐文档有多种方式，最常见的方法是在文档中包含一段代码，使得文档被打开时会强制产生 HTTP 请求。虽然这些请求可能被阻止或篡改，但是对没有经验或轻率的攻击者来说，这一作法往往会奏效。

作为示例，让我们使用 Microsoft Word 文件创建一个蜜罐文档，要做到这一点，最快捷的方式则是创建一个没有任何格式的纯文本文件。这可以通过终端或者使用类似 Notepad 或 Textedit 的工具来实现。该文件需要包含一组伪造的或虚假的可能引起攻击者兴趣的数据，例如伪造的用户名和密码的哈希值列表。有了这些数据，你应该再使用 < html > 和 </ html > 标签将这些数据包起来，使之成为网页内容。最后，我们就可以加入能够向 web 服务器发出请求的内容。这可以通过使用 HTML 语言的 < img > 标签来实现，但是并不提供图片的 URL 地址，而是提供链接到 web 服务器的 URL，如下所示：

```
<img src="http://172.16.16.202/doc123456">
```

在真实的场景中，该 URL 将指向一个公网 IP 地址或域名。重要的是每个蜜罐文档都是有序的，这样就可以追踪每个文件生成的请求。你所创建的蜜罐文档结果应该与图 12.11 相似。

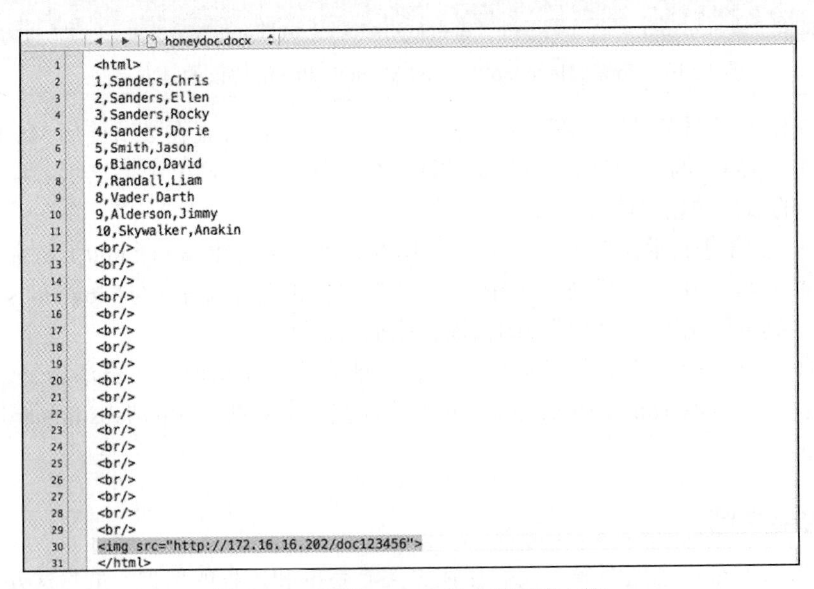


```
<html>
1,Sanders,Chris
2,Sanders,Ellen
3,Sanders,Rocky
4,Sanders,Dorie
5,Smith,Jason
6,Bianco,David
7,Randall,Liam
8,Vader,Darth
9,Alderson,Jimmy
10,Skywalker,Anakin
<br/>
<br/>
<br/>
<br/>
<br/>
<br/>
<br/>
<br/>
<br/>
<br/>
<br/>
<br/>
<br/>
<br/>
<br/>
<br/>
<br/>
<br/>
<img src="http://172.16.16.202/doc123456">
</html>
```

图 12.11 原始 HTML 格式的蜜罐文档

该过程的最后一步是以适当的格式保存该文件，通常是与 Microsoft Word 等应用程序

兼容的 .doc 或 .docx 文件。现在，当你打开该文件，将会根据 < img > 标签下载引用的图片文件，此举将会向 web 服务器发出一条 GET 请求。出现示例目的，此处将蜜罐文档指向 Honeyd 服务器，其输出结果如图 12.12 所示。

图 12.12 根据蜜罐文档请求输出的 Honeyd 日志

有了这份日志数据，你可以轻易地生成警报，提醒分析人员蜜罐文档已经被访问过。由于蜜罐文档往往和真实数据放在一起，合法用户也极有可能错误点击访问该蜜罐文档，但是这不应该成为一种普遍现象。

蜜罐文档不限于文本文件。该方案可以应用到其他类型的文件，包括 HTML 文件、PDF 文件，甚至是 XLS 文件。如果你想在不设置 web 服务器的前提下，尝试创建和追踪一个蜜罐文档，可使用 Honeydocs.com 网站推出的自动创建蜜罐文档和追踪蜜罐文档活动的服务（他们称之为“欺骗”）。你可以在 honeydocs.com 免费注册，该网站允许创建包含多个蜜罐文档的单个“欺骗”。如果是付费用户，你可以创建多个“欺骗”。一旦有人访问了你所创建的蜜罐文档，Honeydocs 服务可以发送邮件或短信（SMS）警报。图 12.13 展示了 Honeydocs.com 网站界面示例。

My Hive About Contact Bounty Program FAQs Use Cases Plans

‹ Back

Current Plan: Free

Buzz: Applied NSM

IP Address	Document	City	Region	Country	Latitude	Longitude	Timestamp
.221	html	Summerville	SC	US	33.0975	-80.1753	2013-09-16 20:33:55 UTC
.221	xls	Summerville	SC	US	33.0975	-80.1753	2013-09-16 20:33:26 UTC

© 2013 HoneyDocs™, All rights reserved.

图 12.13 Honeydocs.com 网站界面

本书作者见到过多种蜜罐文档在各类检测和应急响应场景中取得了巨大的成功。然而，必须提出警告，因为蜜罐文档并非是完全隐藏的，即使是技术不熟练的攻击者也可能注意到某个文档试图与外部主机进行通信。这可能会将第三方服务器[⊖]暴露给侦测的攻击者，因

⊖ 供蜜罐文档连接的服务器。——译者注

此你应该确保该主机的安全，理想情况下，该主机应该远离你的企业网络，同时也应该在企业所属范围之外。最好的情况下，攻击者根本不会注意到蜜罐文档的回连行为（“phoning home”），如果他们确实注意到了，你应该尽可能把风险降到最低。如上所述，当实施蜜罐文档以及本章讨论的其他技术时，应该多加小心。

12.5 本章小结

在这一章中，我们讨论了金丝雀蜜罐在NSM环境中的应用。包括金丝雀蜜罐的部署，警报和日志记录等注意事项，以及其他几种可达到同样目的的蜜罐软件解决方案。我们也初步了解了蜜罐文档以及如何将其用于NSM检测，虽然蜜罐常被用于研究目的，但是按照此处提出的策略，可使金丝雀蜜罐作为一种检测机制，在对敌斗争中发挥出惊人的作用。

第三部分 *Part 3*

分　析

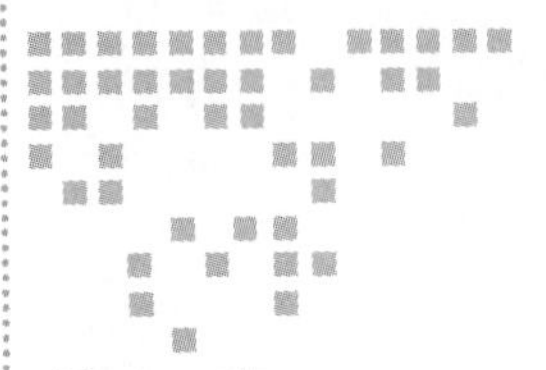

Chapter 13 第 13 章

数据包分析

经过数据分析，确定事故是否已经发生，就进入网络安全监控（NSM）分析阶段。既然利用 NSM 工具采集到的大部分数据都涉及网络活动，那么分析和理解数据包的能力就应是分析人员的必备技能。在本书分析部分的第 1 章，我们将从 NSM 分析人员的视角，在数据包分析的世界探索一番。本章假设读者对计算机网络通信有一定了解，但尚未了解数据包分析知识。我们会研究如何从“数据包数学”（Packet Math）的角度理解数据包，如何根据协议头解析数据包，还有一些数据包过滤的方法。在讨论这些话题时，我们将使用 Tcpdump 和 Wireshark 这两种工具分析数据包。

本章主要目的是为你提供理解数据包所需的基础知识，同时给你提供一个知识框架，帮助你理解那些本章不曾提及的协议。

更多信息

虽然这本书是为不同水平的分析人员写的，但是本书假设你至少具备一些关于网络设备之间如何通信的相关知识。在开始之前，你应该对 OSI[⊖] 或者 TCP/IP 模型以及封装和解封装如何工作有一个基本的了解。如果你想在阅读本章之前充实一下自己，建议你阅读我的另一本书《Wireshark 数据包分析实战》[⊖]。如果不准备深入学习本章内容，则不必通篇阅读上述参考书，只需了解第 1 章的内容就足够了。

13.1 走近数据包

计算平台的异构现象（heterogeneous nature），使得不同公司在既定网络上开发制造的

⊖ 开放式系统互联通信参考模型。——译者注

⊖ 诸葛建伟，陈霖，许伟林 .Wireshark 数据包分析实战 [M]. 人民邮电出版社，2013-3。——译者注

大量设备之间可以互联互通。无论该网络是类似你家里使用的那种小型网络，还是类似大公司所具有的那种大型网络，甚至是类似互联网这种全球性网络，所有设备只要遵守正确的协议，都能在网络上进行通信。

网络协议类似于一种口头或书面的语言。每种语言有其规则，例如名词应该放在哪里，应该动词怎样连接，甚至包括人们开始和结束对话的方式。协议也有类似的规范作用，但是并不是用来规定人类之间如何沟通，而是用来规定网络设备之间如何通信。不管一台网络设备是谁制造的，只要它使用 TCP/IP 协议，那么基本上它就能与一切利用 TCP/IP 协议的设备通信。当然，协议有多种形式，有一些非常简单，有一些则十分复杂。同时，为了让网络通信可以正常进行，还需要多种协议的组合运用。

证明某种协议是否存在的方法，是找到按其标准创建的数据包。术语“数据包”指的是经网络传输于设备之间的一个特殊格式的数据单元。数据包是计算机通信的基础，也是网络安全监控的精华。

想要形成一个数据包，就需要将多种协议组合起来。例如，一个典型的 HTTP 协议的 GET 请求，实际上需要使用至少四种协议（HTTP 协议、TCP 协议、IP 协议和 Ethernet 协议），才能保证该请求在 web 浏览器与 web 服务器之间正常通信。如果你此前对数据包有所了解，也许你见过的数据包和图 13.1 所示的显示格式相似，此处使用了 Wireshark 显示数据包内容相关信息。

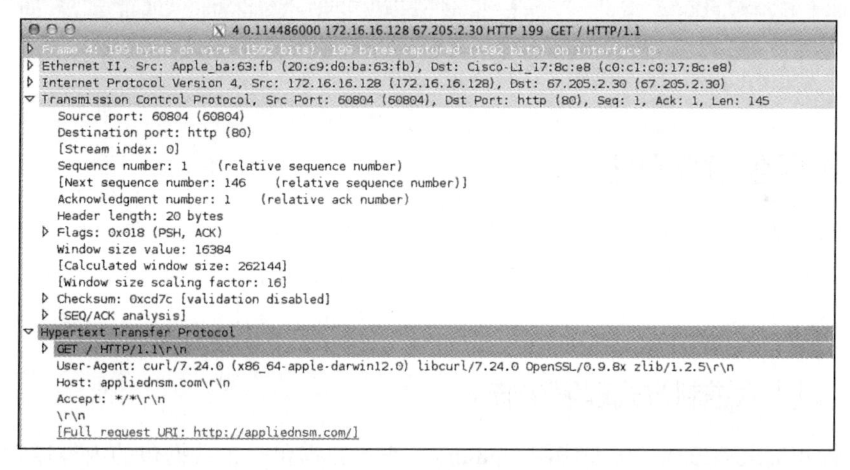

图 13.1 在 Wireshark 中显示一个简单的 HTTP 协议 GET 请求数据包

Wireshark 是一款用于数据包交互分析的利器，但是要在基础层面真正地理解数据包，我们还要使用一种更为原始的工具——tcpdump（其 Windows 平台的对应替代工具为 Windump）。Wireshark 是一款伟大的工具，提供了图形化界面，并能替你完成数据包解析相关的很多辅助工作。与之相反，tcpdump 需要你亲手处理许多数据包解析相关的工作。这似乎有点不合常理，但是，这样才能加深分析人员对数据包的理解，使分析人员从根本上了解这些数据包，从而有效地应用各种数据包分析工具，甚至是直接解析原始的数据包数据。

我们已经看到了 Wireshark 分解后的一个 HTTP 协议的 GET 请求数据包，现在让我们以十六进制形式查看该数据包。以如下命令获得输出结果：

```
tcpdump -nnxr ansm-13-httpget.pcapng
```

该数据包如图 13.2 所示，我们将在本章的后面部分讨论 tcpdump。

如果你之前从未尝试以原始十六进制格式解析数据包，那么图 13.2 所示的输出结果可能会令人生畏。不过，如果我们根据协议进行分解，这些数据读起来并非十分困难。下面我们就会这样做，在此之前，让我们先来看一些基本的数据包数学知识，它们是后面的必备知识。

```
chris — bash — 113×17
maverick:~ chris$ tcpdump -nnexxr ansm-13-httpget.pcapng
reading from file ansm-13-httpget.pcapng, link-type EN10MB (Ethernet)
10:21:55.026074 20:c9:d0:ba:63:fb > c0:c1:c0:17:8c:e8, ethertype IPv4 (0x0800), length 199: 172.16.16.128.60804 >
 67.205.2.30.80: Flags [P.], seq 430817104:430817249, ack 2543215990, win 16384, length 145
        0x0000:  c0c1 c017 8ce8 20c9 d0ba 63fb 0800 4500
        0x0010:  00b9 3d2a 4000 4006 fa99 ac10 1080 43cd
        0x0020:  021e ed84 0050 19ad bf50 9796 6576 5018
        0x0030:  4000 cd7c 0000 4745 5420 2f20 4854 5450
        0x0040:  2f31 2e31 0d0a 5573 6572 2d41 6765 6e74
        0x0050:  3a20 6375 726c 2f37 2e32 342e 3020 2878
        0x0060:  3836 5f36 342d 6170 706c 652d 6461 7277
        0x0070:  696e 3132 2e30 2920 6c69 6263 7572 6c2f
        0x0080:  372e 3234 2e30 204f 7065 6e53 534c 2f30
        0x0090:  2e39 2e38 7820 7a6c 6962 2f31 2e32 2e35
        0x00a0:  0d0a 486f 7374 3a20 6170 706c 6965 646e
        0x00b0:  736d 2e63 6f6d 0d0a 4163 6365 7074 3a20
        0x00c0:  2a2f 2a0d 0a0d 0a
```

图 13.2 在 tcpdump 中显示一个简单的 HTTP 协议 Get 请求数据

13.2 数据包数学知识

如果你在某些方面像我，那么这个标题可能会让你火冒三丈。毕竟，本书不曾警告你，还需要数学知识！不用担心，数据包数学知识其实简单极了，只要你会基本的加法和乘法运算，就不会有问题。

13.2.1 以十六进制方式理解字节

当以较底层次的形式（比如使用 tcpdump）查看数据包时，数据包的内容通常会以十六进制形式表示。十六进制格式是由二进制表现形式衍生而来。一个字节（byte）由 8 位（bit）构成，各 bit 可能是 1，也可能是 0。一个单独的字节形如：01000101。

为了使这样的表现形式更具可读性，可以将其转化为十六进制。首先，将这个字节一分为二，称其为两个半字节（nibble）(见图 13.3）。前四位被称为高位，因为其代表该字节较大值部分；后四位被称为低位，因为其代表该字节较小值部分。

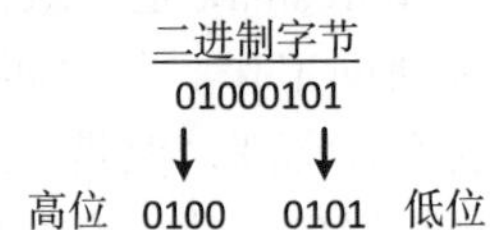

图 13.3 将一个字节拆分成两部分（半字节）

该字节中每个半字节都转换为一个十六进制

字符，组成两个字符。对于大多数初学者来说，计算一个字节的十六进制值最快速的方法是，首先计算每个半字节的十进制值，如图 13.4 所示。

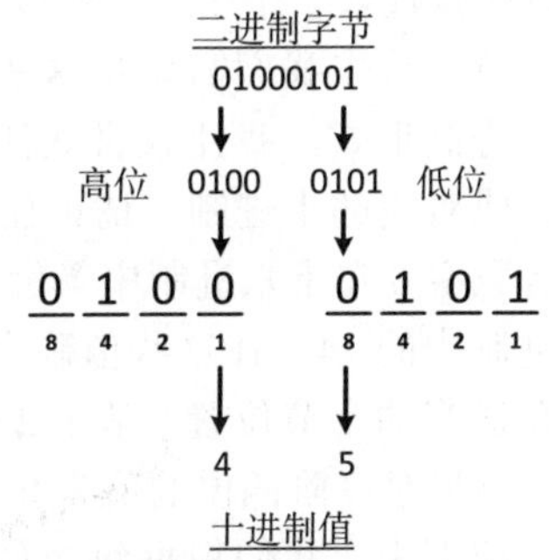

图 13.4 计算每个半字节的十进制值

在计算的过程中，需要注意在二进制字节的每个位置所代表的权值，权值从右至左越来越大，其顺序也是从右至左，最右边的位于第一位置。各位置以 2 的幂表示，最右边的位置为 2^0，依次为 2^1，2^2 和 2^3。我认为，在计算的时候，使用其等价的 1、2、4 和 8 这几个十进制数计算，是最方便的。即，如果二进制数的某一位置值为 1，则将对应的十进制数值加起来。如图 13.4 所示，高位只有第 3 个位置的值为 1，所以总数为 4。低位第 1 个位置和第 3 个位置的值为 1，其结果为 5（1+4）。所以，这个字节由十进制的数值 4 和 5 来代表。

十六进制字符的范围为 0-F，其中 0-9 等同于十进制中的 0-9，A-F 等同于十进制的 10-15。这意味着十进制的 4 和 5 相当于十六进制的 4 和 5，所以 45 就是字节 01000101 的十六进制的精确表示。整个过程如图 13.5 所示。

让我们再次实验一下，这次使用另外的一个字节。如图 13.6 所示。

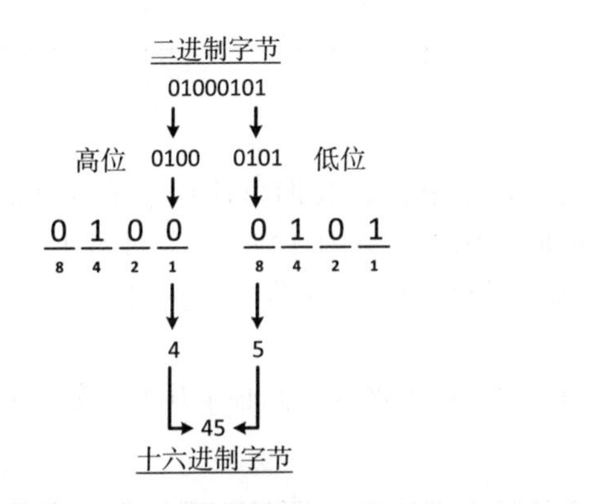

图 13.5 将二进制字节转换为十六进制

二进制字节
01101110
高位 0110 1110 低位
0 1 1 0 1 1 1 0
8 4 2 1 8 4 2 1
6 14
6E
十六进制字节

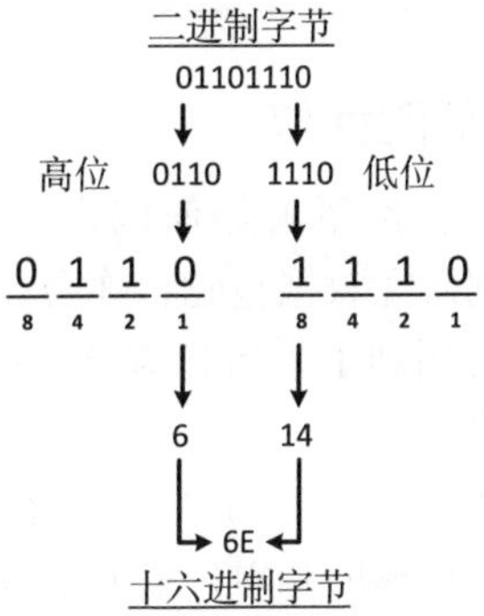

图 13.6 将另一个二进制字节转换为十六进制

在本例中，高位在第 2 位置和第 3 位置的值为 1，其和为 6（2+4）。低位第 2 位置、第 3 位置和第 4 位置的值都为 1，其和为十进制的 14（2+4+8）。将这些数字转换成十六进制，十进制的 6 与十六进制数值 6 一致，十进制数值 14 等价于十六进制的 E。所以，01101110 的十六进制形式由 6E 表示。

13.2.2 十六进制转换为二进制和十进制

我们已经讨论了如何将二进制数值转换为十六进制，因为后面我们还需要了解如何将十六进制数值转换为十进制，所以马上就进入这一主题。我们先将十六进制数值转换回二进制，然后再转换为十进制。我们仍使用之前的例子，这次尝试将 0x6E 转换成十进制数值。

我们现在已经知道，十六进制的两位数值代表一个字节，这个字节有8位。十六进制的每位数代表半个字节。所以，6表示高阶四位，E表示低阶四位。首先我们需要将这些十六进制每位数转换成对应的二进制形式。我比较喜欢使用的方式，是将每个位数先转换成对应的十进制。请记住十六进制的基数是16，这意味着数字6在十六进制中等价于在十进制中的6，E等价于十进制中的14。在这些值确定之后，我们可以通过将“1”放在适当的字节位置（基于2的幂），将这些值转换为二进制。结果是高阶四位的值为0100，低阶四位的值为1110。

接下来，我们根据每个位置与2的幂关系，将这些半字节组成起来，形成一个完整的字节。最后，我们将这些值为1的位置对应的数值相加，就得到了十进制数110。计算过程如图13.7所示。

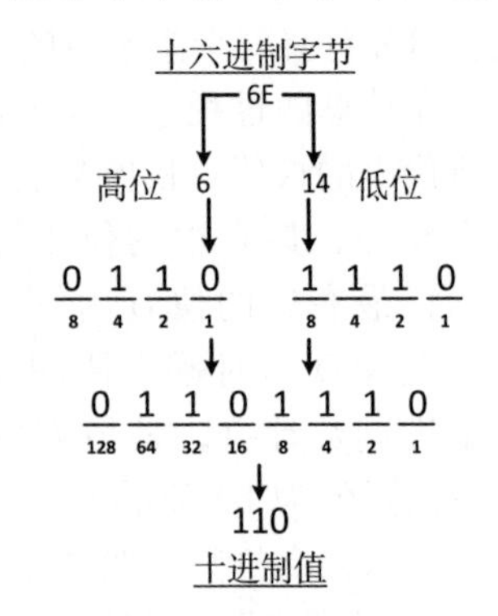

图13.7 十六进制转换为二进制和十进制

> **更多信息**
>
> 附录4中的图表可用于快速转换十六进制为ASCII或十进制表示法。也有一些在线转换可以帮助你执行快速转换。

13.2.3 字节的计数

现在，你已经了解如何以十六进制方式解释字节，让我们再谈谈字节的计数。在以十六进制级别研究数据包时，你会花费大量的时间用于字节的计数。尽管计数十分容易（就算你在计数时用到了手指和脚趾，也不必害羞），但在数据包中数字节的时候，还有一个额外的考虑因素。

作为人类，我们通常从1开始计数。但在为字节计数时，你必须从0开始。这是因为我们是从某个偏移的相对位置开始计数。

> **实战中的启示**
>
> 提到从某个偏移的相对位置开始计数，通常是指相对于当前协议头部的第0个字节的相对位置，而不是指数据包开始的第0个字节。

为了说明这一点，我们看看图13.8所示的数据包。

```
45 00 00 40 fd 0d 40 00 40 06 3b 2f ac 10 10 80
43 cd 02 1e ed 84 00 50 19 ad bf 4f 00 00 00 00
b0 02 ff ff 45 1f 00 00 02 04 05 b4 01 03 03 04
01 01 08 0a 31 4e f7 43 00 00 00 00 04 02 00 00
```

图13.8 十六进制格式的IP数据包

该图显示了一个最简单的IP数据包，为便于阅读，字节之间使用了空格分隔。为了理解该数据包的意义，我们可能要解读该数据包中特定字段的值。最好的办法就是将该数据包“映射”到所属协议的各个字段。本书附录 3 中包含多种协议字段映射关系，可用于解析各个协议内部字段。在本例中，因为已知这是一个 IP 数据包，我们就以 IP 包头（IP header）的映射方式，理解其中的一些值。为便于参考，该映射关系见图 13.9。

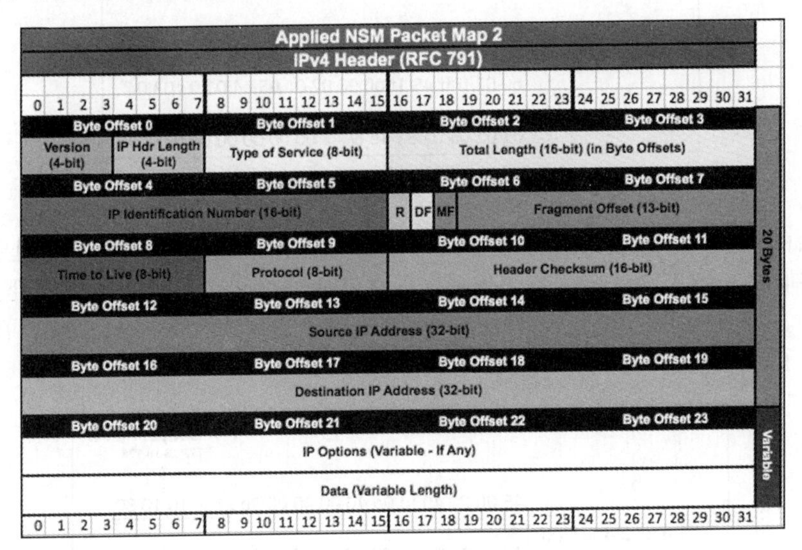

图 13.9　IP 协议头数据包映射

在 IP 数据包头部开始处的嵌入协议（protocol），是一个比较重要的信息，可供我们进一步解析数据包。根据 IP 数据包的协议映射关系，该值位于第 9 个字节位置。如果你从 1 开始计数，在该数据包开始处查找该字节，会认为 protocol 字段值为 40，但是这是错误的。按照我们引用字节的方式，实际上是指字节偏移量为 9，即从字节偏移 0 开始的第九个字节，或者简单地使用 0×9 的说法。我们从 0 开始计数，按此方法，该字段的正确值应该是 06。Protocol 的值表明这里嵌入了 TCP 协议。如图 13.10 所示。

字节 0×9 协议
06 = TCP
↑
45 00 00 40 fd 0d 40 00 40 06 3b 2f ac 10 10 80
43 cd 02 1e ed 84 00 50 19 ad bf 4f 00 00 00 00
b0 02 ff ff 45 1f 00 00 02 04 05 b4 01 03 03 04
01 01 08 0a 31 4e f7 43 00 00 00 00 04 02 00 00

图 13.10　在 IP 包头 0×9 处定位协议字段

运用该知识解释另一个字段，IP 协议映射告诉我们存活时间（TTL）字段在从 0 开始偏移量为 8 字节的地方。在数据包开始处从 0 开始计数，你会看到该字段的值为 40，即十进制的 64。

通过协议映射，你会发现有些字段长度不足一个字节。例如，该数据包的 0×0 字节包含两个字段：IP 版本号和 IP 包头长度。在本例中，IP 版本号字段只是该字节的高四位，IP 包头长度字段是该字节的低四位。参见图 13.9，这表明 IP 版本号是 4。IP 包头长度看起来是 5，但实际上，这个字段的计算不是那么简单。IP 包头长度字段是一个计算值，该值乘以 4 才是真实的结果。在本例中，我们将 5 乘以 4，得出最终 IP 包头长度为 20 个字节。了解这方面知识之后，你可以得出 IP 包头最大长度为 60 字节的结论，因为 IP 包头长度字段最多不会超过 F（十进制 15），15 x 4 等于 60 字节。相关字段如图 13.11 所示。

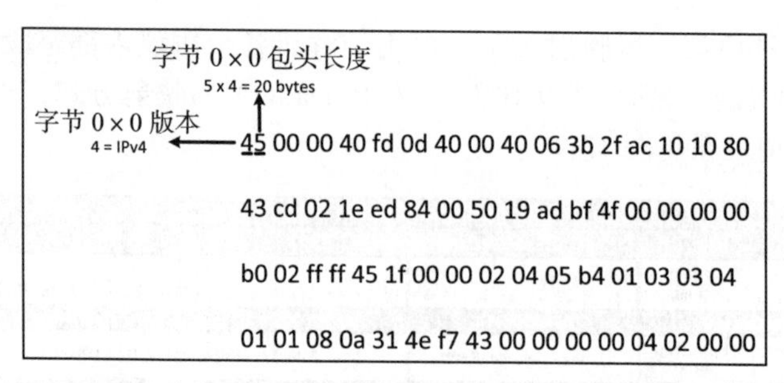

图 13.11 位于 0×0 处的 IP 版本和头长度字段

在最后的例子中，你会发现有些字段跨越多个字节。源 IP 和目标 IP 地址字段就是一例，它们各自的长度都为 4 个字节，分别出现在 IP 包头 0×12 和 0×16 位置处。在我们示例数据包中，源 IP 地址分解为 ac 10 10 80 (对应的十进制为 172.16.16.128)，目标 IP 地址为 43 cd 02 1e (对应的十进制为 67.205.2.30)。 如图 13.12 所示。

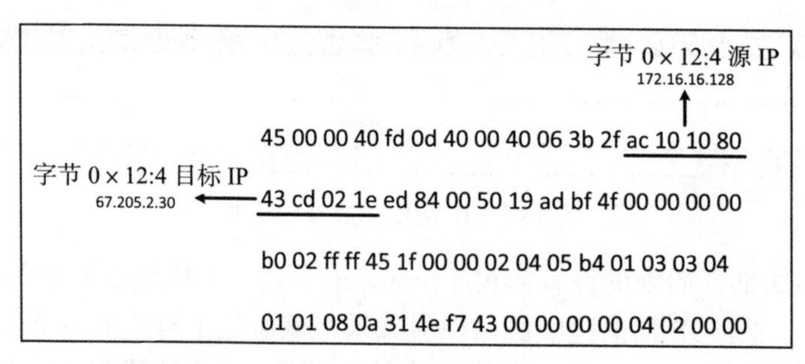

图 13.12 源 IP 地址字段和目标 IP 地址字段分别位于 0×12 和 0×16 处

注意图中用于描述多字节构成字段的特殊表示方法。这里的 0×16:4，意为从 0 开始第 16 个字节偏移处，由此选择四个字节的内容。在我们后面编写数据包过滤器时，会用到这种表示法。

现在，我们已经充分了解了数据包数学，可以较底层地开始分析数据包了。但愿这部分内容不会令人特别痛苦。

13.3 数据包分解

扫清了数学方面的障碍，我们回到图 13.2 所示的数据包，将其分解为各个独立的协议。如果你对数据包的组成有所了解，就会知道数据包是从应用层数据开始的，并在构建数据包的过程中，自顶向下地依次加入工作在较低层的协议头。这意味着最后被添加的协议头位于数据链路层，所以我们最先遇到的协议头就应该是该层的协议头。最常见的数据链路层协议是 Ethernet，我们来验证一下此处的内容。

为了验证我们看到的流量确实是 Ethernet 流量，可将该数据包开始处的内容与我们所了解的 Ethernet 协议头相比较。Ethernet 协议头格式可以在附录 3 中查看，为了方便起见，我们在图 13.13 中予以列出。

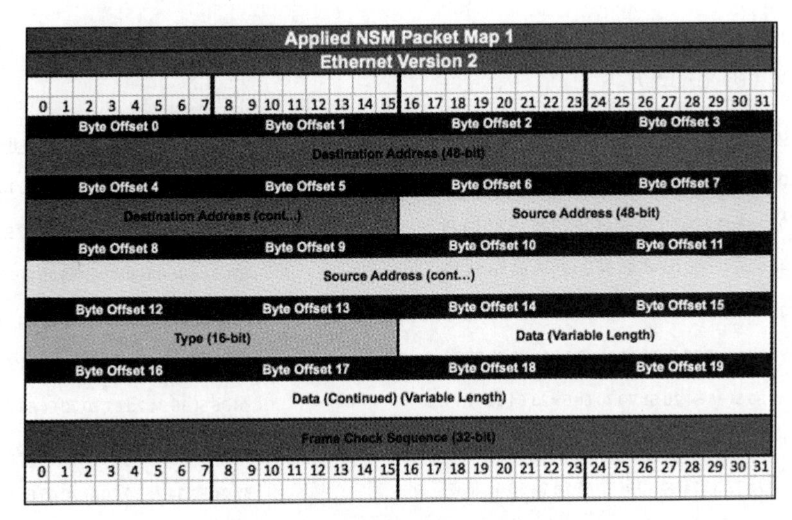

图 13.13 Ethernet 协议头分组地图

在查看 Ethernet 协议头格式的过程中，你会看到数据包的前 6 个字节保留为目标 MAC 地址，紧随其后的 6 个字节，始于 0×6，保留为源 MAC 地址。图 13.14 显示，这些字节恰好对应本例中的两台主机的 MAC 地址。Ethernet 协议头仅剩的一个字段位于 0×12 处，是双字节的类型（Type）字段，用于告诉我们在 Ethernet 协议头之后预期的协议。在本例中，类型字段的十六进制值为 08 00，这表示下一个嵌入协议应该是 IP 协议。Ethernet 协议头长度固定为 14 字节，所以，头部的最后一个字节是 00 。

实战中的启示

虽然在本例中已经加入了 Ethernet 协议头，但 tcpdump 默认不会输出数据链路层协议头。本书中所有的例子均使用 Ethernet 协议，所以后面的例子不会再显示该协议头，而是直接从网络层协议开始。

既然 Ethernet 协议头已经非常友好地告诉了我们接下的会是 IP 协议头，我们就运用已知的 IP 协议头结构，理解数据包的下一个部分。因为我们的目的是将该数据包拆分为各个协议，因此并不必关心在协议头部的具体内容，只关心那些用于确定 IP 协议头长度和下一个预期协议的字段内容。

首先，我们需要确定此处使用的 IP 协议版本。我们已经知道，IP 协议的版本由 IP 协议头部 0×0 处字节的高四位决定。在本例中，我们正在处理的 IP 协议版本为 IPv4。

IP 协议头的长度是可变的，其大小取决于它所支持的一组选项，所以接下来就要确定 IP 协议头的长度。此前，我们知道 IP 协议头的长度字段位于 IP 协议头 0×0 处字节的低四位，在本例中该值为 4。不过，这是一个计算字段，我们需要将该值乘以 5 才能得出 IP 协议头的长度，即 20 字节。因此，该 IP 协议头的最后两个字节是 02 1e。

我们现在已经结束了 IP 协议头的拆分，下面需要确定数据包中接下来的协议是什么。

IP 协议头在 0×9 处的协议（Protocol）字段会提供给我们该信息。这里的值为 06，已被分配给 TCP 协议（图 13.15）。

```
Ethernet 头
c0 c1 c0 17 8c e8 20 c9 d0 ba 63 fb 08 00 45 00
00 b9 3d 2a 40 00 40 06 fa 99 ac 10 10 80 43 cd
02 1e ed 84 00 50 19 ad bf 50 97 96 65 76 50 18
40 00 cd 7c 00 00 47 45 54 20 2f 20 48 54 54 50
2f 31 2e 31 0d 0a 55 73 65 72 2d 41 67 65 6e 74
3a 20 63 75 72 6c 2f 37 2e 32 34 2e 30 20 28 78
38 36 5f 36 34 2d 61 70 70 6c 65 2d 64 61 72 77
69 6e 31 32 2e 30 29 20 6c 69 62 63 75 72 6c 2f
37 2e 32 34 2e 30 20 4f 70 65 6e 53 53 4c 2f 30
2e 39 2e 38 78 20 7a 6c 69 62 2f 31 2e 32 2e 35
0d 0a 48 6f 73 74 3a 20 61 70 70 6c 69 65 64 6e
73 6d 2e 63 6f 6d 0d 0a 41 63 63 65 70 74 3a 20
2a 2f 2a 0d 0a 0d 0a
```

图 13.14 辨识 Ethernet 协议头

```
Ethernet 头
IP 头
c0 c1 c0 17 8c e8 20 c9 d0 ba 63 fb 08 00|45 00
00 b9 3d 2a 40 00 40 06 fa 99 ac 10 10 80 43 cd
02 1e ed 84 00 50 19 ad bf 50 97 96 65 76 50 18
40 00 cd 7c 00 00 47 45 54 20 2f 20 48 54 54 50
2f 31 2e 31 0d 0a 55 73 65 72 2d 41 67 65 6e 74
3a 20 63 75 72 6c 2f 37 2e 32 34 2e 30 20 28 78
38 36 5f 36 34 2d 61 70 70 6c 65 2d 64 61 72 77
69 6e 31 32 2e 30 29 20 6c 69 62 63 75 72 6c 2f
37 2e 32 34 2e 30 20 4f 70 65 6e 53 53 4c 2f 30
2e 39 2e 38 78 20 7a 6c 69 62 2f 31 2e 32 2e 35
0d 0a 48 6f 73 74 3a 20 61 70 70 6c 69 65 64 6e
73 6d 2e 63 6f 6d 0d 0a 41 63 63 65 70 74 3a 20
2a 2f 2a 0d 0a 0d 0a
```

图 13.15 辨识 IP 协议头

现在我们来到了 TCP 协议的位置，我们需要确定此处是否存在某种应用层数据。为此，必须先确定 TCP 协议头的长度（图 13.16），和 IP 协议头类似，该长度取决于所使用的选项。

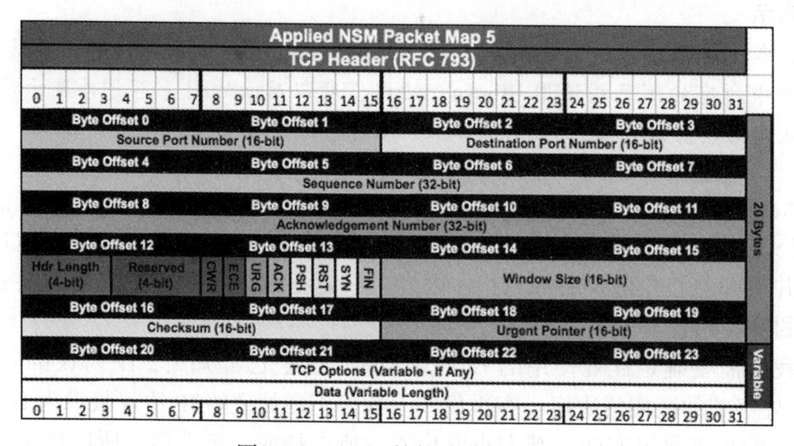

图 13.16 TCP 协议头分组地图

检查 TCP 数据的 0×12 偏移处字段的高四位，可以找到 TCP 协议头长度。该字段的值为 5，不过，这同样是一个计算字段，必须乘以 4 才能得到实际结果。所以，TCP 协议头的真实长度是 20 个字节。

如果你从 TCP 协议头开始处向后数 20 个字节，会发现在该头部之后依然存在数据。

这就是应用层数据。可惜，TCP 协议并未提供某种字段，表明其后应该出现哪种应用层协议，但我们可以通过位于 TCP 协议头 0×2:2 的目的端口字段（假设这是客户端到服务端的流量，否则我们应该查看源端口字段）了解这一点。该字段值为 00 50，转换成十进制为 80。由于 80 端口通常被 HTTP 协议所用，因此其后的数据可能是 HTTP 数据。为了确认此事，你可以将这些十六进制数据与 HTTP 协议的协议地图作比较，或者简单地将 TCP 协议头之后到数据包尾部的数据转换为 ASCII 文本（图 13.17）。

警告 你不应仅凭数据出现在特定服务的典型端口（例如 80 端口对应 HTTP 协议，或者 22 端口对应 SSH 协议）而假设流量属于对应服务。实际上，服务可以被配置运行在任意端口，配置服务在非默认端口运行，是攻击者常用的手法。举例来说，攻击者通常会借助 80 端口实现使用自定义协议的命令控制服务。这会给攻击者带来诸多好处，包括利用防火墙通常会放行 80 端口流量的特点来穿透防火墙，以及利用用户驱动（user-driven）流量的不可预测性来隐蔽可疑流量。

前面的数据包按协议标准解析后，如图 13.18 所示。

现在，让我们看一些用于显示和操作数据包的工具。

```
Ethernet 头
IP 头
TCP 头

c0 c1 c0 17 8c e8 20 c9 d0 ba 63 fb 08 00|45 00
00 b9 3d 2a 40 00 40 06 fa 99 ac 10 10 80 43 cd
02 1e|ed 84 00 50 19 ad bf 50 97 96 65 76 50 18
40 00 cd 7c 00 00 47 45 54 20 2f 20 48 54 54 50
2f 31 2e 31 0d 0a 55 73 65 72 2d 41 67 65 6e 74
3a 20 63 75 72 6c 2f 37 2e 32 34 2e 30 20 28 78
38 36 5f 36 34 2d 61 70 70 6c 65 2d 64 61 72 77
69 6e 31 32 2e 30 29 20 6c 69 62 63 75 72 6c 2f
37 2e 32 34 2e 30 20 4f 70 65 6e 53 53 4c 2f 30
2e 39 2e 38 78 20 7a 6c 69 62 2f 31 2e 32 2e 35
0d 0a 48 6f 73 74 3a 20 61 70 70 6c 69 65 64 6e
73 6d 2e 63 6f 6d 0d 0a 41 63 63 65 70 74 3a 20
2a 2f 2a 0d 0a 0d 0a
```

图 13.17　辨识 TCP 协议头

```
Ethernet 头
IP 头
TCP 头
HTTP Data

c0 c1 c0 17 8c e8 20 c9 d0 ba 63 fb 08 00|45 00
00 b9 3d 2a 40 00 40 06 fa 99 ac 10 10 80 43 cd
02 1e|ed 84 00 50 19 ad bf 50 97 96 65 76 50 18
40 00 cd 7c 00 00|47 45 54 20 2f 20 48 54 54 50
2f 31 2e 31 0d 0a 55 73 65 72 2d 41 67 65 6e 74
3a 20 63 75 72 6c 2f 37 2e 32 34 2e 30 20 28 78
38 36 5f 36 34 2d 61 70 70 6c 65 2d 64 61 72 77
69 6e 31 32 2e 30 29 20 6c 69 62 63 75 72 6c 2f
37 2e 32 34 2e 30 20 4f 70 65 6e 53 53 4c 2f 30
2e 39 2e 38 78 20 7a 6c 69 62 2f 31 2e 32 2e 35
0d 0a 48 6f 73 74 3a 20 61 70 70 6c 69 65 64 6e
73 6d 2e 63 6f 6d 0d 0a 41 63 63 65 70 74 3a 20
2a 2f 2a 0d 0a 0d 0a
```

图 13.18　HTTP 数据包的协议标准解析

13.4　用于 NSM 分析的 Tcpdump 工具

Tcpdump 是 Unix 环境下的命令行数据包分析工具，目前已经成为数据包捕获和分析的标准工具。它是一款实用的数据包分析工具，可以让你免受干扰，快速地查看数据。无论是研究独立的数据包，还是研究通信序列，它都是理想的工具。该工具提供了一致性的输出结果，所以适用于对数据包数据进行脚本化处理。大部分 Unix 类操作系统的发行版都包含了 Tcpdump，如果没有默认安装，也可以很容易地通过操作系统软件包管理器进行安装。Security Onion 系统默认包含 Tcpdump。

Tcpdump 的简洁意味着它缺少一些引人注目的分析功能，比如它不具备 Wireshark 那样的图片化分析工具，这是 Tcpdump 的不足之处。另外，它不具备状态的概念，也不提供对于应用层协议的解析能力。

在这部分内容中，我们不会为 Tcpdump 的各个功能提供全面的指导，但会给出 NSM 分析新手所需的必备知识，指引他们朝着正确的方向努力。

首先，Tcpdump 支持直接从网络捕获数据包。不加任何命令行参数，直接运行 Tcpdump 命令，Tcpdump 就会从编号最小的网络接口捕获数据包。在这种情况下，Tcpdump 会按单汇总行的格式，将所捕的各个获数据包输出到当前终端窗口。如果希望稍稍干预这一过程，可以使用 -i 参数指定从哪个网络接口捕获数据包，使用 -nn 开关来关闭主机和协议的名称解析。

> **实战中的启示**
>
> 在捕获数据包时，最好可以尽可能地隐藏自身。这并不是要你掩盖捕获数据包这件事本身（除非你是一名渗透测试工程师），而是因为当你正在调查某一事件时，不会希望产生任何不必要的、可能需要过滤或剔除的流量。因此，当运行 Tcpdump 时，我至少会使用 -n 选项来避免出现名称解析的情况，因为 DNS 解析过程本身可能会产生不必要的数据包。

如果你想保存已捕获数据包供稍后分析，可以使用 -w 选项指定输出文件的名称以及数据存储位置。将上述参数组合起来，我们得到了如下命令：

```
sudo tcpdump -nni eth1 -w packets.pcap
```

现在，如果你想读取该文件，可以使用 -r 参数，并在后面指定文件名，如图 13.19 所示。

```
chris — bash — 133×9
maverick:~ chris$ tcpdump -nnr packets.pcap
reading from file packets.pcap, link-type EN10MB (Ethernet)
09:27:03.037982 IP 172.16.16.128.55957 > 67.205.2.30.80: Flags [S], seq 458297902, win 65535, options [mss 1460,nop,wscale 4,nop,nop,TS val 884542004 ecr 0,sackOK,eol], length 0
09:27:03.136870 IP 67.205.2.30.80 > 172.16.16.128.55957: Flags [S.], seq 766588929, ack 458297903, win 5840, options [mss 1460,nop,nop,sackOK,nop,wscale 9], length 0
09:27:03.136987 IP 172.16.16.128.55957 > 67.205.2.30.80: Flags [.], ack 1, win 16384, length 0
09:27:03.137085 IP 172.16.16.128.55957 > 67.205.2.30.80: Flags [P.], seq 1:146, ack 1, win 16384, length 145
09:27:03.239555 IP 67.205.2.30.80 > 172.16.16.128.55957: Flags [.], ack 146, win 14, length 0
```

图 13.19 使用 tcpdump 读取数据包文件

在 Tcpdump 默认提供的输出结果中，会给出各个数据包的一些基本信息。根据所使用协议的不同，输出格式也会有所差异，但最常用的格式如下：

TCP:

```
[Timestamp] [Layer 3 Protocol] [Source IP].[Source Port] > [Destination
```

```
IP].[Destination Port]: [TCP Flags], [TCP Sequence Number], [TCP
Acknowledgement Number], [TCP Windows Size], [Data Length]
```

UDP:

```
[Timestamp] [Layer 3 Protocol] [Source IP].[Source Port]>[Destination
IP].[Destination Port]: [Layer 4 Protocol], [Data Length]
```

你可以在命令行中添加 -v 标签，强制 Tcpdump 在汇总行提供更多内容，增加信息的详细程度。你还可以添加更多的 -v 标签，进一步增加其详细程度，最多可以添加 3 个。图 13.20 显示的数据包与前面相同，但是使用了 -vvv 标签，使得信息更加详细。

```
chris — bash — 133×14
maverick:~ chris$ tcpdump -nnvvvr packets.pcap
reading from file packets.pcap, link-type EN10MB (Ethernet)
09:27:03.037982 IP (tos 0x0, ttl 64, id 50578, offset 0, flags [DF], proto TCP (6), length 64)
    172.16.16.128.55957 > 67.205.2.30.80: Flags [S], cksum 0xed30 (correct), seq 458297902, win 65535, options [mss 1460,nop,wscale 4
,nop,nop,TS val 884542004 ecr 0,sackOK,eol], length 0
09:27:03.136870 IP (tos 0x20, ttl 51, id 0, offset 0, flags [DF], proto TCP (6), length 52)
    67.205.2.30.80 > 172.16.16.128.55957: Flags [S.], cksum 0xe79b (correct), seq 766588929, ack 458297903, win 5840, options [mss 14
60,nop,nop,sackOK,nop,wscale 9], length 0
09:27:03.136987 IP (tos 0x0, ttl 64, id 17335, offset 0, flags [DF], proto TCP (6), length 40)
    172.16.16.128.55957 > 67.205.2.30.80: Flags [.], cksum 0xff3f (correct), seq 1, ack 1, win 16384, length 0
09:27:03.137085 IP (tos 0x0, ttl 64, id 9462, offset 0, flags [DF], proto TCP (6), length 185)
    172.16.16.128.55957 > 67.205.2.30.80: Flags [P.], cksum 0x2343 (correct), seq 1:146, ack 1, win 16384, length 145
09:27:03.239555 IP (tos 0x20, ttl 51, id 53997, offset 0, flags [DF], proto TCP (6), length 40)
    67.205.2.30.80 > 172.16.16.128.55957: Flags [.], cksum 0x3ea1 (correct), seq 1, ack 146, win 14, length 0
```

图 13.20　读取数据包的详细信息

这些都是非常有用的数据，但提供给我们的数据并不完整。

为了完整地显示各个数据包的全部内容，可以使用 -x 开关，让 Tcpdump 以十六进制格式输出数据包，如图 13.21 所示。

```
chris — bash — 133×35
maverick:~ chris$ tcpdump -nnxr packets.pcap
reading from file packets.pcap, link-type EN10MB (Ethernet)
09:27:03.037982 IP 172.16.16.128.55957 > 67.205.2.30.80: Flags [S], seq 458297902, win 65535, options [mss 1460,nop,wscale 4,nop,nop,
TS val 884542004 ecr 0,sackOK,eol], length 0
        0x0000:  4500 0040 c592 4000 4006 72aa ac10 1080
        0x0010:  43cd 021e da95 0050 1b51 122e 0000 0000
        0x0020:  b002 ffff ed30 0000 0204 05b4 0103 0304
        0x0030:  0101 080a 34b9 0a34 0000 0000 0402 0000
09:27:03.136870 IP 67.205.2.30.80 > 172.16.16.128.55957: Flags [S.], seq 766588929, ack 458297903, win 5840, options [mss 1460,nop,no
p,sackOK,nop,wscale 9], length 0
        0x0000:  4520 0034 0000 4000 3306 4529 43cd 021e
        0x0010:  ac10 1080 0050 da95 2db1 3801 1b51 122f
        0x0020:  8012 16d0 e79b 0000 0204 05b4 0101 0402
        0x0030:  0103 0309
09:27:03.136987 IP 172.16.16.128.55957 > 67.205.2.30.80: Flags [.], ack 1, win 16384, length 0
        0x0000:  4500 0028 43b7 4000 4006 f49d ac10 1080
        0x0010:  43cd 021e da95 0050 1b51 122f 2db1 3802
        0x0020:  5010 4000 ff3f 0000
09:27:03.137085 IP 172.16.16.128.55957 > 67.205.2.30.80: Flags [P.], seq 1:146, ack 1, win 16384, length 145
        0x0000:  4500 00b9 24f6 4000 4006 12ce ac10 1080
        0x0010:  43cd 021e da95 0050 1b51 122f 2db1 3802
        0x0020:  5018 4000 2343 0000 4745 5420 2f20 4854
        0x0030:  5450 2f31 2e31 0d0a 5573 6572 2d41 6765
        0x0040:  6e74 3a20 6375 726c 2f37 2e32 342e 3020
        0x0050:  2878 3836 5f36 342d 6170 706c 652d 6461
        0x0060:  7277 696e 3132 2e30 2920 6c69 6263 7572
        0x0070:  6c2f 372e 3234 2e30 204f 7065 6e53 534c
        0x0080:  2f30 2e39 2e38 7820 7a6c 6962 2f31 2e32
        0x0090:  2e35 0d0a 486f 7374 3a20 6170 706c 6965
        0x00a0:  646e 736d 2e63 6f6d 0d0a 4163 6365 7074
        0x00b0:  3a20 2a2f 2a0d 0a0d 0a
09:27:03.239555 IP 67.205.2.30.80 > 172.16.16.128.55957: Flags [.], ack 146, win 14, length 0
        0x0000:  4520 0028 d2ed 4000 3306 7247 43cd 021e
        0x0010:  ac10 1080 0050 da95 2db1 3802 1b51 12c0
        0x0020:  5010 000e 3ea1 0000 0000 4320 1d59
```

图 13.21　以十六进制方式查看完整的数据包信息

警告 在很多 Tcpdump 文档中会提到默认快照长度（snaplen），该长度由 -s 参数设置。snaplen 参数用于控制 Tcpdump 捕获数据包的大小。旧版本的 Tcpdump 只支持捕获（IPv4）数据包的前 68 个字节。因此，如果需要捕获全部数据包内容，必须将 snaplen 设置得更大，或者简单地将 snaplen 设置为 0，这样也可以捕获完整的数据包，而不论其大小。Tcpdump 4.0 及以后版本，默认的 snaplen 已经增加到 65535 字节，如果你使用的是新版本 Tcpdump，就不必在命令行里加入 -s 0 参数。

还有一种使用 ASCII 码显示数据包内容的方法，是使用 -A 参数（图 13.22）。

```
chris — bash — 133×22
maverick:~ chris$ tcpdump -nnAr packets.pcap
reading from file packets.pcap, link-type EN10MB (Ethernet)
09:27:03.037982 IP 172.16.16.128.55957 > 67.205.2.30.80: Flags [S], seq 458297902, win 65535, options [mss 1460,nop,wscale 4,nop,nop,
TS val 884542004 ecr 0,sackOK,eol], length 0
E..@..@.@.r.....C......P.Q...........0.............
4.
4........
09:27:03.136870 IP 67.205.2.30.80 > 172.16.16.128.55957: Flags [S.], seq 766588929, ack 458297903, win 5840, options [mss 1460,nop,no
p,sackOK,nop,wscale 9], length 0
E .4..@.3.E)C........P..-.8..Q./...................
09:27:03.136987 IP 172.16.16.128.55957 > 67.205.2.30.80: Flags [.], ack 1, win 16384, length 0
E..(C.@.@.......C......P.Q./-.8.P.@..?..
09:27:03.137085 IP 172.16.16.128.55957 > 67.205.2.30.80: Flags [P.], seq 1:146, ack 1, win 16384, length 145
E...$.@.@.......C......P.Q./-.8.P.@.#C..GET / HTTP/1.1
User-Agent: curl/7.24.0 (x86_64-apple-darwin12.0) libcurl/7.24.0 OpenSSL/0.9.8x zlib/1.2.5
Host: appliednsm.com
Accept: */*


09:27:03.239555 IP 67.205.2.30.80 > 172.16.16.128.55957: Flags [.], ack 146, win 14, length 0
E .(..@.3.rGC........P..-.8..Q..P...>.....C .Y
maverick:~ chris$
```

图 13.22 以 ASCII 码方式查看完整的数据包内容

我喜欢使用 -X 参数，该参数可以同时以十六进制和 ASCII 码方式显示数据包内容（图 13.23）。

```
chris — bash — 133×35
maverick:~ chris$ tcpdump -nnXr packets.pcap
reading from file packets.pcap, link-type EN10MB (Ethernet)
09:27:03.037982 IP 172.16.16.128.55957 > 67.205.2.30.80: Flags [S], seq 458297902, win 65535, options [mss 1460,nop,wscale 4,nop,nop,
TS val 884542004 ecr 0,sackOK,eol], length 0
        0x0000:  4500 0040 c592 4000 4006 72aa ac10 1080  E..@..@.@.r.....
        0x0010:  43cd 021e da95 0050 1b51 122e 0000 0000  C......P.Q......
        0x0020:  b002 ffff ed30 0000 0204 05b4 0103 0304  .....0..........
        0x0030:  0101 080a 34b9 0a34 0000 0000 0402 0000  ....4..4........
09:27:03.136870 IP 67.205.2.30.80 > 172.16.16.128.55957: Flags [S.], seq 766588929, ack 458297903, win 5840, options [mss 1460,nop,no
p,sackOK,nop,wscale 9], length 0
        0x0000:  4520 0034 0000 4000 3306 4529 43cd 021e  E..4..@.3.E)C...
        0x0010:  ac10 1080 0050 da95 2db1 3801 1b51 122f  .....P..-.8..Q./
        0x0020:  8012 16d0 e79b 0000 0204 05b4 0101 0402  ................
        0x0030:  0103 0309                                ....
09:27:03.136987 IP 172.16.16.128.55957 > 67.205.2.30.80: Flags [.], ack 1, win 16384, length 0
        0x0000:  4500 0028 43b7 4000 4006 f49d ac10 1080  E..(C.@.@.......
        0x0010:  43cd 021e da95 0050 1b51 122f 2db1 3802  C......P.Q./-.8.
        0x0020:  5010 4000 ff3f 0000                      P.@..?..
09:27:03.137085 IP 172.16.16.128.55957 > 67.205.2.30.80: Flags [P.], seq 1:146, ack 1, win 16384, length 145
        0x0000:  4500 00b9 24f6 4000 4006 12ce ac10 1080  E...$.@.@.......
        0x0010:  43cd 021e da95 0050 1b51 122f 2db1 3802  C......P.Q./-.8.
        0x0020:  5018 4000 2343 0000 4745 5420 2f20 4854  P.@.#C..GET./.HT
        0x0030:  5450 2f31 2e31 0d0a 5573 6572 2d41 6765  TP/1.1..User-Age
        0x0040:  6e74 3a20 6375 726c 2f37 2e32 342e 3020  nt:.curl/7.24.0.
        0x0050:  2878 3836 5f36 342d 6170 706c 652d 6461  (x86_64-apple-da
        0x0060:  7277 696e 3132 2e30 2920 6c69 6263 7572  rwin12.0).libcur
        0x0070:  6c2f 372e 3234 2e30 204f 7065 6e53 534c  l/7.24.0.OpenSSL
        0x0080:  2f30 2e39 2e38 7820 7a6c 6962 2f31 2e32  /0.9.8x.zlib/1.2
        0x0090:  2e35 0d0a 486f 7374 3a20 6170 706c 6965  .5..Host:.applie
        0x00a0:  646e 736d 2e63 6f6d 0d0a 4163 6365 7074  dnsm.com..Accept
        0x00b0:  3a20 2a2f 2a0d 0a0d 0a                   :.*/*....
09:27:03.239555 IP 67.205.2.30.80 > 172.16.16.128.55957: Flags [.], ack 146, win 14, length 0
        0x0000:  4520 0028 d2ed 4000 3306 7247 43cd 021e  E..(..@.3.rGC...
        0x0010:  ac10 1080 0050 da95 2db1 3802 1b51 12c0  .....P..-.8..Q..
        0x0020:  5010 000e 3ea1 0000 0000 4320 1d59       P...>.....C..Y
```

图 13.23 同时以 ASCII 码和十六进制方式查看完整的数据包内容

在多数情况下，你所处理的 PCAP 文件会比较大，所以需要使用过滤器筛选出有待调查的数据，或者剔除对于本次调查没有价值的数据。Tcpdump 支持伯克利数据包过滤器（Berkeley Packet Filter，缩写为 BPF）格式。在 Tcpdump 命令行尾部添加过滤器，即可使 Tcpdump 将其调用。为了便于阅读，建议使用单引号将这些过滤器括起来。按此思路，如果我们只是想查看与目的端口 TCP/8080 相关的数据包，我们可以调用如下命令：

```
tcpdump -nnr packets.pcap 'tcp dst port 8080'
```

我们还可以使用 -w 参数，将数据包中满足过滤器条件的内容写入一个新文件：

```
tcpdump -nnr packets.pcap 'tcp dst port 8080' -w packets_tcp8080.pcap
```

在某些情况下，在解析已捕获数据包时，可能会使用多个过滤选项。在分析人员需要检查大量主机和协议的流量并排除与本次调查无关的流量，通常会出现这种情况。此时，在命令行参数模式下编辑这些过滤器会有困难。因此，Tcpdump 提供了 -F 参数，供用户以文件形式指定包含 BPF 参数的过滤器。

警告 Tcpdump 过滤文件必须只包含过滤语句，并且不能包含任何注释。由于注释有助于理解较复杂的过滤器，我建议同时使用两个过滤器文件：不带注释的用于生产环境，带注释的用于参考。

以下命令使用 -F 参数指定一个过滤器文件：

```
tcpdump -nnr packets.pcap -F known_good_hosts.bpf
```

我们将在本章后面的内容中讨论如何创建自定义过滤器。

虽然本节并非 Tcpdump 的详细使用说明，但它涵盖了分析人员在日常分析数据包时经常用到的关于 Tcpdump 的主要功能。如果你想进一步学习 Tcpdump，可以访问：http://www.tcpdump.org/，或者在已安装 Tcpdump 的系统中输入 man tcpdump 命令查看 Tcpdump 帮助手册。

13.5 用于数据包分析的 Tshark 工具

Tshark 是随图形化数据包分析工具 Wireshark 一同安装的工具，是 Wireshark 的命令行版本。Tshark 具有许多与 Tcpdump 相同的功能，但对 Wireshark 协议解析器的支持，使其具有额外的优势，更适用于对应用层协议的自动化分析。另外，它还支持 Wireshark 的显示过滤语法，其灵活性较伯克利过滤器更胜一筹。但有时候优势也会变成弱点，为了支持这些额外的特性，必然会需要额外的处理工作，所以在解析数据的时候，Tshark 的速度会慢于 Tcpdump。

如果你所使用的系统已经安装了 Wireshark，例如 Security Onion 系统，那么 Tshark 会被默认安装，执行 tshark 命令就可以启动它。如下命令用于以 Tshark 捕获数据包：

```
sudo tshark -i eth1
```

该命令会在当前终端窗口显示已捕获数据包，各个数据包均以单汇总行的格式输出。如果你想保存已捕获数据包供稍后分析，可以使用 -w 选项指定数据输出文件存放的位置。将上述参数组合起来，我们得到了如下命令：

```
sudo tshark -i eth1 -w packets.pcap
```

现在，如果你想读取该文件，可以使用 -r 参数，并在后面指定文件名，如图 13.24 所示。

```
chris — sanders@lakota: ~ — ssh — 144×9
sanders@lakota:~$ tshark -r packets.pcap
  1   0.000000 172.16.16.128 -> 67.205.2.30  TCP 78 57276 > http [SYN] Seq=0 Win=65535 Len=0 MSS=1460 WS=16 TSval=892987100 TSecr=0 SACK_PERM=1
  2   0.092588  67.205.2.30 -> 172.16.16.128 TCP 66 http > 57276 [SYN, ACK] Seq=0 Ack=1 Win=5840 Len=0 MSS=1460 SACK_PERM=1 WS=512
  3   0.093347 172.16.16.128 -> 67.205.2.30  TCP 60 57276 > http [ACK] Seq=1 Ack=1 Win=262144 Len=0
  4   0.093487 172.16.16.128 -> 67.205.2.30  HTTP 199 GET / HTTP/1.1
  5   0.186600  67.205.2.30 -> 172.16.16.128 TCP 60 http > 57276 [ACK] Seq=1 Ack=146 Win=7168 Len=0
  6   2.511104  67.205.2.30 -> 172.16.16.128 HTTP 318 HTTP/1.1 301 Moved Permanently
  7   2.586084 172.16.16.128 -> 67.205.2.30  TCP 60 57276 > http [ACK] Seq=146 Ack=265 Win=261872 Len=0
  8   2.586175 172.16.16.128 -> 67.205.2.30  TCP 60 57276 > http [FIN, ACK] Seq=146 Ack=265 Win=262144 Len=0
```

图 13.24　使用 Tshark 显示已捕获数据包

输出格式将根据所使用的协议而有所不同。注意本例第 4 条和第 6 条报文，Tshark 提供了额外的应用层数据显示功能。Tshark 具备这样的功能，是因为它具有丰富的协议解析器。如果你需要大量更加详细的输出结果，比如 Tshark 应用层协议解析器所获得的信息，可以在命令行加入 -V 参数。图 13.25 显示了单个数据包的部分输出结果。

```
chris — sanders@lakota: ~ — ssh — 113×42
Transmission Control Protocol, Src Port: 57276 (57276), Dst Port: http (80), Seq: 1, Ack: 1, Len: 145
    Source port: 57276 (57276)
    Destination port: http (80)
    [Stream index: 0]
    Sequence number: 1    (relative sequence number)
    [Next sequence number: 146    (relative sequence number)]
    Acknowledgement number: 1    (relative ack number)
    Header length: 20 bytes
    Flags: 0x018 (PSH, ACK)
        000. .... .... = Reserved: Not set
        ...0 .... .... = Nonce: Not set
        .... 0... .... = Congestion Window Reduced (CWR): Not set
        .... .0.. .... = ECN-Echo: Not set
        .... ..0. .... = Urgent: Not set
        .... ...1 .... = Acknowledgement: Set
        .... .... 1... = Push: Set
        .... .... .0.. = Reset: Not set
        .... .... ..0. = Syn: Not set
        .... .... ...0 = Fin: Not set
    Window size value: 16384
    [Calculated window size: 262144]
    [Window size scaling factor: 16]
    Checksum: 0x3d57 [validation disabled]
        [Good Checksum: False]
        [Bad Checksum: False]
    [SEQ/ACK analysis]
        [Bytes in flight: 145]
Hypertext Transfer Protocol
    GET / HTTP/1.1\r\n
        [Expert Info (Chat/Sequence): GET / HTTP/1.1\r\n]
            [Message: GET / HTTP/1.1\r\n]
            [Severity level: Chat]
            [Group: Sequence]
        Request Method: GET
        Request URI: /
        Request Version: HTTP/1.1
    User-Agent: curl/7.24.0 (x86_64-apple-darwin12.0) libcurl/7.24.0 OpenSSL/0.9.8x zlib/1.2.5\r\n
    Host: appliednsm.com\r\n
    Accept: */*\r\n
    \r\n
    [Full request URI: http://appliednsm.com/]
```

图 13.25　读取数据包更加详细的信息

仔细观察图 13.24 所示的 Tshark 正常输出结果，你会发现时间戳看起来有些奇怪。

Tshark 默认以捕包开始时间的相对时间来显示时间戳。为了增加时间戳显示的灵活性，Tshark 提供了 -t 选项，用于指定备选的时间戳显示方式。为了在输出数据包的时候可以显示真实的捕包日期和时间，可以使用与 Tcpdump 类似的 -t ad 选项，如图 13.26 所示。

```
chris — sanders@lakota: ~ — ssh — 161×9
sanders@lakota:~$ tshark -t ad -r packets.pcap
  1 2013-09-19 15:48:24.975123 172.16.16.128 -> 67.205.2.30  TCP 78 57276 > http [SYN] Seq=0 Win=65535 Len=0 MSS=1460 WS=16 TSval=892987100 TSecr=0 SACK_PERM=1
  2 2013-09-19 15:48:25.067711  67.205.2.30 -> 172.16.16.128 TCP 66 http > 57276 [SYN, ACK] Seq=0 Ack=1 Win=5840 Len=0 MSS=1460 SACK_PERM=1 WS=512
  3 2013-09-19 15:48:25.068470 172.16.16.128 -> 67.205.2.30  TCP 60 57276 > http [ACK] Seq=1 Ack=1 Win=262144 Len=0
  4 2013-09-19 15:48:25.068610 172.16.16.128 -> 67.205.2.30  HTTP 199 GET / HTTP/1.1
  5 2013-09-19 15:48:25.161723  67.205.2.30 -> 172.16.16.128 TCP 60 http > 57276 [ACK] Seq=1 Ack=146 Win=7168 Len=0
  6 2013-09-19 15:48:27.486227  67.205.2.30 -> 172.16.16.128 HTTP 318 HTTP/1.1 301 Moved Permanently
  7 2013-09-19 15:48:27.561207 172.16.16.128 -> 67.205.2.30  TCP 60 57276 > http [ACK] Seq=146 Ack=265 Win=261872 Len=0
  8 2013-09-19 15:48:27.561298 172.16.16.128 -> 67.205.2.30  TCP 60 57276 > http [FIN, ACK] Seq=146 Ack=265 Win=262144 Len=0
```

图 13.26 以绝对日期和时间显示数据包

你也可以利用这个特点，使用增量（delta）方式显示数据包的时间戳，即相对上次捕包时经过的时间，其参数为 -t d。

如果你想检查捕包文件的原始数据包数据，可以使用 -x 参数指定 Tshark 以十六进制和 ASCII 码格式输出数据包内容，如图 13.27 所示。

```
chris — sanders@lakota: ~ — ssh — 116×41
sanders@lakota:~$ tshark -xr packets.pcap
  1   0.000000 172.16.16.128 -> 67.205.2.30  TCP 78 57276 > http [SYN] Seq=0 Win=65535 Len=0 MSS=1460 WS=16 TSval=89
2987100 TSecr=0 SACK_PERM=1

0000  c0 c1 c0 17 8c e8 20 c9 d0 ba 63 fb 08 00 45 00   ...... ...c...E.
0010  00 40 a6 b8 40 00 40 06 91 84 ac 10 10 80 43 cd   .@..@.@.......C.
0020  02 1e df bc 00 50 e3 82 eb ad 00 00 00 00 b0 02   .....P..........
0030  ff ff 69 2f 00 00 02 04 05 b4 01 03 03 04 01 01   ..i/............
0040  08 0a 35 39 e6 dc 00 00 00 00 04 02 00 00         ..59..........

  2   0.092588  67.205.2.30 -> 172.16.16.128 TCP 66 http > 57276 [SYN, ACK] Seq=0 Ack=1 Win=5840 Len=0 MSS=1460 SACK
_PERM=1 WS=512

0000  20 c9 d0 ba 63 fb c0 c1 c0 17 8c e8 08 00 45 20    ...c.........E 
0010  00 34 00 00 40 00 33 06 45 29 43 cd 02 1e ac 10   .4..@.3.E)C.....
0020  10 80 00 50 df bc f1 44 b3 80 e3 82 eb ae 80 12   ...P...D........
0030  16 d0 01 b0 00 00 02 04 05 b4 01 01 04 02 01 03   ................
0040  03 09                                             ..

  3   0.093347 172.16.16.128 -> 67.205.2.30  TCP 60 57276 > http [ACK] Seq=1 Ack=1 Win=262144 Len=0

0000  c0 c1 c0 17 8c e8 20 c9 d0 ba 63 fb 08 00 45 00   ...... ...c...E.
0010  00 28 4b 9e 40 00 40 06 ec b6 ac 10 10 80 43 cd   .(K.@.@.......C.
0020  02 1e df bc 00 50 e3 82 eb ae f1 44 b3 81 50 10   .....P.....D..P.
0030  40 00 19 54 00 00 00 00 2b 82 7f 3e               @..T....+..>

  4   0.093487 172.16.16.128 -> 67.205.2.30  HTTP 199 GET / HTTP/1.1

0000  c0 c1 c0 17 8c e8 20 c9 d0 ba 63 fb 08 00 45 00   ...... ...c...E.
0010  00 b9 c4 f6 40 00 40 06 72 cd ac 10 10 80 43 cd   ....@.@.r.....C.
0020  02 1e df bc 00 50 e3 82 eb ae f1 44 b3 81 50 18   .....P.....D..P.
0030  40 00 3d 57 00 00 47 45 54 20 2f 20 48 54 54 50   @.=W..GET / HTTP
0040  2f 31 2e 31 0d 0a 55 73 65 72 2d 41 67 65 6e 74   /1.1..User-Agent
0050  3a 20 63 75 72 6c 2f 37 2e 32 34 2e 30 20 28 78   : curl/7.24.0 (x
0060  38 36 5f 36 34 2d 61 70 70 6c 65 2d 64 61 72 77   86_64-apple-darw
0070  69 6e 31 32 2e 30 29 20 6c 69 62 63 75 72 6c 2f   in12.0) libcurl/
0080  37 2e 32 34 2e 30 20 4f 70 65 6e 53 53 4c 2f 30   7.24.0 OpenSSL/0
0090  2e 39 2e 38 78 20 7a 6c 69 62 2f 31 2e 32 2e 35   .9.8x zlib/1.2.5
00a0  0d 0a 48 6f 73 74 3a 20 61 70 70 6c 69 65 64 6e   ..Host: appliedn
00b0  73 6d 2e 63 6f 6d 0d 0a 41 63 63 65 70 74 3a 20   sm.com..Accept: 
00c0  2a 2f 2a 0d 0a 0d 0a                              */*....
```

图 13.27 使用 Tshark 以十六进制和 ASCII 码格式显示数据包

Tshark 既支持 BPF 语法的捕包过滤器（就像你曾用于 Tcpdump 的那种），又支持利用了 Tshark 数据包解码器的显示过滤器。其主要区别在于，捕包过滤器只能在捕获数据包时使用，而显示过滤器在从文件读取数据包内容时也同样适用。使用捕包过滤器时，需使

用 -f 参数，并在后面跟上你想使用的过滤器。例如，以下命令可以限制 Tshark 仅捕获目的端口为 53 的 udp 数据包，该命令可用于识别 DNS 流量：

```
sudo tshark -I eth1 -f 'udp && dst port 53'
```

对于当前读取的捕包文件，如果你想使用显示过滤器来实现相同的过滤功能，应指定 -R 参数并在其后加入过滤器，如下所示：

```
tshark -r packets.pcap -R 'udp && dst.port == 53'
```

在本章后面内容，我们会讨论 Tshark 和 Wireshark 的显示过滤器语法。

Tshark 提供的另一个实用功能是为数据包生成统计数据。你可以使用 -z 选项结合所需生成的统计名称，让 Tshark 从一个已捕获的数据包生成统计数据。统计选项的完整列表可由 Tshark 帮助手册查看。该命令使用 http,tree 选项，可显示数据包文件中已识别的 HTTP 状态代码及请求方法的分类统计结果。

```
tshark -r packets.pcap -z http,tree
```

该命令的输出结果如图 13.28 所示。

```
chris — sanders@lakota: ~ — ssh — 85×18
===================================================================
HTTP/Packet Counter          value          rate          percent
-------------------------------------------------------------------
Total HTTP Packets               8       0.000456
 HTTP Request Packets            4        0.000228         50.00%
  GET                             4        0.000228        100.00%
 HTTP Response Packets           4        0.000228         50.00%
  ???: broken                     0        0.000000          0.00%
  1xx: Informational              0        0.000000          0.00%
  2xx: Success                    3        0.000171         75.00%
   200 OK                          3        0.000171        100.00%
  3xx: Redirection                1        0.000057         25.00%
   301 Moved Permanently           1        0.000057        100.00%
  4xx: Client Error               0        0.000000          0.00%
  5xx: Server Error               0        0.000000          0.00%
 Other HTTP Packets              0        0.000000          0.00%

===================================================================
```

图 13.28 使用 tshark 生成 HTTP 统计数据

下面提供几个我喜欢的统计选项：

- io,phs: 分级显示数据包文件的全部协议。
- http,tree: 显示 HTTP 请求和响应类型相关的数据包统计数据。
- http_req,tree: 显示 HTTP 各个请求的统计数据。
- smb,srt: 显示 SMB 命令相关的统计数据。适用于分析 Windows 平台的 SMB 流量。

Tshark 具有令人难以置信的强大功能，对于 NSM 分析人员来说，是除了 tcpdump 之外的另一款实用工具。在我的分析过程中，通常会先使用 Tcpdump 根据数据包三层⊖和四层⊜属性快速过滤。如果要保持在命令行下工作，需要进一步获取通信序列相关的应用层信息，或者需要生成一些基本的统计数据，才会请出 Tshark 工具来。如需了解 Tshark 相关的更多

⊖ 对应 OSI 七层模型的网络层。——译者注

⊜ 对应 OSI 七层模型的传输层。——译者注

内容，可访问 http://www.wireshark.org，或在已安装 Tshark 的系统上，执行 man tshark 命令，查看 Tshark 帮助手册。

13.6 用于 NSM 分析的 Wireshark 工具

虽然命令行的数据包分析工具用于基本的数据包操作已经比较理想，但有些分析任务还需要 Wireshark 之类的图形化数据包分析工具才能胜任。Wireshark 最初由 Gerald Combs 在 1998 年以 Ethereal 项目命名而开发。该项目在 2006 年被更名为 Wireshark，得益于超过 500 位贡献者的帮助，此后发展迅猛。Wireshark 是图形化数据包分析程序的优质标准，因而被预装在 Security Onion 系统。

如果你没有使用 Security Onion，可以在 http://www.wireshark.org 找到适合于你的平台的 Wireshark 安装说明。Wireshark 是一款多平台工具，适用于 Windows、Mac 以及 Linux 系统。如果你使用的是 Security Onion 系统，只需简单地在命令行输入 wireshark 命令即可启动 Wireshark，也可以点击位于 Security Onion 系统桌面菜单的 Wireshark 图标。如果你不仅需要分析数据包，还希望能够捕获数据包，则必须使用 sudo wireshark 命令，提升 Wireshark 的运行权限。在首次启动 Wireshark 时，窗口没有什么有用信息，因此我们需要采集一些数据包数据看看。

13.6.1 捕获数据包

为了捕获网络数据包，你可以从主下拉菜单中选择 Capture > Interfaces 。这将显示该系统可以用来捕获数据包的所有设备（如图 13.29）。在这里，你可以选择从传感器设备或者其他设备捕获数据包。点击指定设备旁边的“Start”按钮，即可开始从该设备捕获数据包。

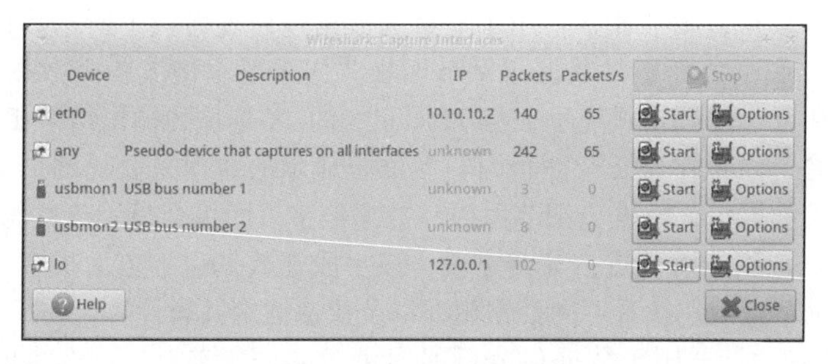

图 13.29 Wireshark 捕获数据包界面

警告 如果你决定使用 Wireshark 从某个非常繁忙的传感器设备捕获数据包，应该多加小心。虽然 Wireshark 很优秀，但是你若同时载入过多的数据，它也会不堪重负，这是因为它会尝试将数据包内容全部载入内存。这就是通常使用命令行工具分析大量数据集，并在将数据载入 Wireshark 之类的工具之前，过滤出待调查数据的原因。

完成数据包采集任务之后，点击“Capture”下拉菜单中的“Stop”按钮。此时，待分析数据将会呈现出来。图 13.30 是 Security Onion 系统 /opt/samples/ 目录下的多个捕包文件之一被打开的样子。

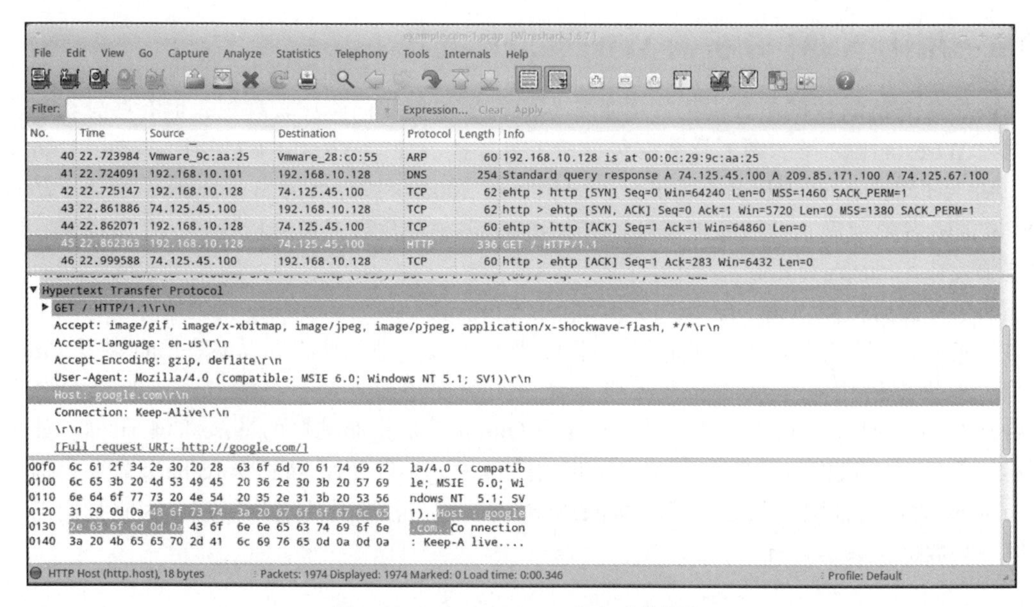

图 13.30 在 Wireshark 中查看数据包

从上图可以看出，Wireshark 界面分为三个面板。最上面的面板是数据包列表面板，用于逐行显示各个数据包的概要，并将各个字段以列分隔。默认列包括数据包序号（NO）、时间戳（Time，默认为捕包开始时间的相对时间）、源地址（Source）和目标地址（Destination）、协议（Protocol）、包长（Length）以及包含协议相关信息的列（Info）。

中间的面板是数据包细节面板，用于显示在数据包列表面板中所选数据包的数据字段包含的详细信息。底部的面板是数据包字节面板，用于显示构成各个数据包的字节信息，数据以十六进制和 ASCII 码格式显示，与 Tcpdump 的 -X 选项的输出结果相似。

需要注意的是，在操作这三个面板时，各面板显示的数据是联动的。当你在数据包列表面板点击了某个数据包，数据包细节面板和数据包字节面板会显示该数据包的相关信息。此外，当你在数据包细节面板点击某个字段，该字段在数据包字节面板中的相关字节会被高亮显示。这有助于直观地查看不同数据包，以及快速确定其属性。

Wireshark 具有大量适用于数据包分析的实用功能。事实上，这么多的功能让我们无法在本章逐项提及。如果你想了解 Wireshark 及其功能的详细资料，推荐阅读我的另一本书——《Wireshark 数据包分析实战》或者 Laura Chappell 的著作[⊖]——《Wireshark 网络分析》。这两本书都全面地涵盖了数据包分析以及 TCP/IP 协议。前面曾说过，Wireshark 有几个值得一提的特色功能。下面将简要地介绍这些功能。

⊖ Laura A. Chappell. Wireshark Network Analysis[M]. Laura Chappell University, 2012-3-1.——译者注

13.6.2　改变时间显示格式

就像 Tshark 一样，Wireshark 对于数据包时间戳的显示，默认是各数据包捕获数据包的开始时间的相对秒数。虽然这在某些情况下非常有用，但是我通常喜欢以绝对时间查看相关数据包内容。你可以通过主下拉菜单中 View 菜单改变设置：选择 View > Time Display Format > Date and Time of Day。如果当前捕包文件只包含一天之内的数据，你可以选择菜单中的“Time of Day”，从而压缩时间列的宽度。

为了避免每次打开 Wireshark 都需要改变时间显示格式，你可以按以下步骤更改默认设置：

1. 从主下拉菜单，选择菜单 Edit > Preferences。
2. 选择 Columns 标题，选择 Time 字段。
3. 更改字段类型为：Absolute Date and Time。

有时我发现另一种也很有用的时间显示格式——Seconds Since Previous Displayed Packet。这种显示格式非常适用于分析孤立的通信序列和确定特定活动之间的时间间隔。如果需要判定某进程的活动是由人工输入产生，还是由脚本导致，这种显示格式也会派上用场。人的活动是无法预测的，但是脚本的行为会显示出精确的时间间隔。

最后，在某些情况下可能需要了解某一事件距离上一事件发生后多久才会出现。为了满足这种要求，Wireshark 允许将某一数据包标记为时间参考点。在数据包记录点鼠标右键，选择“Set Time Reference”，即可实现该要求。在标记后，需将时间显示格式改为“Seconds Since Beginning of Capture”，位于已标记数据包之后的其他数据包的时间，都会显示相对该数据包的秒数。用于时间参考点的数据包可以有多个。

13.6.3　捕获概要

一般情况下，使用 Wireshark 打开某个捕包文件后，我首先会在主下拉菜单选择 Statistics > Summary，打开 Summary 窗口。如图 13.31 所示界面，该窗口提供了捕包文件及其包含数据相关的丰富信息和统计数据。

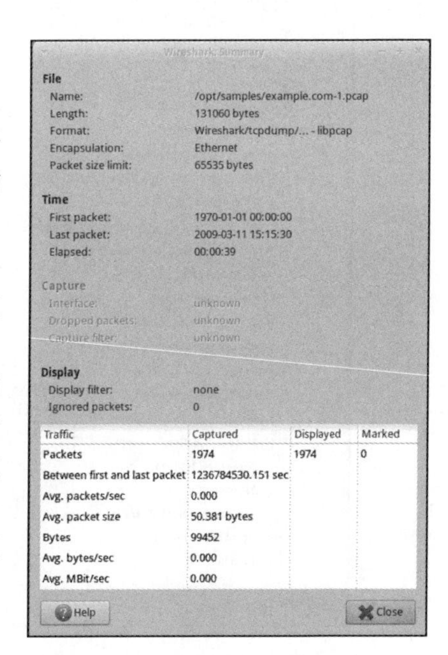

图 13.31　Wireshark 的概要窗口

对于分析人员来说，该窗口的重要内容包括：

- Format：该文件的格式。如果是 PCAP-NG 文件，是可以向数据包中添加注释的。
- Time：该部分包括第一个包和最后一个包被捕获时的时间，以及两者之间的时间间隔。这对于确认该捕包文件是否包含当前调查的时间范围至关重要。
- Bytes：捕包文件的数据大小。供你了解待处理的数据量。
- Avg. Packet Size：捕包文件的数据包平均大小。有时候，该数字可以用于确定捕包文件的流量构成。例如，如果平均值较大，说明包含数据的数据包较多，平均值较小则说明包含协议级的控制 / 命令（control/command）的数据包较多。注意，这种判断方法并不十分可靠，受各种因素影响，结果可能大相径庭。

- Avg. Bytes/sec and Avg. Mbit/sec：捕获过程中的每秒字节数或每秒兆位数的平均值。这对确定通信过程中的速率非常有用。

13.6.4 协议分层

从主下拉菜单选择 Statistics > Protocol Hierarchy，可以显示协议分层界面。该界面可显示捕包文件内各种协议的快照，同时提供的分项统计数据，可用来确定捕包文件中各个协议相关流量的百分比。

在分析捕包文件时，另一个首要步骤往往是统计功能。根据简明的数据视图，你可以快速地发现不正常的协议或不应该出现的协议，从而进一步地展开分析，比如，你在既无Windows 系统也没有使用 Samba 协议的主机的网段里，发现了 SMB 协议流量。你也可以使用该功能找到常规协议出现的比例异常。例如，看到捕包文件里 DNS 协议或 ICMP 协议的相关流量占有非常高的比例，说明这些数据包可能需要进一步调查。

用鼠标右键点击该窗口中的某个协议，选择“ Apply As Filter”，然后选择一个过滤器选项，你就可以直接创建一个显示过滤器。选择“ Selected”选项，将只显示使用该协议的数据包；选择“ Not Selected”选项，将只显示未使用该协议的数据包。其他的几个可用选项，用于建立混合过滤器。

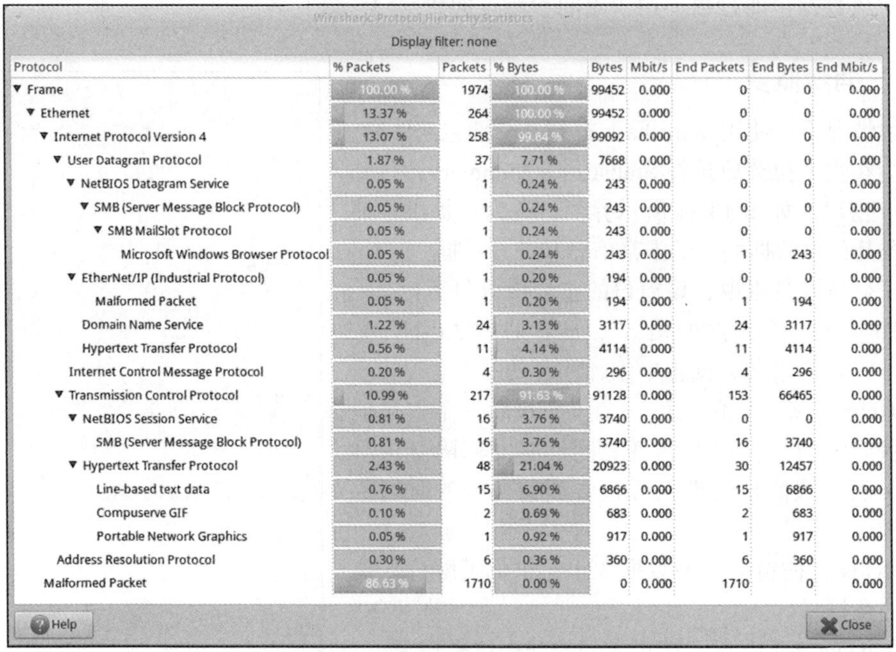

Wireshark: Protocol Hierarchy Statistics

Display filter: none

Protocol	% Packets	Packets	% Bytes	Bytes	Mbit/s	End Packets	End Bytes	End Mbit/s
▼ Frame	100.00 %	1974	100.00 %	99452	0.000	0	0	0.000
▼ Ethernet	13.37 %	264	100.00 %	99452	0.000	0	0	0.000
▼ Internet Protocol Version 4	13.07 %	258	99.64 %	99092	0.000	0	0	0.000
▼ User Datagram Protocol	1.87 %	37	7.71 %	7668	0.000	0	0	0.000
▼ NetBIOS Datagram Service	0.05 %	1	0.24 %	243	0.000	0	0	0.000
▼ SMB (Server Message Block Protocol)	0.05 %	1	0.24 %	243	0.000	0	0	0.000
▼ SMB MailSlot Protocol	0.05 %	1	0.24 %	243	0.000	0	0	0.000
Microsoft Windows Browser Protocol	0.05 %	1	0.24 %	243	0.000	1	243	0.000
▼ EtherNet/IP (Industrial Protocol)	0.05 %	1	0.20 %	194	0.000	0	0	0.000
Malformed Packet	0.05 %	1	0.20 %	194	0.000	1	194	0.000
Domain Name Service	1.22 %	24	3.13 %	3117	0.000	24	3117	0.000
Hypertext Transfer Protocol	0.56 %	11	4.14 %	4114	0.000	11	4114	0.000
Internet Control Message Protocol	0.20 %	4	0.30 %	296	0.000	4	296	0.000
▼ Transmission Control Protocol	10.99 %	217	91.63 %	91128	0.000	153	66465	0.000
▼ NetBIOS Session Service	0.81 %	16	3.76 %	3740	0.000	0	0	0.000
SMB (Server Message Block Protocol)	0.81 %	16	3.76 %	3740	0.000	16	3740	0.000
▼ Hypertext Transfer Protocol	2.43 %	48	21.04 %	20923	0.000	30	12457	0.000
Line-based text data	0.76 %	15	6.90 %	6866	0.000	15	6866	0.000
Compuserve GIF	0.10 %	2	0.69 %	683	0.000	2	683	0.000
Portable Network Graphics	0.05 %	1	0.92 %	917	0.000	1	917	0.000
Address Resolution Protocol	0.30 %	6	0.36 %	360	0.000	6	360	0.000
Malformed Packet	86.63 %	1710	0.00 %	0	0.000	1710	0	0.000

Help　　Close

图 13.32 Wireshark 协议分层窗口

13.6.5 终端和会话

在 Wireshark 术语中，将网络上进行通信的设备看作终端（Endpoint），两个终端之间的通信称作会话（Conversation）。Wireshark 既支持查看终端个体的通信统计数据，也支持查看终端之间的通信统计数据。

从主下拉菜单选择 Statistics > Endpoints ，可以查看终端统计数据，如图 13.33 所示。

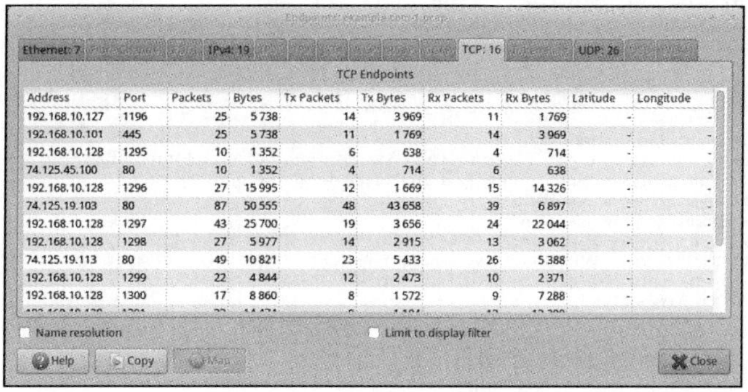

Ethernet: 7 | IPv4: 19 | TCP: 16 | UDP: 26

TCP Endpoints

Address	Port	Packets	Bytes	Tx Packets	Tx Bytes	Rx Packets	Rx Bytes	Latitude	Longitude
192.168.10.127	1196	25	5 738	14	3 969	11	1 769	-	-
192.168.10.101	445	25	5 738	11	1 769	14	3 969	-	-
192.168.10.128	1295	10	1 352	6	638	4	714	-	-
74.125.45.100	80	10	1 352	4	714	6	638	-	-
192.168.10.128	1296	27	15 995	12	1 669	15	14 326	-	-
74.125.19.103	80	87	50 555	48	43 658	39	6 897	-	-
192.168.10.128	1297	43	25 700	19	3 656	24	22 044	-	-
192.168.10.128	1298	27	5 977	14	2 915	13	3 062	-	-
74.125.19.113	80	49	10 821	23	5 433	26	5 388	-	-
192.168.10.128	1299	22	4 844	12	2 473	10	2 371	-	-
192.168.10.128	1300	17	8 860	8	1 572	9	7 288	-	-

Name resolution　Limit to display filter

Help　Copy　Map　Close

图 13.33　Wireshark 终端窗口

访问会话菜单的方法与之类似，在主下拉菜单选择 Statistics > Conversations 即可，如图 13.34 所示。

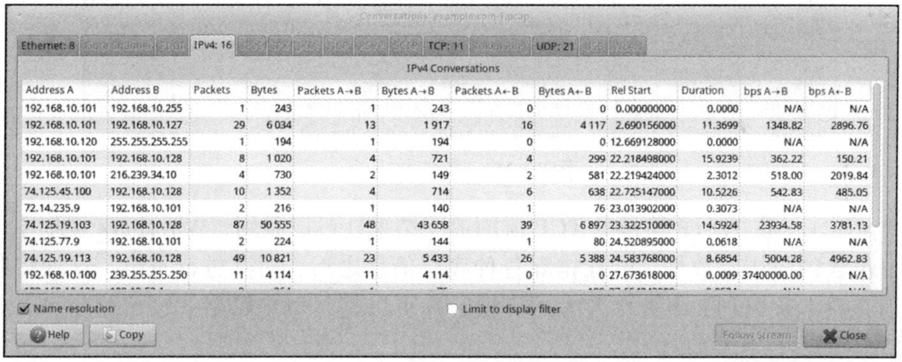

Ethernet: 8 | IPv4: 16 | TCP: 11 | UDP: 21

IPv4 Conversations

Address A	Address B	Packets	Bytes	Packets A→B	Bytes A→B	Packets A←B	Bytes A←B	Rel Start	Duration	bps A→B	bps A←B
192.168.10.101	192.168.10.255	1	243	1	243	0	0	0.000000000	0.0000	N/A	N/A
192.168.10.101	192.168.10.127	29	6 034	13	1 917	16	4 117	2.690156000	11.3699	1348.82	2896.76
192.168.10.120	255.255.255.255	1	194	1	194	0	0	12.669128000	0.0000	N/A	N/A
192.168.10.101	192.168.10.128	8	1 020	4	721	4	299	22.218498000	15.9239	362.22	150.21
192.168.10.101	216.239.34.10	4	730	2	149	2	581	22.219424000	2.3012	518.00	2019.84
74.125.45.100	192.168.10.128	10	1 352	4	714	6	638	22.725147000	10.5226	542.83	485.05
72.14.235.9	192.168.10.101	2	216	1	140	1	76	23.013902000	0.3073	N/A	N/A
74.125.19.103	192.168.10.128	87	50 555	48	43 658	39	6 897	23.322510000	14.5924	23934.58	3781.13
74.125.77.9	192.168.10.101	2	224	1	144	1	80	24.520895000	0.0618	N/A	N/A
74.125.19.113	192.168.10.128	49	10 821	23	5 433	26	5 388	24.583768000	8.6854	5004.28	4962.83
192.168.10.100	239.255.255.250	11	4 114	11	4 114	0	0	27.673618000	0.0009	37400000.00	N/A

Name resolution　Limit to display filter

Help　Copy　Follow Stream　Close

图 13.34　Wireshark 会话窗口

两个窗口的布局有些相似，均是逐行显示各个终端或者会话的信息，提供数据包序号及双向传输字节的完整统计数据。你会注意到，两个窗口的顶部都有若干选项卡，它们代表各层的不同协议操作。Wireshark 根据各层的协议及其所用地址，解析终端和会话。因此，一台以太网终端实际上可能涉及多个 IPv4 地址。同样，多个 IP 地址之间的会话，实际上可能仅限于两台物理设备，每个设备都具有一个以太网 MAC 地址。

对于判断谁在捕包文件中扮演着关键角色，终端和会话窗口非常有用。在这里，你可以看到哪些主机发送和接收到的流量最多或最少，并据此缩小调查范围。和协议分层窗口一样，你也可以在终端窗口或会话窗口的屏幕上点击鼠标右键，直接创建过滤器。

13.6.6 流追踪

我们已经了解 Wireshark 对两个终端之间会话流量的描述方法，但是通常我们不太关心通信序列相关的数据包列表，而是更关心这些设备之间交换的数据内容。只要你创建了一个只显示会话流量的过滤器，就可以使用 Wireshark 的流追踪功能，从另一个视角查看这些数据包中包含的应用层数据。在本例中，可用鼠标右键点击 TCP 数据包，然后选择“Follow TCP Stream”。

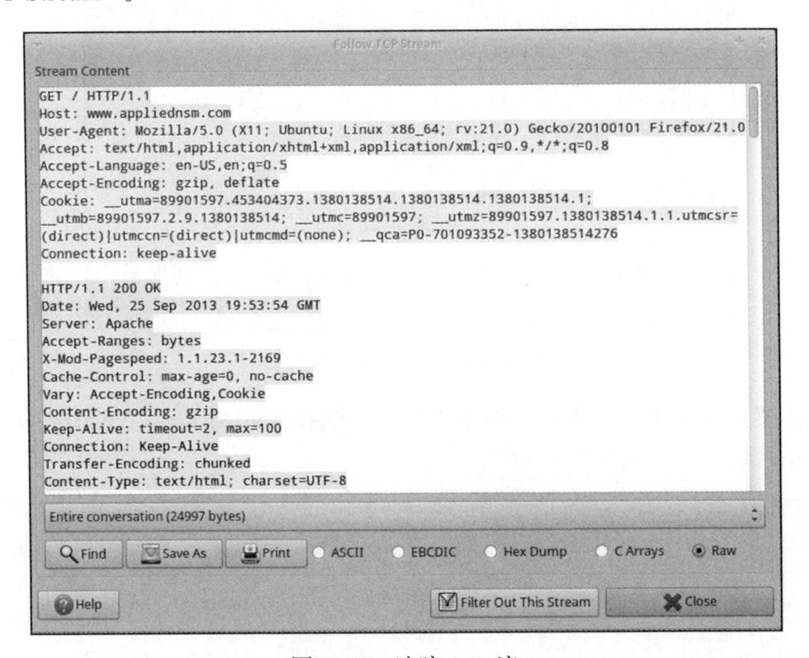

图 13.35 追踪 TCP 流

上图显示了一次 HTTP 连接的 TCP 流的追踪结果。可以看到，Wireshark 提取了该会话数据包中包含的应用层数据，并在排除各种底层信息之后，对其进行重组。这使得我们可以快速地查看本次 HTTP 事务中发生的事情。你可以选择以多种格式输出该信息，还可以仅显示某个指定方向的通信内容。

对于 UDP 和 SSL 的流，Wireshark 也以同样的方式提供这种功能。你通过流追踪获得的信息价值大小，取决于会话所使用的应用层协议，当然，追踪 HTTPS 或 SSH 之类的加密流，通常不具有什么价值。

13.6.7 输入 / 输出数据流量图

通过之前我们使用过的 Wireshark 概要会话框，你可以看到捕包文件中所包含数据的平均吞吐量。这是一种整体衡量平均吞吐量的有效方式，但是如果你想查明任意指定时间点内数据包的吞吐量，就需要使用 Wireshark 生成输入 / 输出数据流量图（IO graph）。借助这类图表，可以显示捕包文件在一段时间内的数据吞吐量（见图 13.36）。

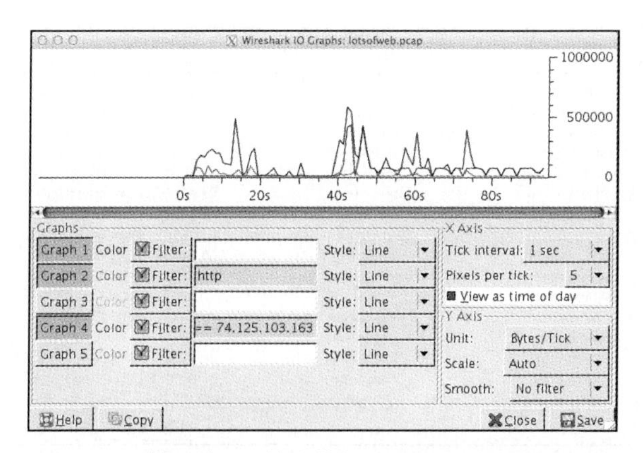

图 13.36 使用输入 / 输出数据流量图查看捕获吞吐量

图中显示了单个捕包文件的基本数据流量图。在本例中，有一条线（Graph 1）表示捕包文件包含的全部数据包的吞吐量，另外两条线表示与显示过滤器相匹配的数据包的吞吐量。其中一个显示过滤器用于描述该捕包文件中包含的所有 HTTP 流量（Graph 2），另一个用于描述 IP 地址为 74.125.103.164 的特定主机产生的流量（Graph 4）。

因为图书是黑白印刷版的，很难区分图 13.32 中的线条，在 Wireshark 中可以通过颜色辨识这些线条。因为在印刷版中无法表现线条的颜色，本书未使用 Graph 3。

输入 / 输出数据流量图支持改变图形所使用的单位（unit）和间隔（interval）。我倾向于将单位设置为 Bytes/tick，并根据所观察的数据长度，调整单位间隔大小。

输入 / 输出数据流量图适用于检查特定设备或协议产生的流量大小，也适用于快速识别特定通信类型相关流量的峰值。

13.6.8 导出对象

Wireshark 支持检测特定协议中的文件传输行为。因此，它也具备从捕包文件中导出这些文件的能力，前提是捕获内容包含该文件的完整数据流。在本书撰写时，Wireshark 已支持从 HTTP、SMB 以及 DICOM 数据流中导出对象。

如果你想尝试这个功能，可按如下步骤操作：

1. 在 Wireshark 中开始一次新的数据包捕获。选择用于捕包的网络设备。

2. 打开浏览器，访问几个不同的网址。

3. 停止数据包捕获。

4. 在 Wireshark 主下拉菜单，选择 File > Export > Objects > HTTP。

5. 列表将会显示出 Wireshark 在通信流中检测到的文件（图 13.37）。单击你想导出的对象，选择另存为（Save As）。然后，你就可以选择该文件的存储位置并提供目标文件名。

请记住，为了能够从捕获的数据包中正确提取文件，你必须具有与该文件在网络上传输相关的每个数据包。

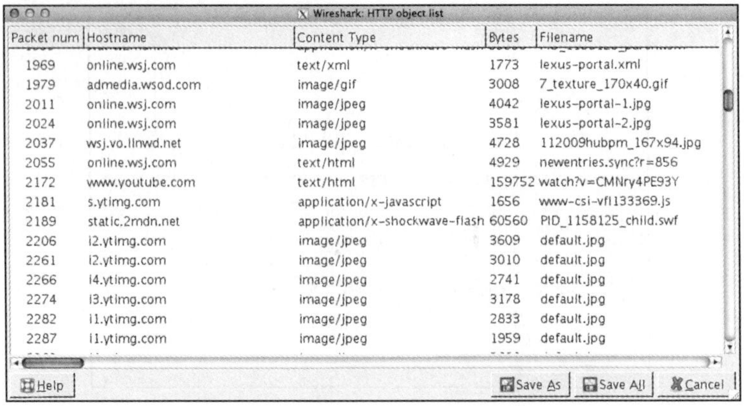

Wireshark: HTTP object list

Packet num	Hostname	Content Type	Bytes	Filename
1969	online.wsj.com	text/xml	1773	lexus-portal.xml
1979	admedia.wsod.com	image/gif	3008	7_texture_170x40.gif
2011	online.wsj.com	image/jpeg	4042	lexus-portal-1.jpg
2024	online.wsj.com	image/jpeg	3581	lexus-portal-2.jpg
2037	wsj.vo.llnwd.net	image/jpeg	4728	112009hubpm_167x94.jpg
2055	online.wsj.com	text/html	4929	newentries.sync?r=856
2172	www.youtube.com	text/html	159752	watch?v=CMNry4PE93Y
2181	s.ytimg.com	application/x-javascript	1656	www-csi-vfl133369.js
2189	static.2mdn.net	application/x-shockwave-flash	60560	PID_1158125_child.swf
2206	i2.ytimg.com	image/jpeg	3609	default.jpg
2261	i2.ytimg.com	image/jpeg	3010	default.jpg
2266	i4.ytimg.com	image/jpeg	2741	default.jpg
2274	i3.ytimg.com	image/jpeg	3178	default.jpg
2282	i1.ytimg.com	image/jpeg	2833	default.jpg
2287	i1.ytimg.com	image/jpeg	1959	default.jpg

Help　Save As　Save All　Cancel

图 13.37　选择一个 HTTP 对象导出

Wireshark 的这个功能价值非凡。虽然从数据流中导出文件还有其他方法（例如通过 Bro 的文件分析框架），但是能够在 Wireshark 中直接做到这一点，还是非常方便的。当我发现在网络中出现了可疑的传输文件，通常会使用这个功能。谨慎地对待你所导出的任何文件，因为它们可能是恶意的，你最终可能会被某种恶意软件所感染，或者因某些原因导致系统受到危害。

13.6.9　添加自定义字段

在默认安装设置中，Wireshark 会在数据包列表面板提供 7 个字段。分别为：数据包序号、时间戳、源地址、目的地址、协议、包长和详细信息。这些字段的内容当然是必需的，不过，为增强分析能力而向该面板增加额外字段的情况也很常见。有两种方法可以做到这一点。为了演示这两种方法，我们向数据包列表面板添加三个字段：源端口号（source port）、目的端口号（destination port）和 HTTP 请求方法（HTTP method）。

我们首先添加源端口号和目的端口号。虽然 Info 字段中通常会包含源端口号和目的端口号，但是，将它们单独成列，能够易于辨识和排序。这也同样适用于区分数据流。

我们将在 Wireshark 的 Preferences 对话框中，按以下步骤添加这些字段：

1. 从 Wireshark 的主下拉菜单选择：Edit > Preferences。
2. 选择屏幕左侧的 Columns 选项。
3. 点击 Add 按钮，在“Field Type”对话框中选择 Source Port (unresolved) 选项。
4. 在刚添加的字段上双击“New Column”，将标题改为“SPort”。
5. 点击 Add 按钮，选择 Dest Port (unresolved) 选项。
6. 在刚添加的字段上双击“New Column”，将标题改为“DPort”。
7. 拖动 SPort 字段至 Source 字段之后。
8. 拖动 DPort 字段至 Destination 字段之后。
9. 点击 OK 按钮。
10. 至此，屏幕界面类似于图 13.38。

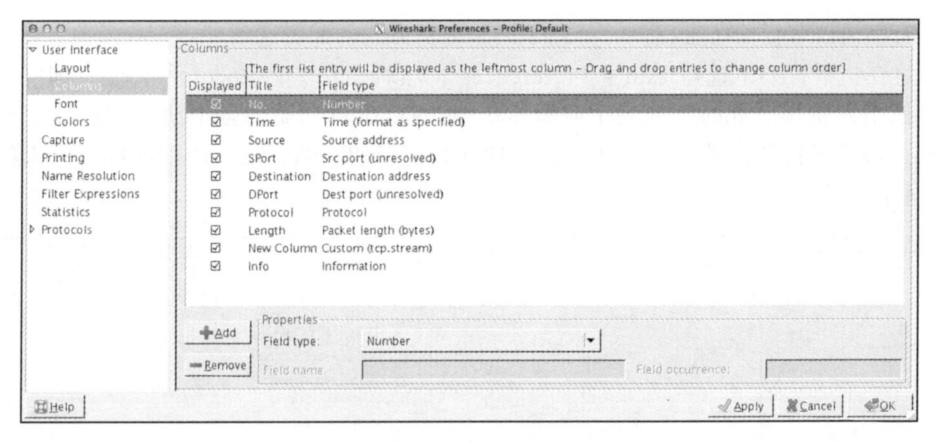

图 13.38　刚刚添加字段之后的 Columns 界面

接下来，我们会添加 HTTP Method 字段。虽然该字段可能会浪费一些屏幕空间，但在分析 HTTP 流量时，它却非常有用，可以帮助你快速辨识使用 HTTP GET 或 HTTP POST 方法的数据包。与此前添加字段的方法不同，我们需按以下步骤在 Wireshark 主窗口添加该字段：

1. 在 Wireshark 中开始新的数据包捕获。选择用于捕包的网络设备。

2. 打开浏览器，访问几个不同的网址。

3. 停止数据包捕获。

4. 找到包含某种 HTTP 请求方法（例如 GET 或 POST）的 HTTP 协议数据包。该步骤既可以手工操作，也可以通过在显示过滤器中输入“http.request”来完成。

5. 在数据包列表面板中选择对应的数据包，然后在数据包细节面板中展开包的 HTTP 协议头信息部分。向下查找，直到找到 Request Method 字段。

6. 鼠标右键点击该 Request Method 字段，然后选择“Apply as Column”。

“Request Method”将被添加在 Info 字段左侧。如果你想改变该字段位置，你可以点击并拖动它至其他字段的旁边。你可以点击鼠标右键，选择“Edit Column Details”编辑字段名称及其他属性。如果你想除去某一列，可以在该栏目顶端点击鼠标右键，然后选择“Remove Column”。

上述两种方法均会将所添加字段记录在当前配置文件中，在下次执行 Wireshark 时依然有效。源端口号和目的端口号这类字段，是我在大多数场景中都会使用的。而 HTTP 请求方法这类字段则需要视情形而定，通常我会依据所检查的流量类型不同，临时增加或删除这类字段。在 Wireshark 中，通过鼠标右键点击某个字段并选择“Apply as Column”，你几乎可以将已解析数据包的任何字段单独成列。对于这个功能，你应该大胆地尝试。

13.6.10　配置协议解析选项

拥有数量众多的协议解析器，恐怕是 Wireshark 最激动人心的特性。协议解析器是一种模块，供 Wireshark 逐字段地解析单个协议。协议解析器允许用户根据特定协议标准创建过滤器。有些协议解析器还会提供一些用于调整分析方式的配置选项。

通过在主下拉菜单选择 Edit > Preferences ，然后展开 “ Protocols” 标签，即可访问这些协议解析器选项。此时，列表中会显示出 Wireshark 已加载的各个协议解析器。点击其中的某个协议解析器，其对应选项就会出现在该窗口的右侧。TCP 协议解析器的选项如图 13.39 所示。

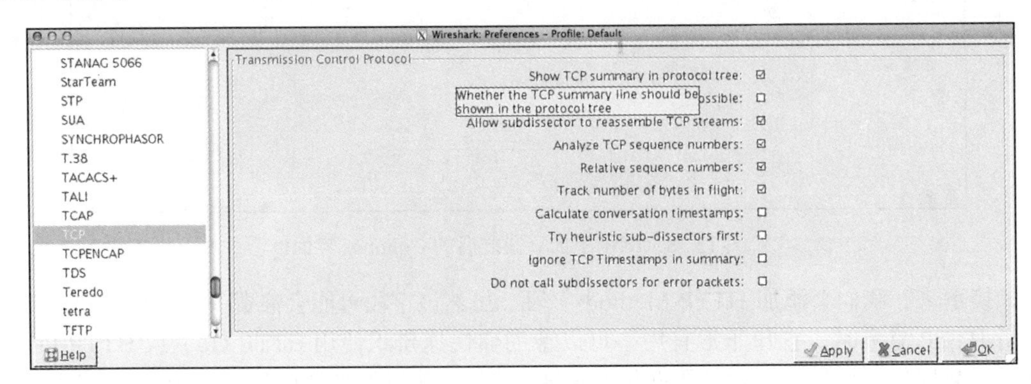

图 13.39 TCP 协议解析器选项

通过查看常用协议的协议解析器选项，可以深入了解 Wireshark 对其呈现信息的获取方法。例如，由上图不难看出，对于 TCP 连接，Wireshark 默认会显示相对序列号（relative sequence numbers），而不是显示绝对序列号。如果你不知道这一点，当你在其他应用程序中查看一组相同的数据包时，本打算找到某个特定的序列号，却意外地发现该序列号并不存在。在这种情况下，要获得真正的 TCP 序列号，你应该禁用相对序列号选项。如果你准备在数据包这个层次下些功夫，也许会乐于花些时间了解主要的 TCP/IP 协议以及平时常用的其他协议的协议解析器选项。

13.6.11 捕获和显示过滤器

Wireshark 既支持使用 BPF 格式的捕获过滤器（Capture Filter），也支持使用自定义语法的显示过滤器（Display Filter），这种自定义语法被设计用于操作协议解析器生成的字段。

仅在捕获数据时，Wireshark 才支持 BPF 格式的捕获过滤器。如需使用捕获过滤器，可从主下拉菜单中选择 Capture > Options。然后，双击用于捕获数据的接口设备。最后，在 “Capture Filter” 区域（图 13.40）指定捕获过滤器，点击 OK 按钮。现在，又会回到前一界面，点击 “ Start” 按钮，捕获过滤器即可生效，此时，不满足过滤条件的数据包会被丢弃。在本例中，我们使用过滤器匹配源网络（source network）为 192.168.0.0/24 且未使用 80 端口的所有数据包。上述操作完毕后，应将捕获过滤器清除，否则将无法完整地采集预期数据包。

如需使用显示过滤器，只需在 Wireshark 主窗口数据包列表面板上方的过滤器对话框中直接输入。在该区域输入过滤器后，点击 “ Apply” 按钮，数据包列表将会只显示满足该过滤器条件的数据包。如果要清除该过滤器，只需点击 “ Clear” 按钮。使用 Wireshark 的表达式过滤器，可以设置高级过滤选项。点击显示过滤器对话框旁边的“Expression”按钮（图 13.41），即可使用该功能。

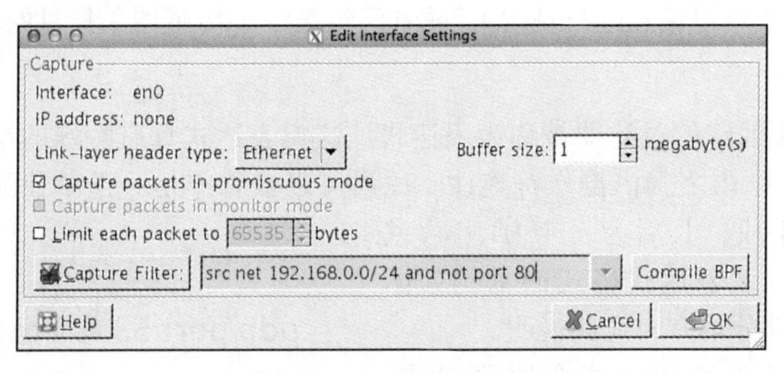

图 13.40　指定捕获过滤器

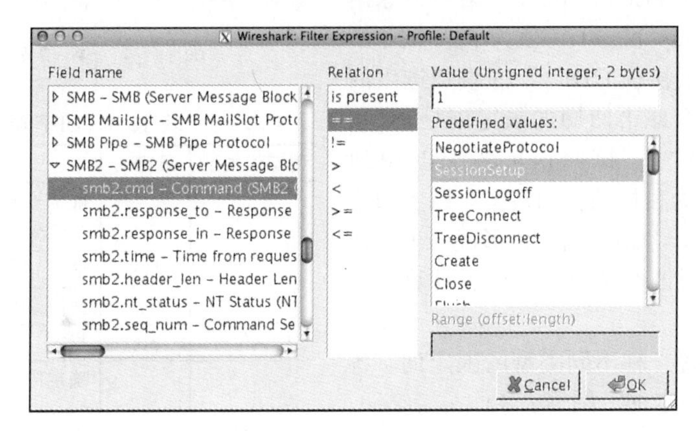

图 13.41　使用表达式生成器建立显示过滤器

我们在图中选中一个过滤器表达式选项，用于匹配 SMB2 SessionSetup 请求。

本节演示了在 Wireshark 中使用捕获、显示过滤器的方法。在下一小节，我们将讨论如何在采集、检测和分析环节应用这类过滤器。

13.7　数据包过滤

在操作捉包文件的时候，可以通过捕获过滤器和显示过滤器保留需要查看的数据包，排除不需要查看的数据包。在分析数据包的过程中，你的大部分时间都会用于提取较大的数据集及将其分解为具有调查价值且易于操作的片断。因此，了解数据包过滤及其在不同情况下的应用方法，是非常有必要的。我们会在本节学习两种类型的数据包过滤器语法：伯克利数据包过滤器语法（用于捕获过滤器）和 Wireshark/Tshark 所使用的显示过滤器语法。

13.7.1　伯克利数据包过滤器

伯克利数据包过滤器（BPF）语法是最常用的数据包过滤语法，适用于多种数据包处理程序。Tcpdump 全程使用 BPF 语法，而 Wireshark 和 Tshark 只有在捕获网络数据包的时候才使用 BPF 语法。在数据包采集过程中，可以使用 BPF 剔除不必要的流量、不适用于检测和分析的流量（第 4 章讨论过这种情况），或者已经被某个传感器采集过的流量。

剖析 BPF

使用 BPF 语法创建的过滤器被称为表达式。这类表达式具有特殊的组织和结构，包含一个或多个原语，原语之间由操作符连接。原语可以被看作是一条单独的过滤语句，由一个或多个限定词组成，其后为一个 ID 名称或者数字形式的值。该表达式格式的示例如图 13.42 所示，各个部分均有对应的说明。

图 13.42 BPF 表达式样例

上面例子中的表达式由两个原语组成：udp port 53 和 dst host 192.0.2.2。第一个原语使用的限定词是 udp 和 port，值为 53。该原语可匹配利用传输层协议 UDP 经 53 端口进出的全部流量。第二个原语使用的限定词是 dst 和 host，值为 192.0.2.2。该原语可匹配以 IP 地址 192.0.2.2 主机为目标的任何流量。以上两个原语由连接操作符（&&）结合，形成一个表达式，当数据包同时匹配两个原语时，计算结果为真。

BPF 语法包含三种不同类型的限定词。各个类型及对应的限定词示例见表 13.1。

表 13.1 BPF 限定词

限定词类型	限定词	说明
类型		确定相关的值。 “你要寻找什么？”
	host	通过 IP 地址指定主机
	net	使用 CIDR 表示法指定网络
	port	指定一个端口
方向		确定传输方向 “方向是什么？”
	src	确定通信源地址的值
	dst	确定通信目标地址的值
协议		识别所用的协议 “使用何种协议？”
	ip	指定 IP 协议
	tcp	指定 TCP 协议
	udp	指定 UDP 协议

从表 13.1 不难看出，限定词的组合方式与特定的值有关。例如，你可以指定使用类似 host 192.0.2.2 这样的单独修饰符指定原语，这将会匹配通过该 IP 地址的任何流量。你也可以使用类似 src host 192.0.2.2 这样的多个限定词指定原语，这只会匹配来源为该 IP 地址的流量。

在组合原语的时候，可使用三种逻辑操作符，如表 13.2 所示。

表 13.2 BPF 逻辑操作符

操作符	符号	说明
连接操作符（表示“与”）	&&	两个条件都为真，则结果为真
选择操作符（表示“或”）	||	任一条件为真，则结果为真
否定操作符（表示“非”）	!	当条件不满足时，则结果为真

现在我们已经知道如何创建基本的 BPF 表达式，我已经创建了一些基础实例（如表 13.3 所示）。

表 13.3 BPF 表达式示例

表达式	说明
host 192.0.2.100	匹配进出指定 IPv4 地址的流量
dst host 2001:db8:85a3::8a2e:370:7334	匹配进入指定 IPv6 地址的流量
ether host 00:1a:a0:52:e2:a0	匹配进入指定 MAC 地址的流量
port 53	匹配进出 53 端口（DNS 协议）的流量
tcp port 53	匹配进出 TCP 端口 53 的流量（大量 DNS 响应和区域传输）
!port 22	匹配所有不是 22 端口（SSH 协议）的进出流量
icmp	匹配所有的 ICMP 流量
!ip6	匹配所有不是 IPv6 的流量

个别协议字段的过滤

截止到目前，你已经可以使用我们前面学过的语法完成一些颇为实用的过滤任务，不过，如果仅仅依靠这些语法，你就只能检查几种特定的协议字段。BPF 语法的真正优势在于，它可用于查看 TCP/IP 协议头部的任何字段。

举个例子，假设你打算通过 IPv4 头部的存活时间值（Time to Live，TTL）实现基于产生数据包的设备的操作系统架构来过滤数据包。因为该值可被伪造，这种判断方法并不可靠，即使如此，一般来说，Windows 设备会默认使用 128 作为 TTL 初始值，而 Linux 设备会使用 64。这意味着我们可以通过数据包实现初步的被动式操作系统检测。为此，我们需要创建一个 BPF 表达式，用于查找 TTL 字段值大于 64 的数据包。

为了建立这样一个过滤器，我们就要找到 IP 包头中 TTL 字段的起始偏移。借助数据包分组地图，我们知道该字段开始位置为 0×8 字节（记得从 0 开始计数）。据此信息，我们就可以建立一个过滤器表达式，告诉 tcpdump 所需访问的协议头，然后使用方括号，将指定字节偏移量的数值括起来。后面再加上大于号（>）逻辑操作符，以及我们前面选定的值。最终结果为如下 BPF 表达式：

```
ip[8]>64
```

以上表达式会使 Tcpdump（或其他你所使用的支持 BPF 语法的应用程序）读取 TCP 包头由 0 开始的第 8 个字节的值。如果该字段的值大于 64，就会匹配成功。现在，让我们看一个类似的例子，在该例中，我们需要检查一个多个字节字段。

在 TCP 包头中 “窗口大小”（Window Size）字段用于控制两台通信主机之间的数据流量。如果一台主机数据过载，其缓冲区被占满，该主机会向另一台主机发送窗口大小值为 0 的数据包，指示该主机停止发送数据。这个过程用于保证数据传输的可靠性。我们可以建立一个过滤器检查该字段，从而发现 TCP 包头中窗口大小为 0 的数据包。

思路与前面一致，借助数据包分组地图，我们可以知道该字段在 TCP 包头中的位置。在本例中，该字段位于 0×14 字节处。注意，该字段实际长度为 2 字节。为了告诉 Tcpdump 这是两字节字段，我们需要在方括号中指定偏移及字节长度，数值之间使用冒号分隔。我们得到的表达式如下：

```
tcp[14:2]=0
```

该表达式告诉 tcpdump 从 TCP 包头读取由 0 开始第 14 个字节偏移的长度为 2 个字节的内容。如果该字段的值为 0，过滤器表达式就会匹配成功。现在，我们已经知道长度超过 1 字节字段的检查方法，我们再看看怎样检查那些长度不足 1 字节的字段。

TCP 协议使用了多种标志表明各个数据包的不同用途。例如，SYN 标志被初始化网络连接的数据包所使用，而 RST 标志和 FIN 标志分别被用于表明连接意外或正常结束。这类标志分别以 TCP 包头 0×13 字节的 1 个比特（1-bit）的字段表示。

为演示用于匹配短于 1 字节字段的过滤器的建立方法，我们创建一条表达式，来匹配仅有 RST 标志的全部 TCP 数据包。创建含有位掩码的表达式，需要一些步骤。

首先，我们需要确认待检查值在数据包包头的位置。在本例中，RST 标志位于 TCP 包头 0 X 13 处字节的第三个位置（从右往左数）。根据我们已经掌握的知识，需要设置一个二进制掩码，告诉 Tcpdump 我们关心该字段中的哪些比特。

我们需要在该字节中检查的字段位于第三个位置，因此我们设置掩码的第三个位置为 1，并将其余字段置 0。其结果以二进制表示为 00000100。

然后，我们需要将该值用十六进制表示。所以，00000100 被转换为十六进制的 0x04。

现在我们可以指定协议和位于 0 X 13 字节偏移的值，建立我们的表达式，后面再加上一个“&”符号以及我们刚创建的字节掩码值。

```
tcp[13] & 0x04
```

最后，我们给出该字段的待匹配值。在本例中，我们需要得到该字段被置为 1 的全部数据包。由于第三个位置为 1 的字节值等于 4，我们可以简单地使用 4 作为待匹配值。

```
tcp[13] & 0x04=4
```

该表达式将匹配任何只设置 TCP RST 位的数据包。

检查个别协议字段的 BPF 表达式有许多种实际应用。例如，表达式 icmp[0] == 8 || icmp[0] == 0 可以用于匹配 ICMP 请求或应答。根据本节给出的示例，你几乎可以为任何感兴趣的协议字段创建过滤器表达式 。接下来，我们把目光转向显示过滤器。

13.7.2 Wireshark 显示过滤器

Wireshark 和 Tshark 均支持显示过滤器。与捕获过滤器相比，显示过滤器可以借助这类工具所使用的协议解析器，获取不同协议字段的信息。因此，显示过滤器的功能更为强大。在 Wireshark 1.10 版本中，所支持的协议约为 1000 种，协议字段将近 141000 个，均可用于创建过滤器表达式。不同于捕获过滤器，显示过滤器仅适用于处理数据采集工作完成后的数据包。

我们前面曾经讨论过在 Wireshark 和 Tshark 中使用显示过滤器的方法，现在我们结合示例，具体地介绍如何建立这类表达式。

一个典型的显示过滤器表达式包含字段名、比较操作符以及对应的值。

字段名可以是协议、协议中的字段或由协议解析器提供的协议相关字段。例如，字段名称可能是协议名称 icmp，或者协议字段 icmp.type 和 icmp.code。完整的字段列表可以通过访问显示过滤器表达式生成器（在本章 Wireshark 小节曾有描述）查看，或者在 Wireshark 帮助文件中查看。简而言之，你在 Wireshark 数据包细节面板中所见到的任何字段，都可以用于过滤器表达式。

接下来是比较操作符（有时候也叫做“关系操作符”），它将决定 Wireshark 如何使用指定值与字段所表示的数据进行比较。Wireshark 支持的比较操作符如表 13.4 所示。你也可以根据自己的喜好，使用英文缩写或 C 语言形式的操作符。

表 13.4　显示过滤器比较操作符

操作符（英语）	操作符（C 语言形式）	说明	示例
eq	==	匹配值等于指定值	ip.addr == 192.168.1.155
ne	!=	匹配值不等于指定值	ip.addr != 192.168.1.155
gt	>	匹配值大于指定值	tcp.port gt 1023
lt	<	匹配值小于指定值	tcp.port < 1024
ge	>=	匹配值大于或等于指定值	udp.length >= 75
le	<=	匹配值小于或等于指定值	udp.length le 75
contains		匹配某字段是否包含指定值	smtp.req.parameter contains “FROM”

表达式最后的一个部分是值，它是你想使用比较操作符匹配的内容。值也有不同的类型，如表 13.5 所示。

表 13.5　值类型

值类型	说明	示例
整型（符号或无符号）	以十进制、八进制或十六进制表示	tcp.port == 443 ip.proto == 0x06
布尔型	以真 (1) 或假 (0) 表示	tcp.flags.syn == 1
字符串型	以 ASCII 字符表示的文本	http.request.uri == “http://www.appliednsm.com”
地址型	以任意代表地址的数字表示，包括 IPv4、IPv6、MAC 等	ip.src == 192.168.1.155 ip.dst == 192.168.1.0/24 ether.dst == ff:ff:ff:ff:ff:ff

现在我们已经了解了如何构建过滤器，下面我们建立一些属于自己的过滤器。先从简单的开始，我们先简单地使用协议名称创建一个过滤器表达式，用于过滤出那些仅使用 IP 协议的数据包：

```
ip
```

现在，我们为表达式加上 src 关键词，从而实现对指定源 IP 地址的匹配：

```
ip.src == 192.168.1.155
```

或者，对于上述数据包，我们也可以匹配目的 IP 地址：

```
ip.dst == 192.168.1.155
```

Wireshark 提供了一些定制字段，用于表示其他多个字段的合并结果。例如，如果我们需要同时在源 IP 地址字段和目的 IP 地址字段匹配指定 IP 地址的数据包，就可以使用如下过滤器同时检查 ip.src 和 ip.dst 字段：

```
ip.addr == 192.168.1.155
```

可以使用逻辑操作符将多个表达式结合起来，如表 13.6 所示。

表 13.6 显示过滤器的逻辑操作符

操作符（英语）	操作符（C 语言形式）	说明
and	&&	两个条件同时为真时，判断结果为真
or	||	有一个条件为真时，判断结果为真
xor	^^	有一个且仅有一个条件为真时，判断结果为真
not	!	条件不满足时，判断结果为真

我们可以将上述表达式与其他表达式结合起来，形成一个复合表达式。该表达式用于匹配源 IP 地址为 192.168.1.155 但目标端口不是 80 的全部数据包：

```
ip.src == 192.168.1.155 && !tcp.dstport == 80
```

再次重申，在创建显示过滤器时应记住：你在 Wireshark 数据包细节面板看到的一切内容，都可以用于过滤器表达式。表 13.7 提供了显示过滤器表达式的更多实例。

表 13.7 显示过滤器表达式实例

过滤器表达式	说明
eth.addr !=<MAC 值>	匹配未经过指定 MAC 地址的数据包。适用于排除当前主机产生的流量。
ipv6	匹配 IPv6 数据包
ip.geoip.country==< 国家 >	匹配经过指定国家的数据包。
ip.ttl <=<值>	匹配 TTL 值小于或等于指定值的数据包。适用于不精确的系统指纹识别。
ip.checksum_bad == 1	匹配 IP 校验和错误的数据包。将表达式中的 ip 更换为 udp 或 tcp 后，同样适用于判断 TCP 和 UDP 的校验和。可用于发现伪造数据包。
tcp.stream ==<值 >	匹配指定 TCP 流相关的数据包。可用于对指定通信传输缩小调查范围。
tcp.flags.syn == 1	匹配 SYN 标志置位的数据包。使用适当的标志缩写替换表达式的“ syn”部分后，该过滤器可用于检查任意 TCP 标志。
tcp.analysis.zero_window	匹配 TCP 窗口大小为 0 的数据包。用于发现资源耗尽的主机。
http.request == 1	匹配 HTTP 请求数据包
http.request.uri == “<值>”	匹配请求指定 URI 的 HTTP 数据包
http.response.code ==<值>	匹配答应代码为指定代码的 HTTP 应答数据包
http.user_agent == “值”	匹配使用指定 user agent 字符串的 HTTP 数据包
http.host == “值”	匹配 host 为指定值的 HTTP 数据包
smtp.req.command == “<值 >“	匹配具有指定命令的 SMTP 请求数据包
smtp.rsp.code ==< 值 >	匹配具有指定代码的 SMTP 应答数据包
smtp.message ==“值”	匹配具有指定 SMTP 消息的数据包
bootp.dchp	匹配 DHCP 数据包

（续）

过滤器表达式	说明
!arp	匹配不是 arp 协议的任何数据包
ssh.encrypted_packet	匹配加密的 SSH 数据包
ssh.protocol =="<值>"	匹配使用指定协议值的 SSH 数据包
dns.qry.type==<值>	匹配指定类型的 DNS 查询数据包 (A、MX、NS、SOA 等)
dns.resp.type ==<值>	匹配指定类型的 DNS 应答数据包 (A、MX、NS、SOA 等)
dns.qry.name ==“< 值 >”	匹配包含指定名称的 DNS 请求数据包
dns.resp.name ==“<值>”	匹配包含指定名称的 DNS 应答数据包

你应该花费一些时间实践显示过滤表达式，并尝试创建一些有用的表达式。快速浏览 Wireshark 的表达式生成器，可以为你指引正确的方向。

13.8 本章小结

在本章中，我们从基础层面讨论了数据包分析的相关知识。开始部分，介绍了初级的数据包所需的数学知识，以十六进制方式理解数据包的方法。由此引出对命令行数据包分析工具 Tcpdump 和 Tshark 的概述，以及对图形化数据包分析平台 Wireshark 的介绍。最后，我们讨论了捕获、显示过滤器的构造和语法。数据包分析是 NSM 分析人员需要掌握的重要技能之一，所以本章的知识极为重要。一旦你掌握了这些概念，就可以开始研究本章开头部分提到的那些额外的数据包分析资源，从而加深对数据包工作原理及 TCP/IP 协议的理解。

Chapter 14 第 14 章

我方情报与威胁情报

对于不同的应用领域，情报（intelligence）的定义也不尽相同。在 NSM 和信息安全领域，最贴切的定义是来自美国国防部联合出版物 1-02 中的说法，即“情报是指对涉及国外、敌对或潜在敌对势力、敌对或潜在敌对分子、实际或潜在军事行动区域的现有信息，收集、处理、整合、评估、分析和理解后形成的产品（product）。[⊖]”

尽管该定义并不完全适合提供 NSM 服务的传统 SOC（特别是涉及国外信息的那部分），它却为情报的产生提供了极为重要的思维框架。该定义的关键要素在于“情报是一种产品”。这并不是说因为情报是为满足特定需求而收集的数据，它就可以为获利而进行买卖。其意义在于，它指出 IP 地址、IP 地址的注册人或者 IP 地址产生[illegible]网络流量的共性内容并非情报产品。只有通过分析把这类事物聚合起来，并为满足某种特[illegible]需求而交付，它们才会成为情报产品。

多数 SOC 环境通常涉及两类情报产品的开发：我方情报（fr[illegible]ndly intelligence）和威胁情报（threat intelligence）。在本章，我们会看到传统情报过程以及[illegible]用于形成这类情报产品的方法。既包括我方情报产品的创建，也包括战术威胁情报相关[illegible]威胁产物。你在阅读的过程中要记住，本书只会大致介绍情报的构成要素，而我们所触及[illegible]也只是冰山一角。

14.1 适用于 NSM 的情报过程

在安全运营中心（SOC）之内产生情报产品，需要组织内部各方[illegible]益群体的一致努力。因为在此过程中有诸多变数，只有各方协同一致，才能使获得情报[illegible]过程转化为一套有组织、可复用的体系。多年以来，政府和军事情报界（intelligence com[illegible]unity，缩写为

⊖ http://www.dtic.mil/doctrine/new_pubs/jp1_02.pdf

IC）一直依赖这一套体系，并将其称为情报过程（Intelligence Cycle）。

将情报过程分解为多少个步骤，取决于你所参照的定义来源，鉴于本书的写作目的，我们将着眼于六步模型：明确需求、制定规划、情报搜集、情报处理、情报分析和情报传播。这些步骤形成了一个自给自足、不断完善的循环过程（如图14.1所示）。

让我们通过以下各个步骤说明如何将该过程应用于NSM，从而获得我方情报和敌方情报。

图14.1　传统情报循环

14.1.1　明确需求

情报成果的产出取决于对于需求的定义。情报过程的其他各个阶段，都是由此派生出来的。就像拍电影不能没有剧本，没有明确地定义情报需求，情报成果就无从谈起。

在信息安全及NSM的术语中，该情报需求一般是侧重于你所负责保护的资产相关信息（我方情报），或者侧重于对我方资产造成潜在威胁的主机的相关信息（敌方情报）。

从本质上看，这类情报需求对象是供NSM分析员用于研判的信息及情境。该阶段的主旨在于正确地提出问题，而这些问题又取决于该情报需求是连续性的，还是离散性的。比如说，对于我方情报产品的开发是一个持续过程，那么这类问题一般就应该可以重复地提出。

一些用于为我方通信模式创建基线而设计的问题如下所示：

- 在我方主机间出现的正常通信模式是什么？
- 在我方敏感主机与未知外部实体间出现的正常通信模式是什么？
- 由我方主机提供的哪些服务是正常的？
- 对于我方主机来说，进站、出站通信的正常比例是怎样？

与之相反，如果对于威胁情报产品的开发是形势所迫，那么这类问题通常是特殊的，设计这类问题是为了对当前调查得出一次单独的情报成果。如：

- 指定敌方主机曾经与我方主机有过通信么？如果有，到了哪种程度？
- 指定敌方主机所注册的ISP是否曾发动过敌对活动？
- 指定敌方主机所产生的网络流量内容与目前已知敌方实体相关的已知活动相似程度如何？
- 从指定事件的时间安排上看，是否可以关联到某个特定目标组织？

只有你正确地提出了问题，剩下的工作才会进入正轨。我们下面会分别探究我方情报与威胁情报的需求本质。

14.1.2　制定规划

根据情报需求的定义，适当的规划才能确保情报过程的后续步骤得以完成。这里的规划，不仅包括对各个步骤的安排，也包括如何为各个步骤分配资源。在NSM的术语中，就是指对不同步骤区别对待。比如，在情报搜集阶段，规划意味着为传感器及采集工具的分析工作配备三级分析人员[⊖]（想想我们在第一章中提到的分析人员等级划分）及系统管理员；在处理和分析阶段，规划意味着为这类过程配备一、二级分析人员[⊜]，并只占用他们的少量时间从事该任务。

当然，对于各类资源的分配，无论是人员还是技术手段，都应视你自身情况而定，并在必要时补充技术团队成员。在大型组织中，你不妨专门建立一个独立团队负责开发情报产品。如果是小型组织，也许只是你一个人在承担着全部情报产品的开发。不论你的组织规模如何，你都可以参与我方情报和威胁情报的开发。

14.1.3 情报搜集

情报过程的情报搜集阶段，决定使用哪种数据采集机制满足上述需求。这些数据经过处理、分析后，将作为情报成果发布。

在 SOC 环境下，你可能会发现，为满足情报搜集需求，不得不对整体采集方案做出全面调整。对于持续性的我方情报采集，可能包括采集有效统计数据（如第 11 章所论述的内容），或者被动收集实时资产数据（如我们下面将讨论到的名为 PRADS 的工具所生成的数据）。

对于形势所迫的威胁情报采集，通常数据会通过现有 NSM 数据源（比如 FPC 或会话数据）采集。对于这类数据，一般需要关注潜在敌方实体与受信网络资产进行了怎样的交互。另外，采集开源情报有助于查明潜在敌方实体相关的公开信息。这些信息包括 IP 地址的注册信息，或某个诡异文件的相关情报。

为了使情报采集工作行之有效，对于特定类型数据（如 FPC、PSTR、会话等）的采集过程应该完整存档并易于获取。

14.1.4 情报处理

为了满足分析需求，有些类型的已采集数据还需要进一步处理。这就意味着，对待不同的数据类型应有不同的处理方法。

从更为宏观的角度看，处理过程无非就是对已采集数据集合去粗取精，提炼出更能立即产生价值的东西。为此，可能需要过滤 PCAP 文件，减小待处理数据集合的规模，或者从较大规模的日志文件集合中提取特定类型的日志文件。

从较为具体的角度看，处理过程可能是提取第三方工具或定制工具的输出结果，再通过一些 BASH 命令格式化这些工具的输出结果，使其更具有可读性。如果组织目前正使用某种定制工具或数据库采集情报，该过程可能就是写一些查询语句，以特定格式添加或提取数据，使数据更具有可读性。

最终，处理过程可以视作采集的延伸，其目的在于提炼、美化及调整已采集数据，使之成为分析人员能够处理的形式。

⊖ 指高级分析师。——译者注

⊜ 指初、中级分析人员。——译者注

14.1.5　情报分析

在分析阶段，应对各种已采集和已处理数据调查研究、建立关联，为使数据产生作用提供必要的上下文数据。在此阶段，情报逐渐由零散的数据片断形成可供决策的成品。

无论是我方情报产品还是威胁情报产品，在分析与触发的过程中，分析人员都是获取多种工具和数据源的输出结果，并将这些数据点结合各主机的基本情况，绘制独立主机图。对于本地主机，可供使用的情报非常多，可能会导致该图包含伙伴主机的个别（tendencies）和常规的通信细节。引发对于潜在敌方主机分析的只能较小规模的数据集，并需将开源情报纳入分析过程。

该过程最终会产出供分析人员解析的情报成果。

14.1.6　情报传播

在多数情况下，组织不会具备独立的情报小组，这就意味着NSM分析人员所生成的情报成果可能会供自己使用。这是一种独特优势，因为情报的使用者与生成者是同样的人，至少他们会工作在同一个场所或者隶属于同一个指挥机构。在情报循环的最终阶段，情报成果会被通报给最初签署情报需求的个人或团体。

很多时候，情报成果会被不断评估和改进。对于最终成果，从正反两个方面发表意见，而意见还会被反馈给情报需求的定义和产品创造过程的规划。由此就形成了情报循环，而不只是一个情报链。

本章剩下部分专门讨论我方情报产品和威胁情报产品，以及这类数据的生成与获取方法。虽然情报框架无法生搬硬套，，但这些章节中描述的措施特别适合该框架，从某种意义上讲，几乎适用于任何组织。

14.2　生成我方情报

你若不能了解网络中的流量内容及通信方式，就无法有效地防御网络威胁。这种说法总是得不到足够的重视。无论一次攻击是简单还是复杂，如果你不了解各个网络设备的用途，尤其是不了解哪些网络设备存储着关键数据，那么当安全事件出现时，你就无法有效地识别和处置，更不用说将攻击者从网络中铲除了。因此，我方情报的开发是非常重要的。

在本书中，我们将我方情报作为持续开发的成果，用于获取分析人员所防护主机的信息。该情报应包含分析人员调查事件所需的全部内容，并可供全程参考。一般情况下，分析人员在调查某台主机关联的告警数据时，会期望随时能够参考该主机的我方情报。当该主机成为疑似攻击目标时，这种需求会尤其强烈。因此，当分析人员对主机进行多次调查时，反复参考该情报是正常的。不仅如此，你也需要考虑到，分析我方情报时，也可能需要人工观察引发调查的异常。让我们了解一下根据网络数据创建我方情报的几种方式。

14.2.1　网络资产的病历和体格

医生在为新的患者诊断前，首先要了解患者的病史和身体状况。这被称为病史与体格

(简称 H&P)。这个理念为我方情报在网络资产方面的应用提供了一个很有用的框架。

患者的病史诊断包括目前和过去的医疗状况，这关系到患者现在和未来的健康。这份诊断中通常也包括患者家族的健康状况，这样一来，就可发现和应对该患者在这些方面的风险因素。

将此理念转换到网络资产方面，我们可以把网络资产的连接记录翻译为网络资产的病史。这会涉及我方主机与其他主机的既往通信事务，无论那些主机在内网还是在外网。剖析这些连接时，不仅需要着眼于这些参与通信的主机，还要考虑到该主机用到了哪些服务，无论该主机是客户机还是服务器。如果可以拿到这些连接记录，我们就能依据某次调查中的上下文，凭借经验判断我方主机所产生的新连接是否合法。

通过对患者进行身体检查，测量患者的各项健康数据（如身高、体重、血压等），可以记录患者当前的身体健康情况。这些身体检查的结果可以对患者的健康情况做出全面的诊断。身体检查通常与某种有针对性的目标同步进行，比如为了完成健康保险表格，或者为了取得参加某项体育运动的许可。

当我们将患者身体检查的术语结合到我方网络资产时，对照患者的各项健康状况，我们也可以制定用于描述网络资产状况的标准。这些标准通常会包括资产的 IP 地址、DNS 名称、所属 VLAN、设备（工作站、WEB 服务器等）角色、设备的操作系统体系结构及其物理网络位置。对于我方网络资产的评估结果表明了其网络运营状况，可供我们结合某次调查中的上下文，对主机当前活动状态作出判断。

现在，我们会讨论一些用于创建网络资产 H&P 的方法。这些方法既包括使用 nmap 之类工具，通过已建立的资产模型描述 H&P 的“身体检查”部分，也包括使用 PRADS，通过实时资产数据的被动采集提供 H&P 的“病历”部分。

14.2.2 定义网络资产模型

简单地讲，所谓网络资产模型就是一份网络主机及其相关的重要信息的清单。该清单包含主机 IP 地址、DNS 名称、常规用途（服务器、工作站、路由器等）、提供服务（WEB 服务器、SSH 服务器、代理服务器等）以及操作系统体系结构之类的信息。这是我方情报的最基本形态，其中一些项目是各种 SOC 环境都应力求生成的。

如你所料，建立一套网络资产模型的方法有很多种。大多数组织会选用某类企业级资产管理软件，而这类软件通常具备提供上述数据的能力。如果你所在的组织也是这样，那么将这些数据提供给你的分析人员通常是易如反掌的。

如果你所在的组织并未部署这类软件，那么你只好自己生成这类数据了。根据我的经验，创建一套资产模型并无一定之规。你去十家不同的组织工作，差不多就会遇到十种不同的资产模型创建方法，而获取和查看这些资产数据，还会有十几种不同的方法。本节的重点不是告诉你创建这些数据的具体方法，因为具体采用什么方法由你的组织目前的技术条件决定。本节只是简单地提供一个思路，告诉你资产模型的大致样子，并给出一些如何快速生成这些数据的主意。

警告　实际上，资产清单不可能做到百分之百地准确。在大型组织里，对于数以百万计的设备创建完备的资产模型并及时更新是不现实的。这就是说，既然做不到，你就不需要力求百分之百地解决问题。在这种情况下，能够解决百分之八十的问题，有时也是可以接受，毕竟这要好于一点问题也解决不了。如果可能，力求为制定采集计划阶段中确认的关键设备生成资产模型。

生成资产数据的有效方法之一是，内部端口扫描。使用商业软件或者 nmap 之类的免费软件都可以做到这一点。比如，通过以下命令执行基本的 PING 扫描：

```
nmap -sn 172.16.16.0/24
```

该命令将对 172.16.16.0/24 网络范围的全部主机执行 ICMP（ping）扫描，并产生输出结果如图 14.2 所示。

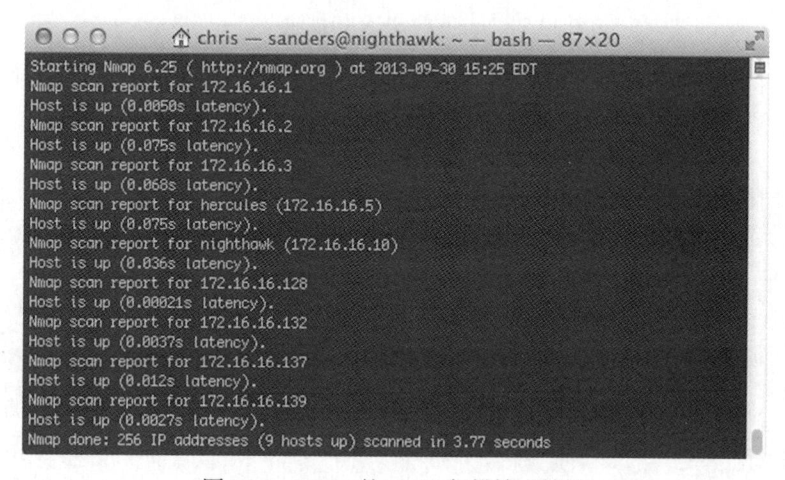

图 14.2　Nmap 的 PING 扫描输出结果

从上面的数据中不难看出，开放了 ICMP 响应的主机会应答 ICMP 请求数据包。假设你的全部网络主机都配置为应答 ICMP 流量（或者它们的主机防火墙没有限制对 ICMP 的应答），利用该方法就能绘制网络主机图。该数据为我们提供了一份基本的 IP 地址清单。

借助更高级的扫描方法，我们还可以更进一步。SYN 扫描方法会尝试与网内全部主机开放的 TCP 端口通信。以下命令可用于发起一次 SYN 扫描：

```
nmap -sS 172.16.16.0/24
```

该命令将对 172.16.16.0/24 网络范围内的全部主机的 1000 个最常用端口发送 TCP SYN 数据包。其输出结果如图 14.3 所示。

SYN 扫描可以给我们稍多些的信息。现在，除了网络主机的 IP 地址，我们还得到了一份这些主机的开放端口列表，可由此列表掌握各主机提供了哪些服务。

我们甚至还可以借助 nmap 的版本检测和操作系统指纹识别功能，进一步扩展这份列表：

```
nmap -sV -O 172.16.16.0/24
```

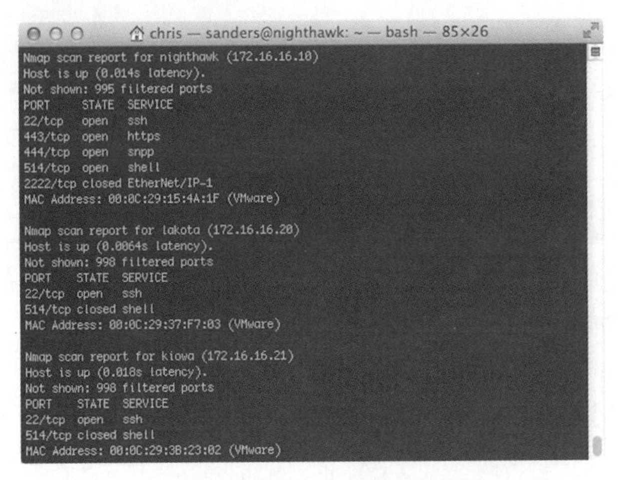

图 14.3 Nmap 的 SYN 扫描输出结果

这个命令将先执行标准的 SYN 端口扫描，随后尝试访问开放端口服务，并以多种不同的测试手段猜测各设备的操作系统体系结构。其输出结果如图 14.4 所示。

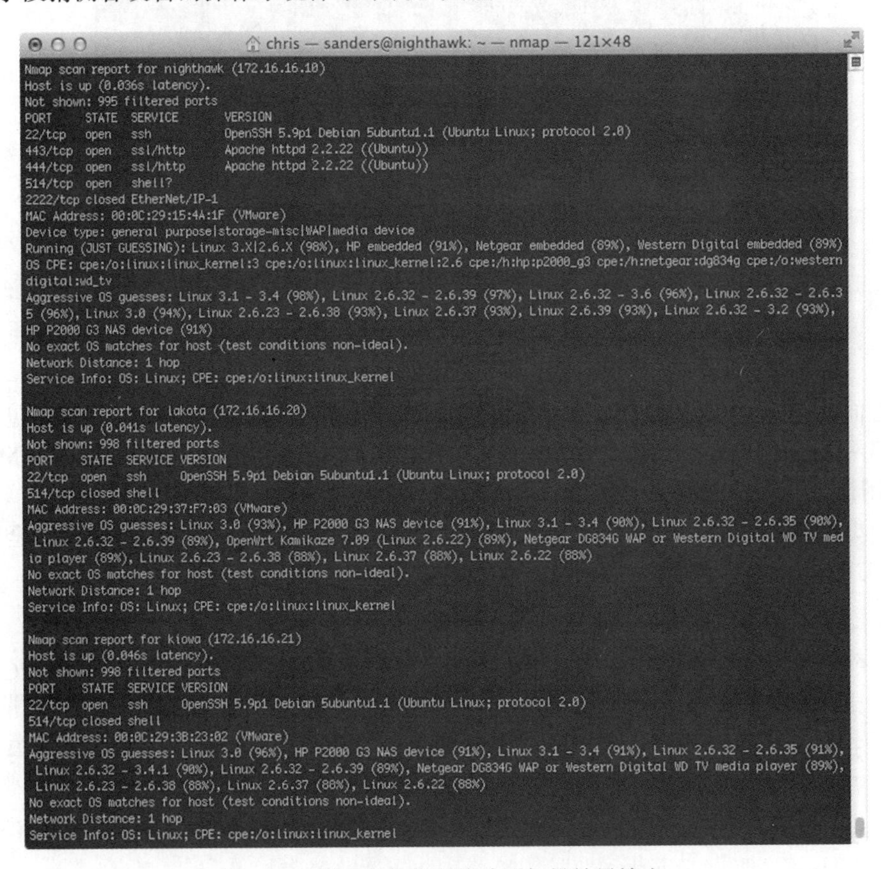

图 14.4 版本和操作系统检测扫描结果输出

这类扫描会在网络中产生较多的额外流量，但能为我们提供操作系统体系结构信息和明确开放端口所提供的服务，帮助我们圆满地完成资产模型的创建。

截图中显示的数据非常易于人工理解，但并不易于检索。我们可以通过强制 nmap 将结果输出为单行格式，从而解决这个问题。单行格式非常适合使用 grep 工具检索，也非常适合分析人员参考。为强制 nmap 使用这种格式输出结果，只需简单地在上述任何一条命令的后面加上 –oG < 文件名 > 选项即可。在图 14.5 中，我们使用 grep 命令在使用该格式生成的文件（data.scan）中搜索指定 IP 地址（172.16.16.10）相关数据。

```
chris — sanders@nighthawk: ~ — bash — 121×6
maverick:~ chris$ grep 172.16.16.10 data.scan
Host: 172.16.16.10 (nighthawk)  Status: Up
Host: 172.16.16.10 (nighthawk)  Ports: 22/open/tcp//ssh/OpenSSH 5.9p1 Debian 5ubuntu1.1 (Ubuntu Linux; protocol 2.0)/, 44
3/open/tcp//ssl|http/Apache httpd 2.2.22 ((Ubuntu))/, 444/open/tcp//ssl|http/Apache httpd 2.2.22 ((Ubuntu))/, 514/open/tc
p//shell?//, 2222/closed/tcp//EtherNet|IP-1//   Ignored State: filtered (995)   OS: Linux 3.1 - 3.4     Seq Index: 259  I
P ID Seq: All zeros
```

图 14.5　能够使用 grep 的 nmap 输出结果

记住，使用 nmap 之类扫描器建立的我方情报，并不总是令人信服的。大多数组织会在夜晚定时执行这种讨厌的扫描，但通常会有一些设备因关机而未被扫描到。而且，这种定时扫描也没有考虑到那些仅在固定时间才会连接网络的移动设备，比如那些晚上会被员工带回家的笔记本电脑，或者那些属于出差人员的笔记本电脑。因此，由网络扫描数据创建的情报应与不同时期进行的多次扫描结果结合使用。另外，你还需要使用多种不同的扫描类型，以保证全部的设备均被检测到。使用扫描数据创建资产模型，其难度远远超过发起一次扫描并保存结果。为了取得目标结果，需要坚持不懈、齐心协力，还要有一点独具匠心。

不论你的扫描数据看起来多么可靠，都需要与其他数据源结合起来，以检验结果的正确性。这类数据源可以是你的网络中已产生的数据，比如 DNS 事务记录，也可以是你的 NSM 数据集中的部分内容，比如会话数据。第 4 章和第 11 章介绍了使用 SiLK 根据会话数据生成我方主机数据的一些实用技术。还有一种选择，是使用 PRADS 之类的被动检测工具，下面我们就会讲到。

14.2.3　被动实时资产检测系统（PRADS[1]）

PRADS 是一种监听网络流量和采集主机、服务数据的工具，可用于绘制网络图。该工具以另两种极为成功的工具为基础：PADS[2]（被动资产检测系统）和 P0f[3]（被动系统指纹检测工具）。PRADS 将上述两种工具的功能合二为一，适用于建立我方情报。相对于会话数据，PRADS 生成的数据更为松散，可供 SiLK 或 Argus 所使用，并据此形成我方情报。

Security Onion 默认会集成 PRADS，所以我们可以在 Sguil 中查询这些数据。下一章我们会详细讨论 Sguil，如果你还记得我们在第 9 章中对 Sguil 的简单介绍，就会知道它一种

[1] Passive Real-time Asset Detection System 的缩写。——译者注

[2] Passive Asset Detection System 的缩写。——译者注

[3] passive OS fingerprinting 的缩写。——译者注

分析人员控制台工具，用于查看检测机制输出的告警信息，以及 NSM 采集、检测工具所输出的数据。

你可以由 Security Onion 桌面的 Sguil 客户端使用 Sguil，也可以通过远程连接启动其他设备的 Sguil 客户端。客户端启动后，你可以对所见的告警信息的事件消息（Event Message）列排序，找到 PRADS 的记录。你会注意到，Sguil 仍然会对这类事件注明"PADS"，不过没有关系，这确实是 PRADS 的数据。图 14.6 展示了 PRADS 日志记录的示例。

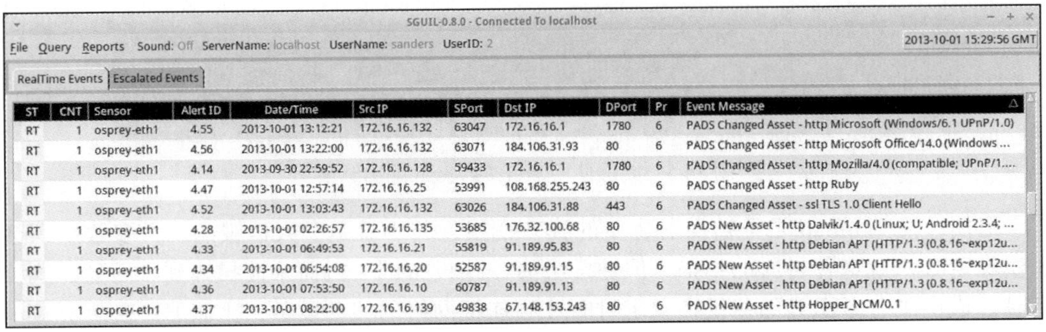

SGUIL-0.8.0 - Connected To localhost

File Query Reports Sound: Off ServerName: localhost UserName: sanders UserID: 2 　 2013-10-01 15:29:56 GMT

RealTime Events | Escalated Events

ST	CNT	Sensor	Alert ID	Date/Time	Src IP	SPort	Dst IP	DPort	Pr	Event Message
RT	1	osprey-eth1	4.55	2013-10-01 13:12:21	172.16.16.132	63047	172.16.16.1	1780	6	PADS Changed Asset - http Microsoft (Windows/6.1 UPnP/1.0)
RT	1	osprey-eth1	4.56	2013-10-01 13:22:00	172.16.16.132	63071	184.106.31.93	80	6	PADS Changed Asset - http Microsoft Office/14.0 (Windows ...
RT	1	osprey-eth1	4.14	2013-09-30 22:59:52	172.16.16.128	59433	172.16.16.1	1780	6	PADS Changed Asset - http Mozilla/4.0 (compatible; UPnP/1....
RT	1	osprey-eth1	4.47	2013-10-01 12:57:14	172.16.16.25	53991	108.168.255.243	80	6	PADS Changed Asset - http Ruby
RT	1	osprey-eth1	4.52	2013-10-01 13:03:43	172.16.16.132	63026	184.106.31.88	443	6	PADS Changed Asset - ssl TLS 1.0 Client Hello
RT	1	osprey-eth1	4.28	2013-10-01 02:26:57	172.16.16.135	53685	176.32.100.68	80	6	PADS New Asset - http Dalvik/1.4.0 (Linux; U; Android 2.3.4; ...
RT	1	osprey-eth1	4.33	2013-10-01 06:49:53	172.16.16.21	55819	91.189.95.83	80	6	PADS New Asset - http Debian APT (HTTP/1.3 (0.8.16~exp12u...
RT	1	osprey-eth1	4.34	2013-10-01 06:54:08	172.16.16.20	52587	91.189.91.15	80	6	PADS New Asset - http Debian APT (HTTP/1.3 (0.8.16~exp12u...
RT	1	osprey-eth1	4.36	2013-10-01 07:53:50	172.16.16.10	60787	91.189.91.13	80	6	PADS New Asset - http Debian APT (HTTP/1.3 (0.8.16~exp12u...
RT	1	osprey-eth1	4.37	2013-10-01 08:22:00	172.16.16.139	49838	67.148.153.243	80	6	PADS New Asset - http Hopper_NCM/0.1

图 14.6　Sguil 中显示的 PRADS 数据

图中所示的消息内容分为多种不同类型。当在网络中发现了未知主机通信事件，就会触发新资产（New Asset）告警。若某台已知主机表现出不同以往的通信行为，例如发现了新的 HTTP 用户代理记录，或者该主机提供了新的服务，就会触发资产变更（Changed Asset）告警。

为了更好地理解上述判定是如何实现的，我们以某 PRADS 日志数据示例说明。在 Security Onion 默认安装的情况下，PRADS 为如下的命令格式运行：

```
prads -i eth1 -c /etc/nsm/<sensor-name>/prads.conf -u sguil -g sguil -L /
nsm/sensor_data/<sensor-name>/sancp/ -f /nsm/sensor_data/<sensor-
name>/pads.fifo -b ip or (vlan and ip)
```

除上述参数之外，还有一些实用参数如下所示：

- -b < 过滤器 >：根据 BPF 监听网络流量。
- -c < 配置文件 >：指明 PRADS 的配置文件。
- -D：作为守护进程运行。
- -f < 文件名 >：将资产数据记录为 FIFO（先进先出）文件。
- -g < 用户组 >：指明运行 PRADS 的用户组。
- -i < 网络接口 >：建立监听的网络接口。若未指定，PRADS 默认使用编号最小的网络接口。
- -L < 目录 >：将 cxtracker 类型输出记录到指定目录。
- -l < 文件名 >：指明将资产数据记录到哪个纯文本文件。
- -r < 文件名 >：从 PCAP 文件中读入数据，而不是监听网络数据。

- -u <用户名>：指明运行 PRADS 的用户名。
- -v：增加 PRADS 输出结果的冗余度。

在 SO 平台下，PRADS 以 Sguil 用户运行，在线监听网络数据。所采集的数据以 FIFO 文件形式存储，便于写入供 Sguil 访问的数据库。

在 SO 平台下，多数 PRADS 的运行时选项都以命令行参数的形式指定，prads.conf 文件的唯一作为就是给出 home_nets 变量的 IP 范围（见图 14.7）。该变量会告诉 PRADS 将哪些网络视为需要监控的资产。多数情况下，你可以按照 Snort 或 Suricata 的 $HOME_NET 变量来配置该变量，因为这些工具采用相近的工作方式。

```
chris — sanders@osprey: /etc/nsm/osprey-eth1 — ssh — 79×8
sanders@osprey:/etc/nsm/osprey-eth1$ tail prads.conf
# home_nets
# ---------------------------
# This value contains the $HOME_NETS you want to gather informations about.
# Specifiy you nets in a comma separated list like:
home_nets=192.168.0.0/16,10.0.0.0/255.0.0.0,172.16.0.0/255.240.0.0
# Default we are grabbing all:
#home_nets=0.0.0.0/0,::/0
```

图 14.7 在 prads.conf 文件中配置 home_nets 变量

PRADS 将数据存储为数据库格式，这令查询这些资产数据或者编写利用这些数据的工具变得容易，但是按照其原始格式查看数据，就显得不那么方便了。好在资产数据还会以文本文件格式存储到 /var/log/prads-assets.log 文件。示例文件如图 14.8 所示。

```
chris — sanders@osprey: /nsm/sensor_data/osprey-eth1 — ssh — 133×16
sanders@osprey:/nsm/sensor_data/osprey-eth1$ head -15 prads.log
asset,vlan,port,proto,service,[service-info],distance,discovered
172.16.16.128,0,63538,6,SYN,[65535:64:1:64:M1460,N,W4,N,N,T,S,E,E:P:unknown:unknown:link:ethernet/modem:uptime:2342hrs],0,1380640852
172.16.16.132,0,443,6,CLIENT,[unknown:@https],0,1380640853
172.16.16.140,0,443,6,CLIENT,[unknown:@https],0,1380640858
172.16.16.130,0,443,6,CLIENT,[unknown:@https],0,1380640859
172.16.16.140,0,53,17,CLIENT,[unknown:@domain],0,1380640859
172.16.16.140,0,59003,6,RST,[0:64:1:40:.:.:FreeBSD:4.8 (Linux?) (dropped)],0,1380640859
172.16.16.128,0,63538,6,SYN,[65535:64:1:48:M1460,S,E,E:P:MacOS:iPhone OS 3.1.3 (UC):link:ethernet/modem],0,1380640859
172.16.16.128,0,53,17,CLIENT,[unknown:@domain],0,1380640859
172.16.16.20,0,53,17,CLIENT,[unknown:@domain],0,1380640860
172.16.16.21,0,53,17,CLIENT,[unknown:@domain],0,1380640860
172.16.16.128,0,443,6,CLIENT,[unknown:@https],0,1380640860
172.16.16.130,0,58903,6,FIN,[8192:64:1:52:N,N,T:ATFN:unknown:unknown:uptime:955hrs],0,1380640861
172.16.16.130,0,58904,6,SYN,[65535:64:1:64:M1460,N,W4,N,N,T,S,E,E:P:unknown:unknown:link:ethernet/modem:uptime:955hrs],0,1380640861
172.16.16.128,0,443,6,CLIENT,[ssl:SSL 2.0 Client Hello],0,1380640861
```

图 14.8 PRADS 日志文件

该文件第一行定义了日志的记录格式。包括：

```
asset,vlan,port,proto,service,[service-info],distance,discovered
```

各字段分别解释如下：

- Asset：home_nets 变量中已发现资产的 IP 地址
- VLAN：资产的 VLAN 标签
- Port：已检测服务的端口号
- Proto：已检测服务的协议编号
- Service：PRADS 所识别的在用服务，可表明该资产以客户端（CLIENT）或服务端

(SERVER)方式访问该服务。

- Service Info：在服务中识别到的指纹，紧随其后输出。
- Distance：根据初始生存时间（TTL）估算的资产距离
- Discovered：数据采集时记录的 Unix 时间戳

根据这份日志数据，你会发现 PRADS 自身并不能够判定资产是否新增或者变更，像我们之前在 Sguil 中看到的那样。PRADS 是只单纯地记录已发现的数据，将后继工作留给用户或第三方脚本、应用程序实现。这就说明我们曾看到的资产新增或资产变更告警实际上是由 Sguil 依据 PRADS 提供的数据生成，而不是由 PRADS 自行生成。

发挥 PRADS 数据的作用

使用 PRADS 生成我方情报的方式有很多种。实际上，典型的方法就是借助 Sguil 通知新增资产和变更资产的情况，示例参见图 14.9。

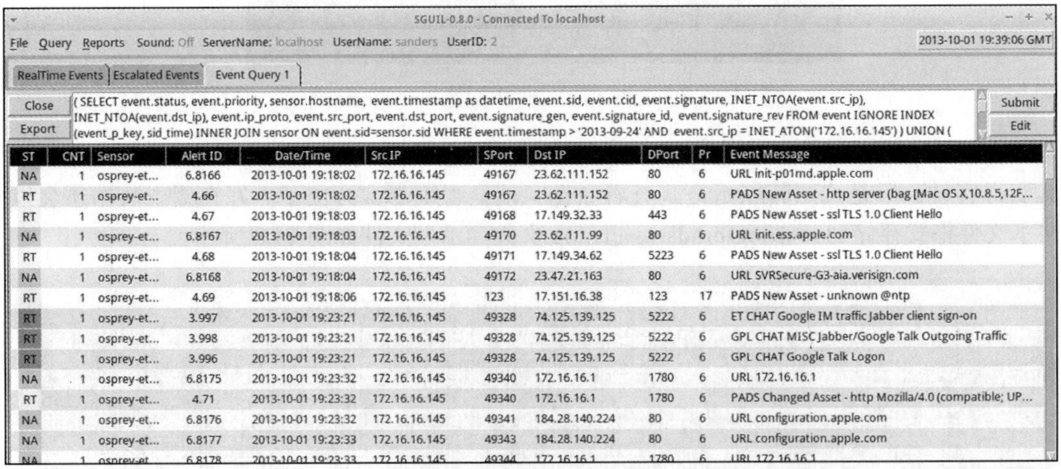

SGUIL-0.8.0 - Connected To localhost
File Query Reports Sound: Off ServerName: localhost UserName: sanders UserID: 2 2013-10-01 19:39:06 GMT
RealTime Events | Escalated Events | Event Query 1

(SELECT event.status, event.priority, sensor.hostname, event.timestamp as datetime, event.sid, event.cid, event.signature, INET_NTOA(event.src_ip), INET_NTOA(event.dst_ip), event.ip_proto, event.src_port, event.dst_port, event.signature_gen, event.signature_id, event.signature_rev FROM event IGNORE INDEX (event_p_key, sid_time) INNER JOIN sensor ON event.sid=sensor.sid WHERE event.timestamp > '2013-09-24' AND event.src_ip = INET_ATON('172.16.16.145')) UNION (

ST	CNT	Sensor	Alert ID	Date/Time	Src IP	SPort	Dst IP	DPort	Pr	Event Message
NA	1	osprey-et...	6.8166	2013-10-01 19:18:02	172.16.16.145	49167	23.62.111.152	80	6	URL init-p01md.apple.com
RT	1	osprey-et...	4.66	2013-10-01 19:18:02	172.16.16.145	49167	23.62.111.152	80	6	PADS New Asset - http server (bag [Mac OS X,10.8.5,12F...
RT	1	osprey-et...	4.67	2013-10-01 19:18:03	172.16.16.145	49168	17.149.32.33	443	6	PADS New Asset - ssl TLS 1.0 Client Hello
NA	1	osprey-et...	6.8167	2013-10-01 19:18:03	172.16.16.145	49170	23.62.111.99	80	6	URL init.ess.apple.com
RT	1	osprey-et...	4.68	2013-10-01 19:18:04	172.16.16.145	49171	17.149.34.62	5223	6	PADS New Asset - ssl TLS 1.0 Client Hello
NA	1	osprey-et...	6.8168	2013-10-01 19:18:04	172.16.16.145	49172	23.47.21.163	80	6	URL SVRSecure-G3-aia.verisign.com
RT	1	osprey-et...	4.69	2013-10-01 19:18:06	172.16.16.145	123	17.151.16.38	123	17	PADS New Asset - unknown @ntp
RT	1	osprey-et...	3.997	2013-10-01 19:23:21	172.16.16.145	49328	74.125.139.125	5222	6	ET CHAT Google IM traffic Jabber client sign-on
RT	1	osprey-et...	3.998	2013-10-01 19:23:21	172.16.16.145	49328	74.125.139.125	5222	6	GPL CHAT MISC Jabber/Google Talk Outgoing Traffic
RT	1	osprey-et...	3.996	2013-10-01 19:23:21	172.16.16.145	49328	74.125.139.125	5222	6	GPL CHAT Google Talk Logon
NA	1	osprey-et...	6.8175	2013-10-01 19:23:32	172.16.16.145	49340	172.16.16.1	1780	6	URL 172.16.16.1
RT	1	osprey-et...	4.71	2013-10-01 19:23:32	172.16.16.145	49340	172.16.16.1	1780	6	PADS Changed Asset - http Mozilla/4.0 (compatible; UP...
NA	1	osprey-et...	6.8176	2013-10-01 19:23:32	172.16.16.145	49341	184.28.140.224	80	6	URL configuration.apple.com
NA	1	osprey-et...	6.8177	2013-10-01 19:23:33	172.16.16.145	49343	184.28.140.224	80	6	URL configuration.apple.com
NA	1	osprey-et	6.8178	2013-10-01 19:23:33	172.16.16.145	49344	172.16.16.1	1780	6	URL 172.16.16.1

图 14.9 使用 Sguil 查询某台单独主机

在上图中，我编写了一条 Sguil 查询语句，检索某条告警信息相关的全部事件。为了实现这一点，只需在 Sguil 中显示的主机相关事件点击鼠标右键，选中“快速查询”（Quick Query）菜单，再选中“查询事件表”（Query Event Table）子菜单，然后根据你所关心的事件相关 IP 地址，选择 SrcIP 或 DstIP。此处，我们可以看到大量的 172.16.16.145 主机相关事件。这些事件包括 Snort 告警、已访问 URL，以及更多的 PRADS 告警信息。

通过图中的 PRADS 告警信息可以看出，共有四个“新增资产”（New Asset）告警，在告警信息中，显示了该主机首次连接各独立的目的 IP 地址。

- 告警 ID 4.66: HTTP 连接到 23.62.111.152
- 告警 ID 4.67: HTTPS 连接到 17.149.32.33
- 告警 ID 4.68: HTTPS 连接到 17.149.34.62
- 告警 ID 4.69: NTP 连接到 17.151.16.38

在调查该事件时，这些告警信息提供了有用的上下文数据，可帮助你立即判定是否有我方主机连接了指定的远程设备。如果你发现了向未知地址发送的可疑流量，而实际上我方设备以往从未连接过该地址，这就可以作为一个检测是否发生可疑事件的信标，而且需要对此深入调查。

上述同时也展示了一个“变更资产”（Change Asset）告警，表明出现了新的 HTTP 用户代理字符串：

- 告警 ID 4.71: Mozilla/4.0 (compatible; UPnP/1.0; Windows NT/5.1)

该类型上下文说明我方主机正在做着什么以前没有做过的事情。虽然这也可能只是意味着某个用户正在下载一个新的浏览器，但仍可视作一个恶意活动的信标。那些开始提供新的服务的设备需要特别关注，尤其是当那些设备是作为工作站而并本不应该表现出服务器特征的时候。

至此，我们已经具备了辨识我方主机是否出现新的行为或原有行为发生改变的能力，该能力对于我方情报至关重要。在首次配置之后，PRADS 需要一些时间来“学习”你的网络状况，而它最终可以提供丰富的信息，这些信息的获取，原本是需要分析许多会话数据才能实现的。

另一种发挥 PRADS 数据作用的方式，是利用它确定基线资产模型。因为 PRADS 保存了 home_nets 变量定义的资产的全部已采集信息，通过对该数据的解析，可以按各主机分别展示已采集数据的全部内容。prads-asset-report 脚本可以做到这一点，这是一个集成在 PRADS 中的 Perl 脚本。该脚本可以由 PRADS 资产日志文件中获取输出结果，再按各 IP 地址将全部信息输出为列表。假设你所使用的 PRADS 的日志数据在 /var/log/prads-asset.log 文件中，那么只需简单地执行 prads-asset-report 命令就可以生成上述数据。如果不是这样，你就需要使用 –r<文件>参数，指定 PRADS 资产数据的位置。该数据的示例如图 14.10 所示。

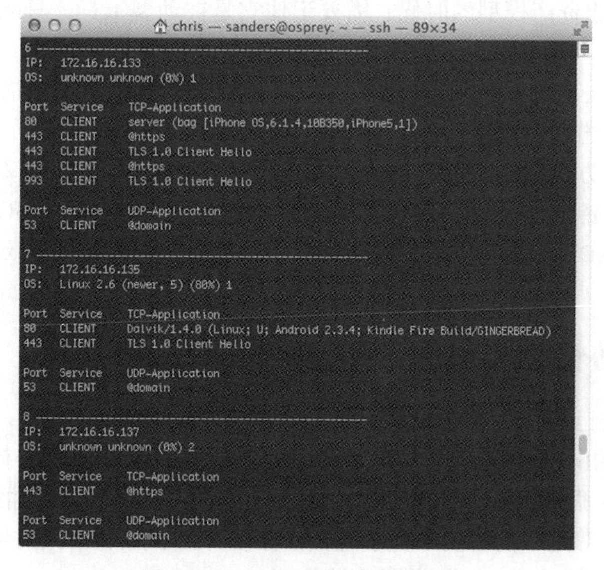

图 14.10　PRADS 资产数据报告

注意，在此输出结果中，PRADS 同样尽其所能地预测各设备的操作系统体系结构。在图 14.10 中，PRADS 仅对单台设备进行识别。PRADS 可在网络中监测的设备通信越多，对于操作系统体系结构预测的准确性就越高。

在某些情况下，定期生成报告并以易于访问和检索的方式提供给分析人员才是至关重要的。这时，你可以在参数后面加上 –w < 文件名 >，将这些脚本的生成结果保存为文件。在其他情况下，分析人员可能会需要直接访问 PRADS 的日志数据，这时，他们就可以使用 prads-asset-report 脚本，几乎实时地生成数据了。对于独立 IP 地址，可以使用 -i 开关实现这一点：

```
prads-asset-data -i 172.16.16.145
```

该命令输出结果如图 14.11 所示。

```
chris — sanders@osprey: ~ — ssh — 84×20
sanders@osprey:~$ prads-asset-report -i 172.16.16.142

 prads-asset-report - PRADS Text Reporting Module
 0.2 - 2010-04-14
 Edward Fjellskaal <edward@redpill-linpro.com>
 http://prads.projects.linpro.no/

1 -----------------------------------------------------
IP:   172.16.16.142
OS:   Windows XP/2000 (RFC1323+, w+, tstamp-) (100%) 2

Port  Service    TCP-Application
80    CLIENT     APSDaemon.exe (unknown version) CFNetwork/520.3.3
443   CLIENT     TLS 1.0 Client Hello
1780  CLIENT     Microsoft (Windows/6.1 UPnP/1.0)
5223  CLIENT     TLS 1.0 Client Hello

Port  Service    UDP-Application
53    CLIENT     @domain
```

图 14.11 搜索 PRADS 资产数据中的独立 IP 地址

使用 PRADS 生成资产模型的时候，需要记住它是被动型工具，只能向用户报告传感器之间的设备通信事件。这就是说，那些仅与特定网段通信但从不通过传感器监控的连接的设备，是 PRADS 无法发现的。因此，你应该将 PRADS 与其他主动扫描技术结合使用，以保证对网络资产的描述准确无误。

作为一种创建我方情报的工具，PRADS 的强大令人难以置信，但又简单得令人无可争辩。因为它对系统资源需求很低，又具有很好的灵活性，所以在多数 SOC 环境下都能找到用武之地。关于 PRADS 的更多资料，可访问以下连接：http://gamelinux.github.io/prads/。

14.3 生成威胁情报

只要你掌握了自己网络的情况，就该准备了解你的对手了。因此，我们开始深入研究威胁情报（threat intelligence）。只要你从事信息安全行业，就不会对这个术语感到陌生。随着针对性攻击的日渐猖獗，众多厂商宣称可以为你提供“生成威胁情报，阻断 APT 攻击”的方案。不过，这通常是厂商售卖一揽子垃圾产品的方法，威胁情报的生成是 NSM 分析的关键部分，也对 SOC 的成功运行起着决定性作用。

威胁情报是本章前面部分所定义情报的子集。这个子集仅考虑情报定义的敌方部分，通过收集数据、建立情报，判定威胁本质。该情报类型可分为三种：战略威胁情报、作战威胁情报和战术威胁情报（图 14.12）。

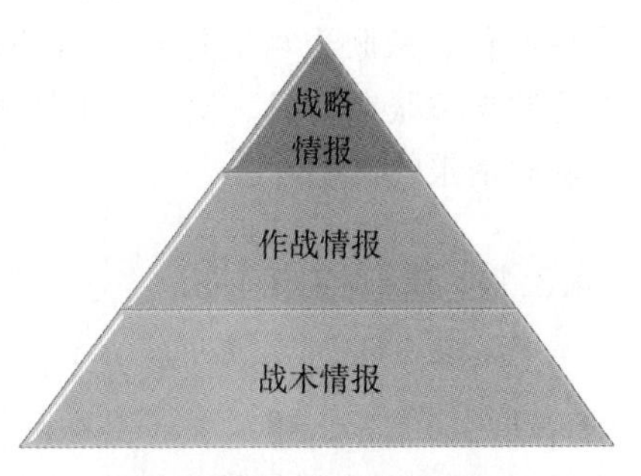

图 14.12　威胁情报类型

战略情报（Strategic Intelligence）是指高级别攻击者的战略、政策和计划相关的情报。通常这一级别的情报采集和分析只出现在政府和军方组织，用于回应来自他国政府或军方的威胁。因此，规模较大的组织目前正在发展这方面的能力，其中部分组织还会以服务的形式对外出售战略情报。战略情报一直被独立攻击者或单位的支持势力长期关注。这类情报的典型成果是包括政策文件、战争理论、立场声明以及政府、军方或组织攻击目标在内的情报。

作战情报（Operational Intelligence）是指某个攻击者或团伙如何为实现战略意图而策划和支援作战行动的相关情报。与战略情报的区别在于，作战情报所关注的目标更为精细，通常会为攻击全景中的若干短期目标分配更多时间。虽然如此，收集作战情报一般也还是政府和军方组织的职责范围，因为通常有些组织会成为攻击者针对作战目标采取行动的受害者。所以，一些公开组织具有对于这类攻击的可见性，并有能力生成作战情报。这类情报的典型成果与前面相似，但更为明确。某些形式的成果还会被用于建立战略情报。

战术情报（Tactical Intelligence）是指在此任务级别指挥行动时采取的特定措施的相关信息。为此，我们需要深入研究攻击者采用的工具、战术和过程，这也是 99% 的 SOC 在实施 NSM 时所关注的效果。在此阶段，某个攻击者或某个攻击团伙的孤立行动将被采集和分析。这类情报的典型成果是受害信标（IP 地址、文件名、文本字符串）或攻击者专用的工具清单。这类情报是最具时效性的，很快就会失去价值。

实战中的启示

对于威胁情报的讨论通常会引出归因的话题，所谓归因就是通过对手的行为追溯到真实的个人或团伙。意识到检测与归因的区别是很重要的，两者并非同一件事，因此，检测信标与归因信标也是不同的。检测在于发现事件，而归因在于关联事件、追溯到实际的个人或团伙。虽然归因有着重要的意义，但若没有策略、行动和战术情报数据相互关联，仍然无法成功。一般来说，在没有其他组织共享大量情报或数据的情况下，多数私营企业并不具备情报采集与分析能力。从多次网络攻击中采集受害信标从而生成战术情报，这是一个可以实现的目标。不过，多数企业并不具备从人工情报[㊀]（HUMINT）、通信情报[㊁]（SIGINT）和地理空间情报（GEOINT）之类的传统情报来源获取情报的实战能力。何况，具备上述实战能力的组织，其行为通常会受到法律制约。

㊀ 指利用间谍搜集情报。——译者注

㊁ 指监听、截获和破译无线电信号而获取的情报。——译者注

在分析战术情报的时候，威胁通常体现为IDS告警或其他检测机制所显示的IP地址。有些时候，威胁也可能体现由客户端下载的某个可疑文件。通过对这类数据的调查研究，并把数据关联在一起，就产生了战术情报。本章剩余部分专门讲解NSM环境下生成敌方战术威胁情报的典型方法。

14.3.1 调查敌方主机

一旦我方主机与潜在敌方主机之间出现的可疑通信行而引发告警，分析人员所应采取的行动之一就是，生成关于潜在敌方主机的战术威胁情报。不过，多数IDS通常只能提供主机IP地址和少量触发告警的通信数据。在本节，我们看看如何仅凭主机的IP地址和域名获取信息。

内部数据源

获取外部主机和潜在敌方主机信息的最快方法，是从已经掌握的可用内部数据源开始调查。既然你担心某台潜在敌方主机，很可能是因为该主机已经与你的某一台主机发生了通信行为。在这种情况下，你应采集相关数据，并令这些数据能够回答下述问题：

1. 该敌方主机曾经与我方该主机发生过通信么？
2. 该主机与我方主机通信的性质是什么？
3. 该敌方主机曾与我方其他网络主机发生过通信么？

上述问题的答案来自不同的数据源。

如果你已经掌握了适当的我方情报，比如我们前面看到的PRADS数据，回答第一个问题就会很容易。在此前提下，你应该可以确定这些主机是初次发生通信，还是早些时候就已经有过通信行为。甚至，你还可以确定该敌方主机的操作系统体系结构。如果没有合适的我方情报，那么取得上述答案的最快方法，就是分析对话数据了。

回答第二个问题只能借助于更细粒度的数据源。虽然会话数据可以提供通信发生时基本数据及所使用的端口信息，却无法提供具有足够深度的数据，所以无法确切描述的通信细节。有些情况下，最初生成告警的检测工具可以提供该细节。Snort 和 Suricata一般可以提供命中其特征的数据包，Bro之类的工具经配置可提供更多的附加数据。如果不是这样，你可能会需要通过查看FPC数据或PSTR数据寻找答案了。在这种情况下，数据包分析的技能会派上用场。

回答第三个问题通常需要借助于会话数据，因为那是获得主机间通信记录相关信息的最快方法。因此，如果你发现了敌方主机与其他的我方设备有过通信行为，为了准确判定该通信的性质，你可能会打算从FPC或PSTR之类的其他数据源着手。如果没有这类可用数据，还可以借助PRADS数据寻找该问题的答案。

这一级别内部分析的意义在于收集线索、寻找模式。从更为宏观的角度看，这些模式可能会包含敌方主机通信时所使用的特定服务、特定的通信时间间隔，或者与某个社会事件、某起技术事件之间的关联。从较为具体的角度看，你也许会发现该敌方主机正在使用某个定制的C2[1]协议，或者该通信与多个客户端从其他主机下载可疑文件有关。

将这三个问题的答案结合起来，可以帮助你就敌方主机在网络中的行为建立威胁情报。通常情况下，分析敌方主机在某孤立事件或通信序列中的行为，无法为进一步的调查提供必要的证据，但是，分析整个网络的通信情况却是判定网络事故出现与否的关键。

开源情报

既然你已经完成了对内部数据源的调查，就到了调查其他可用情报源的时候。开源情报（OSINT）是为采集自公开可用资源的情报而定义的分类。在NSM领域，通常是指由公开网站收集到的情报。与其他情报源的主要区别在于，在OSINT的帮助下，获取敌对实体相关信息无需再直接向敌方主机发送数据包。

现在，我们看几个可用于调查IP地址、域名及恶意文件方面的OSINT网站。OSINT的话题范围很广，研究方法也各有不同，完全可以写一本专门的书。如果你打算获得OSINT研究方面的详细网站清单，可访问：http://www.appliednsm.com/osint-resources。

IP和域名注册信息

互联网数字分配局（Internet Assigned Numbers Authority，IANA）是互联网名称与数字分配机构（Internet Corporation for Assigned Names and Numbers，缩写为ICANN）的一个部门，负责监管IP地址的分配、自治系统号（Autonomous System Number，缩写为ASN）的分配和DNS根区的管理等等。IANA根据区域将地址分配权力授予五个区域互联网注册机构（Regional Internet Registries，缩写为RIRs）。再由这些组织负责维护各自范围内注册的IP地址分配记录。组织清单见表14.1。

表14.1　互联网注册机构

RIR名称	缩写	服务范围	网站
非洲互联网络信息中心	AfriNIC	非洲大陆	http://www.afrinic.net/
美国互联网络号码注册局	ARIN	美国， 加拿大，部分加勒比海地区和南极洲	http://www.arin.net/
亚太互联网络信息中心	APNIC	亚洲，澳大利亚，新西兰及临近国家	http://www.apnic.net/
拉丁美洲和加勒比海地区互联网络信息中心	LACNIC	拉丁美洲和部分加勒比海地区	http://www.lacnic.net/
欧洲IP地址注册中心	RIPE NCC	欧洲，俄罗斯，中东和中亚	http://www.ripe.net/

上述注册机构均允许你通过它们查询某个IP地址的已分配注册记录。图14.13展示了由ARIN数据库查询IP地址50.128.0.0/9范围注册记录的结果。该查询通过http://whois.arin.net/ui/advanced.jsp网站实现。

在本例中，我们看到该IP地址段已经分配给Comcast[2]。我们还可以点击图中链接，取得该公司代表人的联系信息，包括滥用投诉、技术支持和经营管理联系人（Points of Contact，缩写为POC）信息。如果你发现某台敌方设备试图入侵你的网络，同时其IP范围

[1] 命令控制（command and control）缩写。——译者注

[2] 美国主要有线电视、宽带网络及IP电话服务供应商。——译者注

又属于一家信誉良好的公司，这个查询公司联系方式的功能就会派上用场。一般来说，这种情况表明该敌方设备遭到其他对手的入侵并被当作发动攻击的跳板。如果真是这样，常见的作法是，通知疑似发动攻击的组织的滥用投诉联系人。

Network	
NetRange	50.128.0.0 - 50.255.255.255
CIDR	50.128.0.0/9
Name	CCCH3-4
Handle	NET-50-128-0-0-1
Parent	NET50 (NET-50-0-0-0-0)
Net Type	Direct Allocation
Origin AS	AS7922
Organization	Comcast Cable Communications Holdings, Inc (CCCH-3)
Registration Date	2010-10-21
Last Updated	2010-10-21
Comments	
RESTful Link	http://whois.arin.net/rest/net/NET-50-128-0-0-1
See Also	Related POC records.
See Also	Related organization's POC records.
See Also	Related delegations.

图 14.13 ARIN RIR 查询

实战中的启示

通知其他组织他们的某台主机疑似遭到入侵，常常是件麻烦事儿。有些时候，对方组织未必会相信你，在极端情况下，他们还会指责你针对他们实施某种有敌意的行动。因为这个过程比较微妙，在通知某组织他们的网络可能被入侵时，要遵循得体的礼仪。Tom Liston 在其为 SANS 网络风暴中心（Internet Storm Center）撰写的文章中总结了在此过程中积累的一些案例：http://www.dshield.org/diary.html?storyid=9325。

多数时候，你会发现某个 IP 地址注册到某个 ISP。这种情况下，如果在其 IP 地址范围有人尝试攻击你的网络，你就可以幸运地联系该 ISP 了，但在我所经历的多数情况下，这样做不是很有收获。在联系美国管辖区域之外的 ISP 时，这种情况尤为明显。

因为 IP 地址被划分到五个区域互联网注册机构，在搜索到结果之前，你必然无法知道某个特定 IP 归属于哪个机构。幸运的是，如果你在某个区域互联网注册机构的网站搜索一个 IP 地址，但这个 IP 地址并不属于该机构，这时网站会告诉你正确的所属机构，你的搜索也就到此结束了。另一个办法是，使用某种服务来帮你决定，比如 Robtex，稍后我们会讨论。

注册记录提供给我们的另一种有用的信息片断是 IP 地址关联的自治系统号（ASN）。ASN 是一种识别号码，用于识别受控于共同实体的一个或一组网络。ASN 号码通常被分配给 ISP、大型公司或大学。虽然两个 IP 地址可能注册给两个不同的实体，但若它们共享着相同的 ASN 号码，你就可以认定这两个 IP 地址之间存在着某种关系，不过有些时候需要具体情况具体分析。你可以通过各个注册机制搜索特定的 ASN 信息。

和 IP 地址相似，对域名的调查通常从查找域名的注册所有者开始。不管从哪里开始，都要牢记实际物理主机与域名之间的区别。IP 空间有限，总是受到一定的制约。一般来说，如果你在日志中看到了一个 IP 地址，那么通常你可以假设自己采集到了从该 IP 地址对应的真实主机发出的数据（至少是面向会话的通信）。你还可以充分相信该 IP 地址确实存在于注册人名下的实体，甚至认为其主机已被入侵或受到他人控制。

域名起着位置指针的作用。如果你在日志中看到一个域名，一般是因为我方某台主机以某种方式访问了该域名，而实际上域名是可以随时配置的，并可以指向任何地址。这就意味着你所调查的来自于昨天日志的域名，今天可能已经指向了不同的 IP 地址。或者，你正在调查的域名，可能稍后就不再指向任何 IP 地址。对于攻击者而言，入侵一台主机后，为其重新分配一个域名，使其指向那些提供恶意软件或其他恶意能力的主机，是很常见的事。如果该主机的所有者发现主机被入侵并将攻击者留下的问题彻底根除，那么攻击者就会将该域名重新分配给其他的 IP 地址。更有甚者，目前恶意代码已经具备了使用域名生成算法、随机地为命令控制服务器注册域名的能力。因为上述原因，域名并未遭到入侵，被入侵的是域名指向的 IP 地址。不管怎样，域名都是可以被用于恶意目的的。在调查潜在恶意域名时，需要注意到这一点。

前面说过，ICANN 将该职权委派给域名注册机构，从而实现对域名注册的管理。若有人注册域名，会被要求提供域名所有者相关的联系人信息。但不幸的是这一流程没有执行严格的验证，所以无法保证任何域名注册信息都是真实有效的。更何况，许多注册机构对外提供匿名注册服务，它们会隐藏实际注册的所有者信息，而是提供它们自己的信息。尽管如此，还是可以从域名注册机构那里获得大量的有用信息。

查询域名信息的方法有许多种。其中一种是简单地挑选一家 GoDaddy 或 Network Solutions 这样的域名注册机构，在它们的网站使用 whois 查询服务。另一种方法是在 Unix 的命令行执行 whois 命令（见图 14.14），其示例语法如下：

```
whois<domain name>
```

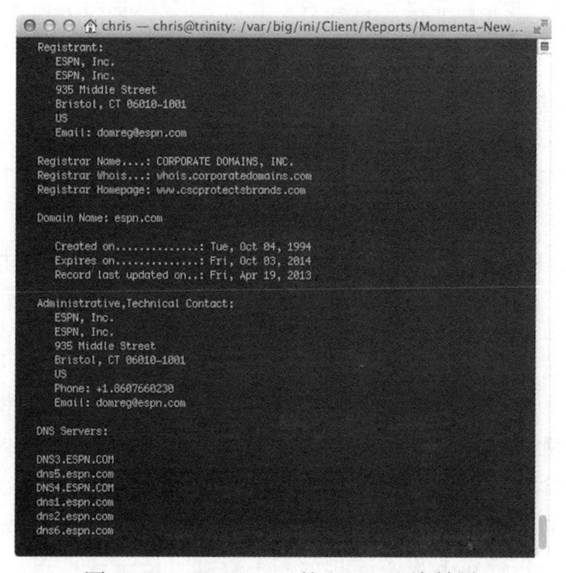

图 14.14　ESPN.com 的 whois 查询结果

图中给出了注册人信息，同时也给出一些其他有用的信息片断。其中的注册日期可供判定一个域名的合法性。假设你怀疑你的主机与某托管了恶意内容的域名发生通信，而你又发现该域名是最近几天才注册的，这就很可能说明有恶意行动正在进行。

该输出结果同时也给出该域名相关的DNS服务器，可用于寻找多个可疑域之间的相关性。你也可以借助一些额外的DNS技巧（比如DNS zone transfer查询漏洞）枚举子域或DNS主机名，但一般情况下并不推荐这样做，因为那样会与潜在DNS服务器产生真实的交互。如果你想对此了解更多内容，可以在该链接找到大量的手册及视频 http://www.securitytube.net。

本书作者倾向于使用公共可用的网站，一次操作获取全部域名注册信息，而不是访问多个不同的网站分别搜索IP地址和域名注册信息。而本书作者喜欢的这类网站之一就是Robtex（http://www.robtex.com）。Robtex提供了大量的实用信息，包括我们上面讨论的全部内容，还提供了一个非常实用的摘要功能。在图14.15中，展示了搜索espn.com域名后访问记录标签页的样子。

Result Summary Records Graph Shared Whois Blacklists Analysis Contact robtex > dns > com > espn

espn.com Lucky Search Google Custom Search

route name
as name
ip location
information age

Base	Record	Pref	Name	IP-number	Reverse	Route	Autonomous System
espn.com	a			199.181.132.250 DISNEY-CBLK, Seattle, WA, United States	?	199.181.132.0/24 SP-Disney	AS8137 DIMG AS8137 Disney Online
	ns		dns1.espn.com 1 day old	192.234.2.11 ESPN2, Bristol, CT, United States		192.234.2.0/24 ESPN	AS4549 ESPN Inc.
			dns2.espn.com 32 days old	192.234.2.12 ESPN2, Bristol, CT, United States		192.234.2.0/24 ESPN	
			dns3.espn.com 13 days old	192.234.3.11 ESPN3, Los Angeles, CA, United States		192.0.0.0/3 route update via web	AS3303 SWISSCOM (Switzerland) Ltd
			dns4.espn.com 31 days old	208.85.66.235 ESPN-BB-NJ1, Newark, NJ, United States		208.85.66.0/24 Bat Blue IPv4 Netblock 208.85.66.0/24	AS25885 BatBlue 1 Bat Blue Networks
			dns5.espn.com 37 days old	74.123.200.193 BATBLUE, Newark, NJ, United States		74.123.200.0/24 Bat Blue IPv4 Network Block	
			dns6.espn.com 11 days old	208.85.64.193 BAT-BLUE-ISP-NETWORK--NJ1, Clifton, NJ, United States		208.85.64.0/24 Bat Blue IPv4 Netblock 208.85.64.0/24	
	mx	10	espn.mailsec1.batblue.net 25 days old	74.123.200.36 BATBLUE, Newark, NJ, United States	espn2.mailsec1.batblue.net	74.123.200.0/24 Bat Blue IPv4 Network Block	
				74.123.200.37 BATBLUE, Newark, NJ, United States	espn5.mailsec1.batblue.net	74.123.200.0/24 Bat Blue IPv4 Network Block	
		10	espn.mailsec2.batblue.net 18 days old	208.85.65.14 BAT-BLUE-MSP-NETWORK--NJ1, Clifton, NJ, United States	espn6.mailsec2.batblue.net	208.85.65.0/24 Bat Blue IPv4 Netblock 208.85.65.0/24	
				208.85.65.15 BAT-BLUE-MSP-NETWORK--NJ1, Clifton, NJ, United States	espn3.mailsec2.batblue.net	208.85.65.0/24 Bat Blue IPv4 Netblock 208.85.65.0/24	
		10	espn.mailsec3.batblue.net 15 days old	74.123.203.12 BATBLUE, Newark, NJ, United States	espn4.mailsec3.batblue.net	74.123.203.0/24 Bat Blue IPv4 Network Block	

com net batblue.net mailsec1.batblue.net mailsec2.batblue.net mailsec3.batblue.net

https://pop.robtex.com/espn.com.html © www.robtex.com .

图14.15 Robtex记录标签页

从该图不难看出，Robtex提供了所获取的全部DNS信息，包括相关IP地址及这些IP地址相关的ASN信息。所提供的接口可供快速生成图片，让分析人员立刻投入使用。

警告 我们在本章讨论了许多收集或提供OSINT信息的web服务。虽然这些网站很实用，但你要对其与你提供的敌方IP或域名的交互方式保持警惕。出于某些原因，提供这类服务的部分网站在与你所查询IP地址或域名交互时，会向潜在的敌对主机暴露你的IP地址。在许多场合下，本书作者看到这类web服务会将客户端IP地址保存查询请求的HTTP头部，并发送出去。你可以针对自身的网络或测试网络使用这类工具的功能，然后分析web服务连接的相关数据，验证这一点。

IP 和域名的信誉度

在第 8 章，我们详细地讨论过 IP 和域名的信誉度。信誉度不仅有助于检测环节，同样也极为适用于分析环节。如果某个 IP 地址或域名曾与恶意行为有关系，那么现在也很有可能与恶意行为有关系。

在第 8 章提供了本书作者所喜欢的一些用于检测的信誉信息数据源。这类数据源网站是针对检测优化过的，所提供的清单可以传送给检测机制。这类数据源网站也同样可被用于 IP 地址和域名的分析，在此不再赘述。这里将讨论的是本书作者所喜欢的另外几个信誉度网站，它们更适合事后分析：IPVoid 和 URLVoid。

IPVoid（http://www.ipvoid.com/）和 URLVoid（http://www.urlvoid.com/）是由 NoVirusThanks 公司开发的两个免费服务网站。两个网站通过访问其他的多个信誉列表（其中少数本书已做过讨论），提供指定 IP 或域名是否位于这些列表的判定结果。图 14.16 和图 14.17 给出这两个网站服务的输出结果。

Domain Information

Analyzed On	2013-10-03 15:29 GMT
Website Address	[redacted].eu
Blacklist Status	BLACKLISTED
Detection Ratio	3 / 28 (11 %)
Domain 1st Registered	Unknown
Google Page Rank	[illegible]
Alexa Rank	Unknown

Website Blacklist Report

Engine	Status	Info
SCUMWARE	DETECTED	
BitDefender	DETECTED	
GoogleSafeBrowsing	DETECTED	
SpamhausDBL	NOT FOUND	
MyWOT	NOT FOUND	
MalwareDomainList	NOT FOUND	

图 14.16　URLVoid 的输出摘录

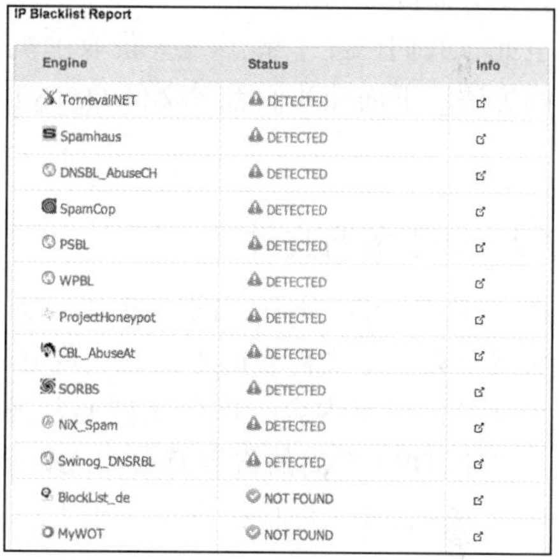

IP Blacklist Report

Engine	Status	Info
TornevallNET	DETECTED	
Spamhaus	DETECTED	
DNSBL_AbuseCH	DETECTED	
SpamCop	DETECTED	
PSBL	DETECTED	
WPBL	DETECTED	
ProjectHoneypot	DETECTED	
CBL_AbuseAt	DETECTED	
SORBS	DETECTED	
NiX_Spam	DETECTED	
Swinog_DNSRBL	DETECTED	
BlockList_de	NOT FOUND	
MyWOT	NOT FOUND	

图 14.17　IPVoid 的输出摘录

两种输出结果均会在头部提供 IP 或域名的基本信息，随后是对于你搜索项目在黑名单中的匹配数量统计。从图 14.16 可以看到，该域名在 URLVoid 黑名单中的发现比例为 3/28（11%）。在报告前面，列出了这三个命中的黑名单，而且，各个黑名单都在信息列提供了指向对应网站的该域名的链接，可供引用。图 14.17 的输出结果是由 IPVoid 提供的 IP 地址信息，因长度关系，输出内容有截断，但还是展示了所用到的一些 IP 黑名单服务。

IPVoid 和 URLVoid 都是伟大的一站式服务，可供判定某个 IP 地址或域名是否位于各自的信誉黑名单中。虽然这并非一种明确的恶意活动信标，但颇具参考意义。

在分析过程中，需要注意那种多个域共用一个 IP 地址的情况。如果你发现某个域名在多个不同的公开黑名单中均有出现，那并不一定意味着托管于同一 IP 地址的其他各个域都是恶意的。对于虚拟主机共享的服务器，尤其是这样。这类服务器的某站点遭到入侵，通常是由于某个 web 应用程序的漏洞造成的。多数情况下，该入侵对域的影响是颇为有限的。也就是说，虽然会有例外的情况，但你在分析 IP 和域名信誉的时候，还是要对这种情况倍加小心。

在确保不会自行与远程DNS服务通信的前提之下，使用按IP查域名的服务（http://www.domainsbyip.com/），是一个辨识某个IP地址托管域名的快捷方法。该工具输出结果如图14.18所示。

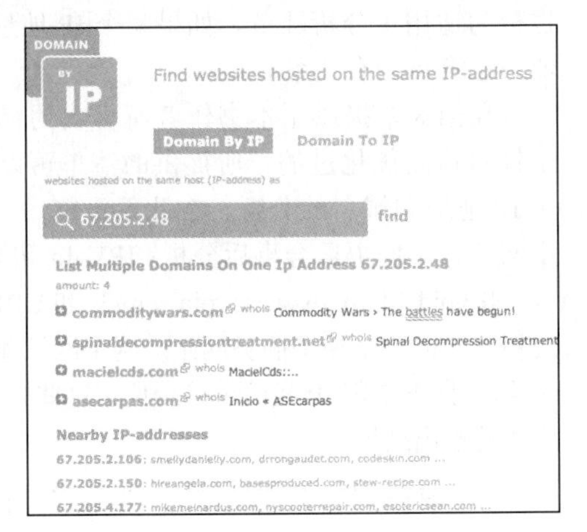

图14.18 按IP查询域名的输出结果

上图中结果告诉我们，该IP地址托管了4个不同域名。从域名数量和各域名之间毫无联系这两点看，这是一台虚拟主机共享服务器。我们还可以看到，该服务提供了一份"临近"（nearby）IP地址列表。这些地址在数值上接近我们所查询的IP地址，而且也托管着一些域名。这个服务非常实用，但其结果并不完整，所以你在使用它的时候，未必总能得到满意结果。

至此，我们已经了解了一些获取主机OSINT信息的方法，下面让我们看看文件OSINT的数据源吧。

14.3.2 调查敌方文件

在你实施NSM分析期间，继IP地址和主机名之后，你最常见的对手是文件。有时，可能仅仅是以一个文件名的形式，有时还会包含一个MD5哈希值，最好的情况下，你能够访问该文件的完整内容。可疑文件通常发现于可疑主机的下载过程，也可能与某个由检测方法（比如IDS）发出的告警有关。无论你从哪里发现该文件，也不管你对该文件掌握的信息有多少，文件相关的情报都可以用于建立你所调查的威胁的战术情报。

> **实战中的启示**
>
> 从网络获取这些可疑文件的方法有很多。如果你知道需要实时获取的文件的确定类型，就可以使用Bro完成该任务。我们已经在第10章讨论过如何使用Bro实现这一点。如果你的调查已经在进行中，而且掌握了一些全数据包捕获数据，那么不妨使用Wireshark之类的工具，由通信数据流中提取文件。这部分已经在第13章讨论过。

开源情报

与主机情报相似，互联网上有许多数据源可用于调查可疑文件。让我们看其中的几种资源。

如果你怀疑某个具体文件可能是恶意的，最简单的方法就是分析该文件的行为。这种分析是可以自己动手实现的，如果你不具备这种能力，不妨将该文件提交给在线恶意软件沙箱。这类沙箱允许用户提交文件，并会自动地分析其行为，其分析依据是该恶意软件对沙箱系统造成的改变及其试图采取的行动。让我们看几个这类的沙箱。

警告 大量的公共恶意软件沙箱会给你提交的恶意软件建立索引，供他人检索。这会将沙箱的处理过程保存下来，如果再遇到同样的提交内容，该网站就不必重新分析了。虽然这可以帮助网站节约资源，却可能产生行动安全问题。既然正常用户可以在公共沙箱搜索这些恶意代码，那些制作该恶意代码的个人或团伙同样也可以。在针对性攻击的形势下，不能排除对手会制作出专门针对你的组织的恶意软件。此时，对手可以定期在公共沙箱查询该恶意软件的文件名或MD5哈希值。一旦他们在查询结果中发现了该恶意软件，他们就会知道你已经发现了该恶意软件，而他们也需要改变战术或者制作新的更难于检测的恶意软件。在将恶意软件提交到公共网站之前，需要三思，如果你工作于经常成为攻击目标的高安全环境，尤其应当如此。

Virustotal

判定某个文件是否为恶意文件的最简单的方法，也许就是运行反病毒工具对其检测了。不幸的是，在现代安全的角度看，反病毒软件的检出率真是太低了，单一反病毒产品检出恶意软件的机率只有五成，甚至更低。因此，将一个恶意软件样本提交给多个反病毒引擎，可以提高恶意软件被检出的机率。在单机系统配置多家反病毒引擎是行不通的，而且取得授权也不便宜。好在有一个在线方案，叫 VirusTotal。

VirusTotal（http://www.virustotal.com）是一项免费服务，可借助多家反病毒引擎分析可疑文件和URL，在2012年被Google收购。向VirusTotal提交文件的方法有很多种，包含网页提交、邮件提交，以及使用各种工具通过其提供的API提交。本书作者推荐的提交方法是通过其提供的Google Chrome扩展。一旦你提交了文件，VirusTotal就会开始分析和生成报告，指出哪家反病毒引擎因匹配了该文件或其内容而将其检出，以及所匹配字符串型名称。

示例输出结果如图14.19所示。截止目前，VirusTotal支持49个不同的反病毒引擎，覆盖了全部较大型或较流行的反病毒产品。

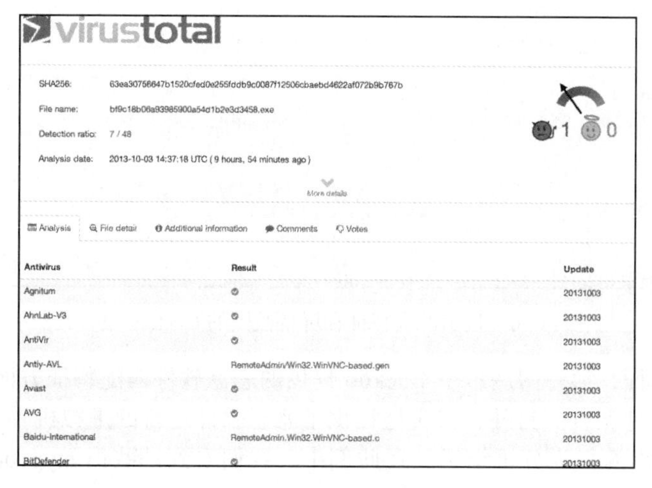

图14.19 VirusTotal报告示例

从上例中报告不难看出，已提交的文件被 48 家反病毒引擎中的 7 家检测为恶意软件。其中两家检出的引擎为：antiy-AVL 和 Baidu- 国际版引擎。两家引擎均将该文件检测为某种 VNC 类的应用程序，这类程序可用于对系统远程控制。屏幕右上方的仪表根据引擎检出数量等因素，指出该文件究竟是否为恶意的。在这个例子里，网站认为我们提交的文件可能是恶意的。

虽然 VirusTotal 并不会将所提交样本分享给公众，但是它还是会将至少有一家反病毒引擎检出的样本分享给各反病毒公司。在提交高度敏感文件或涉及针对性攻击文件的时候，要记住这一点。

Cuckoo 沙箱和 Malwr.com

一个最流行的恶意软件分析沙箱环境就是 Cuckoo。Cuckoo（http://www.cuckoosandbox.org）启动一份虚拟机实例，执行恶意软件，进行多项分析任务。包括，记录恶意软件引起的系统改变和发生的行为、记录系统的任何变化、记录 Windows API 调用，以及记录被创建或被删除的文件。不仅如此，Cuckoo 还能实现系统或指定进程的完整内存转储、在恶意软件运行中截取虚拟机屏幕。上述内容最终会被加入 Cuckoo 生成的报告。Cuckoo 采用模块化设计，允许用户精确定制恶意软件运行过程和结果报告。

Cuckoo 沙箱是一种可下载并在内部部署的工具，可在多数环境下成功应用。不过，这部分主要讨论在线的恶意软件分析沙箱，该沙箱可在 http://www.malwr.com 找到。Malwr 是利用 Cuckoo 实现的免费恶意软件分析服务网站。它是由安全专家志愿者完全出于帮助社区意图并按照非商业模式运营的网站。除非你在提交文件时明确允许，否则所提交的文件不会被公开或私下分享。

图 14.20 和 14.21 均由 Malwr 网站的 Cuckoo 报告摘录。

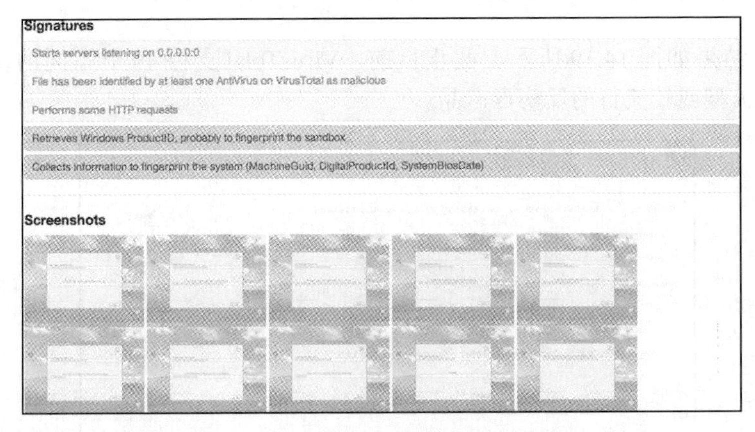

图 14.20 显示匹配特征和屏幕截图的 Cuckoo 报告

在这些图片里面，第一图展示了 Cuckoo 提供的恶意软件匹配特征方面的信息，报告这一部分需要更仔细地调查。另外，报告还提供了恶意软件运行的虚拟机屏幕截图。图 14.21 展示了 Cuckoo 给出的行为分析结果。在此例中，我们看到一些由 mypcbackup0529.exe 文件产生的行为。

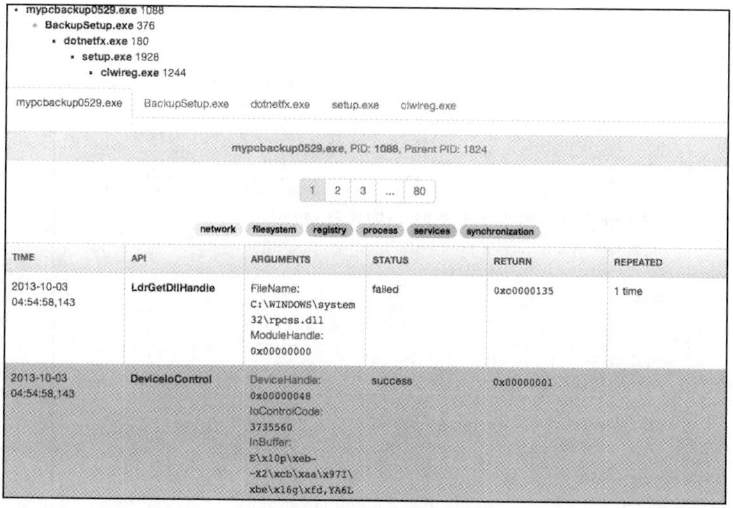

图 14.21　显示行为分析结果的 Cuckoo 报告

Malwr 会在其主页发布共享的分析报告，你可以访问该页面查看报告，从而了解 Cuckoo 所能提供的真实能力。你还可以通过恶意软件样本的 MD5 哈希值搜索报告，看看该文件是否已有分析报告。这将令你更快地获得结果，而不必等候分析过程结束。

如果你有能力在内部搭建一个 Cuckoo 沙箱，对于 SOC 或 NSM 环境都将是个有益的尝试。虽然搭建过程稍嫌冗长繁琐，但相对在线服务所能提供的能力而言，却有更大的灵活性，包括可以对例行分析及报告进行定制。不难发现，Cuckoo 是一个全功能恶意软件分析沙箱，可以在日常分析的不同场合派上用场。

ThreatExpert

ThreatExpert 是与 Cuckoo 和 Malwr 功能相近的另一种在线沙箱。ThreatExpert（http://www.threatexpert.com）允许通过其网站提交可疑文件。提交后的文件会在沙箱环境执行并对文件进行有限的行为分析。其分析结果将形成报告，描述该可疑文件与文件系统、系统注册表等有关的活动。图 14.22 和 14.23 展示了 ThreatExpert 报告的摘录内容。

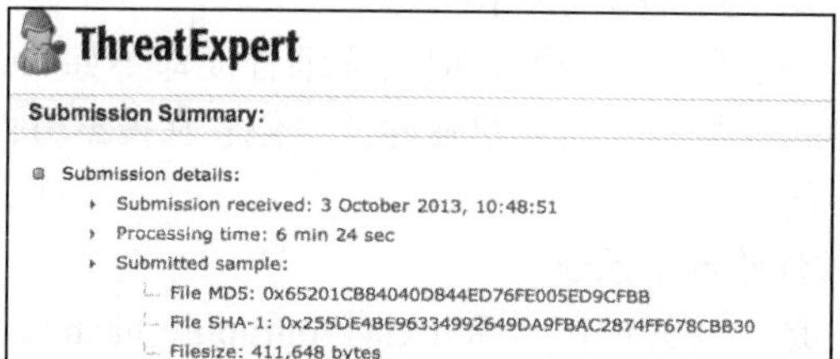

图 14.22　ThreatExpert 的提交总结报告

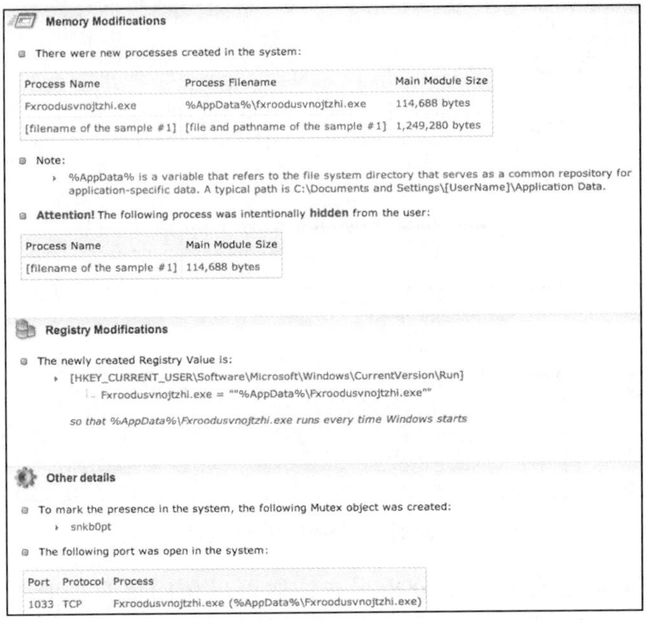

Memory Modifications

- There were new processes created in the system:

Process Name	Process Filename	Main Module Size
Fxroodusvnojtzhi.exe	%AppData%\fxroodusvnojtzhi.exe	114,688 bytes
[filename of the sample #1]	[file and pathname of the sample #1]	1,249,280 bytes

- Note:
  - %AppData% is a variable that refers to the file system directory that serves as a common repository for application-specific data. A typical path is C:\Documents and Settings\[UserName]\Application Data.
- **Attention!** The following process was intentionally **hidden** from the user:

Process Name	Main Module Size
[filename of the sample #1]	114,688 bytes

Registry Modifications

- The newly created Registry Value is:
  - [HKEY_CURRENT_USER\Software\Microsoft\Windows\CurrentVersion\Run]
    - Fxroodusvnojtzhi.exe = ""%AppData%\Fxroodusvnojtzhi.exe""

    so that %AppData%\Fxroodusvnojtzhi.exe runs every time Windows starts

Other details

- To mark the presence in the system, the following Mutex object was created:
  - snkb0pt
- The following port was open in the system:

Port	Protocol	Process
1033	TCP	Fxroodusvnojtzhi.exe (%AppData%\Fxroodusvnojtzhi.exe)

图 14.23 ThreatExpert 的各类活动报告

在第一张图中，我们可以看到所提交的文件使用 UPX 加壳，ThreatExpert 认为该文件含有表现出安全风险的特性，包括创建注册表启动项、与远程 IRC 服务器通信。第二张图提供了与这些发现相关的更多技术细节，包括内存修改、注册表修改，以及创建互斥量和开放端口。

ThreatExpert 还具有非常强大的的搜索功能。它允许你根据文件 MD5 或 SHA1 哈希值搜索已分析文件，所以对于过去提交过的文件，你无需等待重新分析。其最强大的特色功能是报告内搜索。这就意味着你可以任意搜索在网上看到的文本、文件名、IP 地址或域名，看看它是否与 ThreatExpert 的某份恶意软件分析报告有关。本书作者曾在多次调查事件中，仅掌握出现于 ThreatExpert 恶意软件分析报告中的特定地址相关的情报，但多数时候仅凭这些就足以指明正确的路线，找出哪里出了问题。

虽然 ThreatExpert 是一个高效的沙箱，但其详细程度却不如 Cuckoo，而且也无法下载和在本地安装。也就是说，在某些方面它勉强胜任，但它在搜索方面的特色使它在 NSM 分析方面具有无法度量的价值。

Cymru 团队的恶意软件哈希记录表

区分文件最快的方法是比较其加密哈希（cryptographic hash）。因此，多数文件的唯一索引都采用其文件哈希，一般是 MD5，有时也会使用 SHA1。其优势在于，使用哈希值区分文件时不必关心文件名。我们已经看到了 Malwr 和 ThreatExpert 使用哈希区分文件实例，不难想到，将已知恶意软件编制成哈希列表，既简单易行，又颇有意义。事实上，Cymru 团队正是这样做的。

Cymru 团队的恶意软件哈希记录表（http://www.team-cymru.org/Services/MHR/）是一

种包含多来源已知恶意软件哈希的数据库。该数据库支持多种查询方式，为在检测或分析过程中判定文件是否具有恶意提供了快速而有效的方法。

实际上，查询该记录的最简单的方法是使用 WHOIS 命令。虽然看起来有些古怪，但效果却出奇的好。你可以按以下格式使用 WHOIS 命令查询该数据库：

```
whois -h hash.cymru.com<hash>
```

两次查询的输出结果如图 14.24 所示。

```
chris — bash — 86×5
maverick:~ chris$  whois -h hash.cymru.com e1112134b6dcc8bed54e0e34d8ac272795e73d74
e1112134b6dcc8bed54e0e34d8ac272795e73d74 1277221946 79
maverick:~ chris$  whois -h hash.cymru.com e1112134b6dcc8bed54e0e34d8ac272795e73d73
e1112134b6dcc8bed54e0e34d8ac272795e73d73 1380825693 NO_DATA
maverick:~ chris$
```

图 14.24　查询 Cymru 团队的恶意软件哈希记录表

在上图中，我们先后查询了两次，每次返回的数据均分为三列。第一列包含哈希值本身。第二列包含该哈希最后一次被观测到的时间戳（纪元格式[⊖]），可使用 date –d 命令转换为本地时间。第三列显示反病毒检测引擎将该文件判别为恶意代码的百分比数字。在第一次提交时，我们看到该文件被 79% 的反病毒引擎检测为恶意代码。第二次提交时，该字段显示为 NO_DATA ，这意味着哈希记录表中并不存在该哈希值。恶意软件哈希记录表中不会保留检出率低于 5% 的哈希值记录。

Cymru 团队的恶意软件哈希记录表对于单次分析某个可疑文件非常实用，因其提供了多种数据库查询方式，非常适用于自动化分析。比如，Bro 提供了将其文件提取框架（参见第 10 章）结合其智能框架（参见第 8 章）的功能，可以有选择地提取文件，并自动匹配该哈希记录表。站在检测角度看，这是极具价值的，可以使分析人员从繁重的事件分析中解脱出来。

关于恶意软件哈希记录表的更多内容以及大量的可用查询方式，你可以通过访问上面给出的网站了解到。

将我们讨论过的 IP 和域名情报与你在自己的网络数据中观察到的数据结合起来，你就能得到着手创建战术情报产品的所需资源。

14.4　本章小结

了解你的网络，也了解对手，你才能在调查中掌握真相。采集和生成我方资产情报的能力，调查和获取潜在敌对实体情报的能力，两者结合起来才是成功地分析网络安全事件的关键。我们在本章讨论了实现上述目的的方法。获取情报的方法有很多，而重要的是，使用已获取的情报帮助分析人员制定决策从而取得更大的胜利。在下一章，我们将讨论分析流程，将会用到分析、采集和生成过程中获得的信息。

⊖ 是从 Epoch（1970 年 1 月 1 日 00:00:00 UTC）开始所经过的秒数，不考虑闰秒。——译者注

Chapter 15 第15章

分析流程

分析过程是NSM最为重要的部分。在此过程中，分析人员取得检测机制的输出结果，从各种数据资源中采集信息，据此判断网络或网络所存储的信息是否受到损害。分析人员为实现该目标而采用的流程称为分析流程。

几乎每一个我访问过的SOC和交谈过的分析人员，对于分析流程都有自己的见解，认为分析流程是若干临时的、主观的步骤，并无一定标准。当然，每一个人风格不同，对信息的解读也不一致，这在某种程度上说是情理之中的。虽然如此，一套经过整理的、适用于所有分析人员的系统化分析流程，仍然是有价值的。采用这类流程可以加快决策的速度，增强团队合作的效果，让事件报告更易于理解。最重要的是，它可以帮助分析人员更快地完成调查。

在本章中，我们将介绍两种不同的分析方法，它们可以作为执行NSM分析的框架使用。一种是警方刑侦人员用于侦查犯罪的方法；另一种是医生用于医务调查的方法。在撰写本书之时，我尚未见到已经成文的NSM分析流程框架。因此，即使本书不能给你带来意外的收获，我也希望本章能够提供给你必要的知识，使你可以将这两种分析方法之一应用于日常的分析过程，同时，这些知识可以帮助你磨练分析技能，使你能够更快地从调查中取得更有效、更准确的成果。

在讨论过这些分析方法后，我会提供大量的分析经验，它们出自作为NSM分析人员的我和我的同事。最后，我们将讨论事件的“发病率和死亡率”(morbidity and mortality)过程，这用于在调查结束后，改善采集、检测和分析各环节。

15.1 分析方法

一般而言，所谓方法即为完成一件事情所使用的方式。虽然NSM分析这种“事情”有数以百计的实现方法，但无论哪种分析流程都离不开三件事：输入、调查和输出。这三件事的完成方法和组织形式即被定义为一种分析方法，简单地说，就是一种判定事件是否发生的系统化方法。在分析过程中，输入通常是某类 IDS 警报或引起分析人员注意的异常事件，输出则是事件是否发生的结论。在调查阶段，在输入、输出之间执行的步骤就是我们所要谈论的分析方法。

15.1.1　关联调查

术语“调查”与刑事侦查有着密切的关系。这不仅仅是因为某些信息安全工程师在 20 年前就毅然地借用了这一术语，更是因为对破坏信息安全的事件调查和对犯罪的事件调查极为相似。事实上，有一种刑侦人员经常用于查明犯罪真相的方法，可以被我们用作为分析方法的框架。这种方法就是关联调查。

关联方法依赖于如何定义两个实体之间的线性关系。如果你曾看过《犯罪现场调查》（CSI）或《纽约重案组》（NYPD Blue）[⊖]，就会发现剧中的警探将一些纸片粘贴在公告板，再将这些纸片与某些线索联系起来，这就是一个关联调查实例。这种调查方法依赖于犯罪线索和罪犯之间的关系。计算机网络与人际关系网络没什么不同。事件之间存在联系，采取一个行动则会引发另一个行动。这意味着，如果我们这些分析人员能够很好地识别实体之间的关系，就能在调查可疑事件的过程中，绘制一张关系网，使得我们可以一览事件的全貌。

关联调查流程分为以下四步（如图 15.1 所示）。

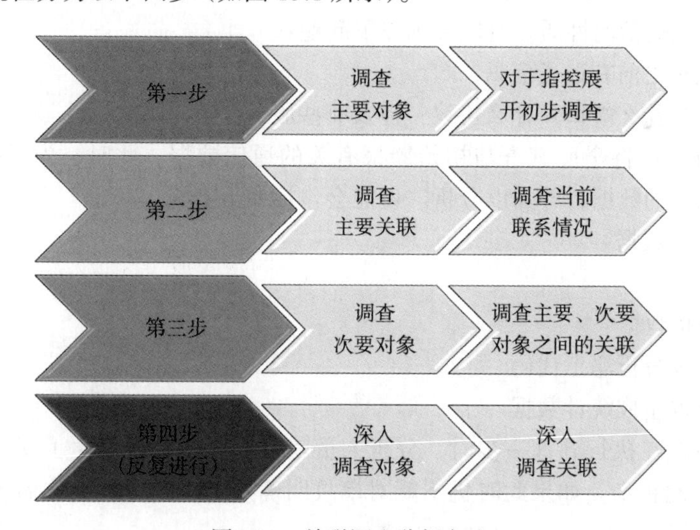

图 15.1　关联调查分析方法

第一步：调查主要对象，对指控展开初步调查

在刑事侦查中，法律机构通常会因为某个指控而得到事件通知——这类指控往往来自

⊖ 均为犯罪题材的美国电视剧。——译者注

警察局。在接到该指控时，他们也会得到指控所涉及对象的情况，以及指控本身的性质。

警方到达现场后首先需要确定所涉及的对象（主要涉案人员），并确定是否值得进一步调查。做出这种决定需要依据法律，同时也依据警方对于是否存在潜在违法行为的初步判断。如果警方认为存在这种可能性，就收集每个涉案人员的资料。包括验证他们是否具有合法身份，查看他们之前的犯罪记录，以及搜身检查他们是否拥有武器或违禁物品。

在NSM调查中，分析人员通常因为警报数据而得到事件通知，包括IDS生成的警报。这类警报通常包含事件涉及的主机和警报的性质。在这种情况下，警报类似于警方的指控，主机类似于警方的涉案人员。以此类推，NSM分析人员也需要对警报是否值得进一步调查做出初步判断。通常，这意味着需要仔细检查触发该警报的规则和检测机制，并确定相关流量是否真能与该警报匹配。其实质就是快速地判断是否出现了误报。如果认为警报并非误报，分析人员接下来就应该开始收集警报涉及的主要对象的信息：敌我双方的IP地址。这其中也包括收集我方情报和战术威胁情报，这部分内容曾在本书第14章讨论过。

第二步：调查既往关系和当前接触情况

警方完成对涉案人员的调查之后，就会调查涉案人员之间的关系。包括既往关系，也包括当前关系。下面，以一起家庭暴力指控为例。警方需要尽量判断涉案双方是否存在关系、这种关系的持续时间以及两者是否同居等等。随后，警方需要判断引起该指控的行为、矛盾激化的时间以及未来事态的发展。

NSM分析人员也应按同样方法调查我方主机与敌方主机之间的既往关系。该过程始于确定主机之间既往通信的性质。可以提出以下问题：

- 这两台主机之前有过通信吗？
- 如果有，是什么端口？什么协议？涉及哪些服务？

随后，分析人员将全面调查与初始警报有关的通信数据。此时，为了找到连接数据，需要提取多个来源的数据，并加以分析。可能会包括如下措施：

- 采集PCAP数据
- 分析数据包
- 收集PSTR数据
- 提取文件及分析恶意代码
- 由会话数据生成统计数据

有些情况下，在执行到这一步时，分析人员就可以确定是否发生了安全事件。如果这样，调查可以在此止步。如果此时仍不能对事故明确判定，或者尚无法做出具体决策，就需要执行下一步骤。

第三步：调查次要对象及关系

警方在调查主要涉案人员及人员之间关系的过程中，通常会找出次要涉案人员。他们是一些与指控有某种联系的个人。比如是原告的同事、被告的同伙以及其他证人等。这些人员被验明正身后，对他们的调查通常会遵循上述两个步骤。这既包括对这些涉案人员的调查，也包括对他们之间的关系以及他们与主要涉案人员之间关系的调查。

在NSM调查中，这种情况也经常出现。例如，分析人员在调查两台主机之间的关系时，可能会发现该我方主机与其他敌方主机采用相同通信方式，或该敌方主机与其他我方主机通信。此外，在分析恶意文件时可能会找到一些IP地址，从而揭示出具有可疑通信行为的其他资源。这些主机都被视为次要对象。

找到次要对象后，应采用与调查主要对象相同的方式对其调查。其中，还应检查主要对象与次要对象之间的关系。

第四步：深入调查对象和关系

此时，对于对象及关联的调查应根据需要反复进行，可能还会引入三级乃至四级对象。随着调查的开展，你应该在前一步的基础之上，全面评估各个对象和各种关系，在进入下一个步骤之前，应彻底查明其对每个层面的影响。否则，很容易失去调查方向，遗漏某些较早的连接，而这类连接原本可能会影响你查看其他主机的方式。在调查结束后，你应该能够描述出对象之间的关系以及恶意活动的发生原因——如果有的话。

关联调查场景

至此，我们已经说明关联调查流程，下面通过实例演示该流程如何应用于真实NSM环境。

第一步：调查主要对象及对指控的初步调查

分析人员得到通知，以下Snort警报检测到异常行为：

```
ET WEB_CLIENT PDF With Embedded File
```

根据该警报，源IP为192.0.2.5（敌方主机A），目的IP为172.16.16.20（我方主机B）。这些就是主要对象。针对该活动相关流量的初步检查表明，确实有PDF文件被下载的迹象。获取到该通信序列的PCAP数据文件后，使用Wireshark从文件中提取出PDF文件。将PDF文件的MD5值提交Cymru团队的恶意软件哈希库后，被判定有23%的反病毒检测引擎将其检测为恶意文件。你应据此做出决定，进行深入调查。

接下来的步骤就是收集这两台主机相关的我方情报和战术威胁情报。由此得出以下情报：

针对主机172.16.16.20的我方情报：

- 该系统为运行Windows 7的用户工作站
- 该系统没有执行监听服务或开启端口
- 该系统用户频繁浏览网页，在PRADS数据中多次出现新资产通知（New Asset Notification）

针对主机192.0.2.5的敌方情报：

- IPVoid在匹配公开的黑名单时，有0项命中该IP地址
- URLVoid在匹配公开的域名黑名单时，有5项命中该PDF下载地址
- NetFlow数据表明，该IP地址未与我方网络其他设备发生通信

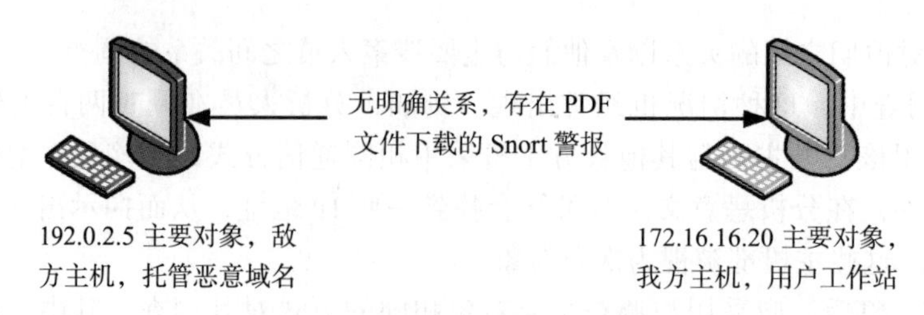

图 15.2 最初阶段的主要对象

第二步：调查既往关系和当前接触情况

为查明主机 172.16.16.20 与主机 192.0.2.5 之间的关系，首先要分析警报时段出现的通信包数据。下载两台主机间通信包数据时，应将时间间隔设置为警报发生的前后 10 分钟之内。对该数据展开数据包分析后，可确定我方主机被合法网站的第三方广告重定向到恶意主机。我方主机下载文件后，与恶意主机的通信即告结束。

为查明主机 172.16.16.20 与主机 192.0.2.5 之间的关系，接下来的步骤就是检查所下载的 PDF 文件。将该文件提交到 Cuckoo 沙箱，执行自动恶意软件分析。对于该文件的行为分析结果表明，该 PDF 文件含有一个可执行文件。该可执行文件的配置部分包含硬编码的 IP 地址 192.0.2.6。通过恶意代码分析结果，这些文件已经不再具有更多明确信息。

此时，你已对主要对象及对象之间关系进行了充分的调查。虽然种种迹象表明这是一起安全事件，但你还没有足够把握做出结论。不过，我们已经识别出一个次要对象，因此我们将对手头的数据进行下一步调查。

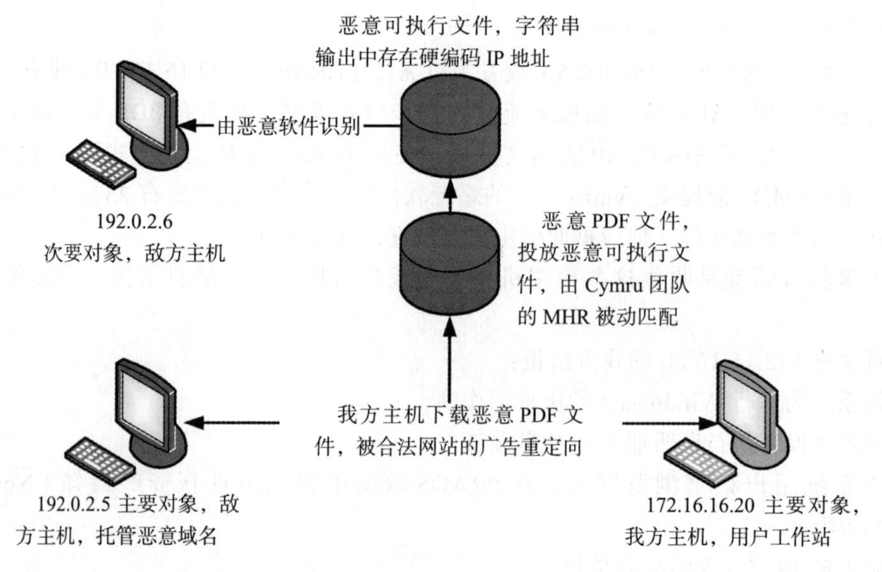

图 15.3 主要对象之间的关系

第三步：调查次要对象及其关系

因为主要对象下载的 PDF 文件投放了可执行文件，根据该可执行文件中硬编码的 IP 地址，我们已经发现了次要对象 192.0.2.6。现在，我们应该收集该 IP 地址的敌方情报，调查这一对象：

针对主机 192.0.2.6 的敌方情报：

- IPVoid 在匹配公开的黑名单时，有 2 项命中该 IP 地址。
- NetFlow 数据表明，主要对象 172.16.16.20 已经与这一主机进行了通信。这一通信大约出现于最初警报的 30 分钟后。
- NetFlow 数据表明，在过去的几天内，我方网络中有另外两台主机曾与该 IP 地址发生少量流量的周期性通信。它们的 IP 地址分别为 172.16.16.30 和 172.16.16.40。

这些信息表明，该事件可能比我们预想的还要复杂。接下来，我们需要确定次要对象 192.0.2.6 和主要对象 172.16.16.20 之间的关系。根据我们掌握的敌方情报，已知这两台设备之间发生过通信。下一步就是收集主机之间通信产生的 PCAP 数据。数据收集完成后，分析表明设备之间的通信是通过 80 端口，但并未使用 HTTP 协议。取而代之的是一种自定义的协议，而且你可以看到这类指令正在向我方系统发送。这类指令被发送到我方主机的结果是，我方主机将系统信息传输到敌方主机。此时，你还会注意到一个向敌方主机发出的周期性呼叫（call back）。

至此，我们已经掌握足够信息，可以断言这是一起安全事件，并能确定主机 172.16.16.20 已遭到入侵（如图 15.4 所示）。有些情况下，调查可以在此结束。然而，不要忘记我们已经发现有另外两台主机（现在已被确认为三级主机）正在与敌方主机 192.0.2.6 通信。这意味着这些主机很有可能也被感染了。

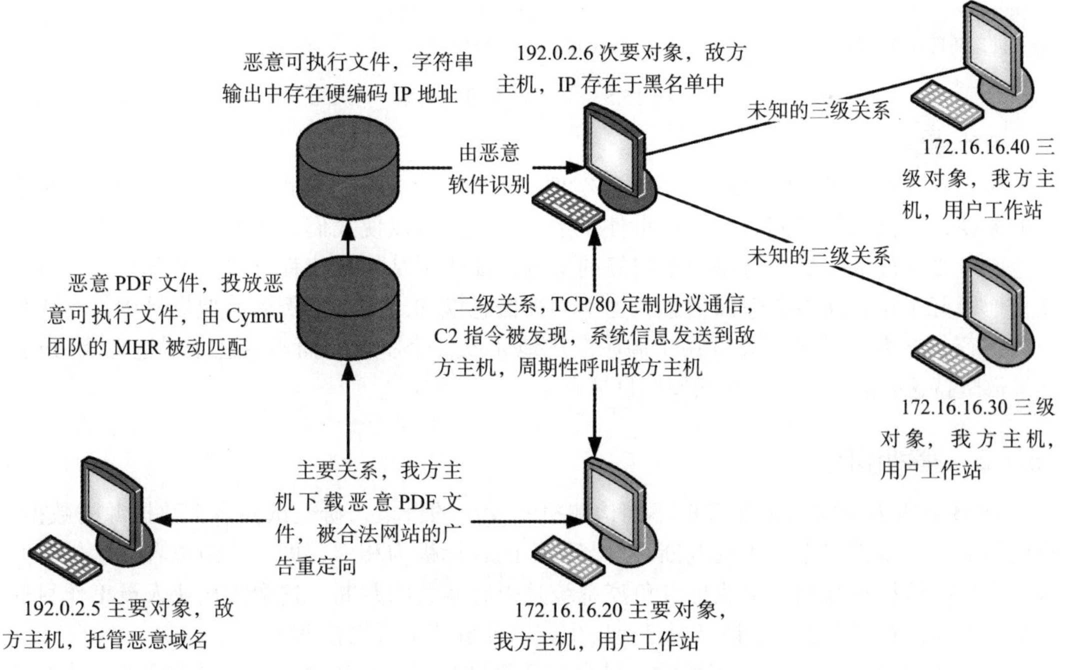

图 15.4 主要对象和次要对象间的关系

第四步：深入调查对象和关系

针对这些三级主机与主机 172.16.16.20 之间传输的数据包的检查结果显示，这些主机具有与作为主要对象的我方主机相同的呼叫行为（如图 15.5 所示）。因此，你可以确定作为三级对象的我方主机也已遭到入侵。

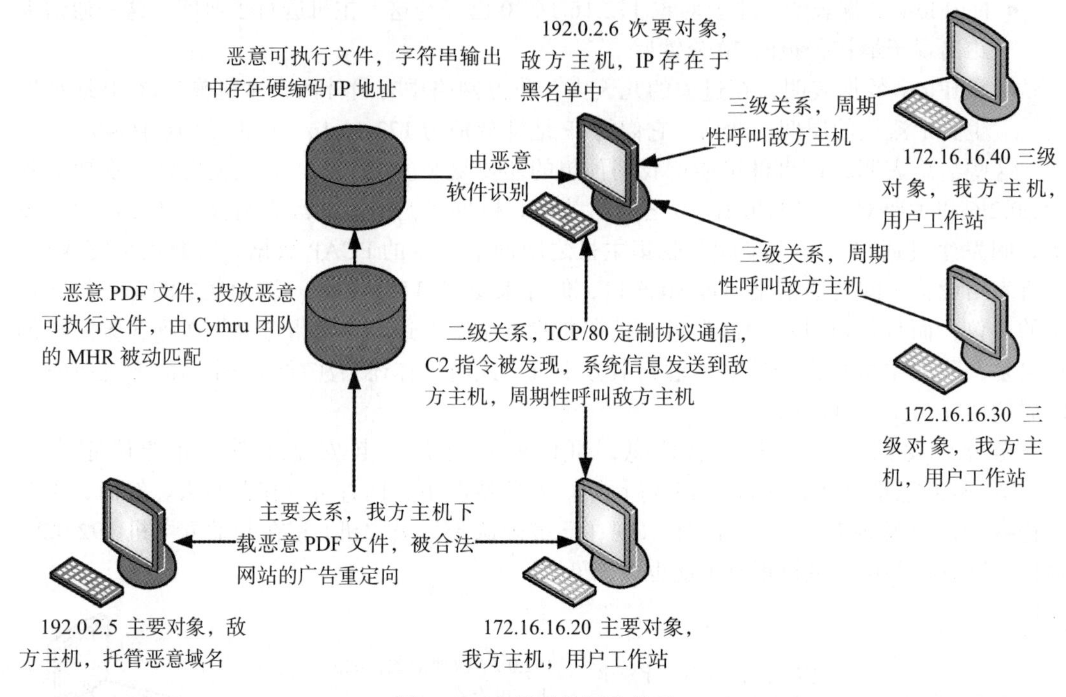

图 15.5 全部对象间的关系

事件总结

这一场景来源于一次 SOC 中的真实案例。借助系统化分析流程识别主机和建立主机之间的关联，不仅能使我们确认入侵事件发生与否，还可以使我们发现原始警报未能揭示的其他已遭受入侵的主机。这是一个很好的实例，证明了结构化流程可以帮助分析人员按部就班地展开工作，既不会遗漏信息，也不会被信息饱和。在本案例的类似场景中，结构化流程很容易被束之高阁。关键在于循序渐进地完成各个步骤，而不要急于冒进偏离方向。如果你坚持这一信念，必会达到预期目标。

15.1.2 鉴别诊断

NSM 分析人员需要消化理解不同检测机制发出的警报，研究试验多个数据源的数据，形成网络安全事件发生与否的判断。这与医生的目标极为相似，即，诊断患者症状，研究试验多项身体检查数据，形成患者免疫系统是否有问题的判断。这两类从业人员工作目标的相同点是：弄清不好的事情是否已经发生，以及事情是否仍在继续。

NSM 出现的时间不长，但医学却已存在几个世纪。这意味着，医学对于诊断方法的发展远远领先于我们。在临床医学中，有一种最常用的诊断方法，被称作鉴别诊断。如果你曾看过《豪斯医生》(House)[㊀]，就可能见过该实现过程。几名医生观看一组症状展示，然后在白板上形成一个可能的诊断结果清单。接下来，就是花时间调查研究和各种测试，排除各种不确定结论，直到只剩下一个结论为止。虽然剧中所用的方法稍有些超出常规，但基本符合鉴别诊断流程。

鉴别方法取决于排除过程。虽然该过程包含五个独立步骤，但有时仅有两个步骤才是必要的。该鉴别过程如下：

第一步：鉴定并列出症状

在医学领域，症状（symptom）往往来患者描述的主观感受。在NSM领域，症状通常是由某种入侵检测系统或检测软件生成的警报。尽管这一步骤主要着眼于初期症状，但随着试验和调查的实施，可能会有更多的症状被加入该清单。

第二步：优先考虑最最常规的诊断结果，并对其评估

医学专业的新生在入学第一年都会学到这句格言："当你听到蹄声时，应该想到的是马，而不是斑马"。这句话的意思是，最最常规的诊断结果可能才是正确的。因此，诊断结果需要首先得到评估。分析人员应设法快速确定将哪种诊断结果作为调查结论。如果在此步骤无法确定使用常规诊断结果，分析人员就要进入后续步骤。

第三步：就给定症状，列出可能的诊断结果

鉴别流程的下一个步骤就是，根据初期症状评估得到的信息，列出所有可能的诊断结果。这一步骤需要一定的创造性思维，如果有多名分析人员各抒己见，通常能达到最佳效果。虽然你在前一步骤未能彻底确定使用哪种常规诊断结果，但那些你尚不能彻底放弃的结果，都可以列入本阶段产生的诊断结果清单。清单中的每个可能诊断结果都会作为一个候选疾病。

第四步：根据严重程度为候选疾病清单排序

候选疾病清单建立完成后，医生将根据其对患者生命的威胁程度，对清单从高到低排序。作为NSM分析人员，你也应该对这份清单排序，但排序标准为哪种威胁对你组织的网络安全构成最大的威胁。排序原则高度依赖于你组织的性质。例如，如果"MySQL数据库遭受Root级入侵"为一个候选疾病，那么具有社会安全号码（social security number）[㊁]数据库的公司就应该将该项排在前面，而那些使用简易数据库存储销售人员待命日程表的公司，就不必对此过度重视。

第五步：排除候选疾病，从最严重的开始

最后这一步骤最为麻烦。分析人员需要根据上一步骤对清单的排序结果，按照对网络

㊀ 美国医学题材的剧情悬疑剧。——译者注

㊁ 社会安全号码是美国政府发给公民、永久居民、临时（工作）居民的一组九位数字号码，原用于追踪个人赋税资料，但近年来已经成为事实上的国民辨识号码，类似于我国的身份证号码。——译者注

安全构成威胁的大小，设法排除候选疾病。这一排除过程需要考虑各个候选疾病，并对其他数据源进行测试、研究及调查，从而排除它们存在的可能性。有些情况下，针对一个候选疾病的调查有望排除多个候选疾病，从而加速这一过程。有些情况下，针对一些候选疾病的调查无法得出确定结论，那么保留其中一两个不能明确排除的候选疾病。这是可以接受的，因为有时网络安全监控（和医学上一样）存在一些无法解释的异常现象，在确定诊断结果之前，还需要更仔细地观察。归根结底，这一步骤的目的在于只保留一种诊断结果，从而明确事件或者将其归为误报。务必牢记："正常通信"是一种完全可以接受的诊断结果，也是NSM分析人员最常得出的诊断结果。

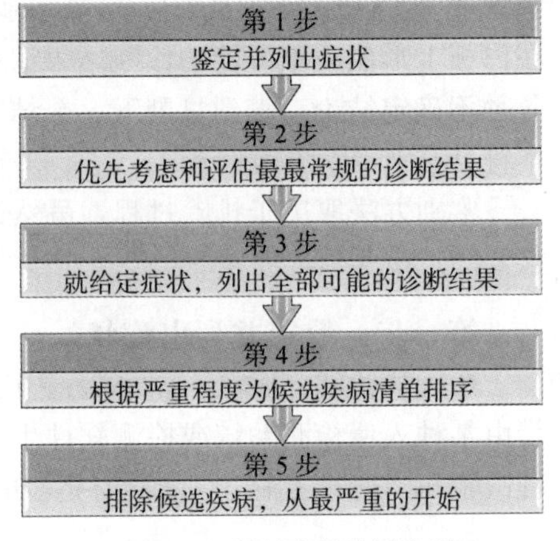

图15.6 鉴别诊断分析流程

鉴别诊断场景

至此，我们已经说明了鉴别诊断流程，接下来我们通过几个实例演示其在实际NSM环境下的工作方式。前面对于鉴别诊断的介绍相对概括，所以我们以两个独特的场景详细说明。

场景1

第1步：*鉴定并列出症状*。通过IDS警报及随后对于可用数据的调查，发现以下症状：

1. 我方主机表现出向俄罗斯的IP地址发送外出流量。
2. 流量具有固定时间间隔，每隔10分钟发送一次。
3. 流量以HTTPS协议由443端口发出，数据经过加密，不具可读性。

第2步：*优先考虑和评估最最常规的诊断结果*。根据上述症状，最合理的假设是该机器已被某类恶意代码感染，并为接收后续指令而回连控制服务器。毕竟，流量每隔10分钟就会发往属于俄罗斯的IP地址。虽然这并不值得大惊小怪（如果真是如此，我也不会把事情记录下来），我们也不要急于将原因归为恶意代码。毕竟，前面多次强调了IP地址的地理位置，所以，远程IP地址属于俄罗斯的事实，会令我们草木皆兵。不过，有些正常通信也会具有周期性地通信的特点。包括网页版聊天、RSS订阅[⊖]、网页版电子邮件、股票行情、软件升级等等。根据"数据包在未被证明有罪前，应被视为清白"的原则，我认为最最常规的诊断结果会是，这是正常通信。

那就是说，想证明某些事情无害并不容易。在这个特定的例子中，我们从收集俄罗斯IP的敌方情报开始。虽然该IP位于俄罗斯，但该IP也可能属于合法的公司。如果我们查询该主机并发现它被注册给某家知名反病毒厂商，我们就可以据此推断，该流量用于反病毒软件检测升级。我虽未提及该HTTPS流量指向的URL，但使用Google查询一下，就能得到许多有用的信息，可供你判定这是合法站点，还是托管了恶意软件或某类僵尸网络的

⊖ 简单信息聚合订阅（Really Simple Syndication feed）。——译者注

命令、控制服务的主机。另一个方法是，查看系统日志或主机 IDS 日志，检查该主机是否出现与流量相同时间间隔的可疑行为。还有一个方法是，由我方主机入手，检查我方情报。比如说，该主机的用户是否为俄罗斯人？是否在使用某款升级服务器位于俄罗斯的反病毒产品（比如卡巴斯基）？这些调查可用于判定该流量是否正常。

为了实践的要求，我们假设尚且无法最终确定该流量是否为正常通信。

第 3 步，*就给定症状，列出全部可能的诊断结果*。有多个可能的诊断结果可能导致当前局面。为简明起见，我们在此只列出部分：

- 正常通信。既然在上一步骤我们无法彻底排除其可能性，在这一步骤仍将其保留。
- 恶意代码感染 / 安装恶意逻辑。这是一种宽泛的分类。在确认恶意代码真实存在之后，通常我们不在意恶意代码的确切分类。如果你关心恶意代码的具体类别，可以分别列出。这一分类相当于医生将“细菌感染”当作候选疾病，一旦掌握更多的信息，医生还会在此基础上进一步缩小调查范围。
- 数据由受害主机泄漏。这意味着该主机可能会在较短的时间间隔内，将专利数据或机密数据发送到外网。这类事件通常属于协同攻击或针对性攻击。
- 配置错误。这很可能是由于某个系统管理员错误地输入了 IP 地址，使得某种本应与内网系统周期性通信的软件，试图与俄罗斯的 IP 地址通信。这是很常见的。

第 4 步，*根据严重程度为候选疾病清单排序*。确定候选疾病后，我们可以根据各项的严重程度对其排序。对组织的风险评估结果不同，优先顺序也随之变化。一般情况下，我们采用以下优先顺序，优先级 1 代表最高：

- 优先级 1：数据由受害主机泄漏。
- 优先级 2：恶意代码感染 / 安装恶意逻辑。
- 优先级 3：配置错误。
- 优先级 4：正常通信。

第 5 步，*排除候选疾病，从最严重的开始*。现在我们可以采集数据和进行实验，借此排除各项候选疾病。一旦确认了正确的诊断结果，你就可以结束这一过程，不过对于本场景，我们就各个疾病均给出建议。

- 优先级 1：数据由受害主机泄漏。排除这一可能性稍有些困难。因为流量是加密的，数据包捕获无法提供太多帮助。如果你有可用的会话数据，就可以确定出站数据量。若是每 10 分钟的出站流量只有几个字节，就很可能不会造成数据泄漏，因为那会导致大量的出站流量。判断你的网站里是否有其他主机也与该 IP 地址或相同地址范围通信，也是有价值的。最后，通过为内网主机建立正常流量的基线数据，并与潜在恶意流量相比较，也能提供一些启示。利用我方情报，比如 PRADS 采集的数据，就可以做到这一点。
- 优先级 2：恶意代码感染 / 安装恶意逻辑。至此，你所完成的研究工作已经足以告诉你是否存在这一疾病。类似于检查数据泄漏的可能性，如果你没有确认这一问题存在，就可以划掉该疾病。除上述方法之外，你还可以仔细检查网络反病毒或 HIDS 的日志。

- 优先级3：配置错误。通过将我方主机产生的流量与一台或多台具有相同网络角色的主机产生的流量相比较，可以很好地排除这一疾病。如果相同子网的其他工作站都有相同的流量模式，但IP地址并不相同，那么很可能就是由于某种软件被设置了错误的IP地址。也可以利用主机日志找出是否存在配置错误，因为这类配置错误会在Windows或Unix系统留下日志。
- 优先级4：正常通信。如果你已经到达这里，那么唯一剩下的候选项就是，将其诊断为正常通信。

做出诊断。此时，如果你认为某种恶意行为正在进行，就需要借助分析人员的经验和直觉做出判断。假设你能够认真细致地完成上述分析，那么根据"数据包在未被证明有罪前，应被视为清白"的原则，你得到的诊断结果将是：这是正常通信。如果你仍直觉有某些奇怪的事情正在发生，不妨进一步监控该主机，并对收集到的数据重新评估，这也没有什么难为情的。

场景2

第1步：鉴定并列出症状。通过IDS警报及随后对于可用数据的调查，发现以下症状：

1. 某台位于隔离区（DMZ）的Web服务器接收大量进站流量。
2. 进站流量可能经过加密或混淆，不具可读性。
3. 进站流量指向内网主机的多个不同端口。
4. 进站流量为UDP协议。

第2步：优先考虑和评估最最常规的诊断结果。考虑到内网主机接收大量流量且数据包为指向随机端口的UDP协议，我倾向于认为这是某类拒绝服务攻击（denial of service attack, Dos）。

判断是否受到拒绝服务攻击的最快方法就是，将当前接收流量的大小与该主机正常接收到流量的大小做比较。使用我们曾在第11章讨论过的吞吐量统计方法，对会话数据进行计算，这是相当容易的。假设该主机当前接收的流量只比平时超出20%，那么我会考虑将DoS作为备选结果。可是，如果该主机当前接收的流量是平时流量的10倍或100倍，那么就很可能是DoS了。务必牢记：无论是否有意为之，DoS就是DoS。

和上次一样，为了实践的要求，我们假设尚无法最终确定该流量是否为DoS。

第3步，就给定症状，列出全部可能的诊断结果。有多个可能的诊断结果可能导致当前局面。为简明起见，我们在此只列出部分：

- 拒绝服务攻击。既然在上一步骤我们无法彻底排除其可能性，在这一步骤仍将其保留。
- 正常通信。不太像，但说它是合法服务产生的正常流量，还是有可能的。
- 误导攻击。在某第三方组织发动攻击时，他们通常会为了隐藏身份和防止自身受到反击而伪造源地址。这会导致被伪造IP的所有者接收到这类流量。该Web服务器可能遇到了这种情况。
- 外部主机配置错误。就像你可能会错误地配置主机一样，其他网络的什么人也可能犯这类错误。配置错误可能会导致外部主机产生这类流量并将数据发送到该Web服务器。

垃圾邮件转发。该服务器可能被错误配置，或者遭到某种程度的入侵，使其被用于在互联网上转发垃圾邮件。

*第 4 步，根据严重程度为候选疾病清单排序。*确定候选疾病后，我们可以根据各项的严重程度对其排序。对组织的风险评估结果不同，优先顺序也随之变化。一般情况下，我们采用以下优先顺序，优先级 1 代表最高：

- 优先级 1：拒绝服务攻击。
- 优先级 2：转发垃圾邮件。
- 优先级 3：外部主机配置错误。
- 优先级 4：误导攻击。
- 优先级 5：正常通信。

*第 5 步，排除候选疾病，从最严重的开始。*现在我们可以采集数据和进行实验，借此排除各项候选疾病。一旦确认了正确的诊断结果，你就可以结束这一过程，不过对于本场景，我们就各个疾病均给出建议。

- 优先级 1：拒绝服务攻击。我们在前面已经讨论过这种可能，但并没有将其作为确定的诊断结果。虽然这是最严重的结果，我们却只能在排除其他候选疾病后，才能确定 DoS 是否发生。当然，在花费更多时间调查问题的根本原因之前，采用阻断流量的方式遏制该攻击，是合情合理的，这要视攻击所造成的影响而定。
- 优先级 2：转发垃圾邮件。这一点相对易于排除。如果该服务器被用于转发邮件，那么就会出现与进站流量相当的出站流量。如果实际情况不是这样，你并未发现该服务器有异常的出站流量，那么它就很可能不是在转发垃圾邮件。你可以根据由会话数据生成的吞吐量统计来判断这一点，就像我们曾在第 11 章讨论过的那样。如果该服务器同时也提供邮件服务，那么你也可以在此处检查相应的日志。如果该服务器不应提供邮件服务，你就要检查该主机，看看它是否在以未授权方式做这件事。
- 优先级 3：外部主机配置错误。判断这一点通常非常棘手。除非你找到该 IP 地址的所有者并与之直接沟通，否则你只能在本地阻断该流量，或者向 ISP[⊖]举报这一滥用行为。
- 优先级 4：误导攻击。这也是一种棘手的情况，与上述情况同属一类。如果是其他地方攻击者的古怪行为导致流量被重定向到你的服务器，那么你最好将该问题上报给 IP 地址所属的 ISP，并在本地阻断流量。
- 优先级 5：正常通信。看起来不太像，但在没有为该主机的正常流量建立基线的情况下，你也不能这样讲。根据 PRADS 之类工具所采集的我方情报，结合对于会话数据的复查，与过去几天相似时间段的主机流量相比较，可否得出结论？是不是流量模式正常但流量总数异常？是不是流量模式和流量总数均异常？这台服务器此前曾与该涉事 IP 有过通信？这类问题可以为你指引正确方向。

做出诊断。在这一场景下，很可能你无法排除的候选疾病有三个之多。好的一面是，

⊖ 网络服务提供商（Internet Service Provider）。——译者注

虽然你无法将其排除，但其遏制和补救的方法却非常相似。这意味着你必须要将网络恢复如初。这正如医生得知患者受到感染时的情形。尽管医生无法明白感染的确切原因，但他们知道只要使用抗生素对其治疗，就会将其治愈。

如果流量还没有大到阻碍服务的正常运转，那么你就不必阻断该攻击活动。这样一来，你就可以继续对其监控，采集更多症状，这可能会有助于你做出更为精确的诊断。

15.1.3 分析方法的执行

我们所描述的两种分析方法有很大的区别。如何选用正确的分析方法并无一定之规，两者各有利弊，取决于当前的工作场景，以及分析人员的水平高低。根据我的经验，关联分析方法适合涉及多台主机的复杂场景。这是因为采用该方法可以较好地持续跟踪多个实体及其关系，不会令人负担过重，也不会令人因为奇怪的事情而偏离方向。鉴别诊断方法适合涉及较少主机的场景，而你又乐于根据几个明显症状得出单独诊断结果。

本节的重点并不是让你选择一种生搬硬套的分析方法。上述内容仅作为框架参考，你可以根据自身环境加以修改。本节的中心思想是，通过应用某些系统化分析方法可以全面提高分析水平，使得分析人员的调查卓有成效。

15.2 关于分析的最佳实践

我们在本书中多次提到用于分析的“最佳实践”（best practices）。虽然每个人都会有自己独特的分析方法，但我在进行分析的时候发现，遵循一些特定的原则是有好处的。这些最佳实践是根据本书作者及业内同仁的多年经验编纂而成。

15.2.1 不是自己制造的数据包，就不能保证完全正确

分析来自大量的假想和预测。你的多数判断都是以某个数据包或某个日志记录为中心，再由检查相关的数据或情报得以修正。因此，你的假想与预测会不断地转变为新的判断依据。不过也无需担心——这样做无可厚非。去问问住在你家附近的友善的化学家或物理学家吧。多数时候，他们的工作也是依据假想，而且他们取得了巨大的成功。

这里需要注意的地方是，在分析之时鲜有绝对正确的答案，对假想与预测保持怀疑才是合理的。那个 IP 地址真的是某台已知的合法主机么？那个域名真的属于某某公司么？那台 DNS 服务器真的被推测与那台数据库服务器通信么？经常问自己这类问题，时刻保持警惕。

15.2.2 留心你得到的数据处理结果

分析人员的工作依赖数据。数据的形式包括 PCAP 文件、PSTR 记录，或者 IIS 文件。既然你会花大量时间使用各种工具操作这类数据，就应该了解这些工具是如何处理数据的。人无完人，人类制造的工具有时也会带有一些掩盖数据和对分析产生误导的“特色”。

我以前为某 SOC 工作的时候，曾使用过一种非常流行的商业化 SIEM[⊖]方案。有一天，我们在 SIEM 控制台看到的网络日志记录显示，有大量的内网流量指向 IP 地址 255. 255. 255. 255 的 80 端口。经深入调查这些数据，得知产生这些日志的流量实际是被某 web 代理阻断的内网 HTTP 请求。SIEM 的某个解析器在升级时接收到该代理返回结果，却无法解析目标 IP 地址字段，于是填入了错误的值 255.255.255.255。这个典型示例告诉我们，掌握数据并注意这些数据的来龙去脉是至关重要的。

既然你的工作严重依赖于数据，你就必须彻底了解这些工具对数据的处理方法。

15.2.3 三人行必有我师

作者需要编辑，警察需要搭档，核弹发射井需要有两人值守，这些都是有原因的。不论你有多少经验，不论你多么出色，总是会有疏忽。不同的人有不同的背景，没有人总能打满分，这是人之常情。毕竟，人非圣贤。

我具有军方网络防御背景，所以在检查网络流量时，会首先关注其源地址及目的地址所对应的国家。现在我知道，因为地理数据易于伪造，或者借助不同国家的受害主机作为跳板，多数情况下地理信息已经不再重要。不管怎样，我就是经受了这样的训练。与此相反，我的一些同事具有系统管理员的背景，所以他们会先看流量的端口号。再举个例子，我曾和一些背景响当当的人共事，他们会首先关注通信序列传输的数据量。对于同样的事情，我们有不同的方法，这就证明我们的经历会在一定程度上影响我们的战术。换句话说，这些人可以看到系统管理员无法看到的东西，或者军方人员可以洞察这些人不会注意的事情。

不论何时，有第二双眼睛关注你的问题总是好事。在我管理的 SOC 中，我通常奉行双人原则（two-person rule），即确认一起安全事件时，至少应找来两位分析人员。

15.2.4 永远不要招惹攻击者

我的合作者 Mike Poor 是 SANS 的资深讲师，堪称数据包分析大师。我最初听说他，是因为他那句至理名言：“永远不要招惹攻击者”。对于分析人员来说，超越常规地调查敌方 IP 地址，是一种强烈的诱惑。相信我，在我因受此诱惑而扫描敌方主机端口之后，多次出现敌方主机持续向我发送恶意构造的 UDP 数据包的情况。更有甚者，随时会有人试图对我负责防御的网络发动 DoS 攻击。让他们弱不禁风的 DSL 网络连接摆脱这些来自 A 类网络地址（/8 network）的疯狂报复，已经成为我唯一的愿望。

问题在于，99% 的情况下，我们并不知道面对的是什么人或者什么组织。虽然你可能只打算对扫描活动稍加了解，但发起流量的主机可能受控于大型攻击组织，甚至是其他国家的军事部门。即便是像 ping 那样的简单行为，也可能会打草惊蛇，让攻击者知道他们已经暴露，从而改变战术，改为攻击源主机，甚至加强攻击力度。你无法知道攻击者是谁，他们的意图何在，他们的实力如何，所以你永远不要招惹他们。简单地说，你不知道是否能够承担后果。

⊖ 安全信息和事件管理（Security Information and Event Management）。——译者注

15.2.5 数据包，性本善

人性本善，还是人性本恶，这是从古至今一直争论不休的话题。对于数据包来说，也存在同样的争议。你可能是那种认为“数据包，性本恶”的分析人员，也可能是那种认为“数据包，性本善”的分析人员。

根据我的经验，多数分析人员在加入这一行时，通常会先入为主地认为“数据包，性本恶”，但后来都会发转变，相信数据包本质上是好的。这是因为，将每一个单独的网络证据都视为潜在root级入侵来对待，是根本不现实的。如果你这样去做，最后就会被解雇，因为一条警报就会花掉你一整天的时候，令你筋疲力尽。兢兢业业固然是美德，但事实上网络中的多数流量都并非是有害的，所以，一个数据包在未被证明有罪前，应被视为是清白的。

15.2.6 分析不只靠Wireshark，就像天文学不只靠望远镜

在我面试分析岗位（非入门级）求职者的时候，总会让求职者描述他或她如何调查一条典型的IDS警报，这样我就能了解他们的思路。我得到的答案通常会是“我使用Wireshark、NetworkMiner[㊀]、Netwitness[㊁]，还有Arcsight”。就是这些。

虽然NSM的实际应用具有标准流程和专门知识，但却远远不如于此。如果不是这样，循环也就不需要人工参与了。出色的分析人员需要理解这样一点，虽然各种工具对于分析工作不可或缺，但它们都只不过是拼图上的碎片而已。就像望远镜只是一种工具，可以帮助天文学家找出行星围绕太阳运转规律，Wireshark也只不过是分析人员百宝囊中的一件工具，帮助他们找出某个数据包从A点到B点的原因。

始于科学知识，辅以工具流程，胸怀全局，注重细节，兼收并蓄，从容沉稳，假以时日，其成可期。

15.2.7 分类是你的朋友

用不了多长时间，你就会遇到并发分析多起重大事故的局面。这种时候，如果具有一套合理的制度，就可以帮助你决定哪起事故需要优先调查和通告。这就是多数SOC环境下事故分类制度。目前，这类制度多种多样，但我通常使用美国国防部的网络事件和事故分类制度（DoD Cyber Incident and Cyber Event Categorization system[㊂]），其大纲见CJCSM 6510。该分类如表15.1所示，表格以各类应采取措施的优先次序排序。

表15.1 美国国防部网络事件和事故分类

优先次序	类别	名称	事件/事故
0	1	培训与演练	N/A
1	1	Root级入侵	事故
2	2	用户级入侵	事故
3	4	拒绝服务攻击	事故

㊀ 一种网络取证分析工具。——译者注

㊁ 一种数据包分析工具。——译者注

㊂ http://www.dtic.mil/cjcs_directives/cdata/unlimit/m651001.pdf

（续）

优先次序	类别	名称	事件 / 事故
4	7	安装或执行恶意逻辑	事故
5	3	未成功的活动尝试	事件
6	5	违规活动	事件
7	6	探测（reconnaissance）	事件
8	8	追查（investigating）	事件
9	9	经说明的异常（explained anomaly）	事件

实战中的启示

恶意逻辑（类别 7）相关事件总是让新入职的分析人员栽跟头。每当他们看到恶意代码证据，都会倾向于将该事件定义为类型 7。然而，定义为类别 7 的关键因素仅在于，事件显示出已有恶意逻辑被安装或执行。也就是说，发现系统下载了恶意代码是不够的。为了能够准确地定义类别 7，你必需找到机器上已经安装或执行了恶意代码的证据。

虽然这套严格的模型未必完全适合你的组织，但我认为每个组织都会因实施分类制度而获得裨益。每当分析人员准备复查事件以及决定是否为事件调查加大力度时，都应该为事件划分类别，即使对“追查类”（类别 8 及以上）事件也是如此。在调查过程中，该类别可以多次调整，为严谨起见而将事件类别提升或下调的情况，是经常出现的。不论是通过 SOC 的内部规章制度，还是某种追踪系统，这类情况都应有据可查，对于事件类别的改变也应进行记录，并由做此决定的分析人员给出解释。

15.2.8 10 分钟原则

在调查发生于特定时间点事件的时候，新入职的分析人员提取的数据通常会过多或过少。在一个极端的例子里，分析人员需要了解 10 月 7 日 8 时 35 分出现的事件，但他却想提取相关主机 10 月 7 日全天的 NSM 数据。这是分析人员提取过多数据而无法高效地分析的例子。另一个极端的例子里，分析人员只提取了 10 月 7 日 8 时 35 分的 1 分钟的数据。这是分析人员未能掌握足够数据而无法对事件准确判断的例子。

为避免我的分析人员遇到上述情况，我规定了“10 分原则”。该原则要求，分析具有明确时间点的事件时，应提取事件出现时点前后各 10 分钟的数据。我发现这样的时间范围可以达到最佳效果，分析人员可以拥有足够数据确定事件的起因，了解事件的发展。在这些数据的分析完成后，分析人员可根据需要提取更多的数据。当然，该原则无法适用于各种情况，但我发现对于新入职的分析人员，这些数据可以满足他们 99% 的调查需求。

15.2.9 不要把简单问题复杂化[⊖]

这是另一个借自医学界的理论，对于医学专业的毕业生而言，这个理论早已深入人心。

⊖ 原标题为 When you Hear Hoof Beats, Look for Horses–Not Zebras，直译为“当你听到蹄声时，应该想到的是马，而不是斑马”。——译者注

假如患者肚子痛，为其做大量的病理试验并不见得合理。反之，不妨问问他昨天晚上吃了什么东西。如果他说吃了两打墨西哥煎玉米卷，还有半个比萨饼，那么你基本上就找到问题了。

类似地，在调查事件时，我们也应该首先考虑最显而易见的解决方案。假如系统表现为向未知 Web 服务器周期性发送通信数据，你也无需立刻猜想这是在向某种敌方命令控制设施发起呼叫。因为，这也许只是什么人在打开网页检查赛事比分或者股票行情。

这个理论的前提是我前面讲过的“数据包，性本善”。同样，该理论也是我们前面看到的鉴别诊断分析方法的基础。

15.3 事件并发症和死亡率

这可能有点老生常谈，但在一组分析师之中动态地鼓励团队，促进了共同的成功。有很多方法可以做到这一点，包括我们在第 1 章中讨论过的，如培养信息安全的超级巨星或鼓励仆人式领导。除此之外，没有更好的办法可以确保通过创造良好的学习氛围，促使团队的共同进步。创建这种类型的文化氛围要远远胜过给分析师们提供正式课程或支付认证费用，应促进每一个分析师日常行为中的心态调整，要么教学要么学习，不应该有例外。一旦分析师开始看到他们的日常工作存在着学习新东西的机会，或有条件去教会小伙伴们一些新的东西，那么学习的文化氛围就会蓬勃发展。

这种类型的组织文化中有一部分是从成功和失败中学习。NSM 主要与技术调查和案例有关，当坏事最终发生时，便是一起安全事件。这跟医疗领域并没有什么不同，医疗主要跟检查患者与研究病例有关，当治疗无效时便是一起死亡事件。

15.3.1 医疗 M&M

当医疗领域发生死亡事件时，无论从病人角度还是从医院提供的医疗服务角度，通常可以划分为可避免的和必然的。每当一个死亡案例被认为可能存在违背或修改现有医疗护理流程时，治疗医生通常会被要求参加一些所谓的并发症和死亡率会议，通常称为“M&M”。在 M&M 里，治疗医师需要描述刚开始寻问病人时的情况，包括表现出来的症状以及患者的初始病史和身体评估，然后讲述诊断和治疗措施的所有方法细节，直至病人最终死亡的详细过程。

M&M 表述提供给听众一个学习反思的机会，包括那些参与了病人护理的其他医生，也包括与患者无关的医师。这个过程中，这些听众会询问治疗过程，揭示可能作出的任何失误，基于此来优化现有的流程或对意外情况的处理进行改进。

医疗 M&M 的最终目的是让团队从任何并发症或错误中学习，吸取经验教训修正操作行为和判断，防止类似的错误导致并发症的重复发生。这种方法在医学领域已经执行一百多年，并已被证明是空前成功的[⊖]。

⊖ Campbell, W. (1988). “*Surgical morbidity and mortality meetings*”. Annals of the Royal College of Surgeons of England 70 (6): 363–365. PMC 2498614.PMID 3207327.

15.3.2 信息安全 M&M

早些时候，我们讨论了如何将医学领域的鉴别诊断概念引入到信息安全领域。M&M 的概念也是我认为的可以很好地引入到信息安全领域的东西。

作为信息安全专业人员，很容易错过一些东西。因为我们知道，我们不能指望生活在一个没有入侵的世界。于是，我们必须转移焦点，当事件发生时，应该能够迅速检测并响应。一旦做到这一点，我们可以在入侵中学习到经验，在下一次入侵中能够更好地预防、检测和应对。

当事故发生时，往往希望它是超出我们认知范围的，如一个经验老道的对手或者是使用了一个未知零日漏洞的攻击者。事情的真相是，并非所有的事件都是复杂的，很多时候是可以以更快地检测、分析和响应的方式来处理的。信息安全 M&M 是一种收集信息并付诸行动的方法。为了理解我们如何从错误中改进，我们要先理解它们是怎么产生的。Uzi Arad 在《Intellingence Management as Risk Management》一书中总结得非常好，这是一本信息安全专家必读的书[⊖]。在该书中，他列举了三个导致失败的情报管理问题，同样也适用于信息安全：

- 对信息感知的错误，来源于对客观存在的理解很困难，或对敌人感知能力不了解。
- 经验主义错误，分析师间流行的预先存在的观念，忽视了情报材料对一个客观存在的专业解释。
- 团队压力、群体思维或社会政治考虑偏向于专家评估与分析。

信息安全 M&M 的目标是提供一个论坛，通过对已发生事件的策略性质疑克服以上这些问题。

什么时候召开 M&M 会议

信息安全 M&M 启动会议应该在事件发生和处理之后。选择哪起事件在 M&M 会议中上报，通常由一个团队领导或管理层成员来决定，他们具备较好的识别能力来判断某个事件能否更好地被处理。这个会议应该在一个合理的周期内启动，以便让当事者能够及时更新该事件的重要细节，从而弥补在事件处理的过程中没有太多时间让当事者从整体上分析这起事件带来的不足。通常是事件发生后的一个星期内召开会议。

M&M 会议主体对象

该调查报告的陈述过程往往涉及多个个体。在医学领域，可能包括一个急诊室的初始治疗医生、负责操作的外科医生和主要护理医生。在信息安全领域，这可能包括检测该起事件的 NSM 分析师、负责控制和消除风险的事件响应人员、负责对遭受入侵的系统进行取证调查的分析人员以及对该起事件相关的恶意软件进行逆向分析的软件工程师。

M&M 会议客体对象

参与 M&M 的客体对象应包括每个领域的至少一名专家。这意味着，直接涉及事件的

⊖ Arad, Uzi (2008). *Intelligence Management as Risk Management*. Paul Bracken, Ian Bremmer, David Gordon (Eds.), *Managing Strategic Surprise* (43-77). Cambridge: Cambridge University Press.

每个NSM分析师里，应该至少有其他没有参与进来的NSM分析师。这旨在引入新鲜的外部意见，不会出现与某个调查有关的举措因当事人的私心而受到支持。在大型企业中，理想情况下，最好在某个特定专业领域至少要有两名客体对象参与，一个比主体对象的经验少，一个有更多的经验。

陈述

个体或群体的陈述应给予至少几天时间让他们准备。尽管M&M会议不被视为正式的事务，一个良好的陈述应包括对事件时间轴的概述，要有合理的数据支撑。发言人应该按时间顺序组织好陈述的逻辑关系，包括检测、调查和响应事件，以及在这个过程中的新发现。只要按照这种方式进行陈述，这一事件就可以接受与会人员的全面检查。

在陈述过程中，客体对象针对有疑点的地方进行询问。当然，询问时采取的是一种恭敬的方式，主体对象在讲话时应该举手示意后方可发言，但问题不应该保留到陈述之后，这是为了让客体对象在调查过程中及时指出潜在的问题。

有策略的询问

向陈述者们提问时应该采取这样一种方式：为什么事情是用某个特定的方式处理的，或者为什么它不能采用交互的方式处理。这些类型的问题你可能会认为很容易冒犯别人。因此，需要参与M&M会议的成员有一种开放的心态，主体和客体对象的询问与应都答应以专业的方式给予对方充分的尊重。

一开始，客体要想提出有建设性的，有助于克服先前那3个问题的询问，是很有挑战性的。有几种方法可用于引导适当类型的询问。

魔鬼代言人

一种方法是Uzi Arad在他的《管理战略突然性》一书中提及的魔鬼代言人方法。在这种方法中，客体企图反对主体的大多数分析结论。通过先确定哪些结论可以挑战，然后从事件中收集信息来支撑个人的不同观点。然后轮到主体如何支持自己的结论，并反驳这些挑战观点。

替代分析（AA）

R.J. Heuer在《情报分析的极限》一文中提出了几种策略性询问的方法，这些方法是一组称为“替代分析”(AA)的分析工具[⊖]。其中最常用的部分如下：

A组/B组

这种分析涉及两组专家分别基于相同的信息分析事件。这就要求主体对象（A组）在M&M会议上提供事件的相关支撑数据，客体对象（B组）协同工作，拿出自己的分析结果，在M&M会议上进行对比。目标是先建立思想的不同中心。每当在两组间出现不同的结论点时，通过进一步的讨论找出结论不同的原因。

⊖ Heuer, Richards J., Jr. “*Limits of Intelligence Analysis*.” Orbis 49, no. 1 (2005)

红血球分析

此方法主要用于对抗性观点。其中，客体假设自己是该特定事件的攻击者，他们会质疑主体的调查步骤是如何对攻击者的行动进行反应的。例如，一个典型的防守者可能仅仅集中在如何阻止恶意软件与攻击者通信，但攻击者可能更关心的是防守者是否能够破译正在发生的通信。这种积极的质疑方式最终可能会引出一个新的分析方法，有助于更好地评估攻击者的影响，最终使事件响应的流程受益。

假设分析

此方法关注潜在的原因和实际并没有可能发生的事件影响。在事件检测环节，客体可能会问有关攻击为何没被检测到，尽管检测机制能够检测但却没有发挥应有的作用；在事件响应环节，客体可能会质疑为什么主体不在数据泄露的过程抓住攻击者，而不是数据泄露后之后。这些问题并不总是直接关系到当前的事件，但提供了非常有价值的发人深省的讨论，这将让你的团队更好地准备应对未来即将发生的事件。

竞争假定分析

此方法类似于一个鉴别诊断，客体建立一个详尽的列表，说明当前症状的可能性评估。通常最有效地方式是在白板上列出每一个潜在的诊断结果，然后基于测试或附加数据的审查来完成排除。

关键假设检验

大多数科学往往是基于普遍接受的事实的假设。这种质疑的方法旨在挑战关键假设，以及它们如何影响一个场景的调查。它通常配合假设分析方法一起使用。举个例子，恶意软件的传播，如果它运行在虚拟机内，恶意软件通常不具备逃逸到主机或驻留到其他虚拟机的功能。基于这样的假设，如果发生了一台虚拟机感染了恶意软件的事件，客体可能会质疑如果恶意软件确实绕过虚拟环境，感染其他虚拟机或主机本身，主体会采取什么样的行动来应对这种情形。

M&M 会议输出

M&M 会议中，所有参与者应该积极做笔记。M&M 会议结束后，陈述的人应提交他们的笔记，与他们的陈述材料、支撑数据一起汇总成最终报告。这个报告应包括任何不同处理方式的观点列表，以及组织整体上需要做的任何改善，无论是在技术上还是在流程上。该报告应附上该事件的相关调查案卷。这些信息最终作为该事件的“经验教训”。

M&M 会议的附加提示

基于这些年组织并参加许多类似会议的经验，我总结了一些能帮助实现会议价值的建议：

- M&M 会议不应该频繁召开，最好不超过一周一次和一个月三次。
- 应该强调 M&M 会议的目的不是评判个人，而是鼓励学习的文化。
- M&M 会议应追究只是零星的，没有超过一个每周不超过 3 元不等。
- 如果你决定制定 M&M 会议，需要每个人都能积极参与，无论是作为一个主体还是客体。

- M&M 会议产生的最终报告应共享给所有的技术人员和管理层。
- 信息安全专业人员，不像医生，往往有较强的自我意识。前几次会议可能会出现一些竞争激烈的辩论，这是最初预期的正常状况，但通过正确引导随着时间的推移会慢慢步入正轨。
- M&M 应该被看作是一个非正式的会议，在会前提供食物和其他协调活动是一个很好的机会，会后要将影响弱化。
- 要慎重邀请高层管理人员参与这些会议。他们的存在往往会抑制开放的询问和应答，他们往往不具备相应的技术思维方式，无法提供有价值观点。
- 如果你没有很多的实际事件来实践 M&M 会议，制造一些！针对某些假设攻击场景的讨论进行桌面演练，你也可以邀请蓝军产生真正的攻击演练来达到这些目标。

启动这些会议时务必保持绝对的谨慎。医疗 M&M 实际上始于 20 世纪初，由美国马萨诸塞州波士顿公立医院的外科医生 Ernest Codman 博士发起，麻省总医院对 Codman 博士建议的外科医生技能应被评定的观点感到震惊，Codman 博士最终失去了他的职位。现在，M&M 是现代医学的中流砥柱，是世界各地所有最好的医院，包括麻省总医院，必备的医疗流程。我见过很多信息安全领域的案例，当执行 M&M 之后，得益于同行评审，可以有效采取避免措施。对于 NSM 从业者来说至关重要的是，我们提倡这种类型的同行评审，鼓励团体学习和技能改良。

15.4 本章小结

在本章中，我们讨论了分析流程，以及两个不同的可用于结构化系统分析的方法。我们也举例使用这些方法做了一些场景分析，介绍了一些分析的最佳实践。最后，我们讨论了从事件中学会事后经验教训的总结方法。

不管你怎么努力，总会存在某个短板导致你正在防守的网络被成功入侵或破坏。在现代安全环境中，这是不可避免的，而且也没有太多可以做的，因为预防最终失败。正因为如此，你需要在它发生时做好准备。

一个事件是不会被人记住入侵是如何发生的，人们关注它如何被响应、系统停机持续时间、信息的丢失量以及最终造成组织金钱损失的数额。你对管理层有什么建议以确保不会再发生类似事件？你能向你的上司解释为什么检测不到攻击？你的工具有哪些不足之处？这些问题在入侵发生之前不能得到充分的回答。但是，这些都是你应该不断地问自己，寻求改善收集、检测和分析流程的问题。NSM 周期内的每一个事件和事故，从中吸取的教训将有助于下一次改善流程。

有时你会猝不及防，有时你会盲目片面，有时你在战斗中失利。这一章，这本书，将教会你用正确的工具和技术，在事件发生时有所准备。

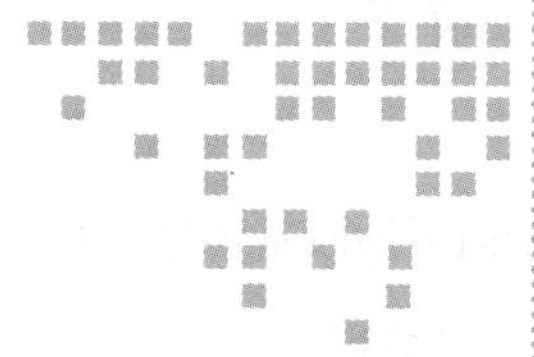

附录 1 Appendix 1

Security Onion 控制脚本

本附录包含用于控制和操作 Security Onion 的服务与数据的脚本列表。全部脚本（不含规则升级）均位于 /usr/sbin/ 目录，且需使用 sudo 命令提升权限后使用。此处未涵盖各脚本的全部选项，使用 --help 参数运行各脚本，可了解更多内容。

高级命令

nsm

该脚本用于向下层脚本传递参数，例如：nsm_server、nsm_sensor。通过以下命令，可使用该脚本检查 SO 系统的状态：

```
sudo nsm --all --status
```

nsm_all_del

该脚本用于清除 SO 服务器和传感器的全部数据，包括配置数据。在实际执行前，该脚本会给出确认提示。执行该脚本不需要参数，例如：

```
sudo nsm_all_del
```

nsm_all_del_quick

该脚本用于清除 SO 服务器和传感器的全部数据，包括配置数据。在实际执行前，该脚本不会给出确认提示。执行该脚本需谨慎。执行该脚本不需要参数，例如：

This script is executed with no arguments, like this:

```
sudo nsm_all_del_quick
```

服务器控制命令

nsm_server

该脚本用于向下层脚本传递参数。通过以下命令，可使用该脚本检查 SO 系统服务器状态：

```
sudo nsm_server --status
```

nsm_server_add

该脚本用于新建一个 Sguil 服务器。该脚本会在 SO 启动阶段执行，不需要手动执行。

nsm_server_backup-config

该脚本用于备份 Sguil 配置文件。下例将配置数据备份为一个存档文件，保存于我的 home 目录下：

```
sudo nsm_server_backup-config --backup-file=/home/sanders/config-backup.tar.gz
```

nsm_server_backup-data

该脚本用于备份 Sguil 数据。下例将数据备份为一个存档文件，保存于我的 home 目录下：

```
sudo nsm_server_backup-data --backup-file=/home/sanders/data-backup.tar.gz
```

nsm_server_clear

该脚本用于清除 Sguil 的全部数据。下例命令将清除当前 Sguil 服务器的全部数据。

```
sudo nsm_server_clear
```

nsm_server_del

该脚本将永久清除 Sguil 服务器。下例命令将删除当前 Sguil 服务器。

```
sudo nsm_server_del
```

nsm_server_edit

该脚本用于修改指定 Sguil 配置项。运行以下命令可以列出全部配置项：

```
sudo nsm_server_edit --help
```

下例命令可修改服务器传感器端口：

```
sudo nsm_server_edit --server-name=<server>--new-server-sensor-port=<port>
```

nsm_server_ps-status

该脚本用于检查 Sguild 服务的状态。该脚本在执行时通常不加参数，例如：

```
sudo nsm_server_ps-status
```

nsm_server_ps-start

该脚本用于启动 Sguild 服务。该脚本在执行时通常不加参数，例如：

```
sudo nsm_server_ps-start
```

nsm_server_ps-stop

该脚本用于停止 Sguild 服务。该脚本在执行时通常不加参数，例如：

```
sudo nsm_server_ps-stop
```

nsm_server_ps-restart

该脚本用于重新启动 Sguild 服务。该脚本在执行时通常不加参数，例如：

```
sudo nsm_server_ps-restart
```

nsm_server_sensor-add

该脚本用于向 Sguil 配置中添加一个传感器。如在执行该脚本时未加参数，将提供对话框提示后续操作。可使用以下命令添加 Sguil 服务器传感器：

```
sudo nsm_server_sensor-add --server-name=<server>--sensor-name=<sensor>
```

nsm_server_sensor-del

该脚本用于从 Sguil 配置中删除一个传感器。如在执行该脚本时未加参数，将提供对话框提示后续操作。可使用以下命令删除 Sguil 服务器传感器：

```
sudo nsm_server_sensor-del --server-name=<server>--sensor-name=<sensor>
```

nsm_server_user-add

该脚本用于从 Sguil 配置中添加一个用户。如在执行该脚本时未加参数，将提供对话框提示后续操作。可使用以下命令添加 Sguil 服务器用户：

```
sudo nsm_server_user-add --server-name=<server>--user-name=<username>--user-pass=<password>
```

传感器控制命令

nsm_sensor

该脚本用于向下层脚本传递参数。通过以下命令，可使用该脚本检查 SO 系统传感器组件状态：

```
sudo nsm_sensor --status
```

nsm_sensor_add

该脚本用于新建一个传感器。该脚本会在 SO 启动阶段执行，不需要手动执行。

nsm_sensor_backup-config

该脚本用于备份传感器配置文件。下例将配置数据备份为一个存档文件，保存于我的 home 目录下：

```
sudo nsm_sensor_backup-config --backup-file=/home/sanders/config-backup.tar.gz
```

nsm_sensor_backup-data

该脚本用于备份传感器已采集数据。下例将数据备份为一个存档文件，保存于我的home 目录下：

```
sudo nsm_sensor_backup-data --backup-file=/home/sanders/data-backup.tar.gz
```

nsm_sensor_clean

该脚本用于当磁盘使用率超过 90% 时清除传感器已采集数据。脚本执行时，将从最早的传感器数据开始删除，直到磁盘使用率降到该阈值之下。该脚本以 cron 定时任务的形式每一小时执行一次。该脚本也可以手动执行，不需要任何参数：

```
sudo nsm_sensor_clean
```

nsm_sensor_clear

该脚本用于清除全部已采集数据。如在执行该脚本时未加参数，将提供对话框提示后续操作。以下命令用于清除指定传感器的全部已采集数据：

```
sudo nsm_sensor_clear --sensor-name=<sensor>
```

nsm_sensor_del

该脚本用于清除全部已采集数据及配置信息。如在执行该脚本时未加参数，将提供对话框提示后续操作。以下命令用于清除指定传感器的全部已采集数据及配置信息：

```
sudo nsm_sensor_clear --sensor-name=<sensor>
```

nsm_sensor_edit

该脚本用于修改指定传感器配置项。运行以下命令可以列出全部配置项：

```
sudo nsm_sensor_edit --help
```

下例命令可修改传感器上报的服务器 IP 地址：

```
sudo nsm_sensor_edit --sensor-name=<sensor>--new-sensor-server-host=<server>
```

nsm_sensor_ps-daily-restart

该脚本用于 cron 每日定时任务，实现在夜间 12 点重新启动特定传感器服务。该脚本也不需手动执行。

nsm_sensor_ps-status

该脚本用于检查传感器服务状态。无参数执行时，将显示全部传感器服务状态。不过，你也可以使用它显示个别服务的状态。运行以下命令可以列出全部服务项目：

```
sudo nsm_sensor_ps-status --help
```

下例命令仅显示 Bro 服务状态：

```
sudo nsm_sensor_ps-status --only-bro
```

nsm_sensor_ps-start

该脚本用于启动传感器服务。如在执行该脚本时未加参数，将启动全部传感器服务，但不影响运行中的服务。不过，你也可以使用它启动个别服务。运行以下命令可以列出这些服务：

```
sudo nsm_sensor_ps-start --help
```

下例命令仅启动 Snort 服务：

```
sudo nsm_sensor_ps-start --only-snort-alert
```

nsm_sensor_ps-stop

该脚本用于停止传感器服务。如在执行该脚本时未加参数，将停止全部传感器服务，但不影响已停止的服务。不过，你也可以使用它停止个别服务。运行以下命令可以列出这些服务：

```
sudo nsm_sensor_ps-stop --help
```

下例命令仅停止 Netsniff-NG 服务：

```
sudo nsm_sensor_ps-stop --only-pcap
```

nsm_sensor_ps-restart

该脚本用于重启传感器服务。如在执行该脚本时未加参数，将重启全部传感器服务，但不影响运行中的服务（unless they are already running）。不过，你也可以使用它重启个别服务。运行以下命令可以列出这些服务：

```
sudo nsm_sensor_ps-restart --help
```

下例命令仅停止 PRADS 服务：

```
sudo nsm_sensor_ps-stop --only-prads
```

rule-update

该脚本用于更新传感器的 IDS 规则。经单独安装或随服务器安装后，该脚本可从互联网下载这类规则。传感器安装后，该脚本将从已配置服务器下载这类规则。脚本在每天上午 7:01（UTC 时间）自动运行。该脚本也可以手动执行，不需要任何参数：

```
sudo rule-update
```

由以下网址访问 Security Onion 相关知识，可以了解脚本更多信息：
https://code.google.com/p/security-onion/w/list。

Appendix 2 附录 2

重要 Security Onion 文件和目录

本附录包含 Security Onion 重要文件、目录列表。其中，部分内容涉及数据存储区域，其余部分涉及配置文件，修改这些配置文件会影响到 Security Onion 与各类工具的交互方式。我们也加入了一些 Security Onion 工具所使用的配置文件位置，因为 SO 系统的这些位置会不同于你在其他系统的手工安装位置。

应用程序目录和配置文件

下表描述多个 Security Onion 工具以及 SO 自身文件的配置文件位置，仅包含通常会被访问和修改的文件。

工具	配置文件
Security Onion	• SO 可修改通用配置位于 /etc/nsm/securityonion.conf • SO 工具临时配置保存于 /etc/nsm/templates/ • 用于包过滤的配置可修改 /etc/nsm/rules/bpf.conf 文件 • 状态检测及维护脚本保存于 /etc/cron.d/
Snort/Suricata	• 如果你在使用 Snort，配置文件位于 /etc/nsm/< 传感器 >/snort.conf • 如果你在使用 Suricata，配置文件位于 /etc/nsm/< 传感器 >/ suricata.yaml • IDS 规则保存于 /etc/nsm/rules/ • 已下载规则保存于 downloaded.rules 文件 • 定制规则可添加到 local.rules 文件 • 规则阈值记录可添加至 threshold.conf
PulledPork	• PulledPork 配置文件位于 /etc/nsm/pulledpork/pulledpork.conf • PulledPork 规则修改通过以下文件实现： • /etc/nsm/pulledpork/disablesid.conf • /etc/nsm/pulledpork/dropsid.conf

（续）

工具	配置文件
PulledPork	• /etc/nsm/pulledpork/enablesid.conf • /etc/nsm/pulledpork/modifysid.conf
PRADS	• PRADS 配置文件位于 /etc/nsm/< 传感器接口 >/prads.conf
Bro	• Bro 配置文件位于 /opt/bro/
ELSA	• 在独立程序和服务器安装中，ELSA 的 web 接口配置文件位于 /etc/elsa_web.conf • 在独立程序和探头安装中，ELSA 的节点接口配置文件位于 /etc/elsa_node.conf
Snorby	• Snorby 配置文件位于 /opt/snorby/config/
Syslog-NG	• Syslog-NG 配置文件位于 /etc/syslog-ng/.
Sguil	• Sguil 配置文件位于 /etc/nsm/securityonion/ • Sguil 可通过访问 sguild.access 实现控制 • 自动化事件分类可通过 autocat.conf 处理 • 电子邮件告警可由 sguild.email 配置 • 对于 Sguil 的查询需创建 sguild.queries

传感器数据目录

下表包含传感器工具存储原始数据的位置。

数据类型	应用程序	位置
FPC 数据	Netsniff-NG	/nsm/sensor_data/< 传感器 >/dailylogs/
会话数据	Argus	/nsm/sensor_data/< 传感器 >/ argus/
告警数据	Snort/Suricata	/nsm/sensor_data/< 传感器 >/ snort-1/
网络日志数据 / 告警数据	Bro	/nsm/bro/
主机数据	PRADS	/var/log/prads-asset.log

Appendix 3

附录 3

数据包头

Applied NSM Packet Map 1			
Ethernet Version 2			
0 1 2 3 4 5 6 7	8 9 10 11 12 13 14 15	16 17 18 19 20 21 22 23	24 25 26 27 28 29 30 31
Byte Offset 0	Byte Offset 1	Byte Offset 2	Byte Offset 3
Destination Address (48-bit)			
Byte Offset 4	Byte Offset 5	Byte Offset 6	Byte Offset 7
Destination Address (cont...)		Source Address (48-bit)	
Byte Offset 8	Byte Offset 9	Byte Offset 10	Byte Offset 11
Source Address (cont...)			
Byte Offset 12	Byte Offset 13	Byte Offset 14	Byte Offset 15
Type (16-bit)		Data (Variable Length)	
Byte Offset 16	Byte Offset 17	Byte Offset 18	Byte Offset 19
Data (Continued) (Variable Length)			
Frame Check Sequence (32-bit)			
0 1 2 3 4 5 6 7	8 9 10 11 12 13 14 15	16 17 18 19 20 21 22 23	24 25 26 27 28 29 30 31

Type		
	IPv4	0x0800
	ARP	0x0806
	IPv6	0x86DD

Applied NSM Packet Map 2

IPv4 Header (RFC 791)

0 1 2 3 4 5 6 7		8 9 10 11 12 13 14 15	16 17 18	19 20 21 22 23 24 25 26 27 28 29 30 31	
Byte Offset 0		Byte Offset 1	Byte Offset 2	Byte Offset 3	20 Bytes
Version (4-bit)	IP Hdr Length (4-bit)	Type of Service (8-bit)	Total Length (16-bit) (in Byte Offsets)		
Byte Offset 4		Byte Offset 5	Byte Offset 6	Byte Offset 7	
IP Identification Number (16-bit)			R DF MF	Fragment Offset (13-bit)	
Byte Offset 8		Byte Offset 9	Byte Offset 10	Byte Offset 11	
Time to Live (8-bit)		Protocol (8-bit)	Header Checksum (16-bit)		
Byte Offset 12		Byte Offset 13	Byte Offset 14	Byte Offset 15	
Source IP Address (32-bit)					
Byte Offset 16		Byte Offset 17	Byte Offset 18	Byte Offset 19	
Destination IP Address (32-bit)					
Byte Offset 20		Byte Offset 21	Byte Offset 22	Byte Offset 23	Variable
IP Options (Variable - If Any)					
Data (Variable Length)					

0 1 2 3 4 5 6 7 | 8 9 10 11 12 13 14 15 | 16 17 18 19 20 21 22 23 | 24 25 26 27 28 29 30 31

IP Version Number Valid values are: 4 for IPv4 6 for IPv6

IP Header Length 4 Byte Multiplier Min Value 5 (20 bytes) Max Value 15 (60 bytes)

Total Length No Multiplier Max Length 65535

Flags R - Reserved D - Don't Fragment MF - More Fragments (1=Yes 0=No)

Fragment Offset 8 Byte Multiplier Max Size 65528

IP Protocol

Dec	Hex	Proto	Dec	Hex	Proto
1	0x01	ICMP	17	0x11	UDP
2	0x02	IGMP	47	0x2F	GRE
6	0x06	TCP	50	0x32	ESP
9	0x09	IGRP	51	0x33	AH

Applied NSM Packet Map 3

IPv6 Header (RFC 2460)

0–7	8–15	16–23	24–31	
Byte Offset 0	Byte Offset 1	Byte Offset 2	Byte Offset 3	40 Bytes
Version (4-bit) / Traffic Class (8-bit)		Flow Label (20-bit)		
Byte Offset 4	Byte Offset 5	Byte Offset 6	Byte Offset 7	
Payload Length (16-bit)		Next Header (8-bit)	Hop Limit (8-bit)	
Byte Offset 8	Byte Offset 9	Byte Offset 10	Byte Offset 11	
Source IP Address (128-bit)				
Byte Offset 12	Byte Offset 13	Byte Offset 14	Byte Offset 15	
Source IP Address (cont.)				
Byte Offset 16	Byte Offset 17	Byte Offset 18	Byte Offset 19	
Source IP Address (cont.)				
Byte Offset 20	Byte Offset 21	Byte Offset 22	Byte Offset 23	
Source IP Address (cont.)				
Byte Offset 24	Byte Offset 25	Byte Offset 26	Byte Offset 27	
Destination IP Address (128-bit)				
Byte Offset 28	Byte Offset 29	Byte Offset 30	Byte Offset 31	
Destination IP Address (cont.)				
Byte Offset 32	Byte Offset 33	Byte Offset 34	Byte Offset 35	
Destination IP Address (cont.)				
Byte Offset 36	Byte Offset 37	Byte Offset 38	Byte Offset 39	
Destination IP Address (cont.)				
Byte Offset 40	Byte Offset 41	Byte Offset 42	Byte Offset 43	Variable
Next Header (8-bit)	Extension Header Information (Variable Length)			
Extension Header Information (Variable Length)				
Data (Variable Length)				

0 1 2 3 4 5 6 7 8 9 10 11 12 13 14 15 16 17 18 19 20 21 22 23 24 25 26 27 28 29 30 31

IP Version Number Valid values are: 4 for IPv4 6 for IPv6

Payload Length No Multiplier

Next Header

Dec	Hex	Proto	Dec	Hex	Proto
1	0x01	ICMP	17	0x11	UDP
2	0x02	IGMP	47	0x2F	GRE
6	0x06	TCP	50	0x32	ESP
9	0x09	IGRP	51	0x33	AH

Applied NSM Packet Map 4				
ICMP Header (RFC 792)				
0 1 2 3 4 5 6 7	8 9 10 11 12 13 14 15	16 17 18 19 20 21 22 23	24 25 26 27 28 29 30 31	
Byte Offset 0	Byte Offset 1	Byte Offset 2	Byte Offset 3	4 Bytes
Message Type (8-bit)	Message Code (8-bit)	Checksum (16-bit)		
Byte Offset 4	Byte Offset 5	Byte Offset 6	Byte Offset 7	Variable
(Variable Contents Depending on Type and Code)				
0 1 2 3 4 5 6 7	8 9 10 11 12 13 14 15	16 17 18 19 20 21 22 23	24 25 26 27 28 29 30 31	

Common Types & Codes

T	C	
0	0	Echo reply
3	0	Destination Unreachable
	0	Net Unreachable
	1	Host Unreacheable
	2	Protocol Unreachable
	3	Port Unreachable
5	0	Redirect
8	0	Echo Request
11	0	Time Exceeded
	0	Time to Live Exceeded in Transit
	1	Fragment Reassembly Time Exceeded
13	0	Timestamp Request
14	0	Timestamp Reply
15	0	Information Request
16	0	Information Reply
17	0	Address Mask Request
18	0	Address Mask Reply

Applied NSM Packet Map 5
TCP Header (RFC 793)

0–7	8–15	16–23	24–31
Byte Offset 0	Byte Offset 1	Byte Offset 2	Byte Offset 3
Source Port Number (16-bit)		Destination Port Number (16-bit)	
Byte Offset 4	Byte Offset 5	Byte Offset 6	Byte Offset 7
Sequence Number (32-bit)			
Byte Offset 8	Byte Offset 9	Byte Offset 10	Byte Offset 11
Acknowledgement Number (32-bit)			
Byte Offset 12	Byte Offset 13	Byte Offset 14	Byte Offset 15
Hdr Length (4-bit) / Reserved (4-bit)	CWR ECE URG ACK PSH RST SYN FIN	Window Size (16-bit)	
Byte Offset 16	Byte Offset 17	Byte Offset 18	Byte Offset 19
Checksum (16-bit)		Urgent Pointer (16-bit)	
Byte Offset 20	Byte Offset 21	Byte Offset 22	Byte Offset 23
TCP Options (Variable - If Any)			
Data (Variable Length)			

20 Bytes
Variable

Header Length	4 Byte Multiplier	Min Value 5 (20 bytes)	Max Value 15 (60 bytes)

TCP Flags

CWR - Congestion Window Reduced	PSH - Push
ECE - Explicit Congestion Notification Echo	RST - Reset
URG - Urgent	SYN - Synchronize
ACK - Acknowledgement	FIN - Finish

** Note: Per RFC 793, the CWR and ECE bits were originally part of the Reserved section starting in 0x12

Common TCP Options

0 End of Options List	2 Maximum Segment Size	4 Selective ACK OK
1 No Operation (Padding)	3 Window Scale	8 Timestamp

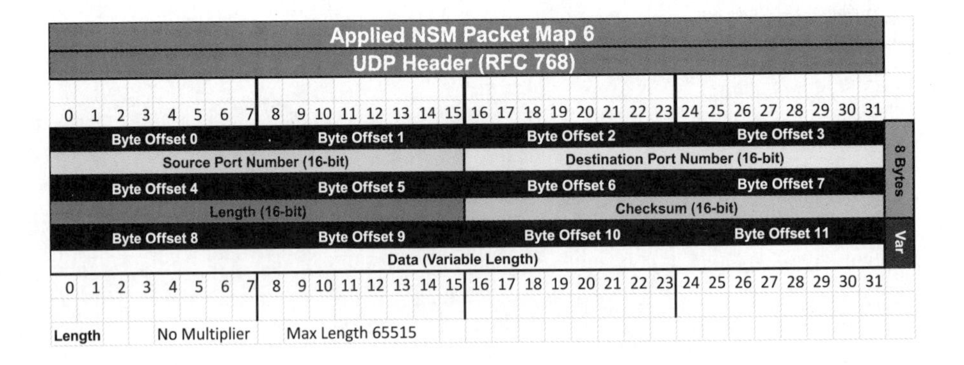

附录 4 *Appendix 4*

十进制 / 十六进制 /ASCII 码转换表

Applied NSM Decimal / Hex / ASCII Conversion Chart

Dec	Hex	ASCII	Dec	Hex	ASCII	Dec	Hex	ASCII	Dec	Hex	ASCII
0	0	NUL	32	20	SPACE	64	40	@	96	60	'
1	1	SOH	33	21	!	65	41	A	97	61	a
2	2	STX	34	22	"	66	42	B	98	62	b
3	3	ETX	35	23	#	67	43	C	99	63	c
4	4	EOT	36	24	$	68	44	D	100	64	DEL
5	5	ENQ	37	25	%	69	45	E	101	65	e
6	6	ACK	38	26	&	70	46	F	102	66	f
7	7	BEL	39	27	'	71	47	G	103	67	g
8	8	BS	40	28	(	72	48	H	104	68	h
9	9	HT	41	29	)	73	49	I	105	69	i
10	A	LF	42	2A	*	74	4A	J	106	6A	j
11	B	VT	43	2B	+	75	4B	K	107	6B	k
12	C	FF	44	2C	,	76	4C	L	108	6C	l
13	D	CR	45	2D	-	77	4D	M	109	6D	m
14	E	SO	46	2E	.	78	4E	N	110	6E	n
15	F	SI	47	2F	/	79	4F	O	111	6F	o
16	10	DLE	48	30	0	80	50	P	112	70	p
17	11	DC1	49	31	1	81	51	Q	113	71	q
18	12	DC2	50	32	2	82	52	R	114	72	r
19	13	DC3	51	33	3	83	53	S	115	73	s
20	14	DC4	52	34	4	84	54	T	116	74	t
21	15	NAK	53	35	5	85	55	U	117	75	u
22	16	SYN	54	36	6	86	56	V	118	76	v
23	17	ETB	55	37	7	87	57	W	119	77	w
24	18	CAN	56	38	8	88	58	X	120	78	x
25	19	EM	57	39	9	89	59	Y	121	79	y
26	1A	SUB	58	3A	:	90	5A	Z	122	7A	z
27	1B	ESC	59	3B	;	91	5B	[	123	7B	{
28	1C	FS	60	3C	<	92	5C	\	124	7C	|
29	1D	GS	61	3D	=	93	5D	]	125	7D	}
30	1E	RS	62	3E	>	94	5E	^	126	7E	~
31	1F	US	63	3F	?	95	5F	_	127	7F	DEL

Dec	Hex	ASCII	Dec	Hex	ASCII	Dec	Hex	ASCII	Dec	Hex	ASCII
128	80	Ç	160	A0	á	192	C0	└	224	E0	α
129	81	ü	161	A1	í	193	C1	┴	225	E1	ß
130	82	é	162	A2	ó	194	C2	┬	226	E2	Γ
131	83	â	163	A3	ú	195	C3	├	227	E3	π
132	84	ä	164	A4	ñ	196	C4	─	228	E4	Σ
133	85	à	165	A5	Ñ	197	C5	┼	229	E5	σ
134	86	å	166	A6	ª	198	C6	╞	230	E6	µ
135	87	ç	167	A7	º	199	C7	╟	231	E7	τ
136	88	ê	168	A8	¿	200	C8	╚	232	E8	Φ
137	89	ë	169	A9	⌐	201	C9	╔	233	E9	Θ
138	8A	è	170	AA	¬	202	CA	╩	234	EA	Ω
139	8B	ï	171	AB	½	203	CB	╦	235	EB	δ
140	8C	î	172	AC	¼	204	CC	╠	236	EC	∞
141	8D	ì	173	AD	¡	205	CD	═	237	ED	φ
142	8E	Ä	174	AE	«	206	CE	╬	238	EE	ε
143	8F	Å	175	AF	»	207	CF	╧	239	EF	∩
144	90	É	176	B0	░	208	D0	╨	240	F0	≡
145	91	æ	177	B1	▒	209	D1	╤	241	F1	±
146	92	Æ	178	B2	▓	210	D2	╥	242	F2	≥
147	93	ô	179	B3	│	211	D3	╙	243	F3	≤
148	94	ö	180	B4	┤	212	D4	╘	244	F4	⌠
149	95	ò	181	B5	╡	213	D5	╒	245	F5	⌡
150	96	û	182	B6	╢	214	D6	╓	246	F6	÷
151	97	ù	183	B7	╖	215	D7	╫	247	F7	≈
152	98	ÿ	184	B8	╕	216	D8	╪	248	F8	°
153	99	Ö	185	B9	╣	217	D9	┘	249	F9	∙
154	9A	Ü	186	BA	║	218	DA	┌	250	FA	·
155	9B	¢	187	BB	╗	219	DB	█	251	FB	√
156	9C	£	188	BC	╝	220	DC	▄	252	FC	ⁿ
157	9D	¥	189	BD	╜	221	DD	▌	253	FD	²
158	9E	Pts	190	BE	╛	222	DE	▐	254	FE	■
159	9F	ƒ	191	BF	┐	223	DF	▀	255	FF	Hardspace

推荐阅读

安全模式最佳实践

作者：爱德华 B. 费楠德 ISBN：978-7-111-50107-7 定价：99.00元

网络安全监控实战：深入理解事件检测与响应

作者：理查德·贝特利奇 ISBN：978-7-111-49865-0 定价：79.00元

威胁建模：设计和交付更安全的软件

作者：亚当·斯塔克 ISBN：978-7-111-49807-0 定价：89.00元

数据驱动安全：数据安全分析、可视化和仪表盘

作者：Jay Jacobs 等 ISBN：978-7-111-51267-7 定价：79.00元